Roselyne Rey (1951-1995)

C'est le dimanche 15 janvier 1995 que Roselyne Rey est décédée dans sa 43e année. Atteinte d'un cancer elle avait passé ces dernières années avec le courage exemplaire de ceux qui savent que le combat contre cette maladie est long, difficile, douloureux et qu'il s'achève trop souvent par une issue fatale. Aussi s'était-elle engagée dans de nombreux travaux, trop nombreux peut-être, mais cet acharnement au travail l'aidait à supporter son mal quand elle le ressentait d'une manière trop vive ou à l'oublier quand il se faisait silencieux.

Normalienne (ENS de Fontenay, 1970), agrégée de Lettres classiques (1974), elle avait trouvé dans l'Histoire des sciences de la vie une discipline qui satisfaisait à ses goûts intellectuels. Elle entrait au CNRS en 1988.

C'est vers la fin des années 1970 que Roselyne Rey a rejoint le groupe de chercheurs qu'animait Jacques Roger en participant dès le début (1978) aux recherches sur l'histoire du vocabulaire scientifique (GRECO 21 CNRS dirigé par J. Roger). Ses connaissances de l'*Encyclopédie* de Diderot et d'Alembert l'avait conduite à publier un premier article (à notre connaissance son premier article touchant à l'Histoire des sciences de la vie) dans les *Documents pour l'Histoire du Vocabulaire Scientifique* (nº 2, 1981) consacré aux « Aspects du vocabulaire de la classification dans l'Encyclopédie ». Dix ans plus tard (1991), elle organisait avec Ernest Coumet au Centre Alexandre Koyré les journées d'étude sur « La classification des sciences (1750-1850) » et présentait une communication intitulée « Naissance de la biologie et redistribution des savoirs », objet de la dernière publication de son vivant dans la *Revue de Synthèse* (T. CXV, 1994). L'étude de l'histoire de la « Classification » dans ses concepts, ses usages et ses définitions pendant cette période du siècle des Lumières et une partie du XIXe siècle restait l'une de ses recherches favorites.

La reconnaissance et la renommée internationales de Roselyne Rey tenait à ses travaux d'Histoire de la médecine, à sa parfaite connaissance du « vitalisme » (sa thèse de doctorat d'État est consacrée à la « Naissance et développement du vitalisme en France de la deuxième moitié du XVIIIe siècle à la fin de l'Empire », 1987) et, récemment, à sa magistrale étude sur *L'Histoire de la douleur* publiée (en français et en anglais) en 1993 aux Éditions La Découverte avec la collaboration de la « Société Française de la Douleur ».

Roselyne Rey avait su allier, comme elle l'écrivait à propos d'Antoine Adam, René Pintard et Daniel Mornet, la maîtrise parfaite de l'érudition à l'intelligence des Œuvres et de leur contexte culturel et social. Pour elle, faire de l'histoire des sciences ne pouvait s'envisager sans la science ni sans « l'amour de la divine vérité » suivant l'expression d'Albert Delaunay. Aussi, laisse-t-elle une œuvre « d'histoire historique des Sciences » d'une grande valeur, car construite dans la rationalité de cette discipline.

Rédacteur en chef adjoint de la Revue d'Histoire des Sciences, elle participait au conseil d'administration de plusieurs sociétés savantes dont ceux de la Société française des sciences, la Société d'études du XVIIIe siècle, la Société Diderot, etc. Elle était membre du Comité des Travaux Historiques et Scientifiques (section d'Histoire des sciences et des techniques) et d'autres sociétés d'histoire de la médecine.

Ses nombreuses activités, conférences, publications et enseignements montrent que sa brève carrière a été d'une grande richesse en raison de sa capacité exceptionnelle à comprendre, à retenir, à écrire et à communiquer. Tous ceux qui l'ont connue garderont le souvenir de sa fidèle amitié, de sa modestie et de l'étendue de son savoir.

Jean-Louis FISCHER

NATURE, HISTOIRE, SOCIÉTÉ

ISBN : 2-252-02936-6

NATURE, HISTOIRE, SOCIÉTÉ

Essais en hommage à Jacques ROGER

rassemblés et présentés par
Claude Blanckaert, Jean-Louis Fischer,
Roselyne Rey

ouvrage publié avec le concours
du Centre National du Livre
et de la Fondation Singer-Polignac

K
KLINCKSIECK

Présentation

JACQUES ROGER, HISTORIEN DES SCIENCES

L'œuvre de Jacques Roger (1920-1990), toute entière consacrée à l'élucidation des sciences de la vie, caractérisée par la perspicacité des questionnements sur le vivant, la finesse des analyses et une vaste érudition, représente une des principales traditions de l'histoire des sciences en France. J. Roger, agrégé des lettres classiques (1943), avait très tôt découvert sa voie, au contact d'historiens de la littérature et des idées comme Antoine Adam, Pierre Mesnard et Daniel Mornet. Il exerça d'abord comme professeur de l'enseignement secondaire de 1943 à 1951, avant de devenir chargé de recherches au CNRS de 1951 à 1953 puis assistant de littérature française à la Faculté des Lettres de Poitiers. Il fut nommé professeur à l'Université de Tours en 1964, puis doyen et y dirigea quelques temps le centre d'études de la Renaissance. En 1969, il obtint un poste de professeur à la Sorbonne, d'abord de littérature puis l'année suivante d'histoire des sciences. Directeur d'études à l'École des Hautes Études en Sciences Sociales depuis 1982 et directeur du Centre Alexandre Koyré de 1983 jusqu'en décembre 1989, il dirigea à partir de 1978 le Centre International de Synthèse fondé par Henri Berr, auquel il redonna un grand éclat. Les conférences qu'il organisa avec succès à plusieurs reprises au Collège de France sur la science contemporaine expriment bien son attachement à la diffusion du savoir, à sa vulgarisation sous les formes les plus nobles. Ses multiples fonctions, son appartenance à de nombreuses sociétés savantes, dont la célèbre Société Philomatique, témoignent de son rayonnement intellectuel en France et à l'étranger ; il avait noué des contacts particulièrement étroits et fructueux avec les historiens des sciences américains et italiens, ainsi qu'avec des scientifiques comme S.J. Gould et E. Mayr. Enseignant dans de nombreuses universités américaines et à Genève (il fut nommé docteur honoris causa en 1988), il fut membre des comités de rédaction des plus prestigieuses revues internationales d'histoire et de philosophie des sciences (Revue d'Histoire des Sciences, Revue de Synthèse, Journal of the History of Biology, History of Science, Journal of the History of Ideas, History and Philosophy of the Life Sciences).

De sa formation littéraire, notamment auprès de R. Pintard, il conserva toujours l'exigence d'un maniement rigoureux des textes, le souci de les resituer dans la perspective historique qui était la leur, l'attention passionnée aux mots et à leur évolution. Le *Dictionnaire Historique du Vocabulaire Scientifique*, qu'il avait mis en chantier depuis plusieurs années, représentait la concrétisation de cet intérêt pour une histoire des sciences et des concepts scientifiques, qui passe aussi, et peut-être d'abord, par une histoire des mots et de leurs migrations d'un champ du savoir à un autre. La pluridisciplinarité, loin d'être pour lui une revendication passagère, était ressentie comme une nécessité préalable pour entrer en « sympathie » avec les univers mentaux qu'il cherchait à cerner. Son itinéraire intellectuel le mettait à même de situer les enjeux des sciences de la vie dans la longue durée : étudiant d'abord la spécificité du vivant contre le mécanisme triomphant au XVIIe siècle et les problèmes de la génération au XVIIIe, il s'était tourné vers l'étude de la théorie synthétique de l'évolution dans ses aspects les plus actuels.

C'est avec *Les Époques de la Nature*, de Buffon, (Paris, Éditions du Muséum, 1962) et surtout avec *Les Sciences de la Vie dans la pensée française du XVIIIe siècle* (Armand Colin, 1963 ; rééd. 1971 et Albin Michel, 1993) qu'il inaugura sa carrière d'historien des sciences. De ses intérêts multiples se dégagent des constantes : il s'attacha à suivre les théories de la terre, les relations entre biologie et médecine, et plus encore la question de la génération au XVIIIe siècle, dans laquelle il rencontra la plupart des problèmes de l'histoire de la biologie : l'origine des formes, l'hérédité, la définition de l'espèce, l'évolution. Dominée par la figure de Buffon, cette thèse, monument d'érudition parfaitement maîtrisée, contemporaine des grandes thèses dix-huitiémistes sur *L'Idée de Nature* et *L'idée de Bonheur* a inspiré de nombreux travaux en France et à l'étranger, et constitue un de ces ouvrages qui font date et auxquels on continue de se référer trente ans plus tard. *Les Sciences de la Vie* ont marqué l'institution d'un objet à l'intérieur de l'histoire des sciences, sorte d'équivalent dans le domaine qui était le sien, des études galiléennes et newtoniennes d'Alexandre Koyré, avec lequel on pourrait relever plus d'une affinité. Cette spécificité du vivant que les épistémologues avaient pris pour objet de leur réflexion, Jacques Roger la replaçait sur le terrain de l'histoire, montrait avec précision et rigueur la difficulté de penser l'autonomie du vivant quand des modèles étrangers, mécaniques ou chimiques, pesaient sur cette entreprise. Le chemin qu'il se frayait se situait au croisement des rapports de la philosophie et de la science que la théorie de la génération mettait au premier plan. Il soulevait avec acuité les problèmes de périodisation en histoire des sciences. A toute une génération de chercheurs, il a enseigné la méfiance à l'égard du mythe du progrès linéaire, et la prudence à l'égard du concept de rupture épistémologique. Il a montré que les rythmes de constitution des connaissances variaient selon les régions du savoir, et que telle « révolution » repérable en physique, n'était pas transférable à l'histoire de la biologie. Il a contesté l'image d'un XVIIIe siècle univoquement rationaliste, écrivant par exemple : « Si l'on entend par rationalisme une philosophie qui prête à la raison humaine le pouvoir de comprendre réellement l'ordre du monde, la pensée biologique du XVIIIe siècle, Buffon mis à part, n'est pas une pensée rationaliste (...) C'est une pensée sceptique ».

Cette exception, représentée par l'exigence rationaliste de Buffon, explique sans doute la fascination que le personnage et l'œuvre ont exercés sur J. Roger, et dont témoignent les trois ouvrages qu'il lui a consacrés : l'édition critique des *Époques de la Nature* (Éditions du Muséum, 1962 ; rééd. 1988), *Un autre Buffon* (J.L. Binet, J. Roger éds., Hermann, 1977) et surtout la magistrale biographie intellectuelle parue chez Fayard en 1989, *Buffon, un philosophe au Jardin du Roi*. Il se situait ainsi pleinement dans les débats actuels de l'histoire : ni biographie « modale » au sens où en parle G. Levi dans les *Annales*, ni biographie d'un cas-limite, mais biographie dans un contexte lui-même mouvant, l'ouvrage posait le problème de l'émergence d'une pensée scientifique moderne, dans une dialectique complexe de relations entre idéal de scientificité et pratiques, science et politique, groupe et individu. Faisant le portrait d'un philosophe qu'il considérait plutôt comme matérialiste, J. Roger a souligné la nouveauté d'une définition biologique de l'espèce par un naturaliste anti-linnéen, et montré comment Buffon, conscient de certaines difficultés, avait dû introduire des critères morphologiques et éthologiques, et transférer le critère de fécondité intraspécifique de l'espèce au genre. L'originalité de cette pensée, il la voyait dans l'articulation de « quelques concepts fondamentaux, lois, hasard, ordre, histoire, énergie, [...] liés entre eux d'une manière très particulière. Buffon ne sait pas encore clairement nommer ces concepts, mais le rôle qu'ils jouent dans la science moderne nous aide à les reconnaître et à découvrir l'originalité du système de pensée de Buffon ». « Plus que personne au XVIIIe siècle », Buffon a contribué « à rendre possible une théorie de l'évolution en transformant l'esprit de l'histoire naturelle ». Cette biographie fascinait aussi J. Roger à cause d'un humanisme dans lequel il se reconnaissait volontiers : Buffon était de ceux qui célébraient les pouvoirs de l'homme sur la nature, tout en en connaissant les dangers.

Ses articles et son enseignement sur la théorie de l'évolution témoignent amplement de son intérêt pour une épistémologie propre à l'histoire des sciences, ou pour ce qu'il appelait son plaidoyer « pour une histoire historique des sciences », par exemple par son souci de comprendre la pensée de Lamarck dans le contexte de son époque, et non à travers le prisme déformant de la théorie darwinienne, par son attention pour les philosophies de la nature outre-Rhin et plus généralement pour les particularités nationales, ou par sa façon d'opérer un retour à Darwin avant le darwinisme et de distinguer le néo-darwinisme des années 1880-1890 de la théorie synthétique de l'évolution. S'il insistait sur la différence de tâche entre l'épistémologue et l'historien, il ne défendait pas moins le « territoire de l'historien », en cherchant à définir les conditions d'un débat fructueux entre historiens des sciences et scientifiques : usage non normatif de la science contemporaine, qui pouvait permettre de mieux cerner la réalité des faits discutés dans le passé, de comprendre à la lumière des faits aujourd'hui résolus ceux qui ne l'étaient pas et pourquoi pas, ceux aussi que la science contemporaine considère comme de faux problèmes, et qui intéressent tout autant l'historien. Non sans humour, il écrivait: « Au moment où les ethnologues réhabilitent la pensée sauvage, il doit être permis à l'historien de dénoncer lui aussi l'illusion du « primitivisme », et de demander le respect pour cette autre « pensée sauvage » que l'on appelle communément « préscientifique ».

Pour cerner l'apport propre de Jacques Roger et la spécificité de son œuvre, il faut revenir à la situation de l'histoire des sciences de la vie dans la première moitié du XXe siècle ; elle était pour l'essentiel l'œuvre de biologistes de profession qui, tel Jean Rostand, avaient su évoquer, souvent de façon brillante et suggestive, les travaux du passé, mais qui étaient attachés à montrer la progression continue, cumulative du savoir. Aussi cela se traduisait-il par l'intérêt pour quelques figures marquantes, censées scander le développement linéaire des sciences. Au mieux, elle proposait des vues très synthétiques et schématiques sur les grandes notions biologiques, comme Émile Guyénot dans *L'idée d'évolution des origines à nos jours* ; au pire elle se complaisait dans l'anecdote et la simple description des faits. Dans les deux cas, cette histoire des sciences recourait constamment à la notion de précurseur, à la recherche hâtive des filiations et n'échappait pas aux pièges de la récurrence.

Presque à la même époque que Georges Canguilhem, et par une voie différente liée à sa formation littéraire, Jacques Roger rompait avec ces notions et avec cette conception de l'histoire des sciences. Non par indifférence à l'égard des concepts fondamentaux de la biologie et des catégories épistémologiques indispensables à toute réflexion critique, mais par choix, il privilégiait l'étude des idées scientifiques dans leur contexte historique précis, montrant l'intérêt d'une histoire de la génération abordée dans la longue durée, rendue à la complexité de ses déterminations intellectuelles et sociales. La rigueur et la richesse de ses reconstructions impliquaient certes la connaissance des œuvres majeures, et des conditions de leur production, mais aussi l'attention aux multiples protagonistes de débats aujourd'hui oubliés, aux contributions mineures qui, parfois par des chemins détournés, alimentaient les recherches et les découvertes des savants d'autrefois et constituaient le tissu de leur activité scientifique. Il redonnait ainsi à la science du passé sa densité culturelle propre, ce qui lui permettait d'élaborer des distinctions conceptuelles auparavant méconnues, comme la différence entre préformation et préexistence, ou de montrer que le concept d'histoire du vivant n'implique pas nécessairement une théorie de l'évolution. Comme il le disait, « le débat scientifique doit être examiné pour lui-même : il faut cependant en préciser les données, les enjeux et les étapes. Rien de plus dangereux que d'y introduire nos concepts et nos certitudes ».

Il n'ignorait pas pourtant que l'historien aborde toujours le passé, malgré qu'il en ait, avec les questions du présent, et ses discussions avec des scientifiques éminents témoignent amplement de son intérêt pour les développements les plus récents de la biologie, en particulier la génétique et la théorie de l'évolution. Mais c'était aussi pour faire apparaître, par une sorte d'ascèse intellectuelle et d'exigence de décentrement du regard, la singularité du passé et sa valeur. Par sa façon de pourfendre « le mythe de la science pure », il contestait la problématique de l'opposition entre science et idéologie, tant à ses yeux, « à tous les stades de son élaboration, le discours scientifique est susceptible de faire intervenir [...] des axiomes, des faits ou des modes de raisonnement qui sont, soit complètement dépourvus de justification parce qu'ils passent pour « évidents », soit justifiés par des considérations extérieures au discours scientifique lui-même ». Il citait parmi ces croyances la « priorité » de l'ordre sur la matière, aussi nettement affirmée dans la théorie aristotélicienne de la forme que dans le « dogme central » de la génétique. Toute son œuvre tend à montrer l'imbrication des considérations théologiques, religieuses ou politiques et des investigations scientifiques, que ce soit sur le problème de l'origine des formes, des rapports entre ontogénèse et phylogénèse par exemple dans son travail sur Haeckel, ou dans sa critique de la sociobiologie.

Invitant les historiens à redéfinir la notion de « mentalité », il pensait qu'il y avait « place en histoire des sciences pour une histoire des mentalités, qui, outre l'analyse du discours scientifique, aurait à prendre en compte les comportements institutionnels et sociaux, voire politiques, des communautés scientifiques, jetant ainsi un pont entre l'analyse épistémologique et l'histoire institutionnelle et sociale des sciences ». Le projet de Jacques Roger était bien d'ancrer l'histoire des sciences dans une histoire générale, tout en tenant compte des spécificités de la première, en particulier en s'attachant à la compréhension des rapports entre science et philosophie, et à l'analyse de la genèse historique des concepts scientifiques. Son œuvre a montré en acte la possibilité d'un dépassement entre histoire « internaliste » et histoire « externaliste », et si Jacques Roger se définissait volontiers comme un historien de la vie intellectuelle et scientifique, c'est que, conformément à ses inspirations premières, il refusait de séparer l'histoire des sciences d'une histoire générale des idées.

Témoignages amicaux de collègues et d'élèves, les textes que nous proposons dans ce volume traduisent l'étendue des questions que Jacques Roger aborde dans ses publications et la multiplicité de ses intérêts.

Le premier groupe de textes, autour du thème « Interpréter la nature », rassemble des études portant sur les concepts et les mots, l'évolution sémantique ou les attendus philosophiques qui sous-tendent activement les grandes notions organisatrices de la pensée scientifique moderne. Chacune de ces études prouve à quelque titre l'idée de Jacques Roger selon laquelle les faits de la science n'ont d'existence qu'intégrés dans des « visions du monde », « les mots eux-mêmes et les images qu'ils suscitent n'ayant de sens que par rapport à cet ensemble ».

Les deux parties suivantes relèvent plus spécifiquement des sciences de la vie, l'une tournée vers les rapports entre médecine, biologie et philosophie du vivant, l'autre en direction d'une problématique générale des transformismes. Le transformisme, mot que Jacques Roger préférait toujours à celui d'évolutionnisme, fut un objet d'attention constante dans toute son œuvre. Il en examina les origines intellectuelles, les composantes philosophiques, et les idéologies véhiculaires, non sans une prédilection marquée pour Lamarck et les lamarckismes. Passionné par les développements contemporains des théories darwiniennes, il sut à l'occasion animer le difficile débat des historiens et des scientifiques, notamment sur le problème du finalisme dans l'étude des êtres vivants. Nous avons préféré le pluriel, les transformismes, pour rappeler que Jacques Roger ne croyait pas au développement « mélodique » de cette notion complexe, soutenue parfois par des logiques inconciliables, responsables de certains « styles nationaux » de la recherche, fort éloignés de l'idéal de la science universelle. Ce sont quelques-unes de ces appropriations, comme certaines de ces conditions d'apparition qui sont analysées dans les textes présentés ici.

Le quatrième groupe de textes atteste l'intérêt soutenu de Jacques Roger pour les contenus sociaux de la science, les interactions des savoirs et des techniques, et les conséquences idéologiques des rationalisations scientifiques. A propos du transformisme, Jacques Roger concluait abruptement que « l'histoire des sciences est une des rares histoires qui inclinent à l'optimisme ». Cette conviction était toutefois tempérée quand il examinait les implications de la science dans la vie politique et sociale. Ses études sur le darwinisme social, la sociobiologie et l'eugénisme l'avaient convaincu d'une nécessaire vigilance face à certaines doctrines qui n'ont pas perdu, en dépit de la condamnation de leurs excès, leur « pouvoir de séduction ». Les questions anthropologiques, les transferts non contrôlés des concepts de la biologie à la gestion des sociétés humaines, mobilisaient son attention critique. Les études rassemblées sous la rubrique « science des hommes » sont également présentes pour rappeler que le rôle de l'historien est, selon Jacques Roger, de « servir de mémoire à une société qui en manque singulièrement ».

C. Blanckaert — J.-L. Fischer — R. Rey

BIBLIOGRAPHIE

OUVRAGES

1. *Panorama du* XVII*e siècle français*, Paris, Seghers, 1962.

2. *Les Sciences de la vie dans la pensée française du* XVIII*e siècle*, Paris, Armand Colin, 1963 ; rééd. 1971 et Albin Michel, 1993.

3. *Buffon. Les Époques de la Nature*, Édition critique, Paris, éditions du Muséum d'Histoire Naturelle, 1962 ; rééd. 1988.

4. Jean-Louis Binet et Jacques Roger, *Un autre Buffon*, Paris, Hermann, 1977.

5. *Buffon, Un philosophe au Jardin du Roi*, Paris, Fayard, 1989.

ARTICLES

1. « Un manuscrit perdu et retrouvé : les " Anecdotes de la Nature " de Nicolas-Antoine Boulanger », *Revue des Sciences Humaines*, juillet-septembre 1953, nouvelles série, fasc. 71, 231-254.

2. En collaboration avec Mme E. Genet-Varcin : « Bibliographie de Buffon » in *Œuvres Philosophiques de Buffon*, éd. par Jean Piveteau, Paris, PUF, 513-581.

3. « L'esprit scientifique de Buffon » in *Comptes rendus du 84e Congrès des Sociétés Savantes* (Dijon, 1959), Section des sciences. 21-34, Paris, Gauthier-Villars, 1960.

4. « Jean Fernel et les problèmes de la médecine de la Renaissance », *Conférences du Palais de la Découverte*, série D, n° 70, 1960, 25 p.

5. « Die wissenschaftliche Einstellung der französischen Naturforscher in der ersten Hälfte des 18 Jahrhunderts », *Sitzungberichte der Gesellschaft zur Beförderung der gesamten Naturwissenschaften zu Marburg*, 82 Bd, Jahrgang 1960, 39-73.

6. *Ursprung der Formen und Entstehung der Lebewesen*. Marburg, N.G. Elwert, 1962.

7. « Diderot et Buffon en 1749 », in *Diderot Studies* IV, Genève, Droz, 1963, 221-236.

8. Commentaire des planches (introduction générale, squelette, muscles, systèmes veineux, artériel et nerveux, cerveau et organes internes) et commentaire des lettrines in *Andréas Vesalius*, Genève, Typographie genevoise, 1964.

9. « Réflexions sur l'histoire de la biologie (XVII-XVIIIe siècle : problèmes de méthode) », *Revue d'Histoire des Sciences*, 1964, XVII, 25-40.

10. « Les sciences de la vie dans la pensée française du XVIIIe siècle », *L'Information Littéraire*, n° 4, sept.-oct. 1964, 147-153.

11. En collaboration avec Jean Ehrard : « Deux périodiques français du XVIIIe siècle : le *Journal des Savants* et les *Mémoires de Trévoux*. Essai d'une étude quantitative », in *Livre et Société dans la France du XVIIIe siècle*, Paris et La Haye, Mouton et Cie, 33-59.

12. Die Auffassung des Typus bei Buffon und Goethe », *Die Naturwissenschaften*, 1965, Heft 12, 313-319.

13. « L'expression littéraire chez Malebranche », in *Malebranche, l'homme et l'œuvre*, Paris, Vrin, 1967, 39-60.

14. « Les conditions intellectuelles de l'apparition du transformisme », *Raison Présente* n° 2, 1967, 43-50 ; rééd. in *Epistémologie et marxisme*, Paris, UGE, 10/18, 99-114.

15. « Le déisme du jeune Diderot » in *Europäische Aufklärung*, Munich, W. Fink, 1967, 237-245.

16. « Leibniz et la théorie de la terre », in *Leibniz (1646-1716). Aspects de l'homme et de l'œuvre*, Paris, Aubier Montaigne, 1968, 137-144.

17. « La lumière et les lumières », *Cahiers de l'Association Internationale des études françaises*, 1968, n° 20, 167-177.

18. « Lecture des textes et histoire des idées », in *Les Chemins actuels de la critique*, Paris, UGE, 10/18, 1968, 280-288.

19. Débat : « Objectivité et Historicité de la pensée scientifique », *Raison Présente*, n° 8, 1968, 23-24, repris dans *Structuralisme et Marxisme*, Paris, UGE, 10/18, 1970, 222-227 ; 252-255, 257.

20. « La science de la Renaissance », « Les sciences de la terre » in *Histoire Générale des Sciences*, publiée sous la direction de René Taton, tome II, La Science Moderne (de 1450 à 1800), Paris, PUF, 1969, 3-10 et 109-121.

21. « Leibniz et les sciences de la vie », in *Akten des Internationalen Leibniz-Kongress*, T. II, Wiesbaden, F. Steiner, 1969, 209-219.

22. « Trasformazione o dissacrazione dell'uomo ? », *Futuribili*, nov. 1969, 9-16.

23. Articles « Buffon » et « Transformisme », *Encyclopaedia Universalis*, 1969.

24. « Le marquis de Sade et l'esprit républicain », in *L'Esprit Républicain*, Colloque d'Orléans, 4 et 5 septembre 1970, Paris, Klincksieck, 1972, 189-199.

25. « Quelques années d'études paracelsiennes en France », *Archives Internationales d'histoire des Sciences*, 1970, n° 92-93, 225-227.

26. « Méthodes et modèles dans la préhistoire du vitalisme français », in *Actes du XIIe Congrès International d'Histoire des Sciences*, T. III B, Paris, Blanchard, 1971, 101-108.

27. Rousseau, *Discours sur les sciences et les arts*, Paris, Garnier Flammarion, 1971, Chronologie et introduction par J. Roger.

28. « L'interpretazione dei fenomeni della vita : introduzione storica », in *L'interpretazione dei fenomeni della vita*, Bologna, Il Mulino, 1973, 321-334.

29. « Science et Lumières », *Revue de l'Université de Bruxelles*, 1972/2-3, 157-165.

30. « Conclusioni » in *Individuo e ambiente*, Bologna, Il Mulino, 1973, 321-334.

31. « La théorie de la terre au XVIIe siècle », *Revue d'Histoire des Sciences*, janv. mars 1973, 23-48.

32. « Renaissance et Baroque : Note sur un chapitre de Van Helmont », in *Renatae Litterae*, Francfort, Athenaeum, 1973, 241-253.

33. « Madame Sévigné. Molière et la médecine de son temps », *Marseille*, n° 95, 4e trimestre 1973, 127-135.

34. Articles « Buffon », « Montesquieu », « J.B. Robinet », « William Whiston », « Boucher de Perthes », in *Dictionary of Scientific Biography*, éd. by Charles C. Gillispie, New York, Charles Scribner's sons. Tomes II (1973), IX (1975), XIV (1976) et XV (1978).

35. « L'humanisme médical de Symphorien Champier », in *L'Humanisme français au début de la Renaissance*, Paris, Vrin, 1973, 261-272.

36. « La situation d'Aristote dans l'œuvre de Symphorien Champier », Grenoble, P.U.G., 1974, 41-41.

37. « Presentazione », « Teoria dell'informazione e storia della vita », in *Teoria dell'informazione*, a cura di J. Roger, Bologna, Il Mulino, 1974, 5-8 et 221-240.

38. « Rapport d'ouverture » in « Idées et Philosophie au temps du Baroque », in *Baroque*, n° 7, 5-11.

39. « Le feu et l'histoire : James Hutton et la naissance de la géologie », in *Approches des Lumières*, Paris, Klincksieck, 1974, 415-429.

40. « Connaître la terre », *Critique*, août-septembre 1974, n° 327-328, 801-803.

41. « Science, Nature, Qualité », *Diogène*, 88, 1974, 69-76.

42. « L'univers médical de Guy Patin », *Travaux de linguistique et de littérature*, Université de Strasbourg, XIII, 2, 1975, 91-101.

43. « Un renouveau copernicien à la fin du XVIIIe siècle », in *Copernic, La représentation de l'univers et ses conséquences épistémologiques*, Paris, Blanchard, 1975, 389-293.

44. « Le *Dictionnaire Universel de médecine*, traduit de l'anglois de Robert James : présentation ».
Lettre d'un citoyen zélé qui n'est ni médecin ni chirurgien. Texte établi et commenté in Œuvres Complètes de Diderot, t. I, 153-163 et t. II, 197-217, Paris, Hermann, 1975.

45. « Correspondances de savants et naturalistes aux XVIIIe et XIXe siècles », *Revue de Synthèse*, 3e série, n° 81-82, janvier-juin 1976, 143-146.

46. « La storia della scienza e la disavventura della qualità », in *La Qualità*, Bologne, Il mulino, 1976, 9-24.

47. « Platon et Aristote dans le mouvement scientifique de la Renaissance », in *Platon et Aristote à la Renaissance*, Paris, Vrin, 1976, 217-224.

48. « Scientific thinking as a destructive process », *Cornell Review*, automne 1977, 22-30.

49. « Modèle historique et science positive : Ernest Renan et Marcellin Berthelot », *Études Rénaniennes*, juil. 1977.

50. « Jean-Jacques Rousseau et les chemins de la liberté », *Die Idee der Freiheit in der Literatur der romanischen Völker*, Tübingen, Verlag, 1977, 65-77.

51. « Linné et l'ordre de la nature », *La Recherche*, n° 86, 1978, 182-185.

52. « Buffon and mathematics » in *Geometrical probability and Biological Structures*, Berlin et New York, Springer, 1978, 29-35.

53. « Science et littérature à l'âge baroque », *Letteratura e Scienza nelle storia della cultura italiana*, Atti del IX Congresso dell'AISLLI, Palermo, Mandredi ed., 1979, 81-101.

54. « Science humaniste et pratique technicienne chez Georg Agricola », in *L'humanisme allemand*, Paris, Vrin, 1979, 211-220.

55. « Chimie et Biologie : des " molécules organiques " de Buffon à la physico-chimie de Lamarck », *History and Philosophy of the life Sciences*, n° 1, 1979, 43-64.

56. « Buffon et la théorie de l'anthropologie », *Enlightenment studies in honour of Lester G. Crocker*, A.J. Bingham et V. Topazio eds, Oxford, The Voltaire Foundation, 1979, 255-262.

57. « Le transformisme de Lamarck », Entretien avec Émile Noël, in *Le darwinisme aujourd'hui*, Paris, Seuil, coll. Points, 1979, 15-31.

58. « Présentation, Les néo-lamarckiens français », *Revue de Synthèse*, 3e série, n° 95-96, 1979, 279-282.

59. « Lamarckiana », *Revue de Synthèse*, 3e série, n° 95-96, 1979, 463-468.

60. Bonnet, Spallanzani e la scienza della vita, in A. Santucci, *Interpretazione dell' Illuminismo*, Bologna, Il Molino, 1979, 415-425.

61. « La sociobiologie est-elle à l'heure ? », *Revue de Synthèse*, 3e série, n° 97-98, 1980, 145-154.

62. « Two scientific discoveries : their genesis and destiny » *On Scientific Discovery*, M.D. Grmek, R.S. Cohen, and G. Cimino (eds), Dordrecht et Boston, Reidel, 1980, 229-237.

63. « The living world », *The ferment of Knowledge*, G.S. Rousseau & R. Porter eds, Cambridge University Press, 1980, 255-283.

64. « Pourquoi des Dix-Huitiémistes ? », *Revue de Synthèse* : 3e série, n° 97-98, 1980, 7-9.

65. « Présentation », in *Documents pour l'histoire du vocabulaire scientifique* n° 1, 1980, I-III.

66. Article « Transformisme », *Encyclopaedia Universalis*, 1980, 252-255.

67. « La politique Intellectuelle de Colbert et l'installation de Huyghens à Paris », *Huyghens et la France*, Paris, Vrin, 1981, 41-48.

68. « Note sur le vocabulaire de la classification dans la 1re édition de l'*Encyclopaedia Britannica* (1771), in *Documents pour l'histoire du vocabulaire scientifique*, n° 2, 1981, 62-63.

69. « Énergie, ordre et histoire dans la pensée de Buffon », *Histoire et Nature*, n° 19-20, 1981-1982.

70. « La vie au hasard », *Traverses*, 23 (novembre 1981), 111-117.

71. « Lamarck et la biologie », *L'Évolution. Hier. Aujourd'hui. Demain*, Annales du Centre d'étude sur l'évolution de l'homme et de la nature, (dactyl.), fasc. 1, Paris, 1981, 7-26.

72. « Présentation », *Revue de Synthèse*, 3e série, n° 103-104, Actes du Colloque R.A. Fisher, 1981, 229-230.

73. « Histoire Naturelle et Biologie chez Buffon », *Lazzaro Spallanzani e la biologia del settecento*, a cura di G. Montalenti e P. Rossi, Firenze, Olschki, 1982, 353-362.

74. « Buffon et le transformisme », *La Recherche*, 1982, n° 138, 1246-1254.

75. « Présentation », *Revue de Synthèse*, 3e série, n° 106-108. Actes du Colloque Littré, 1982, p. 157.

76. « Darwin, Haeckel et les français », in *De Darwin au Darwinisme : Science et Idéologie*, Congrès International pour le centenaire de la mort de Darwin, éd. préparée par Yvette Conry, Paris, Vrin, 1983, 149-165.

77. « Darwin et le Darwinisme », CIEEIST, Orsay, (dactyl.), 1983, 69-80.

78. « Histoire des mentalités : les questions d'un historien des sciences », *Revue de Synthèse*, 3e série, n° 111-112, 1983, 269-275.

79. « La morphologie de Goethe et l'émergence de l'idée d'évolution », Actes du Colloque sur l'évolution, *Annales du Centre d'Études sur l'évolution de l'homme et de la nature*, 1983, 8-13.

80. « Biologie du fonctionnement et biologie de l'évolution », in *L'Explication dans les sciences de la vie*, Hervé Barreau éd., Paris, CNRS, 1983, 135-158.

81. « La crise scientifique avant Galilée », *Cultura e Societa nel Rinascimiento*, a cura di V. Branca e Carlo Ossola, Firenze, Olschki, 1984, 1-19.

82. « Per una storia storica delle scienze », in *Giornale Critico della Filosofia Italiana*, anno LXIII, Fasc, III, 1984, 285-314.

83. « Présentation », *Revue de Synthèse*, 3e série, n° 113-114, 1984, numéro spécial « Médecine et Sciences de la vie au XVIIIe siècle ».

84. Note sul ruolo del « caso » nel sistema darwiniano, *L'anno di Darwin. Problemi di un centenario*, a cura di Walter Tega, Parma, Pratiche Editrice, 1985, 11-18.

85. « Actualité de la science du XVIIe siècle », in *Destins et enjeux*, Paris, PUF, 1985, 261-270.

86. « Darwinism today (Commentary) », in *The Darwinian Heritage*, David Kohn ed., Princeton, Princeton University Press, 1985, 813-823.

87. « Le Christianisme et la science moderne », in *Le grand Atlas des Religions*, Paris, Encyclopaedia Universalis, 333-335.

88. « Réflexions sur une controverse », *Revue de Synthèse*, IVe S., n° 3, 1986, 255-265.

89. « Histoire de la science ou des sciences ? Une histoire ou des histoires des sciences ? », *Séminaire d'épistémologie et d'histoire des sciences*, Paris, Institut National d'agronomie, (dactyl.), 1986-87.

90. Présentation par Jacques Roger et Jean-Louis Fischer, *Histoire du concept d'espèce dans les sciences de la vie*, Fondation Singer-Polignac, 1987, VII-X.

91. « L'Europe savante 1700-1850 », in *Les Savants genevois dans l'Europe Intellectuelle du XVIIe au milieu du XIXe siècle*, J. Trembley éd., Genève, 1988, 23-53.

92. « La notion de développement chez les naturalistes du XVIIIe siècle », in *Entre Forme et Histoire*, présenté par O. Bloch, B. Balan, et P. Carrive, Paris Méridiens, Klincksieck, 1988, 119-126.

93. Avant-propos, in *Transfert de vocabulaire dans les sciences*, Paris éditions du CNRS, 1988, 7-8.

94. « Note sur le vocabulaire de la socio-biologie », in *Transfert de vocabulaire dans les sciences*, sous la direction de P. Louis et J. Roger, éditions du CNRS, 1988, 179-186.

95. « L'eugénisme 1850-1950 », in *L'Ordre des caractères, Aspects de l'hérédité dans l'histoire des sciences de l'homme*, Conférences du Palais de la Découverte organisées par J.-L. Fischer, textes réunis et présentés par C. Bénichou, Paris, Vrin, 1989, 119-145.

96. « Buffon, Jefferson et l'homme américain », in *Histoire de l'anthropologie : hommes, idées, moments*, C. Blanckaert, A. Ducros et J.-J. Hublin éds., n° spécial des *Bulletins et Mémoires de la Société d'Anthropologie de Paris*, nouv. série, T. 1, n° 3-4, 1989, 57-66.

97. « Plaidoyer pour la culture scientifique », entretien, *Le Monde*, 13 novembre 1989, p. 17.

98. « Lamarck, un marginal déçu par la révolution », *La Recherche*, n° 214, octobre 1989.

99. « Tradizione e modernità in Buffon », *Biologica*, 4, Il vivente e l'anima, 1990, 91-104.

100. Présentation, in *Histoire de la Génétique, Pratiques, Techniques et Théories*, sous la direction de J.L. Fischer et W.H. Schneider, ARPEM, Collection Sciences en situation, 1990, 7-16.

101. « Les Sciences naturelles dans les premières décennies de la Philomatique », in *La Société Philomatique de Paris et deux siècles d'histoire de la Science en France*, Paris PUF, 1990.

102. « L'histoire naturelle au XVIIIe siècle : de l'échelle des êtres à l'évolution », *Bulletin de la Société Zoologique de France*, vol. 115, 3, 1990, 245-254.

103. « Présentation », en collaboration avec Goulven Laurent, in *Articles d'Histoire Naturelle. Lamarck*, Paris, Belin, 1991, 4-7.

I — Interpréter la nature

Mirko D. GRMEK

Quelques mythes méthodologiques en histoire des sciences[1]

Parmi les historiens des sciences se répand de plus en plus la conviction intime qu'il serait utopique de vouloir faire, selon les préceptes d'un Ranke — ou, pour rester dans le domaine plus restreint de l'histoire des sciences, selon les recommandations positivistes d'un Sarton — une histoire se flattant d'être le miroir absolument objectif de ce qui s'est réellement passé. Les historiens ne décrivent pas les *res gestae* ; ils les reconstruisent. En reconstruisant ainsi les « faits » du passé, ils opèrent des choix thématiques, sélectionnent des « sources » en fonction de critères en partie subjectifs, établissent des liens et proposent des « explications » qui nécessitent une prise de position d'ordre philosophique, voire un engagement idéologique. Lors de la reconstruction historique d'une découverte scientifique, il se passe quelque chose de semblable au processus que Stendhal avait appelé « cristallisation ». L'image d'un rameau d'arbre abandonné dans une mine de sel et couvert de cristaux brillants lui a servi pour étudier « l'opération de l'esprit qui tire de tout ce qui se présente la découverte que l'objet aimé a de nouvelles perfections ».

Ce constat d'une certaine non-objectivité de la recherche historique doit nous pousser non pas au relativisme et à la résignation mais à une analyse systématique des facteurs qui interviennent dans la « cristallisation » et à la mise à nu des processus qui affectent notre quête de la vérité. Au moment où il devient pleinement conscient de l'impossibilité de l'objectivité absolue de son discours, l'historien devrait ressentir plus que jamais le besoin de faire la lumière, autant que possible, sur les modalités de ses déviations subjectives.

Certains présupposés méthodologiques paraissent tellement inhérents à la pensée scientifique qu'ils ne peuvent être mis en doute sans rendre précaire la rationalité du discours. Je n'ai pas l'intention de m'attaquer à ces fondements. Cependant, je voudrais en distinguer certaines idées-guides qui me semblent moins intouchables. Les historiens des sciences s'inspirent souvent de convictions dont le bien-fondé ne me paraît pas suffisamment assuré. J'ai proposé, il y a une dizaine d'années déjà, de leur

1. Ce court essai reprend certaines idées développées en 1977, lors d'un cours d'histoire des sciences à Erice, et publiées en langue anglaise dans l'ouvrage collectif *On scientific discovery*, Dordrecht, Reidel, 1981. Elles ont été à plusieurs occasions au cœur de mes discussions amicales avec Jacques Roger sur les pièges et les écueils de notre métier.

donner le nom de *mythes méthodologiques*. Comme tous les autres mythes, ceux-ci ont des racines historiques profondes et remplissent d'importantes fonctions psychologiques et sociales. En grande partie, ils résultent de la justification rationalisée de nos désirs.

Bien qu'il s'agisse d'illusions méthodologiques, il est très difficile, et même peut-être impossible, de s'en libérer totalement. La grande force de ces mythes réside dans le fait qu'ils contiennent un noyau de vérité indéniable : avec eux, c'est toujours du vrai et jamais tout le vrai. Le mythe consiste le plus souvent précisément dans l'extension d'une idée en dehors des limites où elle est valable. Il transforme une règle partielle juste en une règle générale illusoire.

La reconstruction historique des découvertes scientifiques est tributaire d'une « mythologie » particulièrement riche et tenace. Voici un choix de ces idées-maîtresses qui, très diverses par leur caractère et par leur niveau épistémologique, ont en commun d'être à la fois largement acceptées et de validité suspecte : mythe du caractère exhaustif d'une analyse structurelle du savoir scientifique acquis et des procédés de son acquisition (autrement dit mythe de l'autosuffisance d'une « anatomie » et d'une « embryologie descriptive » des connaissances scientifiques) ; mythe de la concordance entre la reconstruction purement rationnelle et le vécu de la découverte ; mythe du développement historique impersonnel de la « pensée scientifique » (le pseudo-problème du conflit entre l'histoire dite « interne » et l'histoire dite « externe » ainsi que l'illusion qui provient de la confusion entre l'histoire personnelle du chercheur et l'histoire générale du progrès des connaissances scientifiques) ; mythe positiviste de la voie droite vers la vérité ; illusions créées par la projection des conditions du début dans une séquence développée de la recherche scientifique ; mythe de l'induction baconienne ; mythe de l'alternance nette et absolue de l'observation des faits et de l'invention des hypothèses ; mythe du rôle fondamental et exclusif tant de la vérification expérimentale que de la réfutation (falsification au sens de Popper) ; mythe du caractère strictement logique du raisonnement scientifique ; mythe du caractère strictement irrationnel de l'origine des découvertes scientifiques ; mythe de la suffisance des explications sociologiques du progrès des connaissances ; mythes de l'unité du découvreur et de la localisation spatio-temporelle de la découverte ; enfin, mythe de l'évolution continue et celui de la révolution permanente du savoir scientifique.

Cette énumération peut paraître étonnament longue et pourtant elle n'est certainement pas exhaustive. Chaque élément de la liste mériterait une analyse détaillée, mais je n'examinerai ici que les derniers.

Mythes de l'unité du découvreur et de la localisation spatio-temporelle de la découverte

La plupart des grandes découvertes scientifiques n'ont pas été réalisées par une seule personne et encore moins à un moment précis de l'existence de celle-ci. Cependant, de nombreux récits historiques ressemblent au vieux mythe de la naissance d'Athéna, sortie tout armée de la tête de Zeus. Cette image est fausse : une découverte scientifique ne sort pas de la tête du créateur d'un trait, toute belle et forte.

Pour définir une découverte scientifique, il faut intervenir brutalement dans une réalité spatio-temporelle très complexe et en isoler certains événements pour les interpréter comme des faits historiques de valeur quasi symbolique. Cela rend inévitable une schématisation, laquelle risque de devenir abusive. On glisse de la simplification à l'illusion historique.

Celui qui pose la question « Qui a découvert, et quand, ceci (une substance, un phénomène particulier, une loi naturelle) ? » suppose déjà une situation historique particulière relativement simple déterminée par un nombre restreint de paramètres. Il se peut qu'en effet la situation historique se présente comme telle à la suite d'une enquête approfondie, mais il n'est pas permis pour autant de la postuler d'emblée. Kuhn a bien montré l'impertinence d'une telle question à propos de la découverte de l'oxygène. Je suis parvenu au même résultat en ce qui concerne le découvreur et le moment de la découverte du mécanisme de la curarisation. Les querelles qui accompagnent ces dernières années l'attribution des prix Nobel témoignent de la fréquence de cette difficulté : la paternité exclusive des découvertes couronnées est de plus en plus fréquemment contestée.

Voyons de près un exemple concret. On pose parfois lors des examens universitaires une question à première vue simple et précise : « Qui a découvert, et quand, le glycogène ? » Ce genre de questions est courant dans les manuels scientifiques et les bonnes encyclopédies y répondent. Toutefois, la précision de ces questions et l'exactitude des réponses ne sont qu'apparentes. Que signifie en fait « découvrir le glycogène » ? Est-ce en concevoir l'existence ? Ou le nommer ? Ou l'isoler et, dans cette éventualité, à quel degré de pureté ? Ou en reconnaître la composition chimique ?

Claude Bernard a eu, le premier, l'idée de cette substance : à la suite d'une interprétation originale de certaines expériences, il a supposé son existence (1855). L'idée lui est venue progressivement, par étapes, et il n'est pas possible de dater sa naissance à un jour ni même à un mois près. Bernard l'a nommée « matière glycogène », puis il a substantivé l'adjectif et utilisé le nom « glycogène » pour désigner ainsi une substance hypothétique par une propriété fonctionnelle observable. Il a entrevu aussi la possibilité de son extraction du foie.

Cependant, Bernard n'a pas été le premier à isoler le glycogène. Un étudiant allemand l'a précédé : en juillet 1856, Victor Hensen a réalisé cet exploit, grâce à un conseil du professeur Scherer, inspiré à son tour par la lecture des publications de Bernard. S'agissait-il d'une simple application pratique de la « découverte théorique » de Claude Bernard ? Pour rendre justice à l'œuvre de Hensen, il faut savoir que l'hypothèse bernardienne était encore assez incertaine, que le procédé du jeune savant était original et qu'il a même, d'une certaine manière, aidé Bernard dans la mise au point de sa propre méthode d'isolement du glycogène. Ce n'est qu'en mars 1857 que Bernard a obtenu du glycogène « pur ». En répétant les expériences de Hensen, Pflüger a montré que la substance obtenue par ce dernier en 1856 contenait moins de 50 % d'hydrates de carbone polymérisés.

On ne peut désigner Claude Bernard comme « le » découvreur du glycogène, qu'à condition de ne pas oublier qu'il a abouti, dans ce programme de recherche, grâce aux efforts d'une communauté scientifique. Et il est illusoire de vouloir assigner une date précise à ce qui était, en fait, un processus assez long et composé de plusieurs étapes.

Les réponses à des questions de ce genre ne sont « vraies » que par rapport à un certain niveau d'explication historique.

On dit, par exemple, que Claude Bernard a découvert non seulement le glycogène mais aussi et surtout le phénomène de glycogenèse hépatique. Prise à la lettre, cette affirmation est fausse : Bernard a même été farouchement opposé aux savants de son temps qui croyaient à la « glycogenèse hépatique » (au sens actuel de cette expression, à savoir le stockage dans le foie, sous forme de glycogène, du sucre provenant de l'alimentation). Dans la terminologie de Bernard, la « glycogenèse » était la synthèse glucidique à partir d'autres substances chimiques (la « glyconéogénie » des physiologistes actuels).

Louis Figuier, adversaire de Bernard, avait souvent raison dans des détails et pourtant c'est à Bernard que revient la gloire de la découverte du métabolisme hépatique des sucres. Dire que Claude Bernard a découvert la glycogenèse hépatique est donc une affirmation à la fois fausse et vraie : prise à la lettre, elle est fausse, mais elle devient vraie à un niveau supérieur d'abstraction dans la présentation de l'histoire des idées scientifiques.

Mythes de l'évolution continue et de la révolution permanente du savoir scientifique

La continuité et la fracture coexistent, et toute entreprise historique fondée sur la mythification exclusive d'un de ces deux aspects complémentaires me paraît condamnée d'avance. S'il y a, dans l'histoire personnelle du chercheur, des illuminations brusques, comparables à l'*eurêka* d'Archimède, il y a aussi, inévitablement, une incubation qui les précède, un travail intellectuel lent et continu. Dans l'histoire générale des sciences, on trouve également des renversements révolutionnaires — « falsifications » historiques au sens de Popper ou renversements du « paradigme » au sens de Kuhn — mais, comme le souligne si bien ce dernier, cela n'exclut pas l'existence, pendant la période qui sépare deux crises du paradigme, d'un cumul des connaissances scientifiques qui s'opère à petits pas et sans discontinuité véritable.

L'histoire de la découverte de la circulation du sang offre un exemple bien étudié de ce point de vue. Les analyses historiques de Flourens, Chauvois, Pagel, Keele, Bylebyl, Whitteridge et autres montrent clairement le côté révolutionnaire de l'œuvre de Harvey. L'histoire de cette découverte ne s'explique pas par une simple mise en place progressive et graduelle d'une mosaïque de découvertes mineures, par de petits pas réalisés par les « précurseurs » et par Harvey lui-même. La mise en lumière de faits jusqu'alors inconnus et les solutions de problèmes mineurs n'aboutissent pas nécessairement, par leur sommation, au nouveau schéma de la physiologie circulatoire. Comme dans le cas des structures spatiales complexes, le tout n'est pas égal à la simple somme des parties.

Par un véritable saut dans la compréhension d'un ensemble de données empiriques et par son effet historique global, l'accomplissement de Harvey est révolutionnaire. La découverte de la circulation du sang est un renversement brusque du schéma galénique qu'il est difficile sinon impossible d'expliquer par la sommation d'une série de découvertes partielles. Cependant, il n'est pas moins vrai qu'une telle sommation existe, elle aussi. Si elle ne produit pas nécessairement et ne suffit pas pour expliquer le changement décisif du paradigme, elle n'en constitue pas moins une condition indispensable. La réalisation de la nouvelle physiologie est impensable sans la sommation des apports d'une multitude de chercheurs (Vésale, Servet, Colombo, Césalpin, Fabrice d'Acquapendente et tant d'autres) qui ont ouvert une brèche dans le système galénique et qui ont permis à Harvey de se trouver en face d'un panorama particulier de données reconnues comme faits.

La perspective « héroïque » de la recherche idéalise la réalité historique. Sans doute, une « science normale » (au sens de Kuhn) existe et je ne saurais partager, à son propos, le soupir désabusé, l'exclamation « oui, hélas ! », de certains disciples de Popper. L'existence et la bonne marche de cette « science normale », de ces solutions en série de problèmes mineurs, est une condition historique *sine qua non* de la « science extraordinaire », des « révolutions scientifiques ». L'alternance de la solution des énigmes secondaires et du renversement des paradigmes est, semble-t-il, dans la nature même du processus qui produit l'accroissement des connaissances scientifiques.

Plusieurs épistémologues illustres, notamment Hanson et Kuhn, comparent l'acte de la découverte au changement brusque de l'intervention d'un dessin ambigu (par exemple le fameux « lapin-canard »). D'après cette analogie, une théorie scientifique expliquerait un ensemble de faits exactement comme une interprétation perceptuelle organise en une *gestalt* les lignes et les taches. Et on passerait d'une interprétation à une autre, aussi bien dans le changement du paradigme que dans l'instauration d'une aperception nouvelle, par une mutation totale, déterminée par l'*insight* et, par conséquent, de nature radicalement discontinue et essentiellement imprévisible. Le renversement du paradigme est comparé à une mutation biologique et considéré comme une sorte de crise mystique.

Sans aller jusqu'aux excès de l'anarchisme épistémologique de Feyerabend, qui parle de l'« incommensurabilité des théories » et de la détermination « poétique » des choix faits par les savants, il me paraît raisonnable d'accepter l'existence, dans le progrès du savoir, de sauts qualitatifs, c'est-à-dire de changements non réductibles au cumul des variations d'importance secondaire. Mais il ne faut pas pour autant tomber dans le piège du mythe de la révolution permanente et nier l'importance capitale des transformations lentes des théories scientifiques, transformations qui se font par adaptation progressive et non par renversement des paradigmes. Les deux aspects sont complémentaires.

A mon avis, l'analogie entre la découverte scientifique et l'interprétation du dessin lapin-canard n'est valable qu'à condition de l'envisager d'une manière plus dynamique que celle habituellement proposée. Imaginons que le dessin en question ne soit pas un état fixe mais un devenir, c'est-à-dire qu'il ne soit pas figé une fois pour toutes mais qu'il change continuellement sous l'effet de transformations lentes et continues. Aujourd'hui, on peut réaliser cela facilement sur l'écran d'un ordinateur. Imaginons en outre que le dessin présenté à l'observateur au départ suggère indiscutablement la silhouette d'un lapin et que, par la suite, les contours et les taches changent graduellement pour s'approcher du dessin ambigu. C'est seulement à partir du moment où l'on atteint l'ambiguïté que peut se produire la réorganisation gestaltiste de l'aperception.

« Peut », mais non « doit ». Le *gestaltswitch* dépend, certes, de l'état mental de l'observateur. C'est à lui qu'on attribuera la révolution dans l'interprétation de la totalité, mais il ne faut pas oublier pour autant que celle-ci serait impossible sans la phase précédente qui graduellement, par sommation, apporte au dessin son ambiguïté. Pour rendre l'analogie encore plus proche de la réalité, il faut imaginer aussi que l'aperception nouvelle se répercute, par un couplage rétroactif, sur les caractéristiques objectives du dessin en renforçant la forme du canard. Le modèle gestaltiste de la découverte scientifique ne me paraît valable qu'en admettant que chacune des parties, le dessin observé et l'état mental de l'observateur, sont en flux continu et que leur couplage agit dans les deux sens.

L'acquisition des connaissances scientifiques comporte les caractéristiques essentielles de la *croissance biologique* en général. Celle-ci n'est pas un simple agrandissement par accumulation des éléments structuraux : elle est une morphogenèse s'effectuant par la mise en place progressive des structures suivie de leur remplacement par des structures nouvelles. Il y a alternance des accroissements (cumuls avec déséquilibrations mineures et régulations continues) et des restructurations (ruptures brusques avec établissement de nouveaux paliers d'équilibre).

Piaget et Lorenz, l'un partant des observations sur les enfants et l'autre de l'analyse du comportement des animaux, sont arrivés à des conclusions assez concordantes sur le mode de croissance de la représentation cérébrale du monde : il existe un isomorphisme étonnant entre les régulations biologiques et les processus cognitifs. D'après l'épistémologie génétique, le développement intellectuel de l'enfant passe par des restructurations progressives, par des acquisitions de stades. La morphogenèse du savoir ressemble en cela à l'embryogenèse. Le psychologue a l'impression que le progrès se fait par des mutations rapides, mais — Piaget insiste sur ce point — la transformation fondamentale est lente ; ce qui est brusque, ce n'est pas la construction mais la prise de conscience, la compréhension terminale au moment de l'achèvement structural d'un stade.

Claude Bernard a donné une description saisissante du processus de la découverte : pour lui, l'illumination n'est que l'achèvement brusque d'un processus lent et « souterrain » (le terme « subconscient » n'était pas encore à la mode) de maturation, d'assimilation des données nouvelles et de construction des schémas explicatifs.

Les mathématiciens donnent aux passages brusques d'un état d'équilibre à un autre état le nom de « catastrophes ». De nombreux phénomènes biologiques appartiennent à cette catégorie d'événements. Il faut y inclure les processus de créativité artistique et scientifique. S'il en est ainsi, chaque découverte importante résulte de façon indissociable d'une composante évolutionniste et d'une composante révolutionnaire.

La difficulté et l'attrait du problème de la découverte scientifique proviennent en grande partie du fait qu'il se situe au carrefour de diverses disciplines. En dépit de la diversification des branches actuelles des sciences et des techniques, le problème fondamental de l'activité créatrice reste partout le même. L'acte par lequel se réalise une découverte technique est analogue, sinon identique, à l'acte par lequel se crée une œuvre d'art. Par ailleurs, ce problème a une position tellement centrale du point de vue de la théorie des connaissances qu'il représente le nœud gordien de toutes les approches possibles, notamment des analyses logique, psychologique et historique, qu'aucune méthode d'investigation unidisciplinaire ne peut donner, à elle seule, des résultats entièrement satisfaisants.

Vincenzo CAPPELLETTI

Mouvement

« Parce que la nature est principe de mouvement et de changement [κινήσεως καὶ μεταβολῆς] et que notre recherche porte sur la nature, il importe de ne pas laisser dans l'ombre ce qu'est le mouvement ». Paroles lapidaires, par lesquelles un des plus grands penseurs de tous les temps, l'ancien et moderne Aristote, ouvre le troisième livre de ses écrits auquel on a donné le nom de *Physique* : une étude des présupposés qui rendent le monde concevable, dont l'homme — en tant que sujet — peut avoir l'expérience. Le doute sémantique, auquel nous a habitué l'épistémologie de notre siècle, trouve les raisons immédiates pour se justifier et s'exercer dans le passage cité plus haut. Le rétrécissement du discours y est par trop évident, dans sa tentative d'enfermer une dyade dans un terme, tentative probablement inconsciente : on part de « mouvement » et de « changement », mais « changement » tombe et « mouvement » demeure comme seul référent problématique. Ce qui ressort du mouvement est lumineux, éblouissant et ne pourra demeurer latent, ou bien, ce qui revient au même, devra devenir non-latent, le ramenant à cet état général de non-latence, qui est la vérité conçue, à la manière des Grecs, comme ἀ-λήθεια, c'est-à-dire l'ensemble-des-entités-non-cachées. Κίνησις pour un Grec de l'époque classique — mouvement pour nous — était et est toujours une manifestation observable et possible, dans la mesure où la réalité est conçue en termes d'étendue, d'espace : la « res extensa » de Spinoza et déjà de Descartes, « das Nebeneinanderstehen vom Verschiedenen » « l'être-l'un-près-de-l'autre-du-divers » du kantien Helmholtz. Dans « l'extensioon », quelque chose, qui se trouve-ici-maintenant peut se retrouver-ailleurs-plus-tard, à une proximité, ou à une distance indéfinie, si elle bouge, à condition qu'elle ait bougé. Le temps aussi est nécessaire pour que κίνησις soit. Mais dans la manifestation du mouvement tel que l'enregistre le cerveau humain et dans l'effort de s'en emparer en l'analysant, la spatialité apparaît. Ce n'est que tard et avec difficulté, avec Galilée — dans le fragment — à la date encore incertaine — *De motu accelerato*, puis dans les *Discorsi e dimostrazioni matematiche intorno a due nuove scienze* (1638) — le voyant-aveugle désormais proche de la mort — que le temps entrera dans la loi mécanique du mouvement accéléré, comme mesure de grandeur à laquelle se rapporte l'augmentation de la vitesse des corps pesants. Par contre, la démonstration de la vitesse non instantanée, mais finie, de la lumière — « lucis motus non est in momento, sed in tempore » —, qui est implicite dans les observations des éclipses faites en 1676 par l'astronome danois Olaus Roemer, prouve, elle aussi, combien a duré l'hypothèse erronée que le temps est complémentaire et non point essentiel à la compréhension analytique de ce qui se meut. C'est comme si à la racine du concept de mouvement, non pas en tant que tel, bien entendu, mais dans l'aventure de la pensée humaine, était revenue la tâche de jouer un rôle de négation, de contestation et de subversion. Ce n'est pas rien pour la manifestation d'un phénomène que de se refuser au temps. *La Théogonie* d'Hésiode attribuait à Chronos la paternité de Zeus, père des hommes et des dieux et seigneur du monde. Dans ce passage d'Aristote, on peut déjà entrevoir une forme ambiguë de l'idée de mouvement. L'aspect le plus incisif du problème du mouvement s'annonce déjà dans les textes d'Aristote traitant de la Physique, en tant que vérification de la possibilité que κίνησις absorbe μεταβολή, ou, vice-versa, comme ouverture d'une perspective d'un rapport différent entre les deux termes. Ce rapport pourrait consister en un rétablissement de la dyade, ou une contracture inverse. Dans ce cas μεταβολή résorberait κίνησις, ou bien, celui-ci ayant acquis la signification du premier terme, le second terme se présenterait comme la seule issue de la tension dyadique et comme seul référent du problème théorétique de la nature.

L'impérissable grandeur d'Aristote physicien réside en une confrontation victorieuse avec le paradoxe qui résume l'alternative que nous avons mentionnée ; si bien que, penser le mouvement, avec Aristote, signifie le penser véritablement et profondément, sans prêter attention à des références d'érudits, que la raison ne tolère pas, parce qu'elle veut et doit être le seul guide et la seule lumière de son propre chemin. Observons ! A quelles conditions, mouvement et changement peuvent-ils s'interpénétrer, s'identifier ? Ils le peuvent si les facteurs qui les constituent sont identiques. De quoi se constitue le mouvement ? D'espace, de temps et d'un opérateur qui rend temporel la spatialité et rend spatial la temporalité et qui est improprement appelé point, comme l'entité, constitutive du pur espace est, justement, au contraire, qualifiée de mobile. A l'origine de la reconstruction analytique du mouvement, la pensée n'a besoin que d'un point-mobile, capable d'exister, non seulement dans l'espace, mais aussi, dans le temps. La fracture entre mouvement et changement se produit ici : elle est originaire et, donc, curable, éventuellement dans le contexte profond de la théorie scientifique. Le point, capable d'exister aussi dans le temps, le mobile de la cinématique — l'introduction formelle à la mécanique —, trouve sa correspondance, en ce qui concerne les sciences du changement, dans le point, ou bien, le plus souvent, dans un ensemble de points capables d'exister dans l'espace mais primitivement temporels. Κίνησις se situe dans l'étendue, tout en impliquant la durée ; μεταβολή est dans la durée, dans le processus et se prévaut de l'étendue. Le changement donne naissance à l'autre, qui peut être le différent, ou le divers. Il peut être le devenir ou le fait, μεταβολή, une scène sillonnée par des formes qui naissent et se désagrègent, sous-tendue par les lois de la naissance et du « fondu ». Il est nature, nature en tant que principe de l'advenir, advenir de ceci et de cela, qui esquisse un signifié ; signifier qui en l'absence d'un signifiant veut se reconduire au rien, qui, au demeurant, est ouvertement contredit par « l'advenu ». La réalité du changement dans la réalité de la nature est indéniable et irréductible. Donner au mouvement le soutien solide du changement, lui reconnaître une inhérence originaire à l'étendue, ne signifie pas le déprécier, mais, plutôt, le saisir en lui-même et pour lui-même. Dans cette optique, chaque moment de la réalité est absolu et infini si, avec Nicolas de Cuse, nous concevons l'infini comme l'indéniable et, avec Spinoza, nous concevons l'absolu comme l'indéductible du divers. En suivant le profil que nous avons esquissé, le mouvement apparaît également comme une synthèse d'extension et de temporalité : cette synthèse appartenant à l'essence intime de l'être, qui est le fondement de l'unité non numérique de l'entité et de l'être que, encore une fois, Aristote et Nicolas de Cuse ont introduit dans la conscience de l'humanité pensante. Plus même, la synthèse du mouvement, comme entité et comme concept, se révèle plus complexe. C'est à Berkeley, en pleine ère newtonienne — *De Motu* 1721 —, que revient le mérite d'avoir récupéré pour la conscience théorique du mouvement, la nécessité d'une cause non causée et, par conséquent, absolue. La mécanique cartésienne et newtonienne, grâce à la découverte d'une deuxième modalité (cynétique) de l'inertie — représentée par le mouvement privé d'accélération, linéaire ou angulaire — préludait à l'élaboration d'une théorie formelle du mouvement, où les forces auraient été remplacées par des actions ayant d'autres caractéristiques comme dans les *Prinzipien der Mechanik* — œuvre posthume de Hertz publiées en 1894. Il faut cependant souligner que le « mouvement », qui, d'après Berkeley, nécessite une cause, atteignait la couche plus profonde de la signification du terme et de l'intuition que le rétrécissement logique d'Aristote laisse supposer et qui existe effectivement derrière le choix paradoxal de subordonner κίνησις à μεταβολή. On retrouve ce choix dans les livres de Physique et de Métaphysique d'Aristote ; dans les livres de Physique, il est exprimé dans un passage qui suit de près celui que nous avons déjà cité : « Le mouvement est l'acte de ce qui est en puissance, en tant que tel ». « Acte », ἐντελέχεια est, pour lui, la plus haute détermination du concept de réalité ; d'après Spinoza, Aristote moderne, le moment « absolument absolu » de l'être. De cet état originaire, absolument absolu, κίνησις participe et semble être le pâle reflet, voire l'antithèse. Encore une fois, dans le modèle gnostique de l'ontologie, un facteur opaque et chaotique contribue à la genèse du monde, interférant avec l'élément positif et lumineux. Le mouvement pourrait s'acquitter de cette tâche dans toute philosophie qui concevrait le réel comme état déterminé nécessaire et nécessitant. Il n'en est pas ainsi : Aristote a joint le mouvement à l'acte et en a fait la particularité du monde. Si nous transformons en intuition l'argument aristotélique, il nous reste une manière de concevoir l'évidente et énigmatique *kînhsiw*, qui est une véritable contribution au contenu de l'univers. Mais, le mouvement cité plus haut, comme celui du commencement de cet écrit, suscite la curiosité, sinon la méfiance herméneutique. Pour devenir acte, acte du cosmos et principe de tous les mouvements particuliers dans la nature, κίνησις doit transcender l'acception mécanique et se revêtir de toutes les significations de μεταβολή c'est-à-dire consister en des transformations, en « fieri » et « factum ». A ce point μεταβολή ne suffit plus aux exigences expressives de la raison : il nous faut trouver un autre mot. Ce mot est δύναμις, qui dépasse les deux autres termes en les reliant au concept suprême de l'acte. La puissance, qui est, il faut le répéter, κίνησις, dans son acception la plus large et radicale, une fois devenue l'acte de soi-même, a épuisé le concept de mouvement pour en faire la clef de la réalité apparente de la nature. Hors du mouvement, acte de la puissance, il reste l'acte de l'acte. La dernière manière de comprendre la nature qui se meut, dans Aristote antignostique, ne peut qu'advenir dans l'immobile : à la lumière, dirions-nous, d'un suprême invariant.

Le terme de « mouvement » peut-il, pour nous, aspirer à cette acception méta-mécanique qu'il finit par revêtir chez Aristote ? Cela équivaut à se demander : les termes, qui ont modifié le sens du mouvement aristotélique, c'est-à-dire les homologues de « changement » et de « puissance », existent-ils et quels sont-ils pour nous ? Notre thème s'est constitué graduellement comme unité d'une parole et les idées qui l'ont rendu significatif dans une heure éblouissante de la pensée antique : une phase de l'histoire de l'esprit humain qui vit encore en nous, comme prémisses de la manifestation expressive, déclarative, de nous-mêmes. La question que nous venons de formuler ne souffre pas d'une limitation ambiguë que représente l'irresponsable et fréquente interprétation historiciste de la théorie, c'est une question qui porte sur la « sémantique de la pensée », mais investit aussi le « penser », donc, l'inconditionné et peut être formulée autrement. Par exemple, pouvons-nous et comment, transcender l'advenir mécanique, sans l'oublier, mais le tenant uni à des évidences qui garantissent le maintien de la signification du phénomène du mouvement lui-même, dans le problème et dans l'intuition de la nature toute entière. Deux termes d'une généralité égale accompagnant le concept de mouvement, qui est resté le même au cours du développement riche et continu du savoir mécanique : « évolution » et « information ». Le terme d'« évolution », saisi à son origine, au moment même de la transition, du sens embriologique du *développement organique de la matière* à une nouvelle signification du *développement innovateur*, est proche à mouvement. Dans les *First Principles* de Spencer (1842) le développement du terme, encore nouveau et point épuisé, dépend d'une somme d'action mécanique et d'autre nature, masquée par la limite de la pensée humaine, exprimée, cette dernière, par le mot *Ignorabimus* si souvent répété. Comme μεταβολή, ainsi « évolution » se confond avec mouvement, tout en gardant une différence difficile à apprécier. On la retrouve dans Haeckel, le second père du terme, qui publia, en 1868, la *Natürliche Schöpfungsgeschichte*, recueil d'écrits sur la « Entwickelungslehre », la théorie évolutive, désormais évolutionniste.

Haeckel parvint à ce que Spencer n'avait pu faire, sinon pour une part infime, dans une allusion fugace au « great principle of evolution » de *The origin of species* (1859) : persuader Darwin de passer du terme « descent » (descendance) à « evolution » avec *The descent of man* (1871).

Mais, bien qu'employé avec la lourde réserve de la limite cognitive, le terme d'évolution est, certes, proche de μεταβολή et comme le terme aristotélique apporte au référent mécanique une riche intégration de sens, non seulement diachronique, mais décidément ontologique ; il devient manifeste dans le mot « information », un terme que la philologie, dans une conception plus haute, sur les traces de J.-B. Vico, doit sortir d'une réticence, qui a existé trop longtemps, sur sa propre préhistoire sémantique. Pour mieux comprendre ce que nous affirmons, il ne faut pas oublier que le mot « Information »-Hartley (1928) ; Shannon, Wiener (1948) — a un précédent dans l'époque romantique : « Einbildung », qu'il faudrait écrire « Ein-Bildung », « information ». Émule du *Phèdre* de Platon, le dialogue sur la beauté, la vérité et l'amour, le *Bruno* de Schelling (1802) réintroduit dans la théorie de l'art (mais d'un point de vue qui tend à s'élargir et à s'objectiver), la dialectique de l'idée et de la sensation. En fonction de celle-ci comme médiatrice des « archétypes », la fantaisie est le facteur « in-formant » de la création artistique. Platon est proche, à travers l'archétype, de la forme, mais Aristote n'est pas loin, en tant qu'entéléchie et acte, d'archétype et idée. Kant vivait encore quand Schelling dans le dialogue, qui porte le nom du grand panthéiste de la Renaissance — peut-être indirectement connu à travers Jacobi —, montra que l'héritage fécond du kantisme émanait de la *Kritik der Urtheilskraft* (1786), c'est-à-dire de l'œuvre inspirée des sciences de la vie et non pas des écrits inspirés par la primauté de la mécanique. Le chemin d'archétype-archétypique du concept appelé à une nouvelle vie, par Schelling, dans les années de la philosophie de l'identité, sera long ; un chemin qui s'accomplira, à travers plusieurs transmissions intellectuelles, sous des noms divers, dont le seul référent demeure le facteur qui unifie le multiple et qualifie l'indéterminé. « Forme » et « structure » prévaudront sur « archétype », laquel résistera en tant que tel, en vertu du renvoi, au moins ébauché, à une transcendance absolue. La trajectoire la plus longue et la plus grande diffusion seront obtenues par « forme », terme originaire du paradigme bio-médical victorieux ; « information » le retrouvera en soi avec l'efficacité déterminante de l'antique substance et le pouvoir unifiant et codifiant de la structure moderne. Quant à la synthèse de l'évolution, information et mouvement, la raison contemporaine ne semble pas l'avoir accomplie. Nous n'avons plus su voir le monde comme une seule grande évidence et un seul grand problème, alors qu'Aristote sut le faire, qui vit, dans la nature, l'acte de la mobilité en devenir et poursuivit son chemin vers l'acte de l'acte : la Pensée, dotée de vie et désirée par le monde, que représente la dernière tentative aristotélique, dans le douxième des livres métaphysiques, de créer une métaphorique et allusive ἀλήθεια autour de ce qui se meut, est mobile, est mouvement.

Alistair C. CROMBIE

Marin Mersenne et les origines du langage

Mersenne fit du langage un sujet exemplaire d'analyse élémentaire et de modélisation[1]. Plusieurs questions diverses se posaient : l'humanité avait-elle un langage naturel ; quelle était la relation entre les langues actuellement parlées et celle qu'elles entretenaient avec une langue supposée originaire ; mais encore la question des sourds et muets ; la relation du langage humain à celui de l'animal ; l'invention d'un langage artificiel universel pour la communication entre tous les hommes et d'une langue philosophique capable de représenter la vérité des choses clairement, sans ambiguïté... Le traitement de ces questions dépendait d'une variété d'approches ordonnées aux principes de base du *De interpretatione* (C. 1, 16a 4-8) d'Aristote : les sons parlés étaient les symboles des affections de l'âme, les signes écrits ceux des sons parlés, et quoique ces symboles ne fussent pas les mêmes pour tous les hommes, les affections et les objets auxquels ils référaient étaient semblables. Le problème de l'existence d'un langage originel et naturel où les noms des choses signifieraient leurs natures, ou, à l'inverse, celui de savoir si toutes les langues s'étaient développées fortuitement, les mots acquérant alors leur sens par simple convention, remontait aux discussions de l'antiquité grecque sur les origines de l'humanité et de la civilisation. La première vue était représentée par Hérodote, qui, dans ses Histoires (II. 1) rapportait l'isolement auquel on avait soumis des enfants, dès la naissance, afin de savoir quels mots ils prononceraient spontanément. Elle sera présentée d'une manière ambiguë par Platon, en particulier dans le *Cratyle*, en association avec la deuxième vue. La théorie de l'origine conventionnelle du langage, signalée rapidement dans le traité hippocratique *De l'art* (§ 2), avait été développée spécialement par les atomistes grecs et rapportée par Lucrèce (V. 1028-90), Diodore de Sicile (I. 8) et Diogène Laërce (X. 75-6). La question fut compliquée par le récit biblique de la *Genèse* (2. 19-20) où Dieu permet à Adam de nommer toutes les autres créatures. Ce récit conduisit la patristique et la scolastique à supposer que la langue originelle et naturelle du genre humain était l'hébreu, puis, à partir du XIIIe siècle, le néoplatonisme et la Cabale à

1. Cet essai est basé sur mon livre *Styles of Scientific Thinking in the European Tradition*, ch. 14, London, Gerald Duckworth Ltd., 1994, avec bibliographie. Le sujet est développé dans un autre de mes ouvrages : *Marin Mersenne : Science, Music and Language* (à paraître).

affirmer que la possession des vrais noms assure un pouvoir occulte sur les choses nommées[2].

Le besoin de moyens effectifs pour la communication intellectuelle des hommes de différentes cultures et de différents langages avait été souligné par saint Augustin (*De civitate Dei*, XIX. 7). Le problème fut reconnu avec une urgence nouvelle, au XIIIe siècle, dans le contexte théologique et géographique de la chrétienté occidentale. Le langage naturel de l'homme eût-il été l'hébreu, sa primitive universalité avait été perdue dans la confusion de Babel. L'universalité du latin s'arrêtait aux frontières de l'Ouest. Les chrétiens avaient l'obligation religieuse de communiquer la vérité qui leur fut révélée. Au même moment les questions étaient de nouveau discutées de savoir s'il y avait une langue naturelle à l'humanité et s'il s'agissait de l'hébreu. On dit de l'empereur Frédéric II qu'il « essaya de découvrir par l'expérience quel langage ou idiome auraient des garçons s'ils grandissaient sans pouvoir parler à personne »[3]. Roger Bacon circonscrit le problème sous la distinction opérée par saint Augustin (*De Doctrina christiana*, II. 2-4) entre signes naturels et signes conventionnels ou donnés. Les signes naturels étaient ceux qui « sans désir ni intention de signifier, nous font connaître quelque chose au-delà d'eux-mêmes », tels la fumée qui signifie le feu, ou une trace l'animal passé. Les signes donnés étaient ceux qu'une créature vivante faisait intentionnellement, afin de « produire chez un autre esprit et de lui transmettre ce qui arrive dans l'esprit de la personne qui fait le signe ». Après avoir cité Augustin, Bacon continuait en demandant quel fut « le premier langage d'Adam et comment il donna des noms aux choses ; puis, si les garçons élevés dans la solitude utiliseraient aucun langage par eux-mêmes et, s'ils se rencontraient mutuellement, par quel procédé indiqueraient-ils leurs états d'esprit naturels »[4]. Dans son ouvrage *De vulgari eloquentia* (I. 6), Dante ne doutait pas que l'hébreu fût la langue originelle de l'homme. Car, disait-il, « une certaine forme de langage fut créée par Dieu, en même temps que la première âme », comprenant tant les noms que la structure grammaticale, lesquels furent hérités seulement par les Hébreux après la confusion de Babel. D'autres auteurs adoptèrent une conception différente, dans un esprit beaucoup plus scientifique. Ainsi, son contemporain français Jean de Jaudun revint, dans ses questions « Super de Sensu », au cas de l'enfant isolé, qu'il compara au sourd muet :

> On a dit que parce qu'un tel muet n'a jamais entendu une parole sensée, il ne peut en prononcer aucune. Ce qui est en question,

2. Cf. Roger Bacon, *Opus maius*, iv, ed. John Henry Bridges, Oxford, Clarendon Press, t. 1, pp. 395-7, *Opus tertium*, c. 26 (comme ci-dessous n. 4) ; Marsilio Ficino, *De vita coelitus comparanda*, III.21 in *Opera*, Basileae, 1576 ; Henricus Cornelius Agrippa, *De occulta philosophia*, 1.69-74, Antwerpiae, 1531.

3. Salimbene de Adam, *Cronica*, a cura di Giuseppe Scalia, Bari, Gius. Laterza e Figli, 1966, t. i, p. 510.

4. Roger Bacon, *Opus tertium*, c. 27 in *Opera quaedam hactenus inedita*, ed. J.S. Brewer, London, Longman, Green, Longman and Roberts, 1859, t. 1, pp. 100-2.

> c'est ceci : si un garçon était isolé dans une forêt, où il n'aurait entendu aucune sorte de langage, parlerait-il quelque langue... Certains disent qu'il parlerait hébreu, et que cet idiome est naturel ; mais ce n'est pas vrai, car alors il serait adapté à tous les hommes et tous le parleraient naturellement, ce qui est faux et tombe sous le sens. De même, il n'y a d'autre habitude de parler, sinon par le commerce des hommes en société, et je dis de celui-ci qu'il ne parlerait pas. Il pourrait bien produire des sons liés à ses appétits naturels, mais aucune expression conséquente, à moins qu'il n'eut, par la suite, des relations avec d'autres.[5] (9.7)

Plus tardivement, au XIVe siècle, dans un commentaire attribué à Nicole Oresme et Albert de Saxe, l'hébreu fut de nouveau rejeté et le cas de l'enfant isolé repris :

> On doit donc dire que ce garçon parlerait un langage singulier, qui lui serait totalement particulier, et qu'il aurait, voyant des choses extérieures, des concepts les représentant naturellement. Il aurait alors la capacité de leur imposer une idée et de les exprimer par un mot. Et si deux garçons étaient réunis et nourris ensemble, ils parleraient un langage qui leur serait commun. La même chose arriverait s'ils étaient plusieurs. Mais s'ils étaient séparés, il serait bien possible qu'ils parlent une langue semblable ou qu'ils en parlent de totalement différentes. De ceci, il paraît suivre qu'il serait possible qu'il y eut deux hommes, dont l'un n'aurait vu ni connu l'autre, qui parleraient chacun dans son idiome, et pourtant les mêmes pourraient s'entendre mutuellement et s'accorder en paroles.[6] (9.3)

Un autre philosophe contemporain, Marsilius d'Inghen, rejeta encore la naturalité de l'hébreu comme « stupide et ridicule » et conclut que « ce garçon resterait muet jusqu'à ce qu'il reçut d'autres hommes un langage définitif ; mais si deux garçons étaient mis ensemble [...] ceux-là pourraient mutuellement établir entre eux un nouveau langage »[7].

Les efforts linguistiques renouvelés faits, aux XVIe-XVIIe siècles, en vue de restaurer l'unité religieuse de l'Europe et de réaliser, par la conversion et la communication des peuples, l'ancien idéal de l'unité de l'homme,

5. Joannes de Janduno, *Quaestiones super Parvis naturalibus*, Venetiis, 1589, f. A7r ; cf. Agrimi dans la note suivante.

6. *Le « Quaestiones De sensu » attribute a Oresme e Alberto di Sassonia*, a cura di Jole Agrimi, Firenze, La Nuova Italia, 1983, pp. 71-2. Je remercie Chiara Cristiani pour cette importante référence. Une histoire un peu comparable est rapportée au 12e siècle par le philosophe hispano-musulman Ibn Tufail, *Hayy Ibn Yaqzän*, texte arabe... et traduction française par Léon Gauthier, 2e éd., Beirut, Imprimerie Catholique, 1936. L'histoire fut d'abord traduite en Latin par Edward Pococke (1671) ; cf. Gül A. Russell, « "The rusty mirror of the mind" : Ibn Tufayl and Avicenna's psychology » in *Interdisciplinary Perspectives on Ibn Tufayl*, ed. Lawrence I. Conrad, Oxford, Oxford University Press, a paraître.

7. Marsilius of Inghen, *Questiones De sensu et sensato*, q. 3, quodlibet 1, MS Erfurt F. 334, f. 7(8)r : Trad. d'après Agrimi (Cf. note précédente).

s'accomplirent selon deux directions. Il s'agissait, d'une part, d'examiner les relations des langues actuelles entre elles ; d'autre part, d'imaginer un nouveau langage artificiel et universel. Les sourds et muets seraient rendus à leur humanité par le savoir scientifique et par l'invention de moyens de communication, visuels et autres. Une quête nouvelle des éléments communs aux divers langages humains s'affirma par les études comparatives des langues anciennes et modernes, initiées en particulier par Sigismundus Gelenius (*Lexicon Symphonicum*, 1537), Conrad Gessner, qui appliqua à ce problème les méthodes des naturalistes (*Mitridates*, 1555) et Joseph Just Scaliger (« Diatriba de Europaerorum lingua », 1599), publiée dans ses *Opuscula varia* en 1610). De cette recherche émergea la reconnaissance de groupes linguistiques, individualisés par une structure grammaticale et un vocabulaire par lesquels chacun différait des autres : toutes les langues européennes, anciennes et modernes, ainsi que le persan formaient l'un de ces groupes, les langues sémitiques un autre, le chinois et idiomes apparentés un troisième. Scaliger introduisit un principe important en distinguant, dans le premier groupe, des *matrices linguae* plus anciennes et leurs dérivés plus récents. C'est une idée qui devait être reprise par l'ami de Mersenne Nicolas Fabri de Peiresc[8], et qui sera au principe des enquêtes ultérieures relatives à l'histoire génétique des langues humaines, au langage originel supposé de l'humanité, aux causes enfin de sa diversification à travers le temps et l'espace.

Des recherches parallèles furent menées dans l'analyse comparative de l'anatomie et la physiologie des organes vocaux humains et animaux, ainsi que du langage des animaux. A la suite de Aristote (*Historia animalium*, IV. 9. Cf. *De anima*, II. 8), Girolamo Fabrici développa le premier sujet dans deux ouvrages : *De visione, voce auditu* (1600) et *De locutione et ejus instrumentis liber* (1601) ; et le second dans *De brutorum loquela* (1603). L'époque était dominée par des controverses philosophiques héritées de l'antiquité. Les sceptiques avaient jeté le doute sur l'exemplaire singularité de l'homme, seul possesseur du langage, en arguant de faits comparables tirés du monde animal. On discutait pareillement du pouvoir occulte, magique, des mots. Fabrici produisit des observations systématiques de la manière dont certains animaux, la poule domestique et le chien, communiquaient avec leurs congénères.

La conception d'un langage universel nouveau, capable de compenser la division des idiomes nationaux, tirait sa double origine des principes de la linguistique aristotélicienne développés par les grammairiens scolastiques et de la vision scolastique de l'unité de la vérité, telle qu'on la trouve chez Roger Bacon et Raymond Lulle. « Afin de convertir facilement et rapidement les infidèles par des principes universels, écrivait Lulle, on devrait faire un traité qui soit commun à toutes les sciences, qui conduise par une

8. Voir Agnès Bresson, *La correspondance de deux érudits : Nicolas-Claude Fabri de Peiresc et Claude Saumaise*, Firenze, Leo S. Olschki, 1991.

conclusion nécessaire à la vérité et qui puisse enseigner la manière de trouver l'objet spécifique désiré »[9]. Par sa logique symbolique combinatoire, Lulle visait un art infaillible fournissant une méthode de démonstration de la vérité, une et certaine, à qui en apprendrait l'usage. Les grammairiens des XVIe-XVIIe siècles qui faisaient fond sur les idées scolastiques en vinrent à offrir essentiellement des lexiques universels permettant la communication interlinguistique. Francis Bacon (*Advancement of Learning*, 1605) renouvela le projet en objectant qu'un langage universel véritable devait viser, au-delà du verbe, la capacité de communiquer des notions vraies du monde réel, basées sur une compréhension adéquate de la nature, autrement dit sur l'observation scientifique et le raisonnement. Il s'ensuivit que l'analyse du langage devint une partie essentielle du *Novum Organum*, de la nouvelle méthode scientifique, et qu'un langage artificiel idéal ne pouvait être seulement universel mais devait réaliser ce qu'on appellera une langue philosophique.

Mersenne s'inscrivit dans la controverse et dans ces projets pour réfuter à la fois les perspectives magiques et les assertions sceptiques de ceux qu'il regardait comme des ennemis de la vérité. Il reprit les méthodes empiriques de Fabrici, la forme du calcul combinatoire et développa sa propre théorie du langage.

Dès ses premières publications, l'originalité de son approche et de sa modélisation par des symboles ou gestes reposa sur la combinaison qu'il proposa des analyses scientifique et historique. Il rencontra la question du langage humain naturel d'abord sous la forme de la croyance cabalistique dans le pouvoir des mots : une doctrine qu'il rejetta violemment, avec la magie et l'occultisme tout ensemble, dans ses *Quaestiones celeberrimae in Genesim* dès 1623. Il garda la possibilité que Dieu eût révélé en hébreu les noms naturels des choses à Adam et, dans un premier temps, Mersenne resta dans l'expectative sur le point de savoir si le langage s'était développé au hasard ou par révélation. En 1625 dans *La vérité des sciences*, il supposait encore par sa discussion de « l'imposition des noms » que « les noms ne nous servent que pour entendre et signifier ce que nous voulons dire, et ce que nous avons dans l'esprit ». De là, dans notre relation aux autres hommes, « plus les noms approchent des choses qu'ils signifient, et plus les represent-ils naïfvement, et meilleurs sont-ils ». Peut-être était-ce le cas chez les anciens, avant qu'ils reçoivent les lettres hébraïques :

> du moins leurs prononciations representoient les choses : c'est peut estre pourquoy les Chinois ont quasi autant de characteres que de choses... On pourroit aussi former autant de dictions diverses comme il y a de divers individus au monde, mais on ne peut en inventer, qui signifient la nature, et l'essence des choses, d'autant que nous ne la cognoissons pas ; il n'y a que Dieu qui le

9. Raimundus Lullus, « Tractatus de modo convertandi infideles » (1292) in *Opera latina*, ed. Maioricensis Scholae Lullisticae, Mallorca, Publicaciones del Consejo Superior de Investicaciones Científicas, 1954, fasc. III, pp. 104-5.

> puisse faire, ou qui le puisse commander aux anges : peut estre que les noms qu'Adam imposa, avoient ce privilege : mais depuis ce temps là les noms se sont tellement éloignez de leur premiere origine, que nous n'en recognoissons plus aucun vestige. Nous voyons neantmoins que les peuples inventent diverses langues à cause de leurs divers temperamens... Voyla d'où sont venuës en partie les diverses langues, ce qui a commencé à la confusion de Babel avec une grande perte des sciences, car s'il n'y avoit qu'une langue au monde, on s'entrecommuniqueroit, plus facilement les sciences, et on emploieroit tout le temps à les aprendre, qu'on passe à étudier aus langues étrangeres. (I, 6)

Plus tard, dans le manuscrit inédit qui prolongeait les *Quaestiones in Genesim*, il renforça cette thèse, insistant sur le fait que les mots parlés étaient de simples sons physiques faits avec les lèvres et la langue, des signes arbitraires au moyen de quoi la même signification pouvait être exprimée dans des langues différentes, et conclut fermement « qu'il n'y a pas de langage naturel aux hommes, sinon celui-ci ou celui-là qu'ils apprennent de leurs parents ou professeurs »[10]. Il était faux de dire que l'hébreu était naturel.

Finalement Mersenne publia sa remarquable théorie de l'origine, l'histoire et la science empirique du langage dans son *Harmonie universelle* (1636-1637) et dans *Harmonicorum libri* (1636). Il affirmait qu'un langage véritable devait véhiculer une signification consciente, et que cela n'était possible que pour les êtres humains. Les mots parlés étaient des sons physiques et, de même, les mots écrits figuraient des symboles visibles auxquels l'usage avait arbitrairement conféré des significations données au cours de l'histoire humaine. Les sons émis par les animaux, comme leurs signaux visibles, apparaissaient comme des moyens de communication investis de fonctions relatives à leur vie corporelle, mais ils n'opéraient que dans un système physique inconscient de stimulus et de réponses. Ils ne figuraient pas plus un langage, au sens humain, que les communications à l'intérieur d'une machine, même si l'analogie de la communication animale et mécanique fournissait un moyen d'analyse du langage vraiment humain. Mersenne proposa un modèle explicatif. De même que les effets de la musique varient avec la race, le mode de vie, la période et la culture, de même différents groupes humains en étaient venus à exprimer leur commune compréhension de la signification dans une variété d'idiomes diversifiés par leurs expériences historiques, leur environnement, leurs besoins, tempéraments et coutumes. Du fait que les hommes participaient d'une même raison, il était possible de traduire l'expression d'une signification admise dans quelque langage que ce soit dans un autre. Mais aucun idiome existant n'était naturellement antérieur aux autres. Il interrogea

10. Bibliothèque Nationale, Paris, MS lat. 17, 262, p. 511, 436, cf. MS lat. 17, 261, pp. 3-6 ; Robert Lenoble, *Marin Mersenne ou la naissance du mécanisme*, Paris, J. Vrin, 1943, pp. 514-5, 517.

ingénieusement l'acquisition du langage dans son *Harmonie universelle*, en particulier dans le « Traitez de la voix, et des chants », I : « De la voix, des parties qui servent à la former, de sa definition, de ses proprietez, et de l'öuye ». Il soulignait :

> La voix des animaux est necessaire, et celle des hommes est libre ; c'est à dire que l'homme parle librement, et que les animaux crient, chantent, et se servent de leurs voix necessairement à la faculté motrice de mouvoir toutes les parties qui sont necessaires à la voix. (prop. VIII)

Ceci menait à la question : « A sçavoir si l'homme pourrait parler ou chanter s'il n'entendoit point de sons ni de paroles ». La réponse paraissait dépendre d'une expérience virtuelle impossible, qui consisterait à tenir isolé un enfant de tout son ou mot du jour de sa naissance jusqu'à vingt ou trente ans.

> C'est pourquoy il faut se servir de la seule raison, qui dicte qu'un homme ne parleroit point s'il n'avoit iamais oüy de paroles, parce qu'il ne s'imagineroit pas que les paroles peussent servir à expliquer les pensées de l'exprit, et les desirs de la volonté : et quand il se l'imagineroit, il ne sçauroit pas de quelles dictions il devroit se servir pour se faire entendre. On peut donc ce semble conclure que l'homme ne parleroit point s'il n'avoit appris à parler.

Néanmoins, puisque les oiseaux chantent naturellement et que l'homme pourrait imaginer que les notes hautes ou basses représentent des choses différentes, « l'on peut dire que l'homme parleroit encore qu'il n'eust point oüy parler, pourveu qu'il eust quelqu'un à qui il addressast ses paroles » (prop. X). L'expérience réalisée sur un enfant isolé étant trop difficile, qu'en serait-il avec plusieurs :

> Supposé que l'on nourrist des enfans en un lieu où ils n'entendissent point parler, à sçavoir, de quelle langue ils se serviroient pour parler entr'eux. Ie suppose que les enfans [...] inventeroient des sons, et des dictions pour signifier leur desirs, car nous ne sommes plus dans la difficulté precedente, qui considere un homme tout seul qui n'a personne à qui parler. Or si nous ne supposions la verité de la foy, qui nous apprend que le premier homme a esté crée droit, juste et sçavant, nous croirions avec les philosophes payens, que les premiers hommes ont inventé la premiere langue, qui peut estre appellée langue originaire ou matrice, d'où les autres ont esté tirées : [...] ie dy premierement qu'il formerent des sons pour se communiquer leurs pensées. Secondement, qu'il est impossible de sçavoir de quels sons ou de quelles paroles ils useroient pour se faire entendre les uns aus autres ; car toutes les paroles estant indifferentes pour signifier tout ce que l'on veut, il n'y a que la seule volonté qui les puisse determiner à signifier une chose plustost qu'une autre. (prop. XI)

Ces réflexions ramenaient à la question du langage naturel, ou, à défaut, à celle de savoir si par « la science des sons dont les langues sont formées [...] un musicien philosophe [...] peut inventer la meillieure langue de toutes les possibles ». Mersenne ne réclamait pas « une langue qui signifie naturellement les choses », car « il n'est pas necessaire qu'une langue soit naturelle pour estre la meillieure de toutes, mais il suffit qu'elle exprime le plus nettement et le plus briefvement qui se peut faire les pensées de l'esprit, et les desirs de la volonté ». Au moyen d'un calcul combinatoire décrit dans le « Traitez de la voix, et de chants », livre II Des chants », montrant combien de dictions pourraient être tirées d'un nombre fixé de lettres, il paraissait possible d'« establir une langue universelle, qui seroit la meillieure de toutes les possibles, si l'on sçavoit l'ordre des idées que Dieu a de toutes choses » (prop. XII). Mersenne en vint à demander :

> Si nous avions une langue naturelle, [...] si nous la pourrions establir, supposé qu'elle se perdist : et parce que nous confessons que nous ne sçaurions maintenant trouver une langue naturelle, encore que nous soyons de mesme condition que celle où nous serions après l'avoir perduë, il faut semblablement avoüer que l'art et la raison que nous avons ne pourroit nous fournir les mesmes voix qui nous servent naturellement à expliquer nos passions, si nous en avions perdu l'usage.

Car personne ne pourrait prévoir que, parmi tant de signes variés possibles, les larmes et les sanglots dussent indiquer la tristesse et la joie hilare. Qui plus est « si l'on remarque les voix dont les animaux expriment leurs passions et leurs affections, on les iugera aussi indifferentes pour signifier lesdites passions, comme sont les paroles pour signifier nos conceptions, ou les autres choses dont nous voulons parler ». Ainsi, la syllabe *kik*, par laquelle la poule (décrite par Fabrici dans *De brutorum loquela*) dit à ses poussins de courir et de se cacher, n'entretient pas plus de relation aux événements que la syllabe *glo* par laquelle elle les fait revenir. La différence fondamentale entre la parole humaine et celle des animaux ne tient pas, pour ce qui regarde les derniers, à ce que « la nature les auroit privez des organes necessaires à la parole », comme nous l'aurions pensé si nous n'avions pas appris à parler aux oiseaux, mais au fait que « l'Auteur de la nature, ou la nature intelligente determine les animaux, et les conduit tellement, qu'ils n'ont nulle liberté en leurs actions » (prop. XIV). Mersenne discuta en détail comment les muscles des organes vocaux des différents peuples devinrent habitués à prononcer leur langue propre, et réfractaires à tout autre (prop. XXXVII). Il reposa la question, soulevée par les études d'anatomie comparée de Fabrici, de savoir ce qui manquait à certains oiseaux et chez tous les quadrupèdes qui les empêchât d'imiter, par apprentissage, la parole humaine. Pour ce qui concerne le langage animal, « il n'y a nul doute que le jargon des oiseaux, et les cris des animaux, leur servent de paroles, que l'on peut appeler la langue, et l'idiome des bestes, car l'on experimente que celles qui sont de mesme espece s'entendent aussi bien par leurs voix différentes, que les hommes par leurs paroles» (prop. XXXIX). Les éléments de la parole pouvaient être analysés également par référence à l'imitation de la voix par les instruments de musique, et par l'étude méthodique de l'anatomie comparée et de la physiologie. Car «la langue et les autres instrumens de la voix usent de differens mouvemens en prononçant les syllabes et les lettres, comme il est difficile de les expliquer, à raison que nous ne pouvons voir ces mouvemens» (prop. XLIII).

Dans son analyse de la connaissance humaine et de son expression à travers les éléments communs du langage, Mersenne voyait une ouverture, et comme une possibilité d'inventer un système parfait de communication pour tous les hommes, un langage universel nouveau capable de transmettre l'information sans erreur. Il commença à expérimenter cette idée par le moyen d'un calcul combinatoire montrant le nombre de permutations possibles et de combinaisons d'un ensemble donné d'éléments. Dans *La vérité des sciences* (III, 10) il avait déjà essayé d'imaginer la meilleure musique parmi celles qui pouvaient être composées à partir d'un ensemble donné de notes. En 1629, il envoya à Descartes un projet anonyme pour un nouveau langage universel. Dans sa réponse, celui-ci proposera pour modèle du vrai, distinct d'un langage artificiel universel, non pas une structure généralisée qui pourrait être extraite des idiomes existants, mais les mathématiques. Mais, pour lui, «l'invention de cette langue dépend de la vraie philosophie». Et serait-elle faite de telle manière qu'elle représentât au jugement «si distinctement toutes choses, qu'il lui serait presque impossible de se tromper», cela ne pourrait s'attendre que dans «un paradis terrestre»[11]. Mersenne alla de l'avant, avec l'idée qu'un tel langage universel serait utilement établi avant la perfection de la vraie philosophie. Il fit valoir que la seule connaissance certaine des choses qui nous soit accessible était celle de leurs quantités mesurables. Il proposa alors de combiner ses investigations linguistiques et musicales en utilisant son calcul combinatoire pour construire un système de sons et une notation capables de représenter de telles quantités. Il écrivit ainsi dans l'*Harmonie universelle*, «Traitez de la nature des sons», I: «l'on peut se servir des sons de chaque instrument de musique, et des differens mouvemens que l'on leur donne pour discourir de toutes sortes de suiets, et pour enseigner et apprendre les sciences» (prop. XXII). Donc

> l'on peut representer tout ce qui est au monde, et consequemment toutes les sciences par le moyen des sons, car puis que toutes choses consistent en poids, en nombre et en mesure, et que les sons representent ces trois proprietez, ils peuvent signifier tout ce que l'on voudra, si l'on excepte la metaphysique. [...] D'où il

11. Descartes à Mersenne 20 novembre 1629, in P. Marin Mersenne, *Correspondance*, éditée et annotée par Cornelis de Waard avec la collaboration de René Pintard, Paris, Presses Universitaires de France, 1945, t. II, p. 327-8.

> s'ensuit que le parfait musicien peut inventer des dictions, et une langue parfaite, que signifie naturellement les choses, et qu'il peut enseigner les sciences sans user d'autre langage que celuy d'un luth, ou de quelque autre instrument. (prop. XXIV)

« Je me suis imaginé une sorte d'escripture et un certain idiome universel », écrit-il de cette langue des quantités dans une dédicace à Peiresc, « en dressant un alphabet qui contient tous les idiomes possibles, et toutes les dictions qui peuvent servir à exprimer chaque chose en telle langue qu'on vouldra. Il a ceste propriété que sa seule lecture peut tellement enseigner la philosophie accomodée à son ordre, qu'on ne peut l'oublier ou si on l'oublie, qu'on peult la restablir sans l'ayde d'aulcun ». Il espérait qu'il serait utile « pour inventer la maniere de communiquer avec tous les peuples du Nouveau Monde »[12]. Il le décrivit encore dans son « Livre de la voix » (prop. XLVII et XLVIII-XLIX), où il montrait que « l'on peut inventer la meillieure langue de toutes les possibles », et dans son « Livre des chants » (prop. XIII-XIX) ; il précisait que la meilleure langue doit être à la fois économique et claire ; il appliquait aux langues ses tables de toutes les musiques possibles et fournissait des tables de toutes les prononciations possibles.

A côté des mathématiques et de la musique, de la philologie comparative des langues phonétiques anciennes et modernes, la découverte des caractères chinois, à la fois idéophones et idéogrammes, avait plus encore ouvert les yeux des Européens à la variété du langage humain, à son potentiel d'innovation. En Angleterre, les vues de Mersenne devaient avoir une influence décisive sur les projets plus tardifs de langues universelles[13].

Qu'elles portent sur la physiologie ou la phonétique comparative de la parole humaine naturelle, sur l'imitation des voyelles et des consonnes par les instruments de musique ou les animaux, les études de Mersenne le conduisirent à une autre question : celle des sourds-muets, et de la manière de communiquer avec eux. De nouveau, son approche empirique tendait à la promotion de l'analyse scientifique et expérimentale, par contraste avec la spéculation philosophique. Ainsi il rejeta l'idée, aussi ancienne que répandue, selon laquelle il existe une connexion sympathique entre les nerfs de l'oreille et les organes vocaux, de telle sorte que les sourds sont incurablement muets. Cette question était pendante depuis le XIIIe siècle. Ainsi Jean de Jandun demandait-il dans ses *Quaestiones super Parvis naturalibus*, « Super De sensu », q. 7 :

> Si tous les sourds congénitaux sont muets. Certains ont maintenu que la parole est réciproque ; autrement dit que tous les sourds

12. A Monsieur de Peiresc vers 20 avril 1635, in Mersenne, *Correspondance*, éd. cit., 1959, t. V, pp. 136-7.

13. Cf. Hans Aasleff, « Wilkins, John (1614-1672) » in *Dictionary of Scientific Biography*, New York, Charles Scribner's Sons, 1976, t. xiv, pp. 366-8 ; Mary M. Slaughter, *Universal Languages and Scientific Taxonomy in the Seventeenth Century*, Cambridge, Cambridge University Press, 1982.

> sont muets et vice versa parce que, comme certains pouvoirs sont mutuellement liés, s'il y a un obstacle à l'exercice de l'un, il y en aura également à l'exercice de l'autre [...] Mais ceci n'est pas valide [...] Aussi je dis que quiconque est sourd congénital est nécessairement muet, parce que celui qui ne peut apprendre comment l'on forme à volonté un langage significatif est en fait nécessairement muet. Ceci est évident de soi ; car connaître comment former à volonté un langage significatif est le fait de l'habitude et du commerce social avec les gens. Si bien que quelqu'un né sourd ne peut être habitué à l'expression du langage significatif, parce que cela suppose qu'il entende un langage de cette sorte.[14]

De nouveau, au XVIe siècle quelques autorités médicales reconnurent que les sourds étaient muets parce qu'ils n'avaient jamais entendu de paroles. Girolamo Cardano insistait sur le fait qu'ils étaient aussi intelligents que le reste de l'humanité et pouvaient être éduqués par la vision[15]. Mersenne se fit l'écho enthousiaste du travail pionnier accompli en Espagne pour apprendre aux sourds-muets à parler. Dans « De la voix », il cita le compte rendu donné par le médecin royal Francisco Vallès de la méthode inventée par Pedro Ponce de Léon :

> Quant aux muets, encore que plusieurs croyent qu'il n'est pas possible qu'ils parlent autrement que par les signes ordinaires qu'ils font avec les mains, les yeux, et les autres parties du corps, parce qu'ils ne peuvent oüir aucune instruction, à raison qu'ils sont sourds ; il n'y a neantmoins nul doute que l'on peut tellement leur apprendre à remuer la langue, qu'ils formeront des paroles, dont on pourra leur apprendre la signification en leur presentant devant les yeux, ou leur faisant toucher les choses qu'elles signifient. D'où l'on peut conclure qu'il faut commencer par l'escriture pour faire parler les sourds, comme l'on commence par la parole pour enseigner à parler aux autres : de sorte que la parole et l'escriture sont quasi une mesme chose. [...] Or l'unique moyen d'enseigner à lire et à escrire aux sourds et aux muets consiste à leur faire comprendre que les caractères dont on use, representent ce que l'on leur montre, et ce qu'ils voyent : car la pronunciation des

14. Cf. note 5 ; et pour le lien supposé irrémédiable entre l'oreille et les organes vocaux, Galien, *De placitis Hippocratis et Platonis*, ii.4. 12-15, 40-2, 5.1-97, *De usu partium*, XVI.3-4, IX.12, XI.10, *De locis affectis*, IV.9.

15. Cardano, *Opera omnia*, t. ii, Lugduni, 1663, pp. 72-3, t. X, p. 462.

16. Cf. Franciscus Vallesius, *De sacra philosophia*, c. 3, Lugduni, 1588, p. 78 ; Lorenzo Hervas y Panduro, *Escuola Española de sordomudos*, Madrid, La Imprenta Real, 1795, 2 t. ; Abraham Farrar, « Historical introduction » to Juan Pablo Bonet, *Simplification of the Alphabet and Method of Teaching Deaf-Mutes to Speak*, translated by H.N. Dixon, Harrogate, A. Farrar, 1890 ; Ruth Elaine Bender, *The Conquest of Deafness*, Cleveland, Ohio, Case Western Reserve University, 2e éd., 1970 ; Harlan Lane, *When the Mind Hears : A history of the deaf*, New York, Random House, 1984 ; with also A.C. Crombie, « Mathematics, music and medical science » (1971), rep. in *Science, Optics and Music in Medieval and Early Modern Thought*, London, The Hambledon Press, 1990, pp. 363-78.

> lettres et des vocables, c'est à dire la parole, ne represente pas plus naturellement les choses signifiees que l'escriture quelle qu'elle soit, puis qu'elles dépendent toutes deux également de la volonté et de l'institution des hommes, sans laquelle elles ne signifient rien. [...] Cecy estant posé, il est facile d'enseigner à escrire toutes sortes de choses aux sourds, pourveu qu'elles puissent tomber sous le sens de la veuë, ou du toucher, ou qu'elles puissent estre goustees, ou flairees ; mais il est plus mal-aisé de les faire parler, d'autant que l'on ne peut leur monstrer tous les mouvemens de la langue, et des autres parties qui forment la parole. [...] Valesius dit que son amy Ponce enseignoit tellement les sourds par le moyen de l'escriture, qu'il les faisoit parler en leur monstrant premièrement au doigt les choses qui estoient signifiees par l'escriture, et puis en leur faisant remuer la langue jusques à ce qu'ils eussent proferé quelque parole, ou fait quelque espece de son ou de voix.[16] (prop. LI)

C'est particulièrement en France que des méthodes d'enseignement effectives devaient être développées, comme le rapportait l'abbé Charles-Michel de l'Épée dans *La véritable manière d'instruire les sourds-muets, confirmée par une longue expérience* (1784). Celles-ci, comme l'indiquait Mersenne, étaient la conséquence de la théorie empirique du langage pour la promotion de laquelle il avait tant fait. Celle-ci rendait les sourds et muets à leur entière dignité d'hommes, à leur responsabilité, dont ils avaient été trop longtemps privés par la nature et par la société.

Traduction Claude BLANCKAERT

François DUCHESNEAU

Leibniz et la grande chaîne des êtres

Traitant de la préexistence des germes accréditée dans la philosophie post-cartésienne, Jacques Roger fait pour ainsi dire un sort à part à Leibniz :

> Et ce n'est pas la moindre originalité de cette pensée, dont l'influence fut considérable, que d'avoir pris en charge une théorie fondée sur une vision rigoureusement fixiste du monde, pour en faire la base d'une conception dynamique de la nature. Dans la mesure où la monade est principe d'énergie lié à une unité organique, dans la mesure où l'harmonie préétablie n'inclut pas seulement les êtres existants, mais aussi des êtres possibles que nous ne connaissons pas, la pensée leibnizienne prépare l'avenir, tend à détruire le fixisme, et dépasse de toute la hauteur du génie la philosophie de son temps.[1]

En fait, ce que vise cette évaluation, c'est l'interprétation à donner à certains passages des *Nouveaux essais sur l'entendement humain* (1704), où Leibniz paraît récuser le fait que les espèces connaîtraient en contrepartie la variation possible des divisions spécifiques dans le temps[2]. Selon Roger, les nouvelles formes ne dériveraient pas au sens strict de formes plus anciennes par quelque processus causal que ce fût. Leibniz admettait une création « en même temps » de tous les individus de toutes les espèces sous forme de germes. Certains de ces individus, composant certaines catégories spécifiques empiriquement repérables, n'auraient surgi, par développement du potentiel contenu dans les germes correspondants, que dans une phase historique donnée. Ce processus serait celui du « développement ». A l'inverse, pourquoi n'y aurait-il pas effacement de certaines espèces phénoménales par « enveloppement », comme les faits semblent le suggérer ? A l'arrière-plan des développements et enveloppements

* La recherche dont ce texte fait état, a été rendue possible grâce à une subvention du Conseil de recherches en sciences humaines du Canada. Pour une analyse développant les résultats de la présente étude, cf. François Duchesneau, *Leibniz et la méthode la science*, Paris, Presses Universitaires de France, 1993, pp. 336-374.

1. Jacques Roger, *Les Sciences de la vie dans la pensée française du* XVIII*e siècle*, 2e éd., Paris, A. Colin, 1971, p. 370.

2. G.W. Leibniz, *Nouveaux essais sur l'entendement humain*, 3.6.23 dans : *Sämtliche Schriften und Briefe*, t. VI-vi, p. 317.

d'organismes, la thèse de la grande chaîne des êtres commande, du point de vue leibnizien, le devenir des individus et des regroupements spécifiques. Tous les individus s'inscriraient en effet dans « une échelle des êtres aux degrés infiniment voisins les uns des autres » et l'apparition successive des espèces ou « sous-divisions » serait « la réalisation progressive [de cette] échelle préétablie des êtres, ou, plus exactement, la révélation progressive d'une échelle préexistante des êtres, dont certains degrés étaient restés jusque-là invisibles, faute de s'être “développés” »[3]. Roger souligne que cette hypothèse d'interprétation lui semble la plus logique et la plus conforme à la leçon générale tirée des doctrines leibniziennes, mais il se garde d'en faire nécessairement la seule hypothèse recevable, faute sans doute de pouvoir instituer un contrôle qui puisse servir d'expérience cruciale[4].

Dans l'ensemble, l'analyse fournie par Roger nous semble juste, mais elle fait l'économie de quelques difficultés qui ne pouvaient que hanter l'intellect leibnizien. Mentionnons ces difficultés : 1) comment le principe de continuité, qui suppose le recours à des modèles opératoires de type mathématique, peut-il légitimement s'appliquer à une interprétation globale des phénomènes vitaux ? 2) l'échelle infinitésimalement graduée des êtres concerne-t-elle les individus ou les espèces, ou les deux ? 3) comment cette grande chaîne des êtres, dont la structure est de type mathématique, peut-elle faire droit à la versatilité d'une nature contingente ?

Nous aimerions offrir à Jacques Roger quelques variations philosophiques sur l'interprétation qu'il a naguère fournie de la chaîne des êtres selon Leibniz. Nous nous fixerons le modeste objectif d'éclairer les difficultés que cette doctrine nous semble soulever.

Il ne fait aucun doute que la doctrine de la chaîne des êtres repose sur l'un des principes architectoniques de la science leibnizienne des phénomènes : le principe de continuité[5]. Dans sa version profane, ce principe se résume à l'axiome : la nature ne fait pas de saut (*natura non facit saltus*). Et cet axiome sous-tend la représentation de formes vivantes graduées qui assureraient une transition entre les diverses espèces phénoménales. C'est dans ce contexte que Leibniz traite des zoophytes, par exemple. Mais il faut se référer aux formules plus techniques du principe[6]. La thèse est ici que les états physiques forment des séries continues, par-delà les discon-

3. J. Roger, *op. cit.*, n. 1, p. 370, n. 256.

4. Pour une interprétation métaphysique de la chaîne des êtres, cf. Arthur Lovejoy, *The Great Chain of Being*, Cambridge (Mass.), Harvard University Press, 1970, pp. 144-182 ; des considérations d'épistémologie générale prévalent dans l'ouvrage de Michel Serres, *Le Système de Leibniz et ses modèles mathématiques*, Paris, Presses Universitaires de France, 1968, pp. 573-599 et dans Yvon Belaval, « Leibniz et la chaîne des êtres », *Analecta Husserliana*, t. IX, 1981, pp. 59-68.

5. François Duchesneau, « Leibniz on the Principle of Continuity », *Revue internationale de philosophie*, à paraître.

6. G.W. Leibniz, « Lettre sur un principe général utile à l'explication des lois de la nature par la considération de la sagesse divine », *Die philosophischen Schriften* (éd. Gerhardt), t. III, pp. 51-55.

tinuités apparentes. Par des modèles de passage à la limite qu'inspire l'algorithme du calcul infinitésimal, on peut concevoir deux états discrets très rapprochés, répondant à des déterminations paramétriques hétérogènes, comme s'ils exprimaient la convergence harmonique des paramètres. Cet artifice analytique permet somme toute de concilier des phénomènes plus ou moins hétérogènes dans leurs caractéristiques phénoménales en saisissant des déterminations de tendance par-delà les rapports quantitatifs discrets, lesquels expriment *more geometrico* l'ordre des phénomènes isolément considérés. C'est précisément un tel artifice que Leibniz fait intervenir pour montrer la discordance des lois du choc des corps si l'on applique l'estimation quantitative de la force mouvante par l'*impetus* (= mv) à la façon des cartésiens. Pour des écarts minimaux dans les conditions antécédentes de déplacement des mobiles, il s'ensuivrait des écarts considérables dans les conditions conséquentes. D'où la représentation de la série des cas par des courbes rompues : *delineatio monstrosa*[7]. A l'inverse, si l'estime des forces mouvantes s'établit suivant le théorème leibnizien de la conservation de la force vive (mesurée par le produit mv^2), la représentation des cas est conforme à la série des lois empiriques de Huygens pour le choc des corps, et de plus, ces cas entrent sous un système de coordonnées paramétriques dont l'expression est une courbe continue, obéissant à une loi de progression régulière : *delineatio concinna*. Le principe de continuité, dans son application physique, permet de rendre compte d'un ordre sériel de détermination liant les points intrinsèquement discernables que constituent les unités réelles ou monades sous-jacentes aux phénomènes. Mais la représentation distincte de cet ordre suppose la possibilité de l'exprimer symboliquement par une fonction d'intégration. Il faut qu'il soit possible d'assigner une loi de la série ou des séries impliquées dans la connexion des phénomènes soumis à l'analyse. C'est ainsi que Leibniz traite les raisons déterminantes des phénomènes en dioptrique et en catoptrique, en mécanique, voire en théorie gravitationnelle. Mais peut-on étendre ce système d'analyse à des phénomènes de type biologique ?

Pour Leibniz, il ne fait pas de doute que la structure de tout organisme ressortit à l'analyse géométrique, mais le propre de l'instrument géométrique requis est de faire place à des rapports emboîtés à l'infini : tel est le statut des machines de la nature, par contraste avec les machines de l'art[8]. L'idée dominante de la physiologie leibnizienne est celle d'une structure matérielle impliquant des rapports d'intégration hypercomplexe, dont l'analyse empirique ne peut révéler qu'un aspect superficiel. En ce qui

7. G.W. Leibniz, *Animadversiones in partem generalem Principiorum Cartesianorum*, *op.cit.*, n. 6, t. IV, p. 382.

8. Sur la théorie leibnizienne de l'organisme, cf. Jacques Roger, « Leibniz et les sciences de la vie », *Akten des II. internationalen Leibniz-Kongresses*, Wiesbaden, F. Steiner, 1969, pp. 209-219 ; Marie-Noëlle Dumas, *La Pensée de la vie chez Leibniz*, Paris, Vrin, 1976 ; François Duchesneau, *La Physiologie des Lumières*, La Haye/Boston/Londres, M. Nijhoff, 1982, pp. 65-102, 502-507.

concerne le fonctionnement de l'organisme, Leibniz privilégie une analyse de type téléologique, qui permet de devancer la mise en évidence des processus résultant des structures emboîtées. L'anticipation fonctionnelle se fonde elle-même sur un double développement analytique : il s'agit d'une part de décrire l'ordre de surface qui tient aux actions et aux dispositifs de l'organisme : telle est la contribution de la physiologie empirique. Mais, par ailleurs, la schématisation adventice des fonctions repose sur notre possibilité de concevoir des processus mécaniques *grosso modo* analogues aux opérations vitales ; nous transposons ensuite ces processus figurés sur le mode d'une intégration à l'infini et d'un ordre constitué par l'ajustement sériel progressif des micro-dispositifs.

Le terme « organisme » désigne donc une forme d'entité théorique. Ce concept sert à justifier des modèles pour l'analyse empirique. Leibniz procède à des analyses de séquences de phénomènes en établissant des lois empiriques de transformation qui reflètent l'exigence d'un développement sériel des variations. Il est manifeste qu'il a ainsi accordé sa préférence à certains travaux scientifiques ressortissant à l'étude empirique de phénomènes biologiques. Que l'on prenne pour exemples les séquences de transformation d'insectes, celles des œufs de vivipares, celles des animalcules spermatiques ; mais tout aussi bien les diathèses de troubles fonctionnels dans les maladies épidémiques ou les variations dynamiques dans la circulation des fluides organiques : les savants qui se livrent à de telles recherches, qu'il s'agisse de Swammerdam, de Leeuwenhoek, de Ramazzini ou de Guglielmini, retiennent son attention comme les véritables promoteurs d'une science du vivant susceptible de se développer à l'instar de la physique. Mais le modèle le plus accompli de l'anatomo-physiologiste conforme à l'idéal leibnizien n'était-il pas Malpighi[9], lorsqu'il développait ses recherches micro-structuralistes sur les follicules glandulaires en utilisant les analogies différentielles que lui fournissait le « microscope de la nature » ? Entendons par là la mise en évidence macroscopique des micro-processus par le recours à une matière d'observation choisie parce que la détermination des phénomènes y atteint une sorte de maximum ou d'optimum ; exemple : l'examen du fonctionnement des capillaires chez la grenouille[10].

Si le principe de continuité sert à rendre raison des variations paramétriques propres aux phénomènes bien fondés que sont les organismes individuels, peut-il s'appliquer aux espèces ?

Leibniz introduit conjointement sa conception des essences correspondant aux distinctions d'espèces et sa vision de la grande chaîne des êtres. Prenons comme exemple l'énoncé des *Nouveaux essais*, 4.16.12 :

9. André Robinet, *G.W. Leibniz, Iter Italicum*, Florence, L.S. Olschki, 1988, pp. 309-318.

10. François Duchesneau, « Malpighi, Descartes and the Epistemological Problems of Iatromechanism », dans Righini-Bonelli, M.L. & Shea, W.R., *Reason, Experiment, and Mysticism in the Scientific Revolution*, New York, Science History Publications, 1975, pp. 111-130, 301-302.

> Tout va par degrés dans la nature, et rien par saut, et cette règle à l'égard des changements est une partie de ma loi de la continuité. Mais la beauté de la nature qui veut des perceptions distinguées, demande des apparences de sauts, et pour ainsi dire des chutes de musique dans les phénomènes, et prend plaisir de mêler les espèces. Ainsi quoiqu'il puisse y avoir dans quelque autre monde des espèces moyennes entre l'homme et la bête (selon qu'on prend le sens de ces mots) et qu'il y ait apparemment quelque part des animaux raisonnables qui nous passent, la nature a trouvé bon de les éloigner de nous, pour nous donner sans contredit la supériorité que nous avons dans notre globe. Je parle des espèces moyennes, et je ne voudrais pas me régler ici sur les individus humains... [11]

Il s'agit de reconnaître des différences individuelles qui s'inscrivent en séries continues, mais d'admettre en même temps que les individus se regroupent suivant des normes de détermination médiane par rapport aux variations individuelles que peut recouvrir le même noyau de déterminations spécifiques. Et l'on pourrait en droit procéder à l'établissement de nouvelles médianes, sans doute à l'infini, entre les médianes spécifiques du monde existant actuel. Mais un tel état de chose contreviendrait à un arrangement harmonieux de l'ensemble des individus réalisés, suivant les regroupements apparents que constituent les espèces biologiques. Il est sans doute contraire à l'ordre optimal que les espèces, identifiées suivant leurs caractéristiques médianes au plan des phénomènes, se trouvent multipliées à l'infini. La nature ne satisferait pas alors à la notion d'une hiérarchie distincte, donc à une exigence téléologique d'ordre général.

Pour fins d'analyse, tout entendement fini compare entre elles les réalités phénoménales et particulièrement celles qui s'avèrent les plus complexes : les organismes vivants. Il prend alors des termes de comparaison relatifs à tel ou tel type générique de caractère observable : forme de tel organe ou de tel ensemble d'organes, réplication du type par la génération, manifestation de telle ou telle activité fonctionnelle. A l'aide de ce critère empirique, l'on découvre des séquences d'intermédiaires entre les variantes nettement distinctes que représentent des espèces suffisamment éloignées. De là, l'on infère la gradation plus ou moins continue du trait choisi lorsqu'on traverse successivement par l'observation des groupements d'individus, représentant chacun une médiane de forme ou de fonction comprise entre d'autres médianes. Leibniz a un sens aigu de la relativité des critères classificatoires choisis. C'est pourquoi les séries de gradation que l'on peut concevoir, sont très diverses et intégreront très différemment le même type individuel, en le rapprochant de tel type ou de tel autre type suivant la forme de ressemblance considérée. Et comme les organismes répondent à une architecture complexe de traits structuraux et fonctionnels

11. G.W. Leibniz, *op. cit.*, n. 2, p. 473.

intégrés, la règle informelle de compossibilité des déterminations peut éliminer de fait certaines médianes possibles. Il peut aussi se produire que de telles médianes se manifestent dans des types organiques appartenant à des systèmes géographiquement éloignés de ceux où se trouvent les médianes voisines sur le plan de la ressemblance. Car des groupes hétérogènes forment de tels systèmes en vertu d'une règle de compossibilité des disparités de type, compte tenu du contexte matériel de réalisation. En résumé, telle est la doctrine que Leibniz formule dans les *Nouveaux essais*, 3.6.12 :

> Des habiles philosophes ont traité cette question, *utrum detur Vacuum Formarum*, c'est-à-dire s'il y a des espèces possibles qui pourtant n'existent point, et qu'il pourrait sembler que la nature ait oubliées. J'ai des raisons pour croire que toutes les espèces possibles ne sont point compossibles dans l'univers tout grand qu'il est, et cela non seulement par rapport aux choses qui sont ensemble en même temps, mais même par rapport à toute la suite des choses. C'est-à-dire je crois qu'il y a nécessairement des espèces qui n'ont jamais été et ne seront jamais, n'étant pas compatibles avec cette suite des créatures que Dieu a choisie. Mais je crois que toutes les choses que la parfaite harmonie de l'univers pouvait recevoir y sont. Qu'il y ait des créatures mitoyennes entre celles qui sont éloignées, c'est quelque chose de conforme à cette même harmonie, quoique ce ne soit pas toujours dans un même globe ou système, et ce qui est au milieu de deux espèces, l'est quelquefois par rapport à certaines circonstances et non pas par rapport à d'autres. Les oiseaux si différents de l'homme en autres choses s'approchent de lui par la parole, mais si les singes savaient parler comme les perroquets, ils iraient [plus] loin. La Loi de la Continuité porte que la Nature ne laisse point de vide dans l'ordre qu'elle suit, mais toute forme ou espèce n'est pas de tout ordre.[12]

Pour éclairer ce texte, il importe de préciser comment Leibniz se figure la détermination des espèces et comment cette détermination renvoie à la doctrine de l'organisme. La distinction cruciale oppose l'espèce au sens mathématique ou logique et l'espèce au sens physique[13]. La moindre différence d'essence, c'est-à-dire de détermination conceptuelle, crée une espèce logique. Ainsi le cercle et la parabole constituent-ils des espèces logiques, quel que soit le nombre infini de figures que l'on rattache à chaque espèce. Mais il n'en est pas de même des ellipses, qui comportent une infinité d'espèces suivant la distance des foyers, ni non plus des ovales à trois foyers, qui comportent une infinité d'espèces, constituant une infinité de genres logiques. A la limite, on peut tenir tout individu physique pour une espèce logique ultime, et même on peut considérer qu'il constitue

12. G.W. Leibniz, *op. cit.*, n. 2, p. 307.
13. Cf. *Nouveaux essais*, 3.3.14 ; 3.6.8. ; 3.6.38 ; *op. cit.*, n. 2, pp. 293, 305, 325-326.

une infinité d'espèces logiques suivant le changement temporel de sa variété indéfinie interne. Mais les espèces physiques dépendent des ressemblances que les entendements finis retiennent pour identifier des types généraux, des groupements d'individus répondant à une essence dont les bornes sont assignées de façon relative. Mais ces ressemblances, pourvu qu'elles soient relevées de façon cohérente et de façon à éclairer progressivement la connexion des phénomènes, ne peuvent qu'être fondées dans l'ordre des choses : elles tiennent à l'intelligibilité des phénomènes bien fondés :

> Cependant quelques règlements que les hommes fassent pour leurs dénominations, et pour les droits attachés aux noms ; pourvu que leur règlement soit suivi ou lié et intelligible, il sera fondé en réalité, et ils ne sauront se figurer des espèces que la nature, qui comprend jusqu'aux possibilités, n'ait faites ou distinguées avant eux. [14]

Le modèle que Leibniz privilégie pour l'identification des ressemblances spécifiques, tient à la réplication des caractéristiques structurales et fonctionnelles à travers les changements phénoménaux. De même que les espèces chimiques se manifestent lorsqu'on peut reconstituer les corps et leurs propriétés par un jeu de réactions compensant les altérations précédemment survenues, de même les espèces biologiques s'affirment par la génération, le semblable découlant d'une reproduction du semblable, à l'exclusion de tout type équivoque non réitérable : « dans les corps organiques on met ordinairement la marque provisionnelle de la même espèce dans la génération ou race ; comme dans les [corps] plus similaires on la met dans la reproduction » [15].

Leibniz toutefois ne refuse aucunement de reconnaître les phénomènes d'hybridation, qui peuvent résulter en l'établissement de nouvelles médianes entre espèces antérieurement identifiées [16]. Car cette exception ne fait que confirmer la règle du repérage des ressemblances empiriquement fondées et attestant des compossibilités sous-jacentes. D'où, comme Roger l'a bien montré, ce que l'on a tenu à tort pour une admission du transformisme chez Leibniz [17]. En fait, il s'agit de deux thèses à la fois. D'une part, Leibniz postule le caractère relatif de nos distinctions

14. *Nouveaux essais*, 3.6.13, cf. aussi 3.5.9 : « C'est la nature des choses qui fixe ordinairement ces limites des espèces », *op. cit.*, n. 2, pp. 309 et 302.

15. *Nouveaux essais*, 3.6.38, *op. cit.*, n. 2, p. 325.

16. *Nouveaux essais*, 3.6.23, *op. cit.*, n. 2, p. 315, où Leibniz mentionne un certain nombre de circonstances susceptibles d'altérer la reproduction du type, que l'on admette une hypothèse de préformation oviste ou animalculiste.

17. *Nouveaux essais*, 3.6.23, *op. cit.*, n. 2, p. 317 : « Peut-être que dans quelque temps ou quelque lieu de l'univers, les espèces des animaux sont ou étaient ou seront plus sujet[te]s à changer qu'elles ne sont présentement parmi nous, et plusieurs animaux qui ont quelque chose du chat, comme le lion, le tigre et le lynx, pourraient avoir été d'une même race et pourront être maintenant comme des sous-divisions nouvelles de l'ancienne espèce des chats ».

spécifiques fondées sur des critères empiriques. D'autre part, il admet que les caractéristiques phénoménales au sein d'un groupe peuvent se profiler de façon différente dans divers types de contexte. En fait, Leibniz est fixiste pour autant qu'il postule au départ la coexistence de toutes les déterminations individuelles ; mais celles-ci sont appelées à se manifester dans un contexte changeant, et de ce fait, on peut se représenter des diversifications d'espèces, des effacements, voire d'apparentes créations en état de variance par rapport aux espèces précédemment identifiées. La préexistence des germes, telle que les théoriciens de l'ovisme ou de l'animalculisme tentaient de l'établir, apparaît nécessairement à Leibniz comme une hypothèse fondée sur des analogies empiriques. De ce fait, elle ne peut afficher qu'une validité relative. Par contre, la détermination des similitudes naturelles semble exprimer un ordre de possibilités au niveau des constitutions internes d'organismes. Mais elle l'exprime sur le mode de l'approximation relative aux conditions de l'expérience.

Leibniz ne récuse pas non plus la possibilité d'ajouter au critère de la reproduction, celui de caractéristiques fonctionnelles sui generis, comme c'est le cas lorsqu'on identifie l'homme à partir de la génération, mais aussi à partir des fonctions intellectives, sans que le lien des deux critères soit nécessairement fondé sur une analyse conceptuelle adéquate. De façon générale, une telle analyse conceptuelle devrait remonter des similitudes phénoménales qui, associées, définissent la raison de l'identité spécifique, à la constitution interne commune des individualités impliquées dans le regroupement. Il y aurait dans cette constitution interne de quoi justifier les similitudes phénoménales. Or Leibniz ne peut exclure la possibilité qu'il n'y ait pas de conformité stricte entre la constitution interne et les traits spécifiques au niveau de l'analyse empirique. Et il est manifeste que notre possibilité d'accès à ces constitutions internes ne peut être que fort hypothétique. A supposer qu'il faille admettre cette inéluctable relativité, il n'en reste pas moins que les régularités phénoménales suffisent à justifier nos classifications, du moins de façon provisionnelle. Le repérage analytique de ces régularités constitue donc la clé d'un accès de notre part à l'ordre naturel présumé :

> ... Et quand on accorderait que certaines natures apparentes qui nous font donner des noms, n'ont rien d'intérieur commun, nos définitions ne laisseraient pas d'être fondées dans des espèces réelles ; car les phénomènes mêmes sont des réalités. Nous pouvons donc dire que tout ce que nous distinguons ou comparons avec vérité, la nature le distingue ou le fait convenir aussi, quoiqu'elle ait des distinctions et des comparaisons que nous ne savons point et qui peuvent être meilleures que les nôtres. Aussi faudra-t-il encore beaucoup de soin et d'expérience pour assigner les genres et les espèces d'une manière assez approchante de la nature.[18]

18. *Nouveaux essais*, 3.6.13, *op. cit.*, n. 2, p. 309.

L'exemple qui illustre cette déclaration, est révélateur. Leibniz note que la tendance des botanistes du temps est de classer les plantes d'après la forme des fleurs. Il propose de faire plusieurs classifications parallèles en se fondant sur d'autres traits phénoménaux. On obtiendrait ainsi une pluralité de tables. La façon de les unifier consiste à remonter à la génération du type spécifique et à voir comment la combinaison de ces traits phénoménaux résulte des déterminations « génétiques » et comment réciproquement, elle les permet. Et Leibniz développe à ce propos l'analogie de la graine et du pollen de la plante avec l'œuf et les spermatozoïdes de l'animal. Le but visé est de suggérer que l'étude des modalités de la génération éclairerait la diversification morphologique et physiologique des types spécifiques : on approcherait ainsi d'une connaissance d'essences réelles pour les espèces, d'« attributs fixes pour chaque espèce communs à tous ses individus et toujours subsistant dans le même vivant organique, quelques altérations ou transformations [qui] lui puissent arriver »[19].

Si l'on se réfère à la seule possibilité logique et donc aux constructions issues du pouvoir de la raison même, il pourrait et devrait y avoir des distinctions à l'infini : il n'y aurait donc aucune certitude quant à la détermination des espèces distinctes, constitutives de la nature actualisée. Mais cela ne saurait contredire à la reconnaissance empirique de ressemblances fondées dans l'ordre des choses. Les espèces physiques très voisines peuvent d'autant moins se confondre que l'on procède à une analyse impliquant leur compatibilité avec d'autres espèces hétérogènes dans un même système[20]. Et même si l'on doit introduire des limites de convention entre les types ainsi identifiés, par exemple en appliquant des critères de type quantitatif, il ne saurait se faire que si l'ordre des phénomènes répond à nos distinctions, celles-ci ne bénéficient d'un fondement réel. De ce point de vue, la science ne peut faire mieux que de s'employer à rectifier peu à peu les classifications vulgaires, soit en étendant les limites de l'observation et en tentant de s'approcher de la constitution interne par constructions hypothétiques, soit en expérimentant, comme font les jardiniers, lorsqu'ils composent des hybrides[21]. Ainsi se trouve défini un modèle d'extension progressive des distinctions spécifiques :

> Si nous combinons des idées compatibles, les limites que nous assignons aux espèces, sont toujours exactement conformes à la

19. *Nouveaux essais*, 3.6.13, *op. cit.*, n. 2, p. 310.
20. *Nouveaux essais*, 3.6.27, *op. cit.*, n. 2, p. 321 : « Car, quand il s'agit des fictions et de la possibilité des choses, les passages d'espèce en espèce peuvent être insensibles, et pour les discerner, ce serait quelquefois à peu près comme on ne saurait décider combien il faut laisser de poils à un homme pour qu'il ne soit point chauve. Cette détermination serait vraie quand même nous connaîtrions parfaitement l'intérieur des créatures dont il s'agit. Mais je ne vois point qu'elle puisse empêcher les choses d'avoir des essences réelles indépendamment de l'entendement, et nous de les connaître : il est vrai que les noms et les bornes des espèces seraient quelquefois comme les noms des mesures et des poids, où il faut choisir pour avoir des bornes fixes. Cependant pour l'ordinaire, il n'y a rien de tel à craindre, les espèces trop approchantes ne se trouvant guère ensemble ».
21. *Nouveaux essais*, 3.6.28, *op. cit.*, n. 2, p. 321.

> nature ; et si nous prenons garde à combiner les idées qui se trouvent actuellement ensemble, nos notions sont encore conformes à l'expérience faite, ou à faire d'y découvrir davantage, et si nous recourons aux experts lorsqu'il s'agit de quelque chose de précis à l'égard de ce qu'on entend publiquement par le nom ; nous ne nous y tromperons pas. Ainsi la Nature peut fournir des idées plus parfaites et plus commodes, mais elle ne donnera point un démenti à celles que nous avons, qui sont bonnes et naturelles, quoique ce ne soient peut-être pas les meilleures et les plus naturelles.[22]

En fait, Leibniz situe la construction de modèles pour la détermination des espèces dans l'entre-deux des espèces logiques et des espèces physiques réellement fondées. Cette science intermédiaire des essences spécifiques se fonde sur une démarche définitionnelle de l'entendement : « on s'y règle sur les apparences les plus considérables, qui ne sont pas tout à fait immuables, mais qui ne changent pas facilement, l'une approchant plus de l'essentiel que l'autre »[23]. Qu'il s'agisse là de constructions hypothétiques sous forme de modèles, cela se trouve confirmé du fait que Leibniz qualifie ces espèces composées de « différences spécifiques civiles » et d'« espèces nominales ». Mis à part la caractéristique spécifique que constitue la raison en l'homme, les espèces physiques n'apparaissent que comme de pures conjectures : « [On présume] quelque nature essentielle et immuable »[24]. D'où la relativité des déterminations de types classificatoires, telles que nous les assignons de l'extérieur par le repérage de similitudes et de différences phénoménales. Prenons l'espèce *Canis* et considérons-en les variétés quasi indéfinies ! Ces variétés ne correspondent-elles pas toutes à une « même nature intérieure constante spécifique », qui aurait varié par altérations accidentelles ? C'est le sens que pourrait prendre une dérivation historique des races depuis le prototype commun. Non qu'il s'agisse d'une transformation au sens strict ! Leibniz a plutôt en vue des modulations indéfinies autour d'une médiane, ce qui nous inciterait à identifier de nouvelles médianes entre les médianes de départ, mais sans que le processus de modification figure une véritable causalité évolutive. Les médianes apparaissent d'autant plus déterminées que les phénomènes présentent des types de structures globalement plus hétérogènes. On peut alors présumer que la distinction des espèces au niveau intermédiaire des phénomènes correspond à une distinction au niveau de la structure interne essentielle, et que cette dernière ne se trouve pas exclue par les variations individuelles indéfinies que l'on peut référer aux espèces logiques (*species infimæ*). Les races ou variétés de chiens ne constituent peut-être que des regroupements accidentels d'espèces logiques en dispersion graduelle par rapport à la médiane d'une seule espèce physique. Et les diverses

22. *Nouveaux essais*, 3.6.30, *op. cit.*, n. 2, pp. 322-323.
23. *Nouveaux essais*, 3.6.39, *op. cit.*, n. 2, p. 327.
24. *Nouveaux essais*, 3.6.38, *op. cit.*, n. 2, p. 325.

espèces phénoménales que l'on tend alors à identifier, ne sont peut-être que des modèles sans consistance. Mais il ressort d'une comparaison du chien et de l'éléphant que les espèces phénoménales semblent refléter une distinction d'essences réelles, correspondant à la disparité des systèmes organiques ainsi comparés[25].

Comment cette conception différentielle des distinctions spécifiques peut-elle s'inscrire sous le principe général de continuité, sans que l'on retombe sur l'indétermination des individualités comprises en termes d'espèces purement logiques ? Dans un univers où toute solution de continuité serait abolie, pourrait-on légitimement traiter d'espèces d'organismes vivants ? La réponse leibnizienne à cette question se trouve formulée dans une lettre à Varignon relative au principe de continuité et à sa signification mathématique et physique. Dans les réalités coexistantes, l'imagination peut se représenter des sauts là où il conviendrait de saisir une continuité de progression. Des réalités nous apparaissent hétérogènes qui, si nous avions accès à leur nature intime, nous apparaîtraient illustrer un même type d'ordre. C'est comme si, ne considérant que la configuration externe des sections coniques : ellipses, hyperboles et paraboles, on les tenait pour des courbes disparates par essence. Mais elles sont en fait liées par une même loi d'engendrement et il résulte de cette loi qu'entre les déterminations spécifiques de ces courbes aucune autre détermination ne pourrait venir s'inscrire dans la transition de l'une à l'autre. Dans le schéma de développement continu des sections coniques, il y a donc des stades de détermination spécifiques, des médianes vraies de la gradation des cas. Suivant l'analogie de ce modèle, Leibniz introduit sa conception scalaire des espèces d'organismes :

> Je pense donc avoir de bonnes raisons pour croire que toutes les différentes classes des Êtres, dont l'assemblage forme l'Univers, ne sont dans les idées de Dieu, qui connaît distinctement leurs gradations essentielles, que comme autant d'Ordonnées d'une même Courbe, dont l'union ne souffre pas qu'on en place d'autres entre deux, à cause que cela marquerait du désordre et de l'imperfection. Les hommes tiennent donc aux animaux, ceux-ci aux plantes et celles-ci derechef aux fossiles, qui se lieront à leur tour aux corps que les sens et l'imagination nous représentent comme parfaitement morts et informes. Or puisque la loi de la Continuité exige que, *quand les déterminations essentielles d'un Être se rapprochent de celles d'un autre, [...] aussi en conséquence toutes les propriétés du premier doivent s'approcher graduellement*

25. *Nouveaux essais*, 3.6.38, *op. cit.*, n. 2, pp. 325-326 : « Mais il n'y a point d'apparence qu'un Épagneul et un Éléphant soient de même race, et qu'ils aient une telle nature spécifique commune. Ainsi dans les différentes sortes de chiens, en parlant des apparences, on peut distinguer les espèces, et parlant de l'essence intérieure, on peut balancer : mais comparant le Chien et l'Éléphant, il n'y a pas lieu de leur attribuer extérieurement ou intérieurement ce qui les ferait croire d'une même espèce. Ainsi il n'y a aucun sujet d'être en balance contre la présomption ».

> *de celles du dernier*, il est nécessaire que tous les ordres des Êtres naturels ne forment qu'une seule chaîne, dans laquelle les différentes classes, comme autant d'anneaux, tiennent si étroitement les unes aux autres qu'il est impossible aux sens et à l'imagination de fixer précisément le point où quelqu'une commence, ou finit : toutes les espèces qui bordent, ou qui occupent pour ainsi dire les Régions d'inflexion et de rebroussement, devant être équivoques et douées de caractères qui peuvent se rapporter aux espèces voisines également... [D'où le renversement des] règles communes, bâties sur la supposition d'une séparation parfaite et absolue des différents ordres des Êtres simultanés qui remplissent l'Univers...[26]

A la lumière de ce texte, nous pouvons finalement préciser la façon programmatique dont Leibniz conçoit la classification des espèces biologiques. Du point de vue d'un entendement infini, la compréhension intégrale des espèces se ferait en termes de coordonnées représentant toutes les propriétés d'un type d'organisme. Cette conjonction de propriétés serait différentiellement distincte de la conjonction analogue exprimant l'espèce voisine. D'une certaine manière, la seconde conjonction se comprendrait comme la limite de détermination de la première ; mais, en même temps, elle constituerait une détermination hétérogène par rapport à la première. Tous les types organiques effectivement réalisés exprimeraient donc une même similitude de base du point de vue des structures et des fonctions du vivant, mais cette similitude admettrait des degrés, et ces degrés correspondraient aux points caractéristiques voisins, mais distincts de la courbe, donc à des formes d'organisation, à des modes d'intégration des propriétés, différentiellement distincts les uns par rapport aux autres. Mais chaque point dans cette représentation figurée correspond à la loi interne d'un type d'organisme. Où peut-on trouver la formule de cette loi ? Non certes dans la notion de monade, qui ne nous fournit que des raisons de type général par lesquelles on ne peut expliquer aucun phénomène particulier. Du moins ces raisons générales nous orientent-elles vers un principe dynamique d'animation, qui assurerait l'hégémonie sur des structures organiques emboîtées. Le passage à l'ordre des phénomènes nous limite à des constructions hypothétiques de modèles : ceux-ci se fondent sur le choix de traits caractéristiques qui permettent de constituer des séries graduées de déterminations structurales ou fonctionnelles. Mais les différences entre espèces ne peuvent dépendre que d'une intégration totale impliquant une pluralité de telles propriétés. C'est pourquoi il faut concevoir la constitution interne spécifique comme une sorte de matrice permettant de combiner diverses séries de déterminations structurales et fonctionnelles. La chaîne des classes d'êtres apparaît alors comme la courbe d'intégration de ces déterminations combinatoires

26. G.W. Leibniz, *Hauptschriften zur Grundlegung der Philosophie*, (éd. Buchenau et Cassirer), Leipzig. F. Meiner, 1906, t. II, p. 558. Pour l'identification du texte, cf. p. 74. n. 329.

formant des matrices pour le développement des structures et fonctions organiques. En même temps, Leibniz insiste sur le fait que le mode d'intégration caractéristique d'une espèce s'exprime par la reproduction des organismes qui représentent ce type. C'est donc sur la structure du germe, de l'embryon de l'organisme que doit se concentrer la recherche des traits phénoménaux les plus représentatifs des déterminations combinatoires formant la constitution interne de l'espèce. Tout se passe comme si Leibniz eût recommandé de construire la taxonomie des espèces vivantes à un premier niveau sur l'anatomie et la physiologie comparée, puis à un niveau plus profond, sur l'embryologie comparée, enfin à un niveau encore plus profond sur une théorie génétique de type combinatoire. Certes, ce schéma est une sorte de fantasme historique. Mais il permet de comprendre que la théorie leibnizienne ait trouvé à s'assimiler à divers programmes de recherche de la biologie ultérieure. Nous ne pouvons que souscrire au jugement de Jacques Roger sur l'intérêt de cette pensée inventivement tournée vers l'avenir.

Aram VARTANIAN

Diderot et Newton

« J'ai étudié Newton dans le dessein de l'éclaircir »[1]. C'est comme exégète de la physique attractionnaire que Diderot s'est d'abord senti une vocation d'écrivain philosophe. Mais son étude des *Principia mathematica* n'a jamais vu le jour, car il s'en est désintéressé dès la parution d'un long commentaire sur le même sujet par les pères minimes Jacquier et Le Seur[2]. Le projet de Diderot se limitait, vraisemblablement, à une exposition fidèle et sans originalité de la science newtonienne, sinon il n'y aurait pas si vite renoncé. D'après son propre aveu : « Il y aurait eu dans mon ouvrage fort peu de choses qui ne soient dans celui de ces savants géomètres. » Mis au défi par « la profondeur et la laconicité des *Principes mathématiques* »[3], Diderot a voulu, comme Voltaire, rendre les théories de Newton accessibles à un public de non-spécialistes, plutôt que de les examiner d'un œil critique à une époque où elles étaient encore contestées en France par les tenants du cartésianisme. Néanmoins, il ne s'est pas interdit de disputer sur le détail du « système » newtonien, puisqu'il a pu tirer, en 1748, de ses « paperasses abandonnées » la substance d'un mémoire qui hasardait un avis divergent de celui de Newton sur la méthode de calculer la résistance de l'air au mouvement d'un pendule[4]. Mais du fait qu'il ne semble avoir utilisé, pour un ouvrage ultérieur, que cette seule partie de son commentaire, sans se soucier même d'en conserver l'ensemble (qui s'est malheureusement perdu pour la postérité), on peut déduire qu'aux yeux de Diderot son livre sur Newton n'était au fond qu'une « défense et illus-

1. *Mémoires sur différents sujets de mathématiques*, 1748. Denis Diderot, *Œuvres complètes*, Paris, Hermann, 1975-89, t. II, p. 320. Sauf indication contraire, les références à Diderot dans ce travail renvoient à cette édition.

2. François Jacquier et Thomas Le Seur, *Philosophiae naturalis principia ; auctore Isaaco Newtono... perpetuis commentariis illustrata*, Genève, 1739-43, 4 volumes. Leur livre, réédité jusqu'en 1831, a eu un succès indéniable.

3. Sur l'obscurité de Newton, on lit aussi cette plainte dans l'*Interprétation de la nature* (« pensée xl ») : « Ce n'est pas assez de révéler ; il faut encore que la révélation soit entière et claire » (IX, 68).

4. Il s'agit de savoir « si les retardations du pendule sont telles que Newton paraît les avoir supposées, proportionnelles aux arcs parcourus, ou telles que le calcul [de Diderot] nous les donne, proportionnelles aux carrés de ces arcs » (II, 332).

tration ». Il a donc été au début, malgré quelques réserves, un disciple qui ne songeait pas à mettre sérieusement en question l'autorité du maître[5].

A cette date, l'adhésion de Diderot à la science newtonienne s'explique, en dehors des raisons surtout techniques qu'il a dû avoir, comme le complément nécessaire de son attachement au déisme, qui devait durer jusqu'à la publication en 1746 des *Pensées philosophiques*. La confiance avec laquelle on recourait alors aux *Principia* pour donner à l'orientation déiste une base scientifique se laisse mesurer par les *Éléments de la philosophie de Newton* (1738), où Voltaire a forgé, à l'usage de son siècle, un lien exemplaire entre la nouvelle astronomie et la sagesse d'un Être Suprême. Diderot, à son tour, a appuyé le déisme par les mêmes découvertes en citant Newton, dans les *Pensées philosophiques*, à la tête de plusieurs « successeurs » hollandais : « Ce n'est que dans les ouvrages de Newton, de Musschenbroeck, d'Hartzoeker, et de Nieuwentit, qu'on a trouvé des preuves satisfaisantes de l'existence d'un Être souverainement intelligent. Grâce aux travaux de ces grands hommes, le monde n'est plus un Dieu : c'est une machine qui a ses roues, ses cordes, ses poulies, ses ressorts et ses poids » (II, 24-25). Diderot approuve si ardemment ce refus du panthéisme athée qu'il en arrive à voir son héros presque comme une personnification humaine de l'Intelligence Divine qui, selon la croyance déiste, a créé tous les mécanismes merveilleux de la nature : « La Divinité n'est-elle pas aussi clairement empreinte dans l'œil d'un ciron, que la faculté de penser dans les ouvrages du grand Newton ?... Quoi ! le monde formé prouve moins une intelligence, que le monde expliqué ? » (II, 27) Dans cette séquence qui associe l'œil d'un ciron, Dieu, et « le grand Newton », la science de ce dernier cautionne, à l'étape pré-matérialiste de la pensée diderotienne, l'action divine sur un univers providentiel. Pour Diderot la physique newtonienne fournissait non seulement une explication vraie des phénomènes naturels, mais une justification logique de sa première prise de position en philosophie.

Cette circonstance aide à comprendre pourquoi, en 1748, l'allégeance scientifique d'un Diderot « newtonien » a subi un changement notable. Ses *Mémoires sur différents sujets de mathématiques*, parus la même année, témoignent d'une attitude méfiante envers le concept fondamental de la physique attractionnaire :

> Il y a une sorte de vanité qui aime mieux s'attacher à des mots, à des qualités occultes, ou à quelque hypothèse frivole, que d'avouer de l'ignorance... Bien ou mal, on veut tout expliquer ; et c'est grâce à cette manie que l'horreur du vide a fait monter l'eau dans

5. Mais il n'était pas, non plus, un disciple docile. Il faut peut-être voir encore un vestige de son commentaire sur les *Principes mathématiques* dans un essai rédigé longtemps après, où, à propos de la quadrature du cercle, il a eu une fois de plus maille à partir avec le célèbre savant anglais : « Je n'ignore pas que Newton a démontré... que *omnis area, in giris arta, nisi per aequationem numero terminorum infinitam potest generaliter exprimi* ; mais un géomètre qui a bien acquis le droit de prononcer dans ces matières, m'a dit que la démonstration de Newton était suspecte » (II, 436).

> les pompes, que les tourbillons ont été la cause des mouvements célestes, que l'attraction sera longtemps encore celle de la pesanteur des corps. (II, 265)

Ce jugement, qui renvoie dos à dos les tourbillons, qualifiés d'hypothèse frivole, et la loi de gravitation universelle, dénoncée (à la manière des cartésiens) comme une cause occulte, nous révèle un Diderot qui s'empare d'un terrain neutre et personnel situé vaguement entre Descartes et Newton[6]. Sur un problème concret de physique — celui, mentionné ci-dessus, de la résistance de l'air — son langage, en se référant au maître d'autrefois, a maintenant un ton désabusé et sceptique, querelleur même : « Si vous trouvez que ce ne soit pas assez accorder au grand nom de Newton, j'en suis fâché ; pour moi, je ne puis lui accorder davantage. J'ai pour Newton toute la déférence qu'on doit aux hommes uniques dans leur genre ; j'incline fort à croire qu'il a la vérité de son côté ; mais encore est-il bon de s'en assurer » (II, 332). Ces paroles sont à rapprocher d'un aveu qui, en éclairant leur sens profond, frappe par sa netteté : « Quand les sujets mathématiques m'auraient été jadis très familiers, m'interroger aujourd'hui sur Newton, c'est me parler d'un rêve de l'an passé » (II, 320). Il est vrai qu'en 1748 Diderot avait de nouvelles occupations et curiosités intellectuelles : l'*Encyclopédie*, la biologie, l'épistémologie sensationniste. Mais pourquoi dit-il, justement, « un rêve » ? La métaphore du rêve, par laquelle il caractérise son ancien dévouement au système newtonien, désigne ici un ensemble d'idées dont non seulement on se détache ordinairement au bout d'un certain temps, mais dont, en s'éveillant, on a l'impression qu'il ne correspond plus en tout point à la réalité. Cette distance prise par Diderot vis-à-vis de Newton n'était pas étrangère, comme nous le verrons, à son éloignement, déjà en 1748, de la doctrine déiste en faveur du matérialisme athée, qui allait être bientôt l'enseignement de la *Lettre sur les aveugles*.

Afin de mieux saisir le motif pour lequel Diderot s'est écarté de Newton, il faut peser le témoignage d'une autre œuvre, publiée également en 1748 : *Les Bijoux indiscrets*. On y lit un sommaire du conflit entre cartésiens et newtoniens :

> Olibri, habile géomètre et grand physicien, fonda la secte des vorticoses. Circino, habile physicien et grand géomètre, fut le premier attractionnaire. Olibri et Circino se proposèrent l'un et l'autre d'expliquer la nature. Les principes d'Olibri ont au premier coup d'œil une simplicité qui séduit : ils satisfont en gros aux principaux phénomènes, mais ils se démentent dans les détails.

6. Jean Mayer estime que, dans ce passage, « sous l'influence d'un cartésianisme de collège, [Diderot] condamne d'abord légèrement l'explication de la pesanteur par l'attraction », *Diderot, homme de science*, Rennes, Imprimerie bretonne, 1959, p. 146. On ne voit pas pourquoi le rejet de l'attraction, traitée de qualité occulte, serait fait ici « légèrement », à moins que le même adverbe ne doive s'appliquer également à la condamnation des tourbillons et de l'horreur du vide.

> Quant à Circino, il semble partir d'une absurdité ; mais il n'y a que le premier pas qui coûte... Il suit une route obscure à l'entrée ; mais qui s'éclaire à mesure qu'on avance.[7] (III, 57-58)

Cette comparaison fait ressortir la supériorité de la physique de Newton, en reconnaissant que la loi de l'attraction, à l'opposé des tourbillons de Descartes, représente avec une précision qui va toujours en augmentant la dynamique des corps. Il n'est pas douteux que le passage tient encore la force attractive pour une propriété vérifiable de la matière, en même temps qu'il rejette comme chimérique la théorie tourbillonnaire, car Diderot finit par y constater « qu'un attractionnaire vaudra toujours cent vorticoses ». A ce niveau du texte, le sens en est assez sûr. Mais à un niveau moins apparent, le texte devient ambigu en niant une partie de ce qu'il semble accorder. Plus exactement, le succès qu'il attribue aux *Principes mathématiques* ne va pas sans un défaut fondamental. Il s'agit d'une « absurdité » sur laquelle, selon Diderot, repose paradoxalement toute la physique newtonienne, et d'une « route obscure » qu'elle ne peut pas éviter à son point de départ. Un tel reproche coïncide, visiblement, avec celui, souvent répété, des cartésiens, qui soutenaient que le postulat d'une action réciproque des corps exercée à distance et à travers le vide était inintelligible sous le rapport d'une mécanique rationnelle.

Que l'auteur des *Bijoux indiscrets* eût l'intention d'y faire valoir un thème de la polémique cartésienne se dégage de l'intertexte de sa mise en parallèle. Le modèle de celle-ci était l'*Éloge de Newton* prononcé par Fontenelle en 1727. Le secrétaire de l'*Académie royale des sciences*, qui était aussi le chef de « la secte des vorticoses », avait pu, grâce à une rhétorique insinuante, applaudir les découvertes de Newton — en avouer même la réussite au détriment des idées de Descartes — tout en laissant entendre que la physique cartésienne, sur certaines questions essentielles, n'avait pas encore cédé à son rival. Fontenelle admet que les calculs de Newton concernant le mouvement des corps dans un plein hypothétique mènent « à des conclusions qui détruisent les tourbillons de Descartes, et renversent ce grand édifice céleste qu'on aurait cru inébranlable »[8]. Il se résigne à la victoire de la révolution newtonienne : « L'attraction et le vide, bannis de la physique de Descartes, et bannis pour jamais selon les apparences, y reviennent ramenés par Newton, armés d'une force toute nouvelle dont on ne les croyait pas capables ». Malgré ces concessions à la gloire du savant anglais, l'éloge académique de Fontenelle était, en fait, un double éloge. On peut s'en convaincre par plusieurs traits de sa comparaison que Diderot n'a pas manqué plus tard de reproduire. Fontenelle avait, au moyen d'une structure textuelle symétrique, juxtaposé Descartes

7. Cette esquisse d'une querelle d'actualité montre que, quoi qu'en ait dit J. Mayer (*supra*, n. 6), le cartésianisme de Diderot en 1748 n'était point un simple souvenir « de collège » mais bien un reflet du milieu scientifique français de son temps.

8. Bernard Le Bouvier de Fontenelle, *Œuvres complètes*, éditées par G.-B. Depping, Paris, 1818, (Slatkine, Genève, 1968), t. I, p. 393.

et Newton comme « deux grands hommes », deux « génies du premier ordre », dont chacun avait inventé toute une branche des mathématiques afin de réduire les données physiques à des relations quantitatives. Mais leur différence principale était que

> l'un, prenant un vol hardi, a voulu se placer à la source de tout, se rendre maître des premiers principes par quelques idées claires et fondamentales, pour n'avoir plus qu'à descendre aux phénomènes de la nature comme à des conséquences nécessaires. L'autre, plus timide ou plus modeste, a commencé sa marche par s'appuyer sur les phénomènes pour remonter aux principes inconnus... L'un part de ce qu'il entend nettement pour trouver la cause de ce qu'il voit ; l'autre part de ce qu'il voit, pour en trouver la cause, soit claire, soit obscure. Les principes évidents de l'un ne conduisent pas toujours aux phénomènes tels qu'ils sont ; les phénomènes ne conduisent pas toujours l'autre à des principes assez évidents.[9]

En dressant ce bilan entre le déductivisme cartésien et l'inductivisme newtonien, Fontenelle prétend reconnaître, équitablement, du bon et du mauvais dans l'une et l'autre méthode d'investigation scientifique. Si Diderot, en comparant « Olibri, habile géomètre et grand physicien » à « Circino, habile physicien et grand géomètre », a imité la stratégie fontenellienne de mettre en équilibre « deux génies du premier ordre », c'est qu'il consentait à envisager dans une perspective cartésienne le conflit contemporain des deux écoles. Et il en infère, comme son précurseur, que la loi de l'attraction, partant d'une absurdité, ne se conformait pas « à des principes assez évidents ». Cela, bien entendu, ne faisait pas de Diderot « un vorticose » ; mais on voit qu'il n'était pas non plus, à cette date, un newtonien orthodoxe, car le mystère d'une cause qui était censée agir sans contact ni intermédiaire sur des corps dispersés dans un espace vide n'a jamais cessé de lui répugner.

En 1753, Diderot a exprimé plus fermement cette répugnance dans une « Observation » décochée en flèche du Parthe à la fin des *Pensées sur l'interprétation de la nature*. Il y fait sien l'argument-clé des cartésiens contre la théorie attractionnaire : « on ne conçoit guère comment une qualité s'exerce *à distance*, sans aucun intermède » (IX, 99). Il précise « qu'il n'y a point d'absurdités et qu'il n'y en eut jamais, ou que c'en est une de prétendre qu'elle s'exerce dans le vide diversement, à différentes distances » ; car « on n'aperçoit rien, soit au-dedans, soit au-dehors d'une portion de matière, qui soit capable de faire varier son action ». Puisque tout le monde convient que, posée la loi de l'inertie, « un corps, animé dans le vide de la quantité de mouvement la plus petite, irait à l'infini, uniformément, en ligne droite », il s'ensuit que la force attractive ne pourrait pas varier, en agissant dans le vide, « selon une raison quelconque inverse ou directe de la distance ». La décroissance uniforme de l'action

9. *Ibid.*, I, 394.

relativement à la distance, ce dont personne ne disconvenait, oblige à conclure que l'effet de l'attraction est affaibli par la résistance d'un « intermède ». Ne voyant aucun moyen d'échapper à l'alternative cartésienne, Diderot constate donc que c'est la façon d'agir de l'attraction elle-même qui « ramène nécessairement au plein et à la philosophie corpusculaire ; et que la supposition du vide et celle de la variabilité de l'action d'une cause sont deux suppositions contradictoires ». Cette objection sans équivoque est suivie d'une apostrophe au « lecteur idéal » imaginé par l'auteur, qui y déclare son sentiment personnel sur le problème de physique en question : « Si l'on te propose ces difficultés, je te conseille d'en aller chercher la réponse chez quelque Newtonien ; car je t'avoue que j'ignore comment on les résout ». L'allusion, avec un sous-entendu de mépris, à « quelque Newtonien » fait assez sentir qu'aucun partisan de Newton ne saurait satisfaire à la difficulté soulevée par Diderot. Simultanément, le tour de phrase, « je te conseille d'aller chercher », a un ton impatient et ironique, renforcé par un aveu d'ignorance (« car je t'avoue que j'ignore comment on les résout ») dont la fonction est de nier qu'un autre en puisse savoir davantage[10]. Ainsi « l'Observation » qui clôt l'*Interprétation de la nature*, l'ouvrage où Diderot a exposé, sous la forme la plus complète, ses idées sur la méthode scientifique, signifie qu'il accepte, d'un côté, l'essentiel de la physique newtonienne, à savoir que les corps ont la propriété de s'attirer mutuellement en raison directe de leur masse et en raison inverse de leur distance. Mais, d'un autre côté, ce qu'il trouve inacceptable, parce que cela lui paraît « absurde », c'est le mode d'opération et l'articulation théorique attribués à cette force dans l'ensemble du « système » newtonien. Plus exactement, il est persuadé que l'attraction, en tant que cause, est incompatible avec l'hypothèse du vide, parce que, le but de la science naturelle étant d'expliquer les phénomènes par une mécanique intelligible, il ne faut pas recourir à la physique désuète et confuse des « qualités ». Par cette prise de position, Diderot impose au newtonianisme un critère cartésien de rationalité, voire de vérité, qui nécessite de sa part le refus du vide et l'affirmation du plein. Son originalité dans la lutte des deux mentalités scientifiques de son époque, c'est d'avoir voulu effectuer une synthèse de Descartes et de Newton, en réconciliant l'univers attractionnaire de celui-ci avec l'univers corpusculaire de celui-là. En cherchant à accorder les faits expérimentaux de l'un avec les principes évidents de l'autre, Diderot était motivé par le besoin intellectuel d'une science à la fois empiriquement valable et logiquement concevable.

En 1749, l'auteur de la *Lettre sur les aveugles* a fini par abjurer résolument la cosmologie newtonienne qu'il avait jusqu'alors promulguée. Saunderson,

10. Jacques Chouillet apprécie cette dernière phrase de « l'Observation » comme un échantillon de la maîtrise que possédait Diderot « dans l'art de l'atténuation et de l'esquive », *Diderot, poète de l'énergie*, Paris, PUF, 1984, p. 143. C'est sans doute cet art stylistique qui a empêché maints lecteurs de saisir toute la portée de sa critique de Newton. Diderot avait une bonne raison d'être évasif. Revenir à des thèses cartésiennes en plein essor de la physique attractionnaire risquait de paraître « rétrograde » à ses contemporains.

le mathématicien aveugle-né qui y parle pour Diderot, proclame sur son lit de mort, dans une scène apocryphe, une audacieuse vision du monde tout ensemble naturaliste et transformiste. Le rôle de porte-parole fictif décerné à l'ingénieux géomètre anglais n'était certes pas un effet du hasard. Saunderson avait non seulement été un disciple loyal de Newton, mais lui avait succédé dans la chaire des mathématiques à l'université de Cambridge. Ce personnage à l'allure archi-newtonienne nous est, cependant, présenté dans l'acte de rompre solennellement avec la conception déiste de la nature que le dix-huitième siècle avait puisée dans les *Principia*. Le disciple rebelle est manifestement une figure allégorique désignant Diderot lui-même, qui s'était d'abord montré, dans les *Pensées philosophiques*, partisan d'une métaphysique finaliste fondée sur le newtonianisme, et qui, en 1749, l'a abandonnée pour un « système » radicalement différent, celui d'une science de type évolutionniste, alliée intimement au matérialisme athée.

Diderot raconte ce revirement décisif et permanent de sa pensée en des termes qui démolissent tout un aspect de la tradition newtonienne. Après que Saunderson a émis des doutes graves sur l'existence de Dieu, ses amis cherchent à restaurer la foi du moribond en faisant valoir, sans beaucoup de succès, le raisonnement banal selon lequel les « merveilles de la nature » démontrent la volonté créatrice « d'un Être intelligent ». L'aveugle-né, qui n'a jamais vu le bel ordre des choses qu'on lui allègue, hésite d'abord à nier « ce qu'un homme tel que Newton n'avait pas dédaigné d'admettre : il représente toutefois... que le témoignage de Newton n'était pas aussi fort pour lui, que celui de la nature entière pour Newton ; et que Newton croyait sur la parole de Dieu, au lieu que lui, il en était réduit à croire sur la parole de Newton » (IV, 49-50). Se méfiant de l'expérience subjective de ce dernier quant à ce que la nature cache en grande partie aux yeux des savants, Saunderson proteste que, même si l'arrangement actuel du monde ressemble à un chef-d'œuvre de l'art, cela ne prouve rien en ce qui concerne ses états antérieurs. L'aveugle-né, en introduisant donc dans la science naturelle les concepts jumeaux de temporalité et de vicissitude, récuse le créationnisme fixiste qui, semblable au « sophisme de l'éphémère » réfuté par Fontenelle, était devenu le complément métaphysique de la physique des *Principia*. En remontant par l'imagination à l'origine de l'univers, Saunderson « voit » à son tour « la matière se mouvoir et le chaos se débrouiller ». Et il décrit provisoirement la création, par les seules causes matérielles, d'une longue suite d'organismes imparfaits qui auraient disparus en se modifiant en d'autres mieux adaptés à la vie. L'auteur de la *Lettre sur les aveugles* ajoute, à ce tableau biologique, une dimension cosmogonique plus vaste :

> Mais pourquoi n'assurerais-je pas des mondes ce que je crois des animaux ? Combien de mondes estropiés, manqués, se sont dissipés, se reforment et se dissipent peut-être à chaque instant, dans des espaces éloignés, où je ne touche point et où vous ne voyez pas ; mais où le mouvement continue et continuera de combiner des

> amas de matière, jusqu'à ce qu'ils aient obtenu quelque arrangement dans lequel ils puissent persévérer. (IV, 51)

Ces conjectures géniales, inspirées par un goût des hypothèses si contraire aux préceptes de Newton, nous mènent hors des limites stables d'un univers-horloge, et offrent à notre vue un désordre dans la nature, dont les traits généraux ne sont rien moins que newtoniens :

> O philosophes, transportez-vous donc avec moi, sur les confins de cet univers, au-delà du point où je touche et où vous voyez des êtres organisés ; promenez-vous sur ce nouvel océan, et cherchez à travers ses agitations irrégulières, quelques vestiges de cet être intelligent dont vous admirez ici la sagesse. (IV, 51-52)

Les propriétés physiques d'un tel macrocosme aux « agitations irrégulières », où une nature encore à l'œuvre dépasse et dément la régularité trompeuse de notre petit système solaire si bien élucidé dans les *Principia*, sont résumées en une image hautement signifiante. Diderot/Saunderson caractérise la matière universelle comme un « nouvel océan ». La même métaphore reviendra dans un passage important du *Rêve de D'Alembert*, où le « mathématicien rêveur » prendra le relais du « géomètre aveugle-né ». D'Alembert y exclame : « Dans cet immense océan de matière, pas une molécule qui ressemble à une molécule, pas une molécule qui se ressemble à elle-même un instant » (XVII, 128). La matière, envisagée ici sous la forme d'un fluide sans limite, se trouve dans un rapport positif avec la diversité toujours changeante des phénomènes, bref, avec la fluidité du réel. Mais quoi qu'on fasse pour se représenter un « océan de matière », il est impossible de l'imaginer en accord avec l'idée du vide. Un océan qui occuperait l'immensité de l'espace en remplirait nécessairement le volume entier, comme tout liquide remplit ordinairement tout l'espace qu'il occupe. La métaphore de l'océan de matière, dans la *Lettre sur les aveugles* ainsi que dans *Le Rêve de D'Alembert*, traduit le concept du plein. La vision diderotienne d'un univers « océanique » soumis à des agitations internes rappelle plutôt l'hydrodynamique des tourbillons que les mouvements réglés des corps solides s'attirant dans le vide. Le devenir du monde s'en trouve, chez Diderot, lié à une conception fluide et plénière d'une substance à la fois corporelle et spatiale, ce qui renoue avec la physique cartésienne. Car, conformément à celle-ci, Diderot préfère voir une conjonction au lieu d'une disjonction entre la matière et l'espace. Le matérialisme athée, en le détournant du modèle cosmologique newtonien, l'a poussé du côté de la seule tradition scientifique qui, dans son milieu, s'y opposait pertinemment[11].

11. Le lecteur peut apercevoir la ressemblance de la cosmologie diderotienne avec celle de la tradition cartésienne, popularisée et prolongée, sous une forme qui implique le naturalisme, par Fontenelle dans ses *Entretiens sur la pluralité des mondes* : « Toute cette masse immense de matière qui compose l'univers, est dans un mouvement perpétuel, dont aucune des parties n'est entièrement exempte ; et dès qu'il y a du mouvement quelque part... il faut

On peut dire qu'un quiproquo sous-tendait la controverse entre cartésiens et newtoniens, et que Diderot n'y a pas échappé. Newton avait insisté, contre le reproche prévu de ses critiques, sur le fait que la loi de l'attraction ne désignait point la cause physique elle-même dont résultait la gravitation observable et mesurable des corps. Il convenait que cette cause, et la façon réciproque dont elle communiquait le mouvement d'un corps à un autre, étaient cachées et inconnues, ce qui lui a permis, par une solution favorable au déisme, de les confondre avec la sage volonté de l'Être Suprême. Mais quant à la science séparée de la théologie, Newton affirmait essentiellement n'avoir donné autre chose qu'une systématisation mathématique du comportement cinétique des corps célestes et terrestres. Les cartésiens ne niaient pas l'exactitude des calculs qu'il avait obtenus des phénomènes. Ce qu'on lui objectait, c'est que la loi de l'attraction, établie uniquement sur des preuves géométriques, ne constituait pas une explication *physique* — ce qui, pour les cartésiens, voulait dire une explication *mécanique*. La source et le rayonnement de la force attractive, en restant mystérieux, se situaient, pour les newtoniens, au-delà du champ des connaissances scientifiques. Par contre, l'école cartésienne croyait qu'une explication mécanique des phénomènes attribués à l'attraction était possible dans les conditions du savoir contemporain ; et cet optimisme naïf était augmenté par la conviction erronée que l'hypothèse des tourbillons pouvait fournir une telle explication. Diderot, face à cette querelle, sympathisait avec l'exigence cartésienne d'une théorie mécanique capable de soustraire la physique à toute intervention divine ou surnaturelle, même s'il ne concédait aucun mérite à l'hypothèse particulière des tourbillons. Conscient que l'absurde et l'obscur avaient toujours servi de terrain fertile à la théologie naturelle, il a dénoncé « l'absurdité » et « l'obscurité » de la thèse attractionnaire. Afin de rendre plus intelligible, donc moins sujet à des gloses religieuses, le fait de l'attraction, il a trouvé utile d'embrasser la doctrine cartésienne du plein, laquelle, en supposant une « substance intermédiaire » entre les corps, donnait raison en même temps de la transmission d'une force attractive et de la diminution de celle-ci proportionnellement à la distance. Le rôle imputé à Dieu dans la production de ces phénomènes devenait futile. En optant pour le plein, Diderot en a vu un autre emploi à l'appui du « système de la nature » qui lui tenait au cœur. Un univers rempli d'une matière toujours agitée, comme l'océan, flattait chez lui l'espérance d'un monde « anti-newtonien » dont toutes les formes seraient dans un état perpétuel

qu'il arrive des changements, soit lents, soit prompts... Je crois... que l'univers peut avoir été fait de sorte qu'il s'y formera de temps en temps des soleils nouveaux. Pourquoi la matière propre à faire un soleil ne pourra-t-elle pas, après avoir été dispersée en plusieurs endroits différents, se ramasser à la longue en un certain lieu, et y jeter les fondements d'un nouveau monde ? J'ai d'autant plus d'inclination à croire ces nouvelles productions, qu'elles répondent mieux à la haute idée que j'ai des ouvrages de la nature. N'aurait-elle le pouvoir que de faire naître et mourir des planètes ou des animaux par une révolution continuelle ? Je suis persuadé, et vous l'êtes déjà aussi, qu'elle met en usage ce même pouvoir sur les mondes, et qu'il ne lui en coûte pas davantage » ; *op. cit. supra* n. 8, II, 69-70.

de construction et de déconstruction, un monde subsistant entre l'ordre et le désordre, comme le représentait la cosmologie cartésienne léguée au siècle des Lumières par Fontenelle. Lorsque, dans la *Lettre sur les aveugles*, l'*Interprétation de la nature*, et *Le Rêve de D'Alembert*, Diderot met l'accent sur cet aspect instable et transitoire des choses, il ne mentionne jamais la loi de l'attraction, car elle ne lui semblait propre à démêler ni la formation ni la transformation des structures organiques ou inorganiques. Mais cela ne l'a point empêché de reconnaître la réalité du pouvoir attractif en tant que propriété générale de la matière, et, plus précisément, comme un principe de stabilité relative dans un monde sans cesse changeant. Il a même proposé plusieurs genres d'attraction se manifestant selon des modalités variées, afin de rendre compte, par le même principe diversement appliqué, de la combinaison chimique, de la cohésion, de l'élasticité, et d'autres effets[12]. Diderot a tiré éclectiquement, des malentendus et des différends entre newtoniens et cartésiens, les éléments dont il avait besoin pour construire sa propre science naturelle, infléchie dans le sens d'une philosophie matérialiste non moins personnelle.

Ces considérations jettent une lumière nouvelle sur un texte-clé qui non seulement révèle en profondeur l'ambivalence de Diderot à l'égard de la physique newtonienne, mais qui a résisté à plusieurs tentatives d'analyse. Il s'agit de la « pensée xxxvi » dans l'*Interprétation de la nature*[13]. L'attention de l'auteur s'y arrête d'abord sur les caractéristiques d'un corps percuté (problème auquel il s'intéressait déjà dans les *Mémoires sur différents sujets de mathématiques*). La théorie originale qu'il propose de ce phénomène, c'est qu'à l'occasion d'un corps frappé et vibrant a lieu, non pas une communication uniforme de mouvement alternatif, mais une distribution inégale du choc communiqué, avec le résultat que certaines parties de l'objet résonnant se mettent à vibrer, tandis que d'autres restent immobiles. Cette idée de la percussion est vite généralisée, lorsque Diderot suppose que tout corps heurté par un autre subit un « frémissement », quoique cet effet, dans la plupart des cas, ne soit pas assez fort pour produire la résonance. Il en déduit, néanmoins, une « loi » universelle, en affirmant que tous les corps sont plus ou moins *élastiques*, puisqu'un corps choqué parfaitement solide ne pourrait ni avoir des vibrations ni changer momentanément de forme. Diderot arrive ainsi à soutenir que l'élasticité est une propriété commune des corps, se manifestant du niveau moléculaire jusqu'à l'échelle cosmique des phénomènes naturels. Signalons, en passant, qu'une telle trajectoire de sa pensée, sautant lestement d'un fait expérimental et local à une spéculation globale, est typique de la dualité de méthode

12. Voir surtout : *Réflexions sur une difficulté proposée contre la manière dont les newtoniens expliquent la cohésion des corps, et les autres phénomènes qui s'y rapportent* (1761), IX, 331-51.

13. Comparer, à ce sujet, J. Mayer, *op. cit.*, *supra* n. 6, pp. 146-48, 166-70, 196-98 ; Jacques Roger, *Les Sciences de la vie dans la pensée française du XVIIIe siècle*, Paris, Colin, 1963, pp. 608-10 ; et l'annotation de Jean Varloot dans son édition critique des *Pensées sur l'interprétation de la nature*, IX, 57-64, 107.

scientifique conseillée dans l'*Interprétation*, qui oscille entre les deux pôles de l'observation et de l'hypothèse, de l'induction et de la déduction, ou bien, dans le langage propre à Diderot, entre la « philosophie expérimentale » et la « philosophie rationnelle ».

L'exemple de Newton joue un rôle dominant dans cette esquisse de physique dès que Diderot explique la structuration élémentaire de la matière par un schéma moléculaire de forces attractives :

> Si deux molécules s'attirent réciproquement, elles se disposeront l'une par rapport à l'autre, selon les lois de leurs attractions, leurs figures, etc. Si un système de deux molécules en attire une troisième dont il soit réciproquement attiré, ces trois molécules se disposeront les unes par rapport aux autres, selon les lois de leurs attractions, leurs figures, etc., et ainsi de suite des autres systèmes et des autres molécules. (IX, 60)

Si un tel système, doué d'un équilibre interne, rencontre des impulsions « perturbatrices » venant de l'extérieur, il résiste à toute « force qui tendrait à troubler sa coordination » en s'évertuant à conserver ou à reprendre sa forme originelle : « Ce système A est ce que j'appelle un corps élastique ». L'élasticité a donc dans la nature une fonction préservatrice et stabilisante chaque fois qu'un système particulier de molécules se trouve dérangé ou modifié, comme il arrive ordinairement par la collision de deux corps. L'élasticité, en tant que propriété constante de la matière « systématisée », est élevée par Diderot à un rang d'honneur à côté de l'attraction, car il n'hésite pas à traduire son modèle moléculaire au plan des phénomènes célestes : « En ce sens général et abstrait, le système planétaire, l'univers n'est qu'un corps élastique ». L'effet combiné de l'attraction et de l'élasticité est d'exclure, ou au moins de limiter, l'éventualité du désordre dans le monde : « le chaos est une impossibilité ; car il est un ordre essentiellement conséquent aux qualités primitives de la matière ».

Ensuite Diderot examine sa théorie « élastico-attractionnaire » des formes naturelles du point de vue de deux suppositions antithétiques. La première coïncide avec l'espace newtonien :

> Si l'on considère le système A dans le vide, il sera indestructible, imperturbable, éternel ; si l'on en suppose les parties dispersées dans l'immensité de l'espace ; comme les qualités, telles que l'attraction, se propagent à l'infini, lorsque rien ne resserre la sphère de leur action, ces parties dont les figures n'auront point varié, et qui seront animées des mêmes forces, se coordonneront derechef comme elles étaient coordonnées, et reformeront, dans quelque point de l'espace et dans quelque instant de la durée, un corps élastique. (IX, 60-61)

Selon cette formule, on peut s'attendre à ce que la loi de l'attraction, secondée par celle de l'élasticité, organise toujours les molécules aussi bien que les masses planétaires, « dispersées dans l'immensité de l'espace » (c'est-à-dire, « dans le vide »), en un ordre permanent de formes invariables — autrement dit, en une sorte de monde machine tel que l'avait conçu le déisme des *Pensées philosophiques*, ou bien celui du Suprême Horloger voltairien. La raison pour laquelle Diderot associe l'idée d'un vide dans la nature au spectacle d'un univers sans changement temporel (« indestructible, impertubable, éternel »), c'est que les corps dispersés dans un espace vide, étant isolés les uns des autres, lui paraissent à l'abri des influences déstabilisantes du choc, et par conséquent capables de persister dans leurs « coordinations » données. Diderot semble avoir cru Newton sur parole quand ce dernier a soutenu que le principe d'attraction, institué par la sagesse divine, avait produit un cosmos soumis à l'uniformité, l'harmonie, l'équilibre, et l'ordre.

Mais, par contre, Diderot ne croyait pas plus, à partir de 1748, en la réalité du vide qu'en celle d'une téléologie fixiste. Cela est apparent dans « l'Observation », insérée à la fin de l'*Interprétation*, qui fait remarquer, à propos justement du passage qu'on vient de citer, que non seulement la « variabilité de l'action » en raison de la distance est incompatible avec la notion du vide, mais qu'elle ramène logiquement « au plein et à la philosophie corpusculaire »[14]. Diderot réaffirme sous un autre angle la vicissitude de toutes choses, lorsqu'il considère, par sa deuxième supposition, le cas où la matière structurée existerait dans le plein :

> Il n'en sera pas ainsi, si l'on suppose le système A dans l'univers ; les effets n'y sont pas moins nécessaires, mais une action des causes, déterminément telle, y est quelquefois impossible ; et le nombre de celles qui se combinent est toujours si grand dans le système général ou corps élastique universel, qu'on ne sait ce qu'étaient originairement les systèmes ou corps élastiques particuliers, ni ce qu'ils deviendront. Sans prétendre donc que l'attraction constitue dans le plein la dureté et l'élasticité, telles que nous les y remarquons, n'est-il pas évident que cette propriété de la matière suffit seule pour les y constituer dans le vide ? (IX, 61)

Au début de ce passage, l'auteur emploie le syntagme « dans l'univers » comme l'équivalent du postulat que « le système A » existe dans le plein — situation qui contraste avec la supposition précédente, purement hypothétique, qu'il existe dans le vide. Que Diderot ait tenu l'idée d'un

14. « On ajoutera peut-être qu'on ne conçoit guère comment une qualité s'exerce *à distance*, sans aucun intermède... qu'il n'y a point d'absurdités et qu'il n'y en eut jamais, ou que c'en est une de prétendre qu'elle s'exerce dans le vide diversement, à différentes distances... que Descartes, Newton, les philosophes anciens et modernes ont tous supposé qu'un corps animé dans le vide de la quantité de mouvement la plus petite, irait à l'infini, uniformément, en ligne droite ; que la distance n'est donc par elle-même ni un obstacle ni un véhicule ; que toute qualité dont l'action varie selon une raison quelconque inverse ou directe de la distance, ramène nécessairement au plein et à la philosophie corpusculaire ; et que la supposition du vide et celle de la variabilité de l'action d'une cause, sont deux suppositions contradictoires » (IX, 99).

espace plein pour objectivement vraie est confirmé aussi par sa seconde phrase, où il doute d'abord que l'attraction soit la cause de la cohésion et de l'élasticité « dans le plein », mais ajoute en aparté la constatation de fait : « telles que nous les y remarquons »[15]. De plus, c'est dans le plein que la multiplicité des causes qui agissent sur les entités corporelles entraînent, théoriquement, un processus « évolutionnaire » dans la nature : « on ne sait ce qu'étaient originairement les systèmes ou corps élastiques particuliers, ni ce qu'ils deviendront ». Ce devenir du monde, à l'opposé de son statisme dû à l'attraction, est la conséquence dynamique du choc : « un corps élastique choqué ne s'éclatera que quand plusieurs de ses molécules vibrantes auront été portées... à une distance... telle qu'elles n'auront plus d'action sensible les unes sur les autres par leurs attractions réciproques ». Dans la métamorphose des phénomènes, l'élasticité des corps est donc ce qui sert d'action médiate entre les forces antagonistes de l'attraction et de l'impact ; car, d'une part, c'est un principe de conservation qui maintient la forme existante d'un corps lorsque l'ébranlement est relativement faible, mais, d'autre part, si le choc excède un certain seuil de violence, l'élasticité (ou la plasticité) d'un corps rend possible sa transformation en quelque chose de dissemblable. Cette distinction entre les effets ordinaires de la percussion et ceux de l'attraction est explicitée par Diderot :

> Nous ferons seulement encore observer ici la différence de la communication du mouvement par le choc, et de la communication du mouvement sans le choc. La translation d'un corps sans le choc étant uniformément de toutes ses parties à la fois ; quelle que soit la quantité du mouvement communiqué par cette voie, fût-elle infinie, le corps ne sera point détruit ; il restera entier jusqu'à ce qu'un choc, faisant osciller quelques-unes de ses parties... les parties oscillantes ne puissent plus revenir à leur place, ni rentrer dans la coordination systématique.[16] (IX, 62)

15. D'après J. Varloot, « Il faut donc conclure que [Diderot] voit bien le monde comme un monde *vide* dans lequel se situent des *corps* et des systèmes [de molécules] » (IX, 107). Ce jugement est formellement contredit par « l'Observation » et par la « pensée XXXVI », où Diderot affirme l'existence du plein « dans l'univers ». Pour sortir du contre-sens, Varloot explique ainsi l'énoncé « si l'on suppose le système A dans l'univers... etc. » : « Dans cette phrase, le *plein* désigne l'intérieur des corps non élastiques simples » (IX, 61, n. 116). Mais une telle distinction entre le plein et le vide était lexicalement et conceptuellement inconnue au XVIIIe siècle ; d'ailleurs, Diderot ne fait nulle part mention d'une catégorie de « corps non élastiques », ce qui, selon sa théorie de l'élasticité universelle des corps, ne saurait même pas s'imaginer. C'est J. Mayer qui a raison, lorsqu'il conclut, face au témoignage de « l'Observation » et de la « pensée XXXVI », que « Diderot ne croit pas au vide » ; *op. cit.*, *supra* n. 6, p. 166.

16. Le reste de la « pensée XXXVI » expose certaines complexités de la théorie diderotienne de l'élasticité, lesquelles, sans être dénuées d'intérêt, ne regardent pas l'essentiel de notre propos. L'auteur y conçoit, plus exactement, une classe de « corps élastiques mixtes », dont la fonction est d'étendre l'application de sa théorie aux phénomènes chimiques, qui représenteraient, eux aussi, une transformation des « systèmes moléculaires » sous l'influence conjuguée de l'attraction et du choc.

L'ébauche de physique de la « pensée xxxvi » ne reconnaît comme constituants de la nature que les systèmes de molécules particuliers, l'attraction, l'élasticité, le mouvement, et le choc. Si ces éléments, par rapport à l'espace, se trouvent dans un vide, ils créeront un monde aux formes immuables. Mais si, contrairement, ils sont situés — comme c'est réellement le cas — dans le plein, la perturbation continuelle provenant du choc des corps tendra à modifier leurs structures, en donnant naissance à une histoire de la nature, où règnera sans cesse la destruction d'une forme pour permettre la création d'une autre — bref, une évolution. D'ailleurs, c'est ainsi que les êtres naturels sont décrits dans l'*Interprétation de la nature*, qui développe plus sobrement les spéculations de la *Lettre sur les aveugles*. Tel est, en gros, le but du mélange spécial de traits cartésiens et newtoniens qui caractérise la science de Diderot. Dans la mesure où il a voulu un univers évolutif, il s'est senti obligé d'allier, tant bien que mal, la théorie attractionnaire avec le heurt des corps dans un plein. Mais sa réponse à la question : l'espace est-il vide ou plein ? ne se laisse pas dégager de ses seules opinions en physique ; car il faut placer le débat dans le contexte plus large de ses partialités en philosophie[17].

Les idées exprimées dans la « pensée xxxvi » sont restées longtemps celles de l'auteur, puisque nous en trouvons le reflet dans son commentaire sur Hemsterhuis. A l'assertion de ce dernier : « Or un corps en mouvement change à tout instant de rapport local ; par conséquent, à tout instant ce corps obéit à une action présente et réelle », Diderot riposte : « Vous me parlez d'un corps brut ? Et il s'agit d'une portion de matière organisée, sensible, vivante. Vous me placez ce corps brut dans le vide, sans savoir s'il y a un espace vide de tout corps, et ce que c'est que cet espace. Et il s'agit d'un corps dans un ordre de choses, dans l'univers »[18]. Malgré la brièveté et l'insouciance du style qui marquent les notes marginales, le sens de ce qui nous intéresse ici est assez clair. Diderot met en doute la supposition que les corps se meuvent dans un vide en soulignant l'ignorance de Hemsterhuis en ce qui concerne l'existence d'un « espace vide de tout

17. J. Mayer trouve surtout de l'ambiguïté dans l'orientation diderotienne : « Ces flottements de la pensée, chez Diderot, entre la physique corpusculaire et l'atomisme, entre le "plein" et le "vide" » ; *op. cit.*, *supra* n. 6, p. 168. Mais s'il y a « flottement », c'est plutôt dans l'analyse du critique, qui, ayant reconnu que « Diderot ne croit pas au vide », se reprend ici. Mayer écrit encore : « par la suite Diderot ne cessera de combattre aux côtés de Newton contre la physique de Descartes ». Cette opinion est manifestement fausse, car à partir de 1748 Diderot acceptera la théorie du plein aux dépens de celle du vide, et la raison de son choix sera une exigence d'intelligibilité mécaniste plus proche du paradigme méthodologique cartésien que de celui du newtonianisme. Par surcroît, on peut alléguer sa vision transformiste d'un monde « auto-déterminant », qui, en se rapprochant d'un cartésianisme radical imprégné de souvenirs épicuriens, restait profondément incompatible avec la cosmologie de Newton. Mayer regrette que « faute d'avoir rompu avec la théorie du plein, il [Diderot] ne se dégage pas de la contradiction et ne recueille pas tout le fruit du progrès accompli » ; p. 198. Cette évaluation négative illustre le procédé de Mayer, qui, au lieu de pénétrer le sens et le motif de ce qu'a réellement pensé Diderot, préfère lui faire des leçons de physique moderne, en présentant ses idées sous une forme « revue et corrigée ».

18. Georges May, édit., *François Hemsterhuis : Lettre sur l'homme et ses rapports, avec le commentaire inédit de Diderot*, New Haven, Yale University Press, 1964, p. 117.

corps» et la nature d'un tel espace pur et absolu, s'il existe. Il blâme d'autant plus le philosophe hollandais que celui-ci lui semble confondre le mouvement des corps dans un vide abstrait ou hypothétique et «dans un ordre de choses, dans l'univers». Cette opposition entre un vide imaginaire constitutif de l'espace et une réalité concrète *dans l'univers* rappelle, bien sûr, celle des deux suppositions de la «pensée xxxvi».

Une autre réflexion sur le texte d'Hemsterhuis fait également écho à celui de l'*Interprétation*. Diderot écrit :

> Il est démontré géométriquement et de plusieurs manières que, sans aucune force d'impulsion quelconque, de trois corps homogènes, placés dans le vide et animés par la seule force d'attraction, il y a une infinité de cas où l'un des trois décrira une ellipse autour des deux autres. Otez la loi d'homogénéité, multipliez la somme des forces ou actions, rendez celle des corps infinie, et jugez de ce que cela deviendra. Quelle multitude de masses partielles et diverses ! Quelle source de perturbations ! [19]

Comme autrefois dans la «pensée xxxvi», Diderot est persuadé ici que des corps situés dans un vide, et attirés réciproquement selon la loi de l'inverse des carrés, formeraient, si le choc n'y ajoutait rien, un ordre essentiellement figé, sans diversité ni changement. La conclusion qui s'impose, c'est que, pour Diderot, l'univers tel qu'il est réellement résulte d'une multitude de forces qui agissent sur des corps hétérogènes grâce aux contacts qui sont inévitables dans le plein.

S'il reste encore de l'incertitude quant au sentiment diderotien sur la relation entre matière et espace, un passage du *Rêve de D'Alembert* devrait la dissiper sans trace :

> Mlle de L'Espinasse : Si l'on frappe du coup le plus léger à l'extrémité d'une longue poutre, j'entends ce coup, si j'ai mon oreille placée à l'autre extrémité. Cette poutre toucherait d'un bout sur la terre et de l'autre bout dans Sirius, que le même effet serait produit. Pourquoi tout étant lié, contigu, c'est-à-dire la poutre existante et réelle, n'entends-je pas ce qui se passe dans l'espace immense qui m'environne ?
> Dr. Bordeu : Et qui est-ce qui vous a dit que vous ne l'entendiez pas plus ou moins ? Mais il y a si loin, l'impression est si faible, si croisée sur la route ; vous êtes entourée et assourdie de bruits si violents et si divers ; c'est qu'entre Saturne et vous il n'y a que des corps contigus, au lieu qu'il y faudrait de la continuité. (XVII, 142)

Ce morceau de dialogue anti-newtonien est une affirmation sans détour du plein cartésien[20]. Il confirme, en le rendant explicite, ce que nous

19. *Ibid.*, p. 203.
20. Cependant, Paul Vernière a observé : «C'est le reproche essentiel que depuis Newton le XVIIIe siècle fait à Descartes, la croyance au plein» ; Diderot, *Œuvres philosophiques*, Paris, Garnier, 1964, p. 316. Mais loin d'un reproche, il s'agit évidemment, si l'on

avons déjà noté, sur le même sujet, dans la *Lettre sur les aveugles*, la «pensée xxxvi» et «l'Observation» de l'*Interprétation de la nature*, comme dans les marges du traité d'Hemsterhuis. L'échange entre Mlle de L'Espinasse et le docteur Bordeu apprend au lecteur que, bien qu'il n'y ait aucune continuité organique de la terre jusqu'à Saturne (autrement dit, que le cosmos ne ressemble pas à un grand animal), il y a néanmoins de la contiguïté interplanétaire des corps (i.e. pas d'espace vide), car la «poutre de matière» qui s'étend de notre globe jusqu'à Sirius est «existante et réelle». Puisque les deux interlocuteurs sont du même avis sur le problème de physique discuté, et qu'il est impossible d'attribuer une telle opinion, indépendamment de Diderot, au physiologiste et médecin Bordeu (qui n'était point connu pour son savoir en astrophysique), il est évident que c'est l'auteur lui-même qui, par le truchement de ses personnages, complète son exposé de philosophie naturelle en précisant ce qu'il croit sur la constitution de l'espace. Comme partisan du plein, la place qui revient à Diderot dans l'histoire des doctrines physiques se trouve à mi-chemin entre les vestiges de la science cartésienne de son temps et les diverses théories post-newtoniennes de l'éther qui sont parvenues jusqu'au vingtième siècle. Il est vrai qu'il ne s'est pas référé à la «matière subtile» des cartésiens, ni à la présence impalpable d'un éther, ni à aucun concept ou terme analogue. Mais quoique Diderot n'ait pas voulu, par prudence, deviner quelle sorte de matière extrêmement raréfiée occupe les espaces tant intermoléculaires qu'interstellaires, il est à présumer que sa conception d'une matière hétérogène à outrance a dû lui faciliter la tâche d'en imaginer une variété ayant le degré d'ubiquité et d'imperceptibilité requis pour le plein. Il s'est contenté de laisser là le problème posé par l'existence d'une poutre de corps contigus remplissant la distance de la terre aux astres les plus lointains.

Il importe, en plus, de signaler que Diderot, tout en concevant la matière comme divisible en molécules, n'a nulle part approuvé, malgré cet acte d'adhésion à l'atomisme, la notion complémentaire du vide. Ses écrits où l'on s'attendrait particulièrement à rencontrer une allusion au vide n'en font aucune mention. Par exemple, dans les *Pensées philosophiques* (xxi), il avance, comme nous l'avons vu, un argument en faveur de l'athéisme, inspiré directement de la thèse épicurienne sur les combinaisons fortuites des atomes ; cependant il n'y dit pas un mot du vide. Le récit de Saunderson sur l'auto-création du monde par des causes inhérentes à la nature, quelque fidèle qu'il puisse être à l'enseignement lucrétien sur l'origine des espèces, tait le rôle imputable au vide dans les transformations qu'elles

lit ces paroles sans parti-pris, d'une constatation positive, qui montre Diderot en accord avec Descartes et en mésentente avec Newton sur l'existence objective du plein. Dans son commentaire sur *Le Rêve de D'Alembert*, J. Varloot passe sous silence le problème fondamental de physique posé par ce texte. Il n'a guère pu faire autrement, après avoir décidé, à propos de la «pensée xxxvi», que Diderot «voit bien le monde comme un monde *vide*» ; se référer, plus haut, à la note 15.

ont subies. Le vide ne contribue en rien, non plus, au matérialisme parachevé du *Rêve de D'Alembert*, en dépit de l'accent qui y tombe lourdement sur les « molécules organiques », leurs déplacements et leurs « coordinations ». Enfin, les *Principes philosophiques sur la matière et le mouvement* approfondissent le problème capital des propriétés énergétiques de la matière sans s'attarder une fois à la question connexe du vide. La seule leçon à tirer de cette étrange taciturnité, c'est que si Diderot avait cru que les corps donnent ou reçoivent le mouvement dans un vide, il aurait trouvé le moyen d'en faire quelque part signe. L'indifférence totale prouve ici la négative.

Sa préférence pour le plein peut être mieux comprise à la lumière de sa représentation de la nature comme une continuité sans rupture — comme *un tout* au sens le plus strict — dont toutes les parties et les opérations obéissent à un déterminisme rigoureux. De ce fait, le plein lui paraissait plus conforme à une telle doctrine fataliste, car le vide laissait prévoir, au contraire, des discontinuités et des « trous » dans la suite universelle des causes et des effets. Un passage typique de l'*Interprétation de la nature* (« pensée xi ») illustre bien cette tendance intellectuelle chez Diderot. Si la nature, raisonne-t-il, était contrainte de produire des événements séparés, il s'ensuivrait que « les différents résultats de ces actes seraient isolés ; qu'il y aurait des collections de phénomènes indépendantes les unes des autres ; et que cette chaîne générale dont la philosophie suppose la continuité, se romprait en plusieurs endroits. L'indépendance absolue d'un seul fait est incompatible avec l'idée de tout ; et sans l'idée de tout, plus de philosophie » (IX, 35). On lit le synonyme de cet axiome dans *Le Rêve de D'Alembert* : « Ne convenez-vous pas que tout tient en nature et qu'il est impossible qu'il y ait un vide dans la chaîne ? » (XVII, 138) Ce refus catégorique d'un espace vide, ou de la contingence pure, dans l'enchaînement de l'univers matériel mène logiquement, un peu plus loin, à l'affirmation du plein, déjà citée, par Mlle de L'Espinasse et le docteur Bordeu. Dans une perspective plus philosophique, on peut encore ajouter que Diderot a voulu le plein parce qu'il s'accordait mieux avec son matérialisme athée. Le postulat du vide faisait de l'espace un composant ou une qualité de la nature qu'il était malaisé d'assimiler à la matière, avec le résultat fâcheux que la majeure partie de l'univers semblait être en quelque sorte « immatérielle », ou au moins distincte de la matière. Voire, Newton avait même pu identifier l'espace pur avec le « sensorium » de Dieu. Par contraste, le plein avait aux yeux de Diderot l'avantage décisif de matérialiser l'espace et, conjointement, le *tout*. En dernière analyse, ce n'était pas le triomphe de la physique newtonienne, mais la hantise de l'équation cartésienne entre l'étendue et la matière qui promettait de satisfaire le désir diderotien d'un matérialisme cohérent et systématique.

John C. GREENE

La révolution darwinienne dans la science et la vision du monde

Le comte de Buffon, écrivait Jacques Roger, fut « le naturaliste le plus important entre Aristote et Darwin ». Il signalait ainsi trois figures clés dans la transformation de la pensée occidentale. Cet essai se propose de souligner les étapes principales de cette transformation et d'ajouter quelques réflexions sur les effets de la révolution darwinienne à notre époque.

Aristote proposa un point de vue sur les êtres vivants qui domina la pensée occidentale jusqu'à la publication par Charles Darwin de son célèbre ouvrage *On the Origin of Species*. Il fut le premier à marquer de l'intérêt et à souligner la dignité des nombreuses manifestations du vivant, des formes les plus infimes jusqu'aux plus évoluées. Il prêcha et pratiqua l'observation la plus vaste des créatures vivantes et créa une architecture conceptuelle permettant d'interpréter les faits de l'histoire naturelle.

Comme Darwin, Aristote interprétait la nature par analogie avec les activités humaines. Les ouvrages de la nature animée, déclarait-il, sont comme les ouvrages de l'art. Pour les comprendre, nous devons prendre en compte non seulement les causes matérielle et efficiente qui influencent leur constitution et leur comportement mais aussi les causes formelle et finale. Le gland donne toujours un chêne, et nullement un orme, une cendre ou un cheval. Chaque être vivant est soumis à un développement dominé et dirigé par sa forme particulière. Surtout, toutes les parties de l'organisme concourent à sa conservation et à son adaptation à son mode de vie, dans les circonstances environnantes. L'existence et la perpétuelle régénération des êtres naturels, chaque individu réalisant la forme propre de son genre, chacun à son tour doté de parties adaptées les unes aux autres et aux besoins de l'organisme dans son interaction avec les autres organismes et l'environnement physique, cette *économie de la nature* comparable en tous points à l'économie domestique d'une maison rationnellement ordonnée, ne pouvaient pas être expliquées par la seule opération des causes matérielles. Aristote avançait que le monde naturel était un univers dans lequel les causes formelles et finales, interagissant avec les causes matérielles et efficientes, assuraient que plantes et animaux imitassent, dans leur cycle vital éternel, le mouvement circulaire uniforme des astres. Ce faisant, ils atteignaient à ce degré de réalisation du beau et du bon qui est celui des êtres sub-lunaires. J'ajoute la beauté, dit Aristote, « car dans les œuvres de la nature ce n'est pas le hasard qui règne, mais c'est au plus haut degré la finalité. Or la fin en vue de laquelle un être est constitué et produit, tient la place du beau »[1].

Ainsi appuyé sur l'analogie fondamentale des œuvres de la nature et des œuvres de l'art, sur sa métaphysique, sa logique de la division des classes et de la définition des espèces, enfin sur l'information qu'il recueillit dans ses propres recherches et dans les travaux contemporains, Aristote construisit une science de l'histoire naturelle couvrant les différentes domaines que nous appellerions aujourd'hui l'anatomie comparée, la taxinomie, l'embryologie, l'écologie et la psychologie animale. Son point de vue n'était pas évolutionniste. Le monde selon lui était éternel et avait, de toute éternité, manifesté l'échelle de la nature ou la chaîne graduée des êtres qui frappait de tous temps le regard des observateurs. Acceptant la variété des formes animales telle qu'elle s'offrait, Aristote entreprit de les analyser par l'étude comparative de leurs organes, leur mode de reproduction, leur genre de vie, leurs traits de caractère. Il subdivisa les animaux sanguins en vivipares et ovipares, les vivipares en quadrupèdes et êtres humains ; et ainsi de suite jusqu'à ce qu'il arrivât à l'espèce ultime dont les individus ne pouvaient plus être distingués par des caractères essentiels à leur nature profonde, mais seulement par des différences accidentelles produites par des causes matérielles. L'analyse était ordonnée au point de vue téléologique. Il s'agissait de définir la nature de chaque catégorie et de manifester l'adaptation de ses attributs anatomiques, physiologiques, biochimiques, comportementaux, etc. qui en découlait nécessairement. Ainsi de l'oiseau : comme son essence caractéristique comporte le pouvoir de voler, un oiseau doit avoir, pour Aristote, quelque chose qui le prolonge, et les ailes remplissent cet

1. Aristote, *Les Parties des animaux*, texte établi et traduit par Pierre Louis, Paris, Les Belles Lettres, 1956, p. 18 (livre I, V, 645a). Voir aussi Aristote, *Métaphysique*, nouvelle édition par J. Tricot, Paris, Vrin, 1970, t. II, pp. 706-707 (livre XII, 10) : « Il nous faut examiner aussi de laquelle des deux manières que voici la nature du Tout possède le Bien et le Souverain Bien : est-ce comme quelque chose de séparé, existant en soi et par soi ? Est-ce comme l'ordre même du Tout ? Ne serait-ce pas plutôt des deux manières à la fois comme dans une armée ? [...] Toutes choses sont ordonnées ensemble d'une certaine façon, mais non de la même manière, poissons, volatiles, plantes ; et les choses ne sont pas arrangées de façon telle que l'une n'ait aucun rapport avec l'autre, mais elles sont en relations mutuelles : car toutes sont ordonnées à une seule fin. Mais il en est de l'Univers comme dans une famille où il est le moins loisible aux hommes libres d'agir par caprice, mais où toutes leurs actions, ou la plus grande partie, sont réglées ».

Les spécialistes d'Aristote ne s'entendent pas sur la nature exacte de la téléologie d'Aristote, non plus que sur son extension à l'univers, compris comme un tout (comme il paraît dans l'extrait précédent). L'interprétation proposée ici s'appuie sur plusieurs des essais recueillis dans *Philosophical Issues in Aristotle's Biology*, Alan Gotthelf and James G. Lennox, eds., Cambridge, Cambridge University Press, 1987, et dans *Aristotle on Nature and Living Things : Philosophical and Historical Studies Presented to David Balme on His Seventieth Birthday*, Alan Gotthelf, ed., Pittsburgh, Mathesis Publications Inc. and Bristol, Bristol Classical Press, 1985, particulièrement sur ceux de David Furley, « The Rainfall Example in *Physics ii 8* », pp. 177-182 et Charles H. Kahn, « The Place of the Prime Mover in Aristotle's Teleology », pp. 183-206.

office[2]. Il en est de même des attributs physiques de l'homme qui, tous, servent les besoins et les fins d'un animal rationnel :

> il est le seul des animaux à se tenir droit parce que sa nature et son essence sont divines. Or, la fonction de l'être divin par excellence c'est la pensée et la sagesse. Mais cette fonction n'aurait pas été facile à remplir si la partie supérieure du corps avait pesé lourdement. Car la pesanteur enlève toute souplesse au raisonnement et au sens commun. [...] Or, puisque sa nature est de se tenir droit, il n'avait aucun besoin de jambes de devant : aussi, au lieu de ces jambes, la nature lui a donné des bras et des mains. A ce propos, Anaxagore prétend que c'est parce qu'il a des mains que l'homme est le plus intelligent des animaux. Ce qui est rationnel, plutôt, c'est de dire qu'il a des mains parce qu'il est le plus intelligent, car la main est un outil ; or la nature attribue toujours, comme le ferait un homme sage, chaque organe à qui est capable de s'en servir. [3]

Telle était la science naturaliste qui résultait de la vaste enquête philosophique entreprise par Aristote dans ce qui, jusque-là, restait le monde inconnu des êtres vivants. Cette science était profondément non-évolutionniste, mais elle introduisit des idées et souleva des questions qui devaient jouer un rôle important dans l'avènement des théories transformistes bien des siècles plus tard.

Durant deux millénaires après Aristote, l'histoire naturelle fit peu de progrès. Théophraste appliqua les concepts aristotéliciens à l'étude des plantes avec quelque succès, mais peu après l'histoire naturelle scientifique se restreignit aux herbiers et aux compilations encyclopédiques, telles celle de Pline l'Ancien. L'anatomie comparée fut absorbée à titre auxiliaire dans les programmes d'anatomie humaine des écoles médicales, sans référence avérée aux problèmes de l'histoire naturelle. Une science renouvelée de la nature, d'orientation aristotélicienne, émergea finalement aux XVIe-XVIIe siècles, mais elle s'attacha à dénommer, classer et décrire les milliers de nouvelles espèces reconnues par des recherches approfondies et les voyages de découverte et de colonisation accomplis par les Européens en Amérique et en Orient. Sous la pression de cette masse croissante d'information, les herbiers et encyclopédies firent place à une histoire naturelle systématique dont les principes furent graduellement mis en œuvre par des naturalistes comme John Ray, Joseph Pitton de Tournefort et Carl Linné.

Sous bien des rapports, la nouvelle taxonomie naturaliste représentait un aristotélisme christianisé. Assurément, Aristote était plus attentif à la définition des essences et à l'explication, par ces dernières, des structures et fonctions animales, que concerné par la classification. Toutefois, ainsi

2. Aristote, *Les Parties des animaux, op. cit.*, p. 155 (livres IV, XII, 693b).
3. *Ibid.*, pp. 134-135 ; 136-137 (livre IV, X, 686a et 687a).

que James Larson l'a démontré dans son excellente étude *Reason and Expérience*[4], Aristote distinguait les méthodes naturelle et artificielle de classement, il procédait selon l'analogie de la division logique pour mieux distribuer les êtres selon leurs caractères essentiels et arriver à l'essence spécifique. Aristote identifiait l'importance fonctionnelle et la quiddité, et avança la doctrine de l'unité vitale des plantes et des animaux sous le rapport des fonctions fondamentales de la nutrition et de la reproduction. Toutes ces considérations furent du plus grand intérêt pour les naturalistes cherchant à dégager un ordre rationnel dans l'infinité des êtres vivants. En même temps, la philosophie statique et finaliste de la nature, aisément christianisée, fournit le cadre conceptuel à l'intérieur duquel la Systématique fut pratiquée. D'éternelles, les classes d'êtres naturels furent dorénavant regardées comme créations originelles de Dieu, au même titre que les autres structures fondamentales de la nature, « conservées par Lui jusqu'à ce jour dans les mêmes état et condition qu'elles furent faites », ainsi que l'affirme le naturaliste anglais John Ray[5]. Dorénavant, la rationalité immanente de l'ajustement des moyens et des fins, l'*économie de la nature* aristotélicienne sera perçue comme la sage invention d'un créateur transcendant. Il en résulta que l'équilibre de la nature et l'adaptation de la structure à la fonction n'étaient plus conçus comme plus ou moins réalisés, ainsi qu'Aristote le supposait, mais comme absolument parfaits, l'œuvre d'un créateur omnipotent. La hiérarchie des gradations de l'être, s'élevant de l'inorganique vers la créature sensible et raisonnable, qu'Aristote avait observée, était maintenant considérée comme un ordre créé, où le règne inorganique était dévolu aux besoins du monde organique, et celui-ci subordonné aux êtres sensibles et rationnels, tant sur la planète terre que dans les innombrables mondes dispersés dans l'espace[6].

4. James L. Larson, *Reason and Experience. The Representation of Natural Order in the Work of Carl von Linné*, Berkeley, Los Angeles and London, University of California Press. Page 20, Larson écrit : « le mode de groupement des formes végétales sur la base de leur ressemblance utilise les mêmes éléments conceptuels de base qu'on trouve dans les systèmes aristotéliciens. Ces éléments sont au nombre de trois : les types, les différences et une structure d'intégration. Les unités de base dans l'ordre sont les types fixes ou les formes matérielles. Ces types constitués à partir de, et définis par, des qualités visuelles et tactiles limitées, ou *differentiae*, sont intégrés dans une structure conçue comme une séquence ascendante de formes ». Larson retrace le développement de cette approche dans la classification des plantes depuis Césalpin jusqu'à Linné, montrant les difficultés rencontrées, comme les compromis opérés, dans l'essai de suivre la règle aristotélicienne selon laquelle les divisions doivent être basées sur les parties essentielles, c'est-à-dire les plus éminemment fonctionnelles. Il met aussi en évidence les problèmes posés à Aristote comme à ses successeurs, dans leur effort pour réconcilier les demandes de la logique aristotélicienne avec l'obligation que la classification soit l'expression des relations d'essences, pour laquelle le naturaliste devait abandonner le rêve d'une hiérarchie clairement divisée de classes au profit d'un principe de continuité liant les formes par des affinités multiples. Larson regarde cette dernière idée, découlant en définitive de la conception de l'échelle de la nature d'Aristote, comme plus significative dans la recherche d'une méthode naturelle de classification que ne le fut sa méthode de division logique (voir Larson, n. 43, pp. 22-24).

5. John Ray, *The Wisdom of God Manifested in the Works of the Creation*, 3rd ed., London, 1701, « Preface » (non paginée).

6. John C. Greene, *The Death of Adam : Evolution and Its Impact on Western Thought*, Ames, Iowa State University Press, 1959, pp. 4-8.

Dans un monde ainsi ordonné, rien n'était laissé au naturaliste, sinon la tâche de nommer, classer, décrire, admirer les travaux somptueux du créateur, et si possible de découvrir la méthode naturelle de classement capable de refléter le dessein présidant à la création des êtres vivants. Il est vrai, il restait quelques exceptions apparentes à la stabilité et perfection des structures de la nature : des choux qui ne se reproduisent pas conformes ; la nouvelle étoile qui apparut en 1572 ; les restes fossiles de créatures dont il n'existait aucun analogue vivant ; des croisements hybrides qui occasionnellement avait une descendance fertile. Mais de telles anomalies pouvaient aisément être ignorées ou expliquées d'une manière ou d'une autre. La structure et la sage intention étaient au principe de la nature. Le changement était superficiel, ajoutant de la variété ou de l'intérêt sans altérer l'ordre créé des choses. Cet aristotélisme christianisé atteint son point de classicisme dans les écrits du zoologiste français Georges Cuvier, « l'Aristote du XIXe siècle », ainsi que ses contemporains le dénommèrent. Dans le travail de Cuvier, se trouvaient réconciliées l'histoire naturelle et l'anatomie comparée. John Ray, Linné et d'autres naturalistes avaient fait fond sur Aristote et d'autres anatomistes pour construire leurs catégories taxinomiques, mais ils n'étaient pas eux-mêmes anatomistes. Cuvier, au contraire, réhabilita l'anatomie comparative, il la domina complètement et l'appliqua systématiquement non seulement à la classification des animaux actuels mais aussi à la reconstruction et au classement des espèces éteintes. Adoptant le principe aristotélicien selon lequel la fonction détermine la forme, il s'en empara pour reconstruire les quadrupèdes disparus, expliquant que l'harmonie apparente entre les organes en interaction est une condition nécessaire pour l'existence de la créature à laquelle ils appartiennent ; et que, partant, si l'une de ces fonctions était modifiée d'une manière incompatible avec les modifications des autres, la créature ne saurait plus longtemps continuer à vivre. Comme Aristote, Cuvier pensait que « l'harmonie apparente » existant entre les organes d'un être, et entre eux et les exigences de l'environnement, ne pouvait être expliquée sans invoquer un principe d'ordre. Celui-ci, dans l'histoire naturelle cuviériste, équivalait à la sagesse du Créateur. Il déclarait que les conditions internes et externes d'existence étaient les causes finales de la structure organique[7].

Néanmoins, Cuvier avait administré la démonstration qu'un nombre considérable de quadrupèdes qui avaient jadis erré sur la terre n'étaient plus vivants. Cela soulevait des questions difficiles à propos du créationnisme statique présupposé par sa science. Comment pouvait-on réconcilier l'aristotélisme christianisé qui dominait la recherche avec le fait, impliqué par les dernières découvertes scientifiques, que la surface de la terre avait subi, dans sa faune et sa flore, des révolutions générales ? Cuvier lui-même suggérait une réponse dans le « Discours préliminaire » à ses *Recherches sur les ossements fossiles de quadrupèdes* de 1812. On peut trouver dans

7. Georges Cuvier, *Lectures on Comparative Anatomy*, trad. W. Ross, 5 t., London, 1802-1805, t. 1, p. 45 sq. Voir aussi John C. Greene, *op. cit.*, pp. 169-173.

cet essai les ébauches d'une théorie des créations successives et des extinctions des plantes et des animaux accompagnant des altérations soudaines dans la position de la terre et de la mer. Celles-ci procédaient d'événements géologiques produits par des causes inconnues différant, dans leur forme, des facteurs agissant actuellement sur la terre. Par cette théorie, la vue statique de la nature et l'argument finaliste de l'histoire naturelle furent réconciliés avec le fait patent des changements intervenus à la surface terrestre, longtemps avant l'histoire humaine, dans les structures organiques ou inorganiques. Les espèces pouvaient encore être regardées comme créées et providentiellement adaptées à leurs conditions de vie. L'histoire naturelle gardait son statut de science classificatoire et descriptive des productions terrestres. L'homme lui-même restait encore le couronnement de la création, le dernier des ouvrages d'un Créateur omnipotent procédant par séries progressives. Enfin la dernière des grandes catastrophes de l'histoire du globe pouvait être identifiée au déluge biblique[8].

Toutefois l'aristotélisme christianisé de Linné et Cuvier fut contesté. Deux approches rivales se présentèrent, l'une qui allait au-delà des voies empruntées par Darwin, la seconde conduisant à lui. La première d'entre elles, soutenue par Étienne Geoffroy Saint-Hilaire, Lorenz Oken et d'autres auteurs, impliquait une conception platonisante des formes pures, où toutes les créatures vivantes paraissaient modelées sur un nombre restreint d'archétypes, la forme déterminant la fonction et non l'inverse[9].

La deuxième approche s'appuya sur la représentation dynamique et causale de la nature défendue par Buffon dans son *Histoire naturelle générale et particulière* (1749-1788). Les idées révolutionnaires de Buffon, si clairement décrites dans la biographie de *Buffon* par Jacques Roger, n'appartiennent pas à la tradition aristotélicienne mais au déisme mécaniciste des *Principes de la philosophie* de Descartes (1644). Descartes proposa le premier une alternative systématique à la philosophie de la nature d'Aristote, substituant à un monde de formes et de qualités, l'idée d'un système naturel soumis à des lois physiques. Le monde de Descartes est créé par Dieu et régulé dans ses opérations par les lois du mouvement. Celles-ci sont mathématiquement exprimées et peuvent être découvertes par la Raison. A la différence de Sir Isaac Newton qui était un créationniste

8. Georges Cuvier, « Discours préliminaire », *Recherches sur les ossements fossiles de quadrupèdes*, 4 t., Paris, Déterville, 1812. Cuvier ne proposa pas explicitement la thèse des créations successives ; mais son rejet de l'hypothèse évolutionniste comme de l'idée de génération spontanée de Lamarck ne lui laissait pas d'autre alternative — à moins qu'il crût que toutes les espèces, actuelles et éteintes, eussent été présentes lors de la première création, une idée qui contredisait son affirmation selon quoi les animaux à coquille, les poissons et les quadrupèdes ovipares apparurent avant les quadrupèdes vivipares.

9. A propos de la morphologie transcendantaliste de Geoffroy Saint-Hilaire et autres, voir Toby Appel, *The Cuvier-Geoffroy Debate : French Biology in the Decades Before Darwin*, New York and Oxford, Oxford University Press, 1987, chap. 4-6 ; voir aussi Edward S. Russell, *Form and Function : A Contribution to the History of Animal Morphology*, Chicago and London, University of Chicago Press, 1982, chap. 4-7.

statique et qui concevait le monde formé ainsi qu'on le voit maintenant, Descartes suggérait que le Créateur aurait pu choisir de créer la matière répandue dans l'espace en lui abandonnant la capacité de s'organiser en étoiles, systèmes solaires, etc. à travers la seule opération des lois naturelles. Dans sa théorie des tourbillons, qui représente la première explication mécaniste de l'origine du système solaire, Descartes introduisit un nouveau type d'intelligibilité scientifique : il s'agissait de dériver l'ordre présent de la nature d'un état antérieur du système de la matière en mouvement, plus homogène, par des processus naturels.

En Astronomie, ce genre de spéculation scientifique aboutit au XVIIIe siècle à l'évolutionnisme cosmique d'Emmanuel Kant ainsi qu'à l'hypothèse de la nébuleuse à l'origine du système solaire développée par Laplace. En Géologie, la méthode cartésienne conduisit à la doctrine connue aujourd'hui sous le nom d'uniformitarisme. L'idée dominante en est que les phénomènes géologiques doivent être expliqués comme le résultat de causes actuellement agissantes telles que l'érosion, les dépôts, les éruptions volcaniques, etc., au lieu des déluges universels ou autres catastrophes gigantesques. Cette méthode de raisonnement conduisit en retour à admettre le rôle du temps. Elle renversa également l'idée traditionnelle selon laquelle le monde inorganique existe pour servir les besoins des êtres vivants. C'est à ce mode de raisonnement que Charles Darwin fut converti alors qu'il lisait le premier volume des *Principes de géologie* de Charles Lyell, lors du voyage du *Beagle*.

En Biologie, ou comme on l'appelait alors en histoire naturelle, le projet cartésien de dérivation du système actuel de la nature de l'opération des causes secondes conduisit, à travers Buffon, Erasmus Darwin et Jean-Baptiste de Lamarck, à l'idée que les espèces actuelles de plantes et d'animaux dérivent de formes antérieures par un processus de descendance avec modification — celui-ci se trouvant lié aux interactions des organismes avec leur milieu environnant.

L'effet révolutionnaire des idées de Buffon sur la science de l'histoire naturelle, qui la transformaient plutôt en histoire de la nature, est décrite d'une manière concise dans le récit magistral de la vie et de l'œuvre de Buffon par Jacques Roger :

> Cette remontée dans le passé de la Nature est la conséquence logique, quoique lointaine, de la définition même de l'espèce que Buffon avait esquissée dès 1749. Mais, parti du simple renouvellement des formes, Buffon est passé à leur « dégénération », à leur diversification et à leur multiplication... Par sa façon de concevoir l'« histoire » des animaux, par sa définition de l'espèce, par le nouveau mode de classification qu'elle présentait, cette histoire naturelle rompait profondément avec les habitudes intellectuelles de son temps. Sans doute, la réalisation n'était pas toujours à la hauteur des ambitions, et Buffon en était conscient. Mais il avait posé de nouvelles questions et imposé de nouvelles directions de recherche, que personne ne reprendra exactement dans les mêmes termes, mais que personne non plus ne pourra

ignorer après lui. Aucun naturaliste sans doute, depuis Aristote, n'avait si profondément transformé sa science./*Buffon*, pp. 440-441./

L'idée de la déchéance chez les animaux de la vigueur originelle et de la perfection dominait trop la pensée de Buffon sur les changements subis par les animaux au cours du temps pour qu'il puisse concevoir l'évolution au sens moderne, c'est-à-dire au sens d'une transition de formes simples aux formes complexes. Cette tâche revenait à son protégé Jean-Baptiste de Lamarck.

Lamarck avait tiré de sa géologie uniformitarienne la conséquence que la surface de la terre avait subi d'imperceptibles changements tout au long de centaines de millions d'années. Par ce phénomène lent les espèces avaient dû changer également, ou avaient disparu. Lamarck croyait que les espèces qualifiées d'éteintes par Cuvier et ses disciples n'étaient que les ancêtres des organismes actuellement vivants. Il réalisa dans le même temps que l'échelle aristotélicienne des êtres, la série graduée des formes, des plus simples aux plus complexes, pourrait représenter la voie suivie par la nature pour la production des organismes. Quant au *comment* de ces transformations, Lamarck n'avait aucune explication convaincante. Il parlait vaguement d'une loi de complexification naturelle. Il en appelait au principe de l'usage et du non-usage et imaginait que le sentiment intérieur des besoins pouvait provoquer un déplacement des fluides corporels vers les parties où un nouvel organe était requis. En Angleterre, le grand-père de Darwin, Erasmus Darwin, élaborait une hypothèse semblable, appuyée d'évidences tirées de l'anatomie comparée, l'embryologie et les organes vestigiaux.

Il est bon de remarquer que les deux auteurs élaborèrent leurs théories dans un cadre évolutionniste théiste. Erasmus Darwin, par exemple, tirait argument de la grande similitude de structure entre les animaux à sang chaud et les changements qui s'opéraient en eux à l'état embryonnaire puis après la naissance pour susciter l'imagination de ses lecteurs : tous les animaux à sang chaud s'étaient développés à partir d'un filment vivant que la « Grande Cause première » avait animé, avec le pouvoir d'acquérir de nouvelles parties revêtues de nouvelles attributions dans la suite des âges. Pour lui, il était évident que « toute la nature existe dans un état de perpétuel perfectionnement par des lois imprimées sur les atomes de matière par la grande Cause des Causes »[10]. Lamarck, en retour, assurait ses lecteurs que le « Sublime Auteur de la Nature » avait ainsi arrangé les propriétés de la matière vivante que le progrès ne pourrait être perdu. Comme nous le verrons, Charles Darwin se sentait l'héritier de ce point de vue théiste.

C'est à ce moment de l'histoire des sciences que Charles Darwin entre en scène. Il naquit en 1809, l'année de parution de la *Philosophie zoolo-*

10. Erasmus Darwin, *Zoonomia; Or the Laws of Organic Life*, 4e éd. américaine, 2 t., Philadelphia, 1818, t. 1, p. 397.

gique de Lamarck. Au-delà du fait qu'il est né après eux, Darwin avait d'autres avantages sur Lamarck et son grand-père. A leur différence, il avait eu l'occasion d'étudier directement la géologie, la botanique et la faune sud-américaine, des parties de l'Australie et de diverses îles des Océans atlantique et pacifique, lors de la circumnavigation du *Beagle*. Deuxièmement, il associait les tendances spéculatives de ses prédécesseurs à un pouvoir singulier d'observation et à une inclination qui le portait à confronter toutes ses théories à l'observation et à l'expérience. La science anglaise de son temps était d'ailleurs lourdement empirique et anti-théoriciste. Darwin savait qu'il aurait à étayer ses théories, quelles qu'elles fussent, sur l'évidence solide des faits. Enfin, Darwin tenait de son père suffisamment de revenus pour se consacrer complètement à la recherche scientifique et à l'écriture, une indépendance que sa maladie chronique protégea ultérieurement.

Arrivons à la contribution essentielle de Darwin à la science biologique. Ses prédécesseurs avaient spéculé sur l'hypothèse du développement organique sans offrir autre chose que des faits éparpillés et sans suggérer de mécanisme crédible pour sa réalisation. Par contre, Darwin construisit une théorie de la modification de l'espèce et de l'évolution par la variation aléatoire, la compétition pour la vie et la sélection naturelle. Il explora ses conséquences, et passa vingt ans à l'expérimenter et à rassembler des sources capables de l'argumenter, tirées de l'anatomie comparée, la morphologie, la distribution géographique, la taxinomie, le comportement animal, la paléontologie. Il révisa sa théorie en fonction des nouvelles découvertes, la mettant à l'épreuve de toutes les manières qu'il pouvait. C'est seulement dans ces dernières dix ou quinze années, que les chercheurs ont apprécié réellement quel théoricien ambitieux, tenace, ouvert, il était[11]. On trouverait sans doute d'autres exemples d'une telle opiniâtreté dans les sciences physiques, mais Darwin fut le premier théoricien de ce type dans le domaine de l'histoire naturelle, à l'exception peut-être d'Aristote.

Peu après son retour du voyage du *Beagle*, alors qu'il méditait sur ce qu'il avait vu et qu'il réfléchissait au fait que l'ornithologiste John Gould classait, non comme de simples variétés mais comme des espèces différentes, des oiseaux moqueurs recueillis sur plusieurs des îles Galapagos, Darwin adopta le point de vue transformiste. Il s'employa alors à la construction d'une théorie du changement organique. Dans les années 1837-1838, il essaya des théories variées, l'une d'entre elles résolument lamarckienne dans sa tonalité. Finalement, à la fin de 1838, après avoir lu l'*Essay on the Principle of Population* de Thomas Malthus, il lui apparut que si les populations naturelles tendaient à une croissance exponentielle, ainsi qu'il arrive dans les populations humaines, il devait s'ensuivre un combat pour l'existence à l'*intérieur* des espèces aussi bien qu'*entre* les

11. La genèse des idées théoriques de Darwin est décrite dans *The Darwinian Heritage*, David Ed. Kohn ed., Princeton, Princeton University Press, 1985, chap. 1-14.

espèces. Aussi bien ceux des individus, plantes ou animaux, qui apparaîtraient posséder des caractéristiques mieux appropriées aux circonstances du milieu pourraient plus sûrement survivre et se reproduire que les possesseurs de traits moins adaptés. De ce fait, par un processus d'élimination sélective ou de reproduction différentielle (par « sélection naturelle », ainsi que Darwin l'appellera par analogie avec la sélection pratiquée par les horticulteurs et les éleveurs), le caractère d'une population donnée devrait éprouver des changements ; certains individus favorisés se multiplieraient alors que leurs congénères moins avantagés leur cèderaient en nombre graduellement.

Ayant fait fond sur cette idée et sur cette analogie entre les sélections naturelle et artificielle, Darwin entreprit de construire sa théorie. Il pensa ses implications pour tous les domaines de l'histoire naturelle, et de là fit des expériences et rassembla des données pour tester si les conséquences prévisibles se réalisaient dans la nature. Quand aurait-il été prêt à publier ses idées, nul ne le sait, sinon lui. Toutefois, et pour le meilleur de la science, Alfred Russel Wallace cherchait également depuis des années à découvrir le mécanisme de l'évolution dans l'Archipel malais. Il envoya à Darwin, en juin 1858, un essai concluant dans son sens. Darwin était maintenant obligé d'anticiper sa publication et de produire un « abrégé » du texte auquel il travaillait.

L'*Origine des espèces* de Darwin fut le dernier et le plus décisif d'une série de coups assénés au point de vue aristotélicien, vieux de deux millénaires. Non seulement le livre ruinait la conception fixiste de l'espèce ; il contredisait encore l'affirmation d'Aristote selon laquelle l'adaptation de la structure à la fonction, ou de l'organisme à son environnement, présupposait un quelconque principe téléologique, une rationalité des moyens et des fins, une cause ou des causes finales dans la nature. Le démenti infligé à la maxime aristotélicienne que « la nature ne fait rien en vain » entraînait celui de l'argument providentialiste de John Ray, Linné, Cuvier et de l'archidiâcre Paley, l'auteur de *Natural Theology*. De même, la théorie sapait l'idée d'Aristote qui voulait que l'essence d'une espèce soit l'explication fondamentale des attributs de ses représentants et que ces derniers, réalisant l'union de la forme et de la quiddité, diffèrent seulement dans leurs traits superficiels, produits par des causes matérielles. Dans la conception darwinienne, il n'y avait pas d'essence spécifique, que ce soit celle de l'espèce humaine ou de quelque autre. Une espèce n'était qu'une variété marquée, une population d'individus similaires quoique variables, une entité susceptible de changements héréditaires, dans ses caractères visibles ou son comportement, par la variation aléatoire et l'action sélectionnante des circonstances ambiantes. En bref, la lutte, le hasard, le changement et l'individualité, également sous-estimés dans l'aristotélisme christianisé de Ray, Linné et Cuvier, devenaient maintenant préposés à l'architecture du monde vivant.

Néanmoins, l'argument darwinien n'était pas purement scientifique. Il attaquait le créationnisme statique d'une double manière : par des données scientifiques, mais aussi en lui substituant un créationnisme évolutionniste. Dans les derniers paragraphes de son maître-ouvrage, Darwin affirmait que son idée d'un monde organique évoluant sous le contrôle de lois imprimées à la matière par le Créateur — proposition comparable à celle de son grand-père — ennoblissait plus le Créateur que ne le faisait le créationnisme statique. Certains commentateurs ont essayé d'amoindrir cette réclamation de Darwin, en remarquant qu'il s'agissait d'une concession au public ou à sa femme — ou les deux ; mais cette interprétation n'est pas fidèle. Depuis les années 1830 et au-delà, on trouve des expressions semblables dans ses carnets de notes privés. Dans le Notebook C, il qualifie le créationnisme statique de point de vue « misérable », limité, et dans ses « Notes sur l'homme », il décrit les lois naturelles gouvernant le changement organique comme les « plus magnifiques lois » de la création. En vérité, on ne peut échapper à la pensée que le théisme évolutionniste de Darwin lui fut une aide psychologique et spirituelle importante dans ces longues années de travail. Darwin savait qu'il serait livré à une critique sans merci de la part des créationnistes statiques lorsqu'il aurait publié sa théorie. L'aurait-il endurée jusqu'à la fin s'il ne l'avait crue porteuse d'une idée plus noble de Dieu que la vue « misérable » et « limitée » propagée par ses adversaires ? [12]

Toutefois, nous n'avons pas discuté encore les aspects les plus révolutionnaires de la théorie de Darwin, à savoir des conséquences regardant l'homme. Sous tous ses aspects (physiques, mentaux, moraux, esthétiques, religieux), l'humanité devait être considérée comme le résultat de processus similaires — variation aléatoire, lutte pour l'existence, sélection naturelle secondée par la sélection sexuelle et les effets hérités de l'usage des facultés psychiques — à ceux qui avaient produit les autres êtres vivants. L'application à ce cas particulier de la théorie générale, avancée dans *The Descent of Man* devint, et continue à être, la pierre angulaire de la controverse entourant le nom de Darwin. Beaucoup de gens se soucient peu d'où viennent les plantes, les pigeons ou les singes. Mais la question de la nature humaine et de ses origines nous touchent au plus près de notre existence, de notre être moral et rationnel.

Darwin n'était pas le premier à suggérer que notre espèce était le résultat d'une évolution organique. Lamarck l'avait pareillement laissé entendre et le grand-père de Darwin l'avait impliqué. Mais Darwin entreprit de rassembler et évaluer toute la documentation empirique allant dans le sens d'une parenté de l'homme et du reste du monde animal. Il

12. Voir David Kohn, « Darwin's Ambiguity : The Secularization of Biological Meaning », *British Journal for the History of Science*, 22, 1989, pp. 215-239, pour une excellente discussion de l'extension qu'il convient de donner aux références de Darwin au Créateur. « En bref, conclut Kohn, Darwin cherchait à produire un utilitarisme scientifique rigoureusement non-providentialiste pour étayer en sureté une forme éclairée de théisme latitudinaire. En définitive, ce sont des positions contradictoires. Cette contradiction évidente sera à la source de l'ambiguïté de Darwin dans l'*Origine* comme dans ses commentaires plus tardif ».

chercha des modèles expliquant l'évolution humaine. En ce qui regarde les similitudes physiques entre les êtres humains et les formes animales supérieures, il pouvait s'appuyer sur une importante littérature d'anatomie comparative et d'embryologie. Cependant, quand il en vint à concevoir la genèse du psychisme humain, les instincts, émotions, différences sexuelles, et les sentiments religieux, moraux et esthétiques, Darwin apporta beaucoup de son propre fond. C'était une vaste entreprise, inaugurée en juillet 1838 dans ses carnets privés, qui trouva à se concrétiser dans ses publications, *The Descent of Man* et *The Expression of Emotion in Man and Animals*. Dans ses carnets, on le voit piller toute la littérature anthropologique accessible dans les traités de morale ou d'esthétique, les relations de voyage et les travaux sur la psychologie humaine, captant à son profit les connaissances médicales de son père, étudiant son propre comportement comme celui de ses enfants, celui des animaux domestiques comme celui des bêtes du Zoo de Londres, observant, expérimentant à l'occasion, développant et révisant incessamment sa construction théorique[13].

Sa méthode comportait deux aspects. D'une part, il cherchait à montrer que les actions humaines ne résultaient pas toutes de la pensée consciente. D'autre part, il cherchait des indices d'intelligence, de conscience, de choix esthétique, etc., partout dans le règne animal, depuis les vers et les méduses jusqu'aux singes et aux hommes. Chez les végétaux, il discerna même quelque chose comme des pouvoirs mentaux dans la sensibilité à la stimulation, la transmission de l'information d'un organe à l'autre, les mouvements variables en réponse aux circonstances changeantes. Cherchant à documenter les bases biologiques de l'instinct, de l'intelligence, de l'imagination, de la mémoire, du langage, mais également du sentiment moral ou esthétique, il ouvrit la voie à des recherches en psychologie comparative : la psychologie de l'enfant, la psychologie cognitive, la psychanalyse, l'éthologie, la sociobiologie, les sciences de la biologie du comportement en général. Depuis Aristote, aucun individu n'avait initié un tel champ de recherches dans la science du vivant.

La théorie de l'évolution humaine qui résultait de ces années d'investigation faisait intervenir une interaction complexe de facteurs, des sélections naturelle et sexuelle jusqu'aux effets hérités de l'habitude, de l'usage et de l'exercice mental et moral. Darwin désignait sous le concept de « sélection sexuelle » les effets sur la descendance de la compétition entre mâles pour la possession des femelles, qu'elle s'exprime par la capacité physique lors des combats ou par l'attirance privilégiée qu'ils suscitent lors des parades nuptiales. A ce facteur, Darwin attribuait la différenciation sexuelle entre hommes et femmes, à l'exception des différences évidentes dans les organes de la génération. Il lui attribuait également beaucoup

13. Voir Howard E. Gruber, *Darwin on Man. A Psychological Study of Scientific Creativity... Together with Darwin's Early and Unpublished Notebooks Transcribed and Annotated by Paul H. Barrett*, New York, E.P. Dutton & Co, 1974, part. 1.

d'autres attributs. Le courage, le caractère querelleur, la persévérance, la force et la taille du corps, les armes de toutes sortes, la brillance des couleurs et les appendices ornementaux, les organes musicaux, vocaux ou instrumentaux (d'où possiblement le langage lui-même), tous avaient été, selon Darwin, indirectement acquis par un sexe ou l'autre par la force du choix, l'influence de l'amour ou de la jalousie, et l'appréciation du beau, dans les sons, les couleurs, les formes[14].

Le principal agent de l'évolution humaine, néanmoins, avait été la sélection naturelle dans la compétition entre individus, tribus, nations et races, soutenue en quelque part par les effets héréditaires de l'effort mental et moral. « Je suppose, écrivait Darwin à Charles Lyell, que vous ne doutez pas que les capacités intellectuelles sont aussi importantes pour le bonheur de chaque être que sa structure corporelle : s'il en est ainsi, je ne puis voir aucune difficulté à ce que les individus les plus intelligents d'une espèce soient continuellement sélectionnés et à ce que les capacités intellectuelles de la nouvelle espèce soient accrues, avec l'aide probable des effets hérités de l'exercice mental. Je regarde ce processus comme s'exerçant aujourd'hui sur les races humaines ; les moins intellectuelles d'entre elles y seraient exterminées »[15]. La même compétition, selon le raisonnement de Darwin, élèverait graduellement les facultés morales de l'homme. Les tribus dans lesquelles les instincts sociaux seraient les plus complètement développés s'étendraient et seraient victorieuses sur leurs adversaires, et celles-ci, en retour, succomberaient devant quelque autre tribu « encore mieux disposée ». De la sorte les qualités sociales et morales tendraient lentement à « avancer et se répandre sur le monde ». Les habitudes vertueuses, inculquées sur de nombreuses générations par l'éducation et la religion, pourraient bien être « fixées par l'hérédité » et préparer ainsi le triomphe éventuel d'une moralité supérieure. Les processus d'évolution avaient élevé l'humanité au « sommet ultime de l'échelle organique » et l'on pouvait espérer, selon Darwin, qu'ils lui créeraient les conditions d'une « distance encore supérieure », à telle enseigne que Darwin et Lyell eux-mêmes pourraient être vus rétrospectivement par les générations futures comme de « purs barbares »[16].

De ce qui vient d'être dit, il paraîtrait indiscutable que Darwin croyait pouvoir immerger la nature humaine dans le tout-de-la-nature sans déranger sa foi, ni celle de ses contemporains, dans le progrès, l'humanité, le bon, le vrai et le beau. Mais cela n'alla pas sans difficultés. Darwin lui-

14. Charles Darwin, *The Origin of Species and The Descent of Man*, New York, The Modern Library, 1937, p. 918.

15. Charles Darwin, Lettre à Charles Lyell, Ilkley, Yorkshire, 11 octobre 1859, citée dans *The Life and Letters of Charles Darwin*, Francis Darwin ed., 3 t., London, John Murray, 1888, t. 2, p. 211.

16. Charles Darwin, Lettre à Charles Lyell, Down, 27 avril 1860, citée dans *More Letters of Charles Darwin*, Francis Darwin ed., 2 t., London, John Murray, 1903, t. 2, p. 262. Voir aussi John C. Greene, « Darwin as a Social Evolutionist », dans J.C. Greene, *Science, Ideology, and World View : Essays in the History of Evolutionary Ideas*, Berkeley, Los Angeles, London, 1981, chap. 5.

même ne réussit jamais à résoudre le conflit qui opposait sa croyance dans le rôle toujours progressiste de la lutte entre individus, tribus, nations et races, et sa conviction, également profonde, que les « plus nobles instincts » de l'homme le conduisent à prendre soin des faibles, des handicapés, et que les déshérités ne doivent être ni abaissés ni négligés. Il ne put non plus concilier son admiration instinctive pour l'infinité des formes de la nature, aussi belles qu'admirables, sa « conviction intime » qu'elles n'étaient pas le résultat d'un hasard pur, avec le déterminisme mécaniciste de la science physique de son temps et le processus de sélection qu'il avait lui-même découvert, « grossier, gaspilleur, maladroit, bas et horriblement cruel ». Si l'homme n'est purement et simplement qu'un produit de la nature, pourquoi les méthodes et les normes de la nature ne gouverneraient-elles pas le comportement humain. Le champion de Darwin, Thomas Huxley, a réfléchi longtemps à cette question. Il en conclut finalement que l'éthique, loin d'être modelée sur les processus de la nature, doit activement les combattre au nom des valeurs de justice et de pitié qui n'ont pas de fondement dans la nature. Mais quelle place y avait-il pour des valeurs de cette sorte dans l'univers du naturalisme évolutionniste ? Cet univers, Huxley lui-même le décrivait comme « une toile et une trame de matière et de force, entrelacées par degrés insensibles, sans fil rompu, un voile de phénomènes qui s'étend entre nous et l'Infini »[17].

Pas du tout, répliquera Arthur Balfour, cadet de Huxley, et qui deviendra Premier Ministre d'Angleterre. Toutes les idées, tous les sentiments de l'ère victorienne relatifs à la dignité de l'homme, la règle d'or, la passion pour la vérité et l'amour de la Beauté dérivaient, selon lui, de conceptions de la nature et de la nature humaine tout à fait différentes de celles qu'appuyaient Darwin, Huxley et Spencer. Leur problèmatique, héritée de Galilée, Descartes et Newton, considérait la nature comme un système de matière en mouvement réglé par des lois inexorables. La Matière elle-même était comparable à une substance brute possédant les seules propriétés mathématiques de la taille, de la forme, de la masse que lui imposait un Créateur omnipotent. Il n'y avait rien en elle qui ressemblait à la vie, l'esprit, la beauté ou le dessein, toutes qualités surajoutées au monde matériel par le Créateur. Mais avec les progrès de la physique et, plus encore, avec la théorie darwinienne de la sélection naturelle, le Dieu créateur disparaissait. Seul restait le système naturel régulé par les lois, déterminant mécaniquement ses produits et menaçant, comme Huxley le notait avec quelque appréhension, de devenir « co-extensif au savoir, au sentiment, à l'action ». Dans ce monde sinistre, où y avait-il place pour la liberté, la spontanéité, la beauté, la finalité, la moralité ? Où y avait-il place pour des êtres tels Darwin et Huxley ? Celui-ci pouvait s'extasier à propos de la « grande progression de la nature, de la force aveugle jusqu'à la volonté consciente et l'intelligence ». Mais un tel

17. Thomas Henry Huxley, « The Origin of Species », in *Darwiniana : Essays*, New York, D. Appleton, 1908, p. 58 (1st ed. 1860).

progrès était-il concevable ? La vision de Huxley n'était-elle pas celle d'un homme ayant reçu une éducation libérale, non l'un de ces ascètes rabougris, mais un « homme plein de vie et de feu, dont les passions sont exercées à se soumettre à une volonté ferme, subordonnée à une conscience sensible ; qui a appris à aimer toute beauté, qu'elle vienne de la nature ou de l'art, à haïr toute bassesse, et à respecter chacun comme soi-même » ? Une vision héritée de sources fort différentes du naturalisme évolutionniste professé par Huxley [18].

Il y avait, selon Arthur Balfour, un « désaccord interne » profond entre les valeurs et les idées que Darwin et Huxley déduisaient de leur héritage culturel occidental et celles qui étaient implicites dans la vision du monde présupposée par leur naturalisme évolutionniste. Ce désaccord ne pouvait durer indéfiniment, affirmait Balfour. Soit les conceptions de la nature et de la nature humaine basées sur la science seraient révisées pour laisser place à la liberté, au projet, à la créativité intellectuelle, morale et esthétique ; soit la culture occidentale descendrait au niveau congruent avec l'image de la nature professée par Huxley, ce règne de la matière et de la loi « co-extensif au savoir, au sentiment, à l'action ».

Telle était la prédiction de Arthur Balfour en 1895. Dans quelle mesure s'est-elle réalisée ? Hélas ! Le désaccord interne qu'il discernait entre les valeurs traditionnelles de l'Occident et le portrait de l'homme et de la nature dressé par les auteurs qui se réclamaient de la science, est encore patent parmi nous. B.F. Skinner nous dit que nous sommes passés au-delà de la liberté et de la dignité dans un monde de réponses conditionnées. Edward O. Wilson ajoute que l'homme est un accident des processus de la mécanique évolutive qui pourrait avoir pris d'autres voies. L'esprit humain est « un épiphénomène de la machinerie neuronale du cerveau » qui, en retour, existe « parce qu'il a assuré la survie et la multiplication des gènes qui régissent son assemblage » [19]. L'altruisme, nous dit-on, est un expédient biologique fabriqué dans nos gènes dans la lutte pour l'existence. Le divorce entre ces vues et les conceptions de l'homme et de la nature sous-jacentes à la civilisation occidentale est d'une évidence flagrante. Il a engendré dans notre culture quelque chose comme une schizophrénie qui menace d'exploser. D'une part, les avocats du naturalisme évolutionniste tentent de nous persuader que les valeurs auxquelles nous adhérons sont légitimées par la biologie évolutive, en dépit d'apparences contraires. D'autre part, les fondamentalistes chrétiens rejettent le transformisme, branches et racines, et avec elles l'ensemble de la science moderne, à l'exception de son bénéfice technologique. Heureusement, on peut constater néanmoins des signes d'un mouvement vers des conceptions de

18. Arthur James Balfour, *Foundations of Belief*, London, Longmans Green, 1933, p. 13. Huxley, *Selections from the Essays of T.H. Huxley*, Alburey Castell ed., New York, Appleton-Century-Crofts, 1948, p. 18, 21.
19. Edward O. Wilson, *On Human Nature*, Cambridge, Harvard University Press, 1978, p. 2.

la nature et de la nature humaine capables d'apaiser le désaccord profond déploré par Balfour. D'abord, l'idée de nature dont Darwin et Huxley héritèrent de Galilée, Descartes et Newton, cette notion d'un système matériel régulé possédant les seules propriétés mathématiques qui lui furent conférées par un Créateur omnipotent, est aussi morte que le Dodo, cette espèce d'oiseau aujourd'hui éteinte. Ceci tient en partie au fait que la physique contemporaine a révolutionné nos conceptions de la matière, de l'espace, du temps ou de la causalité, en reléguant l'univers cartésien au rang d'une vision du monde autrefois glorieuse. Mais plus encore, c'est une conséquence du fait qu'en situant l'homme dans la nature, Darwin et Spencer ont miné le dualisme substantiel de l'âme et du corps matériel posé par Descartes. Tant que les êtres humains étaient pensés comme extérieurs à une nature qu'ils surplombaient, une vue mécaniste du monde était possible. Elle impliquait toutefois qu'on regarde les animaux comme des automates matériels. Dans le prolongement du travail darwinien, quand l'humanité fut regardée comme partie et parcelle de la nature, une contradiction insurmontable a surgi. Comme l'écrivait Alfred North Whitehead en 1925, « un réalisme scientifique à base mécanique est conjoint à une croyance inébranlable dans l'auto-détermination des organismes relevant du monde des hommes et des animaux supérieurs »[20]. Mais comment cela pouvait-il être ? Si les êtres humains sont des productions matérielles, la nature ne doit-elle pas partager les composantes psychiques, l'autonomie de la nature humaine ? S'il n'en est rien, comment des processus naturels pouvaient-ils avoir donné naissance à des êtres humains ?

Confrontés à ce dilemme, un nombre respectable de biologistes (entre autres Julian Huxley, Bernard Rensch, L.C. Birch et Sewall Wright) avait adhéré à une philosophie pan-psychique, autrement dit à la croyance que tous les processus naturels comportent un aspect psychique. « L'émergence de l'esprit de ce qui n'a pas d'esprit est véritablement magique », écrivait Sewall Wright. « Nous en concluons, ajoutait-il, que l'évolution de l'esprit doit avoir été co-extensive à l'évolution du corps. Qui plus est, l'esprit doit déjà avoir été présent lorsque la vie apparut, et en vérité, il doit être un aspect universel de l'existence »[21]. C'est en s'appuyant sur cette proposition seule disait Wright qu'on peut réconcilier notre savoir, produit par inférence de notre expérience sensorielle et étayé sur des notions déterministes et probabilistes de la causalité, avec la connaissance intime, mais absolument inaliénable, que chaque personne éprouve de sa propre conscience. Cette conscience est tendue « vers la découverte d'une issue acceptable dans les difficultés du monde environnant par les moyens d'actions volontaires ». Une réclamation qui va bien au-delà de l'idée de Huxley d'un « règne de la matière et de la loi, co-extensif au savoir, au sentiment, à l'action » et qui s'avère plus près de l'idée darwinienne selon

20. Alfred N. Whitehead, *Science and the Modern World: Lowell Lectures, 1925*, New York, Macmillan, 1947, p. 110.
21. Sewall Wright, « Panpsychism and Science », in *Mind in Nature: Essays on the Interface of Science and Philosophy*, J.B. Cobb Jr and D.R. Griffin eds., Washington, p. 82.

quoi les plus humbles des animaux, voire les plantes, présentent des signes de qualités psychiques.

Mais la révolution dans nos conceptions de la nature précipitée par Darwin et ses confrères en évolutionnisme ne s'arrête pas là. L'idée d'évolution a pénétré tous les secteurs de la pensée, depuis la physique et la cosmologie jusqu'à l'anthropologie, la psychologie et la métaphysique. Comme nous en avertit Julian Huxley, la nature est un processus créateur « unitaire, continu, irréversible ; auto-organisateur et engendrant la variété et la nouveauté durant ses transformations ». L'univers, selon Theodosius Dobzhansky, « est le résultat du processus évolutif... Les évolutions inorganique et humaine participent d'un seul processus. Fondamentalement, toute l'évolution est une »[22]. Pour tous ces auteurs, la nature a cessé d'être une machine. Elle est devenue un processus créateur. La question fondamentale n'est plus de savoir si nous croyons à l'évolution. Elle est de déterminer si l'idée de nature comme processus créateur fait sens sans s'accompagner de la possibilité d'un bien inhérent au processus et d'un désir qu'il s'accomplisse. Chose curieuse, le vocabulaire métaphorique de la biologie évolutionniste moderne est plein de mots et de phrases impliquant l'effort, le but, la réalisation de la valeur, etc. Dans son livre *Evolution in Action*, Julian Huxley personnifie l'évolution et captive ses lecteurs par le compte rendu des essais et des erreurs de son héros, ses avancées et retraites, ses échappées hors des voies aveugles, et ses réussites éventuelles dans la réalisation de possibilités supérieures. Theodosius Dobzhansky, George Gaylord Simpson, et d'autres biologistes, usent de pareilles métaphores anthropomorphiques, probablement sans y penser. Mais que signifie une créativité sans esprit créateur ou projet ? Parle-t-on d'un coucher de soleil comme d'une création admirable ? Certes non. Quand on invoque une création, que ce soit une symphonie, un barrage de castors ou un nid d'oiseau des charmilles, nous pensons spontanément à la question : la création de qui ?

Dans la première édition de son grand ouvrage *On the Origin of Species*, Darwin professait trouver de la « grandeur dans cette vue de la vie... originellement insufflée dans peu de formes, sinon dans une seule ». Il s'exaltait à la pensée que d'un commencement si humble, des formes infinies, les plus belles et les plus admirables, aient pu évoluer, et évoluent encore. Dans la seconde édition, il ajouta les mots « par le Créateur » après le mot « insufflée » et il ne changea rien à cette formulation dans les éditions suivantes, y compris la sixième et dernière édition. Ainsi qu'il a été suggéré, ce changement ne saurait être interprété comme une concession à l'opinion publique. Il exprimait la « conviction intime » de Darwin, comme il l'appela ultérieurement, que l'évolution des « formes infinies les plus belles et les plus admirables » ne résultait pas du pur hasard. Vingt ans plus tard, alors qu'il rédigeait son autobiographie, cette

22. Julian Huxley, *Evolution in Action*, New York, The New American Library, 1953, p. 10. Pour les positions de Dobzhansky, voir Theodosius Dobzhansky, *The Biology of Ultimate Concern*, New York, The New American Library, 1970.

conviction intime avait été mise en balance par ce qu'il décrivit comme « l'horrible doute » touchant la valeur ou la confiance qu'on pouvait accorder aux convictions de l'esprit humain dans l'hypothèse où il se serait développé à partir de l'esprit d'animaux inférieurs. « Qui pourrait se fier aux convictions d'un singe, s'il y avait quelque conviction dans un tel esprit » ?[23]

Darwin avait été au bout de ses idées dans son évolution spirituelle. Adhérant aux idées développées par Huxley à propos de la nature physique et croyant, comme lui, qu'il n'y avait qu'un seul type de savoir et une seule méthode pour l'acquérir, il tira l'inévitable conclusion de l'agnosticisme. La raison humaine, issue par évolution de l'intelligence rudimentaire d'un ancêtre semblable au singe, se révélait capable de sonder les secrets du système solaire et de découvrir l'origine des espèces. Mais on ne pouvait s'y fier quand elle s'efforçait d'appréhender l'ultime source de l'être. D'où cette question : si la nature des évolutionnistes modernes n'est pas une machine mais un processus créateur et si, comme la raison le suggère, ce processus créateur présente quelque analogie avec notre propre personnalité créative, pourquoi alors douterions-nous de notre intime conviction, selon laquelle l'infinité des formes les plus belles et les plus admirables qui ravissaient Aristote et Darwin, est l'expression d'une créativité incomparablement supérieure à toutes celles que nous pourrions jamais imaginer ? « Ce n'est pas une sagesse que d'être seulement prudent », que de « douter de l'incoercible supposition de l'âme ».

La référence poétique faite par George Santayana aux suppositions de l'âme nous conduit aux derniers développements suggérés à notre siècle par l'hypothèse darwinienne de l'immersion de l'espèce humaine dans la nature : à savoir les développements scientifiques et technologiques qui nous ont donné le pouvoir d'altérer radicalement la nature humaine, et de rendre la planète inhabitable non seulement pour nous, mais encore pour des milliers d'autres espèces. Si l'être humain réussit à modifier la nature humaine par la manipulation génétique, cela sera-t-il considéré comme un exemple de la nature modifiant la nature ? Et si les peuples du monde, par quelque folie identitaire ou nationaliste, provoquent un holocauste nucléaire qui rende la terre inhabitable, cela sera-t-il considéré comme un exemple de la nature détruisant la nature ? Pour Darwin et Spencer, le progrès humain était le résultat d'une évolution graduelle des capacités intellectuelle et instinctuelle de la race humaine survivante, essentiellement assurée par la sélection naturelle et les effets héréditaires de l'exercice mental et moral. Le progrès était le résultat nécessaire d'un processus naturel de longue durée. Nous en savons maintenant plus. Le futur de l'humanité ne repose pas sur les mécanismes de la nature, mais sur les choix humains, pour le meilleur et pour le pire. La science

23. Charles Darwin, Lettre à William Graham, Down, 3 juillet 1881, citée dans *Life and Letters, op. cit.*, t. 1, p. 285.

et la technologie rendent seulement plus évidente l'urgence de ces choix sans nous donner aucun secours dans leur décision.

Est-ce que les êtres humains sont, comme le pensait Darwin, totalement partie de la nature ? S'il en est ainsi, comment comprennent-ils la nature et, dans une certaine mesure impressionnante, la contrôlent-ils ? S'il n'en est rien, comment pouvons-nous comprendre l'existence ambivalente de l'homme, qui est et en même temps n'est pas une partie de la nature ? Pour ma part, je préférerais l'attitude d'Edward Tyson, qui publia la première étude anatomique d'un chimpanzé en 1699, dans un ouvrage intitulé *Orang-Outang : or the Anatomy of a Pygmie*. A la suite de sa comparaison de l'animal et de l'homme, Tyson concluait :

> Je ne peux que remarquer cette différence. Les Anciens étaient portés à identifier les brutes aux hommes ; aujourd'hui au contraire, d'une façon bien peu philosophique, l'humeur est de faire des hommes des simples brutes et de la matière. Alors qu'en vérité l'homme est pour partie une bête, pour partie un ange, et qu'il est ce chaînon de la création qui les lie ensemble. [24]

Que l'on croit ou non aux anges, nous rencontrerons quelque difficulté à concevoir les humains comme de purs êtres naturels sans courir le risque des paradoxes et des contradictions. Un être qui peut explorer les confins des galaxies, altérer sa propre constitution génétique et, par des choix conscients, détruit l'environnement terrestre qui le fait vivre, lui et tous les autres êtres vivants, est plus qu'un caprice de la nature ou un « accident chanceux », selon les termes de Stephen Gould.

Dans son autobiographie, Darwin nous apprend qu'il abandonna le christianisme en partie parce qu'il ne pouvait accepter « l'histoire du globe manifestement fausse » racontée dans la Genèse. Pourtant, et ironiquement, le récit de la chute de l'homme à partir de l'état de grâce, enregistré dans la Bible, présente, en dépit de ses inexactitudes historiques, une image plus vraie de la condition humaine que ne la retraça Darwin en montrant le progrès graduel de notre nature et de la société soutenu par la sélection naturelle et les effets héréditaires de l'exercice moral et mental. Selon le récit biblique, ce n'est pas par le partage du savoir scientifique que nos premiers parents perdirent leur prétention au paradis. C'est plutôt parce qu'ils mangèrent des fruits de l'arbre de la connaissance du bien et du mal, un arbre inconnu de la science. C'est cette connaissance qui fait notre transcendance, notre danger, notre humanité. Darwin nous montra notre parenté avec la nature. Toutes les choses vivantes paraissaient liées ensemble dans une toile ontologique sans couture. C'est à nous de décider si cette parenté doit être chérie et cultivée ou, au contraire, déshonorée et occultée par l'orgueil humain et la folie.

Traduction Claude BLANCKAERT

24. Edward Tyson, *Orang-outang, Sive Homo Sylvestris : or, the Anatomy of a Pygmie compared with that of a Monkey, an Ape and a Man*, London, Th. Bennet, D. Brown, 1699, p. 55.

II — Sciences de la vie

Première partie : Médecine et biologie

Pierre LOUIS

La notion de contagion chez quelques penseurs grecs

Le mot contagion n'a pas de correspondant exact dans le grec classique. Cependant d'assez nombreux textes montrent que la notion de contagion elle-même n'était pas inconnue des Grecs. Ceux-ci possédaient une longue et douloureuse expérience de maladies qui frappent en même temps et dans un même lieu un nombre plus ou moins grand de personnes.

Il n'existe malheureusement, dans la Collection hippocratique sous sa forme traditionnelle, aucune étude spéciale sur la question. Le traité des *Épidémies* qui y figure a, en effet, pour nous un titre trompeur : le grec ἐπιδημίαι[1] n'avait pas, dans la langue classique, le sens que l'on donne aujourd'hui au mot *épidémie*, mais désignait seulement les maladies qui apparaissent à un certain moment dans une région déterminée et qui sont dues à des conditions atmosphériques particulières. Dans ce livre, l'étude porte sur l'île de Thasos et s'étend sur quatre ans pendant lesquels les variations climatiques ont eu pour conséquence l'apparition de diverses maladies. La première année, la pluie et le vent favorisèrent l'apparition des oreillons et des phtisies. L'année suivante, l'humidité de l'air provoqua de nombreux cas d'ophtalmies, de dysenteries et de diarrhées. La troisième année de fortes chaleurs amenèrent des paralysies dans l'hiver qui suivit. Et la même influence des conditions climatiques est signalée au cours de la quatrième année avec laquelle l'enquête se termine. Il ne s'agit donc pas, dans l'esprit de l'auteur, de maladies contagieuses au sens strict du terme.

Au contraire, une partie des *Problèmes*, la section VII, est consacrée presque exclusivement à la contagion, et il en est question également dans un problème de la section I, le problème 7. Dans ces deux sections, dont l'authenticité paraît bien établie pour des raisons de forme aussi bien que de fond, Aristote a très probablement utilisé des ouvrages médicaux qui n'ont pas été conservés. Il a sans doute tenu compte également de son expérience personnelle. Aussi m'a-t-il paru intéressant de rechercher comment les penseurs grecs se représentaient le phénomène de la contagion, et de quelle façon ils l'expliquaient, dans la mesure où ils cherchaient à le faire.

1. Le sens étymologique de l'adjectif *epidemios* est « qui séjourne ou sévit dans un pays ».

Comme la plupart des peuples, les Grecs conservaient le souvenir plus ou moins confus de grandes catastrophes, éruptions volcaniques, tremblements de terre, déluges, sécheresses, famines. Platon dans les *Lois*[2] parle de tous ces fléaux « à la suite desquels il ne restait que peu de représentants de la race humaine ». Et il cite aussi, parmi ces calamités, les épidémies. Car la pestilence s'abattait périodiquement sur les villes et les campagnes de Grèce. Pour prendre l'exemple d'Aristote, il est probable que ses parents Nicomaque et Phaestis furent victimes dans la force de l'âge d'une des maladies qui rôdaient sans cesse, s'allumant ici et s'éteignant là, s'acharnant sur les uns et épargnant les autres.

Les Grecs savaient fort bien que la vie quotidienne expose à des affections qui sont transmissibles d'un sujet à un autre. Parmi ces maladies plusieurs sont faciles à identifier. C'est d'abord le cas de la rage[3] dont le nom grec *lussa* ou *lutta* est probablement en rapport avec le mot désignant le loup, *lukos*, cette affection étant considérée au départ comme une maladie typique du loup. La rage est citée pour la première fois dans la littérature grecque par Homère au vers 299 du chant VIII de l'*Iliade* où Teucros, frère d'Ajax, traite Hector de chien enragé, *kuna lussetera*. La métaphore est employée plusieurs fois dans le même poème pour exprimer l'idée d'une fureur brutale (IX, 239, 305 ; XXI, 542). Chez les Tragiques le mot rage désigne couramment la folie furieuse, par exemple dans le *Prométhée enchainé* (vers 883) et les *Choéphores* (vers 288) d'Eschyle ou l'*Oreste* d'Euripide (vers 254, 326, 401, 793, 845).

Les naturalistes et les médecins grecs ne parlent guère de la rage. La collection hippocratique ne lui consacre aucun traité spécial. Il n'est question qu'incidemment de la rage du chien chez Xénophon dans l'*Anabase*, V, 7, 26. Aristote est le seul qui fournisse des indications précises[4]. Il signale que la rage est contagieuse, qu'elle se propage par une morsure, qu'elle amène des crises de fureur et que la mort s'ensuit. « La rage, écrit-il, produit une folie furieuse surtout chez les chiens, mais elle atteint aussi les autres animaux comme le chameau. Si le sujet contaminé mord, tous les mordus deviennent à leur tour enragés ». Et il ajoute « à l'exception de l'homme » ; sans doute voulait-il dire par là qu'une bête enragée n'est pas toujours dangereuse pour l'homme si la morsure est faite à travers les vêtements.

Une autre maladie contagieuse peut frapper les humains, c'est la lèpre, *lepra*. Ce mot appartient vraisemblablement à la famille de *lepis*, écaille : c'est l'écailleuse, la dermatose squameuse. Hippocrate la mentionne[5]. Hérodote l'appelle « lèpre ou maladie blanche » et évoque les risques de

2. Livre III, 677 a.

3. De nombreux ouvrages ont été consacrés à la rage. Parmi les plus récents on peut citer R. Moreau, « La rage de l'Antiquité au siècle des lumières » dans *Pasteur et la rage*, Fondation Mérieux, 1985, pp. 19-28 ; Jean Théodoridès, *Histoire de la rage*, Masson, 1986.

4. *Histoire des Animaux*, VIII, 22, 604a 5-11.

5. Voir *Aphorismes*, 3, 20, *Epidémies*, 5, 9.

contagion[6] : « Si un Perse, dit-il, a la lèpre, il ne vient pas en ville et n'a pas commerce avec les autres habitants ». Et il ajoute : « Tout étranger atteint de la maladie en question est renvoyé par les Perses hors du pays ». Aristote, dans les *Problèmes*, déclare lui aussi que la lèpre est transmissible[7].

Le même passage de ce recueil[8] signale une autre maladie qui se communique elle aussi par contact, la gale. Son nom, *psora*, est un dérivé du verbe ψάειν, gratter. Platon en parle incidemment[9] et Hérodote déclare que les eaux du fleuve Téaros, en Thrace, sont les meilleures pour la guérir chez les hommes et chez les chevaux[10]. Aristote pour sa part précise que la gale comme la lèpre se prennent par le toucher et sont donc des maladies contagieuses au sens étymologique du terme. Car ce sont des maladies qui affectent la surface de la peau à travers laquelle suppure, selon lui, une humeur visqueuse[11].

D'autres maladies sont considérées également comme contagieuses par le même auteur, à la différence de l'hydropisie, des fièvres ou de l'apoplexie qui ne le sont pas[12] : ce sont la phtisie[13] et une affection des yeux appelée *ophthalmia* et qui était sans doute une forme de conjonctivite. La phtisie s'attrape lorsque l'on respire de trop près l'haleine viciée d'un malade[14]. L'ophtalmie est déjà présentée comme contagieuse par Hippocrate[15] et par Platon[16]. Aristote l'attribue parfois aux conditions climatiques, en particulier à la chaleur de l'air et à l'humidité du sol[17]. Mais il reconnaît qu'elle est contagieuse lorsqu'on se trouve en présence d'un sujet atteint de cette affection[18]. Car les traits de lumière qui, selon les théories anciennes de la vision[19], relient l'œil qui voit à l'objet qui est vu font que la perception visuelle est une espèce de contact.

Mais la maladie contagieuse qui faisait le plus de ravages et qui est la plus souvent citée est celle que les Grecs désignaient par le mot *loimos*, dont l'origine est inconnue et dont le sens est obscur. La traduction la plus courante est celle de *peste* ou *pestilence*. Mais l'identification précise

6. *Histoires*, I, 138.
7. *Problèmes*, VII, 8, 887a 34.
8. *Ibid.*, 887a 32.
9. *Philèbe*, 46a.
10. *Histoires*, IV, 90.
11. *Problèmes*, VII, 8, 887a 35-39.
12. *Ibid.*, 887a 23.
13. Il est question de la phtisie chez Hippocrate, *Maladies II*, 50, 2 ; 51, 3, *Des lieux dans l'homme*, XIV, 7, XIX, XXIII.
14. *Problèmes*, VII, 8, 887a 31.
15. *De la vision*, 9, 1.
16. *Banquet*, 255d.
17. *Problèmes*, I, 8, 859b 23, 26 ; 860a 6, 11 ; 9, 860a 29 ; 12, 860b 20 ; 19, 861b 13.
18. *Ibid.*, VII, 8, 887a 25.
19. Voir Charles Mugler, *Dictionnaire historique de la terminologie optique des Grecs*, Paris, Klincksieck, 1964, pp. 291-292.

reste difficile[20]. Il s'agit en tout cas d'une maladie mortelle qui, comme la peste, fait en même temps et au même endroit un grand nombre de victimes.

La première explication qui en fut donnée fut une malédiction divine. C'est la plus simple, celle qui suppose le moins de connaissances scientifiques. Au milieu du huitième siècle avant J.C.[21], quand il décrit la pestilence, *loimos*, qui décime les cités comme le fait aussi la famine, *limos*, (le rapprochement des deux mots est tentant) Hésiode présente ces deux fléaux comme des punitions infligées par les dieux : « Souvent une ville entière se ressent de la faute d'un seul qui s'égare et trame le crime. Sur elle, du haut du ciel, le Cronide fait tomber une immense calamité, famine et peste à la fois : les gens se meurent »[22]. De la même façon les Perses, selon Hérodote[23], pensaient que la lèpre frappait ceux qui avaient commis une faute contre le Soleil.

En ce qui concerne la pestilence, les naturalistes des VIe et Ve siècles cherchèrent une explication scientifique. Ils crurent la trouver dans l'action néfaste de miasmes apportés par les vents. Plusieurs textes font allusion aux moyens qu'on utilisait alors pour combattre les émanations malsaines que l'on rendait responsables des épidémies. Empédocle est de ceux auxquels la tradition attribuait un rôle efficace dans la lutte contre la peste. Clément d'Alexandrie[24] rapporte que « Empédocle fut appelé « coupe-vent » car, alors que soufflait des montagnes d'Agrigente un vent lourd, pestilentiel pour les habitants et stérilisant pour les femmes, il réussit à faire cesser le vent ». Plutarque[25] précise quel moyen fut utilisé : « Empédocle, écrit-il, délivra la région d'Agrigente de la stérilité et de la peste en faisant barrer les brèches de la montagne par lesquelles le vent pestilentiel s'engouffrait dans la plaine ». Démocrite, dit-on[26], employa le même procédé pour délivrer de la peste ses concitoyens d'Abdère. Et pendant la fameuse peste d'Athènes[27] de 430-429, qui coûta la vie à Périclès, c'est encore, semble-t-il, l'air que l'on rendait responsable de la contagion. Plutarque rapporte, en effet, que le médecin Acron, un compatriote d'Empédocle, « se tailla une grande réputation à Athènes, au temps de la grande peste, pour avoir prescrit d'allumer du feu auprès des malades pour changer l'atmosphère »[28]. L'explication de la peste par

20. Parmi les nombreuses études consacrées à cette question, citons Paul Dumont, « Notes sur le récit de la pestilence athénienne chez Thucydide et sur ses rapports avec la médecine grecque de l'époque classique » dans les *Actes du IVe colloque hippocratique international de Lausanne*, 1981, p. 311 et sq. ; Paul François Girard, « Le mal des ardents ou le feu Saint-Antoine », 3e partie, dans les *Cahiers médicaux*, t. III, N° 14, 1977.

21. Sur la date d'Hésiode, voir Paul Mazon, *Hésiode*, Les Belles Lettres, Paris, 1944, p. XV.

22. *Travaux*, 240-243 (trad. Paul Mazon).

23. *Histoires*, I, 138.

24. *Stromates*, VI, 30.

25. *Contre Colotès*, 32, 1126 B. Voir aussi le traité *De la Curiosité*, I, 515 C.

26. D'après Apollonius de Tyane cité par Philostrate, *Vie d'Apollonius de Tyane*, VIII, 7.

27. Voir Thucydide, *La Guerre du Peloponnèse*, II, 7, 47.

28. *Isis et Osiris*, 79, 383 D.

des émanations malsaines se rencontre encore chez Aristote. Dans la section I des *Problèmes*, la question 21, qui est probablement authentique, attribue pour cause à la pestilence la quantité excessive de vapeur qui s'élève d'un sol humide sous l'influence de la chaleur[29]. Le souvenir de la grande peste était apparemment encore vivace à Athènes.

Cependant une autre explication de l'origine de cette maladie commence alors à se faire jour. Dans la même section des *Problèmes*, au paragraphe 7, l'auteur, qui là encore semble bien être Aristote, explique que la peste frappe tout le monde mais plus particulièrement ceux qui sont dans un état de santé déficient, et il ajoute qu'elle se communique par contact direct. Il arrive même qu'elle atteigne les médecins qui touchent les malades qu'ils sont appelés à soigner[30]. C'est donc la maladie contagieuse par excellence.

Aristote signale d'autre part que la contagion n'agit pas seulement dans la propagation des maladies, mais qu'elle joue également un rôle dans le comportement des individus. La section VII des *Problèmes*, en même temps qu'elle étudie les maladies transmissibles traite d'autres effets de la contagion. Pourquoi, se demande l'auteur, quand on voit quelqu'un bâiller, est-on porté à en faire autant, parfois irrésistiblement ? Pourquoi le bruit de l'eau qui coule donne-t-il l'envie d'uriner ? La réponse, selon Aristote, est à chercher dans le rôle de la mémoire qui nous fait compatir, *sumpaschein*. Aussi le titre qui a été donné, au second siècle de notre ère lors de la mise en forme définitive des *Problèmes*, à la section VII, est-il celui de *Osa ek sumpatheias*, autrement dit « De la contagion ».

Aristote applique le même verbe *sumpaschein* aux effets de l'art. Car il ne lui a pas échappé que l'émotion artistique est, elle aussi, communicative[31]. Mais le mot *sumpatheia* lui-même n'était pas encore utilisé à l'époque classique.

29. *Problèmes*, I, 21, 862a 4-9.
30. *Ibid.*, lignes 859b 15-21.
31. Cf. *De l'Ame*, III, 3, 427 b 22 ; *Politique*, VIII, 5, 1340a 13.

Jean STAROBINSKI

Moreau de la Sarthe et Laennec au chevet de Maine de Biran

Les dernières notes que Maine de Biran inscrit dans son journal, le 17 mai 1824, sont pathétiques. Elles constatent que le délabrement du corps n'est nullement compensé par une force que l'âme préserverait et dont elle demeurerait consciente : il n'est possible de compter qu'avec une force extérieure :

> ... La sagesse, la vraie force consiste à marcher en présence de Dieu, à se sentir soutenu par lui, autrement *vae solo* !
> ... C'est l'infirmité de mon esprit qui m'afflige plus encore que l'infirmité de ma chair à qui la première se lie. Je ne sais plus que devenir.
> ... On ne peut savoir d'avance à quel degré de nullité morale et de dégoût de soi la maladie peut nous réduire. J'en suis la preuve vivante.
> L'*homme* hait son existence lorsque tous les instants sont des souffrances et que l'espoir de changer d'état est détruit.
> ... Il faut une influence surnaturelle pour qu'il en soit autrement. [1]

Ainsi, deux mois avant sa mort (qui surviendra le 20 juillet), Maine de Biran voyait mis à l'épreuve, dans la situation imposée par la maladie, les grands thèmes de sa dernière philosophie, qui fait appel explicitement à un secours divin. Trop faible pour écrire, Biran ne nous a pas fait connaître la suite de ses pensées. « Le reste est silence. »

Pourtant il est demeuré un témoignage « objectif » de sa dernière maladie, formulé dans le langage de la science de son époque. Ce témoignage, assurément, est sans commune mesure avec les réflexions « subjectives » que je viens de citer. Il convient de le reproduire intégralement. Car les documents permettant de mesurer l'écart entre l'expérience d'un malade et la perception du médecin sont rares, et le plus souvent indirects.

Au tome XI du *Dictionnaire de médecine* de l'*Encyclopédie méthodique* (Paris, Agasse, 1824), Jacques-Louis Moreau (de la Sarthe) insère un long article PHTISIE. Il en détaille longuement les variétés. Ces variétés sont d'autant plus nombreuses que la phtisie se définit, pour Moreau, comme

1. Maine de Biran, *Journal*, édition intégrale publiée par Henri Gouhier, 3 vol., Neuchâtel, La baconnière, 1954-1957, vol. II, pp. 425-426.

un dépérissement consécutif aux affections les plus diverses. Comme il faut s'y attendre, toute notion d'une étiologie liée au seul agent spécifique de la tuberculose fait entièrement défaut en ce début du XIXe siècle. La phtisie est une consomption non spécifique :

> Elle est bien moins une maladie particulière, que la conséquence inévitable ou l'effet secondaire de plusieurs phlegmasies invétérées, trop souvent méconnues, et d'un grand nombre de lésions et de dégénérescences organiques [...] La phtisie, l'état phtisique, se rencontre dans les dernières périodes d'un grand nombre de maladies différentes dont elle devient alors, et le plus souvent, la terminaison funeste.

Cela conduit à rapprocher sous le nom de phtisie des maladies fort éloignées l'une de l'autre (phtisie gastrique, phtisie hypocondriaque, etc.) ; et cela conduit tout aussi bien à distinguer des maladies que tout semble rapprocher l'une de l'autre (phtisie catarrhale et phtisie tuberculeuse). C'est sous la rubrique de la phtisie catarrhale que Moreau raconte les trois derniers mois de la vie de Maine de Biran. On relèvera l'indiscrétion avec laquelle un médecin très « en vue » rapporte l'histoire clinique d'un illustre patient peu de temps après sa mort ; relisons ces lignes qui semblent avoir été oubliées :

> L'un de nos philosophes les plus recommandables, M. Maine de Biran, conseiller d'Etat, que la mort a enlevé avant d'avoir pu terminer quelques ouvrages d'une haute importance, s'étoit progressivement affoibli & *consumé* par le développement d'un catarrhe chronique qu'il avoit toujours négligé, & dont la marche avoit offert continuellement des redoublemens & des rémissions que l'on pouvoit attribuer aux variations atmosphériques. A la fin de mai 1824, se trouvant beaucoup plus malade, il me fit appeler. Quoiqu'il m'honorât de son amitié, je ne l'avois pas vu depuis plusieurs mois ; je fus frappé de son changement. Il me parut à la fois maigri & vieilli au-delà de tout ce que j'aurois pu imaginer. Le moral seul n'avoit pas changé. Du reste, un embarras gastrique bien prononcé, & qui put même être attribué à quelques causes occasionnelles, étoit la cause de l'état le plus positif de la maladie, qui avoit engagé le pauvre valétudinaire à désirer les avis d'un médecin.
>
> Je m'attachai comme je le devois à cette complication, sans méconnoître la maladie principale, qui me sembla prodigieusement augmentée, & que je soupçonnai de nature tuberculeuse. Après quelques préparations émollientes, un vomitif, préparé avec quantité suffisante de tartrate antimonié de potasse, fut administré sous ma direction immédiate ; cette médication eut tout le succès que je pouvois attendre. Le lendemain, M. Maine de Biran, se croyant entièrement guéri, tant il se trouvoit soulagé, parla déjà de reprendre ses occupations obligées & ses travaux chéris, qu'il avoit suspendus depuis quelques jours. Je fus loin de concevoir

de pareilles espérances. L'embarras gastrique s'étoit en effet entièrement dissipé, ce qui auroit grandement surpris MM. les docteurs de la nouvelle doctrine. Mais les nuits, qui depuis longtemps étoient très-mauvaises, ne s'étoient pas améliorées : des quintes fréquentes de toux, une expectoration excessive, une oppression, une dyspnée qui ne pouvoit se concevoir que par la dilatation des bronches, & un commencement d'emphysème pulmonaire ; tous ces symptômes annonçoient trop que la maladie essentielle n'avoit en rien été modifiée, ni par l'embarras gastrique, ni par la médication qui avoit dissipé si promptement cette complication. Quelques purgatifs très-doux, associés, en alternant, avec des pilules d'ipécacuanha & d'opium, ne donnèrent qu'un soulagement bien foible & bien incomplet. L'abondance de l'expectoration, & les progrès de la phthisie qui en étoient la conséquence, me paroissant le symptôme principal, bien qu'il y eût une réaction fébrile, j'eus l'idée d'employer la thériaque & les fumigations de goudron. Ce premier moyen fut mis en usage le 7 juin 1824, trois heures avant le coucher, à la dose d'un demi-gros, & son effet ne fut pas douteux. M. Maine de Biran, qui étoit privé de sommeil depuis plusieurs mois, dormit cinq heures de suite du sommeil le plus doux : il toussa peu dans la nuit, & l'expectoration, sans être arrêtée, fut diminuée de plus des deux tiers. Le malade me confia le lendemain, qu'il n'avoit jamais éprouvé un sentiment de bien-être égal à celui que mon calmant lui avait procuré, & qu'il devoit à la thériaque son entière guérison. Le même moyen & les fumigations de goudron très-prolongées, furent employés avec la même apparence de succès les jours suivans.

Je fis alors appeler en consultation M. Laennec, n'osant pas m'en rapporter à mon peu d'expérience dans l'auscultation médiate, qui me paroissoit indispensable pour ne rien laisser à désirer concernant le diagnostic de cette maladie. Les lumières que je desirois furent obtenues dans la première conférence avec mon savant collègue. L'investigation la plus attentive, la plus détaillée, avec le stéthoscope, éloigna toute idée d'une phthisie tuberculeuse, & fit connoître, d'une part, un engorgement catarrhal tellement étendu des vésicules pulmonaires, que l'on ne concevoit pas comment le malade pouvoit respirer. L'étendue de ce catarrhe, son ancienneté, l'épuisement & la maigreur qu'il avoit graduellement occasionnés, & qui sembloient augmenter visiblement de jour en jour, nous parurent des circonstances pour nous rassurer sur l'absence d'une disposition tuberculeuse évidente & avancée. L'exécution d'un voyage & du séjour même aux eaux du Mont-d'Or, que M. Maine de Biran avoit prises une fois avec succès, ne nous parurent pas impossibles. Douze jours plus tard, de semblables projets n'étoient plus de saison. Les fumigations de goudron, la thériaque, produisoient toujours beaucoup de soulagement, & néanmoins la perte des forces, la maigreur, sembloient augmenter. La réaction fébrile étoit surtout beaucoup plus marquée le matin & le soir. Quelquefois je fus forcé de suspendre la thériaque, au grand regret du malade, & avec un tel inconvénient, un tel mécompte pour lui, que je me vis obligé dans la suite, d'en continuer l'usage sans interruption, ayant observé qu'elle n'augmentoit ni ne modéroit la réaction fébrile, mais qu'elle contribuoit toujours à diminuer l'expectoration, tout en favorifant le fommeil & en rendant les nuits auffi calmes, auffi douces, qu'elles avoient été agitées & pénibles, avant l'ufage de cette panacée.

M. Maine de Biran conservoit d'ailleurs toute la sérénité & tout l'usage, toute la force de son esprit. On auroit dit que son ame se rendoit de jour en jour plus indépendante d'une organisation que l'on voyoit s'affoiblir, se détruire, sans pouvoir opposer aucun obstacle à cette destruction qui fut consommée le 21 juillet 1824, sans effort, sans agonie, je dirai presque avec les apparences & le bienfait d'une mort subite.

Le *Journal* de Maine de Biran ne mentionne qu'une seule fois Moreau, rencontré le 14 février 1816 à un dîner chez J. Hyde de Neuville[2]. Henri Gouhier signale que Moreau a envoyé à Biran ses articles *Médecine mentale* et *Médecine morale*, parus au tome IX de l'*Encyclopédie méthodique* (1816) : ce sont de véritables traités de psychiatrie[3]. Jacques Louis Moreau (1771-1826), qui avait dû abandonner la chirurgie à la suite d'un accident, se consacra à des travaux d'histoire et d'édition, sans renoncer toutefois à l'exercice de la médecine[4]. Il édita, en les annotant, les œuvres de Vicq d'Azyr (6 vol., 1805) et le grand ouvrage de Lavater, *L'art de connaître les hommes par la physionomie* (10 vol., 1805-1809). Il avait été lié aux idéologues et aux membres de la Société médicale d'émulation. On avait pu lire des articles de sa plume dans la *Décade philosophique*, dans le *Moniteur*, dans la *Revue philosophique*. On lui attribua, en 1815, une chaire de bibliographie médicale à la Faculté. Il fut destitué en 1823, en même temps que Pinel, Chaussier, Desgenettes[5]... Il n'aimait pas Broussais et ses élèves, qu'il nomme, dans le texte que je viens de citer, « MM. les docteurs de la nouvelle doctrine » ; il n'aimait pas non plus

2. *Op. cit.*, vol. I, p. 108.
3. *Op. cit.*, vol. III, p. 301.
4. Au t. XXIX de la *Biographie Universelle* (Michaud), nouvelle éd., on trouve une notice très développée sur Moreau (signée R-D-N). On trouvera une bibliographie détaillée au tome troisième, article Moreau (de La Sarthe), du *Dictionnaire historique de la médecine ancienne et moderne* de J.-E. Dezeimeris, Paris, 1837 ; en 1876, une notice élogieuse lui est consacrée dans le *Dictionnaire* de Dechambre, Deuxième série, vol. XI, pp. 357-358. Cf. Paul Delaunay, « La médecine et les idéologues : L.J. Moreau de la Sarthe », *Bulletin de la Société française d'Histoire de la médecine*, 1920, pp. 14-24 ; ainsi que Paul Delaunay, *Les médecins, la Restauration et la Révolution de 1830*, Tours, 1931. Sur la médecine de l'époque, cf. Erwin H. Ackerknecht, *Medicine at the Paris Hospital*, 1794-1848.
5. Sur la destitution de onze professeurs suspects de libéralisme, cf. Ackerknecht, *Op. cit.*, pp. 39-40.

les pratiques hétérodoxes et le recours au magnétisme qui assuraient le succès, dans la haute société parisienne, du docteur Johann Ferdinand Koreff (né à Brelau en 1783)[6]. Cet étranger est mentionné avec hargne, dans l'article PHTISIE, comme « un aventurier, moitié juif, moitié prussien ». Les gens de lettres, apparemment, faisaient confiance à Moreau. Sous la rubrique « Phtisie tuberculeuse », Moreau mentionne, parmi ses exemples, « le savant auteur de l'*Histoire littéraire de l'Italie* », c'est-à-dire Ginguené. On comprend que Moreau ait été appelé — mais bien tardivement — au chevet de Maine de Biran.

Les médicaments prescrits par Moreau, et en particulier l'émétique et la thériaque, nous paraîtront singulièrement archaïques. Il faut toutefois se reporter aux formulaires de l'époque. La thériaque est dite tonique et astringente (F.-S. Ratier, *Formulaire pratique des hôpitaux civils de Paris*, 1825), ou excitante (Bricheteau, Chevallier et Cottereau, *L'Art de doser les médicaments*, 1829). Avec ses soixante treize drogues, où figure une certaine quantité d'opium, la thériaque mérite bien son nom modernisé : *électuaire opiatique polypharmaque* (Cadet de Gassicourt)[7]. Cette « composition monstrueuse » (Cadet de Gassicourt, Mérat)[8] se voit néanmoins reconnaître certaines propriétés. Elle « calme les douleurs d'estomac » (Mérat) ; elle « calme les toux violentes » (Cadet de Gassicourt). Le *Dictionnaire de Médecine* de Littré, en 1893, comporte encore un article THÉRIAQUE. Mais elle est présentée comme une vieillerie : « La France, l'Italie et l'Espagne sont les seules contrées où l'on ait craint de porter une main réformatrice sur ce vieux débris de la médecine orientale ». Et l'article ajoute, judicieusement : « Peu usitée de nos jours, la thériaque a des propriétés calmantes dues à l'opium qu'elle contient »... Les effets sédatifs que Moreau constate chez son malade sont parfaitement explicables.

Quant à l'emploi du tartrate antimonié de potasse et de l'ipéca, vestiges eux aussi de la médecine du XVIIe siècle, on peut de prime abord s'en étonner. La suppression de l'« embarras gastrique » du malade justifiait-elle ce recours aux émétiques ? C'était là sans doute le but que se fixait Moreau, et qu'il se félicitait d'avoir réalisé. Le procédé restait parfaitement légitime selon les pharmacologues de l'époque, d'autant plus que l'ipéca (ou l'émétine) avait bonne réputation comme remède pectoral, et que Laennec ne reculait pas devant l'emploi du tartre stibié pour le traitement du « catarrhe aigu suffocant »[9].

6. Sur Koreff, ami de nombreux écrivains (dont Stendhal), et médecin attitré de la marquise de Custine, cf. Marietta MARTIN, *Un aventurier intellectuel sous la Restauration et la monarchie de Juillet : le docteur Koreff*, Paris, 1925.

7. Article Thériaque du *Dictionnaire des sciences médicales*, t. 55, Paris, Panckoucke, 1821.

8. Article Thériaque du *Dictionnaire de médecine* de l'*Encyclopédie méthodique*, t. XIII, 2e partie, Paris, Agasse, 1830.

9. F.-S. Ratier, *Formulaire pratique des hôpitaux civils de Paris*, Paris, 1825, pp. 362-366 (« note communiquée par M. le professeur Laennec »).

Appelé en consultation, Laennec ausculte « avec le sthéthoscope » : il exclut la « phthisie tuberculeuse », et constate un « engorgement catarrhal ». L'émétique est donc indiqué. Mais que le catarrhe et la disposition tuberculeuse s'excluent mutuellement, c'est une notion qui peut étonner un lecteur habitué à fonder son diagnostic sur la présence ou l'absence de bacilles de Koch. L'auscultation ne permettait que de localiser une lésion anatomique ou un processus suppuratif. Il y a tout lieu de croire que, chez Maine de Biran, les signes d'engorgement bronchique couvraient les signes de lésion parenchymateuse. (Il s'agit là d'une hypothèse : aucune « vérification anatomique » n'a permis d'établir avec quelque certitude la maladie dont a souffert le philosophe.)

Moreau est un médecin qui connaît la littérature récente. Les fumigations de goudron dans la phtisie ne sont pas mentionnées dans le *Dictionnaire des sciences médicales*, en 1817, à l'article GOUDRON. On ne connaissait que l'eau de goudron qu'avait vantée Berkeley au siècle précédent. Alexander Crichton, en 1817, fut le premier à publier des observations sur les résultats des inhalations chaudes de goudron dans la phtisie pulmonaire (*Relation de quelques expériences faites avec la vapeur du goudron dans le traitement de la phthisie pulmonaire*, Saint-Petersbourg et, en anglais, Edinburgh, 1817). Il s'agissait donc, en 1824, d'une thérapeutique nouvelle.

Moreau passait pour être un médecin « littérateur ». A lire sa relation de la maladie de Maine de Biran, l'on peut dire qu'il était un praticien très bien informé, et qu'il a très correctement mis en œuvre le savoir de l'époque. Nul n'eût fait mieux que lui. On lui sait gré de n'avoir pas saigné son patient, comme le préconisait la « doctrine moderne ». Au reste, il n'est que trop aisé de soupçonner que son traitement a pu comporter des « effets secondaires » qu'il a méconnus. En diminuant l'expectoration, la thériaque favorisait la surinfection. Et que penser de l'inefficacité de l'opium administré seul, tandis que la thériaque fait merveille ?

Biran, nous l'avons vu, se plaint de la faiblesse psychique entraînée par le dépérissement corporel. Son âme est en détresse. Il appelle une aide surnaturelle. Moreau semble n'avoir rien perçu de ce tourment. Il reconnaît l'homme qu'il avait fréquenté. « Le moral n'avait pas changé ». Les derniers instants sont décrits de manière édifiante : « On aurait dit que son âme se rendait de jour en jour plus indépendante d'une organisation que l'on voyait s'affaiblir ». L'euphorie opiacée a-t-elle produit l'apaisement ? En l'occurrence, ce n'est pas le médecin qu'il faut croire, tout occupé à construire l'histoire d'un *cas*, — qui n'est pas celui du premier venu. Il faut penser que ce récit occupe — usurpe — tout l'espace resté blanc dans le journal intime du philosophe.

Roselyne REY

Érasme Darwin et la théorie de la génération

S'il est d'usage pour évoquer l'importance d'une œuvre scientifique, de parler de son rayonnement, la métaphore qui nous vient le plus spontanément à l'esprit pour parler de l'activité scientifique multiforme d'Érasme Darwin, est celle du miroitement. Comme la mer aux mille reflets, cette œuvre peut être déchiffrée suivant plusieurs éclairages, plusieurs approches, et les images affluent pour parler de celui qui fut à la fois poète, naturaliste, médecin et philosophe[1]. Poète, il l'était, non pas à ses heures, et comme pour se délasser d'une activité plus scientifique, mais à la manière de Lucrèce déroulant son Poème de la Nature, exaltant dans l'Hymne à Vénus qui lui sert de prologue le désir d'amour qui habite tous les êtres vivants et les pressent de s'unir et de se propager dans les siècles des siècles[2]. *Les Amours des Plantes*, qui transformaient les organes sexuels des végétaux, pistils et étamines, en dames et chevaliers, divulgaient les clefs du « système sexuel » linnéen, base de la classification, en traitant poétiquement des rites de séduction et de mariage de ces plantes qui tantôt célébraient publiquement leurs noces, tantôt les cachaient, qui tantôt partageaient le connubium et tantôt préféraient des demeures séparées[3]. Ainsi, il était tout à la fois, indissolublement, naturaliste et poète[4], moins parce qu'il traduisait en langage poétique les amours des plantes que parce qu'il concevait la Nature comme une *poièsis* à l'activité indéfiniment déployée dans le temps. N'est-ce pas alors dans cette vision, au sens propre, où se conjuguent pouvoir créateur de la Nature et théorie de la génération, qu'il faut chercher la source

1. Daniel Becquemont, « Érasme Darwin, Poète, médecin et naturaliste », *Revue des Sciences Humaines*, t. LXIX, n° 198 (1985), pp. 9-29 ; dans cet article D. Becquemont se montre particulièrement sensible à l'inspiration poétique de Darwin, mais assez confus en ce qui concerne sa philosophie de la vie, comme en témoigne par exemple ce passage : « le vitalisme de cette époque ne pouvait se représenter que sous forme mécanique ; il en allait de même en France pour Lamarck » (p. 27).

2. Lucrèce, *De Natura Rerum*, Texte établi et traduit par Alfred Ernout, Paris, Les Belles Lettres, 1966, Livre I, v. 10-20 ; Lucrèce est cité à plusieurs reprises dans la *Zoonomia*.

3. Érasme Darwin, *Les Amours des Plantes*, poème en quatre chants, suivi de notes et de dialogues sur la poésie. Ouvrage traduit de l'anglais de Darwin, par J.P.F. Deleuze, à Paris, Dideois, an VIII, 412 p. Sur ce point, voir l'excellent article de Janet Browne, « Botany for Gentlemen », *Isis*, 1989, pp. 591-621.

4. Voir sur ce point Maureen MacNeil, « The Scientific Muse : The Poetry of Erasmus Darwin », in Ludmilla J. Jordanova (ed.), *Languages of Nature. Critical Essays on Science and Litterature*, London, Free Association Books, 1986, pp. 159-203, dans lequel l'œuvre de Darwin est mise en relation avec l'importance du sens de la vue et de l'imagination chez Addison et dans la poésie anglaise de la fin du XVIIIe siècle.

des idées transformistes qu'Érasme Darwin exposa dans son ouvrage le plus célèbre, la *Zoonomia*[5] ? C'est cette œuvre, publiée pour la première fois entre 1794 et 1796, qui lui a valu de parvenir à la postérité, moins pour l'ensemble des idées qui y étaient exposées que pour la lecture des thèses transformistes que Charles Darwin en fit[6]. Et, jusqu'à une date récente, le grand-père fut plus souvent jaugé à l'aune des idées du petit-fils et en fonction de ce qu'il était censé annoncer que pour lui-même[7], exactement comme ce fut le cas pour Lamarck, si bien que l'intérêt propre de l'œuvre d'Erasmus Darwin se double de l'intérêt de l'historien pour l'historiographie qui lui a été consacrée, et qui reflète en partie les différentes tendances de l'histoire des sciences. Par une sorte d'ironie de l'histoire, malgré la concomitance des dates de parution des deux théories transformistes de Lamarck et d'Érasme Darwin, on ne s'est guère intéressé aux rapports qui pouvaient exister entre les deux pensées[8]. L'anathème dont a été frappée l'idée d'influence a sans doute empêché d'examiner plus simplement la réception des idées d'Erasmus Darwin en France et plus généralement la circulation des idées scientifiques en Europe. En outre, une sorte de partage tacite des rôles s'est instauré entre les historiens des sciences qui s'occupaient de Lamarck en France, et ceux qui étudiaient la naissance du transformisme et le contexte de la théologie naturelle dans le monde anglo-saxon. Aussi, sans réitérer vis-à-vis de Lamarck le type d'histoire biaisée qui a déjà été évoquée à propos des relations entre Erasmus et Charles Darwin, il n'est pas inutile de préciser les conditions de cette réception... L'œuvre d'Erasmus Darwin nous y invite d'ailleurs, totalement immergée dans son temps, par le dialogue qu'elle entretient constamment avec Linné, mais aussi avec Koelreuter, Blumenbach et tout particulièrement avec Buffon, dont les idées sur la génération donnent lieu à une longue confrontation, puisque, dans la troisième édition de la *Zoonomia*, un Appendix lui est en partie consacré. Homme de son temps, Érasme Darwin le fut aussi par son appartenance à de multiples sociétés savantes, comme la Lunar Society de Birmingham[9], qui avait à cœur de lier science, philosophie et technique, ou comme la Société Botanique de Linchfield ; par sa connaissance des récits de voyageurs-naturalistes dans toutes les parties du monde, et

5. Érasmus Darwin, *Zoonomia or The Laws of Organic Life*, London, J. Johnson, 1794-1796, 2 vol.
6. Ralph Colp Jr., « The relationship of Charles Darwin to the ideas of his grandfather, Dr Erasmus Darwin », *Biography*, vol. 9, n° 1 (1986), pp. 1-24.
7. Cette tradition historiographique est bien représentée par des ouvrages comme *Forunners of Darwin, 1745-1859*, Bentley Glass, Owsei Temkin and William L. Straus Jr eds, Baltimore, Johns Hopkins, 1959. Le bilan est plus nuancé chez Peter J. Bowler, *Evolution, The History of an Idea*, Berkeley, University of California Press, 1989 (1 st ed., 1983), en particulier pp. 81-89. Voir aussi John C. Greene, *The Death of Adam : Evolution and its Impact on Western Thought*, Ames, Iowa State University Press, 1959.
8. Pietro Corsi, *The Age of Lamarck*, Berkeley and Los Angeles, University of California Press, 1988 (1re ed. 1983), 360 p., ne mentionne pas cette éventualité.
9. Lord Ritchie C., 1982, Calder, « La Société Lunaire de Birmingham », *Pour la Science*, 1982, pp. 14-22.

peut-être plus encore par sa façon d'associer étroitement le travail du naturaliste à la pratique médicale. Si la formation médicale était encore à cette date la voie la plus normale pour étudier l'histoire naturelle, les deux domaines ne furent pour lui jamais séparés[10], l'un se nourrissant de l'autre et réciproquement, et convergeant en particulier sur le problème de la génération, lieu où se rencontrent la médecine et la biologie naissante.

La théorie de la génération et l'unité du monde vivant

La théorie de la génération occupe en effet dans l'œuvre d'Érasme Darwin une place centrale car en elle convergent trois questions qui historiquement ont été souvent isolées : elle est tout d'abord le lieu d'unification du monde vivant, à travers un ensemble de lois du monde organique que la *Zoonomie* s'attache à explorer simultanément pour le monde végétal et pour le monde animal, faisant par là de la « zoonomie » un possible vocable de substitution pour la biologie. Alors que la multiplicité des formes possibles de la génération — regénération du polype ou de la patte d'écrevisse, parthénogénèse des pucerons, hermaphroditisme chez les limaçons — était interprétée comme autant de preuves de l'inépuisable diversité des moyens de la Nature pour une même fin[11], Darwin y voyait au contraire l'unité profonde des processus naturels de reproduction et il le faisait en partant du monde végétal et des processus les plus simples pour étendre ensuite ses conclusions au règne animal. N'indiquait-il pas d'ailleurs, dans un mouvement incessant de va-et-vient d'un règne à l'autre, « les diverses classes de végétaux doivent être comptées parmi les animaux inférieurs. Nous avons déjà vu que leurs anthères et leurs stigmates possèdent quelque organe du sentiment, se nourrissent de miel et ont la faculté de se reproduire comme les insectes. C'est pour cette raison que nous les avons rangées dans le règne animal »[12] ? Dans la structure même de la *Zoonomia*, l'étude de la reproduction du végétal est première et peut ainsi servir de modèle aux autres, dans la mesure où, à partir du cas le plus simple, il est possible de remonter à la première forme origi-

10. Ce lien est bien mis en lumière par un récent article de Roy Porter, « Erasmus Darwin, Doctor of Evolution ? », *History, Humanity and Evolution, Essays for John C. Greene*, ed. by James R. Moore, Cambridge University Press, 1989, pp. 40-69. Ce titre fait écho avec un certain humour à un article plus ancien de Desmond King-Hele, « Doctor of Revolution : the life and genius of Erasmus Darwin ». Roy Porter suggère qu'une approche de l'œuvre d'Érasme Darwin à partir de sa pensée et de sa pratique médicales, trop souvent négligées, permettrait une meilleure compréhension de son évolution. En médecine, Erasmus Darwin était partisan des idées de John Brown, en relation avec Thomas Beddoes et avec William Withering qui découvrit les vertus de la digitale dans les maladies cardiaques.

11. Si la multiplicité des modes de reproduction semble contredire le dogme de la simplicité des voies de la Nature, l'apologétique y retrouve son compte, comme en témoigne l'exemple de Charles Bonnet ; cependant la profusion des formes et des moyens impose au savant la tâche de retrouver et de reconstruire l'unité des lois du monde vivant que plus rien ne garantit ni ne présuppose.

12. Erasmus Darwin, *Zoonomia ou Lois de la Vie organique*, traduit de l'anglais sur la troisième édition, et augmentée d'observations et de notes, par Joseph-François Klyskens, Gand, P.F. de Goesin Verhaeghe, 1810-1811, 2 vol. La troisième édition est de 1801 ; voir p. 291.

naire vivante, le filament qui est au commencement du nouvel être, et unit l'ancien et le nouveau, le père et sa descendance. Cette marche, à la fois d'inversion par rapport à l'ordre habituel de présentation en histoire naturelle qui tendait à partir de l'homme, et de régression du complexe vers le simple, est rigoureusement parallèle au processus que suit Lamarck dans le chemin qui le mène de la *Flore Française* aux volumes de Botanique de l'*Encyclopédie Méthodique* et aux premiers énoncés de sa théorie transformiste[13]. En second lieu, la théorie de la génération que propose Darwin tente non seulement de répondre aux questions classiques telles que la ressemblance aux deux parents, l'explication des monstres ou la possibilité des hybrides, elle cherche aussi à résoudre de façon unitaire le lien entre le développement individuel et l'évolution des espèces, et elle le fait sous une forme qui n'a rien à voir avec les idées de récapitulation. Enfin, cette théorie ne peut se comprendre en dehors d'une réflexion sur le problème de l'origine de la forme, ce qui renvoie à la question des rapports de la matière et de la forme, dans sa double implication : d'où vient la vie, et qu'est-ce qui donne forme au vivant ? Le traducteur de la *Zoonomia* en français soulignait dans sa préface le lien entre physiologie et métaphysique : « Le développement des phénomènes de la vie animale y sert de base à un système de métaphysique »[14], et, endossant la figure du médecin-philosophe, il notait encore : « Darwin prouve évidemment que nos facultés intellectuelles sont l'effet nécessaire de nos facultés physiques »[15]. Ce discours déterministe ramenait en outre toute l'activité de l'esprit à la possibilité de commencer ou de produire le mouvement, tandis que l'autre substance se définissait par l'aptitude à le recevoir ou le communiquer. Mais les mouvements, primitifs ou secondaires, spontanés et inhérents ou reçus, étaient des mouvements de la matière et l'activité de perception visuelle, comme les plus hautes spéculations étaient pour Darwin de la matière en mouvement. Les mouvements qui sont « l'effet de la vie et qui font proprement l'objet de la Zoonomie »[16] faisaient partie des mouvements primitifs au même titre que trois autres genres, les mouvements dépendants de la gravitation, les mouvements chimiques et ceux qui concernent les fluides éthérés (électricité, magnétisme, chaleur et lumière).

> La troisième classe comprend tous les mouvements du monde animal et végétal ; tant ceux qui sont propres aux vaisseaux dans

13. Sur cet itinéraire de Lamarck, voir outre l'ouvrage de Pietro Corsi déjà cité, celui de Richard Burkhardt, *The Spirit of System : Lamarck and Evolutionary Biology*, Cambridge, Mass., Harvard University Press, 1977 ; voir aussi Ludmilla J. Jordanova, *Lamarck*, Oxford University Press, 1984, 118 p. ; Goulven Laurent, *Paléontologie et Évolution en France 1800-1860. De Cuvier-Lamarck à Darwin*, préface par Charles C. Gillispie, Paris, Ed. du CTHS, 1987, 553 p.

14. *Zoonomie*, p. 1.

15. *Ibid.*, p. 2.

16. *Ibid.*, p. 2. Cette réduction analytique de tous les mouvements vitaux à de la matière en activité est une façon supplémentaire de fonder l'unité du monde vivant et d'ouvrir la voie à la biologie.

> lesquels ils déterminent la circulation des fluides qu'ils renferment que ceux des muscles à la faveur desquels ils exécutent leur locomotion, et ceux des organes du sentiment, qui constituent les idées propres à ces organes.[17]

Darwin inscrivait nettement son principe de vie, encore appelé « esprit d'animation » dans la matérialité des organes, indépendamment de la nature des tissus qui les constituaient, et refusait de leur assigner un lieu unique. Présent partout, sans distinction entre fibre musculaire et fibre nerveuse, déployant ses multiples ramifications dans toute l'économie animale, le principe d'animation est co-extensif aux organes[18] :

> Dans ce Traité, le mot *sensorium* désigne non seulement la structure médullaire du cerveau, la moelle épinière, les nerfs, les organes du sentiment et les muscles, mais encore le principe vivant de l'esprit d'animation qui réside par tout le corps, sans être connu par nos sens, si ce n'est par ses effets.[19]

Cette conception du principe de vie rejoint celle du vitaliste Barthez, mais elle est ici radicalisée dans la mesure où la physiologie est entièrement fondée sur la classification des mouvements et leur répartition dans l'organisme. Au lieu de partir de la structure ou de la forme des organes pour élaborer une typologie des fonctions, Darwin part au contraire des actions, des mouvements : inversion apparente, puisqu'en réalité, le mouvement n'est autre chose qu'une « variation de forme »[20] et la forme, loin de préexister, est la traduction et la résultante d'un ensemble de mouvements. Dans cette logique qui est celle du « matérialisme vital », il n'y a pas de rupture entre les mouvements vitaux et les mouvements intellectuels, il n'y a qu'une hiérarchie de complexité, et « l'idée elle-même est une contraction, une configuration de fibres qui constituent les organes du sentiment »[21]. Dans la succession des quatre types de mouvements qui, du simple au complexe, définissent les lois de la « causation animale », on passe de la simple irritation qui provoque une contraction aux sensations de plaisir et de douleur, puis à la volition et, enfin, à la plus haute de toutes les activités de l'esprit, l'association, celle qui met en jeu la mémoire, compare et juge[22]. Aucune différence de

17. *Ibid.*, p. 4.
18. Cette position qui décentralise le principe de vie est une des formes qu'a pris le vitalisme, chez Bordeu, Hunter ou Bichat ; bien qu'on puisse aussi songer à Robert Whytt, le rapprochement ne peut être poussé trop loin, car chez Whytt, c'est « l'âme » qui est présente partout pour accomplir les fonctions vitales. Cet article a eu pour point de départ une question que m'avait posée Jacques Roger : « Est-ce que vous mettriez Érasme Darwin au nombre des vitalistes ? », une de ces questions dont il était familier et qui avaient le pouvoir de susciter de nouvelles recherches.
19. *Zoonomia*, p. 10.
20. *Ibid.*, p. 20.
21. *Ibid.*, p. 13.
22. Sur le rôle joué par l'association dans la constitution d'une pensée abstraite, ainsi que sur le pouvoir de l'habitude, Érasme Darwin traduit sur le terrain bio-médical la philosophie de Hume.

nature ne sépare ces quatre modes d'« exertion » ou d'activité, mais le degré et la quantité du stimulus auquel répondent les fibres, leur connexion et leur ordre de production (concomitance, succession etc.) constituent toutes leurs différences. Au commencement, il y a donc la réponse au stimulus, le pouvoir — inhérent à la matière vivante — de la réponse, même si le stimulus lui est nécessaire, et c'est par là que E. Darwin se rapproche de la médecine de Brown ; c'est par là aussi que commence le processus de développement d'un nouvel individu. Le substrat organique mis en jeu pour chaque action n'obéit pas non plus aux dichotomies les plus courantes : ainsi l'irritation (ou contraction) n'est pas le propre de la fibre musculaire et affecte également les organes du sentiment, par exemple la rétine dans la production de la vue, les extrémités papillaires de la peau dans le toucher, etc., tout comme l'origine du stimulus, interne ou externe, est indifférente. En revanche, et l'on voit bien là la généralisation d'un modèle de la transmission nerveuse, il importe, dans cette physiologie, de savoir si le *sensorium est affecté en totalité ou en partie,* ou si l'ordre dans lequel s'effectuent les opérations va du centre vers la périphérie comme dans la volition, ou de la périphérie vers le centre comme dans la sensation[23]. A travers cette classification des mouvements auxquels correspondent des facultés, il n'y a pas de place pour une autonomie de la psychologie : le mental n'est en définitive que du mouvement, de l'action en réponse, plus ou moins élaborée : tout l'effort d'analyse de Darwin porte sur le type d'enchaînement qui prévaut dans la production des idées, association, causation, concaténation, dans lesquelles l'habitude joue un grand rôle. Mais d'un autre côté, il n'y a pas non plus de place pour une physiologie au sens strict : d'où la nécessité de recourir à ce terme de « zoonomie » qui seul peut rendre compte d'un projet d'étude du vivant sous sa forme la plus générale, et dans un cadre matérialiste, puisque toute distinction en termes substantiels de corps et d'esprit aboutirait à rendre impossible la compréhension de l'action de l'un sur l'autre et la communication du mouvement. Aussi dès l'origine, l'unité élémentaire vivante est-elle douée de ce principe d'animation qui, dans sa forme la plus simple est susceptible d'irritation. Physiologie et psychologie n'ont pas des objets différents, elles ne sont que des manières différentes de considérer le même objet, l'être vivant. De même physiologie et pathologie ne diffèrent que par des variations d'intensité de certains stimuli, modulés par l'habitude. Les conséquences de cette position sont capitales, puisque la zoonomie, science des mouvements organiques, peut traiter dans un même mouvement la question de l'instinct, non comme une puissance aveugle et automatique, mais comme une « détermination raisonnée »[24], une sorte de sagacité susceptible de modifications et de développements suivant les circonstances. Le rapport

23. *Ibid.*, p. 50. Peut-être faudrait-il mettre en perspective Érasme Darwin et les premiers travaux de Charles Bell sur le système nerveux.
24. *Ibid.*, p. 5.

de l'homme à l'animal s'en trouve modifié, renforçant ainsi à un pôle l'idée de l'unité de la nature vivante, tandis qu'à l'autre pôle, les végétaux deviennent une classes d'animaux inférieurs. La hiérarchie n'est pas supprimée, et l'on va bien du plus simple au plus complexe, non comme ordre d'exposition, pour lequel E. Darwin maintient la primauté de l'homme, mais comme ordre de production de la Nature. Cette idée qui constitue une des ruptures essentielles introduites par Lamarck dans son Discours d'Ouverture du Cours de Zoologie au Muséum en l'an VIII[25], se trouve explicitement énoncée dans la première édition de la *Zoonomia* en 1794 :

> ... meditating on the great similarity of the structure of the warm-blooded animals, and at the same time of the great changes they undergo both before and after their nativity ; and by considering in how minute a portion of time many of the changes of animals above described have been produced ; would it be too bold to imagine, that in the great lenghth of time since the earth began to exist, perhaps millions of ages before the commencement of the history of mankind, would it be too bold to imagine that all warm-blooded animals have arisen from one living filament, which THE GREAT FIRST CAUSE endued with animality with the power of adquiring new parts, attended with new propensities, directed by irritations, sensations, volitions and associations ; and thus possessing the faculty of continuing to improve by its own inherent activity and of delivering down those improvements by generation to its posterity, world without end ![26]

Dans ce texte capital, Érasme Darwin, conscient de la hardiesse de ses propos, non seulement étend considérablement « l'âge de la terre » — comme le fait Lamarck — et affirme que l'apparition de l'humanité y est tardive, mais il dérive toutes les formes vivantes existantes d'un filament lui-même vivant doué de toutes les capacités qui peuvent conduire

25. Lamarck, traitant des « animaux sans vertèbres » évoque (c'est nous qui soulignons) : « les animaux les plus imparfaits, les plus simplement organisés, ceux en un mot qu'on soupçonne à peine doués de l'animalité, *ceux par lesquels la nature a commencé*, lorsqu'à l'aide de temps et des circonstances favorables, elle a formé tous les autres » (Discours d'Ouverture prononcé le 21 Floréal an 8, in *Système des Animaux sans vertèbres*, Paris, an IX (1801), Chez L'Auteur, au Muséum d'Hist. Naturelle et chez Déterville, p. 13.

26. Erasmus Darwin, *Zoonomia* (1re éd., *op. cit.* n. 5, p. 505) : « En méditant sur la grande similitude de structure des animaux à sang chaud, et en même temps sur les grands changements qu'ils subissent avant et après leur naissance ; et en considérant en combien peu de temps nombre de changements concernant les animaux mentionnés ci-dessus ont été produits, serait-il trop hardi d'imaginer que dans la longue durée du temps, depuis que la terre a commencé a existé, peut-être des millions d'années avant le commencement de l'histoire de l'humanité, serait-il trop hardi d'imaginer que tous les animaux à sang chaud sont nés d'un filament vivant, que la Grande Cause Première a doué d'animalité, avec le pouvoir d'acquérir de nouvelles parties, assisté de nouvelles propensions, orienté par des irritations, des sensations, des volitions et des associations ; et ainsi, possédant la faculté de continuer à s'améliorer par une activité propre et inhérente et de transmettre ces améliorations par la génération à sa postérité, monde sans fin ! »

de la vie organique élémentaire à la vie intellectuelle. Dans ce travail de l'imagination, qui fait penser très directement aux conjectures diderotiennes, à la « rêverie » à partir du point vivant, c'est toute l'évolution des formes qui se laisse pressentir, une évolution qui implique perfectionnement, progrès dans la complexité et amélioration. Chez Erasmus Darwin, c'est du même mouvement que peuvent se constituer une ouverture vers la biologie, — qui instaure la différence radicale entre le vivant et le non vivant, plutôt que celle entre les règnes[27] —, une théorie de l'évolution et une théorie de la génération.

La réception de la Zoonomia en France

La première traduction en français de la *Zoonomia* parut tardivement en 1810-1811 et fut l'œuvre de Joseph-François Klyskens, professeur de chirurgie et chirurgien en chef de l'hôpital de Gand, membre correspondant de la Société de l'École de Médecine de Paris et de plusieurs autres sociétés savantes. Mais on a des raisons sérieuses de croire que l'ouvrage fut connu presque dès sa parution, comme c'était d'ailleurs le cas de la plupart des ouvrages scientifiques britanniques à cette date. On en trouve la mention dans l'annonce des ouvrages nouveaux dans le *Magasin Encyclopédique* en 1797 qui consacra également une brève notice biographique à Erasmus Darwin à sa mort en 1803[28], puis dans le *Journal de Physique* et plus tardivement dans la *Bibliothèque Britannique*. Dès le début de ses cours d'anatomie et de physiologie à l'École de santé de Paris, François Chaussier, titulaire de la chaire, utilisait le terme de « zoonomie » pour désigner « la science de l'organisme animal, des lois propres à l'organisation des animaux, c'est-à-dire connaissance de la forme, de la composition, de la texture, de l'arrangement, des connexions respectives des diverses parties du corps animal »[29]. Or, à cette date, le terme de zoonomie est tout-à-fait nouveau dans le vocabulaire des médecins et des naturalistes, on voit mal de quelle autre source il pourrait venir, et la définition qu'en donne Chaussier correspond bien aux objectifs d'E. Darwin. Par ailleurs, dans ses *Nouveaux Éléments de la Science de l'Homme*, Barthez mentionnait également la Zoonomie avec beaucoup d'éloges[30]. Avant d'être traduit en français, l'ouvrage avait circulé déjà en Europe : connu de Blumenbach, il avait été publié en Allemagne dès 1795 et traduit en italien en 1803 par un médecin partisan de la doctrine de la contre-stimulation, Rasori. Compte tenu des liens qui

27. Cette idée avait déjà été énoncée par Buffon (voir sur ce point R. Rey, « Buffon et le vitalisme », in *Buffon 88*, sous la direction de Jean Gayon, Vrin, 1992, pp. 299-413.) Lamarck, dans le Discours d'Ouverture de l'an VIII évoque aussi le « hiatus » entre le vivant et le non-vivant.

28. *Magasin Encyclopédique*, 1803, 8e année, t. VI, p. 393.

29. François Chaussier, *Recueil de Tables Synoptiques*, Barrois, 2e éd., an XI, « Zoonomie ou Anatomie et Physiologie ramenées à leur véritable objet ».

30. Paul-Joseph Barthez, *Nouveaux Eléments de la Science de l'Homme*, Paris, Goujon et Brunot, 1806, t. 1, notes, pp. 39, 43 et passim.

existaient entre médecins et chirurgiens des armées napoléoniennes avec leurs confrères des pays occupés, il est vraisemblable qu'il y a eu là, comme ce fut le cas pour la médecine de Brown, une voie de diffusion toute prête, d'autant plus rapide qu'Érasme Darwin était déjà connu pour son *Botanic Garden*, publié en 1789-1791, et pour sa pratique médicale étendue. Enfin, L'*Encyclopédie Méthodique* lui accordait une place au fil de ses premiers volumes de médecine[31]. Cet ensemble d'indices concordants permet de penser que vers 1798, les thèses de la *Zoonomia* étaient passées dans le domaine public en France comme dans le reste de l'Europe et le plus étonnant dans cette histoire est que Lamarck, qui travaillait dans le petit monde des savants parisiens qui unissait étroitement l'École de Santé, le Muséum et les sociétés savantes, n'ait pas éprouvé le besoin de citer Erasmus Darwin. Plutôt que d'invoquer un silence délibéré de Lamarck à l'égard d'une des premières formulations du transformisme, il faudrait s'interroger sur la place de ce transformisme dans l'ensemble de l'œuvre et les difficultés ou les réticences qu'elle pouvait soulever, même lorsqu'on acceptait le transformisme.

La théorie de la génération et le transformisme

Les thèses transformistes d'E. Darwin étaient développées à l'intérieur d'une longue section consacrée à la génération et sa théorie sur ce point offrait un curieux mélange entre des idées transformistes, des aspects archaïques, — par comparaison par exemple avec les observations très précises de Haller sur la formation du cœur dans le poulet —, des prolongements d'idées bien connues comme les travaux de l'école linnéenne sur l'hybridation[32], tandis que d'autres relevaient d'un imaginaire scientifique bien peu fondé par des observations directes. Cette complexité d'un texte difficile à situer aux yeux mêmes des contemporains transparaît dans la lecture qui en a été faite, comme confirmation du vitalisme. Erasmus Darwin reprenait la vieille idée galénique du sperme secrété du sang et faisait d'un filament vivant issu du père le point de départ de l'embryon :

> Il paraît que dès le moment même de sa formation, l'embryon, en tant qu'il est secrété du sang du mâle, consiste en un filament vivant, ayant une certaine susceptibilité d'irritation, de sensation, de volition et d'associations, ainsi que de nouvelles habitudes acquises ou propensions particulières au père : les premières sont communes aux autres animaux ; les dernières paraissent distinguer ou produire l'espèce de l'animal, soit homme, soit quadrupède, avec une ressemblance de traits ou de formes à celles de l'auteur.[33]

31. *Encyclopédie Méthodique*, Médecine ; article Médecine, t. 9 (1816), pp. 418-419 et *Encyclopédie Méthodique*, article physiologique t. 12 (1827), p. 3.
32. Sur Linné et les *Amoenitates Academicae*, voir plus loin note 48.
33. *Zoonomie*, p. 240.

Dans la génération, le nouvel être est d'abord dans la continuité de son géniteur et c'est évidemment le modèle végétal de reproduction par bouturage qui est ici présent. D'une certaine façon, cette idée de continuité peut être rapprochée de celle, symétrique, de Haller qui faisait de la continuité de la membrane du jaune de l'œuf avec la membrane intestinale du poulet une des preuves de la préexistence du germe avant la fécondation[34] ; mais tandis qu'il voyait dans l'œuf porté par la femelle l'élément déterminant, le sperme du mâle ne jouant alors qu'un rôle de stimulus, chez Erasmus Darwin, c'était le mâle qui assurait cette continuité. Le privilège accordé au mâle au lieu de la femelle dans la génération n'était pas la réitération pure et simple de la thèse animalculiste, puisque Erasmus Darwin se fondait sur le modèle de croissance végétale par Bourgeon :

> Dans la reproduction végétale la plus simple, comme dans les bourgeons des arbres, qui sont des descendants vivipares, la feuille est évidemment le père du bourgeon, qui se développe en son sein, selon l'observation de Linné. Cette feuille consiste en vaisseaux absorbants et en vaisseaux pulmonaires, destinés à lui procurer de la nourriture et à lui fournir de l'oxygène. Cette partie simple de l'organisation vivante est pourvue aussi d'une puissance reproductrice : et comme le nouveau rejeton est ainsi nourri en adhérant à son père, il ne lui faut pas de mère pour lui fournir un nid, la nourriture et l'oxygénation ; ainsi il n'existe pas de feuille femelle.[35]

Il est difficile de ne pas hésiter devant ces métaphores sur « la génération paternelle des végétaux », où le raisonnement apparaît largement circulaire : ce sont les fonctions assurées par la feuille à l'égard du bourgeon, et l'absence d'appareil reproducteur spécifique qui amènent Erasmus Darwin à conclure sur le genre de la feuille et de l'écorce. Cette « génération latérale », qui est étendue à des espèces animales comme les coraux ou les polypes, n'entretient-elle pas des rapports avec les idées défendues par Goethe dans la *Métamorphose des Plantes*[36] ? Un même élément est susceptible de se dupliquer tout en se différenciant, contenant ainsi les différentes transformations possibles et les étapes successives d'un développement qui apparaît comme autant de métamorphoses du même. Chez Erasmus Darwin, le même filament originaire devient autre, et le principe de continuité est transféré de la mère au père :

34. Albrecht Von Haller, *Mémoires sur la formation du cœur dans le poulet; sur l'œil; sur la structure du jaune*, trad. par J. D'Arnay, Lausanne, M.M. Bousquet, 1758 ; voir Shirley A. Roe, *Matter, Life and generation*, Cambridge University Press, 1981, 214 p. et Maria Teresa Monti, *Congettura ed esperienza nella Fisiologia di Haller*, Leo S. Olschki, 1990, 275 p.
35. *Zoonomie*, p. 253.
36. Goethe, *Métamorphose des Plantes* (1790) in *Œuvres Scientifiques*, analysées et appréciées par Ernest Faivre, Paris, Hachette, 1862, pp. 59-104.

> Par suite de l'imperfection du langage, on donne à la progéniture le nom de nouvel animal ; mais ce n'est dans le fait qu'une branche ou un allongement de son générateur ; car une partie de l'embryon animal est ou a été une partie de celui dont il procède ; ainsi, à parler strictement, on ne peut pas dire qu'il soit entièrement nouveau au moment de sa formation ; et il peut par conséquent conserver une partie des habitudes du système producteur.[37]

On retrouve ici le principe selon lequel tout filament vivant est susceptible d'irritation, de volition, d'association etc., qui interdit la dissociation entre physiologie et psychologie, et le système rend ainsi compte non seulement de la ressemblance physique, mais aussi des traits de caractère communs au rejeton et à son géniteur. Par une sorte de transmission de la mémoire dans la matière, l'embryon garde les « inclinations de l'auteur de ses jours »[38]. Cette hypothèse ingénieuse est une sorte d'application de la thèse de l'immortalité de l'âme — et du maintien de son identité dans une existence future — au problème de la génération, une application purement matérielle, et ce filament vivant « qui participe tant des formes et des inclinations de l'auteur de ses jours » pourrait faire penser aux particules organiques de Maupertuis, douées d'une sorte d'aversion, de désir, de mémoire[39].

On se trouve donc en présence d'une position originale puisque dans la seconde moitié du XVIIIe siècle, un courant se dessinait parmi les naturalistes pour accepter la préformation en raison de l'impossibilité d'expliquer par des « causes méchaniques » la formation d'un être vivant mais pour refuser catégoriquement la préexistence qui impliquait une conception théologique de la nature. Erasmus Darwin refuse la préformation mais garde l'idée d'un lien unissant le parent à son rejeton, par lequel un processus de transformation s'accomplit : l'acte de naissance d'un nouvel être vivant n'est pas l'émergence du radicalement nouveau, mais un processus, une dynamique inhérente au vivant. Ce processus est non seulement d'accroissement, d'extension, mais aussi de formation. Seule la formation ex nihilo est incompréhensible à l'esprit ; il suffit à Erasmus Darwin d'un filament vivant pour refaire le monde. Le principe de continuité matérielle entre les générations souligne bien la difficulté fondamentale à penser la naissance d'un nouvel être vivant, processus troublant en ce qu'il suppose l'acceptation d'un pouvoir créateur et d'une autonomie de la Nature. Erasmus Darwin défend une thèse quelque peu paradoxale par rapport à la distribution habituelle des positions en présence sur la génération, qui associe préformation et préexistence : il est à la fois partisan d'une continuité ininterrompue depuis un filament originel jusqu'aux formes actuelles, et partisan d'une épigénèse puisque ce filament se forme et se transforme par additions successives de nouvelles tendances et de nouvelles parties. Aux oppositions classiques entre préformation

37. *Zoonomie*, p. 239.
38. *Ibid.*, p. 239.
39. Maupertuis, *Système de la nature*, in *Œuvres*, Lyon, Bruyset, 1768, t. 2, pp. 147-159.

et épigénèse, ovisme et animalculisme, ne faudrait-il pas ajouter une troisième axe, opposant continuité et discontinuité ? On pourrait alors rendre compte de la pluralité des positions au sein de la doctrine de la préexistence, entre les partisans de l'emboîtement, ceux de la dissémination des germes et ceux qui proclament la continuité : peut-être alors faudrait-il revoir les idées de Haller à la lumière de cette distinction, puisqu'il affirmait la nécessité de concevoir une forme vivante originelle, présente dès la Création, mais demeurait prudent sur l'emboîtement ?

Mais alors que Haller défendait une théorie de la préformation où le futur être vivant serait déjà là, entièrement formé, en miniature, quoique non visible[40], E. Darwin s'opposait à cette idée au nom de l'argument classique des limites de la divisibilité de la matière :

> Quelques savants philosophes ont supposé que toutes les nombreuses générations ont existé en miniature dans le premier animal qui a été créé et que ces infiniment petits ne font que s'étendre ou se développer à mesure que l'embryon croît dans la matrice. Indépendamment de ce que cette théorie n'est appuyée sur aucune analogie que l'on connaisse, elle attribue en outre à la matière organique une ténuité beaucoup trop considérable pour qu'on puisse l'admettre sans difficulté ; car si l'on veut supposer que chacun de ces embryons ainsi renfermés, est composé des parties variées et compliquées des corps animaux, en ce cas, ils devraient avoir une petitesse inférieure à celle que l'on a attribuée aux diables qui tentèrent Saint-Antoine.[41]

Ce refus de la préformation entraînerait logiquement une défense de l'épigénèse à partir du filament vivant initial, dans lequel il admettait, à partir de la troisième édition de la *Zoonomia*, l'existence de plusieurs points distincts à partir desquels se faisaient la formation et le développement. Comme si Erasmus Darwin avait lu les critiques de Wolff contre Haller à propos du rapport entre la formation du cœur et le développement du système sanguin[42], il concevait la formation comme un processus

40. Haller, *op. cit.*, p. 186 : « Il me paraît très probable que les parties essentielles du fœtus se trouvent faites de tout temps ; non pas à la vérité telles qu'elles paraissent dans l'animal adulte : elles sont disposées de façon que des causes certaines et préparées, pressant les accroissements de quelques unes de ces parties, empêchant celui des autres, changeant les situations, rendant visibles des organes autrefois diaphanes, donnant de la consistance à des fluides et à de la mucosité, forment à la fin un animal bien différent de l'embryon et dans lequel il n'y a pourtant aucune partie, qui n'ait existé essentiellement dans l'embryon. C'est ainsi que j'explique le développement ».

41. *Zoonomie*, p. 260 ; l'argument est classique depuis Buffon et Maupertuis.

42. Caspar Friedrich Wolff, *Theoria generationis*, Halae, ap. Salam, 1759 ; Wolff décrit les transformations qui s'opèrent dans l'arc circulatoire vitellin, depuis la formation des premiers anneaux jusqu'à la constitution des ilôts sanguins ; il montre en particulier qu'au début de la vascularisation, on ne peut trouver de passage entre les ilôts sanguins, non encore constitués en vaisseaux, et le cœur, ce qui exclut de faire intervenir l'action de pompe du cœur pour expliquer que les vaisseaux deviennent visibles avec leurs parois. (voir sur ce point, Roselyne Rey, « Génération et hérédité au XVIIIe siècle », in *L'ordre des caractères*, Textes réunis et présentés par C. Bénichou, Paris, Vrin, 1989, pp. 7-48).

multiple et successif, susceptible de résoudre par exemple le problème de la priorité entre cœur, poumon et cerveau :

> Cette difficulté n'existe plus si l'on admet que plusieurs parties du nouvel embryon peuvent commencer en même temps parce que différentes fibrilles formatives et différentes molécules de même nature se réunissent au moment où elles se mettent en contact l'une avec l'autre ; et ainsi les rudiments du cerveau et du cœur peuvent être produits en même temps.[43]

Le filament vivant, qu'il soit animal ou végétal, n'est pas organisé de quelque manière que ce soit, il s'organise au fur et à mesure en fonction d'une hypothèse d'attraction entre filaments de sexe opposé, un jeu à la manière de l'attraction magnétique ou électrique, mais aussi en obéissant à la loi du Désir par laquelle les appétences qui existent dans le filament vivant issu du père s'unissant aux propensions des molécules nutritives qui se trouvent dans la femelle[44]. E. Darwin évoque le mythe cosmogonique de l'alliance de Nux et d'Eros dont naît un premier grand « œuf », à partir duquel toutes les générations suivent[45], de manière ininterrompue. A chaque formation, la loi d'attraction entre appétences et prospensions faisait intervenir le mâle et la femelle, bien que le premier joue le rôle essentiel puisqu'il est celui qui assure la continuité. Mais l'importance de l'accroissement du foetus, en extension comme en volume, exclut l'hypothèse d'un simple déploiement à partir d'une forme entièrement pré-organisée et Erasmus Darwin énonce clairement une conception épigénétique :

> L'explication que je viens de donner des tendances à l'union dans les matières inorganiques ou inanimées, n'est point présentée ici comme une analogie philosophique, mais comme propre à faire concevoir plus aisément les *adjonctions* et les concrétions qu'on peut observer dans les corps organisés ou animés et qui constituent leur formation, leur nutrition et leur accroissement.[46]

Il existe donc des formations « primaires » et d'autres secondaires, au nombre desquelles figure la différenciation sexuelle. La Nature tout entière offre le spectacle de formations successives qui tendent sans cesse à naître, croître et se perfectionner. Dans cette sorte d'immense organisme

43. *Zoonomie*, 3e éd. (1801), p. 359.

44. « Il est constant que dans la production d'un nouvel embryon, soit animal, soit végétal, les fibrilles avec des appétences formatives et les molécules avec des propensions de même nature se stimulent réciproquement, s'unissent entre elles et s'identifient aussitôt » (*Zoonomie*, p. 346).

45. « This idea of the gradual generation of all things seems to have been familiar to the ancient philosophers as to the modern ones ; and to have given rise to the beautiful hieroplyphic figure of the ηϑστον (sic) ωσν, of first great egg, produced by NIGHT, that is whose origin is involved in obscurity, and animated by εϱσς (sic), that is by Divine Love ; from whence proceeded all things which exist » (*Zoonomia*, p. 529).

46. *Zoonomie*, p. 343 (C'est nous qui soulignons).

vivant qu'est la nature, ce qu'il est difficile d'expliquer, c'est plus finalement la fixité que la transformation, plus la permanence ou le repos que la variation. Cette tendance à l'accroissement se manifeste dans les états pathologiques comme dans les processus de réparation des organes après traumatisme, fracture etc. :

> toutes les parties de notre corps cherchent à croître ou à se faire des parties additionnelles pendant tout le cours de notre vie, mais [qu']elles sont arrêtées par les parties qui les contiennent immédiatement.[47]

Il est difficile de savoir, dans la démarche de E. Darwin, si c'est l'épigénèse qui autorise à penser la transformation des espèces, ou si c'est la conception dynamique de la Nature en général qui permet d'interpréter le développement embryologique comme une épigénèse, tant les arguments se renforcent mutuellement. Les processus observables chez l'individu favorisent une vision tranformiste de l'espèce.

Les thèses transformistes d'Érasme Darwin sont énoncées avec une parfaite clarté, et cela dès la première édition de la *Zoonomia* ; elles s'appuient sur un ensemble d'arguments tirés à la fois des processus de transformation de l'individu avant et après la naissance, et des observations sur l'hybridation des plantes qui montrent la possibilité d'une transformation durable des espèces. Le point de départ, au XVIIIe siècle, de ces idées se trouve dans une dissertation soutenue en 1751 par un élève de Linné, Johannes J. Haartman, intitulée *Plantae Hybridae*, et insérée dans le troisième volume des *Amoenitates Academicae* de Linné paru en 1756 ; le but de la dissertation était « d'exposer publiquement les raisons qui semblent prouver la naissance de nouvelles espèces dans le règne végétal »[48]. Son objectif était de montrer que certaines variations de caractères observées entre des plantes voisines ne pouvaient être expliquées par des différences venant de la nature du sol ou du climat, mais résultaient d'un croisement entre deux espèces différentes, produisant un hybride susceptible à son tour de propager une espèce[49]. Pour en finir avec le dogme de la stérilité des hybrides, il fallait fournir des observations précises sur différentes plantes hybrides dans lesquelles

47. *Ibid.*, pp. 272-273.

48. Caroli Linneaei, *Amoenitates Academicae, vol. tertium, seu Disserationes Variae, Physicae, Medicae, Botanicae; antehac seorsim editae, nunc collectae et auctae cum Tabulis Aeneis*, Holmiae, sumtu et literis Laurentii Salvii, 1756, 464 p. ; XXXII, Plantae Hybridae quae sub praesidio, D. N. Doct. Caroli Linnaei, Johannes J. Haartman, pp. 28-62. La déclaration qui ouvre la thèse est prudente puisque Haartman se défend de vouloir combattre les opinions reçues et d'ôter quoi que ce soit à l'ouvrage du Créateur, mais ferme : « *Neque vero meum est propositum hac occasione, receptas illas ab eruditis opiniones refellere; multominus eximiis Creatoris operibus quid detrahare, sed tantummodo rationes, quae novarum in regno Vegetabili specierum ortum probare videntur, in medium proferre* » (pp. 28-29, ma traduction).

49. *Ibid.*, p. 33 ; on peut remarquer que la dissertation utilise le symbolisme sexuel devenu habituel pour nous.

on pouvait trouver les caractères de deux « parents » d'espèces différentes : quelques quarante-sept exemples d'hybrides devenus des espèces stables étaient fournis et analysés dans la dissertation, qui proposait en outre d'instituer des expériences pour vérifier la possibilité de créations de nouvelles espèces hybrides faisant souche, et qui étendait son principe au règne animal. Les implications de ce travail étaient considérables puisqu'il remettait en cause le principe de la fixité des espèces et de leur création définitive par Dieu.

A cette masse impressionnante d'observations tirées du monde végétal, s'ajoutaient les travaux de Koelreuter sur les croisements opérés entre nicotiana rustica. En imprégnant les stigmates de nicotiana rustica avec du pollen de nicotiana panicula, Koelreuter avait obtenu des semences hybrides prolifiques ; et en répétant l'expérience et en imprégnant sur plusieurs générations nicotiana rustica avec leur père nicotiana panicula, on observait une ressemblance de plus en plus marquée avec leur père, nicotiana panicula[50]. Devenues classiques, abondamment commentées par Blumenbach qui contribua à leur diffusion[51], ces observations étaient invoquées comme un argument décisif contre la préformation et en faveur de l'épigénèse et elles montraient surtout aux yeux d'Erasmus Darwin, non seulement la prépondérance du père dans la génération mais la possibilité de variations importantes, transmises de génération en génération, et « la possibilité d'une métamorphose complète d'une espèce en une autre »[52]. Sur ce point encore, le monde végétal fournissait la matrice d'une conception épigénétiste et transformiste, car Erasmus Darwin interprétait les résultats de croisement des deux espèces de nicotiana moins comme un processus de retour au type primitif que comme une preuve de l'aptitude à la variation, qu'il retrouvait dans l'ontogénèse comme dans la phylogénèse. Il mettait en effet sur le même plan, dans la même logique de continuité, la transformation des espèces, l'addition et la juxtaposition de nouvelles parties pendant le processus embryonnaire, et les transformations enregistrées après la naissance, par exemple de la chenille en papillon, du têtard en grenouille etc. Tous ces exemples qui avaient été interprétés comme l'apparition et le déploiement de formes préexistantes, Erasmus Darwin les prenait tout au contraire comme la preuve que tout être vivant dès sa naissance a en lui un pouvoir de transformation. Les modifications introduites accidentellement dans les espèces, par les changements de climat ou de saison, comme celles

50. Joseph Gottlieb Koelreuter, *Vorlaüfige Nachricht von einigen das Geschelecht der Pflanzen betreffenden und Beobachtungen, nebst Forsetzungen 1, 2, und 3*, Leipzig, 1761-1766 ; voir aussi Robert Olby, *Origins of Mendelism*, The University of Chicago Press, 2nd ed., 1985, pp. 1-20.

51. Johannes Friedrich Blumenbach, *Manuel d'Histoire Naturelle*, trad. par Soulange Artaud, Metz, Collignon et Paris, Levrault frères, Henrichis et Lenormant, an XI, 1803 ; sur l'hybridation, le texte *Uber den Bildungstrieb*, Gôttingen, bey J.C. Dieterich, 1791, fait le point des idées de Koelreuter (pp. 74-76).

52. Erasmus Darwin, *Zoonomie*, p. 255 sqq.

issues de la domestication, qui étaient susceptibles de se transmettre à la postérité lui apparaissaient comme des confirmations de ce pouvoir inhérent à tout être vivant de se transformer durablement. Ainsi s'était mis en place un transformisme qui supposait que la variation, plutôt que la fixité, était la règle et qu'elle pouvait être transmise de génération en génération. Dans *The Botanical Garden*, Erasmus Darwin avait expressément commenté ce point à propos de la cucurma, qui présentait simultanément des organes mâles et femelles comme certains insectes, dans une note où il indiquait :

> Other animals have marks of having in a long process of time undergone changes in some parts of their bodies, which may have been affected to accomodate them to new ways of procuring their food. The existence of teats on the breasts of male animals, and which are generally replete with a thin kind of milk at their nativity, is a wonderful instance of this kind. Perhaps all the productions of nature are in their progress to greater perfection ? an idea contenanced by the modern discoveries and deductions concerning the progressive formation of the solid parts of the terraqueous globe, and consonant to the dignity of the Creator of all things. [53]

Dans ce texte fondamental, appuyé sur les conceptions géologiques, Darwin esquissait les lignes de force de ce que serait le transformisme de la *Zoonomia*, et il allait au-delà du simple commentaire sur la possibilité de lignées hybrides stables qu'il faisait aussi à propos du Dianthus[54].

Une dernière catégorie d'arguments provenait des ressemblances de structure entre animaux appartenant à des classes très différentes, qui témoignait en faveur d'une unité d'origine :

> Lorsque nous repassons dans notre esprit la grande ressemblance de structure qui a lieu dans tous les animaux à sang chaud, soit quadrupèdes, soit oiseaux, soit amphibies ainsi que dans l'espèce humaine et depuis les souris et la chauve-souris jusqu'à l'éléphant et la baleine, on ne peut s'empêcher de conclure qu'ils ont tous été formés d'un pareil filament vivant. Dans les uns ce filament acquiert des mains et des doigts, chez d'autres des griffes et serres. [55]

Dans cette approche qui fait évidemment penser à l'unité de plan de composition, Erasmus Darwin ne manque pas d'étendre son principe de

53. Erasmus Darwin, *The Botanic Garden, Part II, containing The Love of the Plants. A Poem with Philosophical Notes*, volume the second, London, J. Nichols, 1790 (2nd ed.), pp. 7-8.

54. *Ibid.*, pp. 167-168, où il aborde aussi le problème des hybrides du monde animal, en faisant référence aux *Amoenitates Academicarum*, qui, outre la Dissertation déjà citée, contiennent des travaux sur le même sujet dans les volumes V et VI.

55. *Zoonomie*, p. 283.

transformation et de dérivation à partir d'une forme originelle unique, au grand groupe des animaux à sang froid : de structure très différente en apparence, ils n'en possèdent pas moins de fortes ressemblances qui renvoient à une origine commune, comme l'atteste la présence d'un double système respiratoire chez la grenouille, branchies et poumons, et chez toutes les espèces qui vivent dans deux milieux différents. Si la concept d'animal invertébré n'est pas présent, et Lamarck souligne à juste titre sa priorité en ce domaine, Erasmus Darwin n'en étend pas moins cette origine commune aux vers, aux « coquilles », aux sangsues, aux éponges etc. Il reste évidemment à E. Darwin à proposer un mécanisme permettant d'expliquer le passage du filament vivant aux formes les plus organisées : les facultés d'irritation, de sensation, de volition etc. qui se trouvent dans le filament vivant sont mises en jeu par les trois grands moteurs de toute « exertion », la concupiscence, la faim et la conservation : avec Erasmus Darwin se met en place la panoplie d'exemples qui n'a cessé de hanter les recherches sur l'évolution : ainsi la présence de bois particulièrement développés chez les cerfs est un moyen de se défendre des autres cerfs et non des autres espèces et permet la satisfaction du désir ; le besoin de se procurer la nourriture amène le développement du bec de certains oiseaux qui doivent aller la chercher dans la vase, ou son durcissement chez ceux comme les perroquets qui cassent des noix ; quant au principe de conservation, il conduit les espèces vivantes à des ruses que l'on retrouve même chez les végétaux :

> tous ces moyens paraissent avoir été acquis graduellement et pendant une longue suite de générations par les efforts continuels de ces animaux pour se procurer la nourriture et avoir été transmis à leurs descendants avec une amélioration constante de ces parties à l'effet d'atteindre le but désiré.[56]

Dans la *Zoonomia* se trouvent donc réunis en un système cohérent l'ensemble des arguments qui permettent à une théorie transformiste d'être énoncée : les preuves de la transformation, l'action lente et graduelle des conditions dans lesquelles vivent les êtres vivants et qui les conduisent à utiliser dans telle ou telle direction les potentialités inscrites dans leurs premiers rudiments, la transmission à la descendance de ces caractères acquis, la dérivation de toutes les modifications à partir d'un filament originaire vivant, enfin l'amélioration que constituent ces modifications du double point de vue de la complexité des formes et de l'adaptation des espèces. Si de la première à la troisième édition, il n'y a pas d'autres modifications majeures du point de vue de la théorie transformiste que l'insistance sur le fait que la formation d'un nouvel être vivant ne se fait pas en une seule fois, mais commence en même temps en plusieurs points à la fois pour se constituer progressivement, si de l'une à l'autre édition,

56. *Ibid.*, p. 287.

on peut noter des enrichissements du point de vue des exemples ou des témoignages, mais pas d'apport théorique nouveau autre que celui qui vient d'être signalé, il n'en est que plus remarquable de voir Erasmus Darwin se tourner une nouvelle fois vers Buffon et discuter ses idées, comme si l'œuvre du naturaliste français était celle avec laquelle il importait le plus de marquer les différences. En 1794, il signalait l'ingénieuse théorie de Buffon sur les molécules organiques, dont il retenait l'activité constante, et évoquait deux points de désaccord : tout d'abord, l'absence d'analogie entre cette théorie des molécules renvoyées de toutes les parties du corps dans la matrice, et les lois connues de la reproduction ; en second lieu, le fait que cette théorie buffonienne de la double semence, qui était aussi une théorie où toutes les parties du corps étaient en double, pourrait légitimement conduire les femelles à être capables de procréer sans la présence du mâle : or cette *lucina sine concubitu* n'était pas la règle observée dans la nature[57]. Dans les deux cas, les difficultés provenaient de l'impossibilité de généraliser à l'ensemble de la nature vivante les hypothèses émises par Buffon. Dans la troisième édition, une des principales additions concerne la discussion de la théorie de Buffon : la critique s'est déplacée sur la nature des molécules organiques et sur la façon dont se forme l'embryon. Erasmus Darwin suppose ces molécules organiques déjà trop organisées quand elles arrivent dans la matrice — sa lecture de Buffon élimine complètement le problème du moule intérieur pour ne retenir que des molécules provenant du superflu de la nourriture de toutes les parties du corps — et il leur oppose le principe d'une organisation progressive. L'embryon ne se forme pas selon lui par la réunion simultanée des différentes molécules, mais par une épigénèse progressive qui implique des formations primaires et des formations secondaires. Ce qu'Erasmus Darwin conteste dans la théorie buffonienne, ce n'est pas le principe des molécules organiques, ce sont plutôt les restes de préformation que la théorie véhicule, comme si Buffon, fournissant des armes contre la préexistence, donnant les moyens de détruire la thèse préformationniste de l'embryon contenu en miniature n'était pas conséquent avec ses intuitions, n'allait pas jusqu'au bout de l'épigénèse[58]. Au fond, c'était une lecture qui dans ses divergences mêmes témoignait de la richesse et des apories de la théorie buffonienne, non pas à la façon des critiques des théologiens et des préformationnistes, mais à la façon de quelqu'un qui sur l'unité du monde vivant et sur beaucoup d'autres aspects pouvait se sentir proche de Buffon. La réflexion d'Erasmus Darwin sur la génération et le transformisme, solidairement liés à travers la thèse du filament vivant originaire, doué dès le commencement de mouvements susceptibles d'aller de la locomotion et de la sensation à la pensée, débouchait sur un effort de définition de l'individu vivant que le principe de continuité rendait plus pressante : qu'est-ce en effet qu'un

57. *Zoonomia*, p. 493.
58. *Zoonomie*, p. 356 sqq.

individu au plan biologique, si la génération est pensée comme une relation de la partie au tout sur le modèle de l'arbre et du bourgeon ? Un animal ne peut être considéré comme un être individuel que lorsque l'ensemble de ses connexions nerveuses s'est constitué et a trouvé dans le *sensorium commune* le lieu de leur rassemblement[59], la condition d'une sensibilité générale du tout qui est la marque même de la vie. Dans le matérialisme vital d'Érasmus Darwin, science et philosophie se conjuguaient pour engendrer une poésie de la vie dans ses indéfinies transformations.

59. *Ibid.*, p. 358. Cette conception de la naissance de l'individu biologique était à l'opposé des idées de « l'embryologie sacrée ».

Charles LENAY

Préhistoire de la génétique : Hugo de Vries et l'idée d'indépendance des caractères

La découverte des « lois de Mendel » soulève un ensemble de difficultés particulièrement représentatives du travail de l'histoire des sciences. Un des problèmes les plus caractéristiques nous semble être celui de la relecture, en 1900, de l'article que Mendel avait publié en 1866. En effet, ce même texte reçut deux lectures tout à fait différentes suivant les contextes de ces époques. Nous présenterons quelques unes des conditions théoriques qui expliquent comment il put être lu, 35 ans après son écriture, comme un texte donnant une théorie de l'hérédité.

Rappelons brièvement le cadre général de ce problème.

En 1900, Hugo de Vries (1848-1935) en Hollande, Carl Correns (1864-1933) en Allemagne, et Erich von Tschermak (1871-1962) en Autriche publièrent presque simultanément leur découverte des « lois de l'hérédité » : les fameux rapports statistiques de trois à un dans la ségrégation indépendante des caractères lors de la reproduction sexuelle. Ils reconnurent en même temps avoir tous été précédés par un religieux Tchèque. En effet, un article écrit en 1865 par Grégor Johann Mendel (1822-1884) semblait donner la description d'une série d'expériences admirablement claires mettant en évidence ces « lois de l'hérédité ». Pour expliquer ce décalage historique surprenant, on ne peut se contenter d'admettre que cet article resta inconnu entre sa publication dans les *Comptes rendus de la Société d'Histoire Naturelle de Brno*[1] et sa redécouverte en 1900. Mendel fut entendu par un public peut-être restreint mais certainement averti. Par exemple, il était en correspondance avec le célèbre botaniste Karl von Naegeli. Nous admettrons donc ici la thèse que dans ce premier contexte de la fin des années 1860, Mendel fut lu et suffisamment bien compris[2]. Mais compris pour un travail qui s'inscrivait dans une vieille

1. G. Mendel, « Recherches sur des hybrides végétaux » ; « Versuche über Plfanzen-hybriden », Mémoire imprimé dans les *Verhandlungen des naturforschenden Vereins in Brünn*, t. IV, 1866, pp. 3-47, reprint in *Fundamenta Genetica*, Prague, Brno, 1965. Traduit en français par A. Chappellier en 1907, réimprimé in *La découverte des lois de l'hérédité : Une anthologie*, Presses Pocket, 1990, pp. 51-101.

2. Pour cette question voir les articles de : M.H. MacRoberts, « Was Mendel's Paper on *Pisum* Neglected or Unknown ? », *Annals of Science*, 42, 1985, pp. 339-345 ; R. Olby and P. Gautrey, « Eleven References to Mendel Before 1900 », *Annals of Science*, 24, 1968, pp. 7-20 ; A. Weinstein, « The Reception of Mendel's Paper by His Contempories », *Proceedings of the Tenth International Congress of the History of Science*, Ithaca, 1962 ; Paris, 1964, pp. 997-1001.

tradition de recherche du XVIIIe siècle sur la stabilité des hybrides (qui aurait permis une explication de l'origine de la diversité des espèces actuelles par hybridation de quelques types primordiaux). Mendel montrait par ses expériences que les caractères différentiels des parents ne pouvaient se mélanger de façon stable mais se maintenaient pour réapparaître inchangés et se distribuer dans la descendance. Bien qu'il connût l'*Origine des espèces* de Darwin, Mendel ne se plaçait pas dans ce cadre de recherche, il était fort probablement fixiste et ses lois de la variabilité dans la descendance des hybrides étaient construites à partir de la notion de caractère constant. On comprend qu'en s'excluant du paradigme darwinien qui devait rapidement structurer l'ensemble des recherches en biologie, le travail de Mendel n'eut pratiquement aucun écho parmi ses contemporains, et surtout aucun effet sur les recherches de son temps.

C'est pourtant cet article, redécouvert en 1899 ou en 1900 et rapidement traduit en anglais par William Bateson (1861-1926), qui allait servir d'article princeps pour fonder la génétique. On doit donc chercher à comprendre comment ce texte était devenu une explication de la transmission indépendante des caractères dans la reproduction sexuelle.

Nous ne discuterons pas ici la question du rôle de cette lecture dans la découverte elle-même. Par exemple, Hugo de Vries redécouvrit-il seul les lois mendéliennes comme il le prétendait, ou avait-il lu l'article de Mendel au seuil de l'interprétation de ses résultats ?[3] Si l'on accepte de se désintéresser des questions de priorité, il nous semble pratiquement équivalent de montrer l'un ou l'autre. Les conditions théoriques préalables pour *comprendre* l'article de Mendel comme il fut compris, sont pratiquement les mêmes que pour *faire* la découverte sans lui.

Quel que soit le texte, il est nécessairement retraduit dans les termes des pratiques et des théories du contexte de sa lecture. Pour être accepté et utilisé par la communauté scientifique, il faut que ses lecteurs puissent y reconnaître un contenu expérimental fonctionnel, c'est-à-dire qu'ils puissent attacher une sémantique précise aux termes qui y sont employés. L'apport d'un texte à un moment donné ne peut provenir que de la rencontre structurée de mots correspondants à des notions déjà présentes.

On se demande souvent pourquoi une découverte est faite à tel moment de l'histoire et non plus tard ou auparavant. Bien souvent on parle d'impossibilité techniques, d'absence de maturation intellectuelle ou d'« obstacles épistémologiques ». Mais ici, les fameuses expériences d'hybridation de petits pois étaient très simples, réalisables dès lors que les délicates techniques de l'hybridation artificielle avaient été mises

3. Pour cette question voir : M. Campbell, « Did de Vries Discover the Law of Segregation Independently ? », *Annals of Science*, 37, 1980, pp. 639-655 ; M.J. Kottler, « Hugo de Vries and the rediscovery of Mendel's Laws », *Annals of Science*, London, vol. 36, n° 5, 1979 ; C. Stern & E.R. Sherwood, « A note on the « three rediscoverers » of Mendelism », *Folia Mendeliana*, 13, 1978, pp. 237-240 ; T.J. Stomps, « On the Rediscovery of Mendel's Work by Hugo de Vries », *The Journal of Heredity*, 45, 1954, pp. 293-294 ; Van der Pas, « Hugo de Vries and Gregor Mendel », *Folia Mendeliana*, 11, 1976, p. 4.

au point à la fin du XVIIIe siècle. Quant aux obstacles épistémologiques, on pourrait simplement faire remarquer que Mendel avait bien su faire ces expériences. Ce ne sont pas simplement les faits expérimentaux qui font une découverte. Il faut aussi que ces résultats s'intègrent dans un discours général qui leur donne une signification et crée un consensus suffisant du milieu scientifique pour pouvoir servir de base à de nouvelles recherches.

Cette problématique proprement herméneutique de l'*interprétation* des expériences ou de la *signification* des textes qui les décrivent ou les expliquent se retrouve au cœur du travail de l'historien. A travers les mots conservés dans les bibliothèques et les archives, il tente de retrouver des gestes ou des perceptions expérimentales et cherche à reconnaître des idées qu'il essaiera de traduire dans les termes de son époque.

Le texte de Mendel a créé une distorsion regrettable dans l'histoire de la biologie. On a ainsi souvent sauté directement de ce travail de Mendel jusqu'aux premiers développements de la génétique à partir de 1900. On court-circuite ainsi la véritable genèse de la découverte des lois de l'hérédité, une histoire qui s'étend de Darwin à Hugo de Vries en passant par de nombreuses recherches comme celles d'August Weismann (1834-1914). Pourtant, c'est au cours de cette période que furent mis en place certains des principes les plus fondamentaux qui structurent toujours la biologie contemporaine. Citons en particulier, la séparation entre l'étude du support matériel de l'hérédité et l'étude du développement des caractères organiques. Une séparation entre *germen* et *soma* qui, malgré quelques modifications, se retrouve dans la distinction moderne entre génotype et phénotype.

Je ne chercherais ici qu'à donner quelques éléments pour éclaircir un problème particulier de la lecture de l'article de Mendel en 1900. Parmi les notions préalables pour cette nouvelle interprétation, nous analyserons l'idée d'*indépendance* des caractères. En effet, il ne suffisait pas qu'une indépendance des caractères soit constatée (ce qui était acquis depuis longtemps), il fallait surtout que cette indépendance soit théoriquement fondée et qu'elle acquiert ainsi une valeur explicative.

Le cadre intellectuel des premiers lecteurs de Mendel s'inscrivait essentiellement dans un paradigme fondé sur la problématique darwinienne. La théorie de la sélection naturelle avait posé avec toute son acuité le problème des mécanismes de la transmission des caractères individuels héréditaires.

Les observations de variations ou de transmissions indépendantes des différents caractères des organismes étaient nombreuses et connues depuis longtemps, en particulier des botanistes (c'est bien dans ce cadre que se plaçaient les travaux de Mendel). Mais, le problème était de poser cette indépendance dans le paradigme mécaniciste et matérialiste de la biologie post-darwinienne. La façon dont Mendel avait pu traiter des caractères différentiels entre variétés de petits pois n'était plus admissible. Pour lui, les caractères marquaient des différences du même type que celles qui séparent les espèces (caractères différentiels constants entre « souches pures ») et avaient un statut idéaliste qui dérivait des travaux de classification essentiellement descriptifs du XVIIIe. Au contraire, pour mener à bien un travail expérimental et théorique à prétention spécifique dans l'esprit réductionniste de la deuxième moitié du XIXe siècle on ne devait tenir compte que de résultats pouvant prétendre à des explications suivant une causalité physique et déterministe. Aussi, construire à cette époque le système conceptuel d'une théorie permettant d'envisager des rencontres aléatoires entre caractères indépendants suscitait de profondes difficultés. C'était pourtant l'objectif de la théorie que Hugo de Vries publia en 1889 dans *Intracellulare Pangenesis*[4]. Cet ouvrage influença de nombreuses recherches dans les années 1890, et contribua ainsi, entre autre, à la relecture de Mendel et la découverte des « lois de l'hérédité ».

Hugo de Vries, botaniste hollandais, avait commencé ses recherches par de nombreux travaux de physiologie végétale. A partir de 1871, tout en enseignant l'histoire naturelle à Amsterdam, il participa aux cours d'été que donnait Julius von Sachs à Würzburg (1832-1897). Il s'intéressait surtout à des problèmes de physiologie cellulaire sur le rôle de la pression osmotique dans l'étirement des membranes lors de la croissance. Il en fit le sujet de sa thèse de doctorat qu'il acheva en 1876. Lors de ces recherches il développa toute une série d'expériences sur la « plasmolyse » des cellules mettant en évidence l'existence de nombreuses vacuoles intracellulaires. Il observait alors souvent la division d'une vacuole en deux nouvelles vacuoles et concluait qu'elles devaient être capables de se reproduire de façon autonome[5]. Il généralisa cette idée en une *théorie de la reproduction panméristique* pour laquelle tous les organites intracellulaires proviendraient de la division d'organites de même espèce[6].

Parallèlement à ces recherches, Hugo de Vries étudiait aussi les grandes questions de l'origine des espèces et de l'hérédité. En 1889 il proposait une théorie générale entièrement fondée sur l'idée d'indépendance des caractères.

Dans la première partie de son texte, il montrait l'efficacité des pratiques traditionnelles des botanistes qui employaient abondamment cette idée de caractères indépendants. Mais il admettait que ce champ de recherches ne pouvait pas se définir de façon purement méthodologique par sa

4. Hugo de Vries, *Intracellulare Pangenesis*, Jena, Fischer, 1889, traduit en anglais par C. Stuart Gager, *Intracellular Pangenesis, including a paper on Fertilization and hybridization*, 1910, Chicago, Open Court Publishing co. La dernière partie de cet ouvrage a été traduite en français dans *La Découverte des lois de l'hérédité : Une anthologie*, Presses Pocket, 1990, pp. 213-238. Dans la préface de l'édition anglaise E. Strasburger reconnaît la grande influence que ce livre eut pour lui dès sa parution.

5. Hugo de Vries, « Plasmolytische Studien über die Wand der Vacuolen », *Pringsheim's Jahrbücher für wissenschaftliche Botanik*, 16, 1885, reprint in *Opera*, II, pp. 321-446. Trad. anglaise in Hugo de Vries, 1910, *op. cit.*, p. 153.

6. Hugo de Vries, « Plasmolytische Studien... », 1885. *op. cit.*, p. 489, trad. anglaise in Hugo de Vries, 1910, *op. cit.*, p. 128.

simple opérationnalité. Il fallait le fonder en respectant l'idéal réductionniste et matérialiste de l'époque.

> D'après notre conception présente de toute la nature, les merveilleux phénomènes de l'hérédité doivent avoir une base matérielle[7]...

On voit bien la nature de la difficulté que les lecteurs de la deuxième moitié du XIXe siècle auraient eu pour apprécier le travail de Mendel s'ils l'avaient connu. Il leur serait certainement apparu comme un simple compte rendu d'expérience et non comme une théorie explicative. On peut remarquer rétrospectivement que justement les résultats de Mendel, tels qu'il les avait mis en évidence, n'avaient eu besoin d'aucune hypothèse sur les mécanismes sous-jacents à la formation des caractères. C'est précisément parce qu'il avait raisonné dans les termes idéalistes de caractères abstraits, qu'il avait pu faire l'hypothèse de paires de caractères différentiels constants distribués au hasard. Au contraire, la théorie que Hugo de Vries élaborait pour justifier l'indépendance des caractères, devait le conduire dans diverses problématiques complexes qui ne produisirent que de façon indirecte et accessoire la découverte des fameuses proportions mendéliennes.

Au début de son ouvrage, Hugo de Vries raisonnait comme si, de l'observation de l'indépendance des caractères (lors de la reproduction ou de l'évolution) on pouvait directement conclure à l'existence de « facteurs » héréditaires indépendants.

> Les facteurs héréditaires [Anlagen] dont les caractères héréditaires sont les signes visibles [sichtbaren Merkmale], sont des unités autonomes [selbständige] qui peuvent être apparues indépendamment dans le temps et peuvent être perdues indépendamment les unes des autres.[8]

L'indépendance des caractères visibles « sichtbaren Merkmale », tant morphologiques que physiologiques serait le signe de l'indépendance, à un niveau plus profond, des prédispositions (ou aptitudes) des facteurs héréditaires (« Anlagen »). Mais ce passage de la séparabilité abstraite des caractères observés à la séparabilité matérielle de leurs supports, n'avait pas l'évidence que Hugo de Vries semblait lui accorder. Pour nous en convaincre, il faut nous placer d'un point de vue alternatif et contemporain. Les critiques que Yves Delage lui adressait en 1896 nous serviront de référence. Il remarquait :

7. Hugo de Vries, *Intracellular Pangenesis, op. cit.*, p. 34.

8. Hugo de Vries, *Intracellular Pangenesis*, 1889, traduction de 1910, pp. 33-34. Voilà l'original allemand du début de cette traduction anglaise : « Die erblichen Anlagen, von denen die erblichen Eigenschaften die für unser Auge sichtbaren Merkmale sind selbständige Einheiten,... ».

> Il se peut parfaitement qu'ils [les caractères] soient liés entre eux et à une même particule matérielle et que leur dissociation soit opérée par notre intelligence à la manière d'une abstraction.[9]

Si, comme le faisait Yves Delage, on abordait les questions de l'hérédité et de la vie sous un angle purement physico-chimique et réductionniste, on devrait poser que, dans le monde, et *a fortiori* dans l'organisme, toutes les séries causales physico-chimiques se côtoient et sont en interaction. Les caractères sont interdépendants aussi bien dans l'ontogénèse que dans l'adulte, ils forment un tout et ne peuvent jamais être séparés, sauf par abstraction. Voici comment il décrivait avec humour le raisonnement de Hugo de Vries :

> De Vries raisonne comme quelqu'un qui dirait : le cuivre a une certaine densité, il est malléable, susceptible d'être poli, il est d'un rouge jaunâtre, il répand une odeur particulière quand on le frotte, il s'oxyde dans certaines conditions, etc., etc. Toutes ces propriétés sont indépendantes, car nous les voyons varier indépendamment les unes des autres. Ainsi, la couleur est indépendante de la densité, car l'or est plus jaune et moins rouge que le cuivre, il est aussi plus dense, et le plomb est plus dense aussi quoiqu'il ne soit ni jaune ni rouge. La densité, de son côté, est indépendante de la dureté, car le plomb, quoiqu'il soit plus dense, est cependant plus mou et l'étain, quoiqu'il soit moins dense, est plus mou aussi, tandis que le fer et le platine, quoiqu'ils soient l'un moins dense, l'autre plus, sont l'un et l'autre plus durs que lui, etc., etc. D'où nous pouvons conclure que toutes ces propriétés : densité, couleur, dureté, odeur, etc., sont indépendantes et doivent être supportées par des facteurs matériels indépendants. Les métaux ne sont donc pas des corps simples, ils sont formés de particules dont les unes apportent la couleur, d'autres la densité, d'autres la malléabilité, etc., etc., et les différents métaux résultent de mélanges divers de ces particules élémentaires.[10]

Pour Yves Delage, à tout moment, dans chaque point de l'espace, tous les phénomènes physiques sont en interaction. Tout doit pouvoir s'expliquer dans le déterminisme des « causes actuelles ». Dans la continuité physique du monde il ne peut y avoir de séparation entre des « caractères ». Ce ne sont que des aspects différents de notre observation d'une même réalité.

Or, Hugo de Vries ne pouvait se permettre d'ignorer les impératifs réductionnistes de son époque. Il lui fallait donc proposer une explication qui réserve, au moins à titre de possibilité, une telle réduction. Entre

9. Y. Delage, *L'Hérédité et les grands problèmes de la biologie générale*, 1896, seconde éd. revue et corrigée, 1903, *op. cit.*, p. 692.
10. Y. Delage, *L'Hérédité et les grands problèmes de la biologie générale*, *op. cit.*, p. 692.

une séparabilité des caractères pour les observateurs, et une séparabilité posée comme réelle, il n'y a pas de déduction directe, mais une construction théorique supplémentaire. Une hypothèse sur l'organisation des êtres vivants qui devait être bien particulière puisque différente à la fois du préformationnisme classique et de l'épigénétisme causal (mécaniste). En effet, dans ces deux modes traditionnels d'explication de la génération, les caractères devaient être liés entre eux.

Dans l'hypothèse où la formation de l'organisme ne serait que le « développement » (le « dépliement ») de caractères préformés, les facteurs héréditaires ressembleraient exactement aux caractères, ils devraient interagir entre eux dans l'œuf comme les caractères dans l'organisme développé. Il n'y aurait pas plus de séparabilité des caractères au niveau de l'œuf qu'au niveau de l'organisme[11].

Si, au contraire, la formation de l'organisme était le résultat d'une épigénèse causale, on devrait encore, avec Delage, se demander comment ces causes pourraient être indépendantes entre elles. Dans cette hypothèse, la première cellule de l'œuf devrait être, par sa structure physicochimique, une cause unique et générale telle que par un enchaînement d'effets, elle puisse donner tout le développement individuel. Les caractères de l'organisme seraient donc liés entre eux aussi bien au cours de ce développement qu'à son début.

Pour résoudre ce problème Hugo de Vries s'appuyait sur une étude critique des théories précédentes, essentiellement l'« hypothèse de la pangenèse » de Darwin et la continuité du plasma germinatif de Weismann. On retrouve à nouveau tout un jeu de relecture et de réinterprétation des textes.

Hugo de Vries pensait surtout reprendre le travail de Darwin qu'il résumait en deux propositions principales :

> 1. Dans toute cellule germinative (œuf, pollen, bourgeon, etc.), les qualités individuelles héréditaires de l'ensemble de l'organisme sont représentées par des particules matérielles définies. Celles-ci se multiplient par division et sont transmises durant la division cellulaire de la cellule mère aux cellules filles.
> 2. De plus, toutes les cellules du corps, à différents moments de leur développement, rejettent de telles particules ; elles se déversent dans les cellules germinatives, et leur transmettent les qualités de l'organisme qui peuvent leur manquer (Hypothèse du transport).[12]

Selon Hugo de Vries, seule la seconde proposition avait subi des critiques justifiées. L'hypothèse d'un transport de ces particules depuis les cellules corporelles (somatiques) jusqu'aux cellules sexuelles (germi-

11. A la suite de sa lecture de Hugo de Vries, Weismann remit en question ses idées sur l'ontogenèse. Il présenta son changement de conception comme une conversion d'un ancien point de vue plutôt épigénétiste en une nouvelle forme de préformationnisme.
12. Hugo de Vries, *Intracellular Pangenesis*, 1889, *op. cit.*, p. 5.

natives), serait tout à fait artificielle et n'aurait été forgée par Darwin que pour rendre compte de l'hérédité de l'acquis. Or, Hugo de Vries, comme d'ailleurs beaucoup d'autres biologistes, suivait complètement August Weismann dans sa critique d'une telle hérédité.

Au contraire, Hugo de Vries pouvait réinterpréter la première proposition dans les termes de sa théorie panméristique. Les particules de Darwin correspondraient à ses organites intra-cellulaires capables de reproduction autonome. Pour marquer cette filiation, il appela ces particules des « pangènes ». Comme pour Darwin, ces pangènes seraient plus que de simples agrégats de molécules chimiques mais possèderaient les propriétés essentielles de la vie. Comme pour Darwin, la reproduction par division des organismes unicellulaires servait de modèle au processus général de la transmission des caractères. Chaque pangène conserverait ses propriétés dans la mesure où il serait capable de se multiplier par division. Cependant, Darwin n'avait pas précisé exactement la nature de ses particules (les « gemmules ») qui pouvaient être d'après lui, soit des cellules ou des germes de cellules, soit des unités encore plus petites. C'est cette dernière hypothèse que reprenait Hugo de Vries. Chaque cellule serait formée d'une multitude de pangènes, ils seraient les éléments de base de toute matière vivante. « ... tout le protoplasme vivant est constitué de pangènes ; ceux-ci en sont les seuls éléments vivants. »[13].

Chaque type de pangène possèderait des qualités morphologiques et enzymatiques particulières qui lui permettaient d'imprimer un caractère particulier à la cellule qui le contient. Par exemple, la couleur d'une cellule résulterait de la production d'un pigment par les pangènes dans le cytoplasme. La ressemblance entre une cellule mère et ses deux cellules filles s'expliquerait donc en postulant que chaque type de pangène s'était aussi reproduit lors de la division. On comprend comment divers regroupements de pangènes pouvaient donner diverses combinaisons de caractères cellulaires. Si cette explication semblait fonctionner au niveau des caractères cellulaires, elle présentait de profondes difficultés dès que l'on passait au niveau des caractères morphologiques de l'organisme entier. Mais Hugo de Vries n'hésitait pas à généraliser le raisonnement pour tous les caractères dont le botaniste pouvait observer les variations indépendantes. Par exemple, il n'hésitait pas à considérer des pangènes pour des caractères purement morphologiques, comme les verticilles ou la torsion de la tige. Au niveau de leur expression physiologique ou morphologique, les caractères sont inévitablement en interaction, ce n'est donc qu'au niveau des pangènes que l'on pourrait parler de séparabilité. En tant qu'unités matérielles non solidaires entre elles, ils pourraient se rencontrer dans des combinaisons et des proportions diverses. La grande difficulté d'une telle réponse était la relation qu'elle présupposait entre pangène et caractères. Or Hugo de Vries croyait trouver dans l'hypothèse darwinienne, l'idée générale de particules indépendantes capables de *représenter* les caractères de l'organisme.

13. Hugo de Vries, *Intracellular Pangenesis*, 1889, *op. cit.*, p. 216.

Mais que signifie au juste ce terme de *représenter* ? On retrouve sur le plan théorique de l'explication des phénomènes naturels un problème analogue à celui que pose la représentation de la signification dans un texte. Il y a deux façons très différentes de « représenter » une chose. Soit la représentation est analogique et ce qui sert à représenter ressemble par certaines de ses formes à ce qui est représenté. Soit la représentation est symbolique et formelle. Il y a un écart irréductible entre ce qui représente et ce qui est représenté. La première solution ne résolvait pas le problème de l'indépendance puisque dans leurs représentations les caractères devraient être liés comme ils le sont dans l'organisme développé. Mais l'autre solution, la « représentation symbolique », était bien difficile à concevoir dans un contexte intellectuel où la notion d'information était tout à fait absente (il semble, au contraire, que c'est de là que procéda son emploi en biologie).[14]

Pour contourner cette difficulté, la stratégie de Hugo de Vries semblait simplement méthodologique. Il proposait d'accepter sans la discuter l'hypothèse d'une faculté des pangènes à conserver la mémoire des caractères historiques de l'espèce, c'est-à-dire une capacité à porter des caractères morphologiques, historiquement transmis au cours des générations. L'analyse dans les termes de la causalité physico-chimique d'une telle faculté dépasserait les possibilités de la science de son temps.

> Les caractères historiques exigent une structure moléculaire d'une nature si complexe que la chimie de l'époque actuelle nous fait complètement défaut pour notre recherche d'une explication.[15]

Par cela, il instituait une coupure méthodologique. Le champ des phénomènes à étudier était divisé en une partie qu'il admettait devoir rester encore longtemps inconnue, et une partie dont sa théorie rendrait compte. Etait connaissable tout ce qui appartenait aux diverses activités classiques des naturalistes (systématique, anatomie, croisement, hybridations, sélection), c'est-à-dire la description des caractères organiques, de leur transmission, et de leurs variations. Etaient aussi connaissables les résultats de la cytologie, c'est-à-dire les caractéristiques morphologiques des unités auto-reproductrices comme les cellules, les noyaux, ou les autres organites intra-cellulaires. Les pangènes, en tant que petites particules observables, pouvaient appartenir à cette catégorie.

Mais n'étaient pas expliqués par sa théorie tous les mécanismes physico-chimiques de la vie comme la causalité intime de l'action et de la reproduction des pangènes. La faculté essentielle des pangènes de déterminer les caractères apparents de l'organisme était, elle aussi, placée dans ce domaine de l'inconnaissable.

14. C. Lenay, « Caractères adaptatifs et Représentations symboliques », *Intellectica*, Revue de l'Association pour la Recherche Cognitive, 1993.
15. Hugo de Vries, *Intracellular Pangenesis*, 1889, *op. cit.*, p. 43.

> « D'une façon tout aussi inexplicable, nous devons de plus admettre qu'ils sont le substratum pour les caractères héréditaires. Laissant cette partie inexpliquée, nous pouvons éclairer de nombreuses autres choses. [16]

Mais, en réservant certains problèmes on fait plus qu'élaborer une bonne approche de son objet, on organise l'objet lui-même. En posant qu'il était possible de commencer par étudier les caractères héréditaires avant de s'inquiéter des mécanismes par lesquels ils sont constitués, Hugo de Vries faisait plus que proposer une méthode d'étude du problème de l'hérédité, il posait ce dont il avait besoin : des substratums matériels et séparables pour les différents caractères. Bien que le mécanisme de la relation entre pangène et caractère fût admis comme inconnu, un certain nombre d'affirmations étaient implicitement posées à son égard. En premier lieu, il y aurait un type de pangène différent pour chaque caractère. Et surtout, en second lieu, ce pangène serait d'une nature distincte du caractère qu'il « transporte » ou « représente ».

D'après Hugo de Vries c'était chez Darwin qu'il avait trouvé l'idée d'un support matériel pour chaque caractère. Les phénomènes de l'atavisme, et en général la réapparition de caractères ancestraux dans la descendance d'individus chez lesquels ils étaient invisibles, avait conduit Darwin à supposer que ces caractères avaient été conservés sous une forme « dormante » ou « latente », pour réapparaître plus tard dans des conditions devenues favorables. Le fait qu'un caractère puisse être transmis sans pourtant être visible permettait de poser que les phénomènes de l'hérédité d'une part, et ceux du développement des caractères d'autre part, pourraient correspondre à deux processus différents.

> Le retour repose sur le principe que la transmission et le développement, bien qu'agissant ordinairement de concert, n'en constituent pas moins deux facultés distinctes... [17]

Hugo de Vries insistait fortement sur l'importance de cette distinction.

> « Partout nous sommes confrontés à l'affirmation de Darwin, citée plus haut, que la transmission et le développement des caractères héréditaires sont des pouvoirs différents. [18]

On trouve là la différence entre les pangènes supports héréditaires des caractères, et ces caractères eux-mêmes. Dans sa théorie Hugo de Vries traduisait la notion darwinienne de « gemmules dormants » par l'« inactivité des pangènes ». Les pangènes contenus dans le noyau de la cellule sont inactifs. C'est seulement quand ils passent dans le cytoplasme qu'ils deviennent actifs et se multiplient massivement pour exprimer

16. Hugo de Vries, *Intracellular Pangenesis*, 1889, *op. cit.*, p. 48.
17. C. Darwin, *The Variation of Plants and Animals under Domestication*, 1868, *op. cit.*, t. 2, p. 418. Voir aussi p. 391.
18. Hugo de Vries, *Intracellular Pangenesis*, 1889, *op. cit.*, p. 109. Voir aussi p. 199.

les caractères qui leur correspondent. Mais, même à l'état inactif, les pangènes peuvent se multiplier, ce qui explique leur transmission lors des divisions cellulaires. Les divers pangènes nécessaires pour spécifier tous les caractères de l'organisme seraient contenus à l'état inactif dans le noyau des cellules sexuelles. Seuls certains d'entre eux passeraient à l'état actif après la fécondation. Les pangènes conservés inactifs jusqu'à la génération suivante expliqueraient donc les phénomènes de réapparition des caractères ancestraux.

La capacité des pangènes de se présenter suivant deux états possibles marquait bien leur différence de nature avec les caractères qu'ils produisent. Le caractère est ce qu'il est, seul le pangène pourrait être, soit actif, soit inactif. Mais cette distinction était-elle équivalente à celle qu'avait faite Darwin entre transmission héréditaire et développement? La notion de latence (ou de dormance) chez Darwin n'était pas équivalente à celle d'inactivité. La latence exprime simplement qu'un gemmule ne s'est pas développé.

> Chaque animal ou plante peut être comparé à un terrain rempli de graines, dont la plupart germent promptement, une portion demeure quelque temps à un état dormant, tandis que d'autres périssent.[19]

La transformation que Hugo de Vries avait opérée sur la théorie de Darwin était beaucoup plus importante qu'il ne le croyait. Chez Darwin, les cellules donnent naissance à des gemmules. Cela est essentiel, non seulement pour l'hérédité de l'acquis, mais surtout pour la formation même des cellules sexuelles. Le transport des gemmules dans l'organisme n'est pas simplement un moyen pour les cellules de rajouter quelques modifications à un support de l'hérédité déjà présent. C'est le procédé par lequel l'organisme *constitue* la matière de ses cellules sexuelles. Rappelons que Darwin ne précisait pas si ces unités physiologiques n'étaient pas simplement des cellules, ou plutôt des « germes » de cellules. C'était en se transformant elles-mêmes que, d'après leur nature, elles déterminaient les différences cellulaires. Chez Darwin, les gemmules « représentent » les cellules parce qu'ils leur *ressemblent*.

Mais Hugo de Vries comprenait cette notion de « représentation » de façon toute différente. Il lui attribuait un sens qui venait certainement de son étude des travaux de August Weismann[20].

19. Ch. Darwin, *The Variation of Plants and Animals under Domestication*, 1868, *op. cit.*, t. 2, p. 431.

20. Ici, nous nous séparons de la thèse de Lindley Darden dans « Reasoning in Scientific Change : Charles Darwin, Hugo de Vries, and the Discovery of Segregation », *Studies in History and Philosophy of Science*, 7, 1976, pp. 127-169. Il nous semble qu'elle accorde trop d'importance à l'influence de Darwin dans la genèse de la pensée de Hugo de Vries. Elle avoue pourtant : « ... although de Vries derived his unit-character concept from Darwin, he changed it. », p. 152. Ce changement de concept est essentiel, et doit être expliqué pour comprendre la spécificité de la théorie de Hugo de Vries.

Bien que Hugo de Vries considérât que sa théorie était en opposition avec celle de Weismann, il adhérait pleinement à une des thèses essentielles de ce dernier : l'impossibilité de l'hérédité des caractères acquis. Or, c'est en approfondissant les conséquences de cette impossibilité que Weismann avait construit sa théorie de l'hérédité. Une substance matérielle particulière, le « plasma germinatif », se maintiendrait inchangée de génération en génération et pourrait, simultanément, déterminer les caractères de l'organisme. L'impossibilité absolue d'hérédité de l'acquis s'expliquerait alors par une orientation stricte de la causalité d'un plasma germinatif inaltérable vers le corps. On retrouverait essentiellement le même schéma dans la théorie de Hugo de Vries. Là aussi, il y a impossibilité des caractères acquis, et ceci à cause d'une orientation stricte de la migration intracellulaire des pangènes qui ne peuvent se déplacer que du noyau vers le cytoplasme. Ainsi les pangènes qui participeront à la formation de l'organisme de la génération suivante restent inchangés dans le noyau.

En modifiant l'extension et la localisation de la migration des gemmules de Darwin, Hugo de Vries en avait changé profondément la nature. Chez Darwin, l'hérédité ne se fonde pas sur la conservation des gemmules, mais sur un cycle de transformation de gemmules en cellules qui, à leur tour, produisent de nouveaux gemmules. Au contraire, chez Hugo de Vries, à la façon de la continuité du plasma germinatif, c'est le maintien du stock de pangènes dans le noyau d'une génération à l'autre qui expliquait l'hérédité.

Pour Weismann, le plasma germinatif devait pouvoir donner simultanément par une division spéciale un même plasma germinatif et un plasma somatique qui servirait à diriger la formation de l'individu. Cette faculté d'être à la fois cause de la formation des organismes et cause de sa propre reproduction créait une profonde différence entre le plasma germinatif et ses effets somatiques. On comprend alors mieux ce que signifiait pour Weismann un plasma germinatif « porteur » des caractères.

De même, chez Hugo de Vries, chaque pangène pouvait, par division à l'état inactif dans le noyau, donner à la fois un pangène identique et un pangène qui rejoindrait le cytoplasme et passerait à l'état actif pour y déterminer un caractère particulier. Là aussi, on comprend mieux que les pangènes « représentent » des caractères puisqu'ils pourraient se conserver tout en « portant » les caractères dont ils dirigeaient la formation.

Comme le reconnaissait Hugo de Vries, sa théorie consistait essentiellement à diviser le plasma germinatif en une multitude de déterminants indépendants[21].

21. C'est d'ailleurs ce que Weismann fit lui-même après sa lecture du livre de Hugo de Vries.

> La seule question est de savoir si les unités sont les porteuses de tous les attributs spécifiques, ou seulement des caractères individuels héréditaires.[22]

Rappelons que ce qui faisait difficulté, était le rapport entre les pangènes et les caractères dont ils étaient la cause. S'il était direct et constitutif, alors la séparabilité des causes serait tout aussi inadmissible que celle des effets. Mais si l'on admet une distinction essentielle entre support héréditaire et caractère, une combinatoire de ces supports devenait aisément concevable. Si l'on admet qu'une cause peut déterminer un effet morphologique tout en restant inaltérée, plus rien n'empêche de penser que diverses causes seront séparables, bien que leurs effets soient mêlés dans l'organisme résultant.

Dès lors que Hugo de Vries avait proposé une explication théorique possible de l'indépendance des caractères, on comprend comment put être lu l'article de Mendel. Les termes qu'il employait pour expliquer le transfert et la conservation indépendante des caractères pouvaient maintenant être compris comme exprimant un jeu de transport de pangènes indépendants redistribués au hasard dans les cellules sexuelles.

Mais en 1889, Hugo de Vries était très loin de développer un travail qui ressemblerait à celui de Mendel. Pour cela, de nombreuses conditions supplémentaires devaient être réunies. Par exemple, une notion essentielle pour accepter les proportions mendéliennes était de poser qu'*un seul* facteur par cellule sexuelle déterminerait le caractère correspondant dans l'enfant. Au contraire, dans ses premières recherches sur les pangènes Hugo de Vries posait que l'expression d'un caractère dépendait directement de très nombreux pangènes qui resteraient dans le noyau ou passeraient dans le cytoplasme. C'est certainement un autre ensemble de recherches sur les mutations d'*Œnothera Lamarckiana* qu'il avait découvertes en 1886 qui l'amena progressivement à l'idée d'un petit nombre de facteurs déterminants antagonistes.

Jacques Roger enseignait que la première règle pour l'historien était de toujours chercher à éviter les anachronismes. Je ne suis pas sûr d'avoir réussi, mais j'espère avoir pu montrer comment, sur ce point, le scientifique procède de façon toute opposée. En cherchant à fonder un savoir objectif la science nie son passé et pratique systématiquement l'anachronisme. Chaque chercheur retraduit les termes employés par ses prédécesseurs dans les théories et les pratiques de ses contemporains. Pour l'historien des sciences qui cherche à comprendre la genèse de nouveaux savoirs tout mot est un piège qui pour être déjoué conduit vers de nouveaux pièges. Pour s'en affranchir, seule reste la recherche de la cohérence interne du système de pensée, la patiente étude qui permet d'atteindre une familiarité suffisante avec l'époque et ses auteurs, ce dont Jacques Roger nous avait donné l'exemple dans ses travaux.

22. Hugo de Vries, *Intracellular Pangenesis*, 1889, *op. cit.*, p. 50.

Claudine PETIT

L'implantation de la Génétique des populations en France*

L'irruption de la Génétique des populations et des théories darwiniennes dans la Biologie française s'est faite brutalement. Georges Teissier décrit ainsi les années 1930 :

> A l'époque où je poursuivais mes études, le Darwinisme était généralement tenu pour une doctrine périmée, et aucun biologiste en France ne croyait bien sincèrement à l'existence de la sélection naturelle.

A une ou deux exceptions près, les Français étaient néo-lamarckiens, aucun laboratoire ne travaillait le problème de la sélection naturelle, et la génétique était rarement enseignée. Rien d'étonnant, donc, à ce que la Génétique des Populations ait été introduite par deux jeunes scientifiques tout juste confirmés, et presque marginaux puisqu'aussi intéressés par les mathématiques que par la biologie, Philippe L'Héritier et Georges Teissier.

En dépit d'articles remarquables publiés à partir de 1933, leur œuvre demeura peu connue en France, sous-estimée à l'étranger, tandis que les généticiens des populations continuaient à se compter sur les doigts de la main. La théorie darwinienne de l'évolution faisait cependant des progrès, d'autant que les biochimistes commençaient à s'y intéresser et que la Société zoologique de France modifiait sensiblement son orientation. Et le colloque de Seilhac, organisé sous l'égide du CNRS, en 1979, avec la participation des équipes qui s'intéressaient de près ou de loin à l'évolution, aboutit à la création du *Groupe français de Génétique des populations*. Celui-ci a sans doute contribué de façon décisive à impulser la discipline, développée aujourd'hui dans de nombreux laboratoires. C'est un bilan de cette période 1930-1979, qui correspond à l'implantation et à l'expansion « primaire » des recherches modernes sur l'évolution que nous tenterons ici.

* Je remercie tous ceux qui m'ont aidée à reconstruire cet historique, en particulier Ph. L'Héritier, L. Thaler, P.H. Gouyon et J. David.

Les Fondateurs

Georges Teissier est né en 1900, d'une famille d'instituteurs parisiens. Zoologiste de terrain dès l'enfance, il s'intéresse très tôt aux mathématiques, et lorsqu'en 1919, il entre à l'École normale supérieure, c'est par la section Mathématiques. Cependant, c'est à Charles Perez, titulaire de la chaire de Zoologie de la Sorbonne, qu'il va demander un sujet de diplôme d'études supérieures, diplôme qu'il consacre à l'étude du développement postembryonnaire d'un Hydrozoaire commun sur les côtes de Bretagne. Mais la thèse de doctorat d'État qui va suivre, relative à la croissance des Insectes, utilisera très largement les mathématiques et se présente comme un des ouvrages classiques de la biométrie.

Philippe L'Héritier, quant à lui, est né en 1906, d'une famille terrienne du Massif Central. Bien que passionnément attiré par la nature, c'est comme mathématicien qu'il se forme et lorsqu'il entre à l'École normale supérieure, c'est lui aussi par la section Mathématiques, dont il a réussi le concours en même temps que celui de Polytechnique.

Teissier est alors Agrégé-préparateur à l'ENS, et très vite, du fait de leur intérêt commun pour les mathématiques, une amitié se noue entre les deux hommes. G. Teissier, qui s'intéresse à la biométrie, oriente Ph. L'Héritier dans cette direction pour son diplôme d'études supérieures. Et c'est dans le cadre de ce diplôme, pour effectuer des mesures du métabolisme de la souris qu'il est introduit dans le laboratoire d'André Mayer, professeur au Collège de France. Physiologiste, celui-ci est conscient du retard français en Génétique et de la nécessité de former de jeunes chercheurs dans cette discipline. Ph. L'Héritier lui semble un bon candidat, mais le seul moyen de le former est de l'envoyer faire un séjour dans les laboratoires américains. Il lui obtient une bourse Rockefeller et, en 1931, L'Héritier part à Ames (Iowa), pour étudier la génétique. Là, il va prendre contact, non seulement avec la génétique fondamentale, mais aussi avec ses applications. Pour la première fois, il entend parler de Génétique des populations, lit l'ouvrage de Fisher qui vient juste de paraître (1930), prend connaissance des travaux de Sewall Wright et les rencontre l'un et l'autre, lors de l'un des premiers congrès de Génétique, qui se tient à Cornell University. Il visite ensuite un certain nombre de laboratoires, dont celui de Morgan au CALTEC, à Pasadena, où il rencontre Dobzhansky, déjà engagé activement dans la génétique des populations, et Müller. C'est là qu'il voit pour la première fois des Drosophiles — elles étaient utilisées aux travaux pratiques du certificat de Biologie générale de Paris mais ce certificat ne figurait pas au programme des candidats à l'agrégation —. Au CALTEC, elles servent à construire des cartes factorielles. Mais il pense les utiliser pour étudier expérimentalement d'autres problèmes, en particulier l'hérédité des caractères quantitatifs. C'est avec cette idée, et des Drosophiles, qu'il rentre à Paris.

Il n'a aucune peine à intéresser Teissier à son projet, et l'idée qu'il caressait depuis un moment de construire des cages permettant de suivre des populations de Drosophiles pendant plusieurs générations prend corps. De leur collaboration naissent les cages à populations (L'Héritier et Teissier, 1933). Permettant de conserver, sous forte concurrence, pendant des mois, voire des années, des populations de 3000 à 4000 mouches, elles sont utilisées aujourd'hui dans le monde entier.

La découverte est importante : jusqu'ici, sous l'impulsion de Haldane et Fisher en Angleterre, de Wright aux États Unis, la Génétique des populations a construit, à partir des lois de Mendel, des modèles théoriques d'évolution des populations. Mais ces modèles n'ont jamais été confrontés à la réalité biologique. Grâce aux cages, cette confrontation devient possible. Elle va confirmer la réalité dans les populations, d'un certain nombre de modèles théoriques, et amener par ailleurs la découverte de mécanismes jusqu'ici insoupçonnés.

Les apports classiques des cages à populations

a) Le polymorphisme équilibré

La mise en présence dans les cages de deux souches isogéniques ne différant que par une mutation permet de suivre l'évolution des fréquences génotypiques et alléliques durant la compétition, et d'évaluer la valeur sélective. Par exemple, lorsque les deux lignées en compétition diffèrent par la mutation *white* (œil blanc), la valeur sélective relative de la lignée *sauvage* (œil rouge) par rapport à la lignée mutante peut être mesurée par le nombre de mouches à œil rouge qui éclosent pour une à yeux blancs.

Quel que soit le gène étudié, la substitution des individus mutants, très rapide au début de l'expérience, se freine ensuite graduellement, la composition de la population ne se modifiant plus, au bout de quelques mois, qu'avec une extrême lenteur. La fréquence du gène mutant peut alors être si basse que la moindre raison fortuite le fait disparaître ; c'est le cas de la mutation *Bar*, qui diminue le nombre de facette oculaires (L'Héritier et Teissier, 1937a). Pour d'autres mutations telles *ebony* qui donne une pigmentation noire, la quasi-stabilité est atteinte alors que la fréquence du mutant est encore élevée (L'Héritier et Teissier, 1937b). Il semble que, dans ce cas, la sélection naturelle résultant de la concurrence pour l'aliment tende à maintenir en coexistence indéfinie, dans des proportions stables, les deux allèles en présence.

Le caractère génétique de la variabilité constatée dans les populations naturelles par Darwin, et indispensable à la sélection naturelle, était ainsi démontré. Le maintien à fréquence élevée de formes désavantagées par la sélection présentait par ailleurs un extrême intérêt qu'ils soulignent dans la conclusion d'un article de 1937 (L'Héritier et Teissier, 1937b)

> La sélection naturelle n'a donc pas pour unique effet d'assurer l'uniformité des espèces, en éliminant les monstruosités ; elle peut, semble-t-il, dans certains cas, maintenir indéfiniment une variabilité génétique au sein de la même population d'une espèce.

Ce résultat est d'autant plus important que la théorie classique admettait que la sélection élimine les allèles les moins adaptés, le polymorphisme n'étant que le fruit de mutations récurrentes. Dobzhansky, qui retrouva ce résultat dans les populations naturelles, dut se battre pendant des années pour faire reconnaître l'existence de ce polymorphisme, qu'il appela polymorphisme équilibré. Son rôle est pourtant fondamental dans la mesure où il assure un niveau de polymorphisme qui permet une sélection constante capable d'ajuster les populations à leur milieu.

b) Maintien du polymorphisme

L'école française a joué un rôle non négligeable dans la mise en évidence des mécanismes de maintien. Le plus classique, celui qu'invoquent toujours les agronomes et que les théoriciens considèrent comme essentiel, est l'avantage des hétérozygotes : lorsque deux allèles *A* et *a* d'un même gène sont présents dans une population, *a* peut y être maintenu même si les homozygotes *aa* sont désavantagés, lorsque les hétérozygotes de *Aa* sont plus avantagés que les deux homozygotes : l'avantage de *Aa* compense le désavantage de *aa* par rapport à *AA*, ce qu'on appelle souvent un peu improprement l'hétérosis. Mais si la démonstration théorique est facile, la démonstration expérimentale est plus délicate, la distinction entre homozygotes dominants et hétérozygotes étant impossible dans les cas les plus fréquents de dominance totale. L'étude devient au contraire facile lorsque la population ne comprend plus que deux génotypes, les homozygotes de l'un des allèles étant létaux. C'est dans ces conditions qu'utilisant une population renfermant le gène létal *Curly*, qui modifie la forme des ailes, et le gène *vestigial*, qui réduit la taille de celles-ci, Georges Teissier démontre la possibilité du maintien simultané des deux gènes à une fréquence d'équilibre (Teissier, 1942 a et b).

Un autre mécanisme devait être mis en évidence par L'Héritier et Teissier lors des expériences de compétition entre *Bar* et *sauvage* (1934, 1937a) ou *ebony* et *sauvage* (1937b). Le désavantage présenté, à un instant donné, dans la sélection naturelle par un gène mutant par rapport à son allélomorphe normal, peut être évalué par la différence entre les valeurs absolues des taux de variation de ces deux gènes dans la fraction de la population qui, venant d'arriver à l'âge adulte, présente la valeur reproductrice la plus grande. L'évaluation de ce désavantage durant l'évolution de la population montre qu'une larve porteuse de l'allèle *Bar* a, en fin d'expérience, alors qu'elle n'entre plus guère en compétition qu'avec des larves normales, une probabilité plus grande d'atteindre le stade imaginal qu'au début, lorsque les larves *Bar* étaient nombreuses. Ces résultats, retrouvés ultérieurement avec *ebony*, leur permettent d'écrire :

> On peut donc conclure, sans rien préjuger sur la nature des facteurs qui assurent la supériorité du gène normal sur le gène *Bar* dans la lutte pour la vie, que cette supériorité tend à disparaître quand le gène *Bar* est devenu rare dans la population.

Le problème fut repris ultérieurement par Claudine Petit, élève de Teissier, qui montrait les rôles essentiels et à peu près équivalents de la sélection sexuelle et de la sélection larvaire dans la compétition entre *Bar* et *sauvage*, ainsi qu'une sélection sexuelle variable, le désavantage des mâles *Bar* s'amenuisant quand ils deviennent rares dans la population (Petit, 1951). Une situation plus intéressante était mise en évidence dans le cas de *white* (mutation qui détermine un œil blanc), les mâles *white* désavantagés aux fréquences moyennes reprenant l'avantage aux basses fréquences, ce qui maintient le polymorphisme par une série d'oscillations autour de la fréquence de neutralité (Petit, 1958). La compétition larvaire montrait, elle aussi, l'avantage du rare (Petit, 1966). L'avantage du rare dans ces deux constituants de la valeur adaptative fut retrouvé par ses collaborateurs. Dominique Anxolabehere, étudiant la compétition entre *sepia*, mutant qui affecte la couleur des yeux, et *sauvage*, montrait en outre que l'avantage des hétérozygotes n'apparaît que lorsque la fréquence de *sepia* est inférieure à 0,25 (Anxolabehere, 1971, 1976; Anxolabehere et Périquet, 1972) ; Liliane Palabost mettait en évidence l'avantage du rare dans la compétition entre alloenzymes au locus *αGpdh* (Palabost, 1979).

L'avantage du rare passa à peu près inaperçu lors de sa découverte. Ce n'est qu'après la mise en évidence, en 1966, par Lewontin à Chicago et Harris à Londres de l'énorme quantité de polymorphisme enzymatique des populations naturelles que les généticiens, conscients que l'hétérosis ne présentait jamais de valeurs assez élevées pour l'expliquer, s'intéressèrent au phénomène. Considéré comme évident par les écologistes, il a été repris par de multiples auteurs, retrouvé dans de nombreux groupes animaux et végétaux, controversé, mais semble aujourd'hui généralement admis, et joue sans doute un rôle fondamental dans le maintien du polymorphisme.

Ces travaux constituaient par ailleurs l'une des premières mises en évidence du rôle de la sélection sexuelle et l'une des premières tentatives de déterminer les constituants de la valeur adaptative, analyse dont l'intérêt théorique est considérable.

c) L'influence du génome

L'apparition, par mutation spontanée, du gène *sepia* dans une population normale, et sa fixation durant six mois, à une fréquence de 0,22 (Teissier, 1943), ouvrit une direction de recherche tout à fait neuve. Alors que les mutations sont généralement éliminées, cette fixation présentait un intérêt évident et suggérait que la valeur adaptative d'un gène ne dépend pas de lui seul, mais du génome dans lequel il est inséré. Des expériences complémentaires de dédoublement des populations, où l'introduction de différentes souches de Drosophiles sauvages dans les populations modifièrent les équilibres, confirmèrent l'hypothèse (Teissier, 1947).

La notion d'interaction des gènes dans la détermination de la valeur adaptative, qui apparaît aujourd'hui comme une évidence, était alors révolutionnaire. C'est tout le problème des interactions au sein du génome qui était soulevé, mais il fallut attendre les décennies suivantes pour qu'il soit repris et développé.

Les premiers résultats non mendeliens

La nécessité d'une anesthésie brève pour dénombrer les populations de Drosophiles avait amené L'Héritier et Teissier à utiliser le gaz carbonique. En 1937, ils découvraient une souche présentant une sensibilité insolite à ce gaz qui, normalement, n'agit que par l'anoxie qu'il entraîne. Des croisements appropriés montrèrent que ce curieux phénomène se transmet héréditairement selon des règles qui n'ont rien de mendelien et ne font pas intervenir les chromosomes (L'Héritier et Teissier, 1937c, 1938).

Cette découverte décida d'une orientation nouvelle dans les recherches de Ph. L'Héritier qui, nommé en 1938 à Strasbourg, se séparait de Teissier. A Strasbourg, puis à Clermont-Ferrand, il continua dans cette direction, aboutissant à la mise en évidence d'un rhabdovirus (baptisé virus *sigma*). L'association virus-hôte faisait l'objet d'une analyse génétique exceptionnellement poussée, avec mise en évidence de plusieurs mutants viraux et d'une interférence des gènes de l'hôte avec la multiplication et la transmission héréditaire de ceux-ci (1970). Si l'ensemble de ces recherches ne peut être considéré comme de la Génétique des populations, l'aspect populationnel strict ayant été assuré ultérieurement par Annie Fleuriet, les résultats n'en sont pas moins d'une importance considérable pour les populations et plus généralement pour l'évolution, dans la mesure où les virus sont capables de transmettre l'information génétique horizontalement — c'est-à-dire d'une espèce à l'autre — via le cytoplasme. Müller ne s'y était pas trompé qui, au retour d'une visite au laboratoire de L'Héritier, en 1938, déclarait : « ou ce sont des farceurs, ou c'est très important ».

En 1970, des croisements uniquement destinés à démontrer les lois de Mendel, produisaient en seconde génération des œufs incapables d'éclore (Picard et L'Héritier, 1971). L'analyse du phénomène débouchait sur la découverte des *transposons* du système IR dans lequel le pouvoir *inducteur* est lié à des morceaux d'acide désoxyribonucléique, tandis que la qualité *réactive* fait intervenir une composante extrachromosomique (Bucheton et al, 1976 ; Picard et al, 1978).

Il s'agissait de l'une des premières découvertes d'éléments d'ADN mobile dans le règne animal ; un peu plus tard, en Amérique, M. Kidwell découvrait le système de transposons PM. Ces transposons, qui ont la propriété d'augmenter considérablement la mutabilité, jouent un rôle important dans l'évolution en permettant une différenciation plus rapide des petites populations qui colonisent un nouveau milieu, favorisant par là les phénomènes de spéciation. Ils peuvent en outre, eux aussi, contribuer à la transmission horizontale de l'information. Aujourd'hui, nombreuses sont, en France et de par le monde, les équipes qui travaillent le problème.

Les populations naturelles et la spéciation

La mise en évidence dans les cages à populations d'un polymorphisme équilibré et la découverte par Dobzhansky d'un polymorphisme d'inversions dans les populations naturelles de *Drosophila pseudoobscura* posait le problème du caractère génétique et de l'étendue de ce polymorphisme, et les études portant sur des populations naturelles se multiplièrent. Le laboratoire Teissier participa à ce mouvement, tant par les recherches entreprises à son instigation par Maxime Lamotte et Charles Bocquet, que par celles auxquelles Teissier participa directement ou qu'il inspira comme celles d'Ernest Boesiger.

Maxime Lamotte a analysé le polymorphisme de l'escargot des haies *Capaea nemoralis*, mettant en évidence le déterminisme génétique de la couleur et du nombre de bandes. Il a montré que, dans les populations précaires et de faible effectif qu'ils constituent généralement, les phénomènes de dérive prévus par Sewall Wright jouaient un grand rôle (Lamotte, 1951). Ses résultats furent à l'origine d'une controverse avec le groupe d'Oxford, qui dura des années.

Quant à Charles Bocquet, chef de Travaux à la Station Biologique de Roscoff, il entreprit l'étude d'un animal marin. L'analyse de l'ensemble réuni sous le nom de *Jaera marina* (Crustacé Isopode), par des méthodes de zoologie classique et de biométrie, l'amena à la conclusion qu'il s'agit d'un complexe d'espèces dont il tenta de reconstituer l'histoire évolutive. La distribution très particulière de ces espèces dont chacune occupe un niveau limité de la zone intercotidale, en faisait un très beau modèle de distribution linéaire, et ce travail est l'un des classiques de la littérature relative à la spéciation (Bocquet, 1953). L'étude a été poursuivie par ses élèves quant au polymorphisme chromosomique (Lécher, 1967), enzymatique (Cariou, 1971), aux mécanismes d'isolement (Solignac, 1975) ; l'étude des Jaera méditerranéennes a été, elle aussi, amorcée (Veuille et Kocatas, 1979).

Le polymorphisme de *Sphaeroma serratum*, autre Isopode littoral très commun, fut d'abord analysé par Bocquet, Levi, Teissier (1951), et ensuite par Robert Lejuez, élève de Bocquet (1966).

Les premiers travaux français sur les populations naturelles de *Drosophila melanogaster* sont dûs à Ernest Boesiger. Il confirma les résultats du groupe de Chetverikov montrant que chaque individu d'une population naturelle présente, à l'état récessif, un ou plusieurs gènes responsables de mutations morphologiques. Ce haut niveau de polymorphisme est maintenu essentiellement par l'hétérosis rencontré au niveau de la fécondité et de la sélection sexuelle, les mâles hétérozygotes fécondant plus de femelles que les homozygotes (Boesiger, 1962).

Dans le même temps, Teissier et un certain nombre de ses collaborateurs travaillaient sur l'évolution d'un caractère quantitatif, le nombre d'ovarioles (Thomas, 1975).

L'arrivée en 1964 de Ch. Bocquet à la direction du Laboratoire de Génétique évolutive et Biométrie de Gif, devenu en 1975 Laboratoire de

Biologie et Génétive évolutives, devait favoriser une série de recherches sur les Drosophilides africains (dont est issue *Drosophila melanogaster*, recherches qui se poursuivent aujourd'hui (Tsacas et Bocquet, 1976 ; Tsacas, 1979), et constituent un remarquable ensemble de systématique évolutive dans lequel l'aspect systématique fut assuré par Leonidas Tsacas, l'aspect écologique par Daniel Lachaise (1979), et la cytologie par Françoise Lemeunier, en collaboration avec l'Anglais Ashburner (1976).

Peu avant sa disparition, Ch. Bocquet commençait, en collaboration avec Jean David qui lui succéda à la direction de Gif, une série de recherches sur le locus *alcool déshydrogénase* (David et Bocquet, 1975), recherches qui ont été poursuivies ultérieurement.

A peu près à la même époque, Yves Carton, de Gif, et le groupe de Lyon, amorçaient l'étude des interactions génétiques entre les Drosophilides et leurs parasites.

L'analyse des populations de Protozoaires Ciliés Hypotriches devait amener Jean Génermont, élève de Lamotte, à réviser la classification de ce groupe, où de multiples espèces jumelles furent mises en évidence (Génermont et al, 1976).

Une autre lignée de généticiens des populations naturelles s'est développée à Montpellier. Louis Thaler, s'inspirant de l'œuvre de Simpson, et ayant suivi aux États-Unis les enseignements des paléontologistes Colbert et Hibbard et des généticiens Dobzhansky et Dunn, menait depuis 1955 des recherches sur l'évolution des rongeurs. La paléontologie ayant été solidement implantée à Montpellier dans les années 60, il favorisa la venue de E. Boesiger en 1972. Recrutée par ce dernier pour faire face à une demande d'appui scientifique des responsables de la démoustication du Languedoc, Nicole Pasteur travailla en liaison étroite, puis directement avec l'Université. La première publication sur les moustiques démontrait une corrélation entre la présence d'une estérase à haute activité et la résistance de certaines populations à l'insecticide utilisé dans la région (Pasteur et Sinègre, 1975) ; depuis lors, l'étude de la génétique de la résistance n'a cessé de progresser. Quant à la première publication sur les rongeurs, elle révélait l'existence de deux espèces de souris en région méditerranéenne, ce qui allait être le point de départ pour L. Thaler et ses premiers élèves généticiens, J. Britton et F. Bonhomme, d'un programme aujourd'hui foisonnant sur les souris sauvages (J. Britton, N. Pasteur et L. Thaler, 1976).

Toutes ces recherches, souvent très fines, de Systématique évolutive, s'inscrivent dans une longue série de travaux menés dans le monde entier pour établir l'ampleur et la signification du polymorphisme génétique et rechercher les mécanismes de la spéciation.

La génétique des populations végétales

Elle est, à ses débuts, exclusivement le fait de scientifiques de formation agronomique. L'amélioration des plantes implique en effet des phénomènes d'hétérosis et de dépression de consanguinité liés au système de reproduction, et celui-ci varie, chez les plantes cultivées, d'une autonomie presque absolue (blé), à l'auto-incompatibilité (betterave). Mais la formation de base de la plupart des généticiens de populations végétales s'est faite au Certificat d'Études supérieures de Génétique de la Faculté des Sciences de Paris, sur lequel nous reviendrons dans la conclusion de cet article.

Y. Demarly, à Orsay, a développé des modèles sur la relation entre vigueur et hétérozygotie chez les tétraploïdes (Demarly, 1961), mais son rapport le plus original est sans doute l'idée, déduite de la structure des populations, que les génotypes sont structurés en blocs coadaptés qu'il appelle *linkats*. Cette notion de structuration du génome, qui fut alors peu remarquée, a été confirmée depuis par la Génétique moléculaire et la Génétique du développement. Issu de cette veine, le groupe de D. de Vienne recherche les corrélations entre différences morphologiques et biochimiques (de Vienne, 1978).

Parallèlement, J. Pernès, d'abord en Afrique, puis à Orsay, a étudié le problème des flux géniques entre espèces cultivées et sauvages, notamment du complexe des mils. Des échanges de ce type, qui assurent à la forme domestiquée un réservoir de variabilité ont été mis en évidence par les Américains sur les maïs (Belliard et Pernès, 1977).

Enfin, l'évolution de la sexualité a été largement développée par le groupe de G. Valdeyron, à Montpellier. G. Valdeyron, agronome qui, lui aussi, compléta sa formation au certificat de Génétique de Paris, travailla à Tunis, puis à Montpellier où il eut des contacts étroits avec le laboratoire d'Hamberger. Pour comprendre comment l'évolution avait façonné le régime de reproduction des plantes, il choisit des espèces au système de reproduction complexe (origan, thym, figuier), dont il analysa la variabilité génétique grâce à des marqueurs biochimiques, chémotypes terpéniques notamment (Valdeyron et al, 1973, Valdeyron et Loyd, 1979). Plusieurs de ses élèves ont fait souche (Vernet et al, 1977, Gouyon et al, 1979). Le problème de la sexualité, alors peu étudié, fait aujourd'hui l'objet de nombreuses recherches dans le monde entier et ces groupes y tiennent une place très honorable.

La génétique théorique

Si G. Teissier a fait un certain nombre de recherches théoriques, en particulier sur le maintien des gènes létaux, le grand théoricien est incontestablement Georges Malécot. Élève à l'École normale supérieure d'une promotion légèrement postérieure à celle de Ph. L'Héritier, c'est un mathématicien. Il est possible, mais non certain, que son intérêt pour la Génétique des populations ait été éveillé par quelques conversations avec ce dernier.

Il a développé le concept de *coefficient de consanguinité*, et apparaît comme le co-fondateur, avec S. Wright, de cette notion. Il a ultérieurement développé la théorie des *coefficients de parenté*. Bien qu'il ait très peu publié, son *Traité sur les mathématiques de l'hérédité* (1948), est cité dans tous les textes traitant, sur un plan théorique, de la consanguinité et du flux génique. Son travail sur la consanguinité a été poursuivi par Gillois et Chevallet quant aux animaux, et par Gallais pour les végétaux, mais ces groupes ont ensuite orienté leurs recherches d'avantage vers la Génétique quantitative — qui n'a pas été traitée dans cet article — que vers la Génétique des populations.

Conclusion

Si les travaux récents des Généticiens de populations français, souvent publiés dans des revues internationales, ne font plus problème, en dépit d'un certain chauvinisme anglo-saxon qui les fait parfois oublier dans les citations bibliographiques, on peut s'étonner que les résultats remarquables de L'Héritier et de Teissier n'aient pas trouvé un écho plus large. Pourtant, deux des idées développées si brillamment par Dobzhansky à propos des populations naturelles, polymorphisme équilibré et interactions génomiques se trouvaient déjà dans leurs publications des années 30 ; et la mise en évidence de la sensibilité au gaz carbonique ouvrait une voie qui s'est révélée très fertile. Mais ces travaux, publiés à la veille de la Seconde Guerre mondiale, et alors tout à fait d'avant-garde, étaient déjà anciens quand des contacts étroits se rétablirent avec l'Amérique.

Quant aux biologistes français, ils n'étaient guère réceptifs, rebelles qu'ils étaient à la génétique et aux mathématiques, d'autant que les publications, d'une concision extrême, étaient de lecture difficile. Enfin, aucun ouvrage de synthèse ne vint ultérieurement les révéler aux Biologistes. Le livre que publia Ph. L'Héritier en 1934 ne s'appuie pas sur ses travaux personnels, et l'on ne dispose guère que de synthèses relativement courtes (Teissier, 1945). Peut-être, faut-il l'attribuer aux hautes responsabilités qu'assuma Teissier dans la Résistance, puis à la Direction du CNRS, mais aussi à son caractère, à son horreur des congrès et des voyages à l'étranger, enfin à un certain goût pour l'isolement qu'il conserva toute sa vie.

Il n'en reste pas moins que ces deux chercheurs jouèrent un rôle capital quant à l'introduction de la génétique dans la biologie française : la première chaire de Génétique fut créée à Paris en 1946, à l'initiative de G. Teissier, appuyé par F. Joliot. Préparée en s'assurant la collaboration de Ph. L'Héritier, Professeur à Clermont-Ferrand, de Boris Ephrussi, alors Associate Professor dans une Université américaine et de G. Teissier, elle ne fut acceptée au Conseil de Faculté que grâce à l'appui des mathématiciens, et contre l'avis des biologistes. On pouvait espérer que la création de trois laboratoires de Génétique à Gif-sur-Yvette, par G. Teissier, nommé Directeur du CNRS en 1946, au départ de F. Joliot, allait améliorer la situation : la recherche en Génétique était désormais officiellement reconnue tant au Centre National de la Recherche Scientifique qu'à l'Université. Elle l'améliora effectivement rapidement en Génétique physiologique et en Génétique des virus, mais le démarrage fut plus lent pour la Génétique des populations, peut-être en raison du caractère hybride de cette science qui requiert Génétique, Systématique, Écologie et Statistique.

La création des DEA de Génétique quantitative (1964), puis de Biologie évolutive des populations et espèces animales (1967), transformé ultérieurement en Génétique des populations et Évolution améliora progressivement la situation, favorisant le recrutement.

Notons que les recherches décrites ici sont, pour une part importante, le fait des collaborateurs de première et de seconde génération de Teissier et de L'Héritier. Le bilan de cette première période (1934-1979) est bon, sinon abondant. Le développement n'a pas été linéaire, mais des découvertes importantes et des travaux classiques de Systématique évolutive sont sortis des laboratoires français.

Les progrès de la Biologie moléculaire, qui ont permis une investigation beaucoup plus précise dans de nombreux domaines (analyse des flux géniques, évaluation de la sélection, nature et rôle des éléments transposables ou construction d'arbres phylogénétique moléculaires), ont certes amené un changement général d'orientation des recherches depuis dix ans. Mais ce sont les équipes formées pendant la période « d'expansion primaire » que nous avons analysée ici, qui poursuivent cette nouvelle voie d'exploration au niveau moléculaire. Nombre d'entre elles sont de niveau international et tiendront un rôle honorable dans les nouvelles synthèses qui seront élaborées.

BIBLIOGRAPHIE

D. Anxolabehere, « Sélection larvaire et fréquence génique chez *Drosophila melanogaster* », *Heredity*, 1971, t. 26, pp. 9-18.

Id., « Heterosis, overdominance and frequency dependent selection in *Drosophila melanogaster* at the *sepia* locus », *Évolution*, 1976, t. 30, pp. 523-534.

D. Anxolabehere et G. Periquet, « Variation de la valeur sélective de l'hétérozygote en fonction des fréquences alléliques chez *Drosophila melanogaster* », *C.R.Acad. Sc.*, 1972, t. 275, pp. 2755-2757.

J. Belliard et J. Pernes, « Étude de l'organisation génétique et physiologique d'une barrière reproductive particulière chez le mil. », *Physiol. vég.*, 1977, t. 15, pp. 551-565.

C. Bocquet, « Recherches sur le polymorphisme naturel des *Jaera marina* (Isopodes Aseilotes), *Arch. Zool. exp.*, 1953, t. 90, pp. 187-450.

C. Bocquet, C. Levi et G. Teissier, « Recherches sur le polychromatisme de *Sphaeroma serratum* », *Arch. Zool. exp.*, 1951, t. 87, pp. 245-298.

E. Boesiger, « Sur le degré d'hétérozygotie des populations naturelles de *Drosophila melanogaster* et son maintien par la sélection naturelle », *Bull. biol.*, 1962, t. 96, pp. 1-121.

J. Britton, N. Pasteur et L. Thaler, « Les Souris du midi de la France : caractérisation génétique de deux groupes de population sympatriques », *C.R. Acad. Sc.*, 1976, t. 283, pp. 515-518.

A. Bucheton, J.-M. Lavige, G. Picard et P. L'Héritier, « Non mendilian female sterility in *Drosophila melanogaster* : quantitative variations in the efficiency of inducer and reactive strains » *Heredity*, 1976, t. 36, pp. 305-314.

M.-L. Cariou, « Recherches sur le polymorphisme enzymatique du complexe *Jaera albifrons* (Crustacé Isopode) », Thèse de Doctorat d'État ès Sciences naturelles, Université Paris 6, 1977, 149 p.

J.-R. David et C. Bocquet, « Similarities and differences in latitudinal adaptation of two Drosophila sibling species », *Nature*, 1975, t. 257, pp. 588-590.

Y. Demarly, « Génétique des tétraploïdes et amélioration des plantes », *Ann. Amélior. plantes*, 1963, t. 13, pp. 307-400.

R.A. Fisher, *The genetical theory of natural selection*. Oxford, The Clarendon press, 1930.

J. Genermont, D. Machelon, M. Tuffrau, « Données relatives au problème de l'espèce dans le genre *Euplotes* (Cilié Hypotriche) », *Protistologica*, 1976, t. 12, pp. 139-148.

P.H. Gouyon, G. Valdeyron et P. Vernet, « Sélection naturelle et niche écologique chez les végétaux supérieurs », *Bull. Soc. Bot. Fr.*, 1979, *Act. Bot.*, t. 2, pp. 87-95.

D. Lachaise, « Spéciation, coévolution et adaptation des populations de Drosophilides en Afrique tropicale », Thèse de Doctorat d'État, Université Paris 6, 1979.

M. Lamotte, « Recherches sur la structure génétique des populations naturelles de *Cepaea nemoralis* », *Bull. biol. France et Belgique*, 1951, Supp. 35, 239 p.

P. Lecher, « Cytogénétique du polymorphisme chromosomique robertsonien chez l'Isopode *Jaera (albifrons) syei* », *Arch. Zool. exp.*, 1967, t. 108, pp. 633-698.

R. Lejuez, « Comparaison morphologique, biologique et génétique de quelques espèces du genre *Sphaeroma*, (Isopode Flabellifère) », *Arch. Zool. exp.*, 1966, t. 107, pp. 469-668.

F. Lemeunier et M. Ashburner, « Relationship within the *melanogast* species subgroup of the genus *Drosophila* (Sophophora). II Phylogenetic relationships between six species based upon polytene banding sequences », *Proc. R. Soc. Lond. B*, 1976, t. 193, pp. 275-294.

Ph. L'Héritier, *Génétique et évolution. Analyse de quelques études mathématiques*, Paris, Hermann et Cie, Actualités scientifiques, 1934.

Id., « Drosophila viruses and their role in evolutionary factors », *Evol. biol.*, 1970, t. 4, pp. 185-209.

Ph. L'Héritier et G. Teissier, « Étude d'une population de Drosophiles en équilibre », *C.R. Acad. Sci.*, 1933, t. 197, pp. 1765-1767.

Id., « Une expérience de sélection naturelle. Courbe d'élimination du gène *Bar* dans une population de *Drosophila melanogaster* », *C.R. Soc. Biol.*, 1934, t. 117, pp. 1049-1051.

Id., « Élimination des formes mutantes dans les populations de Drosophiles : cas des Drosophiles *Bar.* », *C.R. Soc. Biol.*, 1937, t. 124, pp. 880-882.

Id., « Élimination des formes mutantes dans les populations de Drosophiles : cas des Drosophiles *ebony* », *C.R. Soc. Biol.*, 1937, t. 124, pp. 882-884.

Id., « Une anomalie physiologique héréditaire chez la Drosophile », *C.R. Acad. Sci.*, 1937, t. 205, pp. 1099-1101.

Id., « Transmission héréditaire de la sensibilité au gaz carbonique chez la Drosophile », *C.R. Acad. Sc.*, 1938, t. 206, pp. 1683-1685.

G. Malécot, *Les Mathématiques de l'hérédité*, Paris, Masson, 1948.

L. Palabost-Charles, « Maintenance mechanism of polymorphism at the *aGpdh* locus in *Drosophila melanogaster* », *Biochem.Genet.*, 1979, t. 18, pp. 905-913.

N. Pasteur et G. Sinegre, « Esterase polymorphism and sensitivity to Dursban organophosphorous insecticide in *Culex pipiens* populations », *Biochem.Genet.*, t. 13, pp. 789-803.

C. Petit, « Le rôle de l'isolement sexuel dans l'évolution des populations de *Drosophila melanogaster* », *Bull. Biol. France et Belgique*, 1951, t. 85, pp. 392-418.

Id., « Le déterminisme génétique et psycho-physiologique de la compétition sexuelle chez *Drosophila melanogaster* », *Bull. Biol. France et Belgique*, 1958, t. 92, pp. 248-329.

Id., « La concurrence larvaire et le maintien du polymorphisme », *C.R.Acad. Sc.*, 1966, pp. 1262-1265.

G. Picard, J.-C. Bregliano, A. Bucheton, J.-M. Lavige, A. Pelisson et M. Kidwell, « Non-mendelian female sterility and hybrid disgenesis en *Drosophila melanogaster* », *Genet.Res.Cambridge*, 1978, t. 32, pp. 275-287.

G. Picard et Ph. L'Héritier, « A maternally inherited factor inducing sterility in *Drosophila melanogaster* », *Drosophila Information Service*, t. 46, p. 54.

M. Solignac, « Isolement reproductif entre les membres de la super-espèce d'Isopode littoral *Jaera albifrons* », *Pubbl.Staz.Zool.Napoli*, 1975, t. 39, Supp. pp. 696-716.

G. Teissier, « Vitalité et fécondité relatives de diverses combinaisons génétiques comportant un gène léthal, chez la Drosophile. *C.R. Acad. Sc.*, 1942, t. 214, pp. 241-244.

Id., « Persistance d'un gène léthal dans une population de Drosophiles », *C.R. Acad. Sc.*, 1942, t. 214, pp. 327-330.

Id., « Apparition et fixation d'un gène mutant dans une population stationnaire de Drosophiles », *C.R.Acad.Sc.*, 1943, t. 216, pp. 88-90.

Id., « Mécanisme de l'évolution », *La Pensée*, 1945, t. 2, p. 519 et t. 3, pp. 15-31. Traduit par J.B.S. Haldane pour *Modernquaterly* ; traduit par Berthalanffy pour *Wort und Tat*.

Id., « Variation de la fréquence du gène *sepia* dans une population stationnaire de Drosophiles », *C.R.Acad.Sc.*, 1947, t. 224, pp. 676-677.

M. Thomas-Orillard, « Analyse de la variabilité du nombre d'ovarioles chez *Drosophila melanogaster*. Comportement de trois souches en croisements », *Arc.Zool.exp.*, 1975, t. 116, pp. 43-76.

L. Tsacas, *Catalogue of afro-tropical Diptera : Drosophilidae*, Londres, British Museum, 1979.

G. Valdeyron, B. Dommee et A. Valdeyron, « Gynodioecy : another computer simulation model », *Amer. Natur.*, 1973, t. 99, pp. 125-126.

G. Valdeyron et D.G. Lloyd, « Sex differences and flowering phenology in the common *Ficus carica* », *Évolution*, 1979, t. 33, pp. 673-685.

P. Vernet, J.L. Guillerm et P.H. Gouyon, « Le polymorphisme chimique de *Thymus vulgaris*, I. Répartition des formes en relation avec certains facteurs écologiques », *Œcol. Plant.*, 1977, t. 12, pp. 159-179.

M. Veuille et A. Kocatas, « Les *Jaera* des côtes de Turquie. Étude comparative et biogéographique », *Vie et milieu*, 1979, t. 28-29, pp. 597-611.

Bernardini FANTINI

Gènes, évolution et paludisme : L'hypothèse de Haldane

Le professeur Jacques Roger, dans les dernières années de sa vie, avait beaucoup œuvré pour le développement de la réflexion historique concernant la théorie de l'évolution, non seulement dans sa forme classique darwinienne, mais surtout dans le sens de la « théorie synthétique » et de la génétique des populations autour des années 1950. En choisissant un thème pour un essai en son honneur, j'ai donc cru opportun de traiter du développement historique de l'une des principales preuves aujourd'hui disponibles en faveur de la théorie de la sélection naturelle : le rapport entre la présence historique de la malaria et la diffusion de certains états génétiques liés à des pathologies spécifiques. Ce rapport comporte, en premier lieu, la drépanocytose, la thalassémie et l'enzymopénie G6PD.

La thalassémie

En 1925, Thomas B. Cooley et Pearl Leef, deux médecins de Détroit, décrivirent pour la première fois une grave maladie chronique chez les enfants, caractérisée entre autre par une splénomégalie prononcée et par la présence, dans la circulation du sang, d'un grand nombre d'érythrocytes avec peu d'hémoglobine, entièrement concentrée au centre (« *target cells* », c'est-à-dire cellules-cibles)[1]. En outre, ces cellules avaient une résistance accrue à la pression osmotique provoquée par une solution saline hypotonique, apparemment à cause de leur épaisseur. Une des caractéristiques était l'aspect mongoloïde des enfants malades, en raison d'importantes lésions osseuses, surtout dans le visage, avec un crâne volumineux et des bosses pariétales et frontales. Les malades parvenaient rarement à atteindre l'âge de l'adolescence.

Simultanément, les médecins italiens F. Rietti, E. Greppi et F. Micheli[2]

1. T.B. Cooley, P. Leep, « A series of cases of splenomegaly in children with anemia and peculiar bone changes », *Trans. Amer. Ped. Soc.*, 37, 1925, pp. 29-30 ; T.B. Cooley et al., « Anemia in children with splenomegaly and peculiar changes in the bones », *Am. J. Dis. Child.*, 34, 1927, pp. 347-363.

2. F. Rietti, « Sugli itteri emolitici primitivi », *Atti Acc. Sci. Med. Nat. Ferrara*, 2, 1925, pp. 13-24 ; E. Greppi, « Ittero emolitico familiare con aumento della resistenza dei globuli », *Minerva Medica*, 8, 1928, pp. 1-4 ; E. Greppi, R. Scotti-Douglas, G. Dongi, « Dimostrazione del rapporto esistente fra microcitosi ed aumento della resistenza globulare », *Pathologia*, 740, 1930, pp. 1-11 ; E. Greppi, « L'iperglobulia microcitica (microcitosi vera) con aumento della resistenza osmotica massima come varietà ematologica nel quadro dell'ittero emolitico », *Minerva Medica, 1,* 1931, pp. 189-190 ; V. Chini, C. Maluguzzi Valeri, « Mediterranean hemopathic syndromes », *Blood*, 4, 1949, pp. 989-1013.

observèrent des syndromes hémolytiques relativement bénins qui démontraient également une résistance accrue des érythrocytes à la pression osmotique. La caractéristique de cette forme était la dimension mineure des globules rouges (microcytémie), avec beaucoup de cellules « à cible » de forme ovale. Ce même syndrome fut décrit dans des familles d'origine italienne, par des chercheurs américains aux alentours de 1940[3] ; et peu à peu, s'imposa l'idée selon laquelle les deux maladies étaient deux formes différentes, respectivement grave et légère, d'une même entité nosologique, appelée également anémie méditerranéenne ou thalassémie[4], du grec *thalassa*, mer, dans le sens d'une anémie présente proche de la mer, étant donné que celle-ci semblait être en substance limitée aux populations d'origine méditerranéenne (Grecs, Italiens, Syriens, etc.)[5].

Les évidences épidémiologiques démontrèrent que cette maladie avait un caractère familier reconnaissable. J. Caminopetros[6] en 1938 et I. Gatto en 1942[7] étudièrent la maladie de Cooley et la mycrocytémie. Ils montrèrent leur diffusion familiale et suggérèrent de créer une base génétique commune pour ces différentes pathologies. Ezio Silvestroni et Ida Bianco en Italie observèrent en 1943 chez de nombreux patients la présence de globules rouges plus petits que la normale, et appelèrent cette condition microcytémie. Ils mirent au point une technique simple, liée à la résistance accrue des globules rouges à la pression osmotique dans une solution saline, pour cerner la présence de ce type d'érythrocytes dans le sang. La simplicité de cette technique permit d'obtenir un grand nombre de données, qui furent à la base de l'analyse génétique de la

3. W. Dameshek, Target cell anemia : anerythroblastic type of Cooley's erythroblastic anemia », *Amer. J. Med. Sci.*, 200, 1940, pp. 445-454 ; Wintrobe M.M., E. Mattews, R. Pollack, B.M. Dobyns, « A Familial hemopoietic disorder in Italian adolecents and adults resembling mediterranean disease (thalassemia) », *J. Amer. Med. Ass.*, 114, 1940, pp. 1530-1538 ; M.B. Strauss, G.A. Daland, H.G. Fox, « Familial microcytic anemia. Observations on six cases of blood disorder in an Italian family », *Amer. J. Med. Sci.*, 201, 1941, pp. 30-34 ; W. Dameshek, « Familian Mediterranean target-cell syndrome », *Amer. J. Med. Sci.*, 205, 1943, pp. 643-660.

4. Ce nom, contraction de l'expression thalassa-anémie fut introduit par G.B. Whipple, W.L. Bradfort, « Mediterranean Disease — thalassemia (erythroblastic anemia of Cooley) », *J. Pediatr.*, 9, 1936, pp. 279-311. En réalité ce nom, comme l'a remarqué M.D. Grmek (*Les maladies à l'aube de la civilisation occidentale*, Recherches sur la réalité pathologique dans le monde grec préhistorique, archaïque et classique, Paris : Payot, 1983), selon les règles de la nomenclature médicale, est erroné, étant donné qu'il signifierait un état pathologique caractérisé par la présence d'eau de mer dans le sang.

5. D.J. Weatherall, « Towards an understanding of the molecular biology of some common inherited anemias : The story of thalassemia », in Mexwell M. Wintrobe (ed.), *Blood, pure and eloquent : A story of discovery, of people, and of ideas*, New York, McGraw-Hill, 1980, pp. 373-380.

6. J. Caminopetros, « Recherches sur l'anémie érythoblastique infantile des peuples de la Méditerranée orientale : étude anthropologique, étiologique et pathogénique ; la transmission héréditaire de la maladie », *Annales de Médecine*, 43, 1938, pp. 27-61 ; pp. 104-125.

7. I. Gatto, « Ricerche sui familiari di bambini affetti da malattia di Cooley », *Arch. Ital. Pediatr. Puer.*, 9, 1942, pp. 128-168 ; I. Gatto, « Forme ed ereditarietà della Talassemia (Microcarterocitosi). », *Il Policlinico Infantile, n° 5*, 1948, pp. 1-5 ; I. Gatto, « Genetica della Talassemia (Microcarterocitosi) e della Drepanocitosi. », *Atti 3° Congr. Internaz. d'Ig. Med. Mediterr*, 1951, pp. 1-26.

population et permirent par la suite de développer une œuvre de prévention[8].

Indépendamment de ce travail, en 1940, M. Wintrobe, à l'Hôpital Johns Hopkins, confirma la base génétique de la thalassémie et de « la maladie de Cooley », ainsi que leur unité nosologique, étant donné que les parents des enfants atteints de la forme grave de thalassémie étaient eux-mêmes des cas bénins. Au cours de la préparation de son doctorat en médecine, J.V. Neel avait étudié la distribution de la maladie de Cooley parmi les émigrants italiens et grecs dans la zone de Rochester, arrivant, avec la collaboration de W.N. Valentine, à distinguer les deux formes de thalassémie, majeure et mineure, en démontrant les caractères morphologiques et la transmission génétique particulière. La forme bénigne de la maladie qui, elle, ne donne en général aucun trouble chez l'individu qui en est porteur, était donc due à la condition hétérozygote d'un gène partiellement dominant qui à l'état homozygote produisait la terrible maladie de Cooley. L'anamnèse familiale permit de retrouver le rapport mendélien classique 1 : 2 : 1, entre les enfants de parents tous deux porteurs du gène pour la thalassémie : un individu normal, deux individus avec la forme bénigne, un individu avec la maladie grave. On donna donc les termes de *Thalassemia major* pour la dyscrasie grave et de *Thalassemia minor* ou microcytémie, pour la dyscrasie bénigne.

Une vaste enquête épidémiologique menée en Italie par Silvestroni et Bianco, en collaboration avec les généticiens Giuseppe Montalenti et Marcello Siniscalco[10], et financée à partir de 1951 par la Rockefeller Foundation, produisit une grande quantité de données épidémiologiques. Celles-ci démontrèrent la génétique de la thalassémie, en permettant une estimation directe de la fréquence du gène *thal*, puisque les hétérozygotes étaient identifiés sur la base d'un échantillon pris au hasard, et non pas seulement selon le calcul de l'incidence de la maladie de Cooley. Cette enquête démontra que le gène *thal* avait une distribution géographique tout à fait particulière, avec une fréquence atteignant 10 % dans certaines régions, comme l'Italie méridionale et le delta du Po, tandis qu'elle pouvait être totalement absente dans d'autres populations, même très proches.

8. E. Silvestroni, I. Bianco, « Una nuova entità nosologica : "la malattia microdrepanocitica" », *Haematologica*, 29, 1946, pp. 455-488 ; E. Silvestroni, I. Bianco, « Microcytemia, Constitutional Microcytic Anemia, and Cooley's anemia », *Am. J. Hum. Gen.*, 1, 1949, pp. 83-93. E. Silvestroni, I. Bianco, « Sui rapporti tra anemia microcitica costituzionale e morbo di Cooley », *Boll. Acc. Med. di Roma*, A.A. 1945-46 e 1946-47, pp. 3-4 ; E. Silvestroni I. Bianco, « Ricerche cliniche, genetiche ed ematologiche sui malati di anemia microcitica costituzionale e di morbo di Cooley », *Haematologica*, 31, 1948, pp. 135-190.

9. Wintrobe, 1940, *op. cit.*

10. E. Silvestroni, I. Bianco, G. Montalenti, M. Siniscalco, « Nuovi dati sulla genetica della microcitemia », *Estr. Atti 50 Congr. Soc. It. Med. Int. Roma*, 1949, 3, Roma : Luigi Pozzi ; 1948, pp. 135-190. E. Silvestroni, I. Bianco, G. Montalenti, M. Siniscalco, « Frequency of microcythaemia in some Italian districts », *Nature*, 165, 1950, pp. 682-684 ; G. Montalenti, « The genetics of microcythaemia », Proc. 9th Int. Congr. Genetics, Bellagio 1953, *Caryologia*, 6, 1954, pp. 554-588.

L'anémie falciforme

La démonstration de la base génétique de la thalassémie faisait entrevoir la possibilité d'obtenir des résultats similaires assortis d'autres désordres du sang, dont on connaissait le lien avec une distribution géographique ou raciale particulière. Comme l'a dit Neel, « dans cette période il ne fallait pas beaucoup d'imagination pour penser qu'il devait y avoir d'autres maladies du sang similaires »[11].

La première maladie qui venait à l'esprit était l'anémie falciforme (*sickle-cell anaemia*), répandue parmi les Noirs d'Amérique et d'Afrique ; Les globules rouges des individus qui en sont touchés deviennent rigides et prennent la forme caractéristique de la faucille quand la pression d'oxygène dans le sang est basse à cause d'une agrégation des molécules d'hémoglobine. D'où son nom. Ce processus morphologique détruit la majeure partie des globules rouges quand ceux-ci passent à travers les petites veines et la partie veineuse des capillaires, provoquant ainsi l'anémie qui s'ensuit. Les individus chez qui on peut voir ce phénomène sont victimes d'une anémie grave, l'anémie falciforme ou anémie drépanocytique. Ce processus a trois conséquences principales : l'anémie, une douleur très forte, — causée par l'obstruction des vaisseaux sanguins, — et des dommages aux organes, provoquées par l'obstruction chronique des capillaires.

La première observation clinique de cette maladie fut faite par James B. Herrick à Chicago ; il examina au microscope le sang d'un Noir atteint d'une grave anémie[12]. En 1917 déjà, Emmel[13] avait reconnu la base génétique du phénomène, sans toutefois opérer de distinction entre l'anémie falciforme, comme maladie, et le caractère « cellules falciformes ». L'interprétation génétique correcte de l'hérédité du caractère falcémique fut proposée en 1949 indépendamment par J.V. Neel[14] et par E.A. Beet[15].

Ce dernier travaillait dans le service médical colonial de la Rhodésie du Nord, et il n'avait observé qu'un seul cas. L'hypothèse de base était, comme pour la thalassémie, que l'anémie falciforme était le résultat de l'homozygose d'un seul gène qui, à l'état hétérozygote, produisait le caractère falciforme.

11. Neel in J. Kevles, *In the name of eugenics*, New York, 1987, p. 226.

12. J.B. Herrick, « Peculiar elongated and sickle-shaped red blood corpuscles in a case of severe anemia », *Arch. Int. Med.*, 6, 1910, pp. 517-521.

13. V.E. Emmel, « A study of the erythrocytes in a case of severe anemia with elongated and sickle-shaped red blood corpuscles », *Arch. Int. Med.*, 20, 1917, 586, voir à ce propos J.V. Neel, « Haemopoietic system », in A. Sorsby (ed.), *Clinical genetics*, London, Butterworth, 1953, p. 450.

14. J.V. Neel, « The inheritance of sickle cell anemia », *Science*, 110, 1949, pp. 64-66. J.V. Neel, « The population genetics of two inherited blood dyscrasias in man », *Cold Spring Harbor Symp. Quant. Biol.*, 15, 1951, pp. 141-158.

15. E.A. Beet, « The genetics of the sickle cell trait in a Bantu tribe. », *Annals of Eugenics, 14*, 1949, pp. 279-285. Voir C.L. Conley, « Sickle-cell anemia — the first molecular disease », in M.M. Wintrobe (ed.), *Blood, pure and eloquent : a story of discovery, of people, and of ideas*, New York, McGraw-Hill, 1980, pp. 323-327.

Neel avait commencé à étudier de façon systématique la détermination génétique de la drépanocytose dès son arrivée à l'Université de Michigan. Il examina les parents de 29 cas d'anémie falciforme parmi la population noire de la zone de Detroit. Il constata que le phénomène avait lieu dans le sang de tous les parents. Dans les familles où on avait des cas d'anémie falciforme, on obtenait le rapport mendélien suivant : un malade, deux individus avec le caractère falciforme, un normal.

Dans les mêmes années, le chimiste Linus Pauling s'était intéressé aux bases moléculaires de l'anémie falciforme. En 1946, comme il le raconte lui-même à un dîner au Century Club de New York :

> William B. Castle décrivit certaines recherches qu'il était en train de mener sur l'anémie falciforme. Quand il rappela que les globules rouges des patients atteints de cette maladie étaient déformés (en forme de faucille) dans la circulation veineuse, mais résumaient leur forme originale dans la circulation artérielle, j'ai eu l'idée que l'anémie falciforme était une maladie moléculaire, due à une anormalité de la molécule de l'hémoglobine déterminée par un gène changé. [16]

La base du raisonnement de Pauling fut probablement l'analogie entre la dénaturation réversible des protéines qu'il avait démontrée précédemment, et le concept de « structure mutuellement complémentaire », développée dans un article écrit en collaboration avec Max Delbrück [17]. « Pendant tout ce temps — raconte Pauling — je pensais aux forces faibles intermoléculaires entre une molécule d'hémoglobine et une autre. Ainsi le tableau d'ensemble me sembla immédiatement clair. » [18]

La conclusion était que l'anémie falciforme « devait être « une maladie moléculaire — une maladie de l'hémoglobine » [19]. Les chimistes avaient démontré la présence de différents types d'hémoglobine dans différentes espèces animales, dont chacune prenait des formes cristallines distinctes. La différence de comportement observée par Castle pouvait être due à une dissemblance de structure de la molécule de l'hémoglobine, qui, en modifiant les forces intermoléculaires, aurait amené à une agrégation anormale des molécules avec la forme caractéristique en faucille. Pauling demanda à l'un de ses étudiants, Harvey Itano, d'identifier ces différences de structure entre l'hémoglobine *sickle-cell* (hémoglobine S) et celle normale (hémoglobine A). La méthode utilisée était l'électrophorèse

16. L. Pauling, « Fifty Years of Progress in Structural Chemistry and Molecular Biology », *Deadalus*, 99, 1970, pp. 988-1014.

17. L. Pauling, M. Delbrück, « The nature of the intermolecular forces operative in biological processes », *Science*, 92, 1940, pp. 77-79 ; L. Pauling, « Molecular structure and intermolecular forces », in K. Landsteiner (ed.), *Specificity of Serological Reactions*, Cambridge, Harvard University Press ; 1946. L. Pauling, *Molecular architecture and the processes of life*, 21st Sir J. Bost Foundation Lecture, 1948 ; L. Pauling, « Molecular structure and biological specificity », *Chem. & Industry*, Suppl. 1-4, 1948.

18. H.F. Judson, *The eight day of creation*, New York, Norton, 1980, p. 302.

19. *Ibid.*

(chambre de Tiselius) ; les résultats furent clairs : on observait trois comportements électrophorétiques différents, correspondant aux individus normaux, aux porteurs du caractère falcémique et aux malades d'anémie falciforme. L'hémoglobine dans les cas d'anémie falciforme, devait donc être chimiquement différente de l'hémoglobine normale. En analysant les cas d'anémie falciforme graves et bénins, Pauling démontra que dans le premier cas, toute l'hémoglobine était anormale, tandis que dans le second, seul un pourcentage de 40 % environ s'avérait être anormal. L'hémoglobine S conservait sa fonction, car la courbe de dissociation de l'oxygène s'avérait être la même que l'hémoglobine normale, mais elle se déplaçait plus rapidement dans le champ électrique appliqué dans l'appareil de Tisélius, en indiquant une différence dans la charge électrique totale de la molécule. Les globules rouges des parents des individus atteints de la maladie de Cooley contenaient deux espèces différentes de molécules d'hémoglobine qui se déplaçaient indépendamment, l'une correspondait à l'hémoglobine A, l'autre à l'hémoglobine S, comme l'indiquait la comparaison entre les profils électrophorétiques. On avait donc la preuve chimique et physique directe de l'idée que les hybrides contenaient un mélange de deux types d'espèces moléculaires. Les données chimiques et physiques confirmaient celles qu'avait obtenues Neel par l'analyse familiale des malades et liaient donc le caractère falciforme à un gène récessif responsable de la synthèse de l'hémoglobine. La présence de deux formes moléculaires différentes correspondait à une situation génétique d'hétérozygose.

Les résultats de cette enquête furent présentés au cours d'une réunion de la National Academy of Sciences de Washington en avril 1949 et publiés pendant le mois de novembre[20]. En juillet de la même année, on publia l'article de Neel contenant l'interprétation génétique de l'anémie falciforme. Les deux articles se complétaient parfaitement, puisqu'ils fournissaient des preuves provenant de domaines expérimentaux et d'observations différents : le groupe de Pauling avait fourni des preuves de laboratoire, tandis que Neel était arrivé aux mêmes conclusions en partant de l'analyse de données cliniques et de la distribution familiale du caractère falciforme, comme cela avait été fait précédemment pour la thalassémie.

En 1950 une collaboration entre Itano et Neel amena à l'identification d'une autre hémoglobine anormale, qui fut appelée hémoglobine C[21]. Comme l'hémoglobine S, elle était due à la modification d'un seul gène. Les hétérozygotes ont, dans leurs globules rouges, aussi bien l'hémoglobine normale que l'hémoglobine C et ne présentent aucune manifestation pathologique, tandis que les homozygotes pour le gène C démontrent une forme d'anémie, de toute façon bien moins dramatique que celle

20. L. Pauling, H. Itano, S.J. Singer, I.C. Wells, « Sickle cell anemia : a molecular disease », *Science*, 110, 1949, pp. 543-48.

21. H.A. Itano, J.V. Neel, « A new inherited abnormality of human haemoglobin », *Proc. Natl. Acad. Sci.*, 36, 1950, p. 613.

provoquée par l'hémoglobine S. On trouva plus tardivement des individus porteurs de l'hémoglobine S ainsi que de l'hémoglobine Chet chez ces individus, la forme normale de l'hémoglobine était tout à fait absente, ce qui indiquait qu'il devait s'agir de deux allèles du même gène. Les mutations responsables de ces variantes d'hémoglobine avaient donc intéressé le même locus génétique.

L'hypothèse de Haldane

Les enquêtes épidémiologiques avaient montré que les thalassémies et l'anémie falciforme, qui sont léthales ou subléthales dans certaines combinaisons génotypiques, étaient très fréquentes chez certaines populations humaines et pratiquement absentes chez d'autres. Les données les plus complètes avaient été récoltées par Silvestroni et Bianco entre 1947 et 1952. Dans certaines régions d'Italie, la fréquence des hétérozygotes pour la microcytémie était assez élevée (10-12 %), c'est-à-dire de quelques centaines de fois plus haute que celle observée pour d'autres allèles léthaux ou pour les taux des autres gènes. Parfois elle atteignait 20 % de la population. Sa distribution était absolument exceptionnelle au niveau intra- et inter-populations. On notait, en particulier, des différences très importantes entre les fréquences trouvées chez les populations de la zone de Ferrare et celles, très proches, du Veneto[22], de même qu'entre les zones à basses altitudes et celles à hautes altitudes de la Sardaigne, alors que de telles différences n'existent en général qu'entre des races distinctes. Ceppellini a en outre montré, pour la Sardaigne, le contraste entre l'hétérogénéité de la population sarde pour la thalassémie et l'homogénéité pour les autres marqueurs génétiques, tels les groupes sanguins et le facteur Rh[23].

Cette fréquence très élevée et sa distribution ne pouvaient pas être expliquées par le mécanisme de la sélection naturelle, qui tendait à éliminer rapidement un gène léthal. Neel et Valentine en 1947 avaient remarqué que, pour une population dans laquelle la fréquence de la microcytémie est élevée, la diminution de la fréquence était très rapide si les croisements étaient effectués au hasard. Selon cette hypothèse, pour expliquer une fréquence de 20 % aujourd'hui, il faudrait supposer une fréquence de 60 % il y a seulement sept générations, ce qui est absurde. Par conséquent, il doit y avoir un facteur qui balance les pertes causées par la mort précoce des enfants homozygotes.

Quatre possibilités se présentaient : 1) un haut taux de mutation du gène ; 2) un polymorphisme équilibré, c'est-à-dire un avantage sélectif des hétérozygotes pour ce gène ; 3) des croisements non effectués au

22. Montalenti, Siniscalco, Bianco, Silvestroni, *op. cit.*, I. Bianco, G. Montalenti, E. Silvestroni, M. Siniscalco, « Further data on the genetics of microcythaemia or thalassemia minor and Cooley's disease or thalassaemia major », *Ann. Eug.*, 16, 1952, pp. 299-315.

23. R. Ceppellini, « Discussion of A.C. Allison's paper " Aspects of polymorphism in man " », *Cold Spring Harbour Symp. Quant. Biol.*, 20, 1955, pp. 239-255.

hasard ; 4) un taux particulier et très élevé de transmission du gène muté par les hétérozygotes[24].

Les études statistiques sur les populations démontraient que la première possibilité, théoriquement admissible, devait être éliminée : les données récoltées par Silvestroni et Bianco sur 7222 couples dans des villages de la province de Ferrare montraient la fréquence des différents types de croisements qui correspondaient parfaitement à la théorie. En ce qui concernait un taux élevé de mutation, pour expliquer la fréquence des hétérozygotes de 10 % et plus, il faudrait supposer un taux de mutation de 1×102 à chaque génération, un taux environ 1000 fois plus élevé que le taux standard (en moyenne 2.6×105). En outre, ce taux de mutation devrait être spécifique à certaines sous-populations seulement, tandis que d'autres populations — même très proches — ne l'auraient pas. Finalement, la quatrième hypothèse — qu'on avait observée pour une mutation particulière chez la souris (le locus T, étudié par Dunn et Morgan en 1953[25]), n'était pas vérifiée. Il ne restait donc que la deuxième possibilité, c'est-à-dire un avantage relatif des hétérozygotes par rapport aux deux homozygotes (polymorphisme équilibré).

Cette hypothèse avait été émise, à l'occasion du VIIIe Congrès international de génétique à Stockholm (4-8 juillet 1948), par le généticien anglais J.B.S. Haldane, dans un exposé intitulé : « Le taux de mutation des gènes humains ». Haldane basait son raisonnement sur les résultats obtenus par Neel et Valentine :

> Si l'hétérozygote a une vitalité normale, l'équilibre serait atteint par un taux de mutation de 4×10^{-4}. D'autre part si l'hétérozygote avait une *fitness* accrue de seulement 2,1 %, on atteindrait un équilibre sans aucune mutation. Neel et Valentine croient que l'hétérozygote est moins adapté que la normale et pensent que le taux de mutation est supérieur à 4×10^{-4}, plutôt qu'inférieur. Moi, je pense qu'il faut considérer sérieusement l'hypothèse selon laquelle l'hétérozygote est plus adapté que la normale. Cette *fitness* accrue se trouve chez divers gènes léthaux et subléthaux en Drosophile et Zea.[26]

Le point principal de l'hypothèse de Haldane, fut développé plus tard au cours d'une conférence tenue à Pallanza, en août 1948 (« Maladies et évolution »)[27]. L'idée générale, hétérodoxe, pour l'époque, était qu'un gène

24. Montalenti 1953, *op. cit.* Pour une discussion d'ensemble de ce problème et une analyse de l'hypothèse d'Haldane, cfr. G. Modiano et al., Population genetics in Sardinia (with a historical account on the birth of the Haldane « malaria hypothesis », *Atti Acc. Naz. Lincei*, 18, 1986, sez. III, pp. 257-330.

25. L.C. Dunn, W.C. Morgan, « Alleles at a mutable locus found in populations of wild house mice (*Mus musculus*) », *Proc. Natl. Acad. Sci.*, 39, 1953, p. 391.

26. J.B.S. Haldane, « The rate of mutation of human genes », in *Proceedings of the 8th International Congress of Genetics (Stockolm, 1948)*, *Hereditas*, Suppl., 267, 1949.

27. J.B.S. Haldane, « Disease and Evolution », in *Symposium sui fattori ecologici e genetici della speciazione negli animali* (Pallanza, 31 luglio - 2 agosto 1948), *La ricerca scientifica*, 19 suppl., 1949, pp. 68-76.

extrémement nocif à l'état homozygote pouvait être avantageux à l'état hétérozygote ; L'évolution à travers la sélection pouvait ainsi travailler mieux en permettant à certains individus d'une espèce d'affronter plus facilement les maladies infectieuses, grâce à une résistance qui pouvait être provoquée par un seul couple de gènes, plutôt que par des « forces naturelles », comme des prédateurs, la conquête de la nourriture ou du sexe opposé, ou des phénomènes physiques.

> Pour illustrer la chose au moyen d'une image, il est beaucoup plus facile pour un rat de se doter d'une série de gènes qui lui permettent de résister au *Bacillus typhi murium* plutôt qu'une série qui lui permette de résister aux chats.[28]

Cette hypothèse sur le rôle spécial des maladies infectieuses dans la formation de la constitution génétique des populations humaines, qui avait été bien avant et indépendamment suggérée par E.B. Ford[29], montrait que des changements biochimiques même très pointus pouvaient fournir à une espèce donnée un degré de résistance substantielle face à des parasites très adaptés. C'est précisément de par sa rareté, qu'une mutation ponctuelle, comme celle de la thalassémie ou de la drépanocytose, peut fournir à des individus une résistance à une maladie qui attaque la grande majorité de la population.

Haldane n'était pas au courant des recherches des auteurs italiens sur la thalassémie, puisque les résultats de Silvestroni et Bianco fournissaient une preuve beaucoup plus tangible pour son hypothèse. Sur la base des données américaines, c'était plutôt une question de préférence personnelle que de choix entre l'une ou l'autre des hypothèses possibles, c'est-à-dire entre un taux de mutation très élevé et distribué de façon hétérogène ou un taux normal de mutation en un gène avantageux à l'état hétérozygote et léthal à l'état homozygote. En effet, sur la base des données de Valentine et Neel, les deux théories devaient en tout cas postuler *ad hoc* un phénomène unique.

La rencontre entre les recherches des Italiens et l'hypothèse de Haldane se réalisa à Pallanza en août 1948. Pendant la discussion de la conférence de Haldane, le généticien italien Giuseppe Montalenti souligna l'importance de l'hypothèse pour expliquer les observations réalisées en Italie :

> Un gène léthal à la condition homozygote (maladie de Cooley) se trouve en condition hétérozygote à une fréquence si élevée (plus de 10 %) chez certaines populations, que nous devons admettre que celui-ci est avantageux pour les individus qui le portent. Étant donné que certaines recherches, bien qu'incomplètes, semblent indiquer que le gène est plus fréquent dans les zones paludéennes, le professeur Haldane a suggéré, dans une commu-

28. *ibid.*, p. 71.
29. E.B. Ford, « Polymorphism », *Biol. Rev.*, 20, 1945, pp. 73-88 ; E.B. Ford, « Polymorphism and taxonomy », in *The New Systematics*, Ed. J.S. Huxley, Oxford, Oxford University Press, 1945, pp. 493-513.

cation verbale, que les individus microcytémiques qui entre autres choses avaient une résistance globulaire accrue, pouvaient être plus résistants à l'infection paludéenne. Dans tous les cas, ceci est un cas intéressant d'hétérose qui peut être ajouté à ceux illustrés par le Professeur Haldane.

Haldane répliqua très prudemment :

> Je suis d'accord avec le projet de Montalenti. Une autre possibilité serait que (par analogie avec l'avantage possédé par le *vermillon* de la Drosophile dans des milieux de croissance pauvres en triptophane) les hétérozygotes microcytémiques puissent être avantagés dans des diètes pauvres en fer et en d'autres substances, produisant ainsi l'anémie.

L'hypothèse de Haldane comporte en réalité 3 présupposés distincts :

a) Les allèles *thal* et ß-S ne sont pas seulement des allèles léthaux récessifs (c'est-à-dire des allèles léthaux à l'état homozygote et sélectivement neutres à l'état hétérozygote). Au contraire ces allèles donnent au porteur hétérozygote un avantage sélectif par rapport aux homozygotes léthaux — ce qui est évident — mais aussi par rapport aux homozygotes normaux[30]. Il s'agit donc d'un cas de « polymorphisme équilibré » au niveau de la population. L'idée qu'un allèle léthal à l'état homozygote serait avantageux seulement en dose singulière n'est pas facile à accepter. D'où l'hypothèse opposée d'un taux de mutation élevé.

b) Cet avantage sélectif des hétérozygotes par rapport aux homozygotes ne se retrouve que dans les populations où ces allèles sont communs.

c) Évidemment, l'avantage sélectif doit être tel qu'il rende les hétérozygotes particulièrement résistants par rapport à un facteur sélectif écologique donné qui agit seulement dans certaines populations.

Aux yeux de Haldane, les deux premières hypothèses semblaient être une conséquence inévitable des observations de Neel et de Valentine, puisque la seule alternative possible était d'accepter un taux de mutation extrêmement élevé qui, en plus, était l'apanage d'une petite partie de la population seulement. Ses doutes concernaient la nature de l'effet qui donne un avantage sélectif aux hétérozygotes. Et là, l'élément décisif fut la démonstration de la coextension des cartes de distribution du paludisme et des cartes de distribution élevée de la fréquence des hétérozygotes pour le gène *thal*. La coïncidence entre la distribution géographique de la thalassémie en Italie et la distribution géographique des zones où, dans le passé, il y avait eu de graves endémies paludéennes apparut de toute évidence, contrairement aux données américaines, qui se basaient sur le

30. Ce phénomène était déjà connu en génétique par Fischer (R.A. Fischer, « Selective forces in wild populations of *Paratettix texanus* », *Ann Eugen.*, 9, 1939, p. 109) et par Dobzhansky (Dobzhansky T., « Genetics of natural populations XIV. A response of certain gene arrangements in the third chromosome of *Drosophila pseudoobscura* to natural selection », *Genetics*, 33, 1947, p. 142).

pays d'origine des porteurs et des malades. Le facteur sélectif devait être une grave endémie paludéenne.

C'est donc de la combinaison de ces trois idées que découle « l'hypothèse de Haldane » : les hétérozygotes pour la thalassémie et l'anémie falciforme sont plus résistants à la malaria par rapport aux individus normaux, dans une mesure telle qu'ils sont sélectivement avantagés chez les populations exposées à une endémie paludéenne assez grave, au point de réduire la *fitness* globale de la population. Les globules rouges des hétérozygotes de ces allèles « hémoglobino-pathiques » montrent certaines anormalités morphophysiologiques qui, tandis qu'elles compromettent sérieusement les possibilités du *plasmodium* de se reproduire en eux, sont compensées au niveau de l'organisme de façon adéquate, en particulier au moyen de l'augmentation du nombre global des globules rouges. Les individus hétérozygotes sont donc relativement résistants à la malaria, caractéristique évidemment très avantageuse du point de vue évolutif dans les zones paludéennes, et seulement dans les zones paludéennes.

Afin de démontrer cette hypothèse, une étroite collaboration entre les hématalogues Silvestroni et Bianco et les généticiens Montalenti et Siniscalco commença en 1948 et dura environ 5 ans, grâce à un financement obtenu par la Rockefeller Foundation[31]. Ce travail, dont les données essentielles ont été résumées par Montalenti en 1953[32], fournit une vaste démonstration de la distribution absolument inégale du gène. Toutefois, on ne réussit pas à trouver des preuves définitives en faveur de « l'hypothèse de la malaria ». Ces preuves furent obtenues grâce aux recherches de Allison en Afrique sur l'autre hémoglobinopathie, la drépanocytose.

Les travaux de Allison sur la drépanocytose en Afrique

Le raisonnement de Allison, fondé sur l'analyse de 38 hétérozygotes de la tribu Luo en Afrique Orientale, est strictement parallèle à celui de Haldane[33], la fréquence du gène pour la drépanocytose est également très élevée (jusqu'à 40 %) et la question centrale reste la même :

> Par quel mécanisme une fréquence d'hétérozygotes si élevée peut-elle être conservée en dépit de la rapide élimination des gènes due à la mort des homozygotes ? On a calculé que, pour remplacer la perte des gènes pour la drépanocytose par mutation seulement,

31. Les documents relatifs, avec une description détaillée des résultats obtenus, sont conservés au Rockefeller Archives Center, Pocantillo Hills, New York.

32. Montalenti 1953, *op. cit.*

33. A.C. Allison, « The distribution of sickle-cell trait in East Africa and elsewhere, and its apparent relationship to the incidence of subtertian malaria », *Trans. Roy. Soc. Trop. Med. Hyg.*, 48, 1954, p. 312. Dans son ouvrage classique (A.C. Allison, « Aspects of polymorphism in man », *Cold Spring Harbor Symp. Quant. Biol.*, 20, 1955, pp. 239-255), Allison ne reconnut pas la priorité de Haldane. En effet, il cite l'article original de Haldane de 1949, mais seulement pour rappeler son estimation des taux de mutation chez l'homme. Dans un autre travail important (A.C. Allison, « Polymorphism and natural selection in human populations », *Cold Spring Harbor Symp. Quant. Biol.*, 29, 1964, pp. 137-149) Haldane n'est pas cité du tout.

> le taux de mutation devrait s'élever à environ 10^{-1} gène par génération, c'est-à-dire qu'il serait 5 000 fois plus élevé que les autres taux de mutation calculés (Haldane, 1949). [...] En outre, pour expliquer la distribution restreinte du gène de la drépanocytose ces taux très élevés devraient être limités non seulement à une ou deux races humaines, mais à des groupes isolés d'individus à l'intérieur de ces races. Par conséquent, il est raisonnable d'éliminer le taux de mutation comme explication des fréquences connues d'hétérozygose. La présence du caractère drépanocytique doit être considérée comme un vrai polymorphisme, et le niveau toujours très élevé des fréquences des hétérozygotes observées, suggère qu'en Afrique il s'agisse d'un polymorphisme équilibré.[34]

La seule alternative possible est donc un facteur écologique favorisant les hétérozygotes et ce facteur est encore la résistance au paludisme. Le pourcentage stable de sujets hétérozygotes est le point d'équilibre entre un certain avantage conféré par une meilleure résistance au paludisme et les inconvénients de la falciformation, qui produit la mort des sujets homozygotes avant qu'ils puissent être parents ; quant aux femmes qui arrivent à l'âge adulte, elles meurent dès leur première grossesse. Il s'agit d'un véritable « polymorphisme équilibré » : les sujets hétérozygotes sont relativement plus nombreux lorsque la mortalité des personnes est augmentée par un environnement favorable au paludisme : cependant, le taux élevé de mortalité des sujets homozygotes limitera le pourcentage des sujets hétérozygotes en réduisant le nombre de sujets porteurs du gène drépanocytique.

L'étude épidémiologique a montré que le gène est distribué dans des zones géographiques où une grave endémie paludéenne avait été ou était encore dominante ; mais la chose la plus importante fut la démonstration directe de la résistance relative à la malaria des hétérozygotes, comme base pour un avantage sélectif, donnant ainsi la possibilité de voir directement si les individus étaient résistants ou non.

En 1954, Allison réalisa une étude expérimentale sur des sujets volontaires, appartenant à l'ethnie Luo au Kenya. Il démontra qu'en effet les enfants hétérozygotes pour le gène de la drépanocytose sont plus résistants à la malaria. Après avoir inoculé le parasite du paludisme à des volontaires, Allison constata que 14 sujets homozygotes normaux sur 15 avaient contracté la maladie, alors que, sur 15 sujets hétérozygotes pour la drépanocytose, seuls deux avaient été atteints[35]. Ces résultats furent confirmés par A.B. Raper en 1955[36]. Par la suite, des études en laboratoire — relatives à la croissance du parasite du paludisme *Plasmodium falciparum* dans les globules rouges des sujets homozygotes normaux et hétérozygotes

34. Allison, 1955, p. 242.
35. A.C. Allison, « Protection afforded by sickle-cell trait against subtertian malarian infection », *Brit. Med. J.*, 1, 1954, pp. 290-294.

pour la drépanocytose — ont contribué à éclaircir un mécanisme moléculaire possible pour assurer aux sujets hétérozygotes une certaine protection.

L'on admet, toutefois, aujourd'hui que la résistance au paludisme par le gène de la drépanocytose est accrue d'une façon beaucoup moins importante, par rapport à l'étonnant accroissement de cette résistance, dont les premiers travaux de A.C. Allison faisaient état en 1954. Sans même tenir compte des aspects éthiques liés à la procédure expérimentale, il est probable que l'échantillonnage ait joué un rôle ; par conséquent, il était difficile d'accepter ces résultats. En effet le débat scientifique (et éthique) fut assez vif, car plusieurs études ont abouti à des résultats contradictoires et on ne dispose que de peu de renseignements sur l'avantage comparatif dont jouissaient les sujets hétérozygotes. Même durant la phase critique qu'est l'enfance, la protection contre le paludisme, dont jouissaient les porteurs du gène de la drépanocytose, n'est pas facilement quantifiable[37].

Néanmoins, même si les études tendent à montrer que l'effet du gène à lui seul est relativement petit, on peut prouver, grâce aux modèles mathématiques de la génétique des populations, qu'il est suffisant pour maintenir élevée la fréquence des sujets hétérozygotes, surtout s'il est combiné à d'autres facteurs, tels que les migrations, qui sont un des facteurs déterminants de l'histoire de l'Afrique. On a calculé que l'évolution de la drépanocytose doit remonter à environ vingt-quatre siècles : la mutation est apparue il y a quelques milliers d'années et s'est répandue au moment où les populations, vivant de chasse et de cueillette, se convertissaient à l'agriculture, créant ainsi des terrains propices à l'anophèle, le vecteur du paludisme. En retardant le développement du parasite du paludisme, le gène modifié conférait à ses porteurs un léger avantage sur le reste de la population, et par conséquent, il y avait dans la population de plus en plus de gènes de la drépanocytose, jusqu'à un équilibre entre l'avantage relatif et la perte à cause des homozygotes. Il faut noter que dans un système sélectif favorisant l'hétérozygose, quelles que soient les fréquences initiales, la population tendra à un point d'équilibre qui est déterminé seulement par la force de sélection contre les deux homozygotes.

Une autre évidence en faveur de l'hypothèse

Cinq années après les travaux sur la drépanocytose menés en Afrique, un ensemble d'hypothèses substantiellement identiques fut proposé par Motulsky et par Allison pour expliquer la fréquence élevée d'une autre mutation, un défaut des globules rouges qui ne concernait pas l'hémoglobine : l'insuffisance de l'enzyme glucose-6-phosphate-déshydrogénase

36. A.B. Raper, « Malaria and the sickle trait », *Brit. Med. J.*, 53, 1955, pp. 49-53.
37. Ce problème est très bien traité dans S.J. Edelstein, *The sickled cell. From myths to molecules*, Cambridge, Harvard University Press, 1986, trad. française, *Biologie d'un mythe. Réincarnation et génétique dans les tropiques africains*, Paris, Sand, 1988. Ce livre explore aussi les aspects mythiques liés à la présence de la drépanocytose en Afrique.

(G6PD)[38]. L'« hypothèse de Haldane » pour ce polymorphisme fut successivement démontrée par Luzzatto et d'autres en 1969[39], même si le lien avec le paludisme est moins évident que dans le cas du gène de la drépanocytose. En 1976, Huheey et Martin[40] ont émis l'hypothèse que l'absence de cette enzyme augmente la résistance au paludisme lorsque les fèves font partie du régime alimentaire. On savait depuis l'antiquité classique que la consommation de fèves (*Vicia fava*) peut provoquer la destruction des globules rouges et la mort par hémolyse[41]. Cette maladie, connue sous le nom de favisme, a une distribution toute particulière, dans les pays du bassin méditerranéen central et oriental. D'après les études de biochimie cellulaire, il semble que la fève contienne des substances oxydantes qui sont normalement neutralisées par une série de réactions faisant intervenir l'enzyme glucose-6-phospate-déshydrogénase.

De plus, le parasite *Plasmodium* qui transmet le paludisme est très sensible aux substances oxydantes. Il semble donc que, lorsque le glucose-6-phosphate-déshydrogénase manque, les substances de la fève, tout en provoquant le favisme dans le pire des cas, agissent comme une protection contre la paludisme. Cette théorie a été confirmée par les recherches de Golenser et de ses collègues[42], qui ont démontré qu'une substance présente dans la fève empêche de façon directe la croissance des *Plasmodium falciparum*, mais seulement quand les parasites se trouvent dans des cellules dépourvues de glucose-6-phosphate-déshydrogénase.

Après la découverte du nouveau polymorphisme équilibré, le groupe de Siniscalco réalisa une étude détaillée de type géographique et épidémiologique en Sardaigne, dans la première moitié des années 60[43], en utilisant une nouvelle méthodologie pour vérifier l'hypothèse de la malaria. Il fallait avoir beaucoup de prudence et se garder des généralisations hâtives car, nécessairement, en Sardaigne après son éradication, l'endémie paludéenne n'était pas observée directement mais induite par le passé. Ainsi pour vérifier l'hypothèse selon laquelle la distribution de certains gènes était due à la morbidité paludéenne dans le passé, Siniscalco et ses collaborateurs

38. A.G. Motulsky, « Metabolic polymorphisms and the role of infectious diseases in human evolution », *Hum. Biol.*, 32, 1960, pp. 28-62 ; A.C. Allison, « Glucose-6-phosphate-dehydrogenase deficiency in red blood cells of East Africans »[1], *Nature*, 186, 1960, p. 531.

39. L. Luzzatto, E.A. Usanga, S. Reddy, « Glucose-6-phosphate dehydrogenase deficient red cells : resistance to infection by malarial parasites », *Science*, 164, 1969, p. 839.

40. J.E. Huheey, D.L. Martin, « Malaria, favism, and glucose-6-phosphate dehydrogenase deficiency », *Experentia*, 31, 1975, pp. 1145-47.

41. M.D. Grmek, « La légende et la réalité de la nocivité des fèves », *Hist.Phil. Life Sci.*, 2, 1980, pp. 61-121. Cfr. aussi le chapitre IX du livre *Les maladies à l'aube de la civilisation occidentale*.

42. J. Golenser, et al., « Inhibitory effect of a fava bean component on the in vitro development of *Plasmodium falciparum* in normal and G6PD deficient erythrocytes », *Blood*, 61, 1983, pp. 507-510.

43. M. Siniscalco et al., « Population genetics of haemoglobin variants, thalassemia and glucose-6-phosphate dehydrogenase deficiency, with particular reference to the malaria hypothesis », *Bull. W.H.O.*, 34, 1966, 379-386 ; M. Siniscalco, L. Bernini, B. Latte, A.G. Motulsky, « Favism and thalassemia in Sardinia and their relationship to malaria », *Nature*, 190, 1961, pp. 1179-1180.

prenaient en considération d'autres facteurs, en particuliers la corrélation entre distribution de la thalassémie, de la déficience en G6PD et l'altitude, qui est une donnée constante à travers le temps, comme la biologie de l'anophèle ; elle est donc représentative de l'extension de l'endémie paludéenne sur une longue période de temps. En effet, l'impact de la malaria sur la population de la Sardaigne a été très élevé : l'endémie paludéenne a été très grave (avec une morbidité atteignant 100 %), elle a duré pendant une longue période et de manière continue. Les analyses statistiques qui, pour la morbidité, se fondaient sur l'excellent travail de C. Fermi[44], montraient une claire corrélation négative entre l'altitude et l'incidence de la thalassémie et de l'insuffisance en glucose-6-phosphate-déshydrogénase.

Le rôle de l'allèle ß-S, responsable de la drépanocytose, et de l'allèle Gd, responsable du favisme, consistant à fournir une résistance accrue à la malaria maligne, peut aujourd'hui être considéré comme démontré, par la combinaison entre les données épidémiologiques ainsi que biogéographiques et les preuves expérimentales directes sur les mécanismes impliqués dans leurs effets de protection par rapport au paludisme à *Plasmodium falciparum*. Du point de vue de l'historien, en revanche, il est paradoxal, qu'on soit très loin d'avoir des connaissances similaires pour la thalassémie, le caractère pour lequel l'hypothèse de Haldane avait été émise, à l'occasion de la conversation privée entre le généticien anglais et les chercheurs italiens dans une journée très chaude du début du mois d'août 1948[45].

44. C. Fermi, *Regioni malariche. Decadenza, risanamento e spesa. Sardegna*. Roma, 1934.
45. G. Montalenti, communication personnelle.

II — Sciences de la vie

Deuxième partie : les transformismes

Phillip R. SLOAN

L'histoire naturelle allemande au Collège de chirurgie Histoire intellectuelle ou Reconstruction sociale ?

Avant la parution de l'ouvrage fondamental de Jacques Roger *Les sciences de la vie dans la pensée française du XVIIIe siècle*, en 1963, il manquait, à l'histoire de la biologie, une synthèse magistrale et une élaboration de haut niveau conceptuel comparables à celles que fournissaient les histoires des sciences physiques, déjà accessibles à cette date.

Pour les historiens de la biologie, le travail de Roger était remarquable par deux aspects. Tout d'abord, il était caractérisé par une approche historiographique des problèmes que posait l'histoire des débuts de la biologie moderne, approche personnelle de l'auteur qui s'expliquait par sa formation classique, son apprentissage de la littérature comparée et de l'histoire de la philosophie. En second lieu, cette approche manifestait l'intérêt qu'il avait nourri dans son jeune temps pour la médecine et les sciences mathématiques, aspects en fait peu connus de sa biographie [1]. A sa formation littéraire et philosophique s'ajoutait une sensibilité particulière à la précision du détail, caractéristique de la recherche scientifique.

Les *Sciences de la Vie* étaient aussi un ouvrage important en ce qu'il ne se terminait pas sur le triomphe du Darwinisme et de la biologie moderne, mais sur les spéculations curieuses et désordonnées de Diderot. Cet ouvrage ne s'était pas donné pour but de fournir une histoire téléologique de la biologie. Les chapitres sur le vitalisme, sur la complexité des curieuses théories de Descartes sur la génération, les analyses du contexte intellectuel de la fin du XVIIe siècle français, avec les courants qui le traversaient : Jansénisme, libre pensée, pyrrhonisme et expérimentalisme, devinrent des composantes de l'histoire de la science de la vie. Buffon, le naturaliste distingué, connu pour ses célèbres descriptions des animaux, avait été promu, grâce à l'analyse de Roger, réalisée et dans *Les Sciences* et dans la remarquable édition critique des *Époques de la nature* de Buffon qui les avait précédées, au rang d'un des principaux architectes des

1. Ces remarques sont fondées sur des entretiens personnels avec Jacques Roger à Notre-Dame en novembre 1985.

Lumières en France. Le travail de Roger faisait découvrir le contexte intellectuel de la recherche biologique à partir de l'époque précédente, et en exposait le développement, à travers une remarquable remise en perspective contextuelle, absente jusque-là des études qui avaient abordé ce sujet.

Dans les décennies qui ont suivi la publication du maître-ouvrage de Roger, l'histoire des sciences, en particulier dans le contexte anglo-américain, a pris dans bien des cas de nouvelles directions, en s'intéressant surtout aux institutions, et plus généralement au contexte social, et même à la structure sociale de la forme et du contenu de la connaissance scientifique.

Le but particulier de l'étude que nous entreprenons dans cet article est d'analyser un problème spécifique concernant l'histoire de la biologie du XIXe siècle — à savoir l'introduction de la biologie philosophique allemande dans le Collège Royal de Chirurgie de Londres. Mon argument à ce propos est que l'approche « histoire intellectuelle » de Roger dans l'histoire des sciences ajoute un élément critique d'appréciation à l'intelligence des problèmes scientifiques, même si elle porte sur des questions qui ont déjà été traitées en profondeur en utilisant la sociologie du savoir.

1. La mise en contexte social : La politique du Collège de Chirurgie de Londres

Dans son livre récent, *The Politics of Evolution*, Adrian Desmond a fourni une étude détaillée de la pensée évolutionniste en Angleterre dans les décennies qui ont précédé l'avènement du Darwinisme[2]. Son ouvrage décrit avec précision les luttes acharnées que se sont livrées les institutions officielles, parmi lesquelles se situe en premier lieu le Collège Royal de Chirurgie de Londres, et les écoles chirurgicales privées de Londres, luttes dont l'enjeu était le contrôle de la pratique chirurgicale.

Son étude, résumée dans les grandes lignes, essaie de décrire la manière dont les divisions politiques, qui se font jour, pendant la Régence et le règne de Guillaume IV, entre les réformistes radicaux et les conservateurs, se réflétaient dans les combats politiques des institutions médicales londoniennes. Elle a montré en particulier comment ces luttes politiques se manifestaient dans les débats que suscitait le transformisme, concentrés sur le Lamarckisme et l'anatomie comparée d'Étienne Geoffroy Saint-Hilaire[3].

Un des principaux aspects de l'analyse socio-politique réalisée par Desmond consiste à souligner le rôle probablement joué par un mouvement intellectuel particulier — la morphologie transcendantale allemande — dans les efforts déployés par le Collège de Chirurgie pour vaincre et « désarmer » le matérialisme et le transformisme préconisés par ses

2. Desmond, Adrian, *The Politics of Evolution*, Chicago, U. Chicago Press, 1989, VIII-503 p.
3. Desmond, *Politics*, spéc. chap. 6.

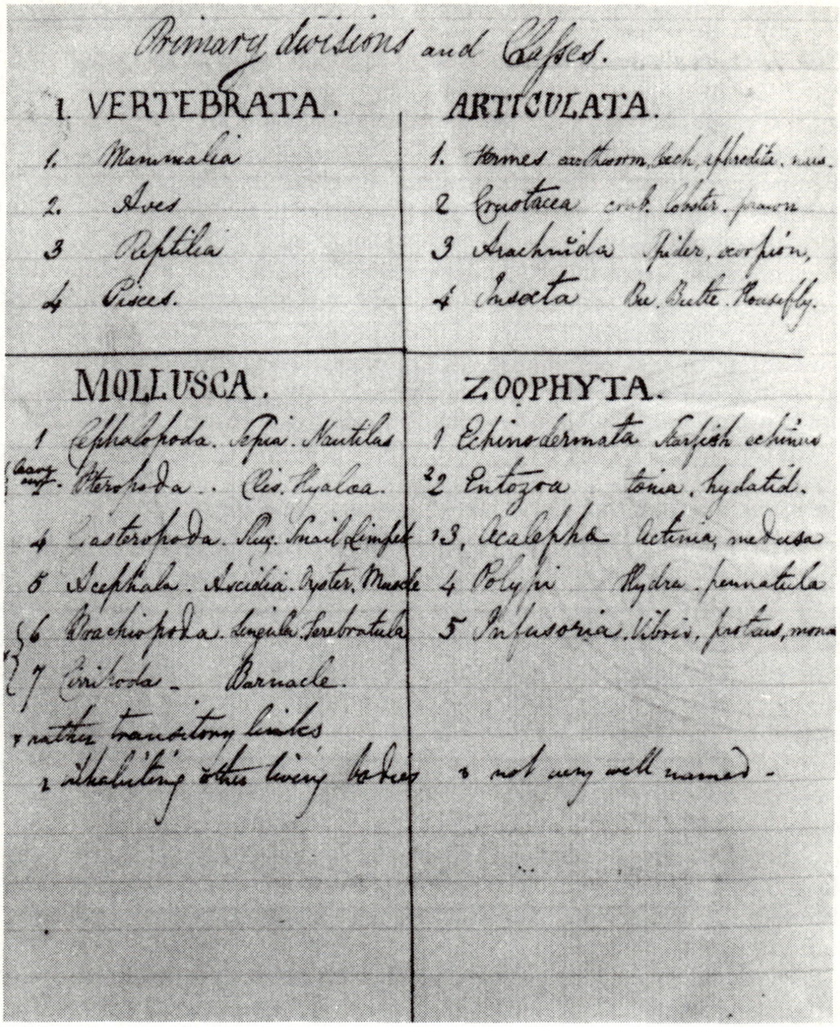

Primary divisions and Classes.

1. VERTEBRATA.	ARTICULATA.
1. Mammalia	1. Vermes earthworm, leech, aphrodita.
2. Aves	2 Crustacea crab. lobster. prawn
3 Reptilia	3 Arachnida Spider, scorpion,
4 Pisces.	4 Insecta Bee. Beetle. Housefly.
MOLLUSCA.	**ZOOPHYTA.**
1 Cephalopoda. Sepia. Nautilus	1 Echinodermata Starfish echinus
2 Pteropoda.. Clio. Hyalaea.	2 Entozoa tænia. hydatid.
4 Gasteropoda. Slug. Snail. Limpet	3. Acalepha Actinia, medusa
5 Acephala. Ascidia. Oyster. Muscle	4 Polypi Hydra. pennatula
6 Brachiopoda. Lingula. Terebratula	5 Infusoria. Vibrio, proteus, mona
7 Cirripoda – Barnacle.	

1 rather transitory links

2 inhabiting other living bodies   3 not very well named –

rivaux. L'anatomie philosophique allemande est considérée comme ayant fait appel à des notions de hiérarchie, de transcendance et d'antimatérialisme, dont l'assimilation nécessitait un haut degré d'instruction. Une alliance appropriée, entre une interprétation allemande de l'anatomie comparée et une politique conservatrice, avait été rendue possible grâce aux efforts de Coleridge et de ses disciples Joseph Henry Green et éventuellement Richard Owen. On est ainsi amené à conclure, à partir de l'analyse de Desmond, que la biologie philosophique allemande fut adoptée et préconisée, par les anatomistes du Collège, non pas pour ses qualités intellectuelles ou pour sa faculté à fournir une solution à quelques problèmes empiriques importants, mais simplement parce qu'elle favorisait ces buts politico-idéologiques.

L'ouvrage de Desmond fournit la base d'ensemble contre laquelle je vais développer mon propre point de vue[4]. Mon argumentation consiste en ce que l'examen approfondi de la composante intellectuelle, impliquée dans la « pénétration allemande » à l'intérieur de la science britannique, attire notre attention sur des problèmes conceptuels importants qui, même dans ce contexte hautement politisé, ne peuvent être ignorés, si nous voulons être à même de comprendre l'importance de cet événement.

2. La science allemande de la vie au Collège de Chirurgie

En 1810, le Collège Royal de Chirurgie de Londres avait inauguré une série de cours publics en anatomie comparée et en chirurgie, dont le but était de satisfaire les exigences de ses statuts de 1799, qui étaient d'assurer des cours portant sur l'abondante collection de préparations anatomiques et d'objets d'histoire naturelle que le Collège avait acquis à la mort en 1793 du fameux chirurgien et professeur privé d'anatomie de Londres John Hunter[5].

En 1823, un nouveau départ fut pris pour ces cours, avec la nomination, à la chaire hunterienne d'anatomie comparée, d'un jeune chirurgien de l'hôpital londonien de saint Thomas, Joseph Henry Green (1791-1863). Grâce aux cours de Green, le Collège de Chirurgie devint l'introducteur de la biologie philosophique allemande en Angleterre, inaugurant une tradition au Collège que son successeur, Richard Owen (1804-1892), devait continuer.

A l'âge de 15 ans, Green s'était rendu à Hanovre, pour des études qui durèrent trois années, et l'intérêt qu'il porta le reste de sa vie aux choses allemandes, date de ces études qu'il fit dans sa jeunesse[6]. Revenant en

4. Cf. mon commentaire développé sur ce sujet dans l'« Introduction », Sloan, Phillip R., (ed.) *Richard Owen: the Hunterian Lectures in Comparative anatomy, May and June 1837*, Chicago, University of Chicago Press ; London, British Museum of Natural History Publications, 1992, pp. 340.

5. Dobson, Jessie, « John Hunter's Museum », dans : Cope, Zachary, *History of the Royal College of Surgeons of England*, London, Blond, 1959, pp. 305-306.

6. L'essai biographique le plus complet sur Green, accessible actuellement, se trouve dans Simon, John, « Memoir », dans : Green, Joseph Henry, *Spiritual Philosophy, Founded on the Teaching of the Late Samuel Taylor Coleridge*, ed. J. Simon, 2 vol., London, MacMillan, 1865, pp. I-LIX.

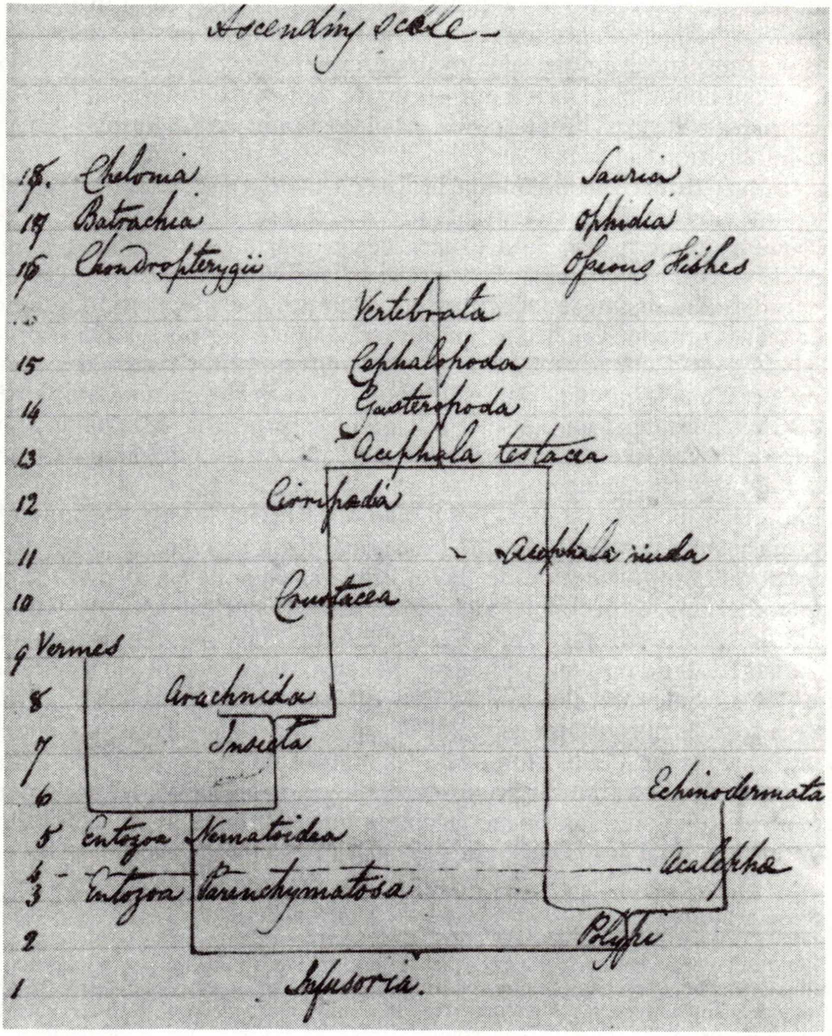
Ascending scale
Chelonia
Sauria
Batrachia
Ophidia
Chondropterygii
Osseous Fishes
Vertebrata
Cephalopoda
Gasteropoda
Acephala testacea
Cirripedia
Acephala nuda
Crustacea
Vermes
Arachnida
Insecta
Echinodermata
Entozoa Nematoidea
Acalepha
Entozoa Parenchymatosa
Polypi
Infusoria.

Angleterre à la fin de 1809, Green fit des études chirurgicales, et reçut son diplôme de chirurgien du Collège de Chirurgie en 1815. Le reste de sa vie, il garda des liens d'affiliation avec l'hôpital de Saint Thomas. Durant l'été de 1817, il se rendit de nouveau dans les pays germaniques, comme répétiteur privé en philosophie allemande avec le professeur de philosophie de Berlin, Karl Wilhelm Ferdinand Solger (1780-1819)[7]. Après son retour d'Allemagne, en novembre 1817, Green entra en relations suivies avec Samuel Taylor Coleridge — le grand homme de lettres qui a introduit la *Naturphilosophie* de Schelling dans les cercles intellectuels londoniens. Il en résulta une étroite amitié, qui devait durer le reste de la vie de Coleridge, et qui devait conduire Green à entreprendre dans ses dernières années une grande présentation synthétique de la philosophie de Coleridge, en vue d'une publication[8].

Le contact direct et personnel de Green avec les détails de la philosophie allemande est un élément qui a une grande importance. Bien qu'il fût étroitement associé à Coleridge, Green n'était pas simplement son porte-parole. Dans les écrits de Green de la période 1824-1828, que nous étudions, nous ne rencontrons pas l'ambitieuse spéculation que l'on s'attendrait à rencontrer chez un auteur cherchant à imposer la philosophie de Coleridge au Collège de Chirurgie. Au contraire, on y trouve des signes manifestes d'une prudence philosophique, et d'une attention à établir des distinctions, qui nous font penser à quelqu'un plus proche de la philosophie critique de Kant, avec ses restrictions concernant la connaissance transcendantale des choses en soi[9].

L'enthousiasme général que Green manifestait pour les idées allemandes n'était pas sans rappeler celui que l'on rencontrait souvent dans les écrits des premiers importateurs de la culture intellectuelle allemande en Angleterre, dans les premières décennies du XIXe siècle. Des voyageurs se rendant de Grande-Bretagne et d'Écosse dans les états allemands expriment leur satisfaction de pouvoir se libérer du sensualisme stérile de Locke, de Hume, et spécialement de celui de David Hartley, qui semblait réduire la pensée à rien de plus qu'une association mécanique et un composé d'idées et d'impressions sensuelles atomisées. La philosophie allemande fournissait à ces premiers germanophiles une psychologie plus adéquate, redonnant à l'esprit les pouvoirs que beaucoup regardaient comme ayant été radicalement éliminés par les philosophes britanniques et écossais[10].

7. Sloan, « Introduction », *Owen's Hunterian Lectures*, pp. 15-19.

8. Green, Joseph Henry, *Spiritual Philosophy*.

9. Les réserves, formulées par Green, sur la réalité à attribuer au concept de nature comme un système téléologique, se trouvent citées plus loin (page 10). Green avait étudié la philosophie allemande plus à fond que Coleridge, et, pour quelqu'un qui, comme lui, connaissait les particularités de la philosophie allemande, il y avait une nette distinction à faire entre Kant et Schelling, distinction que Coleridge méconnaissait complètement.

10. Cf. par exemple, Robinson, Henry Crabb, « Letters on Kant and German Literature », *The Monthly Register and Encyclopedian Magazine*, 1802-1803, p. 6-12 ; 205-208 ; 294-298 ; 397-403 ; 411-416 ; 485-488 ; 492-493. Cf. aussi Coleridge, Samuel Taylor, Letter to Lord Liverpool, 28 July 1817, dans Griggs, L., ed., *Collected Letters of Samuel Taylor Coleridge : vol. 4. (1815-1819)*, Oxford, Clarendon, 1959, pp. 757-763.

Dans les sciences de la vie, les nouvelles idées gagnaient du terrain grâce à Blumenbach, Treviranus, Kielmeyer, Pander et Meckel, et même si tout le monde n'adoptait pas la biologie chimérique d'Oken, de Goethe et de Spix, elles révélaient qu'il y avait des problèmes importants qui n'étaient abordés ni par la philosophie écossaise, ni par l'histoire naturelle et l'anatomie finalistes de la tradition britannique.

Il y a aussi des points de vue plus particuliers, propres à cette tradition philosophique allemande, qui éclairent d'une manière frappante le contenu même des cours que Green devait donner au Collège. Dans la perspective qui est celle de cet article, je vais me concentrer sur une distinction importante faite par Emmanuel Kant dans ses derniers écrits de 1780 et 1790[11]. C'est la distinction, proposée par Kant, entre la *Description*, L'*Histoire* et la *Physiologie de la Nature* — *Naturbeschreibung, Naturgeschichte*, et *Physiologie der Natur*.

Kant avait séparé ces trois domaines de recherche à l'intérieur de la structure compliquée de sa vaste philosophie de la nature[12]. Le premier, *Naturbeschreibung*, ou *Physiographie*[13], confinait l'investigation scientifique à une description des formes naturelles actuelles, considérées comme des objets systématiques de connaissance sous les catégories de l'entendement[14]. Une science comme la classification linnéenne, ou l'anatomie descriptive et comparée, pouvait être logée sous cette enseigne[15]. Mais la nature pouvait aussi être explorée comme un système historique, et plus particulièrement comme un système se développant génétiquement à travers le temps vers un but rationnel. Sous cet aspect, l'objet de la recherche fournit le sujet d'une histoire systématique de la nature, ou *Physiogonie*. Kant était disposé à loger sous cette appellation les recherches concernant la cosmogonie historique, la théorie de la terre, et l'histoire des formes organiques. Le but de la nature, considérée de ce point de vue, est la conscience humaine et la liberté[16].

11. La pauvreté du fonds manuscrit existant de Green m'a rendu impossible le travail de reconstitution de ses cours pour ces années. Ses écrits semblent avoir survécu seulement dans des notes sur ses cours au Collège de Chirurgie, avec un petit nombre de lettres et d'écrits qui se trouvent dans les papiers de Coleridge à la British Library et à Victoria College, Toronto. Des lettres de Coleridge à Green, mais non celles de Green, se trouvent dans Griggs, *Collected Letters*.

12. Sur la conception de la nature chez Kant, ma compréhension a été notablement enrichie par le travail de Daniel Kolb, *Kant's Conception of Nature*, PH.D. non publié, Département de Philosophie, Université de Notre-Dame, 1983.

13. L'identification de ces termes peut être trouvée dans son essai fondamental de 1788, « Ueber den Gebrauch teleologischer Prinzipien in der Philosophie », in Ernst Cassirer, ed., *Immanuel Kants Werke*, Berlin, B. Cassirer, 1922, IV, 493 p.

14. Pour un développement plus ample de ces idées de Kant, voir Kant, « Ueber den Gebrauch » ; ce texte devrait être mis en rapport avec celui de 1786, *Metaphysische Anfangsgrunde der Naturwissenschaft*, en particulier la Préface, et avec les discussions sur la nature dans la seconde partie de la *Kritik der Urteilskraft*. J'ai examiné ces questions en détail dans l'Introduction de *Owen's Hunterian Lecture*.

15. Voir Immanuel Kant, « Von der Verschiedenheit der Rassen der Menschen (1775), *Kants Werke*, Berlin Akademie, Vorkritische Shriften, Berlin, Reimer, 1912, t. II, p. 429.

16. Voir Kant, *Critique of Judgement*, trans. J.C. Meredith, Oxford, Clarendon Press, 1973, 2e partie, p. 18. (*C.J.* dans la suite).

Enfin, il y a une *Physiologie* de la nature. Le sens kantien de ce terme était généralement beaucoup plus large que celui que Green lui attribua plus tard[17], mais il avait au moins un sens dans les écrits de Kant qui le rendait cohérent avec l'usage observé par les physiologistes empiristes. Dans ce sens particulier, il s'appliquait à la connexion des phénomènes matériels dans un système. Ce sens se trouvait adapté, grâce à une analyse complexe, à la recherche que l'on faisait dans les actions des organes, en vue d'y découvrir des forces physiologiques agissant téléologiquement. La conception que se faisait Blumenbach du *Bildungstrieb*, suggérée par Kant lui-même comme un exemple d'une telle application « physiologique », fournissait l'exemple dont on avait besoin pour concrétiser la notion de cette physiologie de la nature[18].

Les bases philosophiques qui se trouvent impliquées dans les distinctions kantiennes sont complexes, et ne peuvent être développées ici. Leur séparation repose en fin de compte sur les distinctions que fait Kant entre les activités de l'Entendement, de la Raison et du Jugement. Dans la philosophie complexe de Kant, ces trois manières d'aborder les sciences de la nature ne reposent pas sur la même base épistémologique. Ni une « histoire » ni une « physiologie » de la nature ne pouvaient fournir une *explication* des phénomènes naturels[19].

L'importance primordiale de ces distinctions consistait dans le cadre de travail qu'elles fournissaient à la biologie philosophique allemande ; ce cadre lui permettait de relier des solutions apparemment *opposées* — par exemple des analyses historique et descriptive de la nature — que l'on pouvait ainsi présenter comme réalisées à partir de différentes formes d'exercice de la raison, au lieu de les présenter comme des positions antagonistes. La justesse de l'application de ces distinctions aux cours assurés par Joseph Green au Collège peut maintenant être considérée.

17. (B. 874), où Kant la définit comme la division de la métaphysique, « which treats of nature, that is, of the sum of given objects », soit de manière immanente, soit de manière transcendante. Les deux sens sont alors distingués comme suit : « *transcendent physiology has as its object either an inner* connection or an outer connection, both, however transcending possible experience. As dealing with an inner connection it is the physiology of nature as a whole, that is the *transcendental knowledge of the world* ; as dealing with an outer connection, it is the physiology of the relation of nature as a whole to a being above nature, that is to say it is the *transcendental knowledge of God* » (B. 874, Kemp-Smith éd., p. 662). Voir aussi *Prolégomènes à toute Métaphysique future*, paragraphes 21, 24. L'usage pertinent pour la discussion de Green est celui du sens immanent.

18. Voir *C.J.*, paragraphe 81.

19. Cela signifie qu'on ne peut pas proposer des forces vitales téléologiques plutôt que des causes mécaniques comme explication des actions vitales. Ce point, régulièrement ignoré par beaucoup de lecteurs britanniques de Kant, tels que Coleridge, permet à Kant d'éviter ce qu'il considère comme les erreurs qui ouvriraient la porte à une métaphysique spéculative de la nature. Sur l'échec dans le maintien de cette distinction, voir James L. Larson, « Vital Forces : Regulative Principles or Constituent Agents ? », *Isis*, 70, 1979, 235-49.

3. Les cours de Green. Reconsidération du Contenu et du Contexte

Ce bref développement sur quelques sujets difficiles du programme philosophique kantien nous met en mesure d'éclairer l'enquête de Green sur l'anatomie comparée.

Green fut élu au poste de professeur huntérien en juillet 1823. Sa première série de treize cours, consacrés à l'anatomie comparée des invertébrés, s'ouvrit devant une brillante assemblée d'environ 300 auditeurs, le 30 mars 1824, et se termina le 27 avril. Les séries de cours qu'il donna les quatre années suivantes, à peu près à la même époque de l'année, furent consacrés à poursuivre son exposition du matériel des collections jusqu'aux oiseaux et aux mammifères[20].

Il est frappant de constater qu'il n'y a que peu d'apparence, au long de ces cours, de rapport particulier avec les spéculations allemandes. Les références à des auteurs allemands ne sont pas particulièrement abondantes, et nous ne trouvons pas non plus de citations significatives de ces autorités germaniques — Lorenz Oken, Johann Spix, Carl Gustav Carus, Heinrich Steffens, Schelling — que nous nous serions attendus à voir en position privilégiée, dans des exposés dont on proclamait qu'ils avaient pour mission d'introduire une morphologie idéaliste dans le Collège[21]. En fait, la dimension « allemande » de ces cours ne se révèle que lorsque nous les regardons sur leurs cinq années d'existence[22].

Green inaugurait sa série de cours de chaque année par un survol général des sujets qu'il devait traiter[23]. Pour faire le lien entre l'année en cours et la précédente, il faisait, dans ces leçons inaugurales, des renvois aux résultats acquis les années précédentes. Dans ces leçons d'ouverture, Green exposait et commentait une série de diagrammes présentant une vue d'ensemble du règne animal et de sa classification. Puis il entreprenait d'étudier dans le détail une portion particulière des groupes ainsi schématisés. Pour traiter du groupe spécifique abordé, il utilisait d'autres diagrammes exposant un arrangement schématique plus limité.

Dans la partie principale des cours donnés chaque année, Green

20. Les cours de Green n'existent pas en manuscrits autographes. Une série complète de notes sur les cours de 1824, prises par William Clift, a été conservée. Le cours récapitulatif des exposés de 1828, dans la plupart des points semblable à celui de 1827, a été publié en appendice à Green, Joseph Henry, *Vital Dynamics*, London, Pickering, 1840. Je n'ai pas été en mesure de trouver de notes ni de descriptions pour les séries de cours de 1825 et de 1826.

21. La principale autorité allemande citée dans les cours de 1824 est Blumenbach, dont on trouve encore le nom cité dans les cours sur la chirurgie, résumés dans *The Lancet*, 8, 8 oct. 1825, pp. 103-190, où Green fait mention de la théorie de Blumenbach sur le *nisus formativus*. Les comptes rendus de ces cours ne mentionnent la présentation d'aucune idée philosophique nouvelle. Cf. *Medico-Chirurgical Review*, 1, (Juin, 1824), 251. Ce texte parle seulement de son éloquente présentation et du caractère exhaustif de sa description du règne animal.

22. Ces réflexions doivent être limitées aux séries de cours de 1824, 1827 et 1828. Je n'ai pas été en mesure de trouver des manuscrits ou des descriptions des cours de Green pour les années 1825 et 1826. La leçon d'ouverture des cours de 1827 la présente comme étant le résumé des cours de toutes les années précédentes.

23. Cette présentation de son plan est incertaine pour les cours de 1825 et 1826, pour lesquels on n'a pas trouvé de manuscrits.

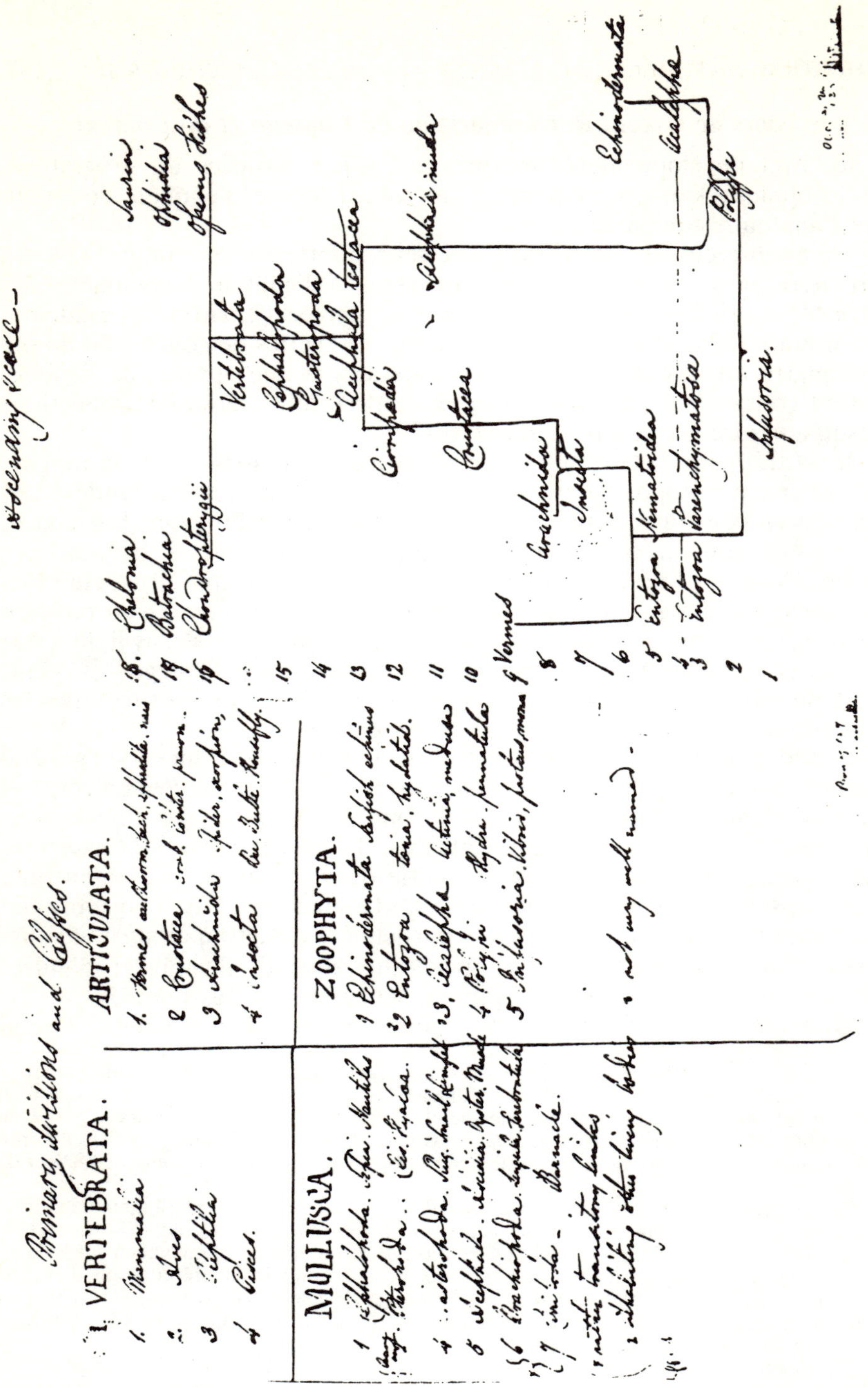

Diagrammes de Joseph Henry Green sur les divisions du règne animal. La partie de gauche expose les quatre groupes principaux en accord avec la classification de Cuvier dans *Le Règne animal* de 1817. La partie de droite présente la « série ascendante », reproduite, dans ses grandes lignes, de Lamarck. La série de cours traitait, chaque année, dans l'ordre indiqué, une partie des groupes numérotés dans ce diagramme, en commençant par le bas. Extrait des notes prises par Richard Owen des cours de 1827, RCS Owen Papers, 275.b.21, fols. 129-130. Utilisées avec la permission du Collège royal de chirurgie.

s'occupait, en s'appuyant sur l'anatomie comparée des groupes considérés, à décrire leurs principaux systèmes fonctionnels — les muscles, le squelette, le système digestif, les mécanismes nourriciers, le système nerveux, les organes de la reproduction — dont il comparait les formes respectives. Cette manière de procéder ressemblait en gros à ce qu'avait fait Cuvier dans les *Leçons d'anatomie comparée* de 1800-1805. Le premier diagramme est clairement une adaptation de la division proposée par Cuvier du règne animal en quatre *embranchements* autonomes, tels qu'il les a exposés dans son *Règne animal* de 1817 ; il avait pour but de mettre l'accent sur la distribution du règne animal réalisée par Cuvier en des groupes bien définis.

Mais il est curieux de constater que Green a fait précéder la présentation de cette analyse fonctionnelle par le second diagramme. Ce schéma présentait l'ordre dans lequel Green traitait ces groupes au long de ses cinq séries de cours ; il commençait par les invertébrés inférieurs, pour finalement terminer son exposé avec l'anatomie comparée des oiseaux et des mammifères. C'est un diagramme remarquable dans le contexte de l'époque. Il n'est sûrement pas cuviérien. Il ne présente pas non plus une série linéaire simple. Sa filiation est à peu près immédiate avec les arrangements rameux que Lamarck avait présentés dans l'Introduction de son *Histoire naturelle des animaux sans vertèbres* de 1815, un ouvrage relevant directement du sujet traité par Green dans la première série de ses cours en 1824[24]. Green est d'ailleurs tout à fait explicite dans la reconnaissance de sa dette envers Lamarck. Le zoologue français avait offert un modèle où l'on pouvait « commencer par les êtres inférieurs et remonter vers les supérieurs »[25].

Cette étrange juxtaposition de Lamarck et de Cuvier nécessite une explication. Si Green avait eu pour intention principale de promouvoir dans ses cours des principes idéologiques, pourquoi ne se serait-il pas contenté de suivre l'ordre purement fonctionnel de présentation des matériaux, qui, traditionnellement, commençait avec l'anatomie humaine pour descendre vers les animaux inférieurs. C'était le plan d'arrangement communément suivi dans les cours d'anatomie comparée dans les Iles britanniques à cette époque, et Cuvier avait adopté justement ce plan dans sa fameuse *Galerie de l'anatomie comparée* au Muséum d'Histoire Naturelle de Paris[26]. C'était aussi un arrangement propre à préserver les

24. Lamarck, Jean-Baptiste, *Histoire naturelle des animaux sans vertèbres*, 7 tomes en 8 vol., Paris, Verdière, 1815-1822, 1, 131.

25. Cours de Green de 1824, Cours du 3 avril 1824 (Green Papers, RCS, notes prises par William Clift), fol. 32. Cité avec la permission du Collège royal de Chirurgie.

26. Les arrangements approximatifs que Cuvier avait réalisés dans son cabinet sont reproduits pour l'essentiel dans l'ouvrage posthume : Valenciennes, Achille et Pentland, Joseph B., *Catalogue des préparations anatomiques laissées dans le cabinet d'anatomie comparée du Muséum d'histoire naturelle*, *Nouvelles Annales du Muséum* 2, 1833, pp. 417-508. La justification de ce plan d'arrangement a été donnée dans ses grandes lignes en 1803 dans : Cuvier, Georges, « Sur l'établissement de la collection d'anatomie comparée du Muséum », *Annales du Muséum*, 2, 1803, pp. 409-414. Des schémas semblables de présentation selon une échelle descendante du règne animal ont été utilisés dans les cours d'anatomie comparée donnés par Robert Jameson et John Barclay à Edimbourg dans les années 1820.

notions de hiérarchie, la priorité de la forme sur la fonction, — et à contredire les spéculations transformistes sur les parentés animales — toutes questions auxquelles on aurait pu s'attendre à voir le Collège s'intéresser en faisant référence à des préoccupations politiques.

Il semble qu'il soit nécessaire de prendre en considération deux dimensions non sociologiques de ces cours, si nous voulons être en mesure d'expliquer leur contenu. Il faut considérer en premier lieu les conditions statutaires imposées à l'enseignant par la charte du Collège, et en second lieu les particularités intellectuelles de la philosophie allemande post-kantienne que nous avons examinées plus haut.

En ce qui concerne le premier point, la charge officielle imposée par les statuts au professeur huntérien exigeait que les cours soient en premier lieu destinés à illustrer la collection huntérienne[27]. Antérieurement à 1833[28], elle n'était disposée que selon un principe confus d'arrangement. Tel que Green le connaissait, le musée contenait plusieurs séries indépendantes de spécimens arrangés selon le tableau suivant.

Cette disposition présente un certain nombre de caractères, que l'on ne rencontre pas habituellement si on la regarde dans le détail à l'intérieur de ces séries. Sous ces catégories, on trouvait non seulement les systèmes traditionnels d'organes, mais aussi les parties du squelette, les coquilles, les nids, les poils, les plumes, les caractères monstrueux, et le reste des séries désignées comme physiologiques dans la collection huntérienne.

En conséquence de quoi, en suivant l'ordre empirique selon lequel cette série était distribuée, il eût été normal d'en faire l'exposition en se basant uniquement sur les systèmes fonctionnels. Ainsi, la présentation fonctionnelle qui avait été généralement suivie dans l'ensemble des cours de 1824-1828 ne nécessite pas d'explication particulière, quand on la considère sur cette base matérielle. Mais il est tout à fait inattendu de trouver cette manière de procéder combinée avec une analyse qui utilise une série qui se complexifie et qui se divise en branches : cette analyse en effet est en accord avec le second diagramme emprunté à Lamarck.

L'adoption par Green de cette seconde méthode d'exposition est ainsi, sans doute, en relation directe avec le caractère de la collection. La mise en ordre compliquée des matériaux, à l'intérieur de chaque série de l'arrangement huntérien, rassemblait les systèmes d'organes d'animaux variés sous des catégories fonctionnelles différentes — organes de digestion, de respiration, de circulation, de génération, de locomotion — dans des

27. Les documents relatifs à ces questions, imposant ces devoirs, ont été réimprimés en appendice dans le « Report from the Select Committee on Medical Education, with the Minutes of Evidence, Appendix and Index », (Warburton Committee), *Reports from the Parliamentary Committees 1834, Part II : Royal College of Surgeons, London*, London, 1834, pp. 59-68.

28. C'est la date du début de la publication de l'énorme ouvrage en cinq volumes (Owen, Richard et Clift, William), *Descriptive and Illustrated Catalogue of the Physiological Series of Comparative Anatomy Contained in the Museum of the Royal College of Surgeons, London*, London, Taylor, 1833-1840.

La Collection huntérienne en 1818 [29]

Première Partie : Les Organes à destination particulière dans les Plantes et les Animaux	Deuxième Partie : Les Organes des Plantes et des Animaux destinés à la propagation de l'espèce
1. Série 1 : Parties servant à la locomotion. 2. Série 2 : Organes de la digestion, et Instruments servant à la préparation des Aliments. 3. Série 3 : Le Canal intestinal et les Glandes afférentes. 4. Série 4 : Les Vaisseaux absorbants. 5. Série 5 : Le Cœur et les vaisseaux sanguins. 6. Série 6 : Les Organes pour l'aération du sang. 7. Série 7 : Les Organes pour la sécrétion de l'urine. 8. Série 8 : Le Cerveau et la Moëlle épinière. 9. Série 9 : Les Organes des sens. 10. Série 10 : Les Membranes cellulaires et les sécrétions animales. 11. Série 11 : Le Cuticule : ses différentes formes. 12. Série 12 : Particularités dans les Plantes et les Animaux.	1. Série 13 : Les Organes dans les Plantes et les Animaux qui sont doubles dans leur état non fécondé. 2. Série 14 : Les Organes mâles dans les Plantes et les Animaux de sexes différents. 3. Série 15 : Les Organes femelles dans les Plantes et les Animaux de sexes différents, non fécondés. 4. Série 16 : Le Coït. 5. Série 17 : La Production de rejetons dans les Plantes et les Animaux pourvus d'organes doubles. 6. Série 18 : La Production de rejetons dans les Animaux de sexes différents, à partir d'œufs. 7. Série 19 : La Production de rejetons dans les Animaux pourvus d'un utérus. 8. Série 20 : Particularités fœtales. 9. Série 21 : La croissance des Jeunes dans les Plantes et les Animaux. 10. Série 22 : L'alimentation et la protection assurées par la mère à ses rejetons.

tableaux particuliers. Une telle disposition rendait impossible une exposition simplifiée des matériaux selon une série ascendante unique. Des arrangements rameux, semblables à ceux que Green trouvait dans les écrits de Lamarck, étaient, en revanche, beaucoup plus facilement applicables aux matériaux dont les spécimens pouvaient être disposés à l'intérieur de *chaque série* selon un ordre simple-complexe. C'est la raison pour laquelle je suis amené à tirer la conclusion, que l'explication de la mise en ordre empirique des matériaux, utilisés pour les cours, ne peut être trouvée, ni dans les préoccupations philosophiques de Green, ni dans les préoccupations socio-politiques du Collège.

La composante intellectuelle s'introduit d'une autre manière. Prenant en considération le peu d'arguments que l'on peut trouver, dans les manuscrits ou les descriptions des cours qui nous sont parvenus, qui nous permettraient de suggérer qu'il y a eu de la part de Green un effort en vue d'exposer une morphologie spéculative « romantique », je souhaiterais

29. Adapté d'Owen et Clift, *D.I.C.* 5, pp. II-VIII.

démontrer que la composante allemande de ces cours pourrait consister, presque exclusivement, dans la curieuse mise en juxtaposition d'une présentation fonctionnaliste des matériaux avec la série ascendante de Lamarck. Ce qui veut dire que le *couplage* de ces positions que l'on considère comme antagonistes est le problème intéressant à étudier.

Le caractère remarquable de la biologie philosophique allemande, que Green a retenu, était sa capacité à combiner ensemble, grâce aux distinctions épistémologiques kantiennes, les choix possibles qui étaient considérés, dans d'autres traditions nationales, comme se trouvant en opposition irréductible — la téléologie *et* le mécanicisme, l'analyse descriptive *et* l'explication génétique, l'unité de type *et* la distinction des espèces. Le plaidoyer de Green, en faveur précisément de ces considérations, peut être suivi en examinant le discours d'ouverture des cours de 1827 sur les Oiseaux. Ce discours avait pour but de résumer les questions qu'il avait traitées durant les trois années précédentes :

> J'ai introduit une série précédente de ces cours concernant les sujets propres à un Naturaliste, et plus particulièrement ceux de ce département de la science qui concerne le monde organique et animé, en les distinguant en trois catégories ; et je voudrais relier la série actuelle avec la précédente, en en faisant une brève récapitulation. Les trois grandes divisions entre laquelles toute la Science Naturelle se résout sont la Physiographie ou description de la Nature, la Physiologie ou Théorie de la Nature. Finalement la Physiogonie ou Histoire de la Nature. — Le rôle de la première ou *Physiographie* est d'énumérer et de décrire les effets et les produits de la nature tels qu'ils nous apparaissent... [;] sa sphère est celle de l'expérience sensible des apparences, à la différence des vérités tirées par inférence à partir des faits immédiats [:] la matière considérée dans ce cas a été nommée d'une manière assez heureuse par les anciens Naturalistes la Natura Naturata, ou Nature considérée passivement, et le résultat peut être comparé à un immense tableau de famille dont les figures sont toutes des portraits. — Le rôle de la seconde ou *Physiologie* est de procéder par inférence pour découvrir 1° les règles ou principes par lesquels les faits innombrables de la Physiographie peuvent être réduits à un ordre pratique, soit en référence aux convenance ou conformité de nos facultés, ce qui est le principe de toute classification artificielle, soit en relation avec les objets eux-mêmes, ce qui, si jamais cela pouvait être réalisé, constituerait la base d'une classification naturelle. 2° de même c'est le rôle de la physiologie de reconnaître les forces qui peuvent être induites à partir des phénomènes, et les *lois* qui commandent leur action [,] en d'autres termes, de reconnaître l'idée de la Vie et ses pouvoirs constituants — autant qu'elle est commune à tous les êtres vivants. C'est-à-dire, en fait, en dehors de toute considération de degré, ou de quelque autre différence concernant le sujet particulier étudié. 3° la troisième division, ou *Physiogonie*, considère les faits et les apparences

> du monde naturel comme une série d'actions, et la nature elle-même en tant que facteur agissant comme un agent doué de volonté et poursuivant un but — dont nous laissons dans l'indétermination le sens, et si c'est par une fiction nécessaire de la Science, ou pour une raison plus profonde. La Physiogonie étudie les principes de la vie non moins que la Physiologie — mais ses recherches ne portent pas tellement sur le fond, que sur les caractères de l'être subsistant dans une diversité de *degrés*, qui vont jusqu'à un minimum inconnu — et, en ce sens, jusqu'à un minimum idéal ; et cette recherche, la Physiogonie la poursuit, justement, principalement dans les différences que présentent les êtres vivants par rapport à la construction originale de leurs organes, d'êtres vivants considérés comme des organismes ou des systèmes d'organes, présentant au physiologiste les affections et les désordres de leurs forces vitales.[30]

Nous observons que Green réalise dans ce texte, explicitement, la division de la recherche scientifique entre exactement les trois différentes catégories qui avaient déjà été faites par Kant antérieurement. Le travail de la *Description de la Nature* est séparé de la spéculation au sujet de l'histoire de la vie ou du processus historique. Mais cette dernière option était cependant offerte à l'auditoire. C'était le but de son préambule « lamarckien ». Lamarck offrait la possibilité de comprendre « la Nature comme une série d'évolutions,... de la forme la moins évoluée dans laquelle la Vie manifeste sa puissance dans la production d'êtres animés, jusqu'à leurs formes les plus complexes »[31]

Finalement, le troisième mode d'investigation de la nature, la « physiologie » dans le sens kantien le plus large, rappelle spécifiquement les recherches du physiologiste « fonctionnel ». Entreprise dans ce sens, la physiologie est envisagée par Green comme chargée d'intégrer la « description » et l'« histoire » de la nature. L'investigation de l'action vitale et de ses causes — entreprise que Green semble avoir trouvée réalisée dans l'œuvre de Blumenbach — avait pour but de révéler les forces causales sous-jacentes par lesquelles les perspectives physiogonique et physio-

30. Green, Joseph, « Leçon d'ouverture », 27 mars 1827 (notes prises par William Clift), Green Papers, RCS, mss 67.6.11 fol. 1. Cité par la suite « Green, 1827 ». Citation faite avec la permission du Collège Royal de Chirurgie. Cette leçon est très semblable à la leçon d'ouverture des cours de 1828, republiée dans la suite en appendice à Green, Joseph Henry, *Vital Dynamics*, London, Pickering, 1840, pp. 97-135.

31. « Green 1827 », fol. 3 verso. Dans ce contexte Green parle du transformisme de Lamarck comme d'un « système chimérique ». Cependant, il faut lire cette appréciation à la lumière de la citation qui la précède, où il avait fait référence à la réserve exprimée par Kant sur ce que l'analyse « physiogonique » de la nature n'est elle-même qu'une « fiction nécessaire de la science ». Quand la « récapitulation » des cours de 1828, qui ressemble à celle-ci, fut publiée en 1840, Green semble avoir ajouté à ce passage une critique plus poussée de Lamarck. Cf. Green, J., *Vital Dynamics*, p. 108. En 1840, quand la « Récapitulation » en question fut finalement publiée, le Lamarckisme était plus profondément engagé dans la polémique sur le matérialisme qu'il ne l'avait été en 1828. Les notes qu'Owen avait prises des cours de 1828 ne font pas mention de cette attaque.

graphique se trouvaient reliées l'une à l'autre. Les *produits* de la nature — les formes spécifiques de la vie — devaient être comprises comme les résultats d'un *processus* historique à l'œuvre grâce à l'action de *forces* naturelles.

Les cours de Green des années 1827 et 1828 ne firent rien de plus que d'essayer d'attirer l'attention sur ces recherches « physiologiques » et « physiogoniques ». « La plus grande partie de mes cours a été et sera physiographique, une présentation détaillée des faits selon cet ordre qui m'a paru être, parmi ceux auxquels je suis habitué, celui qui est le plus à même de réunir les deux buts de la classification, la commodité intellectuelle, et la mémoire », assure-t-il[32]. L'auditeur de ces cours était, néanmoins, pleinement averti qu'une analyse des formes de la vie « descriptive » et purement fonctionnelle, dans le style de Cuvier, ne pouvait former une science complète.

En résumé, je voudrais conclure, de cette enquête sur l'enseignement de Green et les circonstances entourant l'emploi qu'il a fait de certains aspects de la tradition philosophique allemande, que a) cet enseignement a peu de rapports avec le soi-disant « transcendantalisme », tel que nous l'associons habituellement avec des noms comme ceux de Lorenz Oken et Spix, ou plus immédiatement avec celui de son ami Coleridge ; b) cet enseignement avait peu d'influence directe sur la présentation effective des matériaux de la collection dans les cours, car cette présentation était principalement réalisée à partir du caractère empirique de la collection elle-même ; c) son importance fondamentale consistait dans les moyens théoriques qu'il procurait de *réconcilier* les points de vue personnels de Cuvier et de Lamarck, exprimés à partir de perspectives différentes sur la nature, l'une descriptive et non-historique, l'autre progressive et développementaliste ; et d) les raisons qu'avait Green d'adopter ces stratégies philosophiques semblent avoir eu peu de rapports avec les querelles politiques et idéologiques qui faisaient rage autour de lui. Les raisons qu'il avait de soutenir ces positions sont antérieures à son entrée dans le Collège, et les documents montrent qu'elles ont eu peu de rapports avec sa nomination à ce poste de professeur[33]. L'intérêt qu'il portait aux idées allemandes était, cependant, intimement lié à la satisfaction que

32. « Green 1827 », fol. 1-1verso.

33. Benjamin Brodie avait renoncé à son professorat le 3 mai 1823 après avoir été enseignant d'anatomie comparée de 1820 à 1823. Les dispositions juridiques requéraient une élection à l'occasion de l'assemblée la plus proche de cette date. Le Conseil élut Green au poste vacant lors d'un vote secret, le 11 juillet, à une majorité indécise. Cf. « Minutes of the Council of the College of Surgeons », Vol. 4 (1820-1827), à la date du 11 juillet 1823. RCS Archives. On y trouve une liste de dix-neuf membres présents ; cinq bulletins portent le seul nom de Green, les autres portant probablement les noms de plusieurs candidats (p. 130). Dans les discussions, il n'est fait aucune mention ni du contenu futur, ni de l'orientation idéologique des cours. Les cours de Green avaient à s'insérer entre les cours ennuyeux de Thomas Chevalier sur la chirurgie.

lui procurait la faculté de résoudre des problèmes épistémologiques difficiles, offerte par les philosophes allemands, et leur capacité à présenter une philosophie unifiante de la nature.

4. Remarques de conclusion : la mise en relation du contexte social et du contexte intellectuel

En conclusion, ce cas d'histoire semblerait réclamer une analyse des cours de Green en termes d'interaction complexe d'au moins trois composantes différentes. Premièrement, l'étude de Desmond a attiré l'attention d'une manière importante sur le contexte politique et social dans lequel les cours ont été faits. Elle a attiré l'attention sur la possibilité que les cours ont pu fonctionner comme partie d'un effort implicite ou explicite de la part du Collège pour « intellectualiser » l'étude de la chirurgie et de la médecine, en soulignant la différence qui existe entre le médecin et le chirurgien « professionnel », qui se doit d'abord d'être un philosophe, et le produit mal formé des écoles privées[34].

La présentation, faite par Green, de la synthèse qu'il proposait des matériaux de la collection, pourrait aussi avoir eu pour effet, même s'il n'en avait pas eu l'intention, de « désarmer » le transformisme. Vu d'un point de vue kantien, le *transformisme* de Lamarck pouvait facilement être réinterprété comme un *développement téléologique* de la nature, ce qui, en y mettant les restrictions épistémologiques kantiennes, impliquait qu'une telle conception de la nature ne pouvait jamais être rien de plus qu'une fiction régulatrice de la raison dans sa fonction transcendantale.

En second lieu, indépendamment de ces questions socio-politiques, il y a lieu de tenir compte d'une autre composante — à savoir les exigences imposées à l'enseignant par l'état de la collection elle-même. Il ne pouvait pas en changer l'arrangement à son gré. Il avait au contraire à trouver un cadre de travail qui lui permît une présentation cohérente de cette collection autrement confuse, et qui satisfasse à l'obligation qui lui était faite de présenter la collection à l'intérieur de ses cours. Un arrangement de la collection en forme progressive et rameuse semble en fait avoir résolu les problèmes que lui posaient les matériaux du muséum.

Finalement, la manière exacte dont Green a utilisé ses connaissances en philosophie et en science allemandes a été limitée, essentiellement méthodologique, et a révélé une proximité plus grande de la philosophie

34. Green a exprimé ces réflexions dans son ouvrage postérieur : Green, Joseph H. *An address Delivered in King's College London at the Commencement of the Medical Session. October 1832*, London, 1832, « Preface » ; idem, *Distinction without Separation : A Letter to the President of the College of Surgeons on the Present State of the Profession*, London, 1831 ; et idem, *The Touchstone of Medical Reform*, London, 1841. Ces propositions sont clairement empruntées à la notion de Coleridge d'une « cléricature » instruite, préconisée par lui dans son ouvrage : Coleridge, Samuel Taylor, *On the Constitution of Church and State*, London, 1830. La pensée de Green après 1830 ne doit pas être interprétée en fonction de ses cours de 1824-1828.

critique kantienne que des positions plus spéculatives auxquelles nous aurions pu nous attendre autrement.

L'approche historiographique de Jacques Roger nous suggère que nous avons besoin de nous sensibiliser exactement à ces sortes de complexités dans l'histoire des sciences. Il n'a jamais restreint l'histoire de la science à des jeux d'idées désincarnées, ni ne l'a réduite à des batailles politiques ni à la sociologie du savoir. L'intérêt porté aux institutions et à leur politique ne constituait pas dans son œuvre un élément très important. Mais l'introduction de ces préoccupations, à l'occasion, n'aurait pas été étrangère à son historiographie. L'élément le plus important de la contribution de Roger à l'histoire des sciences a été sa volonté d'attribuer leur vraie place aux questions intellectuelles.

Traduction Goulven LAURENT

Giulio BARSANTI

La naissance de la biologie
Observations, théories, métaphysiques en France 1740-1810

C'est au cours de la seconde moitié du XVIIIe siècle et des premières décennies du XIXe que la biologie en s'émancipant du joug de la physique se constitue en science autonome. La prise de conscience, dans la seconde moitié du XVIIIe, que les lois qui régissent les corps « bruts » ne peuvent expliquer les phénomènes de la vie est à l'origine d'une perte de crédit de la « philosophie mécanique » (Boyle). La résolution de la crise théorique passe alors par l'élaboration d'une nouvelle forme de matérialisme qui permettra de rompre avec le mécanisme sans revenir à l'animisme.

En m'inspirant des pages qu'écrivirent Jacques Roger[1] et, par la suite, Sergio Moravia et Georges Gusdorf[2], il me semble que l'on peut caractériser le processus d'érosion de la « philosophie mécanique » comme l'effet de la diffusion de trois convictions distinctes : 1) que la nature vivante est — comme cela fut alors dit — beaucoup plus « variée » et « compliquée » que ne le postulaient les mécanistes ; 2) que certains de ses phénomènes sont si « singuliers » et « surprenants » lorsqu'on les examine du point de vue de la « philosophie mécanique » qu'il est fort douteux qu'elle puisse jamais les expliquer ; enfin 3) que non seulement ces phénomènes singuliers mais aussi les phénomènes les plus ordinaires doivent être radicalement réinterprétés. La constitution de la biologie en une science autonome me semble par ailleurs être le résultat de trois opérations distinctes : 1) la découverte d'une nouvelle dimension de la réalité, 2) l'unification des histoires naturelles des vivants et 3) la délimitation du champ biologique.

1. Les résistances de la tradition

Avant d'utiliser ces convictions et d'analyser ces opérations, il faut peut-être rappeler que la « philosophie mécanique » de Descartes et

1. Roger, 1963. Mon essai n'est qu'une réélaboration (que j'espère cohérente) de certains chapitres de *Les sciences de la vie dans la pensée française du XVIIIe siècle* qui fut mon premier guide lorsque je travaillais à ma thèse et qui encore aujourd'hui constitue le cadre de mes recherches.
2. Cf. Moravia, 1966, 1972, 1974a, 1974b et Gusdorf, 1972.

Hobbes avait été adoptée par les plus grands philosophes et les plus grands savants de la fin du XVIIe siècle et de la première moitié du XVIIIe[3].

Vers 1750, le mécanisme biologique était encore une doctrine solide et ambitieuse. Les automates de Vaucanson, salué comme « un nouveau Prométhée »[4], connaissent alors un immense succès, et Le Cat pense pouvoir en construire un qui « aura respiration, circulation, quasi-digestion, sécrétion et chile, cœur, poumons, foie et vessie, et Dieu nous le pardonne, tout ce qui s'ensuit. Mais — poursuit le chirurgien français —, il aura la fièvre, on le saignera, on le purgera et il ressemblera trop à un homme »[5]. La Mettrie conçoit le corps humain comme un « assemblage de ressorts qui tous se montent les uns par les autres » et en arrive à affirmer qu'il « n'est qu'une horloge » gouvernée par un organe assez compliqué, le cerveau, qui n'est toutefois lui-même conçu que comme « le ressort principal de toute la Machine »[6]. Réaumur attaque avec virulence la *Vénus physique* de Maupertuis, un ouvrage clairement antimécaniste ; il affirme qu'il ne s'agit que d'une œuvre d'« imagination » où les « qualités occultes » de la tradition magique font leur réapparition, et que, pour se défendre de cette bouffée d'irrationalisme (significativement comparée à une « mode »), il ne faut pas hésiter à abandonner le concept d'attraction[7].

2. La variété de la nature vivante

Les interventions en faveur du mécanisme n'étaient donc pas négligeables et ceux qui le critiquaient s'exposaient à de lourdes accusations. Pourtant depuis quelque temps, elles n'étaient plus aussi convaincantes. Leur pouvoir de persuasion était amoindri par un ensemble d'observations et de réflexions.

Je m'occuperai tout d'abord de celles qui touchent à la découverte de l'extrême *variété* et de l'irréductible *complexité* de la nature vivante. Cette complexité imposait, sinon de renoncer totalement au *principe d'analogie* et à la *procédure de généralisation* chers à ceux qui cultivaient les sciences physiques, tout au moins d'en restreindre l'application ; elle suggérait de privilégier le moment de l'*observation*, en laissant à la nature l'initiative de ses réponses. Cette découverte, dont on n'a pas hésité à dire qu'elle révélait l'existence d'un autre monde et qui fut un premier pas dans l'affirmation de l'autonomie du domaine de la biologie, n'a pourtant pas été suffisamment mise en valeur.

Les naturalistes découvraient que leur champ d'observation et d'expérimentation, la nature vivante — la morphologie des corps, leur anatomie,

3. « Donner une liste des biologistes mécanistes en 1700 reviendrait à citer tous les auteurs » : Roger, 1963, p. 207. Contentons-nous de citer les noms de Boyle, Malebranche, Lamy, Borelli, Malpighi, Bellini, Baglivi, Leibniz, Fontenelle, Duverney, Boerhaave, Vallisnieri, Hecquet.
4. La Mettrie, 1747, p. 186.
5. Cité par Roger, 1963, p. 208.
6. La Mettrie, 1747, pp. 178-179.
7. Cf. Réaumur, 1749, II, pp. 359-362.

leur physiologie et leurs comportements — ne constituait pas un domaine uniforme et homogène mais *varié* et *hétérogène*. Ce domaine *irrégulier* était constellé de phénomènes «*étranges*», «*singuliers*», «*étonnants*», de véritables «*exceptions*» à la règle, et il se caractérisait, au-delà de ces exceptions, par des phénomènes bien plus «*compliqués*» que l'on ne pouvait le prévoir. Or le cheval de bataille des mécanistes avait été la thèse opposée de l'*uniformité* et de la *simplicité* de la nature[8].

Ceux qui, à partir de 1740, préparent l'avènement de la biologie comme science autonome ne cessent de souligner la «merveilleuse variété» des corps vivants qui, «infiniment variés», témoignent que la nature a travaillé sur une grande «diversité de modèles»[9]. «Il semble — observe Diderot en 1753 — que la nature se soit plue à varier le même mécanisme d'une infinité de manières différentes»[10]. Il est évident, répète Delamétherie en 1787, que «la nature a différentes marches» et qu'«elle a plus d'une voie pour parvenir au même but»[11] . Ces «manières», ces «marches», ces «voies» constituent tout autant d'«exceptions» aux lois générales. L'attention des savants et leur réflexion théorique se concentrent toujours plus sur ces exceptions, sur ces phénomènes «étranges», «singuliers» et «étonnants» auxquels nous avons déjà fait allusion. Les pages des naturalistes se remplissent de ces adjectifs qui se transmettent d'un texte à l'autre témoignant d'un grand malaise. Bonnet se heurte ainsi à une «*étrange exception* à la Règle» et doit admettre qu'il travaille sur des «espèces du *genre le plus singulier*»[12]; Delamétherie est amené à reconnaître que même «les analogies les plus générales ont des *exceptions*»[13] et que certains corps vivants «ont *étonné* les physiciens par les phénomènes *singuliers* qu'ils présentent»[14]. Et si l'on ne craignait la répétition, on pourrait encore multiplier les exemples.

Comment affronter cette situation? Les mécanistes cherchent à minimiser (les exceptions, après tout, confirment la règle), mais les partisans de la remise en cause du paradigme adoptent pour leur part une attitude opposée: le vrai naturaliste (le «Naturaliste Philosophe») doit, selon eux, examiner avec une attention particulière les phénomènes les plus étranges, les plus anormaux, les plus étonnants. C'est à ceux-ci, et non pas aux règles générales, qu'il faut accorder le plus d'importance: «Le Naturaliste Philosophe — écrit Bonnet — doit surtout insister sur les exceptions aux Règles qu'on estime générales»[15]. C'est un pas en avant décisif parce qu'il conduit à douter que les règles (qui se déduisent de la «philosophie mécaniste») aient vraiment une valeur générale et permet donc de penser qu'elles sont tout simplement erronées. Du reste, comme certains le

8. Cf. par exemple Vallisnieri, 1721, p. 216.
9. Cf. par exemple Bonnet, 1764, I, p. 49, et II, pp. 28-29; et déjà en 1745, pp. XXII-XXIII.
10. Diderot, 1753, p. 423.
11. Delamétherie, 1787, II, p. 308.
12. Bonnet, 1745, I, pp. 24, 116 (les italiques sont de moi).
13. Delamétherie, 1787, II, p. 301 (les italiques sont de moi); cf. aussi II, p. 295.
14. Delamétherie 1804-1806, I, 1804, p. 104 (les italiques sont de moi).
15. Bonnet, 1764, I, p. 276.

disent, notre capacité de compréhension est limitée et la réalité s'étend au delà de ces limites. « Ne renfermons pas — nous avertit Bonnet — la Nature dans les limites étroites de nos sens & de nos instruments »[16], c'est-à-dire, poursuit Delamétherie « ne cherchons pas à la limiter suivant la faiblesse de nos vues »[17].

La voie est ainsi ouverte à une révision radicale des schèmes d'interprétation hérités de la tradition. En particulier commence à se répandre la conviction, exprimée entre autres par Maupertuis, que « les corps des animaux & des plantes sont des machines trop compliquées » pour être compris mécaniquement[18]. En 1755, Condillac en donne un exemple assez convaincant en opposant aux prestations répétitives des machines, les comportements toujours différents des animaux[19].

Cette multiplicité qualitative des comportements animaux est peut-être l'argument le plus fort contre l'uniformité mécanique des lois générales et ces dernières sont la cible de critiques impitoyables. Dès 1744, Trembley soutient qu'il existe des faits « directement contraires » aux lois que l'on tient pour générales ; ces faits, ajoute-t-il, doivent inspirer « beaucoup de défiance » à l'encontre des règles parce qu'ils constituent autant d'« exceptions » qui loin de les avoir confirmées les ont « démenties d'une manière bien remarquable ». On peut donc conclure que « les règles prétendues générales, qui ont été admises presque universellement, méritent peu ce nom »[20]. Il n'est pas jusqu'au mécaniste La Mettrie qui n'exhorte ses lecteurs « à ne jamais rien conclure de général, même de toutes les expériences connues & les plus décisives »[21], car il doit admettre que la nature « n'est pas si uniforme, qu'elle ne s'écarte souvent de ses loix les plus favorites »[22]. Peu de temps après Needham prend très clairement et très efficacement position contre ceux qui tentent encore d'imposer des lois inviolables à une nature à l'évidence rebelle : « ce seroit en vain que nous prétendrions établir quelque règle certaine & uniforme, & dire à la Nature, voilà ton procédé, tels sont tes Statuts ; & tu ne t'en écarteras pas »[23]. Nous pourrions énoncer « comme une loi inviolable, qu'il ne paroîtra aucun individu (...) sans la coopération d'un mâle & d'une femelle », dit-il, mais nous avons découvert que la nature « a en même-tems ses hermaphrodites, dans les plantes & dans les animaux »[24].

Bonnet est encore celui qui s'exprime dans les termes les plus durs. Dès 1745, le naturaliste genevois avait affirmé qu'il n'y avait « rien de plus dangereux en Physique que [les] conclusions trop générales »[25], et qu'il

16. Bonnet, 1762, I, p. 168.
17. Delamétherie, 1787, II, p. 308.
18. Maupertuis, 1750, p. 14.
19. Cf. Condillac, 1755, p. 73.
20. Trembley, 1744, I, pp. 36-37, et II, pp. 93, 123.
21. La Mettrie, 1747, p. 171.
22. La Mettrie, 1748, p. 51.
23. Needham, 1750, p. 172.
24. Needham, 1750, pp. 172-173.
25. Bonnet, 1745, I, p. 117.

fallait accueillir « l'importante leçon de nous défier des Règles générales & d'user sobrement de l'Analogie »[26]. En 1762, il note que les mécanistes se sont toujours comportés de façon diamétralement opposée : « on s'est pressé de faire des Règles *avant* que d'avoir étudié tous les Etres que l'on supposoit gratuitement leur être soumis »[27]. En 1764, il parvient à la certitude que l'approche analogique et nomologique des mécanistes est absolument gratuite et il va jusqu'à prophétiser que tout l'édifice des lois naturelles s'écroulera bientôt, accusant ceux qui l'ont construit d'avoir été très ignorants et peu philosophes : « il n'étoit pas tems de faire des *règles générales*, d'arranger la Nature, d'établir des distributions, d'enfanter des ordres systématiques, & d'élever un édifice, que les siècles futurs mieux instruits & plus philosophes redouteront même de projetter »[28].

Une telle assurance ne se comprend que si l'on sait que Bonnet était l'un de ceux qui avait fait tomber, d'un « coup de cizeaux, (...) le voile qui nous cachoit un autre Monde »[29].

3. *Les phénomènes imprévus*

Ce fut l'observation de phénomènes violant les lois de la mécanique qui révéla l'« autre monde » et conduisit à la conviction qu'une portion du vieil univers mécanique (la nature vivante) constituait en réalité un domaine distinct dont la compréhension nécessitait la constitution d'une nouvelle science. Ces phénomènes étaient avant tout ceux de la reproduction (qu'il semblait impossible d'expliquer par la théorie de la préformation) ainsi que ceux de la régénération des parties amputées. Ces découvertes firent beaucoup de bruit car elles se succédèrent rapidement. Le développement ultérieur des connaissances provoqua une multiplication d'observations et l'on dut donc exclure que ce fussent des phénomènes exceptionnels sans grande signification, dont l'élucidation pouvait être renvoyée à plus tard.

En 1740, Bonnet découvre, avec la parthénogénèse des aphides[30], l'existence de bien étranges « machines » (si on les considère à travers les lunettes de la tradition) qui génèrent d'autres « machines » (se reproduisent) sans aucune intervention extérieure. « Ils sont — commente-t-il — des espèces d'Hermaphrodites du genre le plus singulier ; des Hermaphrodites qui se suffisent à eux mêmes »[31].

La même année Trembley découvre le « polype d'eau douce » (l'*Hydra viridis*, coelentéré des hydrozoaires)[32] et sa surprenante — insoupçonnée et incompréhensible mécaniquement — capacité de régénération et de reproduction (par gemmation). Il s'agit d'une « machine » qui, ayant perdu une de ses « pièces » (amputée), la reproduit sans attendre et qui,

26. Bonnet, 1762, I, p. 227.
27. Bonnet, 1762, I, p. 227 (les italiques sont de moi).
28. Bonnet, 1764, I, p. 224 (les italiques sont de moi).
29. Bonnet, 1764, I, p. 223.
30. Cf. Bonnet, 1745.
31. Bonnet, 1745, I, p. 116.
32. Cf. Trembley, 1744.

ayant été « démontée » (découpée) n'en cesse pas pour autant de « fonctionner » et même se multiplie, puisque les « pièces » isolées continuent à régénérer toutes les « pièces » manquantes et reconstituent ainsi autant de « machines » complètes[33]. C'était sans aucun doute « un spectacle nouveau »[34], que les mécanistes, loin de le prévoir, avaient exclu. Se fût-il déroulé sous leurs yeux, ils ne l'auraient pas vu, car, lorsqu'on est « imbus de préjugés » de sorte qu'un objet tel le Polype ne peut apparaître que comme une « contradiction », il ne suffit pas de l'observer pour en reconnaître l'existence ; il faudrait au préalable l'avoir envisagé d'un point de vue théorique. Que l'on ne croie pas que je sollicite les textes et que j'y projette une épistémologie, je ne fais qu'expliciter ce que dit une page de Bonnet s'adressant à Trembley, désigné non comme celui qui a observé un nouveau phénomène mais bien comme l'« Inventeur du Polype »[35], considéré à l'évidence comme une réalité théorique avant que de l'être comme une réalité factuelle. Needham propose par la suite une version sophistiquée de la *génération spontanée* qui impose de repenser le concept de matière élémentaire : ses expériences sembleraient témoigner de l'existence d'une « force intérieure expansive », « une espèce de végétation », « force végétative dans chaque point microscopique de matière » (donc à l'intérieur des corps « bruts ») qui opère avec une telle énergie qu'elle peut « redonner la vie à une substance morte »[36]. Insistant sur cette « force productive », sur l'existence de « principes actifs dans l'univers »[37], Needham souligne le caractère dynamique de la nature qui est parcourue par des forces beaucoup plus complexes et plus puissantes que les forces mécaniques, des forces qui peuvent aller jusqu'à créer la vie là où elle n'était pas présente[38]. Bonnet avait parlé de la découverte d'« un autre Monde », Maupertuis affirme avec le même enthousiasme que les observations de Needham « nous ont découvert une nouvelle Nature »[39].

En découvrant l'*irritabilité*[40], Haller identifie une force qui n'appartient qu'à la nature vivante et qui, à l'opposé des forces mécaniques, ne s'applique pas au corps mais en provient (et en provient, de manière surprenante, même après la mort)[41] ; une force qui est donc, comme l'observera Diderot, « différente de toute autre force connue » puisqu'elle « ne dépend ni de la pesanteur, ni de l'attraction, ni de l'élasticité »[42]. Un phénomène a donc été découvert qui viole ouvertement toutes les lois

33. Sur la découverte de l'*Hydra viridis* et ses conséquences cf. aussi Vartanian, 1950.
34. Trembley, 1744, I, pp. 13-14.
35. Bonnet, 1764, I, p. 223. Je remercie Antonella Panno d'avoir attiré mon attention sur cette page de Bonnet.
36. Needham, 1745, 1748, 1750: pp. 198, 221n, 241.
37. Needham, 1750, pp. 216, 320.
38. Cf. Needham, 1750, p. 369.
39. Maupertuis, 1752, p. 422.
40. Cf. Haller, 1752.
41. Cf. Haller, 1752, p. 18.
42. Diderot, 1778, pp. 24-25.

de la mécanique puisqu'il consiste en une réaction d'intensité disproportionnée à l'intensité du stimulus[43].

Que dire ensuite de la *Tremella*, par exemple, qui « sèche, (...) perd ses mouvemens ; humide (...) les reprend » ? Il s'agit, Diderot le dira, d'une « machine » qui « nait, et meurt à discrétion »[44].

Ces découvertes sont décisives parce qu'elles révèlent, comme l'affirmera Delamétherie, que le vivant est « une machine qui confond toutes nos idées de mécanique »[45].

4. Les manifestes antimécanistes

Comme je l'ai déjà indiqué, ces phénomènes imprévus étaient si éclatants et si nombreux qu'ils ne pouvaient être dits *exceptionnels* et la conviction se répandit bientôt que les phénomènes connus depuis longtemps et le *cours ordinaire* de la nature requéraient des explications *ad hoc*. Avant même que fussent faites les découvertes que rappelle le paragraphe précédent, des chercheurs de diverses formations scientifiques avaient exprimé de graves réserves sur la possibilité effective d'appliquer la « philosophie mécanique » aux phénomènes vitaux. Certains même n'avaient pas hésité à proclamer l'échec du mécanisme biologique[46].

La critique du mécanisme se renforce aux alentours de 1750. Mieux documentée sur le plan empirique et plus consciente sur le plan épistémologique, elle donne naissance à de véritables « manifestes » anti-mécanistes. Buffon affirme alors que l'« idée de ramener l'explication de tous les phénomènes à des principes méchaniques » en réalité « n'est qu'un projet », « une façon de voir », que les mécanistes ne peuvent donc s'arroger le droit d'établir quelles sont les « bonnes explications » et quelles sont les mauvaises, que beaucoup de phénomènes ne se rangent pas sous les lois mécaniques (« pour un phénomène qu'on pourrait y rapporter, il y en a mille qui en sont indépendans ») ; il en déduit qu'on peut dire que désormais les mécanistes « rétrécissent la philosophie »[47]. Maupertuis exprime la conviction que « jamais on n'expliquera la formation d'aucun corps organisé par les seules propriétés de la matière »[48], et soutient, répliquant à Réaumur[49], que les philosophes qui croient « qu'avec la *matière* & le *mouvement* ils [peuvent] expliquer toute la Nature »[50] et qui l'accusent « d'avoir rappellé les *qualités occultes* de l'ancienne Philosophie » doivent admettre que, si leurs propriétés mécaniques « ont expliqué assez heureu-

43. Cf. à ce propos le commentaire significatif de Erasmus Darwin : Darwin, 1794-1976, I, 1794, p. 91.
44. Diderot, 1778, p. 18. Sur la *tremella* cf. aussi Fontana, 1775 et Spallanzani, 1776a.
45. Delamétherie, 1787, II, p. 292.
46. Cf. Perrault, 1680a, pp. 270-272, et 1680b, pp. 330-331 ; Bourguet, 1729, pp. 72, 105, 142-143.
47. Buffon, 1749b, pp. 50-51.
48. Maupertuis, 1751, pp. 155-156.
49. Cf. le par. 1.
50. Maupertuis, 1751, p. 139.

sement plusieurs phénomènes, elles ne sont pas encore suffisantes pour l'explication de plusieurs autres. Plus on approfondit la nature, ajoute-t-il, plus on voit que l'impénétrabilité, la mobilité, l'inertie, l'attraction même, sont en défaut pour un nombre infini de phénomènes. Les opérations les plus simples de la Chymie ne sauroient s'expliquer par cette attraction qui rend si bien raison des mouvemens des sphères célestes »[51].

Les chimistes renouvellaient alors l'expression de leurs nombreuses et anciennes perplexités sur la validité du vieux paradigme mécaniste imposé par Boyle. Ainsi Venel, qui plaide dans l'*Encyclopédie* la cause de la chimie, insiste sur l'idée qu'elle a un « objet propre » dans l'analyse duquel la physique « s'égare ». Il affirme avec assurance que « les Chimistes ne s'honorent d'aucun agent méchanique » et trouve donc « fort singulier que (...) les principes méchaniques [soient devenus] si chers à tant de philosophes ». « Ce n'est pas, précise-t-il, par le goût contraire, par un courage affecté, que les Chimistes n'admettent point de principes méchaniques, mais parce qu'aucun des principes méchaniques connus n'intervient dans leurs opérations »[52]. Aux mécanistes, qui, bien qu'ils commettassent « mille erreurs », élevaient la voix, il fallait répondre « parlez plus bas »[53].

Mais les plus fermes dans l'expression de leurs convictions, ce sont bien évidemment les savants qui travaillent sur le vivant : les naturalistes et les médecins. Bien qu'il continue à en parler comme d'une « machine », Haller soutient qu'« il y a beaucoup de choses dans la machine animale qui sont *tout à fait étrangères* aux lois de la mécanique »[54]. Dans l'article « Méchanicien » de l'*Encyclopédie*, un anonyme affirme certes que les corps vivants sont composés de canaux et de liquides qui peuvent faire penser aux « canaux de machines inanimées » et au « fluide des machines hydrauliques », mais il ajoute qu'en réalité ces liquides « sont assujetis à *des lois qui leur sont propres* » et que ces canaux « sont soumis à d'*autres lois* qu'à celles qui conviennent à des canaux flexibles »[55]. Il y a donc des phénomènes, poursuit-il, « dont on ne peut point rendre raison par les seuls principes méchaniques, hydrauliques ou hydraustatiques » ; le principe qui gouverne les mouvements des vivants, conclut cet anonyme, « paroît n'avoir *rien de commun* avec celui des mouvemens que l'on observe dans les machines inanimées »[56]. Bonnet introduit ses *Considérations* en observant que désormais « la philosophie [a] compris l'impossibilité où elle étoit d'expliquer méchaniquement la formation des Etres organisés »[57]. Sûr que « quelqu'effort que nous fassions pour expliquer méchaniquement la Formation du moindre Organe, nous ne saurions en venir à bout », il affirme que « la *Nutrition*, le *Développement* & la *Formation* d'un nouvel

51. Maupertuis, 1751, pp. 140-141.
52. Venel, 1753, pp. 344-346.
53. Venel, 1765, p. 346.
54. Haller, 1757-1766, I, 1757, pp. V-VI (les italiques sont de moi).
55. Anonyme, 1763, p. 177 (les italiques sont de moi).
56. Anonyme, 1763, p. 178 (les italiques sont de moi).
57. Bonnet, 1762, I, p. 1.

Etre organisé sont le produit d'une *Force* inconnue (...) qui n'a rien de commun avec les Forces *méchaniques*»[58] et dans la *Contemplation* il conclut sans hésitation que «lorsque la Physique a entrepris d'expliquer *méchaniquement* la formation des corps organisés, elle s'est perdue dans la nuit des conjectures»[59]. Le «vrai Philosophe» ne doit donc même pas essayer d'«expliquer *méchaniquement* la formation d'un bras» parce que — et le choix de l'argument ne pouvait être plus significatif — il ne se forme même pas comme le font «les Molécules d'un Sel ou d'un Cristal»[60]. Dans l'article «Observation» de l'*Encyclopédie*, Menuret écrit que les méchaniciens ont introduit en médecine, outre «la fureur des hypothèses», «le goût stérile des expériences *toujours infructueuses*»[61]. Barthez conseille de ne «point concevoir le système des forces du Principe Vital, comme on conçoit les systèmes des forces mécaniques»[62]. Blumenbach affirme qu'il existe une «*force vitale*», «*une pulsion de formation ou de génération (nisus formativus)*», qui «se distingue de toutes les *forces de formation* purement mécaniques», et il remarque que l'idée même d'un corps vivant «contient nécessairement celle *d'une fin, d'un but*», ce qui «détruit absolument toutes les explications *purement mécaniques*»[63]. Dans la même perspective Bordeu s'était dit convaincu qu'«il règne dans les lois de l'économie animale un art merveilleux qu'on n'imitera jamais», assurant que «le chimiste et le méchanicien ont beau rechercher ou se flatter de le reconnoître, jamais ils ne parviendront, l'un à faire du sang et l'autre une machine semblable au cœur, au cerveau ou à l'estomac; à plus forte raison ne connoîtront-ils jamais les rapports qui font l'harmonie des organes». Le fait est, avait-il conclu, qu'«il y a trop loin des lois de la chimie et de la mécanique à celles de la nature», et cette dernière «est plus profonde que le plus sublime mathématicien, physicien ou chimiste»[64]. Il en vint donc à définir «des physiciens légers» tous «les copistes et les commentateurs des Hecquet, Baglivi et autres de cette espèce, qui ont tant parlé de ressorts, d'élasticité, de battements, de fibrilles», les comparant à des enfants qui jouent avec des morceaux de papiers[65].

Diderot aussi avait formulé de très virulentes critiques: le mécaniste soutient une infinité de «*sottises*», avait-il écrit, et «lorsqu'il omet la sensibilité, l'irritabilité, la vie, la spontanéité, *ne sçait ce qu'il fait*»[66].

5. L'identification du champ biologique

L'expression la plus conséquente de ce mouvement d'idée se trouve dans les écrits de Lamarck, lorsque, prenant acte de l'irréversible sclérose

58. Bonnet, 1764, I, pp. 14-15, 92 (les italiques sont dans le texte).
59. Bonnet, 1764, I, p. 154 (les italiques sont dans le texte).
60. Bonnet, 1764, I, p. 248 (les italiques sont dans le texte).
61. Menuret, 1765, p. 316 (les italiques sont de moi).
62. Barthez, 1778, II, p. 163.
63. Blumenbach, 1779-1780, I, p. 17 (les italiques sont dans le texte).
64. Bordeu, 1775, pp. 831-832.
65. Bordeu, 1782, p. 670.
66. Diderot, 1778, pp. 20-21 (les italiques sont de moi).

de la « philosophie mécanique », il s'efforce d'élaborer une nouvelle science de la vie. Non seulement la « philosophie mécanique » s'est révélée incapable d'expliquer les phénomènes du vivant mais elle doit dorénavant être considérée comme un obstacle au progrès de la recherche. Il faut prendre des distances à l'égard de l'histoire naturelle (traditionnellement dépendante des sciences physiques) et fonder une nouvelle science. La biologie ne sera plus l'appendice, le sous-produit d'une autre discipline, une de ses applications particulières, elle se sera soustraite à ce que Venel appelait « la souveraineté de la Physique »[67] et tendra à délimiter son champ d'enquête spécifique en élaborant ses propres lois et ses propres principes.

Dans les années cruciales du tournant entre le XVIIIe et le XIXe siècle, les prises de position contre l'ancienne « philosophie mécanique » s'étaient multipliées[68]. Néanmoins il ne suffisait plus de dénoncer l'insuffisance de la problématique traditionnelle. L'échec de la « philosophie mécanique », proclamé depuis longtemps, était maintenant évident. Désormais se contenter de le répéter avait pour seul effet de démontrer l'impuissance à résoudre la crise. Quelle était « la manière toute différente » (Bichat) qui caractériserait la science de la vie ? Comment pouvait-il y avoir « une énorme différence » entre les lois des corps bruts et celles des corps vivants si tous n'étaient que des composés de matière ? Et quelles pourraient être les forces « exclusivement propres » (Cabanis) aux êtres vivants ? Ces questions exigeaient des réponses.

Lamarck ne se borne pas à réaffirmer que « les matières brutes (...) se régissent par des loix (...) *très différentes* de celles auxquelles les êtres vivants sont assujettis »[69], redéfinissant le concept de la vie et élaborant une nouvelle forme de matérialisme, il répond aux questions énoncées ci-dessus. Dès 1778, dans *la Flore française*, il avait conçu la vie comme le déploiement de certaines fonctions déterminées, plus ou moins complexes selon le degré de complexité de l'organisation[70], comme un épiphénomène (nous dirions aujourd'hui une « émergence ») de la structure matérielle[71]. Il avait ainsi libéré la nouvelle science des vivants de l'hypothèque animiste, que ce soit sous sa forme traditionnelle ou sous cette forme « laïque » qui consiste à affirmer — affirmation tautologique — que les vivants sont des corps possédant non pas une âme mais un « principe vital »[72] tout aussi impalpable.

67. Venel, 1753, p. 340 : « Les chimistes rebelles qui oseront méconnoître la souveraineté de la Physique, oseront prétendre aussi que la *Chimie* a chez soi de quoi dire beaucoup mieux sur toutes les questions ».

68. Cf. Par exemple E. Darwin, 1794-1796, I, pp. XXXIII, 2 ; Bichat, 1800, pp. 83-84 ; Cabanis, 1802, pp. 200, 257-258.

69. Lamarck, 1800b, p. 461 (les italiques sont de moi).

70. Cf. Lamarck, 1778, pp. XCIII-XCIV. Sur ce point et les questions afférentes dont je traite ici et dans les paragraphes suivants, cf. aussi Barsanti, 1979 (*La costruzione del dizionario biologico*, pp. 65-95).

71. Joseph Schiller en a traité très brillamment (cf. Schiller, 1978).

72. Principe que Lamarck avait auparavant accepté (cf. Lamarck, 1776).

Trouver une « troisième voie » entre l'animisme et le mécanisme était désormais une nécessité puisque la nouvelle science du vivant ne pouvait plus ignorer ni que ses objets étaient des phénomènes matériels ni qu'il lui était impossible de se réduire à une mécanique de ces phénomènes. Mais comment être matérialiste sans retomber dans la philosophie mécaniste ? Comment échapper à un héritage dans le cadre duquel l'*unique* forme de matérialisme était le mécanisme ? Comment définir une « troisième voie » que de nombreux contemporains jugeaient encore, dans le meilleur des cas, contradictoire et velléitaire ? Pour repousser le mécanisme sans être contraint de renoncer à l'orientation matérialiste de la recherche le naturaliste français s'appuie sur le nouveau courant vitaliste, et peut-être aussi sur certaines découvertes de la « nouvelle chimie ». Grâce à une utilisation plus systématique du concept d'organisation[73], il peut développer des thèses que nous pourrions aujourd'hui appeler holistes, et situer ainsi les récents résultats de la recherche empirique dans un cadre théorique adéquat.

En se combinant la matière acquiert de nouvelles propriétés : « toute matière composée quelconque peut varier à l'infini *dans son état de combinaison* et *dans les proportions de ses principes* (...). Après chaque modification, quelque grande ou petite qu'elle soit, la matière observée aura nécessairement alors des *qualités particulières* relatives à son nouvel état »[74]. Les fonctions vitales ne sont donc que des propriétés résultant d'un mode déterminé de combinaison de la matière : la vie en « émerge » sans l'intervention d'un quelconque principe immatériel, elle n'est, comme Lamarck l'écrit lui-même, que « le produit de l'organisation »[75], « qu'*un mode ou un ordre des choses* »[76], c'est-à-dire « *un état des parties* »[77] qui permet l'accomplissement des processus organiques.

Cette solution diffère grandement de celles qu'avaient adoptées d'autres naturalistes ayant eux aussi dénoncé l'échec du mécanisme. Buffon par exemple avait préféré supposer qu'il existait *deux types* de particules élémentaires (les unes « brutes » et inertes, les autres « organiques » et actives) et que les vivants étaient des composés d'une matière déjà en soi vivante[78]. Maupertuis, qui, lui, pensait qu'il n'existait qu'un seul type de matière, ne concevait pas du tout la vie comme un phénomène d'« émergence » mais comme une propriété déjà présente dans toute la matière car il se refusait à croire qu'il existât des atomes de matière absolument « brute », attribuant à toutes les particules matérielles « quelque principe

73. Lamarck est celui qui « a donné à la notion d'organisation le plus d'étendue et de profondeur », l'usage qu'il en fait est tel qu'elle « cesse d'être une simple notion anatomo-physiologique (...) pour devenir un instrument heuristique » : Schiller, 1978, p. 70.
74. Lamarck, 1801-1802, p. 93 ; 1802, p. 71 (les italiques sont dans le texte).
75. Lamarck, 1814, p. 232.
76. Lamarck, 1801-1803, p. 181 ; cf. aussi 1809a, I, p. 403 (les italiques sont dans le texte).
77. Lamarck, 1815, p. 124 (les italiques sont de moi) ; cf. aussi 1802, pp. 71, 216 ; 1815, pp. 59-60, 61.
78. Cf. Buffon, 1749b, pp. 20-40.

d'intelligence, quelque chose de semblable à ce que nous appelons *désir*, *aversion*, *mémoire* »[79]. Buffon et Maupertuis niaient tous deux explicitement (le premier sur la base de son dualisme de la matière, le second en se fondant sur un matérialisme panpsychique) que la vie pût être considérée comme un effet de l'organisation. Buffon affirme avec certitude que « la matière seule, quoique parfaitement organisée, ne peut produire ni la pensée ni la parole qui en est le signe »[80], et Maupertuis pose cette question pour lui rhétorique : « si l'on dit que l'organisation en fait la différence, conçoit-on que l'organisation, qui n'est qu'un arrangement des parties, puisse jamais faire naître une pensée ? »[81].

Comme on peut le constater l'organisation est ici réduite à une simple *combinaison* de parties et on exclut qu'elle puisse faire émerger de nouvelles propriétés dont les éléments ne fussent déjà pourvus. Diderot lui-même l'affirme de la façon la plus nette (« la vie ne peut être le résultat de l'organisation »), raisonnant ainsi : « imaginez les trois molécules A, B, C ; si elles sont sans vie dans la combinaison A, B, C, pourquoi commenceroient-elles à vivre dans la combinaison B, C, A ou C, A, B ? »[82]. Et Bonnet, qui avait été peut-être le critique le plus sévère de la philosophie mécanique, aurait bientôt révélé qu'il existait aussi de précis motifs idéologiques pour refuser la thèse de l'organisation. En effet, si celle-ci est considérée comme suffisante pour faire apparaître la vie, une simple modification ne peut-elle aussi être considérée comme suffisante pour produire la sensation, et, qui sait, la pensée même ? Or « un écrivain qui admet que les sensations des Animaux ne sont que des modifications de l'organisation, s'expose à de terribles conséquences » en théologie, car il pourrait être accusé de nier l'existence de l'âme[83].

A partir de son Discours d'Ouverture au cours de zoologie des invertébrés, qu'il tint au Muséum d'Histoire naturelle en 1800, Lamarck, sans se préoccuper aucunement de ses implications théologiques, soutient la thèse opposée à celle de Buffon, de Maupertuis, de Diderot : « il n'y a dans la nature aucune matière qui ait *en propre* la faculté de vivre »[84]. Cette dernière provient en réalité de l'agrégation particulière des particules élémentaires laquelle détermine, dans le composé, l'émergence de propriétés que

79. Maupertuis, 1751, p. 147 (les italiques sont dans le texte). Robinet, entre autres, adoptera une solution analogue : cf. Robinet, 1768.

80. Buffon, 1766b, p. 61.

81. Maupertuis, 1751, p. 149. Lamarck, pour sa part, adoptait aussi un point de vue holistique dans le problème des fonctions supérieures : « Les idées, la pensée, l'imagination même, ne sont que des phénomènes de la nature, et conséquemment que des véritables faits d'organisation » (Lamarck, 1809a, II, p. 175).

82. Diderot, 1765, p. 8.

83. Bonnet, 1766, p. 243. Seul Needham semble avoir anticipé la solution lamarckienne, quand il affirma que ses expériences sur la génération spontanée démontraient que « les principes sont originairement les mêmes » et qu'« il n'y a que la combinaison de différente » : Needham, 1750, p. 274.

84. Lamarck, 1814, p. 232 (les italiques sont de moi).

les éléments ne possèdent pas[85], et qui jaillissent véritablement (nous les appellerions aujourd'hui des propriétés d'ordre et de système) de leur combinaison[86].

Pour Lamarck, qui ne doit postuler ni l'existence d'atomes vivants ni que tous les atomes le sont, et qui peut donc revenir au concept *physique* de particule, la vie peut « émerger » de la matière sans l'intervention d'un principe qui lui serait étranger. Et c'est ainsi que la biologie peut « émerger » de la physique sans courir le risque de se transformer en métaphysique.

6. L'unification du champ biologique

Traditionnellement l'étude des corps vivants était l'un des objets des histoires naturelles (des végétaux, des animaux, de l'homme). Celles-ci consistaient, selon les cas, en recherches morphologiques, en analyses anatomiques, en études fonctionnelles, en essais de paléontologie, en reconstruction du milieu (écologie) et quand cela était possible en descriptions des comportements (éthologie). S'efforçant de constituer une science autonome du vivant, Lamarck fut le premier à rassembler dans un unique cadre théorique et à articuler systématiquement ces diverses disciplines, ces multiples modalités de considérer les êtres vivants.

Ce n'est d'ailleurs pas un hasard si Lamarck fut l'un des premiers à utiliser le néologisme de « biologie »[87], s'il fut le premier à le doter de sa signification moderne en définissant cette science : « la théorie des corps vivans »[88] qui recherche « quelle est l'origine des corps vivans et quelles sont les causes principales de la diversité de ces corps, des développements de leur organisation et de leurs facultés »[89] ; en affirmant qu'elle « comprend tout ce qui a rapport aux corps vivans, et particulièrement à leur organisation, à ses développemens, à sa composition croissante avec l'exercice prolongé des mouvemens de la vie, à sa tendance à créer des organes spéciaux, à les isoler, à en centraliser l'action dans un foyer, etc. »[90], « tout ce qui est généralement commun aux *végétaux* et aux *animaux*, comme toutes les facultés qui sont propres à chacun de ces êtres, sans exception »[91].

Ce n'est pas non plus un hasard si le terme de biologie était déjà apparu et si, au cours des dernières années du XVIIIe siècle et des premières du XIXe, il était employé de plus en plus souvent dans les écrits des naturalistes et des médecins d'orientation vitaliste. Laissons de côté les *Fundamenta*

85. « Le concept d'organisation introduit une rupture radicale entre les objets de la réalité naturelle » : Jacob, 1970, p. 108.
86. Cf. Lamarck, 1809a, I, p. 360. Needham semble de nouveau avoir anticipé cette solution quand il avait établi que « tout composé physique est (...) une combinaison d'agens simples d'une nature différente & même opposée » à celle du composé ; il avait donc admis que « la vie peut être le résultat de la seule structure » de ces agents, « une conséquence immédiate de la simple organisation » : Needham, 1750, pp. 335, 375n.
87. Cf. Lamarck, 1800a. Dans les textes publiés, Lamarck emploie le terme de biologie à partir de 1801 (cf. Lamarck, 1801-1802 et 1802).
88. Lamarck, 1801-1802, p. 8.
89. Lamarck, 1800a, p. 269.
90. Lamarck, 1802, p. 202.
91. Lamarck, 1815, p. 49 (les italiques sont dans le texte).

botanica de Linné dans lesquels il est bien question de « *biologi* » (*biologistes*)[92] mais par erreur puisqu'il s'agit de ceux qui « *Panegyrica* plerumque exclamarunt »[93], et qui auraient donc dû être désignés comme « *biographi* » (*biographes*). Le terme est utilisé par Roose dans l'introduction aux *Grunzüge von der Lebenskraft* (1797) mais comme un synonyme de « physiologie »[94], par Burdach dans une note de son *Propädeutik zum Studium der gesammten Heilkunst* (1800)[95] et par Treviranus dès le titre de sa *Biologie, oder Philosophie der Lebenden Natur* (1802-1822)[96].

Ce ne sont jamais de simples questions de forme qui suscitent l'apparition d'un néologisme dont l'invention et l'emploi est le plus souvent exigé par un nouveau programme de recherche. Dans notre cas, à l'origine du néologisme, il y avait un rêve, l'unification du champ biologique, dont on peut trouver une anticipation dans les écrits de Maupertuis qui avait déjà compris que pour réaliser cette unification il fallait travailler non pas tant sur certains détails (de type morphologique, anatomique, physiologique, écologique et éthologique) mais sur les *processus généraux* de la nature vivante. « Pour faire de l'Histoire naturelle une véritable Science, écrivait-il, il faudroit qu'on s'appliquât à des recherches qui nous fissent connoître, non la figure particulière de tel ou tel animal, mais les procédés généraux de la Nature »[97].

Ce n'est toujours pas un hasard si Lamarck déclarait, et précisément dans sa *Biologie*, que la clé de compréhension de la nature vivante dans sa totalité résidait dans la découverte d'« une seule loi générale »[98]. En d'autres termes, il estimait possible de fonder les histoires naturelles des vivants sur une unique hypothèse de travail qu'il conçut après avoir examiné les « procédés généraux » dont parlait Maupertuis. Comme on le sait, il s'agit de la théorie de l'évolution, une théorie synthétique qui, impliquant toutes les dimensions de la nature vivante, permettait de lier étroitement la morphologie à l'anatomie, la physiologie à la paléontologie, la botanique à la zoologie, la physiologie à la paléontologie, la botanique à la zoologie, l'écologie à l'éthologie, et de doter toutes ces disciplines d'un unique cadre de référence.

Le passage des histoires naturelles à l'histoire de la nature (sur le fondement de la théorie de l'évolution), le passage d'un ensemble de théories *descriptives* portant sur des objets et des phénomènes *privés de dimension temporelle* à un point de vue qui est *historique*, à une discipline qui ne se contente pas de présenter les divers êtres vivants mais les classe

92. Cf. Linné, 1736, af. 52.
93. Linné, 1751, af. 52.
94. Cf. Roose, 1797 et Müller, 1983 à qui l'on doit la notation du fait.
95. Cf. Burdach, 1800, p. 62n.
96. Treviranus, 1802-1822, I, 1802, p. 4. Avec sa *Biologie* Treviranus prétendait fonder une nouvelle science de la vie, mais en réalité il est loin d'avoir réalisé ce « programme grandiose », s'étant limité à exposer « sans grande originalité » (Schiller, 1971a, p. 239) le système des végétaux et des animaux.
97. Maupertuis, 1752, p. 418.
98. Lamarck, 1800a, p. 269.

selon l'ordre dans lequel, dérivant les uns des autres, *ils sont apparus sur terre*, a déjà été plusieurs fois retracé[99]. Aussi préférons-nous pour notre part examiner le passage de l'histoire naturelle à la biologie, le passage d'un ensemble de disciplines *indépendantes* à une science enfin *unitaire* des phénomènes vitaux. Ce passage ne consiste pas en un simple assemblage de parties, il ne s'agit pas de «confédérer» des disciplines scientifiques préexistantes (les histoires naturelles des végétaux, des animaux, de l'homme), mais il s'agit de réaliser un projet plus ambitieux : démontrer l'existence d'un champ *nouveau* de recherche, plus vaste mais *homogène*.

Lamarck le fit en soulignant les grandes affinités qui existent entre les végétaux et les animaux et en refusant radicalement la tripartition traditionnelle de la nature que l'œuvre de Linné avait consacrée et que reflétait la division de l'histoire naturelle en zoologie, botanique et minéralogie. Lamarck pensait, il le dit explicitement, que la tripartition de la nature n'aurait eu de sens que si les domaines qu'elle définissait s'étaient trouvés «sur une même ligne» et harmonieusement séparés par un même écart. Elle n'aurait été justifiée que s'il existait autant de différence entre l'animal et le végétal qu'entre le végétal et le minéral. Or pour Lamarck ce ne pouvait être le cas, il découvrait un «*hiatus* immense» entre les minéraux et les végétaux[100], tandis qu'il ne voyait que des éléments de continuité entre les végétaux et les animaux. Il regroupait donc ces derniers et séparait nettement des minéraux l'ensemble ainsi constitué[101].

Ainsi la nature était envisagée d'un point de vue plus «général» que celui auquel on se plaçait communément : c'était le nouveau point de vue *unifié* de la biologie. Mais sur quelle base empirique un tel point de vue pouvait-il s'appuyer ? Lamarck recourt, entre autres, à maintes reprises à la découverte du «polype d'eau douce», dont Trembley avait enfin établi la nature *animale* tout en soulignant ses nombreuses affinités avec le règne végétal de telle sorte qu'on pouvait le concevoir comme un corps *intermédiaire* entre les deux règnes[102]. Il est donc bien vrai qu'entre les végétaux et les animaux «la nature a établi (...) une ligne de démarcation frappante. Ce n'est, néanmoins, écrit Lamarck, qu'une ligne de démarcation tranchée, et non un intervalle considérable, comme celui qui sépare les corps inorganiques des corps vivans»[103]. Quelles que puissent être les différences qui les distinguent, les êtres vivants «ont tous une manière d'être qui leur est commune, et qui leur est à la fois particulière»[104]. Nous devons prendre acte que parmi leurs caractères distinctifs il n'y en a pas qui soient «essentiels et exclusifs» : «c'est (...) un fait certain qu'aucun

99. Cf. Burkhardt, 1977, Barsanti, 1979 et 1983, Corsi, 1983.
100. Lamarck, 1800b, p. 461. Je reviendrai plus en détail sur cette orientation dans le paragraphe suivant.
101. Cf. Lamarck, 1800b, pp. 459-460.
102. Cf. Trembley, 1744, II, pp. 321-323.
103. Lamarck, 1815, p. 82.
104. Lamarck, 1815, p. 284.

zoologiste n'en a encore présenté qui soit véritablement appliquable à tous les animaux connus et qui les distingue nettement des végétaux »[105].

L'idée d'unifier le domaine de la biologie n'était pas nouvelle. Trembley l'avait suggérée et Buffon, Needham, Bonnet, Pallas, Vicq d'Azyr, Diderot, Delamétherie, Darwin, Bichat l'avaient déjà formulée avec plus ou moins d'énergie[106]. Mais si l'orientation était claire, les observations et les expériences qui pouvaient la conforter ne semblaient pas adéquatement reliées, elles manquaient surtout d'un cadre de référence. Bien que personnellement il n'eût fait aucune découverte empirique, l'intervention de Lamarck fut décisive parce qu'il accomplit finalement un bilan systématique des observations et des expériences que les autres naturalistes de l'époque avaient faites. Il l'ébaucha dès ses premiers écrits biologiques[107] et le perfectionna dans le *Système analytique des connoissances positives de l'homme* (1820) où dix propriétés, communes à tous les animaux et à tous les végétaux, étaient énumérées[108]. Le territoire du vivant se présentait désormais comme un royaume unique bien qu'articulé en diverses provinces.

7. *La délimitation du domaine biologique*

Tandis que l'identification du champ de la biologie (l'affirmation de l'impossibilité d'appliquer aux vivants les *lois* de la physique) et son unification (l'affirmation qu'il était possible de comprendre tous les phénomènes de la vie à l'intérieur d'un même *cadre théorique*) sont, l'une et l'autre, avant tout des opérations épistémologiques, la délimitation du champ est une opération que nous appellerions ontologique qui consiste à définir la *nature* des vivants et à affirmer l'existence d'une *véritable solution de continuité* entre ceux-ci et les « corps bruts ». Des progrès ultérieurs de la physique auraient pu annuler les deux premières opérations puisqu'une physique plus sophistiquée aurait pu être à même d'étendre sa législation aux vivants ; la troisième opération excluait cependant cette possibilité puisqu'elle conduisait la biologie nouvelle-née à la certitude que ses *objets* différaient de tous les autres, qu'il existait un *niveau de la réalité* proprement biologique — irréductible.

J'ai déjà fait allusion précédemment au refus par Lamarck de la traditionnelle tripartition de la nature et à la bipartition qu'il introduisit, distinguant seulement deux domaines, celui des corps vivants et celui des corps « bruts ». Développant dans un article publié dans l'*Encyclopédie méthodique* (1786) une série de considérations qu'il avait déjà ébauchées

105. Lamarck, 1815, pp. 7-8.
106. Cf. Trembley, 1744, I, p. 34 ; Buffon, 1749b, pp. 8,10 ; Needham, 1750, pp. 224-225n. ; Bonnet, 1674, I, p. 37 et II, pp. 22-23 ; pp. 22-23 ; Pallas, 1766, pp. 23-24 ; Diderot, 1778, pp. 8-19 ; Vicq d'Azyr, 1768a, p. 27 ; Delamétherie, 1787, II, pp. 96-97 ; Darwin, 1794-1796, I, 1794, p. 149 : Bichat, 1800, p. 3.
107. Cf. Lamarck, 1800a, p. 237 ; puis 1809a, I, p. 396 ; et 1815, pp. 53-57.
108. Cf. Lamarck, 1820, pp. 121-123.

dans la *Flore française* (1778)[109], il attirait l'attention sur la « *distance infinie* qu'il y a des êtres vivans aux êtres inorganiques », et sur la « nécessité de ne point présenter sur une même ligne (...) des êtres si différens entr'eux »[110]. « Il n'y a pas la moindre comparaison à pouvoir faire des minéraux avec les êtres vivans », répétera-t-il dans un manuscrit de 1795, « parce qu'il y aura toujours *une distance infinie* entre un être muni d'un principe vital, doué d'organes qui exécutent diverses sortes de fonctions, en un mot, un être qui a la faculté de reproduire son semblable et qui est assujetti à la mort, tel qu'un animal ou une plante ; et un être sans vie, sans organes, et qui n'a qu'une structure résultante de l'agrégation des molécules qui l'ont formé, comme une pierre, un morceau de métal, etc. »[111]. Trois ans plus tard, il insistera encore : « Les *corps bruts* sont infiniment distingués des *êtres vivans* », ils sont séparés par « un hyatus immense qui ne permet point de [les] comparer »[112].

Lamarck n'a pas éprouvé de difficultés à maintenir cette dichotomie même lorsqu'à partir de 1800 il admit pour expliquer l'origine de la vie la possibilité de la génération spontanée. Cette hypothèse et sa conception évolutionniste le conduisent à l'idée d'une connexion entre la nature inorganique et la nature organique. Il affirme même qu'il y a passage de l'une à l'autre, mais il n'oublie pas que, si d'un côté il est probable que la vie ait eu pour origine un processus de nature physico-chimique (qui a produit une « organisation » de la matière inorganique favorable à l'apparition du vivant), d'un autre côté, une fois un corps organisé constitué, la vie cesse d'être une simple manifestation de forces mécaniques. Même si la vie provient spontanément de l'inorganique et si vivre n'est que déployer des fonctions déterminées, les phénomènes du vivant sont absolument iréductibles aux phénomènes physico-chimiques. Le vivant, bien qu'il soit composé exclusivement de matière « brute », a « une manière d'être »[113] et jouit de propriétés tout à fait singulières : il possède des caractères « *exclusivement propres* »[114] qui « *le distinguent essentiellement* » des corps bruts[115]. Lamarck continue donc à soutenir qu'il existe entre les « corps bruts » et les « corps vivants », « un hiatus immense » qui « ne permet pas de ranger sur une même ligne ces deux sortes de corps »[116], une « *extrême différence* »[117], « *une différence énorme, un hyatus considé-*

109. Cf. Lamarck, 1778, pp. 1-4.
110. Lamarck, 1786, p. 34 (les italiques sont de moi).
111. Lamarck, 1795, p. 49 (les italiques sont de moi).
112. Lamarck, 1798-1799b, p. 174 (les italiques sont dans le texte) ; cf. aussi 1798-1799a, p. 162.
113. Lamarck, 1816-1817, p. 284.
114. Lamarck, 1809a, I, p. 382 (les italiques sont de moi). Cf. aussi 1809a, II, pp. 114-116 ; 1810-1814, pp. 123, 132.
115. Lamarck, 1810-1814, p. 1232 (les italiques sont de moi). Cf. aussi 1809a, I, p. 385 ; 1815, p. 38, et 1816-1817, p. 284.
116. Lamarck, 1800b, p. 461 (les italiques sont dans le texte). Cf. aussi 1800a, p. 271 (« il existe dans la nature deux sortes de Corps infiniment distingués l'un de l'autre ») et 1809b, p. 208.
117. Lamarck, 1809a, I, p. 377 (les italiques sont de moi).

rable »[118], un vide qu'aucun prétendu anneau ne pourra jamais combler — « une si grande différence dans tout ce qui les concerne, qu'il n'est pas possible de trouver un seul motif raisonnable pour supposer que la nature ait pu les réunir quelque part »[119]. Il peut ainsi affirmer, que loin de s'être révélée une erreur, et même une thèse contradictoire avec la théorie de la génération spontanée, la distinction tranchée entre vie et non-vie « est propre à faire mieux connoître » le domaine de la nature[120].

Une telle bipartition avait déjà été suggérée par Buffon, Diderot, Arnault, Pallas, Blumenbach, Daubenton, Delamétherie, Batsch et Vicq d'Azyr. Elle fut adoptée par Bichat, A.L. de Jussieu et Virey[121]. Comte la reprendra et l'auteur du *Cours de philosophie positive* (1830-1842) théorisera en effet l'existence d'un « contraste radical de la vie à la mort », affirmera qu'il n'y a « aucune distinction réelle » entre les végétaux et les animaux, tandis qu'il y a une « séparation radicale » entre les végétaux et les minéraux[122]. On a coutume de lui attribuer cette opération : « à la division traditionnelle de la nature en trois règnes qui permet à la rigueur de concevoir une transition graduelle entre tous les êtres, [il] substitue une division en deux empires », écrivait Canguilhem[123]. Mais en réalité, comme nous l'avons vu, Lamarck fut le premier à théoriser cette bipartition et sa théorie n'eut pas le caractère régressif qui lui fut par la suite reproché. La décision lamarckienne jaillissait de la prise de conscience qu'il était possible et urgent de fonder une biologie générale dont le champ d'investigation ne pouvait être délimité qu'en estompant les différences qui pouvaient exister entre ses objets (ceux des « règnes » végétaux et animaux) et en les différenciant par contre nettement des objets des sciences physiques. Cela fut obtenu — et ne pouvait l'être plus efficacement — en subdivisant la nature entre deux « empires » : celui des corps vivants et celui des corps « bruts »[124].

A cette fin Lamarck travaille, dès son premier écrit biologique[125], à la détermination la plus précise des caractères propres aux vivants (animaux et végétaux), il insiste sur l'existence de huit propriétés qui leurs sont particulières et qui sont absolument « étrangères » aux éléments et aux composés inorganiques[126]. De ce qui advient dans les corps vivants, « rien n'a lieu à l'égard des corps inorganiques »[127].

118. Lamarck, 1809a, I, p. 384 (les italiques sont de moi). Cf. aussi 1810-1814, pp. 123-124, et 1815, pp. 37-38, 52, 64.
119. Lamarck, 1815, p. 38.
120. Lamarck, 1800b, p. 461. Cf. déjà 1798-1799b, pp. 173-174.
121. Cf. Buffon, 1749b, pp. 6, 39 ; Arnault, 1764, p. 73 ; Pallas, 1766, pp. 3-4, 23-24 ; Daubenton, 1782, pp. XI, XIII ; Vicq d'Azyr, 1786a, p. 28 ; Delamétherie, 1787, I, p. XVI ; Bichat, 1801, I, p. XXV ; Jussieu, 1805, p. 426.
122. Comte, 1851-1854, I, 1851, pp. 578-580.
123. Canguilhem, 1968, p. 68.
124. C'est bien parce qu'il a adopté cette bipartition que Lamarck « is no longer a natural historian but a biologist » : Stafleu, 1971, p. 410.
125. Cf. Lamarck, 1800a, p. 271. Puis 1809a, I, pp. 378-384, et 1815, pp. 33-37.
126. Cf. Lamarck, 1820, pp. 100-102.
127. Lamarck, 1810-1814, p. 123.

La bipartition de la nature est si importante dans le projet lamarckien de fondation de la biologie que bien loin d'y renoncer, Lamarck la radicalise au cours de son œuvre. Si dans *la Philosophie zoologique*, nous la retrouvons exprimée dans les mêmes termes un peu timides du Discours de 1800[128], elle est redéfinie et acquiert une portée et une signification cosmique dans les pages de l'introduction à l'*Histoire naturelle des animaux sans vertèbres* (1815). Lamarck ne se limite plus à subdiviser la nature dans les deux « branches » des « corps vivans » et des « corps bruts » mais pour mettre en valeur la profondeur de « l'abîme » qui les sépare, il prend l'initiative aussi audacieuse que contestable de proposer d'appeler « Nature » *le seul domaine de la nature vivante* — le domaine biologique parcouru d'énergies — et « Univers » l'ensemble des corps physiques inertes[129].

Dans le *Système analytique des connoissances positives de l'homme* (1820), où il insiste encore sur le fait que ces deux domaines « sont extrêmement différens », « tout-à-fait séparés », et qu'ils ne doivent pas être confondus, il les définit différemment. Ce qui auparavant constituait l'« Univers » devient le domaine de la « Matière », dont l'essence est ainsi définie : « une substance (...) essentiellement passive, inerte, sans mouvement et sans activité propre »[130]. La Nature — toujours entendue comme nature *vivante* — est au contraire « une puissance toujours active », qui « embrasse le monde physique » et, « quoiqu'[elle] ne puisse ni en créer, ni en détruire une seule particule, [elle le] modifie continuellement de toutes les manières et sous toutes les formes »[131].

Ces pages et les définitions qu'elles contiennent, dont on ne peut dire qu'elles aient eu de la part des historiens l'attention qu'elles méritent, constituent l'ultime effort désespéré de Lamarck pour circonscrire le champ de la biologie en utilisant les catégories les plus significatives que la tradition mettait à sa disposition.

8. Objets métaphysiques

J'ai qualifié cette tentative de désespérée parce que Lamarck s'était vite aperçu que malgré ses efforts, malgré leur appartenance à une tradition de recherche, bien peu nombreux étaient les chercheurs qui s'étaient réellement rendus à la nécessité d'étudier les vivants en utilisant les paramètres d'une science qui leur fût particulière. Bichat[132], Jussieu[133], Magendie[134], avaient adopté ce point de vue avec une conviction suffisante, mais, après l'intervention de Kant qui avait refusé à la science de la vie toute possi-

128. Cf. Lamarck, 1809a, I, pp. 384-385.
129. Cf. Lamarck, 1815, p. 315.
130. Lamarck, 1820, p. 16.
131. Lamarck, 1820, pp. 20, 34.
132. Cf. Bichat, 1801, I, p. LIV.
133. Cf. Jussieu, 1805, p. 426.
134. Cf. Magendie, 1809, pp. 145, 150, 156.

bilité de s'émanciper de la physique[135], en défendre la légitimité devint très difficile. Lamarck aurait certes pu trouver des alliés, mais ceux-ci se seraient limités — comme ce fut le cas avec Virey — à répéter que la nature des vivants « doit être recherchée dans un ordre de principes différens [des] lois qui régissent les matières brutes en général [et de] toutes les explications des sciences physiques et méchaniques ordinaires »[136]. Ils ne se seraient pas aventurés à fournir des indications alternatives et constructives. Comme on le sait ce n'est qu'en 1826 que sera publié le premier texte systématique défendant et illustrant l'autonomie de la biologie, le *Discours sur la biologie*[137] de Foderà, et ce n'est qu'en 1838 que Comte parviendra à rédiger ce qu'on pourrait appeler l'acte de naissance de la biologie[138]. Dans les premières années du XIXe, un naturaliste influent comme Cuvier niait encore que les phénomènes vitaux fussent « d'un ordre différent » de celui auquel appartiennent les phénomènes physiques, il soutenait qu'une déclaration de faillite de la « philosophie mécanique » était, à ne pas en douter, prématuré : « on aurait tort, écrivait-il, de s'appuyer sur l'inutilité des efforts que les physiciens ont faits jusqu'ici pour lier les phénomènes des corps vivans aux lois générales de la nature, et d'en conclure que ces phénomènes sont absolument d'un ordre différent »[139]. Pour Cuvier, comme pour de nombreux autres naturalistes, il fallait encore laisser du temps aux mécanistes. Ainsi, l'enthousiasme des premières années, quand il pensait qu'on aurait bientôt reconnu à la biologie un statut de science autonome, s'étant amoindri, Lamarck observe avec amertume que la nouvelle science « n'est pas encore fondée »[140], dans la mesure, précise-t-il, où « l'on n'a pas pensé à en faire un sujet d'étude particulier »[141].

Il est donc contraint de répéter, en 1816-1817, que les vivants doivent être l'objet « d'une science particulière (...) qui n'a pas même de nom, dont j'ai proposé quelques bases dans ma *Philosophie zoologique*, et à laquelle je donnerai le nom de *Biologie* »[142]. Son insistance sur la nécessité de la fondation d'une nouvelle discipline, comme son silence sur le fait que le néologisme de « biologie » avait été introduit plus de quinze ans auparavant, témoignent clairement de la difficulté qu'il continue de rencontrer pour émanciper la science de la vie en l'arrachant à la tradition mécaniste. A l'évidence celle-ci portait un savoir encore crédible — ce savoir qui niait l'existence d'un niveau du réel intermédiaire entre le physico-chimique et le psychique, et qui imposait une approche réductio-

135. Cf. Kant, 1790, paragraphes : 71, 80, 82.
136. Virey, 1823, p. III.
137. Cf. Foderà, 1826.
138. Cf. Comte, 1838a.
139. Cuvier, 1800-1805, I, 1800, pp. 8-9.
140. Lamarck, 1810-1814, p. 122 ; cf. aussi 1816-1817, p. 284.
141. Lamarck, 1816-1817, p. 284.
142. Lamarck, 1816-1817, p. 284 ; cf. aussi 1815, p. 49.

niste aux phénomènes de la vie. S'y opposer faisait encore courir le risque d'être mis à l'écart de la communauté des chercheurs *positifs*.

Mais cela ne suffit à provoquer l'abandon de Lamarck, il ne renonça pas à ses espoirs et à son projet initial. Conscient du fait que la biologie ne pouvait se développer que lorsqu'on aurait enfin reconnu l'existence de propriétés spécifiques aux vivants, irréductibles aux propriétés des objets de la physique, Lamarck n'hésita pas à dire que la nature vivante est « un ensemble d'objets *non-physiques* »[143] ; il alla même, cinq ans après, jusqu'à définir son domaine comme « un ensemble d'objets *métaphysiques* »[144].

Comme on peut le constater, Lamarck était prêt à s'aventurer très loin pour conquérir un espace propre à la biologie en la soustrayant à la souveraineté de la physique.

Traduit par Marc Rives
Université de Florence

BIBLIOGRAPHIE

TEXTES

Anonyme, 1763, « Méchanicien », In *Encyclopédie, ou Dictionnaire raisonné* (v.), X, pp. 177-178.

Louis-Daniel de Nobleville Arnault (1701-1778), 1764, « Gazette Littéraire de l'Europe », 1, pp. 65-74.

Paul-Joseph Barthez, 1778, *Nouveaux élémens de la science de l'homme*, Montpellier, J. Martel, *seconde édition, revue, et considérablement augmentée*, Paris, chez Gouyon et Brunot, 1806, 2 vol.

Marie-François-Xavier Bichat, 1800, *Recherches physiologiques sur la vie et sur la mort*, Paris, chez Brosson, Gabon et Cie, an VIII ; Paris, chez Brosson, an X [1802].

— 1801, *Anatomie générale, appliquée à la physiologie et à la médecine*, Paris, chez Brosson, Gabon et Cie, an X, 4 vol.

Johann Friedrich Blumenbach, 1779-1780, *Handbuch der naturgeschichte*, Göttingen, ben Johann Christian Dieterich, 2 vol. ; trad. it. *Manuale di storia naturale*, Lugano, dai tipi di Gius. Vanelli e comp., 1825, 2 vol.

Charles Bonnet, 1745, *Traité d'insectologie*, Paris, chez Durand, 2 vol.

— 1760-1780, *Science against unbelievers: the correspondence of Bonnet and Needham*, Oxford, The Voltaire Foundation, 1986.

143. Lamarck, 1815, p. 318 (les italiques sont dans le texte).
144. Lamarck, 1820, p. 51 (les italiques sont de moi).

— 1762, *Considérations sur les corps organisés*, Amsterdam, chez Marc-Michel Rey, 2 vol.

— 1764, *Contemplation de la nature*, Amsterdam, chez Marc-Michel Rey, 2 vol. ; Traduit. *Contemplazione della natura, tradotta in italiano e corredata di note, e curiose osservazioni dall'abate Spallanzani*, Modena, appresso Giovanni Montanari, 1769-1770, 2 vol.

— 1766, lettre à Needham du 28 novembre, dans 1760-1780, pp. 240-243.

Théophile de Bordeu, 1775, *Recherches sur les maladies chroniques*, Paris, chez Ruault ; dans 1818, II, pp. 797-929.

— 1818, *Œuvres complètes*, Paris, chez Caille et Ravier, 2 vol.

Louis Bourguet, 1729, *Lettres philosophiques sur la formation des sels et des crystaux, et sur la génération et le méchanisme organique des plantes et des animaux, avec un mémoire sur la théorie de la terre*, Amsterdam, chez François L'Honoré.

Georges-Louis Leclerc de Buffon, 1749-1789, *Histoire naturelle, générale et particulière, avec la description du Cabinet du Roi*, Paris, de l'Imprimerie Royale, 1749-1767, 15 vol. ; *Histoire naturelle des oiseaux*, Paris, 1770-1783, 9 vol. ; *Supplément à l'Histoire naturelle*, Paris, 1774-1789, 7 vol. ; *Histoire naturelle des minéraux*, Paris, 1783-1788, 5 vol.

— 1749b, *Histoire (générale) des animaux*, in *Buffon 1749-1789*, II, pp. 1-426.

— 1766b, *Les orang-outangs, ou le Pongo et le Jocko*, in *Buffon 1749-1789*, XIV, pp. 43-71.

Karl Friedrich Burdach, 1800, *Propädeutik zum Studium der gesammten Heilkunst. Ein Leitfaden akademischer Vorlesungen*, Leipzig.

Pierre-Jean-Georges Cabanis, 1802, *Rapports du physique et du moral de l'homme*, Paris, Crapart, Caille et Ravier, an X, 2 vol. ; Paris, Caille, 1815, 2 vol.

Auguste Comte, 1830-1842, *Cours de philosophique positive*, Paris, Bachelier, 6 vol. ; Paris, au siège de la Société Positiviste, 1893.

— 1838a, *Examen philosophique de la doctrine chimique des proportions définies*, In *1830-1842*, III, 1838, *trente-septième leçon*, pp. 101-136.

— 1851-1854, *Système de politique positive*, Paris, L. Mathias, 4 vol., Paris, G. Grès et Cie, 1912, 4 vol.

Étienne Bonnot de Condillac, 1755, *Traité des animaux*, Amsterdam, De Bure ; Amsterdam, C.A. Jombert, 1766.

Georges-Léopold-Chrétien Cuvier, 1800-1805, *Leçons d'anatomie comparée*, Paris, Baudouin, an VIII-an XIV, 5 vol.

Erasmus Darwin, 1794-1796, *Zoonomia, or The laws of organic life*, London, J. Johnson, 2 vol. ; trad. it. *Zoonomia ovvero Leggi della vita organica*, a cura di Rasori, Milano, presso Pirotta e Maspero, 1803-1805, 6 vol.

Louis-Jean-Marie Daubenton, 1782, *Avertissement. Introduction à l'histoire naturelle. Les trois règnes de la nature. Règne animal*, in *Encyclopédie méthodique* (v.), I, pp. I-XVIII.

Jean-Claude Delamétherie, 1787, *Principes de la philosophie naturelle, dans lesquels on cherche à déterminer les degrés de certitude ou de probabilité des connoissances humaines*, Genève, s.e., 2 vol.

— 1804-1806, *Considérations sur les êtres organisés*, Paris, Courcier, 3 vol.

Dictionnaire des sciences naturelles, Paris, 1804-1806, 3 vol. (ed. abortita) ; Strasbourg, F.G. Levrault, 1816-1830, 60 vol.

Denis Diderot, *Pensées sur l'interprétation de la nautre*, s.l., s.e. ; *De l'interprétation de la nature*, in *1818-1819*, I, 1818, pp. 417-458.

— 1765, « Naître », in *Encyclopédie, ou Dictionnaire raisonné* (v.), XI, p. 8.

— 1778 ca. *Éléments de physiologie*, édition critique par J. Mayer, Paris, Marcel Didier, 1964.

— 1818-1819, *Œuvres complètes*, Paris, chez A. Belin, 12 vol.

Encyclopédie, ou Dictionnaire raisonné des sciences, des arts et des métiers, Paris, et Neufchastel, Briasson *et al.*, 1751-1772, 17 vol. *Recueil des planches sur les sciences, les arts libéraux, et les arts méchaniques, avec leur explication*, ivi, idem, 1762-1777, 11 vol. ; Lucques, chez Vincent Giuntini, 1758-1771, vol. 17/11.

Michele Fodera', 1826, *Discours sur la biologie ou science de la vie, suivi d'un tableau des connaissances naturelles, envisagées d'après leur nature et leur filiation*, Paris, Baillière.

Felice Fontana, 1775, *Saggio di osservazioni sopra il falso Ergot e Tremella*, Firenze, per Gaetano Camibiagi ; *Lettre sur l'ergot et la trémelle*, « Observations sur la Physique, sur l'Histoire Naturelle et sur les Arts », 7, pp. 51ss.

Albrecht von Haller, 1752, *De partibus corporis humani sensibilibus et irritabilibus*, « Commentarii Societatis Regiae Scientiarum Gottingensis », II, pp. 114-158 ; vers. franc. *Mémoires sur la nature sensible et irritable des parties du corps animal*, Lausanne, MM. Bosquet, 1756-1760, 4 vol. ; trad. it. *Dissertazione intorno la natura sensibile, ed irritabile delle parti del corpo animale*, Venezia, presso Domenico Pompeatis, 1778.

— 1757-1766, *Elementa physiologiae corporis humani*, Lausannae, sumptibus Marci-Michael. Bousquet & Aliorum, 8 vol.

Antoine-Laurent de Jussieu, 1805, « Méthode naturelle des végétaux », in *Dictionnaire des sciences naturelles* (v.), III ; XXX, pp. 426-468.

Immanuel Kant, 1790, *Kritik der Urtheilskraft*, Berlin und Libau, bey Lagarde und Friederich ; trad. it. *Critica del giudizio*, Bari, Laterza, 1972.

Jean-Baptiste-Pierre-Antoine de Monet de Lamarck, 1776, *Recherches sur les causes des principaux faits physiques*, Paris, Maradan, an II, 2 vol.

— 1778, *Flore française, disposée selon une nouvelle méthode d'analyse*, Paris, de l'Imprimerie Royale, 3 vol.

— 1783-1789, *Encyclopédie méthodique. Botanique (Dictionnaire de botanique)*, vol. I-III, Paris, Panckoucke.

— 1786, « Classes des plantes », in *1783-1789*, II, pp. 29-36.

— 1979, *De ce qui reste à faire pour donner à la botanique le degré de perfection dont elle ne peut se passer* (ms. 1905-2), in *1795-1817*, pp. 42-51.

— 1795-1817, *Inédits de Lamarck*, Paris, Masson et Cie, 1972.

— 1798-1799a, *Discours préliminaire pour le cours de l'an six. Lu le 14 floréal an VII* [3 mai 1799] (ms. 743-6), in *1795-1817*, pp. 153-164.

— 1798-1799b, *Histoire naturelle des animaux sans vertèbres, 1er discours*, (ms 743-6), dans *1795-1817*, pp. 164-176.

— 1800a, *Biologie, ou Considérations sur la nature, les facultés, les développements et l'origine des corps vivans* (ms. 742), « Revue Scientifique », LXXXII, 1944, pp. 269-276.

— 1800b, *Discours d'ouverture du cours de zoologie donné dans le Muséum national d'histoire naturelle l'an VII de la République...* ; « Bulletins Scientifiques de la France et de la Belgique », XL, 1907, pp. 459-482.

— 1801-1802, *Hydrogéologie, ou Recherches sur l'influence qu'ont les eaux sur la surface du globe terrestre ; sur les causes de l'existence du bassin des mers, de son déplacement et de son transport successif sur les différens points de la surface de ce globe ; enfin sur les changemens que les corps vivans exercent sur la nature et l'état de cette surface*, Paris, chez Agasse et Maillard, an X.

— 1801-1803, *Sur l'origine des êtres vivans*, (ms. 742-6), in *1795-1817*, pp. 179-185.

— 1802, *Recherches sur l'organisation des corps vivans et particulièrement sur son origine, sur la cause de ses développemens et des progrès de sa composition*, Paris, chez Maillard, s.d.

— 1809a, *Philosophie zoologique, ou Exposition des considérations relatives à l'histoire naturelle des animaux*, Paris, Dentu, 2 vol.

— 1809b, *Discours d'ouverture de mon cours pour 1809* (ms. 742-2), in *1795-1817*, pp. 201-214.

1810-1814, *Apperçu analytique des connoissances humaines* (ms. 752), in *1795-1817*, pp. 69-141.

1814, *Discours d'ouverture du cours de 1814* (ms. 742-4), in *1795-1817*, pp. 226-241.

— 1815, *Introduction à 1815-1822.*

1815-1822, *Histoire naturelle des animaux sans vertèbres précédée d'une Introduction offrant la détermination des caractères essentiels de l'animal, sa distinction du végétal et des autres corps naturels, enfin, l'exposition des principes fondamentaux de la zoologie*, Paris, Verdière, 7 vol.

— 1816-1817, *De l'intervalle considérable qui sépare la nature des corps inorganiques de celle des corps vivans*, (ms. 742-17), in *1795-1817*, pp. 283-288.

— 1820, *Système analytique des connaissances positives de l'homme...*, Paris, J.-B. Baillière, 1830.

Julien Offray de La Mettrie, 1747, *L'homme machine*, Leyde, Luzac, 1748 ; in *1796*, III, pp. 95-199.

— 1748, *L'homme plante*, Postdam, C.F. Voss ; in *1796*, II, pp. 49-75.

— 1796, *Œuvres philosophiques, Nouvelle édition*, Berlin, chez Charies Tutot, 3 vol.

Carl von Linné, 1736, *Fundamenta botanica, quae majorum operum prodromi instar theoriam scientiae botanices per breves aphorismos tradunt*, Amstelodami, apud Salomonem Schouten.

— 1751, *Philosophia botanica, in qua explicantur Fundamenta botanica*, Stockholmiae, apud Godofr. Kiesewetter.

François Magendie, 1809, *Quelques idées générales sur les phénomènes particuliers aux êtres vivans*, « Bulletin des Sciences Médicales de la Société d'Émulation », IV, pp. 145-170.

Pierre-Louis Moreau de Maupertuis, 1750, *Essai de cosmologie*, Berlin, Leide, de l'imp. d'Élie Luzac fils, 1751 ; in *1768*, I, pp. 1-78.

— 1751, *Dissertatio inauguralis methaphysica de universali naturae systemate*, Berlin ; vers. franc. *Système de la nature. Essai sur la formation des corps organisés*, in *1768*, II, pp. 135-216.

— 1752, *Lettre sur le progrès des sciences*, s.l. ; in *1768*, II, pp. 375-431.

— 1768, *Œuvres de Maupertuis*, Lyon, chez Jean-Marie Bruyset, 2 vol.

Jean-Jacques Menuret de Chambeau, 1765, « Observation », in *Encyclopédie ou Dictionnaire raisonné* (v.), XI, pp. 252-260.

John Turberville Needham, 1745, *An account of some new microscopical discoveries*, London, for F. Needham.

— 1748, *A summary of some late observations upon the generation, composition and decomposition of animal and vegetable substances*, « Philosophical Transactions », 45, pp. 615-666.

— 1750, *Nouvelles observations microscopiques, avec des découvertes intéressantes sur la composition et la décomposition des corps organisés*, Paris, chez Ganeau.

Nouveau dictionnaire d'histoire naturelle, appliqué aux arts, à l'agriculture, à l'économie rurale et domestique, à la médecine, par une Société de naturalistes et d'agriculteurs, Paris, Deterville, an XI-an XII (1803-1804), 24 vol. ; Venise, de l'imprimerie Pezzana, 1804-1808, 24 vol. ; *nouvelle édition*, Paris, Deterville, 1816-1819, 36 vol.

Peter Simon Pallas, 1766, *Elenchus zoophytorum sistens generum adumbrationes generaliores et specierum cognitarum succinctas descriptiones*, Hagae Comitum, Petrus van Cleef.

Claude Perrault, 1680a, *Du bruit*, in *1721*, I, pp. 161-293.

— 1680b, *La méchanique des animaux*, in *1721*, I, pp. 329-491.

— 1721, *Œuvres diverses de physique et de méchanique*, Leide, chez Pierre Van der Aa, 2 vol.

René-Antoine Ferchault de Réaumur, 1749, *Art de faire éclorre et d'élever en toute saison des oiseaux domestiques de toutes espèces, soit par le moyen de la chaleur du fumier, soit par le moyen de celle du feu ordinaire*, Paris, de l'Imprimerie Royale, 2 vol. ; Paris, de l'Imprimerie Royale, 1751, 2 vol.

Jean-Baptiste-René Robinet, 1768, *Considérations philosophiques de la gradation naturelle des formes de l'être, ou Les essais de la nature qui apprend à faire l'homme*, Paris, C. Saillant.

Theodor Georg August Roose, 1797, *Grundzüge der Lehre von der Lebenskraft*, Braunschweig, C.F. Thoma.

Lazzaro Spallanzani, 1776, *Opuscoli di fisica animale e vegetabile*, Modena, Preusso la Società Tipografica, 2 vol.

— 1776a, Osservazioni e sperienze intorno ad alcuni prodigiosi Animali, che è in balia della Osservatore il farli tornare de morte a vita, in *1776*, II, pp. 181-253.

Abraham Trembley, 1744, *Mémoires pour servir à l'histoire d'un genre de polypes d'eau douce, à bras en forme de cornes*, Paris, chez Durand, 2 vol.

Gottfried Reinhold Treviranus, 1802-1822, *Biologie, oder Philosophie der lebenden Natur, für Naturforscher und Aertze*, Göttingen, J.F. Röwer, 6 vol.

Antonio Vallisnieri, 1721, *Istoria della generazione dell'uomo, e degli Animali, se sia da'tvermicelli spermatici, o dalle uova*, Venezia, appresso Gio. Gabriel Hertz ; in *1733*, II, pp. 97-304.

— 1733, *Opere fisico-chimiche*, Venezia, appresso S. Coleti, 3 vol.

Gabriel-François Venel, 1753, « Chymie », in *Encyclopédie ou Dictionnaire raisonné*, (v.), III, pp. 339-363.

— 1765, « Miscibilité ou Solubilité », in *Encyclopédie ou Dictionnaire raisonné*, (v.), X, p. 460.

Félix Vicq d'Azyr, 1786, *Traité d'anatomie et de physiologie de l'homme et des animaux*, Paris, F.A. Didot l'aîné.

— 1786a, *Discours sur l'anatomie en général*, Paris ; *Premier discours*, in s.d., pp. 5-66.

Julien-Joseph Virey, 1823, *De la puissance vitale, considérée dans ses fonctions physiologiques chez l'homme et tous les êtres organisés ; avec des recherches sur les forces médicatrices, et les moyens de prolonger l'existence*, Paris, Crochard.

ÉTUDES

AA.VV., 1983, *Il newtonianesimo nel Settecento*, Roma, Istituto della Enciclopedia Italiana.

H.B. Adelmann, 1966, *Marcello Malpighi and the evolution of embryology*, Ithaca, 5 vol.

W.R. Albury, 1974, *Physiological explanation in Magendie's manifesto of 1809*, « Bulletin of the History of Medecine », 48, pp. 90-99.

— 1977, *Experiment and explanation in the physiology of Bichat and Magendie*, « Studies on the History of Biology », 1, pp. 47-131.

G. Barsanti, 1979, *Dalla storia naturale alla storia della natura. Saggio su Lamarck*, Milano, Feltrinelli.

— 1983, *La mappa della vita. Teorie della natura e teorie dell'uomo in Francia 1750-1850*, Napoli, Guida.

— 1984, *Linné et Buffon : deux visions différentes de la nature et de l'histoire naturelle*, « Revue de Synthèse », III s., pp. 83-111.

— 1986a (et al.), *Misura d'uomo. Strumenti, teorie e pratiche dell'antropometria e della psicologia sperimentale fra Ottocento e Novecento*, Firenze, Giunti.

— 1986b, *L'uomo fra storia naturale e medicina 1700-1850. Gli strumenti geometrici e la localizzazione delle funzioni cerebrali*, in G. Barsanti *et al.* 1986, pp. 11-49.

— 1988, *Le immagini della natura : scale, mappe, alberi 1700-1800*, « Nuncius », 3, 1988, 1, pp. 55-125.

— 1990a *Storia naturale delle scimmie 1700-1800*, « Nuncius », 5, 1990, pp. 99-165.

— 1990b, *L'orang-outan déclassé (pongo wurmbii Tied.). Histoire du premier singe à hauteur d'homme (1780-1801) et Ébauche d'une théorie de la circularité des sources.*

« Bulletins et Mémoires de la Société d'Anthropologie de Paris », 1989, pp. 67-104.

H. Baumel, 1978, *Biology : its historical develoment*, New York.

L. Belloni, 1963, *Schemi a modelli della macchina vivente nel Seicento*, « Physis », 5, pp. 259-298.

C. Benichou et C. Blanckaert, edr., 1988, *Julien-Joseph Virey, naturaliste et anthropologue*, Paris, Vrin.

E. Benton, 1974, *Vitalism in nineteenth century scientific thought : a typology and reassessment*, « Studies on the History and Philosophy of Science », 5, pp. 17-48.

W. Bernardi, *Le metafisiche dell'embrione*, Firenze, Olschki.

C.W. Bodemer, 1964, *Regeneration and the declin of preformationism in eighteenth century embryology*, « Bulletin of the History of Medicine », 38, pp. 20-31.

T.M. Brown, 1974, *From mechanism to vitalism in eighteenth century english physiology*, « Journal of the History of Biology », 7, pp. 179-216.

R. W. Burkhardt, 1977, *The spirit of system. Lamarck and evolutionary biology*, Cambridge (Mass.), Harvard University Press.

E. Callot, 1965, *La philosophie de la vie au XVIIIe siècle*, Paris, Marcel Rivière.

G. Canguilhem, 1955, *La formation du concept de réflexe au XVIIe et XVIIIe siècles*, Paris, Presses Universitaires de France.

— 1963, *La constitution de la physiologie comme science*, « Physiologie », 1.

— 1965, *Études d'histoire et de philosophie des sciences*, Paris, Vrin, 1975.

— 1977, *Idéologie et rationalité dans les sciences de la vie*, Paris.

J.A. Caron, 1988, *"Biology" in the life sciences : a historiographical contribution*, « History of Science », 26, pp. 223-268.

P. Casini, 1958, *Il concetto di « molecola organica » nella filosofia naturale del Settecento*, « Giornale Critico della Filosofia Italiana », 37, pp. 359-374.

— 1969, *Le "newtonianisme" au siècle des Lumières*, « Dix-huitième Siècle », 1, pp. 139-160.

M. Caullery, 1934, *French science and its principal discoveries since the seventeenth century*, New York.

W. Coleman, 1971, *Biology in the nineteenth century : problems of form, function, and transformation*, New York, John Wiley.

P. Corsi, 1982, *Models and analogies for natural history. Features of the french debate*, 1790-1800, in Montalenti e Rossi 1982, pp. 381-396.

— 1983, *Oltre il mito. Lamarck e le scienze naturali del suo tempo*, Bologna, Il Mulino.

S. Cross, 1981, *John Hunter, the animal œconomy, and late eighteenth century physiological discourse*, « Studies in History of Biology », 5, pp. 1-110.

M. Crosland, 1963, *The development of chemistry in the eighteenth century*, « Studies on Voltaire », 24, pp. 369-441.

H. Daudin, 1926, *Cuvier et Lamarck. Les classes zoologiques et l'idée de série animale (1790-1830)*, Paris, Alcan.

M. Daumas, 1951, *La chimie dans l'*Encyclopédie *et dans l'*Encyclopédie méthodique, « Revue d'Histoire des Sciences », 4, pp. 333-343.

F. Delaporte, 1977, *Des organismes problématiques*, « Dix-Huitième Siècle », 9, pp. 49-59.

P. Delaunay, 1927, *L'évolution philosophique et médicale ou biomécanicisme. De Descartes à Boerhaave. De Leibnitz à Cabanis*, « Progrès médical », pp. 1289-1293, 1337-1342, 1369-1384.

H. Dieckmann, 1976, *La storia naturale da Bacone a Diderot*, « Rivista di Filosofia », 67, pp. 217-243.

F. Di Trocchio, 1981, *Automa e vita. Saggio sulla fisiologia di P.-J. Barthez*, Roma, Studium.

M. Dittrich, 1974, *Progressive Elemente in den Lebensdefinitionen des romantischen Naturphilosophie*, « Communicationes de Historia Artis Medicinae », 73-74, pp. 72-85.

F. Duchesneau, 1982, *La physiologie des Lumières. Empirisme, modèles et théories*, The Hague, M. Nijhoff.

L. Dulieu, 1958, *Le mouvement scientifique montpellierien au XVIIIe siècle*, « Revue d'Histoire des Sciences », 11, pp. 227-249.

F.N. Egerton, 1973, *Changing concepts of the balance of nature*, « Quarterly Review of Biology », 48, pp. 322-350.

J. Ehrard, 1963, *L'idée de nature en France dans la première moitié du XVIIIe siècle*, Paris.

D. von Engelhart, 1986, *L'évoluzione della natura nell'étà del romanticismo e dell'idealismo*, « Intersexioni », 6, 2, pp. 259-273.

P.L. Farber, 1975, *Buffon and Daubenton: divergent traditions within the Histoire naturelle*, « Isis », 66, pp. 63-74.

— 1982a *Research traditions in eighteenth-century natural history*, in Montalenti e Rossi 1982, pp. 397-403.

— 1982b, *The transformation of natural history in the nineteenth century*, « Journal of the History of Biology », 15, pp. 145-152.

J. Farley, 1972, *The spontaneous generation controversy 1700-1860*, « Journal of the History of Biology », 5, pp. 95-125.

K.M. Figlio, 1976, *The metaphor of organisation: an historiographical perspective on the bio-medical sciences of the early nineteenth century*, « History of Science », 14, pp. 17-53.

M. Foucault, 1966, *Le parole e le cose. Un'archeologia delle scienze umane*, trad. it. Milano, Rizzoli, 1978.

— 1970, *La situation de Cuvier dans l'histoire de la biologie*, « Revue d'Histoire des Sciences », 23, pp. 63-69.

M. Galzigna, 1979, *L'organismo vivente e il suo ambiente: nascita di un rapporto*, « Rivista Critica di Storia della Filosofia », 34, pp. 134-161.

E. Gasking, 1970, *The rise of experimental biology*, New York.

B. Glass, 1947, *Maupertuis and the beginnings of genetics*, « Quarterly Review of Biology », 22, pp. 196-209.

J. Goodfield-Toulmin, 1969, *Some aspects of english physiology 1780-1841*, « Journal of the History of Biology », 2, pp. 283-320.

M. Gross, 1979, *The lessened locus of feelings : a transformation in french physiology in the early nineteenth century*, « Journal of the History of Biology », 12, pp. 231-271.

J.C. Guedon, 1979, *Chimie et matérialisme. La stratégie antinewtonienne de Diderot*, « Dix-huitième Siècle », 11, pp. 185-200.

H. Guerlac, 1959, *Some french antecedents of the chemical revolution*, « Chimie », 5, pp. 73-112.

G. Gusdorf, 1972, *Dieu, la nature, l'homme au siècle des Lumières*, Paris, Payot.

E. Guyénot, 1941, *Les sciences de la vie au XVIIe et XVIIIe siècles*, Paris, Albin Michel.

E. Haigh, 1975, *The roots of the vitalism of Xavier Bichat*, « Bulletin of the History of Medecine », 49, pp. 72-86.

— 1976, *Vitalism, the soul, and sensibility : the physiology of Théophile Bordeu*, « Journal of the History of Medecine », 31, pp. 30-41.

— 1977, *The vital principle of Paul Joseph Barthez : the clash between monism and dualism*, « Medical History », 21, pp. 1-15.

T. Hall, 1968, *On biological analogs of newtonian paradigms*, « Philosophy of Science », 35, pp. 6-27.

B. Haines, 1978, *The inter-relations between social, biological, and medical thought 1750-1850*, « Journal of the History of Science », 11, pp. 19-35.

P.M. Heimann, 1978, *Voluntarism and immanence : conceptions of nature in eighteenth century thought*, « Journal of the History of Ideas », 39, pp. 271-283.

H. Hein, 1972, *The endurance of the mechanism-vitalism controversy*, « Journal of the History of Biology », 5, pp. 159-188.

M.J.S. Hodge, 1971, *Lamarck's science of living bodies*, « British Journal of the History of Science », 5, pp. 323-352.

N. von Hofsten, 1957, *Linnaeus's conception of nature*, « Kungl. Vetenskaps-Societetens Arsbok », pp. 65-105.

R. Hooykaas, 1963, *The principle of uniformity in geology, biology and theology*, Leiden.

B. Hoppe, 1971, *Le concept de biologie chez G.R. Treviranus*, dans Schiller 1971, pp. 199-237.

F. Jacob, 1970, *La logica del vivente. Storia dell'ereditarietà*, Torino, Einaudi, 1971.

L.S. Jacyna, 1983, *Immanence or transcendence. Theories of life and organization in Britain, 1790-1635*, « Isis », 74, pp. 311-329.

H.N. Jahnke e M. Otte, 1981, *Epistemological and social problems of the sciences in the early nineteenth century*, Dordrecht.

M. Klein, 1954, *Sur l'origine du vocable Biologie*, « Archives d'Anatomie, d'Histologie et d'Embryologie », 37, pp. 105-114 ; ripr. in 1980, pp. 115-121.

— 1980, *Regards d'un biologiste*, Paris, Hermann.

V. Labeyrie, 1967, *Remarques sur l'évolution du concept de biologie*, « La Pensée », 135, pp. 125-137.

G. Legée, 1973, *Les lois de l'organisation d'Aristote à Geoffroy Saint-Hilaire*, « Histoire et Nature », n.s., 1, pp. 3-25.

A. Leikola, 1982, *Linnaeus and experimental biology*, in Montalenti e Rossi 1982, pp. 445-454.

R. Lenoble, 1969, *Histoire de l'idée de nature*, Paris, Albin Michel.

T. Lenoir, 1980, *Kant, Blumenbach, and vital materialism in german biology*, « Isis », 71, pp. 77-108.

— 1981a, *The Göttingen School and the develoment of transcendental Naturphilosophie in the Romantic era*, « Studies in History of Biology », 5, 111-205.

— 1981b, *Teleology without regrets. The transformation of physiology in Germany: 1790-1847, « Studies in History and Philosophy of Science »*, 12, pp. 293-354.

— 1982, *The strategy of life: teleology and mechanics in nineteenth century German biology*, Dordrecht,

W. Locy, 1908, *Biology and its makers*, New York.

— 1912, *The mechanistic conception of life. Biological essays*, Chicago.

S.P. Malueg, 1972, *Diderot's description of nature*, « Studies on Voltaire », 94, pp. 121-139.

E. Mendelsohn, 1964, *The biological sciences in the nineteenth century*, « History of science », 3, pp. 39-59.

— 1965, *Physical models and physiological concepts: explanation in nineteenth century biology*, « British Journal for the History of Science », 2, pp. 201-219.

L.C. Miall, 1912, *The early naturalists: their lives and works (1530-1789)*, London.

F. Mondella, 1983, *Newton e alcuni fisiologi del Settecento: per una scienza autonoma degli organismi viventi*, in AA.VV. 1983, pp. 133-143.

G. Montalenti e P. Rossi, 1982, *Lazzaro Spallanzani e la biologia del Settecento. Teorie, esperimenti, istituzioni scientifiche*, Firenze, Olschki.

S. Moravia, 1966, *Filosofia e « sciences de la vie » nel secolo XVIII*, « Giornale Critico della Filosofia Italiana », 45, pp. 64-109.

— 1972, *Philosophie et médecine en France à la fin du* XVIIIe *siècle*, « Studies on Voltaire », 89, pp. 1089-1151.

— 1974a, *Il pensiero degli Idéologues. Scienza e filosofia in Francia 1780-1815*, Firenze, La Nuova Italia.

— 1974b, *Dall'« homme machine » all « homme sensible ». Meccanicismo, animismo e vitalismo nel secolo XVIII*, « Belfagor », 29, pp. 633-648.

D. Mornet, 1911, *Les sciences de la nature en France au* XVIIIe *siècle*, Paris, A. Colin.

G. Müller, 1983, *First use of « biologie », « Nature »*, 302, p. 744.

P. Omodeo, 1957, *La disputa sulla generazione spontanea da Redi fino a Lamarck*, (Società), 13, pp. 490-523.

P. Ostoya, 1954, *Maupertuis et la biologie*, « Revue d'Histoire des Sciences », 7, pp. 60-78.

A. Pasquinelli, 1982, *Ossidazione, chimica e scienze della vita in Lavoisier*, in Montalenti e Rossi, 1982, pp. 455-461.

J.A. Perkins, 1965, *Voltaire and the natural sciences*, « Studies on Voltaire », 37, pp. 61-76.

P.C. Ritterbush, 1964, *Ouvertures to biology. The speculations of eighteenth-century naturalists*, New Haven e London.

J. Roger, 1963, *Les sciences de la vie dans la pensée française du XVIIIe siècle*, Paris, A. Colin, 1971.

— 1979a *Bonnet, Spallanzani e le scienze della vita*, in Santucci 1979, pp. 415-425.

— 1979b *Chimie et biologie : des « molécules organiques » de Buffon à la « physico-chimie » de Lamarck*, « History and Philosophy of the Life Sciences », 1, pp. 43-64.

— 1982, *Histoire naturelle et biologie chez Buffon*, In Montalenti e Rossi 1982, pp. 353-361.

— 1989, *Buffon. Un philosophe au Jardin du Roi*, Paris, Fayard.

A. Rook, 1964, *The origins and growth of biology*, Harmondsworth.

C. Salomon-Bayet, 1981, *1802 : « biologie » et médecine*, in Jahnke e Otte 1981, pp. 35-54.

A. Santucci, 1979, *Interpretazioni dell'Illuminismo*, Bologna, Il Mulino.

J. Schiller, 1971, *Colloque international « Lamarck », Paris.*

— *1971a, A propos de la diffusion du terme biologie*, in Schiller 1971, pp. 239-242.

— 1974, *Queries, answers und unsolved problems in eighteenth century biology*, « History of Science », 12, pp. 184-199.

— 1978, *La notion d'organisation dans l'histoire de la biologie*, Paris, Maloine.

R.E. Schofield, 1969, *Mechanism and materialism, British natural philosophy in an age of reason*, Princeton.

A.N. Shamin, 1982, *Lazzaro Spallanzani et la formation de la structure de la biologie fondamentale*, in Montalenti e Rossi 1982, pp. 501-513.

C.U.M. Smith, 1976, *The problem of life : an essay in the origins of biological thought*, London.

G. Solinas, 1967, *Il microscopio e le metafisiche. Epigenesi e preesistenza da Cartesio a Kant*, Milano, Feltrinelli.

F.A. Stafleu, 1971, *Lamarck : the birth of biology*, « Taxon », 20, pp. 397-442.

M.S. Staum, 1980, *Cabanis. Enlightenment and medical philosophy in the french revolution*, Princeton.

Tega W., 1971, *Meccanicismo e scienze della vita nel tardo Settecento*, « Rivista di Filosofia », 62, pp. 155-176.

M. Teich, 1982, *Circulation, transformation, conservation of matter and the balancing of the biological world in the eighteenth century*, in Montalenti e Rossi 1982, pp. 363-380.

O. Temkin, 1946, *Materialism in french and german physiology of the early nineteenth century*, « Bulletin of the History of Medecine », 20, pp. 322-327.

A. Vartanian, 1950, *Trembley's polyp, La Mettrie, and eighteenth century french materialism*, « Journal of the History of Ideas », 11, pp. 259-286 ; trad. it. in Wiener e Noland 1957, pp. 518-537.

— 1964, *The problem of generation and the french Enlightenment*, « Diderot Studies », 6, pp. 339-352.

— 1976, *Cabanis and La Mettrie*, « Studies on Voltaire », 155, pp. 2149-2166.

P. Wiener e A. Nolan, 1957, *Roots of scientific thought*, New York, Basic Books ; trad. it. *Le radici del pensiero scientifico*, Milano, Feltrinelli, 1971.

R. Wohl, 1960, *Buffon and his project for a new science*, « Isis », 51, pp. 186-199.

M.J.S. HODGE

Lamarck : un grand changement de cadre conceptuel

1. Un changement et son interprétation

Les remarquables études menées par Jacques Roger sur la science des Lumières ont constitué un brillant exemple pour les historiens plus jeunes qui travaillent sur des sujets divers. Il a tout particulièrement inspiré ceux d'entre nous qui ont travaillé sur Lamarck, et ceci de deux manières surtout. Tout d'abord, la recherche lamarckienne a pris une tournure internationale, que la carrière de Jacques Roger lui-même illustre. En second lieu, grâce aux magistrales monographies de Jacques Roger sur Buffon, Lamarck à l'heure actuelle est de mieux en mieux compris dans le contexte de son époque, plutôt qu'en relation avec les développements ultérieurs du XIXe siècle [1].

C'est avec ces deux faits en mémoire que j'entreprends de considérer la question du grand changement conceptuel survenu chez Lamarck, le tournant frappant dans sa réflexion sur le monde vivant qui l'a conduit à défendre ses idées bien connues dans ses ouvrages à partir de 1802, surtout les *Recherches sur l'organisation des corps vivants* de 1802, et l'élaboration plus ample que représente la *Philosophie Zoologique* de 1809.

Permettez-moi donc de résumer brièvement ce changement conceptuel, en recourant seulement aux termes utilisés par Lamarck lui-même. Il n'y aura pas, dans ces conditions, de contestation sur le contenu de ce changement, ni sur le jugement biographique concernant la manière dont ce changement est arrivé, graduellement ou soudainement, dans une période comprise entre 1794 — la date du livre de Lamarck intitulé *Recherches sur les causes des principaux faits physiques* — et 1802. Je parlerai par conséquent de Lamarck I pour le Lamarck de 1794 et de Lamarck II pour celui de 1802.

Lamarck I défendait l'idée que les corps composés inorganiques ne sont pas produits par la nature, car les quatre éléments, terre, air, feu et eau n'ont pas tendance, par eux-mêmes, à se combiner en corps minéraux

1. Roger Jacques, *Les sciences de la vie dans la pensée française du XVIIIe siècle*, Paris Armand Colin, 2e éd., 1971. *Buffon : Les Époques de la nature*, édition critique, Paris, Éditions du Muséum, 1988, *Buffon, un philosophe au Jardin du Roi*, Paris, Fayard, 1989.

composés. Tous les corps de ce genre sont produits plutôt par une activité particulière, par des mouvements spécifiques aux corps organiques vivants. Les corps les moins complexes sont, par conséquent, tous produits, indirectement, par la dégradation des plus composés. Celle-ci entraîne une production consécutive des sortes différentes de minéraux de moins en moins complexes. Cette dégradation procède de l'essence même de la composition minérale : l'union de ces éléments combinés étant une union forcée, leur tendance à revenir à l'état naturel non combiné, quand elle se réalise, cause la dégradation ; car les éléments n'ayant pas tous la même tendance à se libérer, il s'ensuit des changements dans leurs proportions.

Lamarck I croit aussi que la nature ne peut pas non plus produire des corps organiques. La Nature ne peut jamais produire de tels corps, ce qui signifie qu'il n'y a pas de circonstances où les quatre éléments puissent agir l'un sur l'autre pour produire un corps organisé vivant. Ces corps se perpétuent eux-mêmes par la reproduction, en espèces fixes. Chaque espèce comporte des mouvements vitaux particuliers. La Nature, c'est-à-dire les quatre éléments et leurs pouvoirs respectifs, ne peut jamais être à l'origine de tels mouvements, dans quelle que matière que ce soit, ni altérer le modèle de ces mouvements ; ainsi, il n'y a pas de génération spontanée possible, ni de changement d'une espèce en une autre.

Passons maintenant à Lamarck II. Il continue à défendre les mêmes idées sur les composés minéraux. Mais Lamarck II, contre Lamarck I, croit que tous les corps vivants sont des produits de la nature. Ici, cependant, il fait aussi une distinction entre la production directe et indirecte. La nature, c'est-à-dire les quatre éléments dans les circonstances convenables, peut produire directement les plantes et les animaux les plus simples dans les générations directes ou spontanées. Mais c'est tout ce que la nature peut produire. Il est possible que les corps complexes organiques soient produits par la nature parce qu'ils peuvent être formés indirectement, par complexification à partir des êtres les plus simples, après une myriade de générations et un temps indéfini. Ici encore, la production indirecte résulte de la tendance inhérente à l'essence des corps concernés. L'essence des corps vivants suppose la présence de fluides contenus dans des parties solides contenantes : du mouvement des fluides résulte la complexification impliquée dans la production indirecte. Tout comme la dégradation résulte de l'essence des corps minéraux pour donner une production consécutive des sortes minérales dont l'infériorité va croissant, de même, dans les corps vivants, il y a une production consécutive de corps organisés de plus en plus complexes, grâce à l'essence qui distingue les êtres vivants organisés.

Manifestement, ce changement dans la pensée de Lamarck pose plusieurs questions. On pourrait, par exemple, essayer de le situer dans une chronologie minutieuse, en rechercher les facteurs déclenchants, identifier les voies — liens personnels, lectures, expériences —, par lesquelles Lamarck est arrivé à cette transition ; on pourrait établir comment la transition était conditionnée par le cadre institutionnel et idéologique dans lequel Lamarck et d'autres évoluaient ; et on pourrait analyser ses ultimes et ses plus profondes significations, pour la philosophie naturelle, la religion, la politique, ou autres. Naturellement, en abordant ces questions, on devrait éviter de fournir, comme réponse à une question, des éléments qui seraient plus pertinents pour une autre ; mais on souhaiterait également intégrer les réponses aux diverses questions, de façon à réaliser une histoire cohérente de l'ensemble des problèmes.

De toute évidence, cet article ne peut fournir qu'une modeste et partielle contribution à la clarification de ce qu'une pareille histoire exigerait. En tout état de cause, un grand pas a déjà été réalisé, comme on le constate aisément en consultant deux récentes monographies qui font autorité sur le sujet, celle de Richard Burkhardt et celle de Pietro Corsi, auxquelles je suis très redevable pour l'élaboration de mes propres conclusions[2].

Le but principal qu'on s'est proposé ici, qui est aussi ce dont on manque le plus à l'heure actuelle, est de revenir au contenu intellectuel du grand changement conceptuel intervenu chez Lamarck pour en reconstruire les étapes avec moins d'anachronisme qu'on ne le fait couramment encore aujourd'hui. Car si on évite avec soin l'anachronisme, on peut alors prendre en considération de nouveaux aspects chronologiques et contextuels, qui permettent à leur tour de proposer de nouveaux aperçus sur ces grandes questions générales.

Pour comprendre par avance quelle révision historiographique est requise, prenons le cas d'un problème dans le changement d'idées de Lamarck, celui de l'aptitude au changement des espèces vivantes. Ceux qui ont écrit le plus récemment sur les origines des idées de Lamarck II n'ont pas seulement continué à en faire un problème central, mais ils l'ont fait pour de très bonnes raisons. Selon eux, Lamarck en est arrivé à croire à l'aptitude au changement des espèces, parce qu'il voulait sauver certaines conclusions plus lointaines concernant l'espèce, et qu'il ne voyait pas comment les préserver autrement. Plus précisément, on a dit que Lamarck avait embrassé l'idée d'une aptitude au changement des espèces après avoir acquis la conviction que, sans cela, il était obligé d'admettre l'extinction des espèces. De même, on a dit que Lamarck en était arrivé à accepter la génération spontanée des organismes simples parce que, sans cela, il aurait dû admettre cette extinction des espèces. Par conséquent, à travers ses implications par rapport à l'aptitude au changement des espèces et à la génération spontanée, on a fait de la question de l'extinction

2. Burkhardt R., *The Spirit of System : Lamarck and Evolutionary Biology*, Cambridge, Massachusetts, Harvard University Press, 1977. Corsi P., *The Age of Lamarck : Evolutionary theories in France, 1790-1830*, Berkeley, Los Angeles et Londres, University of California Press, 1988. Je dois beaucoup aussi aux discussions que j'ai eues avec ces deux auteurs. Le livre de Corsi fournit des références très complètes sur toute la littérature récente sur Lamarck.

des espèces, qu'il s'agisse d'organismes simples ou complexes, la question centrale dans le changement du Lamarck I de 1794 au Lamarck II de 1802[3].

Dès lors, à moins d'une erreur de compréhension, on a raison de dire que, sans aucun doute, Lamarck II a effectivement donné le problème de l'extinction comme une raison explicite pour accepter l'aptitude des espèces au changement et il est clair qu'il a considéré le même problème comme une raison pour accepter la génération spontanée. Pourquoi, dans ces conditions, un biographe de Lamarck ne devrait-il pas conclure que ce problème de l'extinction était le problème décisif qui a conduit Lamarck à ses nouvelles idées, voyant qu'il entretient des rapports si évidents avec ses nouvelles opinions sur l'aptitude au changement et la génération spontanée ? La réponse est que, comme les partisans d'une historiographie fondée sur le problème de l'extinction des espèces l'ont eux-mêmes souligné, il y a manifestement beaucoup plus dans cette histoire du changement d'opinion de Lamarck. Cependant, le problème est que les autres questions impliquées orientent l'aptitude au changement dans une direction qu'il peut être difficile de reconnaître et d'apprécier pleinement. C'est difficile parce que dans ces cas, Lamarck ne se tourne pas vers l'aptitude au changement de l'espèce parce qu'il veut mener à leur terme ou préserver des conclusions ultérieures sur l'espèce. Pour considérer seulement un aspect de sa pensée ici, rappelons en effet ses idées sur la série de l'organisation animale. La série est une des classes ou des grandes familles. Et, comme on le sait, Lamarck II l'interprète comme un ordre de production. Or cette nouvelle interprétation de la série requiert le concept d'aptitude au changement dans l'espèce, dans laquelle un changement indéfini doit être possible dans les générations successives d'animaux, dans une race, pour utiliser les termes de Lamarck lui-même. Dans ce cas donc, l'aptitude au changement est acceptée non pour maintenir des conclusions ultérieures sur l'espèce, mais plutôt pour défendre des idées relatives à la notion de complexité dans une série qui n'est pas du tout celle de l'espèce, mais celle des classes ou des grandes familles[4].

Mais pourquoi est-il si embarrassant de recourir à cet élément d'analyse dans les discussions biographiques ? C'est qu'un principe historiographique très général et de grande importance est en jeu. Si un auteur quel qu'il soit, est appréhendé comme Lamarck continue à l'être, pour sa contribution à la biologie évolutionniste ou au transformisme, ou si une entreprise de ce genre, quelle qu'elle soit, est engagée dans cette voie, alors, un certain type d'enquête biographique occupe inévitablement le devant de la scène. Elle conduit à rechercher les convictions sur l'espèce qui ont fourni à l'auteur le raisonnement principal et originel pour accepter l'aptitude au changement dans l'espèce. Cependant, comme le cas de Lamarck lui-

3. Burkhardt R., *op. cit. supra* note 2, Corsi P., *op. cit. supra* note 2.

4. Pour une étude récente de l'interprétation de la notion de série, et du primat du thème de la production graduée, semblable à la mienne, voir Schiller J., *La notion d'organisation dans l'histoire de la biologie*, Paris, Maloine, 1978 et *Physiology and Classification. Historical Relations*, Paris, Maloine, 1980.

même le montre, cette approche dans son ensemble peut nous amener très sérieusement à nous égarer dans nos tentatives pour comprendre le tournant le plus fondamental dans la pensée de Lamarck. Pour en rester provisoirement au thème de la série animale comme ordre de production, cette approche peut nous amener à des suppositions dépourvues d'esprit critique, recherchant par exemple ce qui était premier ou second dans les thèmes impliqués dans ce changement ; ainsi, nous échouons dans notre effort pour mettre, au centre de notre enquête biographique, les questions sur le moment où Lamarck pour la première fois en est arrivé à interpréter la série comme un ordre de production et les raisons qui l'y ont poussé. Une fois encore, malgré toutes nos résolutions pour éviter l'anachronisme, si nous procédions de la sorte, nous ferions droit à une historiographie « évolutionniste » ou « transformiste », abordant un auteur pré-darwinien dans la perspective de Darwin, plutôt que d'en faire un post-buffonien ou un post-cartésien comme Jacques Roger a essayé de nous l'enseigner.

Les propos qui suivent constituent par conséquent une tentative pour montrer qu'il y a, concernant le changement de point de vue de Lamarck, une approche alternative, qui fait l'économie des présupposés d'une historiographie évolutionniste ou transformiste. En évitant de la sorte les anachronismes, l'avantage est que nous pouvons mieux comprendre et restituer le raisonnement propre de l'auteur. Seul un historien attaché à une forme de post-structuralisme se complaisant dans son propre échec, pourrait affirmer avec assurance qu'un tel avantage est illusoire.

2. *Le primat de l'idée de production progressive dans les nouvelles idées*

L'approche alternative proposée ici part de la relation entre deux éléments dans les nouvelles idées de Lamarck, d'un côté la série des classes, et, de l'autre, les effets de la vie sur n'importe quel être individuel organisé. Qu'il soit bien clair que nous focalisons notre attention sur la relation, telle que Lamarck la voit, entre l'ordre très général de comparaison qui définit les séries dans l'organisation, et les mouvements minuscules constituant la vie présente dans la matière particulière de n'importe quel corps organisé, si petit soit-il. Et, que cette approche soit pertinente, nous en avons la preuve dans les écrits de Lamarck, qui, avant comme après son changement de point de vue, se distinguent de toute évidence justement par le souci de mettre en relation l'ordre le plus grand, quel qu'il soit, avec les activités les plus infimes.

En fait, Lamarck lui-même met cette exigence au premier plan dans l'ouverture même de la *Philosophie Zoologique*, quand il semble évoquer les considérations qui l'ont conduit aux idées développées dans le livre. Je dis qu'« il semble » le faire dans le texte, parce que les chercheurs qui travaillent sur Lamarck ont hésité à la traiter comme une véritable tentative de narration rétrospective rigoureuse ; elle leur a semblé beaucoup plus proche d'une rationalisation idéalisée que d'une histoire autobiographique fiable. Cependant, puisque, comme tout le monde en conviendrait évidemment, il n'y a pas de moyen de confirmer ou d'infirmer l'authenticité de ce récit, on a certainement le droit de ne pas l'éliminer complètement dans les efforts faits pour éviter l'anachronisme dans l'approche des changements intervenus dans la pensée de Lamarck. Ainsi, nous pouvons au moins demander à ce texte de nous suggérer quelques pistes biographiques à suivre.

Une de ces pistes est que Lamarck a en réalité franchi deux étapes, en gros, sur le chemin que ce texte implique. La première étape aurait consisté à en arriver à prendre en considération la dégradation frappante que l'on constate dans la série de l'organisation animale quand on passe du plus parfait au moins parfait et à conclure que la nature a en fait produit les corps vivants successivement, en commençant par les plus simples. La seconde aurait consisté à se demander comment la vie peut être produite dans un corps et à chercher la réponse dans les organisations les plus simples, sur la base du fait qu'elles présentent les conditions minimales pour l'existence de la vie[5].

La première étape surtout, telle qu'elle est ici représentée, en suivant l'« Avertissement » de Lamarck, peut sembler tout à fait improbable, sur le plan biographique, dans la mesure où elle implique que l'idée d'une production naturelle croissante ait été, à l'origine, inférée simplement de la réflexion sur la série ordonnant l'organisation animale. On est, à coup sûr, enclin à objecter que Lamarck I avait depuis longtemps reconnu une telle série animale, sans y voir de bases pour en inférer une production croissante. Cette objection, prise en faisant abstraction de toute considération chronologique et contextuelle supplémentaire, a une force manifeste ; mais, si nous entrons dans ces considérations, alors cette force est grandement diminuée, comme nous pouvons le voir en évoquant brièvement la vie de Lamarck dans les années qui suivent immédiatement sa nomination au Muséum en 1793, comme professeur.

Avant d'en arriver à ces années, cependant, il y a une difficulté à résoudre concernant la biographie de Lamarck pendant toute la période comprise entre la publication du dernier texte de Lamarck I, les *Recherches* de 1794, et le premier texte de Lamarck II, le « Discours d'ouverture » de 1800, imprimé pour la première fois dans le *Système des Animaux sans vertèbres* de 1801. Nous disposons de quelques textes datant de ces années, certains publiés comme les *Mémoires de physique et d'histoire naturelle* de 1797 et certains en manuscrits et seulement publiés tout récemment,

5. Lamarck J.B., *Philosophie Zoologique*, Paris, Dentu, 1809, vol. I, pp. I-III. Remarquons que dans sa minéralogie, Lamarck a établi un précédent décisif, en parlant de la production directe ou indirecte d'une série graduée de produits. La minéralogie de Lamarck I n'a pas besoin d'être complétée par la biologie de Lamarck II. Sa conception des espèces chez les êtres vivants a été différente de sa conception des différentes sortes de minéraux : je suis sur ce point d'accord avec Burkhardt, *op. cit. supra* n.2. Cependant, les explications de Lamarck I sur la production de la série minérale ont été une condition décisive des travaux de Lamarck II sur la production graduée des classes animales et végétales. Une fois encore, pour apprécier ce qui précède, on doit éviter de prendre la question de l'espèce comme question principale.

tels que le Discours Préliminaire lu le 3 mai 1799[6]. Or, tous ceux qui ont étudié ces textes s'accordent à dire qu'ils ne contiennent aucune réaffirmation, explicite ou ambiguë, du refus de Lamarck d'accorder à la nature le pouvoir de produire des êtres vivants, ni à l'inverse, aucune affirmation des idées de Lamarck II sur le fait que tous les êtres vivants sont des produits de la nature. Nous sommes, par conséquent, devant un dilemme. Nous pouvons en conclure soit que Lamarck, dans ces années 1795-1799, a dû beaucoup s'écarter des positions de Lamarck I, sur la base du fait qu'il n'est plus disposé à réitérer ses anciens refus ; soit qu'il doit encore parcourir un long chemin avant d'en arriver aux positions de Lamarck II, puisqu'il n'énonce encore aucune des idées qu'il exposera après 1800. Mon sentiment là-dessus est que, compte tenu du caractère public de tous ces textes des années 1795-1799, nous devons mettre l'accent plutôt sur la première hypothèse. Après tout, cela est tout à fait conforme aux raisons évidentes qui font supposer que Lamarck a adopté plusieurs idées de la seconde période peu de temps après la publication de ses *Recherches* — peut-être autour de 1796, quand il était probablement en train de rédiger les Mémoires —, mais qu'il s'est retenu de les publier. Ce qu'il y a de plus intéressant, c'est que cette hypothèse permet d'expliquer ce qui est très difficile à comprendre autrement, c'est-à-dire pourquoi il n'y a pas de reprise claire du refus antérieur de considérer les êtres vivants comme des productions de la nature.

Tournons-nous à présent vers l'examen de la seconde possibilité, celle qui suggère que Lamarck en 1795-96 a franchi la première étape, l'idée d'une production naturelle graduée des êtres, en l'inférant principalement de la dégradation de l'organisation, du sommet au bas de la série animale. On a raison de remarquer que l'adoption de cette thèse entraînait évidemment la croyance en un changement possible de l'espèce. De manière moins évidente peut-être, elle peut entraîner ou non l'hypothèse de la génération spontanée, d'une façon ou d'une autre ; car Lamarck aurait pu adopter l'idée d'une production graduée des êtres les plus complexes, en partant des plus simples, tout en laissant ouverte la question de savoir comment les êtres les plus simples avaient eux-mêmes été produits.

Il est bien connu à présent qu'à partir du milieu des années 1780, Lamarck avait insisté sur l'existence, dans le règne animal, d'une série de classes ordonnées selon des degrés de perfection dans l'organisation. En outre, il s'agissait de degrés dans l'organisation interne. Car, dans le règne animal, les classes, à la différence du règne végétal, se distinguent par des différences dans l'organisation interne plutôt que par les organes externes. Quelles sont donc les nouvelles conclusions générales que Lamarck a adoptées vers 1795-1796, sur l'échelle des classes animales, qu'il n'avait

6. Vachon M., Rousseau G. et Laissus Y., *Inédits de Lamarck*, Paris, Masson, 1972, pp. 153-164.

7. Lamarck J.-B., *Mémoires de Physique et d'Histoire naturelle*, Paris, publiés par l'auteur, 1787, p. 314.

pas acceptées dans la décade précédente, des conclusions qui pourraient avoir, à leur tour, facilité la conviction nouvelle d'une production graduée ? Les conclusions qui ont joué ce rôle sont, ce n'est pas surprenant, celles qui découlent de ses nouvelles études sur les invertébrés. Si nous examinons les *Mémoires* de 1797, nous y trouvons une conclusion, en particulier, qui ne lui paraissait pas accessible dans les années 1780, c'est que la série animale continue à descendre jusqu'au groupe des animaux appelés Monades. Ceux-ci appartiennent au groupe des polypes microscopiques, qui font partie de la classe des Polypes, la 9e classe et la plus inférieure dans le tableau donné dans les *Mémoires*. En outre, Lamarck est déjà convaincu de l'extrême simplicité de leur organisation : ils n'ont pas d'organes reproducteurs, pas même de gemmes, mais sont fissipares. En règle générale, les arrangements de séries que le tableau des *Mémoires* expose sont justement ceux dont Lamarck, après 1800, mettra en valeur les caractéristiques, en passant d'un ordre de complexité à une production graduée : exactement, une perte de spécialisation des organes internes, au fur et à mesure que l'on descend dans la série animale s'achevant par l'absence complète de tout organe spécialisé dans les plus simples de tous. Mais assurément, cette découverte seule, en elle-même et par elle-même, n'aurait pas suffi à pousser Lamarck à abandonner tous les principes de la première période, et à accepter l'idée d'une production graduée. Imaginer qu'il en fut ainsi est tout à fait improbable. Toutefois, nous n'avons pas besoin de recourir à cette hypothèse improbable, car nous savons que dans les années 1795-96, d'autres conclusions nouvelles et importantes se sont imposées à Lamarck.

Une de ces conclusions concerne le processus de formation des organes internes dans un animal particulier. Dans la *Philosophie Zoologique*, Lamarck expose la thèse que le tissu cellulaire est la matrice dans laquelle tous les organes des corps vivants ont été successivement formés et que le mouvement des fluides dans ce tissu est le moyen que la nature emploie pour créer et développer ces organes à partir de ce même tissu. Et il rappelle, dans une note, que depuis l'année 1796, il a exposé ces principes dans les premières leçons de ses cours[8]. Ces principes, tels qu'ils sont énoncés dans la *Philosophie Zoologique*, et probablement dans ces Leçons, concernent donc la formation des organes dans un corps animal individuel au fur et à mesure de sa croissance et de sa maturation après la conception. Il est néanmoins assez raisonnable de conjecturer que Lamarck, sinon en public, du moins en privé, a pu appliquer ces principes à la série de l'organisation en 1796 ; et cette conjecture est d'autant plus vraisemblable que nous constatons qu'il remarque dans le tableau des classes animales contenu dans les *Mémoires* que, tandis que les Radiaires ont des vaisseaux qui rayonnent en dehors du canal intestinal, les Polypes avec un canal intestinal ont seulement, en-dehors de lui, un système cellulaire ou tubulaire.

8. Lamarck, *op. cit. supra* n.5, t. 2, pp. 46-47.

A ce stade, cependant, une objection évidente peut se présenter : l'évolution de sa pensée vers la production graduée aurait entraîné pour Lamarck un tournant vers une nouvelle interprétation de la vie, comme interne aux pouvoirs de la nature, et ne les excédant pas ; et alors, pourrait-on objecter, où se trouve la preuve évidente que ce naturalisme est là si tôt ? De nouveau, on peut considérer l'objection comme valable, mais non décisive. Il est bien connu que toute la discussion sur la définition de la vie dans les *Mémoires* est d'une manière frappante et explicite une discussion de naturaliste, plus que la discussion équivalente dans les *Recherches* de 1794[9]. Les obstacles les plus généraux à la découverte d'une explication de la vie dans un cadre naturel, ont donc été balayés pendant les années qui ont suivi la nomination au Muséum. Et, pourrions-nous ajouter, cela est loin d'être surprenant. D'un nouveau professeur dans une institution scientifique qui doit sa forme à la révolution, on pouvait attendre qu'il fournisse de plus en plus des interprétations naturalistes du domaine dont il était responsable dans ses recherches et ses charges d'enseignement, plutôt que le contraire. Mais les passages des *Mémoires* eux-mêmes qui refusent de considérer la génération spontanée et l'aptitude de l'espèce au changement comme phénomènes naturels ne sont-ils pas tout aussi bien connus ? Certes, il y a en réalité des passages qui ont été lus de cette façon (y compris par l'auteur de cette étude, il y a quelques années) ; mais un examen serré de leur contenu et de leur contexte précis montre que ces lectures sont loin d'être correctes.

Trois groupes de passages sont d'un intérêt immédiat pour notre propos. D'abord, Lamarck dit par deux fois que, dans la reproduction, un individu seul ou en collaboration avec un autre, produit un nouvel individu de son espèce[10]. Mais ce lieu commun, sur ce qui arrive dans un très bref laps de temps d'une génération à une autre, pourrait bien avoir été considéré par Lamarck comme cohérent avec l'aptitude au changement graduel des espèces, au fur et à mesure de la longue durée nécessaire pour une production graduée. En second lieu, Lamarck écrit qu'on a dit « avec raison » que tout être vivant vient d'un œuf ; mais on peut remarquer qu'il n'a pas qualifié cette assertion de vraie ou de correcte, mais seulement qu'on avait de bonnes raisons pour l'affirmer[11]. Il n'y a pas là de refus délibéré et manifeste de la possibilité d'une génération spontanée. Il y a plus : en 1802, lorsque Lamarck donne des explications sur la génération spontanée, il fait l'éloge d'une version élargie du principe de l'œuf, dans

9. Burkhardt R., *op. cit. supra* n.2. Roger J., « Chimie et biologie : des molécules organiques de Buffon à la physico-chimie de Lamarck », *History and Philosophy of the Life Sciences*, I, 1979, pp. 41-64. Pour la philosophie naturelle newtonienne qui sert de fondement au naturalisme de Lamarck, voir Hodge M., « Lamarck's science of living bodies », *British Journal of the History of Science*, V, 1971, pp. 323-352 et Conry Y., « Une lecture newtonienne de Lamarck est-elle possible ? » dans *Lamarck et son temps, Lamarck et notre temps*, Paris, Vrin, 1981, pp. 35-57.

10. Lamarck, J.B., *op. cit. supra* n.7, pp. 250 et 270.

11. *Ibid.*, p. 272.

laquelle il suppose que le nouvel être vivant vient d'une masse gélatineuse analogue à un œuf dans la mesure où elle est susceptible de vivification après une préparation à la vie semblable à la fertilisation. Enfin, en un passage au moins des *Mémoires*, Lamarck écrit que les composés minéraux ne peuvent être produits par la nature, mais qu'au contraire ils sont produits par les êtres vivants. Ceci ressemble à une contradiction avec les idées de Lamarck I ; mais à deux reprises plus haut dans les *Mémoires*, Lamarck a été plus précis et a spécifié que c'est la nature, abstraction faite de toute activité particulière dans les êtres vivants, qui ne peut produire des composés minéraux[12]. Ces affirmations plus précises, loin d'opposer la nature à l'activité vitale, semblent au contraire inclure cette activité dans la nature, et marquer ainsi une distance à l'égard des vues de Lamarck I.

De la même façon, si l'on lit attentivement les manuscrits écrits à partir de la fin des années 1790, on verra que les passages qui ont parfois semblé être un rejet de la génération spontanée, ne concernent pas directement ce problème, et sont bien loin de le résoudre de façon décisive contre la génération spontanée. Ainsi, dans le « Discours Préliminaire » du 3 mai 1799, Lamarck fait valoir que les « molécules animées » qui peuplent les eaux ont des organes reproducteurs, exactement comme les animaux d'un rang plus élevé. Mais, comme le contexte le confirme, il ne parle pas en cet endroit des plus simples de tous, les « monades », qu'il aurait pu appeler atomes, mais des très petits organismes en général, y compris ceux qui sont plus complexes que les « monades ». Par conséquent, lorsqu'il parle de ces animaux qui ont un rang dans la nature aussi peu équivoque que les animaux plus élevés, il ne se réfère pas à la « génération équivoque », mais à la façon dont leurs organes de reproduction et leurs autres organes leur donnent une place dans la série de l'organisation, aussi définie que celle de n'importe quel animal d'un rang plus élevé. Il nous a seulement avertis du fait que notre imagination échoue à concevoir toutes les nuances de la dégradation de l'organisation qui se montrent à nous, quand nous considérons les animaux d'un rang inférieur comme ceux d'un rang élevé.

Il n'y a, par conséquent, pas de fondements, dans les textes, pour refuser l'hypothèse biographique qui est formulée ici, à savoir que l'une des premières étapes franchies par Lamarck, quand il a pris ses distances par rapport aux idées de Lamarck I, a été d'interpréter la série animale comme un ordre de production graduée, et qu'il a franchi cette étape dès 1795-96.

Dès lors que nous prenons au sérieux cette hypothèse biographique concernant le tournant intervenu dans la pensée de Lamarck, nous en percevons les conséquences historiographiques plus lointaines. D'abord, nous pouvons apprécier différemment les propositions faites sur le rôle

12. *Ibid.*, pp. 240, 241 et 320. Pour une interprétation différente de ces trois passages, voir Burkhardt R., « The Zoological Philosophy of J.B. Lamarck », in Lamarck J.B., *Zoological Philosophy*, Chicago et Londres, University of Chicago Press, 1984, pp. xv-xxxix.

joué par les nouvelles réflexions de Lamarck sur l'extinction des espèces, probablement autour de 1799. Car il nous est possible de distinguer d'abord une aptitude des espèces au changement requise par la première thèse, celle de la production graduée, et ensuite une aptitude au changement en fonction des circonstances elles-mêmes changeantes, une aptitude que Lamarck doit admettre à cause de ses réflexions sur l'extinction. Cette thèse sur l'aptitude au changement en fonction des circonstances pourrait avoir été jointe à la thèse sur l'aptitude au changement graduel, dans une étape ultérieure, vers 1799, comme une thèse secondaire. Que tel ait été le cheminement de Lamarck est en tout cas en accord avec la façon dont Lamarck II parle d'un côté de la progression, et de l'autre de la différenciation adaptative en fonction des circonstances.

De toute évidence, les détails d'une biographie intellectuelle de Lamarck pendant la période 1795-1799 resteront toujours incertains, en raison de la pauvreté de documents décisifs. Cependant, cet article aura atteint ses objectifs s'il établit deux points : tout d'abord, s'il montre qu'avec Lamarck, comme avec Buffon, nous devons toujours éviter de poser les questions qui accompagnent inévitablement une historiographie « transformiste » ou « évolutionniste ». En second lieu, qu'il y a de bonnes raisons de croire que la question de la production graduée est première dans le changement intellectuel intervenu chez Lamarck et que, si nous adoptons ce point de vue, nous sommes conduits à des hypothèses qui nous permettent de prendre en compte non seulement les nouvelles orientations, mais aussi les conditions de ces nouvelles orientations, au moment où il accomplissait le remarquable tournant intellectuel des années 1794-1802.

Traduction Roselyne Rey

13. Vachon M. et al., *op. cit. supra* n.6, p. 154. Pour une interprétation différente de ce texte, voir Corsi P., *op. cit. supra* n.2, p. 67.

14. R. Burkhardt reconnaît explicitement que la focalisation sur le problème de l'espèce peut nous détourner de ce qu'il y a de plus fondamental dans la pensée de Lamarck dans « Lamarck and Species », in Atran S. et al., *Histoire du Concept d'espèce dans les Sciences de la vie*, Paris, Fondation Singer-Polignac, 1985, pp. 161-181. Voir aussi Hodge M., « Species in Lamarck », dans Schiller Joseph (éd.), *Colloque International Lamarck*, Paris, Blanchard, 1971, pp. 31-46. Corsi P., *op. cit. supra* n.2, p. 67, cite l'opinion de G. Barsanti sur le changement dans les conceptions de Lamarck dans G. Barsanti, *Dalla storia naturale alla storia della natura : saggio su Lamarck*, Milan, Feltrinelli, 1979, un livre que je n'ai pu consulter.

Antonello LA VERGATA

La lutte et l'effort

On sait que les idées de Darwin firent l'objet de beaucoup d'interprétations différentes et même opposées. Assez souvent, ces interprétations furent de véritables déformations, car des images pré-darwiniennes de la nature conditionnèrent de manière décisive non seulement le refus ou l'acceptation de la théorie darwinienne, mais la façon même dont elle fut comprise. Jacques Roger a montré dans plusieurs travaux qu'une des causes principales de ces incompréhensions fut l'idéal — mais on pourrait bien dire le mythe — du réductionnisme physico-chimique dans les sciences de la vie [1]. Le présent article poursuit cette direction de recherche, en alléguant des exemples du conditionnement qu'exerça sur la réception des idées de Darwin l'idéologie multiséculaire de la vie comme effort, épreuve, purification par la douleur. En favorisant la déformation de certains des concepts les plus importants du darwinisme, elle contribua à ce qu'il devienne pour beaucoup d'auteurs, de savants non moins que de philosophes, une sorte de nouvelle théodicée [2].

Dans les tentatives pour justifier l'existence du mal, un rôle important a toujours été joué par ce qu'on pourrait appeler l'idéologie du « fouet de la nécessité » [3] : c'est l'idéologie selon laquelle l'homme est naturellement paresseux et s'aveulit et s'abîme dans l'animalité s'il n'est pas aiguillonné, fouetté, forgé, trempé par l'adversité et la nécessité ; sans ces aiguillons, il n'y aurait eu ni civilisation ni progrès. Cette idéologie répandue et

1. Jacques Roger, « Présentation. Les néo-lamarckiens français », *Revue de Synthèse*, t. *100*, *95-96*, 1979, pp. 79-92 ; Id., *La filosofia dei neolamarckiani francesi*, dans *Scienza e filosofia nella cultura positivistica*, a cura di Antonio Santucci, Milano, Feltrinelli, 1982, pp. 234-244 ; Id., *Darwin, Haeckel et les français*, dans *De Darwin au darwinisme : science et idéologie*, Congrès international pour le centenaire de la mort de Darwin, Paris-Chantilly, 13-16 septembre 1982, édition préparée par Yvette Conry, Paris, Vrin, 1983, pp. 149-165 ; Id., *Note sul ruolo del "caso" nel sistema darwiniano*, dans *L'anno di Darwin. Problemi di un centenario*, a cura di Walter Tega, Parma, Pratiche Editrice, 1985, pp. 11-18. V. aussi Yvette Conry, *L'introduction du darwinisme en France au* XIX*e* *siècle*, Paris, Vrin, 1974, passim, et Antonello La Vergata, « Claude Bernard, "punti di vista fisiologici" ed economia della natura », *Rivista di filosofia*, t. 73, *3*, 1982, pp. 361-395.

2. Qu'il me soit permis ici de renvoyer à mon livre *L'equilibrio e la guerra della natura. Dalla teologia naturale al darwinismo*, Napoli, Morano, 1990.

3. Cfr. Antonello La Vergata, *Nonostante Malthus. Fecondità, popolazioni e armonia della natura, 1700-1900*, Torino, Bollati Boringhieri, 1990.

persistante conditionne la diffusion des théories de Darwin : ce n'est pas tant l'influence directe du laissez-faire ou d'autres doctrines économiques, politiques et sociales que la morale de l'effort qui fut responsable des interprétations « gladiatoires » que beaucoup de partisans et d'adversaires de Darwin donnèrent des idées de lutte pour la vie et de sélection naturelle. Il s'agit d'une morale qui, une fois projetée sur le monde animal et végétal, donnait lieu à la vision de l'évolution comme progrès nécessaire mais douloureux vers des formes de plus en plus parfaites, comme ascension par le sacrifice.

On peut bien imaginer quelle attraction le concept de lutte pour la vie, filtré par celui d'effort, exerça sur des auteurs qui, pour des raisons plus ou moins explicitement religieuses, attribuaient aux organismes une sorte de tâche à accomplir dans le dessein de la création et à l'homme le devoir de s'élever à des formes spirituelles supérieures en subjuguant la matière. Armand Sabatier, professeur de zoologie à Montpellier, doyen de la Faculté des Sciences et directeur de la station zoologique de cette ville, opposait à la doctrine selon laquelle la lutte pour la vie était la cause de l'évolution des arguments biologiques, mais aussi des « répugnances morales ». Le darwinisme, en tant que doctrine de la domination brutale de la force, de la négation des droits et de la justice, de l'appel à la violence au nom du progrès, bref, en tant que doctrine de l'immoralité naturelle, était incompatible avec l'idée d'un Créateur sage, juste et bon. Mais ces inquiétudes, qui, comme chacun sait, ne tourmentaient pas que Sabatier, pouvaient être éloignées : la lutte n'était moralement acceptable que si elle était synonyme d'effort, de participation active de la créature à l'œuvre de Dieu et à la tendance au perfectionnement, à l'aspiration à la liberté qui anime le monde organique. Cette tendance s'accomplit dans l'humanité, où la lutte matérielle cède la place à la lutte pour la réalisation d'un idéal. Dans cette vision la variabilité indéfinie des organismes est l'analogue (mais on pourrait dire la manifestation ou la préfiguration) biologique de la liberté morale, l'évolution vers un but l'analogue de l'obligation morale, le parasitisme l'analogue de la paresse morale. La lutte pour la vie ne produit de bons résultats que dans la mesure où elle produit de l'effort, c'est-à-dire ce mouvement dirigé vers un but qui est la cause tant du progrès spirituel que du progrès biologique. Cela est vrai, d'ailleurs, aussi pour le contraire de la lutte, l'association.

> C'est parce qu'elles comportent l'une et l'autre l'effort, parce qu'il faut faire effort pour vaincre l'adversaire, aussi bien que pour engager comme associés une action commune, c'est, dis-je, parce qu'il y a, dans les deux cas, un effort nécessaire que la lutte et l'association sont des sources du progrès. Toute la biologie, et toute la psychologie, c'est-à-dire l'histoire dans toutes ses formes, sont là pour le démontrer. Mais la lutte pour l'existence et l'association ne sont pas les seules occasions d'effort. Il en est d'autres et en particulier l'adaptation de l'être vivant au milieu dans lequel il vient à être placé, et la nécessité pour lui de satisfaire aux besoins

> de son organisme. Ce sont encore des stimulants de l'effort ; et notre grand naturaliste Lamarck les a mis dans sa *Philosophie zoologique* à la base de l'explication de la transformation des espèces animales. Avec bon nombre de naturalistes, je considère ces influences comme bien plus puissantes et plus générales que la lutte pour l'existence et que l'association [...] L'effort est donc le facteur nécessaire et supérieur de toute transformation [...] Je crois fermement que si d'une manière générale l'évolution a suivi une marche progressive, c'est qu'il y a au sein de la nature une aspiration, une préférence, une tendance qui la pousse et l'attire vers un but meilleur, vers une fin supérieure. Il y a dans la nature ce que j'appellerais volontiers une inquiétude biologique, c'est-à-dire le sentiment d'un malaise actuel, et le pressentiment d'un bien-être supérieur ; et c'est pour répondre à ce malaise, pour l'effacer, que la nature cherche, se met en travail, s'efforce de revêtir de nouvelles formes, de créer des combinaisons nouvelles, n'étant jamais lassée, parce qu'elle n'est jamais satisfaite.

La mention de Lamarck dans ce passage est révélatrice : Sabatier voit le fruit d'un effort dans la fourrure qui protège les animaux des pays froids et dans les nageoires des animaux qui ont quitté la terre pour l'eau. Les parasites sont la preuve la plus évidente que le manque d'effort porte à la dégénération. L'interprétation de la lutte comme effort permet de concilier une vision (plus ou moins) darwinienne de l'évolution avec l'exigence morale que celui qui a bien mérité soit récompensé. La morale de l'effort encouragea beaucoup de ces ambigus mélanges de darwinisme et de lamarckisme qui furent si nombreux dans la seconde moitié du XIXe siècle. Une certaine dose de lamarckisme plus ou moins conscient se retrouve, en effet, dans tous les auteurs chez lesquels la conception de la lutte pour la vie passe dans l'éloge de l'effort et de la bataille contre l'adversité pour la formation et l'affirmation d'un caractère supérieur, comme dans tant de contes de Jack London. Pour bien des biologistes, des philosophes et des sociologues, la lutte pour la vie était un mécanisme évolutif non parce qu'elle éliminait les moins adaptés et conservait les plus adaptés, mais parce qu'elle les obligeait, pour ainsi dire, à s'adapter, les stimulait à faire de leur mieux, à se perfectionner dans l'épreuve de la survivance, à acquérir des caractères et des comportements nouveaux sous peine d'être écrasés par ceux qui apprennent mieux et plus rapidement. L'évolution était le prix pour l'effort individuel d'évoluer ; le perfectionnement physique était l'analogue dans la nature du perfectionnement moral : au progrès vers des formes biologiques de plus en plus développées correspondait le progrès vers des formes spirituelles de plus en plus élevées. Une grande part de ce qu'on appelle darwinisme social ne fut qu'une série de variations sur ces thèmes, ou, autrement dit, d'applications à la nature de la morale de l'effort et du sacrifice ; d'autant plus que cette conception de la lutte pour la vie pouvait être aisément conciliée avec l'éthique protestante du travail. « Le monde vivant », écrit en 1883 le naturaliste et paléontologue américain James Dwight Dana, « est pour la plupart un monde de conflit (*a world of strife*) ». « Effort, lutte et tension ont été les ressorts principaux du progrès humain », et Dieu a sanctionné le principe du conflit au moment où il a ordonné à l'homme de soumettre et de dominer la nature. La nature, d'ailleurs, c'est le triomphe de la vigueur physique. Pour s'affirmer, toute qualité doit être stimulée et passer par de rudes épreuves. Le concept même d'adaptation est absorbé dans celui d'efficience physique : « les plus adaptés sont ceux qui, dans les nouvelles circonstances, quelles qu'elles soient, sont les plus vigoureux ». On remarquera que le mot « vigoureux » désigne la condition de l'individu indépendamment du succès reproductif et de la reproduction différentielle qu'est la sélection. On dirait que concourir et lutter font du bien à l'organisme indépendamment de la destinée des autres concurrents. Il ne faut pas s'étonner si, tout en attribuant au conflit un rôle si important, Dana, comme tant de néo-lamarckiens, considère la sélection comme un facteur tout à fait secondaire : l'idée que les facultés se développent sous la pression de la nécessité et se renforcent par l'exercice, par l'application, en un mot par l'effort, s'accorde mieux avec la conception d'une évolution dirigée vers le mieux et d'un ordre moral universel que la notion d'une survivance due au hasard.

Nous avons donc ici une image pré-darwinienne de la nature et de l'homme qui conditionne non seulement la réception et l'emploi, mais la compréhension même des idées de Darwin, et qui permet d'en exorciser, pour ainsi dire, les implications morales et sociales les plus désagréables. L'interprétation de la lutte comme effort pouvait, par exemple, être invoquée par les partisans de la coopération et de la solidarité. « L'effort pour la vie », écrivait en 1910 le sociologue René Worms, est beaucoup plus important que la lutte pour la vie et il exige ce que le néo-lamarckien Jean-Louis de Lanessan appelle l'« association pour la lutte » contre l'environnement, car c'est celle-ci, et non la concurrence entre les individus, qui est le moteur de l'évolution et du progrès. Ce fut cette conception de l'évolution biologique et sociale par l'effort pacifique que beaucoup de Français opposèrent au darwinisme des apologistes allemands de la guerre. Voici ce qu'écrivait en 1915 un autre néo-lamarckien, le zoologue Edmond Perrier :

> La lutte pour la vie, si elle a eu quelque part au progrès matériel des êtres vivants, n'a d'ailleurs contribué à ce progrès que dans le détail des formes organiques. Une plus large coordination de tous les grands faits de la biologie établit, au contraire, que c'est dans la paix, par des *efforts* [souligné par nous] constants des animaux sur eux-mêmes, par une tension continuelle de leurs facultés pour triompher des conditions défavorables dans lesquelles certains étaient condamnés à vivre que les grands types du règne animal se sont constitués.

La raison était la forme que prend dans l'homme cette force active dans tout le règne animal. L'interprétation de *struggle* comme effort était confirmée par Émile Boutroux en 1916 :

> ... *Struggle* ne veut pas dire : guerre, mais effort. Je lis dans mon dictionnaire anglais-allemand : *to struggle*, *sich anstrengen*. Le moyen que l'être qui fait effort pour vivre emploiera pour maintenir et développer son être n'est pas préjugé par le mot *struggle*.

Il n'était pas nécessaire d'être lamarckien pour adopter la conception de la lutte comme effort. Nous retrouvons la même combinaison de thèmes dans *The ascent of man* (1894), œuvre qui fit fortune de Henry Drummond, professeur de sciences naturelles au Theological College de Glasgow.

> Sans la lutte pour la nourriture et la pression de la nécessité, sans le conflit avec les ennemis et le défi du climat, le monde resterait dans la stagnation. Le changement, le risque, l'épreuve, l'adversité jusqu'aux limites de la calamité : voilà la vie du monde [...] [La loi de la lutte pour la vie] veut que tout être en nature vive aussi bien que possible, que toutes ses ressources soient exploitées au maximum, que chacune de ses facultés soit tenue dans le plus grand ordre et déploie dans l'usage toute sa force. Ainsi, loin d'être une entrave à la vie, la lutte est précisément ce qui non seulement la pousse en avant, mais aussi, en même temps, la perfectionne.

L'idée du dessein divin et de l'évolution vers des formes supérieures et plus spirituelles se double d'une idéologie de l'effort et de la vie intense sous la sollicitation du besoin. La sélection naturelle devient une sorte de némésis, qui punit par la mort le moindre défaut : l'élimination est le sort de ceux qui ne se sont pas donné assez de peine ou qui ne sont pas à la hauteur des exigences nouvelles, supérieures. Le langage de Drummond est révélateur : « les animaux qui luttent avec le plus grand succès prospèrent, ceux qui ont moins de chance disparaissent » ; il en dérive « la mort de ceux qui n'évoluent pas, qui ne sont pas adaptés à quelque nouvelle et supérieure relation au milieu » ; ce sont « les pires » (*the worst*). Selon le paradigme de l'efficience physique, bien-être et adaptation s'identifient : « la sélection naturelle est le moyen dont se sert la nature pour produire une santé, une intégrité et une adaptation parfaites ». La lutte assure une tendance au perfectionnement « sous la nécessité urgente de trouver de quoi survivre ». En effet, « telle est l'inertie de toutes les choses que sans constriction elles ne bougeraient point ». Empruntant un argument bien exploité au XVIIIe siècle, Drummond nous invite à imaginer un sauvage allongé béatement au soleil : jamais de sa vie il ne penserait de travailler ; rien ne semble pouvoir le déranger. Mais la nature tisse une trame, apparamment à son dommage, mais en réalité pour son bien. « Car le mouvement, c'est du travail, le travail, de l'exercice, et l'exercice peut signifier l'évolution de la partie du corps qui est exercée ». Comme la nature bouge elle-même, ce sauvage doit bouger, s'il veut manger et non être mangé.

La première loi de l'évolution, c'est la première loi du mouvement : si des forces extérieures n'agissaient pas sur lui, il resterait pour toujours, par inertie, ce qu'il est. Mais cela serait la stagnation.

La lutte pour l'existence est présentée, ici comme chez beaucoup d'autres auteurs, non comme la condition de la sélection naturelle, mais comme une activité positive en soi, une tâche individuelle, une nécessité pour le bien-être de l'organisme ; la sélection naturelle, réduite à une simple élimination, passe au second plan. Le vivant est « obligé à la lutte pour l'existence », à cette « double guerre » avec la nature organique et inorganique, par les contraintes du milieu, et surtout par la faim : « la mère de toute industrie, c'est la faim ; le créateur des premières formes de civilisation, c'est la lutte pour l'existence ». L'absence de ces stimulations ou de réponses adéquates peut provoquer la décadence de nations ou de races entières : la fécondité extraordinaire de la nature tropicale, écrit Drummond dans *Tropical nature* (1888), dispense les natifs de la nécessité de lutter : voilà donc que l'Afrique est une terre de désœuvrés et de paresseux. Déjà dans son livre le plus connu, *Natural law in the spiritual world* (1883), Drummond avait assimilé l'évolution par la lutte au progrès spirituel par le travail : dans la nature comme dans l'humanité, avait-il écrit, l'absence de la stimulation et de l'effort produit la dégénération. Prenons, par exemple, la *Sacculina*, un organisme qui dans son premier âge ressemble à une langouste ou à une écrevisse, mais ensuite dégénère et devient parasite du pagure. Par cette dégénération, elle est punie pour deux fautes :

> Tout d'abord, elle a ignoré l'évolution, et, en second lieu, ce qui est pratiquement la même chose, elle a violé la grande loi du travail. La vengeance de la Nature était donc inévitable.

Le parasitisme est une décadence parce qu'il signifie se soustraire à l'impératif de l'application industrieuse. Impératif qui vaut aussi pour la société, bien entendu : « les mendiants [...] sont le témoignage vivant et véridique de l'inaltérable rétribution de la loi du parasitisme ». « Le professeur Drummond », remarquait finement un critique de Spencer, le philosophe David George Ritchie, « a retrouvé tous les dogmes de Calvin dans le système spencérien de la Philosophie Synthétique ». C'est une boutade, mais elle contient une bonne part de vérité. Dans la *Social statics* (1851) Spencer avait soutenu que les maux et les souffrances dérivés de la concurrence sociale doivent être supportés, car la « rigoureuse discipline de la nature » dont ils sont des manifestations est dirigée vers le bien et le progrès. Et son disciple américain le plus connu, John Fiske, avait puisé à ces doctrines pour confirmer la fonction positive de la douleur dans le procès général de l'évolution et pour donner une justification psychologique et biologique du sens du péché. D'ailleurs, une combinaison de thèmes sociologiques spencériens et de réflexions sur la dégénération biologique et sociale avait déjà amené d'autres, et sans l'intervention du calvinisme, à des conclusions semblables à celles de Drummond. En 1881 l'économiste italien Girolamo Boccardo avait écrit :

> Ces fécondes analogies [entre la nature et la société] nous enseignent la leçon de la nécessité absolue du travail, de l'effort, de la concurrence, de la lutte avec les difficultés de la vie comme conditions primaires du progrès physique, intellectuel et moral. C'est ici que nous trouvons la grande solution du problème formidable de l'origine du mal, non dans un optimisme aveugle qui l'ignore, ni dans un pessimisme désolant qui condamne l'homme à un inutile martyre. Le mal et la douleur, nous ne saurons trop le répéter, sont des aiguillons essentiels, les éléments nécessaires du perfectionnement et du triomphe du bien. Nous devons répéter la sage devise de la Bible, et invoquer *salutem ex inimicis nostris*.

Pour certains auteurs, l'interprétation de la lutte comme effort remplissait aussi une autre fonction : elle permettait de ramener à l'unité les nombreuses significations que dénotait le concept darwinien soumis à une analyse minutieuse, et sur lesquelles Darwin lui-même avait appelé l'attention. Une des discussions les plus détaillées des différentes acceptions du concept de lutte pour l'existence se trouve dans *Darwinism and human life* du biologiste écossais John Arthur Thomson. Thomson est conscient de la difficulté de démêler les différentes significations de l'expression darwinienne : « il s'agit », écrit-il, « d'un concept plus vaste que les mots pris au pied de la lettre ne le laissent entendre. Le concept de lutte pour l'existence est une fonction de plusieurs variables indépendantes ». Darwin a reconnu une « lutte entre camarades » (*fellows*), une « lutte entre ennemis » (*foes*) et une « lutte entre les êtres vivants et les conditions physiques », c'est-à-dire une lutte « contre le destin » (*Fate*). Il est néanmoins possible de donner une formulation générale mais articulée de ce concept capital. Et voilà l'idée de l'effort qui revient : « La lutte pour l'existence » est une formule qui comprend toutes les réactions et les efforts (*endeavours*) des êtres vivants face aux difficultés et aux limitations ». Thomson ne se fait aucun scrupule d'employer un langage anthropomorphique : « l'être vivant a sa propre volonté, une volonté de vie », qui se réalise au maximum dans la volonté de s'affirmer, dans la capacité de se faire valoir, dans la *self-assertiveness* de l'organisme vigoureux :

> Un organisme vigoureux tend à être agressif. Il se fraye un chemin dans la foule à coups de coude, bousculant les voisins. La plante, elle aussi, presse et entrave, piège et étouffe, pique et tue [...] Il y a lutte pour l'existence partout où l'être vivant se heurte à des conditions qui le limitent, où des êtres vivants, attaquant et se défendant, changeant et subissant des changements, disent : Nous vivrons ! C'est l'essence de l'être vivant que de s'imposer. S'il ne peut rien faire d'autre, il se multiplie. La vie est effort : elle se répand, s'ingère, proteste pour les limitations. Un être vivant serre de près les autres, rivalise avec les autres, mange les autres. Pour indiquer tout ce "pousse et écarte" entre les êtres vivants et leurs limitations on emploie la formule « lutte pour l'existence ».

Donc aussi pour Thomson le mot d'ordre est « effort » : « si la nature a quelque chose à dire à l'homme, c'est le mot "effort" (*endeavour*) [...] La nature est toute pour l'efficience et toute contre la paresse ». Mais l'effort, pris dans un sens qui n'est rien moins que métaphorique, est le dénominateur commun non seulement de toutes les formes de lutte pour l'existence, mais aussi de tous ces phénomènes de solidarité et de coopération qu'un grand nombre d'auteurs, de Ludwig Büchner à Kropotkine, opposent à la lutte.

> La lutte pour l'existence est bien plus qu'une lutte meurtrière en marge de la subsistance ; elle comprend tous les efforts multiformes pour soi et pour les autres entre les extrêmes de l'amour et de la faim ; elle embrasse tous les efforts du compagnon pour la compagne, du parent pour l'enfant, du consanguin pour le consanguin, et toute circonstance particulière de l'affirmation de soi.

Le concept d'effort, enfin, permet de lier sans interruption la lutte pour l'existence qui se déroule dans les règnes animal et végétal avec les formes de lutte pour l'existence qui ont lieu dans les sociétés humaines. D'ailleurs, remarque Thomson, « les raisons de la lutte entre les animaux et entre les plantes sont, *au fond*, les mêmes qui agissent derrière la lutte et les efforts de nous les hommes ».

Il est indéniable que, bien que Darwin précisât qu'il l'employait dans un sens le plus souvent « large et métaphorique », le concept de lutte pour l'existence portait avec lui un air « gladiatoire ». Il ne faut donc pas s'étonner que des lecteurs éduqués à l'idéologie traditionnelle de la vie comme effort et épreuve aient interprété le darwinisme comme une sorte de sanction biologique de la notion du perfectionnement par l'adversité : cela est d'autant moins étonnant que la liaison entre le concept darwinien et cette idéologie est évidente chez le « co-découvreur » même de la sélection naturelle, Alfred Russel Wallace. Déjà dans son essai de 1858, *On the tendency of varieties to depart indefinitely from the original type*, le concept de *struggle* était introduit avec celui d'*exertion* (effort, sollicitation, exercice intense) ; bien plus, ce dernier servait à éclaircir l'autre.

> La vie des animaux sauvages est une lutte pour l'existence. Ils doivent exercer le maximum d'effort (*the full exertion*) de toutes leurs facultés et de toutes leurs énergies pour conserver leur vie et pour prendre soin de celle de leur progéniture.

Comme « l'existence individuelle de tout animal *dépend de lui* », toute la nature est animée par une tension vers le maximum d'efficience, de bien-être et de vigueur, vers l'usage le meilleur possible des facultés.

> L'animal sauvage doit chercher, et souvent à grand-peine, tout morceau de nourriture, il doit tenir éveillés sa vue, son ouïe, son odorat dans cette recherche, pour éviter les dangers, pour se

> procurer un abri contre l'inclémence des saisons et pour veiller à la sustentation et à la sûreté de sa progéniture. Il n'y a pas de muscle de son corps qui ne soit appelé à l'action chaque jour, chaque heure, pas de sens ou de faculté qui ne soit pas renforcé par un exercice continuel.

L'animal domestique, au contraire, est protégé, nourri, dispensé de cette surveillance incessante ; il développe des caractéristiques qui ne lui serviraient pas en nature ou qui lui seraient même nuisibles : s'il revenait à l'état sauvage, il s'éteindrait, incapable de soutenir « la concurrence avec ses affins sauvages », ou, dans le cas le plus favorable, il perdrait ces caractères excessifs que lui a imposés l'homme, mais que la nature n'aurait jamais provoqués. La transformation des espèces est présentée, sans moyens termes, comme une amélioration des espèces, qui se manifeste dans le triomphe des « formes les plus parfaitement développées et de plus haute organisation » et dans l'élimination des variétés « inférieures ».

Chez Wallace, le lien entre *exertion*, *struggle* et perfectionnement n'est pas circonscrit au monde animal. Il n'est non plus une conséquence de la doctrine de la sélection naturelle, car on en trouve des traces dans un ouvrage de 1853, *A narrative of travels on the Amazon and Rio Negro*, et précisément (ce qui est très intéressant) dans une page anthropologique : parlant de l'esclavage, Wallace présente la lutte pour l'existence (il se sert exactement de l'expression *struggle for existence*) comme une école de vie et de caractère, comme la condition dans laquelle l'homme, poussé par le désir de s'affirmer, exerce et fortifie ses facultés, manifeste ses capacités latentes et consacre ses énergies à de « nobles exploits ». L'esclavage empêche une partie de l'humanité de se soumettre à cette action bienfaisante.

> Comment peut-il être juste de tenir une grande quantité de nos semblables dans une condition d'enfance adulte ? Ce sont la responsabilité et la dépendance de ses moyens qui développent dans l'homme la capacité et les énergies les plus élevées de notre race. C'est la lutte pour l'existence, la « bataille de la vie » qui tient en exercice les facultés morales et fait jaillir l'étincelle latente du génie. L'espoir du profit, l'amour du pouvoir, le désir de renommée et d'approbation éperonnent à de nobles exploits toutes ces facultés qui sont les attributs distinctifs de l'homme.

C'est quelque chose de très proche de la « rigoureuse discipline de la nature » de Spencer, et il ne faut pas s'étonner si Wallace l'invoque dix ans plus tard pour expliquer l'évolution de l'homme. On sait qu'au fil des ans il refusa graduellement l'idée que la sélection naturelle avait été le facteur principal de l'évolution culturelle et sociale et finit par prendre une position nettement spiritualiste. Mais alors il est à plus forte raison intéressant de retrouver des traces de la « rigoureuse discipline de la nature » dans l'essai même — et c'est un écrit très important — qui en 1864 donne le départ à cette révision, *The origin of human races and the antiquity of man, deduced from the theory of natural selection*. La thèse centrale de ce texte est que, au moment où l'homme devint homme, c'est-à-dire où il acquit le pouvoir d'adapter le milieu à ses exigences, au lieu d'être obligé de développer des caractéristiques physiques pour s'y adapter, la sélection naturelle cessa d'agir sur son corps, qui n'a pratiquement plus subi de changements, et transféra son influence sur ses facultés intellectuelles et morales. Elle se développèrent sous le fouet de la nécessité.

> Quand le pouvoir qui jusqu'alors avait modifié le corps eût transféré son action sur l'intelligence, les races progressèrent et se perfectionnèrent grâce à la seule, dure discipline d'un sol stérile et de saisons inclémentes ; sous leur influence se développa une race plus résistante, plus prévoyante et plus sociale que dans les régions où la terre offre de la nourriture végétale à volonté et où ni prévoyance ni intelligence ne sont nécessaires pour se préparer aux rigueurs de l'hiver.

Nous sommes évidemment ici dans le sillage d'une tradition pluriséculaire, mais on ne peut pas exclure l'influence de la phrénologie, que Wallace cultiva dans sa jeunesse et qu'il ne renia jamais complètement, et en particulier de l'idée que les facultés rendent au maximum quand elles sont stimulées et employées intensément. Pour Wallace comme pour tant d'autres auteurs, les habitants des zones tempérées se sont toujours démontrés supérieurs à ceux des pays plus chauds ; les grandes invasions et migrations ont toujours eu lieu du nord au sud, et l'histoire n'offre aucun exemple de civilisation intertropicale : c'est du nord que vint la civilisation aztèque, et celle des Incas fleurit non dans les luxuriantes plaines tropicales, mais sur les arides plateaux des Andes ; les Mongols, provenant du nord, assujettirent au sud les Chinois ; les « audacieuses et hardies tribus du nord » envahirent l'Europe méridionale et y infusèrent une vie nouvelle. La conception du fouet de la nécessité, unie à l'idée de l'évolution conçue selon le paradigme de la vigueur physique, autorise une prévision facile : l'inévitable extinction des populations « inférieures (*low*) et mentalement sous-développées » avec lesquelles entrent en contact les Européens. Ceux-ci ont non seulement des qualités intellectuelles et morales supérieures, mais aussi « une plus grande longévité et une plus grande force moyennes et une capacité de multiplication plus rapide » ; ils conquerront donc le monde, de même que les mauvaises herbes d'Europe envahissent l'Amérique du Nord et l'Australie, chassant les formes locales grâce « à l'intrinsèque vigueur de leur organisation ».

Certes, l'évolution humaine présente des aspects douloureux, mais c'est un procès tendant au bien et projeté par une Intelligence supérieure. Dans *Darwinism* (1899) Wallace écrit :

> Le fait que l'esprit de l'homme — l'homme lui-même — s'est développé tellement nous autorise à croire que celui-ci est le seul, ou du moins le meilleur chemin pour son développement et à voir dans ce qu'on a l'habitude d'appeler « mal » un des moyens les

plus efficaces du progrès. Nous savons, en effet, que les plus nobles facultés de l'homme sont fortifiées et perfectionnées par la lutte et par l'effort (*struggle and effort*). A travers une lutte (*warfare*) incessante avec les maux physiques, parmi mille difficultés et dangers, l'énergie, le courage, la confiance en soi et l'intelligence sont devenus les qualités communes des races nordiques ; dans la bataille avec l'idée du mal moral se sont développées au monde les qualités encore plus nobles de la justice, de la pitié, de l'humanité, du sacrifice. Des êtres ainsi mis à l'épreuve et fortifiés par le milieu, des êtres possédant des facultés latentes capables de si nobles développements sont certainement destinés à une existence plus haute et durable. Nous pouvons donc croire avec confiance avec notre plus grand poète vivant

That life is not as idle ore,
But iron dug from central gloom,
And heated hot with burning fears,
And dipt in baths of hissing tears,
And batter'd with the shocks of doom
To shape and use.[4]

Mais la douleur et la souffrance sont les conditions de l'harmonie dans toute la nature, et non seulement dans l'homme. De même que par l'effort et par la lutte l'humanité s'élève vers des formes spirituellement supérieures, de même la lutte pour l'existence est la condition indispensable du progrès vers des formes de plus en plus hautes, de la bonté et du bonheur de la nature. D'ailleurs, le monde n'est pas du tout une vallée de larmes. Les animaux n'ont ni l'idée de la mort ni des espoirs qui puissent en être frustrés ; ils vivent donc heureux, et, en plus, la surveillance constante, la fuite face au danger, ainsi que la recherche continuelle de la nourriture les amènent à un agréable exercice de leurs facultés : c'est là la définition biologique du bonheur. Les morts violentes sont rapides et indolores, et les prédateurs ne chassent pas par cruauté, mais pour se nourrir ; mourir par le froid, c'est comme s'endormir, mourir par faim, c'est s'affaiblir et s'éteindre progressivement, doucement. Les maladies et la misère n'existent pratiquement pas, parce qu'elles sont toujours suivies par une amélioration ou par la mort.

> En général, donc, on peut conclure que l'idée selon laquelle la lutte pour l'existence entraîne dans le monde animal misère et souffrance est exactement le contraire du vrai. La lutte produit le maximum de vie et de jouissance de la vie avec le minimum de souffrance et de douleur. Étant donné la nécessité de la mort et de la reproduction, sans lesquelles il n'aurait pas pu y avoir de développement progressif dans le monde organique, il est difficile d'imaginer un système par lequel une plus grande quantité de bonheur aurait pu être assurée.

4. Ce sont des vers de Tennyson, *In Memorian*.

Voilà donc que Wallace suit les sentiers tortueux de la théodicée. Il serait trop de dire qu'il y est amené par l'interprétation de la lutte comme effort (peut-être est-ce plutôt le contraire), mais, quoi qu'il en soit, nous avons ici en même temps un effet et une cause de la persistance de l'idéologie de la vie comme épreuve et du perfectionnement par l'adversité : déformé par l'influence de croyances pré-darwiniennes, le darwinisme en finissait par apporter à son tour de la lymphe nouvelle à ces croyances. Chez Wallace, la nouvelle théodicée était mise au service de la réforme sociale, du pacifisme et du socialisme humanitaire : chez d'autres elle alimentait des opinions exactement opposées. Au cours des discussions sur les rapports entre les idéologies et la science il faudrait se souvenir que les croyances et les mythes, les schémas conceptuels et les images de la nature, les opinions sur le sens de la vie exercent sur l'entrelacement des idées une influence plus durable et frauduleuse que les formes socio-économiques et les choix de camps contingents.

Critiquant le réductionnisme sociologique en histoire des sciences, Jacques Roger a écrit que « le discours scientifique ne naît pas spontanément d'une structure sociale : il naît par transformation d'une tradition qui a souvent traversé des siècles et des sociétés différentes ». La même chose vaut, peut-être, pour le discours idéologique, ou du moins pour certains de ses matériaux durables : il y a des formes de pensée qui semblent passer indemnes à travers les contextes les plus divers et même à travers les révolutions scientifiques. L'historien des sciences ne peut pas ne pas en tenir compte, si son devoir ne consiste pas seulement à « multiplier les analyses de la “micro-histoire” », mais aussi à « saisir les phénomènes généraux de l'histoire des sciences et de son insertion dans une histoire générale ».

> Outre les spécificités individuelles et disciplinaires, l'analyse devra rechercher les bases les plus larges et les enracinements les plus profonds dans les philosophies naturelles, les idéologies, les cultures, les imaginaires collectifs. Non pour réduire le discours scientifique à n'être qu'une expression faussement technique de constructions mentales non-scientifiques, mais pour chercher comment elle s'y soumet, ou s'en sert et les surpasse en les contestant et contribuant par là à leur transformation.[5]

5. Jacques Roger, « Per una storia storica delle scienze », *Giornale storico della filosofia italiana*, t. 63, *3*, p. 313. La citation précédente est tirée de la p. 307.

Jean-Louis FISCHER

René Jeannel (1879-1965) de la Biospéologie à l'Évolution néo-lamarckienne

Des raisons intellectuelles, scientifiques et culturelles ont été à l'origine du néo-lamarckisme en Europe dans les années qui suivirent la publication de *L'origine des espèces* de Charles Darwin[1]. Et, si curieusement le néo-lamarckisme n'est pas une invention française mais américaine[2], c'est bien dans certains pays européens que cette façon de penser l'évolution sera la plus développée sur une période relativement longue. L'essentiel de la pensée néo-lamarckienne se tient dans une recherche de la cause responsable des phénomènes qui conduisent l'évolution des espèces (l'influence du milieu), contrairement au néo-darwinisme qui se dirige vers une explication de l'évolution (la sélection naturelle). Aussi, en raison parfois d'enjeux institutionnels, va-t-on, souvent d'une façon abusive, faire une opposition radicale entre néo-darwinisme et néo-lamarckisme. Certes, des différences profondes existent entre les deux, elles sont scientifiques, mais aussi idéologiques. En France, comme le faisait remarquer Jacques Roger, l'idéologie néo-lamarckienne a pris des formes spécifiques : « elle a participé au combat pour la République, contre les forces cléricales et monarchistes »[3]. Mais, au-delà de ces spécificités idéologiques il y a des prises de position plus générales qui viennent de la théorie héréditaire que le néo-darwinisme impose dans le refus de l'hérédité des caractères acquis et, par conséquence logique, de l'action directe du milieu comme facteur dynamique de l'évolution.

Le néo-lamarckien des débuts ne rejette ni les lois de Mendel ni, dans une certaine mesure, la sélection naturelle, à la condition de ne pas en faire la cause motrice de l'évolution. En revanche, il ne voudra pas prendre en compte la théorie chromosomique morganienne, ce qui est encore une suite logique de sa pensée, puisque c'est une théorie réductionniste comme l'étaient les théories microméristes de la fin du XIXe siècle[4]. Ces

1. Cf. « Les néo-lamarckiens français », *Revue de Synthèse*, 1979, n° 95-96.
2. *Ibid.*, cf. G. Laurent, « Un néo-lamarckien américain : Edward Drinker Cope (1840-1896) », pp. 297-309.
3. *Ibid.*, note 1, J. Roger, Présentation, p. 280.
4. *Ibid.*, note 1, J.L. Fisher, « Yves Delage (1854-1920) : l'épigenèse néo-lamarckienne contre la prédétermination weismannienne », pp. 443-461.

théories qui réduisent l'être à des particules prédéterminées, sous-entendent une contrainte qui serait appliquée aussi bien à l'individu qu'à l'espèce. En revanche, le néo-lamarckien des années 1940-1950 ne rejette pas la théorie morganienne, mais il refuse toujours la façon réductionniste de concevoir le vivant, comme pouvait le laisser penser l'idée du concept de gène. Peut-être est-ce le refus d'accorder une liberté créatrice à la vie, qui avait conduit Paul Wintrebert à écrire *Le vivant créateur de son évolution* en 1962 ![5]

De plus, les néo-lamarckiens ont privilégié le rôle du chimique dans le vivant. On évoque, en parlant des développements théoriques de Wintrebert, d'un « lamarckisme chimique ».

Nombreux ont été les néo-lamarckiens français, non pas parce que Lamarck était français et qu'il fallait faire preuve d'un nationalisme intellectuel, mais parce que le néo-lamarckisme convenait mieux à un mode de pensée, à un matériel d'étude. Le néo-lamarckisme faisait moins appel à des notions abstraites que ne le faisait le néo-darwinisme ou la théorie synthétique de l'évolution. Le concept de « hasard » des néo-darwiniens représentait pour les néo-lamarckiens une abstraction difficile à défendre.

Yves Delage écrivait qu'il était convaincu « qu'on est ou n'est pas transformiste, non *pour des raisons* tirées de l'histoire naturelle, mais *en raison* de ses opinions philosophiques »[6]. Cette remarque s'adresse à ceux qui optaient soit pour une évolution du vivant soit pour un fixisme. Ce n'était le cas ni pour les néo-darwiniens ni pour les néo-lamarckiens qui défendaient les uns et les autres une théorie évolutionniste. Reste que leur différence était aussi d'ordre philosophique, politique, idéologique. On peut, en plagiant Delage, dire qu'on est néo-lamarckien, non pour des raisons tirées de l'histoire naturelle, mais en raison de ses opinions philosophiques. D'autant plus que les faits biologiques qui servent aux néo-darwiniens et aux néo-lamarckiens pour étayer leur théorie sont les mêmes.

Ce n'est pas sans raison encore que Paul Wintrebert réfléchissait sur *L'existence délivrée de l'existentialisme*, et qu'à la suite de ses « arguments d'opposition à la génétique évolutive », il proposait la fondation d'un « Institut mondial de la raison » (1965)[7].

La « raison », le mot est lâché, et combien de sympathisants « lamarckiens » ont évoqué la raison ? Que ce soit le biologiste Étienne Rabaud rationaliste déclaré ; l'historien de Lamarck, Franck Bourdier qui ne manquait pas d'évoquer « Le lamarckisme et la raison » ; ou encore René Jeannel pour

5. P. Wintrebert, *Le vivant créateur de son évolution*, Paris, Masson, 1962. Cet ouvrage fait partie d'une trilogie dont les deux autres titres sont : *Le développement du vivant par lui-même*, 1963 et *L'existence délivrée de l'existentialisme*, 1965. C'est entre ses 95 et 98 ans que Wintrebert publia cette trilogie.

6. Y. Delage, *L'hérédité et les grands problèmes de la biologie générale*, Paris, Schleider frères, 1903, (2e ed.), p. 204, note 1.

7. P. Wintrebert, *L'existence délivrée de l'existentialisme*, Paris, Masson, 1965, p. 133.

qui la raison est de rejeter la barrière placée d'une façon dogmatique par August Weismann entre le soma et le germen[8].

Quoi qu'il en soit nos connaissances actuelles paraissent encore trop fragmentaires, voire fragiles, pour brosser un tableau définitif du paysage néo-lamarckien. Des informations et des réflexions sont encore nécessaires non seulement sur les arguments avancés pour soutenir l'aspect théorique du néo-lamarckisme, mais aussi sur les hommes qui ont défendu ce principe.

René Jeannel, par les exposés qu'il a publiés sur l'évolution, cadre avec le paysage néo-lamarkien. Connu des entomologistes pour ses travaux sur les faunes cavernicoles et sur les coléoptères, il n'a pas encore été soumis au jugement de l'historien de la biologie.

Le père et le grand-père de René Jeannel étaient dans les professions pharmaceutique et médicale, et c'est plus par tradition familiale que par goût qu'il fit sa médecine. Sa vocation allait vers les choses de la nature, et plus spécialement vers les insectes : « ...l'attrait que l'Histoire naturelle et surtout les Insectes ont exercé sur moi depuis mon enfance, m'ont empêché de prendre goût à la recherche clinique et à la clientèle »[9]. À plusieurs reprises Jean Rostand a évoqué la naissance de ces vocations de naturaliste chez l'enfant[10]. Jeannel était de ceux-là. Aussi, Alfred Giard dont l'influence « s'exerçait sur les jeunes, à la Société entomologique de France » n'eut-il pas de difficulté à convaincre Jeannel de se diriger vers l'étude des sciences naturelles et d'abandonner ses projets de carrière médicale.

En 1905, il est accueilli à la Sorbonne par Georges Pruvot, alors directeur de la station maritime de Banyuls-sur-Mer (laboratoire Arago)[11]. Il fait ses études de sciences-naturelles et de médecine (1907, docteur en médecine ; 1911, docteur ès-sciences. Il avait passé sa licence de sciences naturelles en 1906). C'est également à cette date (1905) qu'il fait la connaissance d'Émile Racovitza, ancien élève de Lacaze-Duthiers et de Pruvot et collaborateur de ce dernier au laboratoire Arago. Leur rencontre eut lieu au laboratoire de la Sorbonne. Ils se confient alors leur intérêt commun

8. R. Jeannel, « Lamarck, zoologiste et philosophe », in *Bicentenaire de J.B. de Monet de Lamarck (1744-1829)*, Paris, éditions du Muséum, 1946, p. 31.

9. Le grand-père, Julien Jeannel, pharmacien et professeur à la faculté libre de médecine de Lille, était ami de Charles Naudin. R. Jeannel se souvient des visites qu'il rendait avec son grand-père à Naudin : « Mon grand-père était très lié avec Charles Naudin, chez qui j'ai maintes fois été conduit en visites. J'avais onze ans. Les beaux jardins de la Villa Thuret m'enchantaient et surtout ce merveilleux cap d'Antibes derrière lequel il y avait, le long du golfe Juan, la belle plage de Juan-les-Pins, déserte et mystérieuse, où on ne rencontrait alors que des Papillons, des Cigales et des coquillages » in Leçon d'ouverture du cours d'entomologie, faite au Muséum National d'Histoire Naturelle, le 29 janvier 1932, *Bulletin du Muséum*, 1932, 2e série, t. IV, pp. 133-134. Cf. aussi C. Delamare-Debouteville, « Le professeur René Jeannel, Entomologiste, écologiste et biogéographe », *Bulletin du Muséum d'Histoire Naturelle*, 1965, t. 37, nº 2, pp. 203-207.

10. Cf. par exemple J. Rostand, *Le droit d'être naturaliste*, Paris, Stock, 1953.

11. Georges Pruvot, venait de succéder (1901) à la direction du laboratoire de Banyuls (laboratoire Arago) dont le premier directeur fut Henri Lacaze-Duthiers qui en était le fondateur. Ce laboratoire appartient à la Faculté des Sciences de Paris. Cf. Centenaire du Laboratoire Arago, 1882-1982, *Vie et Milieu*, 1982, vol. 32, nº 4.

pour l'étude des faunes cavernicoles. Cet intérêt allait les conduire à une collaboration de « trente années », dont l'un des résultats fut la publication des *Biospeologica* dans *les Archives de zoologie expériementale et générale* [12].

Le premier volume des *Biospeologica* est de 1907, il contient l'essai d'Émile Racovitza : « Essai sur les problèmes biospéologiques » [13]. Ce mémoire représentait, selon l'expression de René Jeannel, « le statut fondamental de la biospéologie ». Paradoxalement, la biospéologie, science nouvelle qui se consacre à l'étude des faunes cavernicoles terrestres, a été fondée dans une station maritime. En fait le paradoxe s'efface quand on connaît la situation particulière de Banyuls-sur-Mer au pied des Pyrénées et qui offrait la possibilité d'exercer ce type de recherche. Le laboratoire Arago ne pouvait que s'ouvrir aux études d'écologie terrestre. Pour montrer l'intérêt que l'institution portait à cette discipline elle fondait la revue *Vie et Milieu* en 1950, destinée à la publication des recherches consacrées à l'écologie.

Jeannel, aidé de Georges Pruvot et de Émile Racovitza débuta sa carrière comme préparateur à Banyuls pendant les années 1908-1912, et c'est ce dernier qui l'a « guidé dans les voies de la véritable Histoire naturelle : observation des Animaux vivants dans leur milieu, combinée avec la recherche zoologique basée « sur une notion juste de l'espèce, entité non seulement morphologique, mais aussi historique et géographique » [14].

En 1911-1912, il prend la mesure de l'Afrique : pour un naturaliste la connaissance de la faune tropicale est généralement riche d'enseignements et Jeannel y trouve tout l'intérêt biogéographique : « On sait quel grand intérêt biogéographique s'attache à ces faunes et flores alpines de ces hauts sommets isolés sous l'équateur. Nous avons été les premiers à recueillir méthodiquement d'importantes collections, aussi bien à basse altitude dans la zone tropicale, que sur le Kénya et l'Aberdare, jusqu'à 5 000 m d'altitude en notant avec précision toutes nos observations sur les conditions d'existence des animaux » [15].

En 1912-1914, Eugène-Louis Bouvier, professeur d'entomologie au Muséum national d'Histoire naturelle, l'engage comme « boursier de l'Institut Pasteur », pour une charge d'étude sur les « Insectes piqueurs ».

Pendant la guerre il est mobilisé dans le corps médical. Après la fin de la guerre il passe l'année universitaire 1919-1920 comme maître de conférences de zoologie à la faculté des sciences de Toulouse.

12. Les Biospeologica furent publiés dans les *Archives de zoologie expérimentale et générale*, parce que cette dernière revue avait été fondée par Lacaze-Duthiers qui en était le propriétaire, et que sur sa décision, G. Pruvot et E. Racovitza devenaient les directeurs de cette revue en 1901. Il était normal que Racovitza pensât aux Archives pour la publication des travaux de biospéologie.

13. E. Racovitza, Biospeologia I, Essai sur les problèmes biospéologiques, *Archives de Zoologie expérimentale et générale*, 1907, 4e série, t. VI, pp. 371 à 488.

14. J. Jeannel, *Notice sur les travaux scientifiques de M. René Jeannel*, Paris, typographie Firmin-Didot, 1931, p. 7.

15. *Ibid.*, p. 8.

En 1920, Racovitza, qui est de nationalité roumaine, est prié par son gouvernement de contribuer à l'organisation de la nouvelle Université transylvaine de Cluj. Racovitza qui est devenu l'ami de Jeannel lui demande de partir avec lui pour fonder ensemble l'Institut de Spéléologie dans les services de la faculté des sciences de Cluj. Jeannel se souvient de ces moments : « Autour de Cluj, les Carpathes et les monts Bihar entourent le bassin transylvain et offraient à nos investigations d'innombrables cavernes dont la faune était fort peu connue. C'est dans le calme des laboratoires de notre institut qu'aura été élaboré le meilleur, peut-être, de ma production scientifique »[16].

A Cluj, il reste six ans, pendant lesquels il fait ses recherches de biospéologie, et un enseignement de biologie générale destiné aux étudiants en médecine. Jeannel consacre son enseignement « aux grands problèmes posés par l'Évolution et l'Hérédité ». La préparation de ses cours n'a pas été sans enseignement aussi pour lui :

« La préparation de ce cours m'a donné l'occasion de réfléchir aux nombreuses questions posées par les adaptations, l'évolution et la distribution géographique des Coléoptères cavernicoles, objet principal de mes études. J'ai ainsi déjà éprouvé personnellement l'utilité du cours, qui éclaire la recherche, en obligeant son auteur à une sorte d'examen de conscience, et fait envisager les problèmes à un point de vue plus général. Il m'a fallu prendre position au milieu des doctrines diverses que j'avais mission d'enseigner et j'avoue que cela me fut facile, car la faune cavernicole fournit abondamment, à qui veut bien voir, la preuve que l'évolution des lignées n'est que l'accumulation héréditaire de variations développées lentement sous l'action de facteurs du milieu »[17].

Dans ces années 1920, Jeannel est en pleine possession de sa discipline scientifique, la biospéologie, et s'est forgé une idée sur la « Marche de l'évolution ».

Aussi, dans la notice sur ses travaux scientifiques[18], qu'il publie à l'occasion de la succession à la chaire d'entomologie de Bouvier, Jeannel prend-il position, d'une façon parfaitement délibérée, pour une théorie qu'il nous est difficile de ne pas classer dans le néo-lamarckisme. Le fait d'avouer sa position théorique dans un tel document, et d'avoir obtenu la chaire, laisse entendre qu'une majorité des professeurs du Muséum n'était pas, dans ces années 1930, radicalement opposée au néo-lamarckisme. Certes, Jeannel était reconnu pour sa valeur de systématicien. Il faisait l'éloge de la systématique et apportait une nouvelle méthode d'investigations par l'étude morphologique comparative qui permettait de « prendre la

16. *Ibid.*
17. *Ibid.*, p. 10.
18. Référence note 14.

véritable notion historique de l'espèce »[19]. Cette nouvelle méthode devait mieux distinguer les « lignées homogènes ». Elle mettait en évidence les rapports morphologiques entre lignées anciennes et récentes : c'est-à-dire les « véritables caractères de filiation ». Les classifications qui ne prenaient en compte que les caractères adaptatifs et néogénétiques d'acquisition récente ne pouvaient réaliser cela. Et quand Jeannel explique que la « systématique et ses classifications devront, bien entendu exprimer les rapports de ces lignées homogènes entre elles »[20], il prend position pour une systématique évolutive : c'est ce qu'avait fait Lamarck en son temps.

Le travail que Jeannel a entrepris sur les cavernicoles l'a conduit à des évidences théoriques plus proches du néo-lamarckisme que du néo-darwinisme. Ces évidences théoriques s'expriment pour lui d'une façon particulièrement évidente dans ces espèces qui vivent dans une obscurité complète, dans une ambiance saturée d'humidité où l'air est immobile. Ces troglobies, véritables fossiles vivants, montrent des adaptations extrêmement spécialisées à cette vie particulière qui leur interdisent tout retour possible à une vie lucicole. Aussi peut-il faire cette déclaration :

« Comme bien d'autres naturalistes, je crois que les théories modernes écartent trop la Biologie des vieux principes du lamarckisme. On exagère certainement le rôle de la sélection naturelle dans l'évolution des variations héréditaires, pour refuser trop systématiquement toute influence aux conditions du milieu. La vieille querelle sur l'hérédité ou la non hérédité de l'acquis ne repose en réalité que sur des controverses philosophiques et, pour cette raison, n'aboutira jamais à une démonstration définitive dans un sens ni dans l'autre. En réalité, tout se passe dans la nature comme si les caractères acquis étaient héréditaires. La seule interprétation logique et vraisemblable est celle qui repose sur le principe lamarckien »[21].

Les êtres vivants se sont adaptés aux conditions d'un milieu extérieur qui se modifie. Ces variations du milieu entraînent des « déviations d'emploi des organes » : les habitudes fonctionnelles et les formes se modifient. Ces effets mécaniques responsables des hypertrophies ou des atrophies d'organes, des modelages du vivant sur son milieu sont héréditaires. L'évolution utilise les organes déjà existants sans faire apparaître de nouveauté. Elle transforme les organes en « les spécialisant » de plus

19. *Ibid.*, p. 10. En particulier Jeannel s'attacha à l'étude des caractères des pièces génitales. A ce sujet Jeannel écrivait : « En 1821, un travail présenté à l'Académie des Sciences et qui fut l'objet d'un rapport de Latreille, faisait connaître l'organisation des organes copulateurs des Bourdons. Il n'est pas sans intérêt de noter que l'auteur y faisait déjà la preuve que les organes copulateurs présentent des différences très caractéristiques pour la distinction des espèces et permettent de séparer certaines, " qu'on avait confondues jusqu'alors, tant elles se ressemblent par le reste de leur organisation ". Il a fallu près d'un siècle pour que ce principe si clairement exprimé par Audouin soit mis en application dans la systématique » in loc. cit. note 9, p. 139. Sur Audouin, cf. Jean Théodoridès, *Un zoologiste de l'époque romantique, Jean-Victor Audouin (1797-1841)*, CTHS, Paris, Bibliothèque Nationale, 1978.

20. *Ibid.*, note 14, p. 10.

21. *Ibid.*, p. 12.

en plus à leur fonction, « en les rendant de plus en plus impropres à des adaptations nouvelles »[22].

Seuls les facteurs du milieu sont responsables des nouvelles formes et l'évolution n'est qu'une orthogenèse dans laquelle le biologiste ne peut déceler « aucune tendance évolutive interne quelconque ». Enfin, « S'il arrive, comme les faunes cavernicoles en donnent de frappants exemples, que les orthogenèses continuent à se dérouler, même après cessation de leur cause première et produisent des ultraévolutions, c'est sans doute que les facteurs de milieu peuvent exercer à la longue, sur les Êtres vivants, des actions durables, c'est-à-dire dont les effets héréditaires continuent à s'accumuler dans une longue suite de générations »[23].

La célébration du bicentenaire de la naissance de Lamarck (août 1944), avait été préparée par l'Assemblée des professeurs du Muséum en 1944, mais, pour des raisons évidentes (l'occupation allemande, la libération, la remise en fonction des services administratifs), elle ne put avoir lieu que le 15 juin 1946[24]. Jeannel participa à cette célébration et confirma son attachement au « lamarckisme », en critiquant « les dogmes de Weismann ».

Maurice Caullery qui fit également un discours à l'occasion de cet hommage qui était rendu à Lamarck, soulignait la difficulté de voir dans le seul hasard l'évolution des espèces : « Il me paraît, en effet, bien difficile, sinon impossible, d'admettre que les structures à la fois si complexes et si complètement coordonnées et adaptées que nous constatons dans tous les types d'organismes soient le simple résultat du hasard incohérent de variations quelconques. Ni le lamarckisme originel, ni le darwinisme complété par la théorie des mutations ne peuvent offrir à notre esprit une image satisfaisante de la réalisation de la nature vivante que nous observons »[25]. Le rejet du « dieu hasard » faisait partie de la conception néo-larmarckienne. Si Caullery rejetait l'hérédité somatique des caractères acquis et l'influence directe du milieu comme facteur évolutif, il était tout au moins, par le rejet du « hasard » darwinien, en accord avec les néo-lamarckiens.

Spécialiste du monde souterrain, Jeannel était confronté à une faune qui, par ses adaptations, lui paraissait répondre à une conception plutôt « lamarckienne » de l'évolution que darwinienne. Aussi, en s'appuyant sur les nombreuses découvertes des années 1930-1940 sur les effets morphogènes des hormones (action du chimique sur la forme), Jeannel pouvait-il écrire en 1943 que « Peu à peu, on s'approche de la conviction que le prétendu hasard des mutations n'est que l'effet des influences complexes du milieu »[26]. Aussi se trouve-t-il en désaccord avec Lucien

22. *Ibid.*
23. *Ibid.*
24. Référence note 8.
25. *Ibid.*, Maurice Caullery, « Le lamarckisme à la lumière des connaissances actuelles », pp. 42-43.
26. R. Jeannel, *Les fossiles vivants des cavernes*, Paris, Gallimard, 1943, p. 93.

Cuénot quand ce dernier affirme que le milieu n'a pas d'action héréditaire sur le vivant, et qu'un organisme adapté à la vie cavernicole était préadapté à ce milieu avant que l'organisme ne s'y installe. La théorie de la préadaptation[27] qui refuse toute action directe du milieu sur l'organisme ne pouvait cadrer avec les idées de Jeannel. Et, d'une manière qui pourrait paraître paradoxale, Jeannel, contrairement à Darwin qui pensait qu'il n'y avait que « peu de concurrence » entre les « habitants de ces sombres demeures »[28], montre que : « la lutte pour la vie s'exerce dans le monde souterrain avec la même âpreté qu'à la surface, la seule différence peut-être serait que sous terre les interactions sont plus simples, la faune étant bien plus restreinte »[29]. Il n'y a, en effet, pas de contradiction à défendre comme cause de l'évolution l'action du milieu et à concevoir dans la répartition des espèces dans leur maintien ou leur disparition une explication par la « lutte pour l'existence ».

De même, Jeannel ne peut rejeter l'évidence génétique qu'il doit concilier avec une hérédité des variations acquises : « les facteurs externes, produisant des caractères somatiques, sont en même temps capables, par contrecoup, de produire des modifications des gènes dans les cellules sexuelles... » et « l'apparition des caractères par lesquels se manifeste l'évolution dépend de l'action des gènes pendant la construction de l'individu »[30]. L'argumentation théorique que Jeannel avance pour alimenter sa conception d'une induction somatique, comme interprétation de l'évolution, est fondée sur de trop nombreuses observations pour qu'on puisse les exposer en détails. Reste que l'analyse générale de sa pensée l'assimile à ce groupe des néo-lamarckiens.

Cette pensée s'est forgée chez lui par l'étude de son matériel de recherche : c'est du moins ce qui ressort quand il évoque sa collaboration avec Racovitza : « Nos observations et nos recherches, si longtemps poursuivies côte à côte sur les Animaux des cavernes, n'ont cessé de nous faire apercevoir, tous les jours avec plus de force, la réalité du vieux principe lamarckien. Comment douter que l'évolution des lignées soit le fait de l'accumulation héréditaire de variations développées lentement sous l'action du milieu ? »[31]. Cette réalité l'a conduit à réfléchir sur *La marche de l'évolution* qu'il publie en 1950.

En 1951 est éditée *L'évolution biologique* de Lucien Cuénot. Si des divergences apparaissent entre Cuénot et Jeannel pour expliquer l'évolution, et en particulier la genèse des faunes cavernicoles, reste entre eux une communauté dans la façon de penser l'évolution biologique. Cette pensée qui réside essentiellement dans le rejet du hasard néo-darwinien caractérise

27. L. Cuénot, *La genèse des espèces animales*, Paris, Félix Alcan, 1911.
28. C. Darwin, *L'origine des espèces*, traduit par Ed. Barbier sur la 6e édition anglaise, Paris, Schleicher Frères, 1896, p. 152.
29. *Ibid.*, note 26, p. 86.
30. R. Jeannel, *La marche de l'évolution*, Paris, Presses Universitaires de France, 1950, p. 100.
31. *Ibid.*, note 9, p. 135.

bien ce mouvement néo-lamarckien. Comment imaginer que ces faunes si bien adaptées à leur milieu, comment penser que ces organes si complexes soient les seuls résultats du hasard ? Les néo-lamarckiens ne peuvent se faire à cette idée d'une passivité de la vie.

« Vivre c'est réagir, ce n'est jamais subir ». Pierre-Paul Grassé qui était plus proche de Jeannel dans la conception de la formation des faunes cavernicoles que de celle de Cuénot, mais de communauté d'idées quand il fallait critiquer le hasard, écrivait à ce propos : « c'est demander beaucoup au hasard, dont la complaisance a tout de même des limites. Tout laisse pressentir que le modelage du type cavernicole exige autre chose que les historiettes aléatoires qu'on nous propose et que n'appuie aucune constatation de faits indiscutables »[32].

Pour Jeannel, l'homme se situe au sommet de l'évolution progressive. L'homme n'est pas, comme le pense Lecomte du Noüy, le début d'une « nouvelle marche de l'évolution » qui s'engagerait « sur le plan spirituel et moral ». En réalité, l'homme se trouve au sommet des « Deuterostomia » comme les Insectes sociaux sont au sommet des « Protostomia ». Dans un cas l'intelligence est individuelle, dans l'autre cas l'intelligence est spécifique. C'était la pensée que venait d'exprimer Albert Vandel qui critiquait la façon de Bergson d'opposer instinct et intelligence en les situant sur « des lignes d'évolution divergentes »[33].

La station verticale de l'homme est le résultat « d'adaptations coordonnées » qui ont conduit à la spécialisation des membres inférieurs. Les membres supérieurs et en particulier les mains sont restés libres de spécialisations. Ainsi, contrairement aux Anthropoïdes, la main de l'homme a réalisé des « adaptations musculaires et articulaires » réalisant l'opposition du pouce aux autres doigts.

« Cette adaptation de la main a été le phénomène fondamental qui a permis à l'Homme d'éliminer les effets nocifs de son état néoténique. Il a pu fabriquer des outils, qui ont été tout d'abord des armes défensives et offensives, avant d'être perfectionnés dans toutes les branches de son industrie. La main, capable de saisir et de façonner les objets, est l'organe qui caractérise le palier humain de l'évolution. Son utilisation a résulté

32. P.P. Grassé, *L'évolution du vivant*, Paris, Albin Michel, 1973, p. 264.

« Pourquoi s'étonnerait-on, disent les darwiniens, de cette abondance d'aveugles ? Dans un milieu obscur, les yeux ne servent à rien, ne pas en posséder ne constitue par un désavantage : la sélection n'a pas à s'exercer sur eux. Mais alors, aveugles et oculés étant à égalité de chances dans la grotte (voir l'hypothèse de la panmixie, imaginée par A. Weismann), pour quelles raisons les premiers l'emportent-ils sur les seconds ? C'est là que réside la difficulté que le darwinisme ne surmonte pas.

Disons qu'à la cécité s'ajoutent la dépigmentation et l'abaissement du métabolisme. Comment se fait-il que la majorité des animaux cavernicoles soit dotée de cette triade de caractères ? Sélection des mutations et « prime » en leur faveur ; c'est vite dit et ça n'exige guère d'imagination ; *mais cela sous-entend que dans tous les groupes de cavernicoles la triade caractéristique est apparue. Trois types distincts de mutations, liés les uns aux autres et apparaissant, sinon dans toutes les espèces, au moins dans tous les groupes, c'est demander beaucoup au hasard, dont la complaisance a tout de même des limites* », pp. 263-264.

33. A. Vandel, *L'homme et l'évolution*, Paris, Gallimard, 1949, p. 136.

du développement supérieur du psychisme, de l'intelligence individuelle ; mais du seul point de vue de l'évolution morphologique, c'est l'opposition du pouce qui a placé l'Homme au-dessus des Singes »[34].

L'adaptation fonctionnelle de la main de l'homme correspond à ce que Racovizta désignait par « séclusion morphologique » ou « adaptation libératrice ». Dans ce type d'adaptation, l'espèce s'est libérée « des influences des facteurs du milieu externe ». Dans le cas de la main, son adaptation fonctionnelle a été sous la dépendance du psychisme, facteur interne.

L'évolution a conduit l'homme a devenir le maître du monde. Son intelligence l'a conduit à inventer la bombe atomique. L'homme est vis-à-vis de la nature un « agent destructeur ». Il a détruit de nombreuses forêts, et parmi les animaux le Dronte de l'île Maurice, le Pigeon sauvage américain, le grand Pingouin arctique etc. Actuellement, souligne Jeannel, il met en péril les Baleines, les Phoques à fourrure et « presque tous les grands Animaux terrestres des régions tropicales ». L'homme est responsable de nombreux déséquilibres dans les faunes et de bouleversements dans les flores. L'avènement de l'espèce humaine ne serait-il alors « qu'une catastrophe sans précédent pour toute manifestation de la Vie à la surface de la Terre »[35]. La longue période de l'évolution biologique ayant atteint les limites de ses possibilités dans les progrès organiques les plus élevés s'achèverait par la fin de la vie qui s'autodétruirait. L'intelligence de l'homme serait alors comparable à ces hypertélies « annonciatrices de l'extinction des lignées ».

« La marche ascendante de l'évolution ayant atteint son apogée, pourrait culbuter dans le néant... ». L'évolution pourrait paraître comme un phénomène cyclique d'une « immense fluctuation de l'évolution inorganique ». La loi de Carnot-Clausius qui implique une marche régressive de l'Univers dans « le sens d'un nivellement général de l'énergie » serait donc en accord avec la fin de l'évolution progressive et de la vie : « Le matérialisme scientifique reprendrait tous ses droits ».

Mais Jeannel ne peut se contenter du seul hasard, comme responsable de l'origine des espèces. Il semble que dans la vie se trouve une finalité que le biologiste ressent mais qu'il ne peut définir. Quoiqu'il en soit, il reste ignorant des débuts et des aboutissements des transformations organiques. L'origine restera hors de sa portée et il devra renoncer « sans doute pour toujours, à apercevoir le but vers lequel tend la marche de l'évolution ».

34. *Ibid.*, note 30, p. 161.
35. *Ibid.*, p. 163.

Jean GAYON

Sélection naturelle ou survie des plus aptes ? Éléments pour une histoire du concept de « Fitness » dans la théorie évolutionniste

On doit à Spencer d'avoir en 1864 proposé l'expression de « survie des plus aptes » (*survival of the fittest*), comme une formulation « plus rigoureuse » du principe de « sélection naturelle ». Spencer estimait que sa formule exprimait mieux le caractère de « vérité certaine a priori » du principe darwinien, et en évitait certaines connotations anthropomorphiques[1]. Mais il revient à Wallace, co-découvreur du principe de sélection naturelle, d'avoir convaincu Darwin de l'intérêt de la formule spencérienne. Dans une lettre du 2 juillet 1866, Wallace s'inquiète de ce que « beaucoup d'esprits intelligents » ne comprennent pas les « effets auto-agissant *[self-acting]* et nécessaires de la sélection naturelle », et impute cette incompréhension à l'usage même du terme de *sélection*, qui suggère une personnification de la nature et une intentionnalité. Aussi Wallace suggère-t-il à son ami et allié d'adopter dans les futures éditions de l'*Origine des espèces* l'expression spencérienne de « survie des plus aptes » :

> Ce terme est la juste expression du fait ; la "sélection naturelle" n'est qu'une expression métaphorique de ce fait, et cette expression est dans une certaine mesure indirecte et incorrecte, car même si l'on personnifie la Nature, celle-ci ne procède pas tant à une sélection des variations spéciales qu'à une extermination des plus défavorables.[2]

Darwin se laissa suffisamment convaincre par cet argument pour admettre, dans la cinquième édition de l'*Origine des espèces* (1868), que « dans le sens littéral du mot, le terme de sélection naturelle est un terme

1. H. Spencer, *Principles of Biology*, Londres, Williams 7 Norgate, 1864, vol. I, I, 3e partie, chap. 12, §§ 164-165. Spencer déclare que le principe de « la survie des plus aptes » est « [une] expression en termes de mécanique » de ce que Darwin a appelé « sélection naturelle ou conservation des races favorisées dans la lutte pour la vie ».

2. Lettre de Wallace à Darwin, 2 juillet 1866, *in More Letters of Charles Darwin*, F. Darwin & A.C. Seward eds, Londres, Murray, 1903, vol. I, pp. 267-268.

erroné *[a misnomer]*[3], et que l'expression de Spencer « est plus exacte et parfois plus commode »[4]. C'est pourquoi il accepta d'incorporer cette expression, à côté de la sienne propre, dans un certain nombre de passages des deux dernières éditions de l'*Origine des espèces* (1868, 1872)[5].

On peut en première analyse discerner des raisons circonstancielles assez simples pour lesquelles Darwin a accueilli la « survie des plus aptes ». En premier lieu cette expression s'accordait avec le sous-titre de l'*Origine des espèces*, maintenu dans l'ensemble des éditions (*La préservation des races favorisées dans la lutte pour la vie*). En second lieu, Darwin estimait que l'objection d'anthropomorphisme adressée au terme de *sélection* était assez superficielle :

> Avec le temps, le terme deviendra de plus en plus intelligible, et les objections à son usage se feront de plus en plus faibles. Je doute que l'usage de quelque terme que ce soit eût pu rendre le sujet intelligible à certains esprits.[6]

Aussi bien l'admission de la formule spencérienne eut-elle en premier lieu valeur de concession symbolique. Darwin ne renonça jamais à l'expression de *sélection naturelle*, pour des raisons méthodologiques fondamentales sur lesquelles nous reviendrons au cours de cette étude. S'il a çà et là incorporé l'expression de « survie des plus aptes », c'est sans doute avec la conviction que cette concession terminologique était de peu d'importance pour sa théorie de modification des espèces, et qu'elle pouvait contribuer à dissiper certains malentendus sur les connotations anthropomorphiques de la *sélection naturelle*.

Or l'histoire ultérieure du darwinisme a démenti cet optimisme nominaliste de Darwin. Depuis cent vingt ans maintenant, l'équivalence entre « sélection naturelle » et « survie des plus aptes » n'a cessé de s'affirmer plus profondément dans la structure théorique de l'évolutionnisme darwinien, d'y susciter des difficultés inattendues, et d'y engendrer des controverses toujours plus âpres.

Dans les commencements, sans doute la querelle fut-elle essentiellement nominale. Les premiers darwiniens se sont ainsi demandé quelle était, de l'expression darwinienne, et de celle de Spencer, la moins métaphorique, et la moins anthropomorphique. Si Wallace et Spencer se plaignent de l'analogie entre sélection naturelle et sélection artificielle, Huxley se

3. *The Origin of Species by Charles Darwin : A Variorum Text*, M. Peckham ed., Philadelphia Pr., 1959, chap. IV (5e éd.), p. 165. Dans la sixième édition (1872), « misnomer » est remplacé par « false terme » (*Ibid.*).

4. *Ibid.*, chap. III (5e éd.), p. 145.

5. L'expression spencérienne apparaît dans divers passages de l'*Origine* où le principe de sélection naturelle est solennellement affirmé (par exemple les titres du chapitre 4, introductions et résumés divers, avec cependant une exception notable : le titre de l'ouvrage). Darwin n'utilise jamais l'expression spencérienne de manière isolée, comme si elle valait par elle-même. Lorsqu'il en use, c'est toujours sous la forme « natural selection or the survival of the fittest ».

6. Réponse de Darwin à Wallace, *loc. cit.*, n. 2.

lamente de la connotation d'excellence morale associée à la formule spencérienne. Cependant un tel débat touchait davantage à l'image et à l'impact culturel du darwinisme qu'à la structure de la théorie. Les choses ont changé du tout au tout lorsqu'au concept qualitatif de « survie des [ou du] plus apte [s] » (*survival of the fittest*) s'est substitué le concept quantitatif de *fitness*, entendue comme grandeur démographique tendant à se maximiser indéfiniment. Alors le principe de sélection naturelle a-t-il pris la forme d'un « théorème mathématique rigoureux »[7], selon l'expression de R.A. Fisher, celui-là même qui a fixé l'usage moderne du concept de *fitness* (aptitude générale) dans la biologie évolutive moderne.

L'étude qui suit a précisément pour objet de présenter quelques conjectures sur la genèse et les métamorphoses du concept de *fitness* dans le discours naturaliste. La première section de l'étude porte sur l'alternative entre « survie des plus aptes » et « sélection naturelle » chez Spencer et Darwin. Nous montrerons qu'elle enveloppait en fait des controverses fondamentales et originaires sur la nature même du processus sélectif, et que les raisons pour lesquelles Darwin a malgré tout adopté le principe spencérien ne sont sans doute pas simplement tactiques. Les deux autres sections ont trait au terme et au concept de *fitness*. Dans son acception évolutionniste, le terme ne se banalise guère que vers la fin du dix-neuvième siècle, par substantivation de « survival of the fittest », et avec le sens de « valeur sélective ». Chez Darwin et chez Spencer, le terme n'a guère de statut, et n'est utilisé qu'épisodiquement, le plus souvent comme synonyme d'« adaptation ». Nous montrerons d'abord que ce terme, quasi-absent dans la théorie darwinienne originelle, était lesté d'un lourd passé sémantique et philosophique (section II). Nous examinerons ensuite comment le concept de *fitness*, repensé comme index démographique, est devenu l'élément central de la théorie quantitative de la sélection. Pour que le principe darwinien de sélection naturelle en vienne en prendre la forme d'un théorème de maximisation, il n'a pas fallu moins de soixante-et-onze ans, de l'*Origine des espèces* de Darwin (1859) à la *Théorie génétique de la sélection naturelle* de R.A. Fisher (1930). L'histoire de cette métamorphose difficile et, aujourd'hui encore, problématique, fait l'objet de la section III.

1. *« Sélection naturelle » ou « survie des plus aptes » ?*

Portons d'abord notre attention sur la double formule qui, depuis les *Principes de biologie* de Spencer (1864), exprime le dogme central du darwinisme. Oui ou non, les principes de « survie des plus aptes » et de « sélection naturelle » sont-ils équivalents ? Nous allons montrer qu'ils ne l'étaient aucunement, dans les contextes où ils ont été formulés, et que cependant Darwin avait de sérieuses raisons de s'approprier la formule spencérienne.

7. R.A. Fisher, *The Genetical Theory of Natural Selection* (1930), New York Dover, 1958, chap. 2, p. 22.

On s'évertuerait en vain à chercher chez Darwin des déclarations explicites qui permettraient de dissocier les concepts de *sélection naturelle* et de *survie des plus aptes*. Nous l'avons déjà dit, Darwin admet l'équivalence des formules pour des raisons stratégiques, et intègre celle de Spencer qu'il accole rituellement à celle de « sélection naturelle » à partir de la cinquième édition de l'*Origine*. L'affaire est pour lui purement nominale. Il n'en va pas de même pour Spencer, qui s'est très clairement exprimé sur les implications conceptuelles des deux « principes ». Les commentaires de Spencer révèlent en fait que si Darwin a adopté la tournure spencérienne, il n'en a pas adopté le concept. Réciproquement, lorsque Spencer adopte la formule darwinienne de « sélection naturelle », il la réinterprète d'une manière qui manifeste l'incompatibilité des pensées transformistes des deux auteurs.

Il existe un texte remarquablement explicite de Spencer, où celui-ci, dix ans après la mort de Darwin (soit en 1893), s'est efforcé de résumer ce qui différenciait le principe darwinien de son propre principe de « survie des plus aptes ». L'intérêt majeur de ce texte tient à ce que Spencer accepte de s'y exprimer dans la terminologie darwinienne de la sélection, et s'y interroge sur *ce qui*, à proprement parler *est sélectionné*. La ligne générale de l'argumentation consiste à soutenir qu'il y a une différence cruciale entre sélection artificielle et sélection naturelle, et qu'en conséquence Darwin s'est fourvoyé en concevant la modification naturelle des espèces dans le langage de la modification artificielle. Nous reproduisons un large extrait de ce texte étonnant et mal connu :

> La sélection artificielle peut extraire un trait particulier, et, sans égard pour les autres traits que présente l'individu, l'accroître par élevage sélectif dans des générations successives. Car, pour l'éleveur ou le producteur d'animaux de fantaisie, il importe peu que les individus soient par ailleurs bien constitués. Ils peuvent de telle ou telle manière être tellement inaptes à soutenir la lutte pour la vie que, s'ils étaient privés de l'assistance humaine, ils disparaîtraient sur le champ. D'autre part, si nous prenons la Nature pour ce qu'elle est, à savoir un assemblage de forces variées, organiques et inorganiques, dont certaines sont favorables au maintien de la vie et beaucoup en opposition avec ce maintien, ces forces opérant de toute manière de façon aveugle, nous voyons qu'il n'y a pas sélection de ce trait-ci ou de ce trait-là ; il n'y a sélection que des individus qui sont, par la somme de leurs traits, les plus aptes à vivre. Et ici je puis faire remarquer un avantage de l'expression de "survivance des plus aptes" ; car cette expression ne tend pas à évoquer la pensée d'un caractère quelconque qui, plus que les autres, doit être maintenu ou accru ; mais elle tend à susciter la pensée d'une adaptation générale à tout point de vue (...). La survivance des plus aptes ne peut accroître un trait avantageux que si ce trait conduit à la prospérité de l'individu, ou à sa postérité, ou les deux, *à un degré important* (...). Ce qui fait la survivance des plus aptes, c'est de maintenir toutes les facultés à niveau, en

> détruisant ceux des individus dont les facultés sont en dessous du niveau sous quelque rapport ; et elle ne peut produire le développement d'une faculté que si celle-ci est d'une importance primordiale. Il me semble que beaucoup de naturalistes ont pratiquement perdu de vue cette considération, lorsqu'ils postulent que la sélection naturelle peut accroître n'importe quel trait avantageux, une perspective qui est maintenant très répandue.[8] (souligné par l'auteur)

Ce texte a valeur exemplaire. Il montre parfaitement en quoi Spencer et Darwin, en dépit d'un vocabulaire analogue, ont soutenu deux concepts incompatibles de la sélection naturelle. Comparons en effet les déclarations que nous venons de reproduire avec la définition solennelle que Darwin donne de la sélection naturelle au chapitre 4 de l'*Origine des espèces* :

> Pouvons-nous douter que les individus possédant un avantage quelconque, quelque léger qu'il soit d'ailleurs, aient la meilleure chance de survivre et de reproduire leur type. Nous pouvons être certains, d'autre part, que toute variation, si peu nuisible qu'elle soit, sera impitoyablement détruite. Cette préservation des variations favorables et le rejet des nuisibles, je l'appelle sélection naturelle.[9]

Explicitons en quoi les conceptions spencérienne et darwinienne sont incompatibles. Dans sa forme canonique, la définition darwinienne de la sélection naturelle requiert trois types d'entités, et seulement trois : des « variations », des « individus », et des « variétés » (ou « races »). Dans ce schéma hiérarchique à trois niveaux, seules les « variations » sont à proprement parler sélectionnées. Par « variations », Darwin entend les « différences individuelles »[10], c'est-à-dire des particularités de structure ou de comportement héréditairement transmissibles (« toute variation non héréditaire est sans intérêt pour nous »)[11]. Ces variations, plus ou moins indépendantes les unes des autres, constituent le « matériau » de la sélection naturelle, qui les « accumule » graduellement au sein d'une lignée d'individus apparentés lorsqu'elles sont avantageuses[12]. L'hypothèse darwinienne de sélection naturelle va ainsi de pair avec une représentation atomisée des caractères transmissibles. De là résulte que la sélection naturelle ne porte pas en toute rigueur sur les individus ni sur les variétés (ou races) : la sélection darwinienne est une sélection *de* variations, *dans* la race, et *à*

8. H. Spencer, "The Inadequacy of Natural Selection", *Contemporary Review*, 43 (1893), pp. 160-161.
9. C. Darwin, *On the Origin of Species*, 1re éd., Londres Murray, 1859, chap. IV, p. 81.
10. C. Darwin, *Ibid.*, chap. II, p. 45.
11. C. Darwin, *Ibid.*, chap. I, p. 12.
12. « Les différences individuelles sont très importantes pour nous, car elles permettent aux matériaux de la sélection naturelle de s'accumuler, de la même manière que l'homme peut accumuler des différences individuelles dans une direction donnée au sein de ses productions domestiquées. » (C. Darwin, *Ibid.*, chap. II, p. 45).

raison de l'avantage que ces variations confèrent aux individus. Ou, ce qui revient au même, elle présuppose une « compétition » entre individus (une « lutte pour l'existence »), mais elle consiste dans une accumulation d'atomes variationnels, qui modifie graduellement la race. Corrélativement, les adaptations ne sont pas données dans le processus sélectif : elles résultent d'une accumulation par celui-ci d'« avantages insensibles ». Dans le schéma causal mis en place par Darwin sous le nom de « sélection », il n'y a pas symétrie entre « l'avantage » qui donne prise au processus, et « l'adaptation » qui en résulte.

Il est aisé de caractériser par contraste l'interprétation spencérienne de la sélection naturelle. Spencer fait porter la sélection naturelle sur les individus. Ce sont eux, et eux seuls qui sont en toute rigueur « préservés » ou « détruits ». Spencer ne voit dans la sélection naturelle qu'une régulation négative qui élimine l'inapte et entretient la norme, et non un processus de construction des formes. Si la norme se déplace toutefois, il faut qu'elle le fasse franchement et massivement, en prenant appui sur « une faculté d'importance primordiale » (cf. extrait ci-dessus). Autrement dit, si la sélection naturelle agit « positivement », elle le fera en répandant des caractères qui auront d'emblée l'allure d'adaptations accomplies. C'est pourquoi Spencer nie que « la sélection naturelle [puisse] accroître n'importe quel trait avantageux »[13]. Dans la nature, « il n'y a pas sélection de ce trait-ci ou de ce trait-là ; il n'y a sélection que des individus »[14]. C'est dans ce contexte précis que Spencer estime sa formule se « survie des plus aptes » mieux appropriée que celle de Darwin. Cette formule exprime mieux l'idée que la lutte pour la vie n'a pas égard à des caractères isolés, mais à « une adaptation générale à tout point de vue » ou aptitude générale de l'individu. Dans une telle interprétation de la sélection naturelle, il y a symétrie entre l'« aptitude », qui donne prime à un tri, et le résultat du processus (la survie des « plus aptes »). Ce schéma évolutif est conceptuellement très différent de celui, opportuniste, gradualiste et historique, proposé par Darwin. On peut noter au passage que la critique spencérienne du principe darwinien est solidaire d'une interprétation lamarckienne de l'origine des adaptations. Spencer voit dans la sélection naturelle un processus d'« équilibration indirecte », qui ne pourrait rien s'il n'y avait par ailleurs une adaptation par « équilibration directe », c'est-à-dire genèse dans les individus de propriétés fonctionnelles stables et héréditaires[15].

Nous commençons donc à comprendre en quoi la formule spencérienne de « survie des plus aptes » n'est pas un simple équivalent du principe darwinien. Elle reflète en réalité une controverse fondamentale sur la

13. H. Spencer, *loc. cit.*, n. 8, p. 161.
14. H. Spencer, *loc. cit.*, n. 8, p. 160.
15. H. Spencer, *Principles of Biology*, Londres, William & Norgate, 1864, vol. I, I, 3e partie, chap. 11 (« l'équilibration directe »), et chap. 12, (« l'équilibration indirecte »).

nature du processus de sélection naturelle. Cette controverse originelle est d'autant plus intéressante à comprendre qu'elle s'est creusée avec le temps, en dépit, ou à cause de la fusion des principes darwinien et spencérien dans la théorie évolutionniste du vingtième siècle. La controverse a deux aspects épistémologiques cruciaux. L'un porte sur le statut cognitif du principe de sélection naturelle (évidence *a priori* ou conjecture ?) ; l'autre a trait à la portée ontologique du principe (sur quel type d'entité la sélection porte-t-elle ?).

Quant à la première question, les textes sont exemplairement clairs. Pour Spencer, le principe de sélection naturelle est une « vérité certaine *a priori* » qui ne demande pas de preuve empirique. La seule question empiriquement pertinente que l'on puisse poser à son égard est de déterminer ce que le principe peut ou ne peut pas expliquer (par exemple la genèse des adaptations)[16]. C'est pour mieux rendre compte de cet aspect d'évidence que Spencer propose l'expression de « survie des plus aptes » ; c'est là un énoncé qui a l'avantage d'être vrai en vertu de sa structure même. L'allure tautologique de l'énoncé n'est pas pour Spencer un défaut, c'est son principal intérêt.

Les propos de Darwin sur le statut de connaissance du principe de sélection ne sont pas moins explicites. Dans l'introduction à *La variation des animaux et des plantes sous l'action de la domestication* (1868), Darwin a répondu aux propos de Spencer. La sélection naturelle, explique-t-il, est une « hypothèse », rendue « probable » par deux types d'arguments : d'une part des arguments de plausibilité empirique (faits de variabilité et de compétition, et analogies avec la formation des races domestiques) ; d'autre part des arguments relatifs à la capacité explicative de l'hypothèse à « l'épreuve » [*test*][17]. Dans cette double procédure de validation des hypothèses, on reconnaît une méthodologie typiquement newtonienne.

Le caractère empirique de l'hypothèse darwinienne permet de comprendre en quoi le concept et le terme de « sélection » était crucial pour sa théorie. Contrairement à ce qu'ont écrit d'innombrables commentateurs, le rapport entre « sélection artificielle » et « sélection naturelle » n'est pas métaphorique. L'une et l'autre sont deux modalités d'un même processus général, qui consiste à modifier une race par accumulation de différences individuelles héritables. C'est pourquoi les faits de sélection artificielle jouent un rôle essentiel dans l'argumentation de la sélection naturelle. On ne trouve en effet dans l'*Origine des espèces* aucun fait de sélection naturelle. Darwin en était parfaitement conscient. Aussi lui était-il essentiel d'établir au moins que des *traits* morphologiques ou comportementaux héritables pouvaient être modifiés de manière stable par des procédures

16. « On peut demander de prouver par des faits que la sélection naturelle explique tout ce qu'on veut y rapporter ; mais on ne demande pas de faits pour prouver que la sélection naturelle s'est toujours faite, se fait actuellement et doit toujours continuer à se faire » (H. Spencer, *ibid.*, § 165).

17. C. Darwin, *The Variation of Animals and Plants under Domestication* (1868), *The Works of Charles Darwin*, New York, Appleton, 1896, vol. VII, pp. 9-10.

de sélection artificielle. Que l'on relise tous les textes où Darwin récapitule les éléments sur lesquels repose le principe de sélection naturelle : on verra que le principe d'« hérédité » des différences individuelles en est toujours le préréquisit majeur[18]. On ne trouve rien de tel dans le principe spencérien de « survie des plus aptes ». Dans son impérativité apriorique, ce principe n'est pas lié à tel ou tel niveau d'organisation : il vaut pour tous. La validité du principe darwinien est au contraire rigidement liée au schéma triadique de la variation (héritable), de l'individu (qui seul a, à proprement parler, des « chances de survie et de reproduction »), et de la race ou « variété » (qui est l'unité modifiée).

Ceci nous amène au second problème épistémologique enveloppé dans l'alternative entre les formules darwinienne et spencérienne, celui du statut ontologique des entités-cibles de la sélection. Si l'expression de « survie des plus aptes » paraît plus « évidente », c'est en vertu d'une ellipse remarquable. Celle-ci consiste à faire abstraction de toute référence à quelque entité biologique que ce soit. La formule spencérienne ne mentionne ni explicitement, ni implicitement, si « les plus aptes » sont des organismes individuels, des races, des espèces, ou quoi que ce soit d'autre ; elle se contente de suggérer qu'il s'agit de *choses*. Le concept spencérien se passe de toute référence empirique à la sorte d'êtres auxquels il pourrait s'appliquer. Le principe de survie des plus aptes est un principe de « triage » (ou encore « ségrégation »), qui s'applique à toute entité susceptible d'être éliminée ou préservée sous l'action d'un certain « champ de forces ». Comme ce principe de triage vaut pour les atomes, les particules électriques, les corps soumis à la gravitation, les astres, les impressions nerveuses, les membres des communautés sociales, les peuples, et toutes les unités sociales, on comprend aisément que le principe que Darwin appelle « sélection naturelle » n'est pour Spencer que l'une des nombreuses manifestations de sa grande « vérité générale » et *a priori*[19]. Aussi bien est-il inessentiel, dans le cas de la théorie de l'évolution biologique, s'il s'applique plus particulièrement aux organismes individuels, aux races, aux espèces, ou à d'autres entités : il s'applique nécessairement et *a priori* à toutes.

La problématique spencérienne a ainsi l'avantage d'une très grande généralité. On conçoit aisément qu'elle ait pu absorber les querelles incessantes qui dès l'origine ont divisé les darwiniens sur la question des « unités » de sélection. Le concept de « survie des plus aptes » était par exemple en mesure d'accueillir les vues divergentes de Wallace et de Darwin sur la « sélection de groupe » (soutenue par le premier, refusée par le second). Cet aspect fédérateur, parce qu'apparemment neutre, de l'expression spencérienne, a sans doute beaucoup fait pour son succès. Toutefois la généralité ontologique du principe de « survie des plus aptes »

18. Voir par exemple l'introduction générale de l'*Origine*, et le résumé du chap. IV.
19. H. Spencer, *Premiers Principes*, [1862], trad. fr. par M. Guymiot, Paris, Schleicher, 6e éd., 1902, chap. XXI.

est d'une simplicité trompeuse. La formule spencérienne, par la symétrie qu'elle suggère entre la cause et l'effet du processus, concentre l'attention sur les *choses* qui sont sélectionnées. C'est pourquoi Spencer répugne tant à l'idée que ce seraient les « caractères » et non les « individus » qui seraient sélectionnés. L'image du « crible », chère à Spencer, renforce cette perspective chosiste, en mettant l'accent sur un quelque chose qui persiste et dont on peut suivre la trajectoire[20]. Cet aspect du processus sélectif est bien entendu présent chez Darwin aussi, avec cette nuance que les *choses* sélectionnées ne sont pas tant les organismes que des variations, c'est-à-dire des caractères héritables. Bien que la nature physique de ces éléments d'hérédité soit totalement opaque, ils importent à Darwin pour deux raisons fondamentales. D'une part ce sont de meilleurs candidats que les organismes individuels au statut d'unité de sélection, puisqu'ils représentent ce qui reste de ceux-ci une fois qu'ils sont morts (aussi bien la « lutte pour la vie » est-elle définie chez Darwin en termes de survie individuelle *et* de « succès à laisser une progéniture »)[21]. D'autre part, le concept de caractère contraint à penser la sélection de manière causale, et point seulement substantielle ; il exige de s'interroger sur ce qui, dans un organisme, rend compte de sa viabilité et de sa fécondité supérieure. Nous sommes ainsi ramenés au schéma triadique qui seul donne une validité empirique au principe de sélection : seules les « variations » sont en toute rigueur sélectionnées, autrement dit constituent les choses sélectionnées ; mais ce sont les individus (les organismes) qui constituent le niveau d'organisation approprié à l'interprétation causale de la sélection (« la sélection naturelle n'agit que par *[through]* et pour *[for]* le bien de chaque être »)[22] ; enfin la transformation graduelle des « races » est l'effet du processus sélectif. Ainsi voit-on comment le schéma darwinien, par son caractère triadique, invite à dissocier les questions des *choses sélectionnées*, du *niveau* où agit causalement la sélection, et des *choses qui évoluent*. Il est clair que dans un tel contexte théorique, la « survie des plus aptes » est, au mieux, un processus rhétorique de circonstance, et au pire, un appauvrissement conceptuel qui laisse échapper la valeur empirique du concept[23].

Cela étant, ce n'est probablement pas seulement pour des raisons d'ordre stratégique que Darwin a si promptement accepté la formule spencérienne. La correspondance de Darwin montre qu'il était fort embarrassé par le vocabulaire normatif et progressiste auquel semblait l'acculer le concept de sélection naturelle. Car il faut bien qu'il y ait des

20. H. Spencer, *Ibid.*, §§ 163 & 169.
21. C. Darwin, *On the Origin of Species*, Londres Murray, 1859, chap. III, p. 62.
22. C. Darwin, *Ibid.*, chap. IV, p. 84. Dans ce texte et dans d'autres semblables, la particule « par » est en général omise dans les traductions françaises.
23. L'ensemble de notre analyse du statut ontologique du concept de sélection est grandement redevable à divers débats et études sur les unités et les niveaux de sélection dans la théorie évolutionniste contemporaine (Voir en particulier E. Sober, *The Nature of Selection : Evolutionary Theory in Philosophical Focus*, Cambridge, M.I.T. Pr., 1984 ; R. Brandon & R.M. Burian eds, *Genes, Organisms, Populations : Controversies over the Units of Selection*, Cambridge, M.I.T. Pr., 1984).

formes « supérieures » en quelque manière pour donner prise à l'opération de sélection, et, si celle-ci agit en permanence, le jeu naturel de la sélection semble bien conduire à une « amélioration » constante et nécessaire. Or rien n'est plus contraire à Darwin que l'idée d'une ascension des formes le long d'une échelle de l'organisation. La sélection naturelle explique l'adaptation, mais celle-ci étant toujours relative, elle inclut aussi les faits de « régression » anatomique, par exemple chez les formes parasites. C'est pourquoi Darwin a commencé par contourner l'obstacle du « progrès nécessaire » en se contentant de parler de « supériorité compétitive » (*competitive highness*). C'était avant la publication de l'*Origine*. Mais en se réfugiant sans réserve dans le relativisme de l'adaptation, Darwin s'exposait à négliger le pouvoir organisationnel de la sélection naturelle dans l'immensité des temps géologiques. C'est pourquoi il se résolut finalement à admettre que le principe de sélection naturelle enveloppait une *tendance naturelle* à l'amélioration. Dans une lettre à Charles Lyell du 25 août 1859, on lit ceci :

> Aucune modification ne peut être sélectionnée sans être un perfectionnement [improvement] ou un avantage (...). Comme chaque espèce est améliorée, et comme le nombre augmente au cours du temps, la condition organique de la vie pour d'autres formes deviendra plus complexe, et il faudra nécessairement qu'elles se perfectionnent [be improved], ou s'éteignent. Et je ne vois pas de limite à ce processus de perfectionnement. (...) S'il y a une seconde édition <de l'*Origine*>, je réemploierai le terme de « sélection naturelle », et comme conséquence générale, celui de perfectionnement naturel [Natural improvement].[24]

Darwin a tenu parole. Dès la seconde édition (1860), on remarque une adjonction dans le résumé qui clôt le chapitre sur la sélection naturelle (nous donnons en italiques) :

> Ce principe de préservation, je l'ai appelé, par souci de brièveté, Sélection Naturelle ; *il conduit au perfectionnement de chaque créature, en relation avec ses conditions de vie organiques et inorganiques.*[25]

Dans la troisième édition (1861), nouvelle adjonction plus hardie :

> *...et par conséquent, dans la plupart des cas, à ce qui doit être regardé comme un progrès [advance] dans l'organisation.*[26]

24. Lettre à Charles Lyell du 25 août 1859. Reproduite dans J.C. Greene, *The Death of Adam*, Iowa State Un. Pr., 1959, pp. 298-299. Greene a bien retracé les hésitations de Darwin relatives aux implications progressistes du principe de sélection naturelle.
25. *The Origin of Species by Charles Darwin: A Variorum Text*, M. Peckham ed., Philadelphia, Un. of Pennsylvania Pr., 1959, chap. IV (2e éd.), p. 271.
26. *Ibid.* (3e éd.), p. 271.

Enfin dans la cinquième édition (1868), c'est-à-dire après avoir pris connaissance de la formule spencérienne, le texte définitif est celui-ci (en capitales: les termes que nous soulignons; en italiques: l'adjonction de 1868):

> Ce principe de PRÉSERVATION, *ou de survie des plus aptes*, je l'ai appelé, par souci de brièveté, sélection naturelle ; il conduit au PERFECTIONNEMENT [improvement] de chaque créature, en relation avec ses conditions de vie organiques et inorganiques, et PAR CONSÉQUENT, dans la plupart des cas, à ce qui doit être regardé comme un PROGRÈS [advance] dans l'organisation.[27]

Les modifications successives de ce texte indiquent, nous semble-t-il, la raison pour laquelle Darwin s'est laissé séduire par la formule spencérienne. Dans son mécanisme, le principe de sélection est un principe de « préservation » de quelque chose ; dans ses effets, c'est un principe de « progrès ». Il était redoutable de concilier ces deux aspects théoriques du principe. Quant à l'aspect de « préservation », il ne pouvait guère prendre de signification précise que dans une théorie de l'hérédité, dont Darwin ne disposait pas ; quant à l'aspect de « perfectionnement », il fallait pour le comprendre une théorie populationnelle et quantitative de la variation, aussi absente de la problématique darwinienne. Il est raisonnable de penser que la formule de « survie des plus aptes » a constitué aux yeux de Darwin une expression intuitivement efficace des deux aspects de « conservation » et de « progrès » qu'il conférait au principe de sélection naturelle, sans être en mesure de désigner avec rigueur expérimentale ce qui est « conservé », et ce qui est « amélioré ». Là est probablement la raison ultime de l'adoption docile et réitérée de l'expression de Spencer, en dépit de toutes les réticences que Darwin pouvait avoir pour la philosophie « évolutionniste » de celui-ci.

2. *Intermède sémantico-philosophique*

Au cours de la dernière décennie du dix-neuvième siècle, le terme de *fitness* se banalise dans la littérature évolutionniste, avec le sens d'« aptitude (ou adaptation) générale », et en référence claire au principe darwinien. Dans ce contexte particulier, le terme n'est rien d'autre qu'une abréviation pour *fitness to survive* (aptitude à survivre), expression qui résulte elle-même d'un renversement de l'expression de *survival of the fittest* (survie des plus aptes). Cet usage particulier du mot *fitness* est absent des textes darwiniens, et n'apparaît que tardivement chez Spencer[28]. Toujours est-il

27. *Ibid.* (5e éd.), p. 271.
28. Il arrive à Darwin d'utiliser le mot *fitness*, comme synonyme d'adaptation. Le terme est cependant très occasionnel, et n'a pas alors de sens conceptuel particulier. Chez Spencer, c'est surtout dans le contexte des *Principes de psychologie* (2e éd., 1870-72) que le terme s'affirme, avec référence explicite aux doctrines utilitaristes de la morale.

qu'aux alentours de 1900, le terme était devenu chez les darwiniens synonyme de « valeur sélective ». Avant de nous tourner vers l'histoire spécifique de la construction de ce concept, il ne sera pas inutile de procéder à un petit détour lexical. On aurait tort de négliger la charge sémantique du terme dans la langue populaire comme dans la langue savante.

L'histoire du mot « fitness » commence bien avant ses avatars évolutionnistes. D'origine saxonne, le mot appartient d'abord à la langue populaire, où il est surchargé de connotations difficilement traduisibles. « *Fit* » est tout à la fois adjectif, verbe, et substantif. Le sens le plus fondamental semble être celui de « convenance ». Convenance pragmatique d'abord : appropriation d'un objet, ou d'une conduite aux circonstances, mais aussi convenance mécanique (ajustement), et convenance morale (rectitude d'une action ou d'un caractère). Mais l'un des emplois les plus populaires du mot est celui qui intervient dans l'expression « *to be fit* », qui signifie « être en forme », ou « être en bonne santé ». A considérer ce seul noyau de signification fondamental, on voit pourquoi « *fitness* » est rendu tantôt par « aptitude », tantôt par « adaptation ». Mais aucun de ces deux termes, ni même les deux ensemble, ne restitue les connotations d'appropriation, de norme, et de vigueur, dont l'intrication est caractéristique de l'anglais « *fit* ». Ce tableau lexical est par ailleurs compliqué par deux contaminations anciennes du terme : la contamination par « *feat* » (exploit, prouesse guerrière), et par « *fight* » (lutte). Ces effets de fusion permettent de comprendre certains usages très forts et très communs du substantif « *fit* », qui exprime entre autres les idées de maladie soudaine (une « attaque »), d'accès de folie, de convulsion, de coup de colère, d'élan d'énergie, et aussi d'orgasme.

Adaptation, santé, lutte, mort et sexe : voilà le réseau des significations populaires du mot que Spencer a repris dans sa paraphrase de la sélection naturelle comme « survival of the *fittest* ». Rapporté à la problématique darwinienne de la modification des espèces, ce conglomérat de significations parle de lui-même. Il correspond très exactement à l'ambiance sémantique du concept de « lutte pour l'existence ». Le chapitre 3 de l'*Origine des espèces*, précisément consacré à « La lutte pour l'existence », s'achève sur cette déclaration :

> ... [chaque être organisé], à certaines périodes de sa vie (...) doit *LUTTER* pour l'existence et être exposé à une *GRANDE DESTRUCTION*. Quand nous réfléchissons à cette *LUTTE*, nous pouvons nous consoler avec la certitude que la *guerre* n'est pas incessante dans la nature, que la peur y est inconnue, que *LA MORT EST GÉNÉRALEMENT PROMPTE* et que ce sont les êtres *VIGOUREUX, SAINS* et *HEUREUX* qui *SURVIVENT* et *SE MULTIPLIENT*.[29] (nous soulignons)

29. C. Darwin, *On the Origin of Species*, Londres, Murray, 1859, p. 84 (repris ici sans modification dans la traduction de Barbier).

Or c'est justement dans ce chapitre sur la lutte pour l'existence que Darwin a introduit en 1868 l'expression spencérienne de « survival of the fittest », précisant qu'elle était « plus commode »[30]. De fait, pour peu qu'on lise les lignes citées sans trop se préoccuper du réseau conceptuel dans lequel les insérait Darwin, on se convainc bien vite que la tournure spencérienne disait en connotation, et avec brièveté, ce que Darwin s'efforçait de penser comme un réseau causal : compétition, vigueur, reproduction, adaptation.

L'acception populaire du mot n'est cependant pas la seule. Il a existé au dix-huitième siècle un usage savant du terme de *fitness*, extrêmement important dans la philosophie anglaise. Ni Spencer, ni Darwin ne pouvaient l'ignorer. Bien qu'il soit bien connu des historiens de la pensée du dix-huitième siècle, cet héritage philosophique de la « fitness » ne semble pas avoir été remarqué par les historiens du darwinisme. Nous pensons cependant que c'est là une clef non négligeable, si tant est qu'il y ait eu une genèse du concept évolutionniste de *fitness*.

La philosophie anglaise du dix-huitième siècle est extensivement habitée par des controverses sur le principe de *fitness*. C'est Samuel Clarke, l'illustre newtonien et correspondant de Leibniz, qui introduit en 1706 l'expression « *the Eternal Fitness of Things* » [l'éternelle convenance des choses]. Contre le matérialisme atomistique de Thomas Hobbes, Clarke affirme que les composés matériels sont inconcevables si l'on ne postule « une éternelle convenance [*fitness*] dans la chose elle-même »[31]. Sans entrer dans le détail, on peut voir dans ce principe de convenance une variante locale du principe d'harmonie universelle des philosophes continentaux, autrement dit du dogme central de la physico-théologie. Toutefois, pour Clarke, le concept de convenance n'appartient pas seulement à la philosophie de la nature. Le principe de « convenance éternelle » lui sert en fait à récuser l'interprétation conventionnelle de la moralité : il y a — déclare-t-il — « des différences éternelles et nécessaires des choses d'où dérive la convenance [*fitness*] de certaines actions, antérieurement à tout commandement positif et indépendamment de toute récompense ou de tout avantage »[32]. Tout au long du dix-huitième siècle, les moralistes reprendront le mot, le sollicitant tantôt dans le sens où l'entendait Clarke (c'est-à-dire comme un principe autonome de rectitude morale), tantôt dans le sens d'une interprétation adaptative et utilitaire de la morale. On connaît l'issue de ce débat : au début du dix-neuvième siècle, la perspective utilitariste dominait dans la philosophie anglaise. Ce n'est pas le lieu ici de retracer cette histoire. Il nous suffit de noter que l'extension des thèses utilitaires aboutissait à *discréditer* le terme de *fitness* dans le domaine éthique. Ainsi Bentham considère-t-il l'expression comme sans valeur, car elle ne désigne rien d'autre que « tout ce qu'un homme peut aimer ».

30. *The Origin of Species by Charles Darwin : A Variorum Text*, M. Peckham ed., Philadelphia, Un. of Pennsylvania Pr., 1959, chap. III (5e éd.), p. 145.
31. S. Clarke, *Natural and Revealed Religion*, Londres, 1706.
32. *Ibid.*

Parallèlement à cet usage éthique, la philosophie anglaise du dix-huitième siècle a projeté sur la *fitness* l'ensemble des controverses sur ce que les français appellent le plus souvent « finalité interne », et les allemands *Zweckmässigkeit*. Controverses esthétiques sur la nature de l'œuvre d'art, et controverses de philosophie biologique portant sur la nature de l'organisation. Ces débats sont fondamentalement de même nature que ceux ayant trait à la « convenance morale ». Il s'agit de savoir en effet si la « convenance » [*fitness*] des parties, dans le bel objet comme dans l'être organisé, est affaire de détermination extrinsèque (adaptation à quelque fin externe) ou intrinsèque (harmonie d'un tout cohérent). Il est important de noter ici que la langue philosophique n'utilise pas pour théoriser ce genre de problème le terme de *finality*, qu'elle préfère réserver pour désigner la causalité ultime. Aussi le mot de *fitness* est-il l'un de ceux qui a servi exprimer à exprimer la notion de finalité interne, l'autre expression la plus fréquente étant *adaptation to ends*[33].

Quelle a été l'incidence de cet héritage philosophico-théologique sur l'évolutionnisme du dix-neuvième siècle, s'il y en a une ? La *fitness* des philosophes connotait un débat sur l'autonomie du sens moral, et sur le caractère immanent de la finalité dans les œuvres de la nature et de l'art. C'était donc un terme particulièrement apte à susciter la défiance de Darwin, foncièrement « opportuniste » dans sa conception de l'histoire de la vie, mais aussi de Spencer, dont les conceptions morales étaient ouvertement utilitaristes. Ceci explique pourquoi le substantil *fitness* est rare chez l'un comme chez l'autre, et presque toujours utilisé en un sens trivial et relatif (adaptation *à*...). Ce que Spencer a théorisé dans son principe, ce n'est pas le substantif, mais l'adjectif, avec tout son potentiel de signification populaire, concentré en l'occurrence sur un usage relatif : telle race, tel caractère est plus ou moins apte (*fitter*) que tel(le) autre[34].

En résumé, il y a de sérieuses raisons de penser que c'est l'usage populaire et non l'usage philosophique qui s'est investi dans la formule *survival of the fittest*. Le fait que Spencer et les premiers darwiniens n'aient pas au départ utilisé le substantif *fitness* est à cet égard très significatif. Ce terme ne s'est en fait accrédité comme un terme spécifique de la théorie évolutionniste qu'une fois le principe de sélection naturelle bien enraciné dans les esprits. Alors est-il devenu synonyme de « valeur sélective », ou, ce qui revient à peu près au même, de l'« aptitude générale ». Ceci ne signifie pas que l'héritage philosophique du vieux principe de convenance ne soit intervenu en aucune manière. En s'appropriant le vocabulaire de la *fitness*, Spencer et les darwiniens ont d'une certaine

33. Cette expression est la traduction la plus fréquente du terme kantien *Zweckmässigkeit*.

34. Spencer, il est vrai, emploie une forme superlative (*fittest*). Dès l'origine, certains, comme Thomas Huxley, le lui ont reproché, critiquant l'idée d'excellence associée à un tel usage linguistique. L'examen du texte spencérien, et de ses traductions étrangères, montre cependant que *fittest* a toujours été entendu au pluriel (*les* plus aptes en général, et non *la* forme la plus apte).

manière parachevé l'entreprise utilitariste de relativisation des concepts de la théologie naturelle, en l'étendant de la morale à la nature[35].

3. *La métamorphose quantitative de la « fitness »*

Quittons l'archéologie, et considérons maintenant comment « l'aptitude à survivre » (*fitness to survive*) est devenue, sous le nom conventionnel de « fitness darwinienne » (ou *fitness* tout court), le nom d'une grandeur mesurable, dont le traitement algorithmique approprié exprime le processus sélectif. Cette histoire est particulièrement complexe. Nous nous contenterons ici d'en dessiner les contours généraux, en insistant sur un moment méconnu, dans lequel les doctrines eugénistes ont joué un rôle d'obstacle à l'approfondissement démographique du principe de sélection naturelle[36].

Il est aujourd'hui banal de dire que l'aptitude générale d'un organisme s'analyse en deux composantes, la viabilité et la fécondité[37]. Toutes deux sont (en principe) mesurées par des paramètres démographiques, et leur produit définit ce que l'on appelle classiquement depuis Fisher (1930)[38] la « fitness ». Or cette évidence contemporaine n'en a pas toujours été une. La littérature darwinienne de la fin du dix-neuvième siècle montre au contraire que les premiers darwiniens ont eu la plus grande peine à concevoir que la fécondité soit une composante de l'aptitude, et par conséquent un élément crucial dans la définition même du processus de sélection naturelle. Sans doute Darwin avait-il très explicitement inclus la fécondité dans les définitions de la lutte pour l'existence[39] et de la sélection naturelle[40].

35. Dans les *Principes de psychologie* (§§ 124-125), Spencer s'est efforcé de préciser le rapport entre sa morale utilitariste et la notion d'aptitude à survivre. Il soutient que les espèces les plus aptes sont celles dans lesquelles les sentiments de plaisir sont étroitement associés à des activités qui entretiennent la vie. Un tel genre de réflexion situe clairement le nouveau concept évolutionniste dans la lignée des réinterprétations utilitaristes du concept moral de « fitness ».

36. Pour un exposé plus détaillé des interprétations proposées ici, voir J. Gayon, « Le théorème fondamental de la sélection naturelle de R.A. Fisher : une approche historique », in *Biologie théorique : Solignac 1986*, A. Kretzchmar éd., Paris, Éditions du C.N.R.S., 1988, pp. 45-72 ; « Le formel et l'empirique dans l'histoire de la génétique des populations », in *Histoire de la génétique : Pratiques, Techniques et Théories*, J.L. Fisher & W.H. Schneider éds, Paris, A.R.P.E.M. & Sciences en situation, 1990, pp. 173-207 ; *Darwin et l'après-Darwin : une histoire du concept de sélection*, Paris, Éditions Kimé, Paris, 1992, § « Fitness, en théorie et en pratique ».

37. Pour des raisons historiques assez embrouillées, la *fertility* des démographes anglais (ie le taux de reproduction net) se traduit en français par « fécondité », et ce que les anglais appellent *fecundity* se traduit par « fécondité ».

38. R.A. Fisher, *The Genetical Theory of Natural Selection*, Oxford, Clarendon Press, 1930, chap. 2.

39. Le concept de lutte pour l'existence inclut « non seulement la vie de l'individu, mais aussi son aptitude à laisser une progéniture *[success in leaving progeny]* » (C. Darwin, *On the Origin of Species*, Londres, Murray, 1859, p. 68).

40. « Pouvons-nous douter (...) que des individus ayant un avantage quelconque, si léger soit-il, sur d'autres, auraient une chance supérieure de survivre et de reproduire leur type *[chance of surviving and procreating their kind]*. D'autre part, nous pouvons être sûrs que toute variation nuisible au plus petit degré serait impitoyablement détruite. Cette préservation des variations favorables et le rejet des variations nuisibles, je l'appelle sélection naturelle ». (C. Darwin, *Ibid.*, pp. 80-81).

Toutefois les premiers darwiniens ont pour la plupart compris autrement la sélection naturelle : ils ont estimé que celle-ci n'accomplit le changement que par la mort, et n'a rien à voir des différences en fécondité.

C'est dans une thématique anthropologique qu'il faut chercher les racines de cette exclusion de la fécondité. Dans la littérature anthropologique postérieure à l'*Origine des espèces*, c'est un lieu commun que de soutenir que les populations humaines, tout particulièrement les « nations civilisées », sont soustraites à l'action de la sélection naturelle, et menacées de submersion par les inaptes. Chez les peuples civilisés, disait-on, la plupart des individus parviennent à l'âge de reproduction, et la fécondité indiscriminée de tous aboutit à la prolifération des moins aptes. A cet argument, les démographes et les premiers eugénistes en ont souvent ajouté un autre, centré sur la stratégie reproductive des classes sociales. Les classes et les races « supérieures » limitent le nombre de leurs enfants pour mieux les élever, et leur donnent ainsi une chance supérieure de triompher dans la compétition sociale ; les classes inférieures font exactement l'inverse. Ainsi se met en place une mécanique infernale qui conduit toutes les grandes civilisations à la décadence, du fait d'une dysharmonie croissante entre une compétition sociale toujours plus âpre, et une sélection naturelle toujours moins intense au cours de l'histoire humaine[41].

Il est aisé de comprendre comment dans un tel contexte, les différences en fécondité peuvent apparaître comme étrangères au *modus operandi* de la sélection naturelle : elles semblent en vérité travailler contre celle-ci. C'est pourquoi le programme eugénique de Galton se donne très explicitement comme un programme de sélection artificielle, capable d'entraver la marche rétrograde de la « civilisation », en agissant précisément sur ce que la sélection naturelle ne tient plus en échec : la fécondité. L'eugénique est un programme d'« amélioration de la race humaine », soit par « accroissement de la productivité des meilleures souches », soit par « répression de la productivité des souches des pires »[42]. On est là, de

41. Ces arguments sont très clairement mis en place dès le milieu des années 1860 (Voir F. Galton, « Hereditary Talent and Character », *MacMillan's Magazine*, 12 [1865], et *Hereditary Genius: An Inquiry into its Laws and Consequences*, Londres, Macmillan, 1869). Ils sont en retour très fermement critiqués par Darwin, du point de vue de la théorie de la sélection naturelle, dans *La descendance de l'homme* (1871), au chap. 5.

42. F. Galton, « The possible improvement of the Human Breed under the existing Conditions of Law and Sentiment », *Huxley Lecture of the Anthropological Institute*, 1901, reproduit dans *Essays in Eugenics*, Londres, Eugenics Education Society, 1909. Ce texte tardif ne fait en réalité que reprendre une thématique qui traverse l'ensemble de l'œuvre de Galton. L'idée d'une évolution dégénérative de la race du fait de différences en fécondité entre les classes sociales est discutée dès les premiers textes sur l'hérédité (voir aussi H.W. Watson & F. Galton, « On the Probability of Extinction of Families », *Journal of the Anthropological Institute of Great Britain and Ireland*, 4 [1874]). Le problème du rapport entre sélection naturelle et « productivité » (fécondité) différentielle est évoqué d'un point de vue mathématique dans « Typical Laws of Heredity », *Nature*, 15 [1987]. Quant au terme même d'« eugénique », il apparaît en 1883 (*Inquiries into Human Faculty and its Development*, Londres, Macmillan, 1883, p. 25), mais ce n'est pas un point crucial dans l'histoire reconstituée ici.

manière très cohérente, dans le langage même de l'élevage animal. En élevage, la « sélection » ne consiste pas à tuer les animaux plus ou moins médiocres, mais à les empêcher de se reproduire, et à favoriser la reproduction de ceux que l'on juge être les meilleurs ; car il serait d'un coût prohibitif de massacrer tous les jeunes animaux qui ne conviendraient pas au type recherché. La sélection artificielle est typiquement une sélection par reproduction. C'est cette procédure que Galton et les eugénistes ont proposé d'appliquer à l'homme, comme succédané d'une sélection naturelle censée ne plus faire son œuvre.

Là est sans doute la raison pour laquelle les premiers travaux quantitatifs sur la sélection naturelle, bien loin de concevoir la sélection naturelle en termes de « reproduction différentielle », ont au contraire soigneusement dissocié les effets des différences en fécondité et ceux de la sélection naturelle. La première tentative de formalisation mathématique du processus de sélection naturelle est due à Galton, en 1877[43]. Dans ce texte remarquable, qui a servi de base aux études expérimentales des premiers biométriciens (Weldon, Pearson), Galton présentait la sélection naturelle comme un processus modifiant la courbe de fréquence d'un caractère mesurable et héritable dans une population, du fait d'un « pourcentage de survie » variant en fonction du caractère. Galton indiquait par ailleurs que l'effet de la fécondité différentielle (ou « productivité ») était exprimable dans une fonction algébrique de forme rigoureusement identique à celle qui selon lui rendait compte de la sélection naturelle (i.e. la sélection par mortalité)[44]. Cette similitude formelle résultait de ce que les deux processus pouvaient tous deux être mesurés par des « pourcentages de survie » :

> La sélection naturelle se mesure par le *pourcentage de survie* chez les individus nés avec les mêmes caractéristiques. La productivité se mesure par le nombre moyen des enfants issus de parents ayant les mêmes caractéristiques, mais on peut la considérer d'un point de vue physiologique comme le *pourcentage de survie* d'un grand nombre d'embryons possibles productibles par ces parents.[45] (nous soulignons)

Il semblerait là qu'on soit très proche d'une notion de la sélection naturelle comme intégrant les chances de mort et les chances de reproduction. Or c'est exactement le contraire qui se passe. Galton n'envisage pas un instant d'appeler « sélection naturelle » un processus qui prendrait en compte la fécondité. Si la symétrie de traitement formel lui importe, c'est au contraire parce qu'elle permet de comprendre comment la fécondité peut contrecarrer l'action de la sélection naturelle. Dans un tel contexte, il est clair qu'il n'est pas possible de penser la *fitness* comme un index démographique global. De fait, cet usage du terme est absent de

43. F. Galton, « Typical Laws of Heredity », *Nature*, 15 (1877), pp. 492-495, & 512-533.
44. F. Galton, *loc. cit.* n. 16, p. 533.
45. *Ibid.*, p. 514.

la littérature darwinienne ordinaire, et tout particulièrement biométrique, jusqu'à la fin des années 1890. Dans les célèbres travaux où Weldon (1893-1898) et l'américain Bumpus (1898) ont établi les premières preuves directes de faits de sélection naturelle, il n'est jamais question que de mortalité différentielle[46].

C'est cependant à l'un des biométriciens, le plus théoricien, mais aussi le plus eugéniste, Karl Pearson, qu'il revient d'avoir le premier réconcilié le concept de sélection naturelle avec celui de fécondité, et proposé pour la première fois semble-t-il un usage du mot *fitness* proche des acceptions modernes du terme. Pearson n'est pas venu d'emblée à cette notion intégrée de la sélection naturelle, dont il avait clairement conscience qu'elle correspondait aux vues originelles de Darwin, et qu'elle était difficilement compatible avec les conceptions eugénistes. Dans un mémoire publié en 1896[47], et dont l'importance a été fondamentale pour la théorie mathématique de la sélection, il introduisit le concept de « sélection reproductive », comme facteur d'évolution distinct de la « sélection naturelle » (qui n'agit que par la mortalité), et de la « sélection sexuelle » (qui est un biais dans la formation des couples). Présenté d'abord de manière purement spéculative, le concept de « sélection reproductive » impliquait que des différences individuelles en fécondité fussent en partie héritables, et qu'elles fussent en outre corrélées avec les variations de tel ou tel caractère. Non sans rencontrer de redoutables difficultés méthodologiques, Pearson entreprit de tester cette double hypothèse sur des populations humaines, chevalines, et végétales[48]. Les résultats de ces diverses enquêtes étant encourageants, Pearson en vint peu à peu à prendre conscience de l'extrême importance de la « sélection reproductive » comme facteur de modification *naturelle* des espèces. Aussi en vint-il à déclarer qu'elle devait être considérée comme « une *vera causa* de l'évolution

46. W.F.R. Weldon, « On Certain Correlated Variations in *Carcinus mœnas* », *Proc. Roy. Soc. London*, 54 (1893), pp. 318-329 ; « Report of the Committee, Consisting of M. Galton (Chairman), M. F. Darwin, Professor Macalister, Professor Meldola, Professor Poulton, and professor Weldon, « for Conducting Statical Inquiries into the Measurable Characteristics of Plants and Animals ». Part I. « An Attempt to Measure the Death-rate due to Selective Destruction of *Carcinus mœnas* with respect to a Particular Dimension », *Proc. Roy. Soc. London*, 57 (1895), pp. 360-379 ; « Remarks on Variation and Plants. To accompany the First Report into the Measurable Characteristics of Plants and Animals », *Proc. Roy. Soc. London*, 57 (1895), pp. 379-382 ; « Presidential Address to the Zoological Section of the British Association », *Report of the British Association for the Advancement of Science* (1898), pp. 887-902 ; H.C. Bumpus, « The Elimination of the Unfit as Illustrated by the Introduced Sparrow, *Passer domesticus* », *Woods Hole Museum Biological Laboratories : Biological Lectures* (1898), pp. 209-226.

47. K. Pearson « Mathematical Contributions to the Theory of Evolution. III. Regression, Heredity and Panmixia », *Phil. Trans. Roy. Soc. London*, A, 187 (1896), pp. 253-318.

48. K. Pearson, A. Lee (Miss), & L. Bramley-Moore, « Mathematical Contributions to the Theory of Evolution. VI. Genetic (Reproductive) Selection : Inheritance of Fertility in Man, and of Fecundity in Thoroughbred Racehorses », *Phil. Trans. Roy. Soc.*, 192, pp. 257-330 ; K. Pearson, *The Grammar of Science*, 2e éd., Londres, Black, pp. 443-445.

progressive », au même titre que la « sélection naturelle »[49]. Mais s'il en était ainsi, il fallait se résoudre à reconnaître une dualité dans ce que Darwin avait appelé le facteur dominant (*the paramount power*) de la modification des espèces. De fait, dans la seconde édition de *La grammaire de la science* (1900), on peut lire cette déclaration solennelle :

> J'affirme que les changements progressifs dans les formes vivantes ne peuvent être considérés que comme le produit de l'action et de la réaction de la sélection naturelle et de la sélection progressive.[50]

Mais Pearson ne s'en tint pas là. Il admit en définitive qu'il convenait de remanier les concepts mêmes de sélection naturelle et de « survie des plus aptes ». Dans la vision traditionnelle, « le plus apte », c'est l'organisme individuel le mieux adapté à l'environnement, c'est-à-dire celui dont la vigueur et la santé lui confèrent une plus grande longévité. Or désormais, il fallait admettre que le plus apte était aussi le plus fécond, ou plus exactement celui qui présentait le meilleur compromis entre adaptation individuelle et prolificité. C'est ce que Pearson appela la « fécondité nette », c'est-à-dire la fécondité brute (le nombre effectif de la progéniture à la naissance), diminuée du nombre de tous les enfants qui ne parviennent pas à l'âge adulte[51]. Dès lors les concepts de fécondité et l'aptitude (*fitness*) devenaient indissociables. La véritable aptitude enveloppait la fécondité, et la véritable fécondité enveloppait l'espérance de survie (i.e. de longévité) de la progéniture :

> Nous ne devons pas voir la fécondité comme limitée aux seuls caractères reproductifs. Il faut considérer la fécondité nette comme étroitement liée à la santé, à l'aptitude *[fitness]*, et à la vigueur du complexe total des organes et des caractères qui font un individu. (...) On peut supposer que la santé, la vigueur, et la fécondité, sont des fonctions de l'aptitude *[fitness]* d'un complexe d'organes, dans un organisme individuel, et dans un environnement donné.[52]

A notre connaissance, ce texte est le premier dans lequel le concept (et le terme) de *fitness* ait été posé comme nécessaire synthèse de la vigueur individuelle et de la fécondité. Corrélativement, la sélection naturelle se trouvait réhabilitée dans la signification que lui avait conférée Darwin,

49. K. Pearson, *The Chances of Death and Studies in Evolution*, Londres, Arnold, 1897, pp. 65 ; l'affirmation est reprise dans K. Pearson, A. Lee (Miss), & L. Bramley-Moore, *loc. cit.* n. 21, p. 265. Sur l'idéal newtonien de la *vera causa*, et sa fonction dans l'argumentation darwinienne, voir les remarques éclairantes de J. Hodge, « Natural Selection as a Causal, Empirical, and Probabilistic Theory », in *The Probabilistic Revolution*, L. Krüger, G. Gigerenzer, M.S. Morgan, eds, Cambridge, M.I.T. Pr, 1987, Vol. II, pp. 233-270.

50. K. Pearson, *The Grammar of Science*, 2e éd., Londres, Black, p. 440.

51. K. Pearson, *The Chances of Death and Other Studies in Evolution*, Londres, Arnold, 1897, pp. 91-95.

52. K. Pearson, *The Grammar of Science*, 2e éd., Londres, Black, pp. 446-448.

c'est-à-dire comme une « balance » perpétuellement oscillante entre sélection reproductive et sélection par la mortalité.[53]

Il serait naïf de penser que Pearson aurait pour autant renoncé à ses convictions eugénistes. Dans *La grammaire de la science*, quelques pages après le fragment que nous venons de citer, la réflexion darwinienne se prolonge en un commentaire dont la nature ne fait guère de doute :

> Une nation peut tranquillement dégénérer et s'effondrer, indépendamment de toute guerre extérieure, pour la simple raison qu'elle aura laissé jouer la sélection génétique [i.e. reproductive] et négligé de reproduire les meilleurs d'entre elle. Du point de vue du patriote, tout autant que celui de l'évolutionniste, la fécondité différentielle est fondamentale. (...) Nos instincts sociaux ont réduit à un minimum l'action de la sélection à l'intérieur de la communauté ; ils doivent maintenant nous aider à nous prémunir consciemment des pires effets de la sélection génétique [ie : reproductive], à savoir : la survie des plus féconds, alors que les plus féconds ne sont pas socialement les plus aptes.[54]

De telles déclarations reviennent à reconnaître que, contrairement à ce qu'avait pensé Galton, la validité des thèses eugénistes n'est pas liée à une interprétation restrictive de la sélection naturelle comme facteur d'évolution n'agissant que par mortalité différentielle. Bien loin de s'éloigner de l'eugénisme, au moment où il clarifiait un point important de la théorie de la sélection naturelle, Pearson entendait au contraire le disculper d'être fondé sur une mauvaise compréhension du darwinisme. Si donc Pearson a contribué à renouveler le concept naturaliste de sélection, c'est en vertu d'un bénéfice équivoque de l'idéologie eugéniste.

Ainsi donc l'eugénisme galtonien, dans la mesure où il accréditait une vision de la sélection naturelle dans le seul langage de la mortalité différentielle, a-t-il beaucoup fait pour différer la compréhension des implications démographiques du principe darwinien. Après le retournement pearsonien, la voie était ouverte à un concept pleinement démographique du principe, intégrant les deux paramètres de mortalité et de fécondité, paramètres sans la collaboration desquels aucune cinétique de croissance d'une population n'est concevable. L'émergence du concept moderne s'est réalisée en deux étapes, illustrée par deux noms majeurs dans l'histoire des mathématiques appliquées : Alfred James Lotka (1880-1949) et Ronald Aylmer Fisher (1890-1962).

53. *Ibid.*, p. 441. Chez Darwin, l'idée est clairement ébauchée dans la sixième édition de l'*Origine (The Origin of Species. A Variorum Text*, M. Peckham ed., Philadelphia, Un. of Pennsylvania Pr., 1959, pp. 227-228).

54. *Ibid.*, pp. 467-468. L'expression de « sélection génétique » est dans ce texte rigoureusement synonyme de « sélection reproductive ». Pearson utilisait parfois l'expression pour complaire à Galton, qui trouvait l'expression de « sélection reproductive » ambiguë. Voir K. Pearson, A. Lee, L. Bramley-Moore, « Mathematical Contributions to the Theory of Evolution. VI. Genetic (Reproductive) Selection : Inheritance of Fertility in Man, and of Fecundity in Thoroughbred Racehorses », *Phil. Trans. Roy. Soc.*, A, 192, p. 257, note.

Admirateur de Spencer, mathématicien et économiste héritier de Walras et Jevons, Lotka est particulièrement connu des évolutionnistes pour avoir mis au clair les indices et les fonctions démographiques qui permettent de décrire la croissance d'une population. Or la contribution démographique la plus fondamentale à cet égard est d'avoir proposé un outil (une équation intégrale) qui permet de rendre compte de l'interaction des taux de mortalité et de reproduction avec la distribution des âges. Nous ne commenterons pas le détail des problèmes soulevés par cette découverte. Il nous suffira de noter que le paramètre décisif de l'équation de Lotka est une grandeur notée *r*, et désignée comme « taux naturel d'accroissement d'une population ». Ce paramètre n'est rien d'autre que la différence entre le taux des naissances et celui des morts, par individu, et pour une unité de temps (r=b-d, avec *b* pour *birth*, et *d* pour *death*)[55]. Le point intéressant à noter est qu'en 1914 Lotka a appelé cette grandeur « index de fitness », dans un texte dont l'ambition était de définir « un standard objectif de valeur dérivé du principe d'évolution », c'est-à-dire du principe spencérien de « survie des plus aptes »[56]. Cette grandeur est la même que celle que Fisher, sans mentionner sa dette, a nommée en 1930 « paramètre malthusien d'accroissement d'une population », paramètre noté *m*, et présenté comme « mesure de la fitness »[57]. Quoi qu'il en soit, il est clair qu'à partir de Lotka, la *fitness* devient une idéalité statistique, un *nombre* qui décrit le succès reproductif moyen d'un individu dans une population définie.

Cette fois, nous sommes bien dans l'univers de signification auquel la théorie évolutionniste moderne nous a accoutumés. On remarque que la métamorphose est indépendante de l'avènement de la théorie mendélienne de l'hérédité. Cependant Lotka ne s'arrêtait pas à cette réinterprétation démographique de la notion spencérienne de « l'aptitude », et entendait rendre compte aussi de l'aspect dynamique et écologique caractéristique du principe darwinien de sélection naturelle. S.E. Kingsland a très clairement analysé cet aspect de la pensée du mathématicien américain[58]. Lotka a cherché à coupler l'index démographique de *fitness* avec la notion darwinienne de « l'avantage », en utilisant les ressources de la théorie économétrique et marginaliste de la « valeur » (Walras, Cournot, Jevons).

55. Voir A.J. Lotka, « A Natural population Norm », *J. Washington Acad. sci.*, 3 (1913) ; « The Relation Between Birth Rate and Death Rate in a Normal Population... », *Quarterly Publications of the American statistical Association*, 16 (1918) ; « On the True Rate of Natural Increase of a Population » (en coll. avec I. Dublin), *J. Am. Statistical Association*, 20 (1925). Le traitement algébrique exhaustif du problème n'est donné que dans l'article de 1925. Récapitulation dans *Element of Physical Biology*, Baltimore, William and Wilkins, 1925, chap. IX (Réimprimé ss le titre *Elements of Mathematical Biology*, New York, Dover, 1956, pp. 100-127).

56. A.J. Lotka, « An Objective Standard of Value Derived from the Principle of Evolution », *J. Washington Acad. Sci.*, 4 (1914), p. 416.

57. R.A. Fisher, *The Genetical Theory of Natural Selection* (1930), New York, Dover, 1958, pp. 25-26.

58. S.E. Kingsland, *Modelling Nature ; Episodes in the History of Population Ecology*, Chicago, Chicago Un. Pr., 1985, chap. 2.

Dans cette théorie, les individus distribuent leurs activités en vue d'un bénéfice optimal, le profit le plus intéressant étant le profit « marginal ». Transposant ce cadre théorique dans l'étude de l'évolution, Lotka a proposé de comprendre la « fitness » ou « valeur » d'une espèce comme une fonction de la manière dont les organismes distribuent leurs activités pour s'approprier les « commodités » nécessaires à la survie. Par là, les concepts de « fitness » et de « sélection naturelle » devenaient rigoureusement et opératoirement liés : la sélection naturelle apparaissait comme l'ensemble des biais qui affectent le succès reproductif moyen (la *fitness*), à proportion des stratégies variées d'appropriation des commodités. Dans une telle conception du processus darwinien, chaque individu est vu comme un agent cherchant à maximiser son taux de reproduction.

Toutefois, ce volet de la théorisation de Lotka est demeuré à l'état d'ébauche. En effet, le pionnier de l'écologie théorique tenait la sélection intraspécifique (donc la sélection darwinienne) pour secondaire dans l'évolution. Il estimait que l'essentiel était dans la compétition entre espèces, et plus généralement encore dans l'idée de biosphère comme un système traversé par des flux d'énergie, et maximisant la captation et la transformation de cette énergie par la diversification écologique. A ce point de généralité, le concept de *fitness* se dilue dans une spéculation plus visionnaire qu'opératoire. Lotka rêvait en fait d'un principe général d'évolution, fondé sur l'écologie, et susceptible d'être à la biologie ce que l'entropie, baptisée aussi « principe d'évolution » par le physicien Jean Perrin, est aux sciences physiques[59].

La spéculation mathématico-philosophique de Lotka illustre en tout cas très bien les registres de signification dans lesquels s'est opérée, au début du vingtième siècle, la conversion quantitative du concept qualitatif de « l'aptitude ». Lotka a introduit en biologie de l'évolution la stratégie de l'actuaire, et rêvé d'une véritable « économie mathématique de la nature ». Il n'est pas indifférent à cet égard de noter que l'« index de *fitness* » (le taux intrinsèque d'accroissement d'une population) se calcule de manière analogue à l'augmentation d'un capital sous l'effet des intérêts composés. Démographie et économie sont les deux registres d'intelligibilité dans lesquels la *fitness* s'est convertie en mesure de la sélection naturelle.

Nous en arrivons au terme de notre examen des déplacements conceptuels du concept de *fitness* dans la théorie évolutionniste. La dernière étape de la constitution du concept moderne se confond avec l'émergence de la génétique des populations comme théorie centrale du darwinisme. Cette épisode a été abondamment documenté dans l'historiographie récente. Aussi nous contenterons-nous de le situer brièvement par rapport aux précédents. C'est sans doute à R.A. Fisher qu'il revient d'avoir fixé le sens opératoire du concept de *fitness* tel qu'il est utilisé depuis les années 1930. Le point de départ de Fisher est le même que celui de

59. Sur ce point, voir A.J. Lotka, *Elements of Mathematical Biology*, New York, Dover, 1925, p. 26, n. 13.

Lotka. Comme celui-ci, Fisher conçoit la *fitness* comme mesurée par le taux intrinsèque d'accroissement d'une population, qu'il appelle pour sa part « taux malthusien d'accroissement géométrique ». Ce paramètre, noté m, intervient dans une équation intégrale comparable à celle de Lotka, mais découverte indépendamment par Fisher en 1927[60]. Les deux hommes ont eu sur ce point une querelle de priorité, mais c'est là un point secondaire. L'important est que, bien qu'il se soit appuyé sur une même mesure démographique de la *fitness*, Fisher a mis celle-ci au service d'un propos théorique très différent. Alors que Lotka cherchait à penser l'aptitude en l'intégrant dans une vision supraspécifique de l'économie de la nature, Fisher au contraire l'a assujettie à une représentation strictement intraspécifique de l'évolution, structurée non par l'écologie mais par la génétique :

> m [ie le paramètre malthusien] mesure la fitness par le fait objectif de la représentation dans les générations futures.[61]

Dans cette phrase canonique, l'index démographique de *fitness* est pris dans une problématique généalogique, où l'attention se concentre sur la manière dont les individus contribuent à la formation des générations suivantes. Or dans une représentation mendélienne de l'hérédité, les individus ne transmettent pas leur phénotype, ni leur génotype, mais seulement un échantillonnage de leurs gènes. C'est pourquoi Fisher a développé un outil statistique qui permet d'isoler la part de la variance des caractères quantitatifs attribuables aux gènes (autrement dit la « variance génétique additive », par opposition aux variances d'interaction génétique et environnementale). Cet outil est le fondement de ce que l'on appelle classiquement la « génétique quantitative », ou génétique des caractères quantitatifs. Il est aussi le fondement de la réinterprétation fishérienne de la sélection naturelle. Car la *fitness* est elle-même un caractère quantitatif, et une part de sa variance est attribuable aux seuls effets des gènes. C'est cette considération qui a conduit Fisher à déduire son « théorème fondamental de la sélection naturelle », qui affirme qu'il existe une certaine grandeur maximisée en permanence par la sélection naturelle. Cette grandeur n'est pas à proprement parler le paramètre malthusien m, mais une composante qui croît nécessairement lorsqu'il y a de la variance génétique. Comme cette croissance est en permanence contrebalancée par la « détérioration de l'environnement », c'est-à-dire par l'amélioration concomitante des espèces concurrentes ou ennemies, les espèces sont la plupart du temps proche de l'équilibre démographique, et la valeur du paramètre m oscille autour de zéro[62]. Le théorème

60. R.A. Fisher, « The Actuarial Treatment of Official Birth Records », *The Eugenics Review*, 19 (1927-28).
61. R.A. Fisher, *The Genetical Theory of Natural Selection* (1930), New York, Dover, 1958, p. 37.
62. R.A. Fisher, *Ibid.*, pp. 44-45.

fondamental avait pour Fisher le statut d'un analogue, dans le monde vivant, du second principe de la thermodynamique. De même en effet que l'entropie des physiciens est une quantité qui croît nécessairement en consommant les potentiels énergétiques disponibles pour un travail, de même le « théorème fondamental de la sélection naturelle » porte sur une grandeur (la *fitness*) qui a la propriété de croître nécessairement, en consommant le potentiel de variation génétique disponible[63]. En conclusion de sa démonstration du théorème fondamental, Fisher n'hésitait pas à lui conférer « la position suprême dans les sciences biologiques »[64], en tant que loi de progrès organique contrecarrant la loi thermodynamique de désorganisation du monde physique[65]. Cette réflexion fishérienne marque l'acmé de la période héroïque de constitution du concept quantitatif de *fitness*. Après bien sûr, on entre dans une autre histoire, bien connue des biologistes et des historiens : celle des discussions sur les implantations généticiennes de ce concept. Nous avons délibérément laissé de côté cet aspect, car le propos de la présente étude était de remonter en amont de l'univers conceptuel familier de l'évolutionnisme contemporain.

*
* *

Embrassons d'un coup d'œil l'ensemble du champ historique que nous avons parcouru en suivant les métamorphoses du concept de *fitness*.

Entre le principe physico-théologique de « convenance universelle des choses » et la vision opportuniste de l'histoire naturelle impliquée par le principe de sélection naturelle, il y a assurément une rupture fondamentale. Et pourtant, c'est bien le vieux langage qui a refait surface, lorsque les darwiniens ont adopté la reformulation spencérienne de leur principe. Le succès de la « survie des plus aptes » tient sans doute à ce qu'elle suggérait une loi de progrès compatible avec l'esprit du darwinisme. Dans la compétition impitoyable et erratique des organismes, il y a comme une main invisible qui accomplit un progrès permanent de la nature. Galton et les eugénistes ont douté que ce quelque chose puisse être mesuré et authentifié comme un bilan reproductif, et le naturalisme pessimiste de ce courant de pensée a conduit les premiers théoriciens de la sélection naturelle à dissocier, contre Darwin, l'aptitude et la fécondité. En restaurant et en approfondissant le lien entre aptitude et fécondité, en le qualifiant, et en cherchant son intelligibilité dans des schèmes de maximisation[66], les

63. R.A. Fisher, *Ibid.*, pp. 39-40. Sur ce point précis, on consultera avec profit l'analyse pénétrante de J. Hodge, dans « Biology and Philosophy (including Ideology) : A Study of Fisher and Wright » (manuscrit, à paraître).

64. R.A. Fisher, *Ibid.*, p. 39.

65. R.A. Fisher, *Ibid.*, p. 40.

66. Tout comme le théorème fondamental de Fisher, les « surfaces adaptatives » de Sewall Wright se comprennent dans cette optique.

darwiniens du vingtième siècle ont au contraire accrédité une vision philosophique de l'évolution organique comme progrès nécessaire, quoique foncièrement erratique et indéterministe. Est-on alors si loin de la vision physico-théologique de la nature ? La question mérite au moins d'être posée. Si le mot de *fitness* est si difficile à traduire, c'est peut-être en raison de cet héritage philosophique optimiste qui, *volens nolens*, n'a cessé d'habiter le langage de la pensée naturaliste anglaise[67].

Post scriptum. Jacques Roger excellait à montrer comment l'histoire de la science est portée (plus que canalisée) par des mots, des disputes philosophiques et d'irréductibles inquiétudes anthropologiques. Sans cesse à ces pesanteurs la science s'arrache, mais jamais elle n'en est quitte. Il nous plaît de dédier le présent essai à la mémoire du défenseur d'une histoire *historique* de la science. Quoique conçu pour l'essentiel en un temps où nous ne connaissions ni l'homme ni l'œuvre, il nous donne aujourd'hui l'impression d'avoir été écrit comme s'il eût été de l'un ou de l'autre l'élève.

67. Dans cette perspective, l'atmosphère moderne de la biologie des populations semble relever de la même atmosphère culturelle que celle qui a permis, au dix-neuvième siècle, l'émergence et le succès de pensées comme celles de Spencer et de Darwin. Antonello La Vergata a très bien montré comment les théories de l'« économie de la nature », avec leurs concepts complémentaires d'« équilibre » et de « lutte », se sont développées aux 18e et 19e siècles comme des versions de plus en plus laïcisées de la théologie naturelle (A. La Vergata, *Nonostante Malthus. Fecondità, popolazioni ed economia della Natura, 1700-1900*, Torino, Bolleti-Boringhieri, 1990 ; *L'equilibrio e la guerra della natura*, Moreno, 1990).

III — Science et Société

Robert FOX

Science et pratique industrielle en France et en Grande-Bretagne, 1750-1850

Aucun historien n'a contesté la place dominante qu'occupait la Grande-Bretagne, en Europe, au niveau économique et technique, lors de la première Révolution Industrielle. Cette révolution, née au XVIIIe siècle, continuait à stupéfier les nombreux étrangers qui, au lendemain des guerres napoléoniennes, traversaient la Manche pour aller contempler ou bien étudier les innovations britanniques. Un commissaire prussien, J.G. May, voyait dans les machines à vapeur, alors très répandues en Angleterre, « un témoignage des facultés d'invention du pays ». Le symbolisme de la machine à vapeur n'échappait pas non plus à l'économiste français, Jean-Baptiste Say, qui racontait, dans son ouvrage *De l'Angleterre et des Anglais* :

> Partout les machines à vapeur se sont prodigieusement multipliées. Il n'y en avait que deux ou trois à Londres il y a trente ans. Elles sont par centaines dans les grandes villes manufacturières ; on en voit même dans les campagnes, et les travaux industriels ne peuvent plus se soutenir avec avantage qu'au moyen de leur puissant secours. [1]

La conclusion que les lecteurs devaient tirer de ces récits de voyage était indiscutable. Il s'agissait d'une brillante réussite britannique, qui, aux yeux des auteurs que j'ai cités (sans oublier, bien entendu, les magistraux *Voyages en Grande-Bretagne* de Charles Dupin, encore plus détaillés et mieux connus[2]), surpassait de loin les débuts hésitants des autres pays (et notamment de la France) vers l'industrialisation.

Mais ces débuts de la France sur la voie de l'industrialisation ont-ils réellement été aussi négligeables que ce que nous ont laissé croire la majorité des descriptions des contemporains et des historiens ? J.A.C. Chaptal, ancien Ministre de l'Intérieur, est de ceux qui regardaient la

1. Jean-Baptiste Say, *De l'Angleterre et des Anglais* Paris et Londres, 1815, pp. 30-1.
2. Pour le point de vue de Dupin sur l'industrie britannique, voir Robert Fox, « From Corfu to Caledonia : the early travels of Charles Dupin, 1808-1820 », dans J.D. North et J.J. Roche (eds.), *The light of nature. Essays in the history and philosophy of science presented to Alistair Crombie*, Dordrecht, Boston et Lancaster, 1985, pp. 303-20 (plus particulièrement pp. 312-16).

France d'un œil beaucoup plus favorable. En effet, son analyse rétrospective de l'industrie française, publiée en 1819, passait en revue les triomphes technologiques de son pays ainsi que les bases scientifiques de ces triomphes, lesquelles avaient permis à la France de résister, miraculeusement, au blocus continental. Selon Chaptal, la puissance de la France pendant toute cette mauvaise période était due à des innovations telles que le sucre de betterave, la soude artificielle, et les nouvelles méthodes de fabrication de la poudre à canon. Alors, faut-il en conclure que Chaptal a été aveuglé par sa fidélité à l'Empire et à la communauté scientifique française ? Et même si cette glorieuse mobilisation de savants qui servait de fil conducteur à l'analyse de Chaptal correspondait à la réalité, ne devrions-nous pas la regarder comme un phénomène passager et atypique, né des circonstances exceptionnelles de la Révolution et de l'Empire ?

En ce qui concerne ma première question, je suis convaincu que malgré la nostalgie impériale et le patriotisme de Chaptal, nous devrons reconnaître dans ses réflexions une vérité incontestable concernant les relations entre la science et les techniques en France entre 1792 et 1815. Comme Chaptal l'a très justement démontré, le mur qui séparait la science de la pratique, en France, s'est littéralement effondré pendant le quart de siècle de guerre[4]. Quant à la deuxième question que j'ai soulevée, force est de constater que, si nous prenons la révolution industrielle dans son ensemble, le profil économique et technologique de la France était profondément arriéré par rapport à celui de la Grande-Bretagne. Cela dit, nous devons concilier ce profil avec la production en France d'une littérature technique d'un niveau exceptionnellement élevé, et avec l'existence de points forts cités par Chaptal où la science semble, à première vue, avoir exercé une influence importante.

Afin d'éclaircir cette difficulté, je m'appuierai sur l'idée, esquissée dans la superbe *Histoire des techniques* de Bertrand Gille, d'une divergence de style entre nos deux pays[5]. D'un côté, comme Gille, je situe la Grande-Bretagne comme un pays orienté vers la pratique et un empirisme souvent aveugle. Le progrès technique, pendant la Révolution Industrielle, provenait en effet pour la plupart d'industriels et d'entrepreneurs parfois illettrés, mais généralement impliqués dans la production. Les cas de la dynastie Darby, des frères Wilkinson et de Matthew Boulton et James Watt en sont des exemples types. En France, par contre, l'approche était plus systématique. Les pouvoirs centraux suivaient une politique beaucoup plus interventionniste, et — point fondamental de ma discussion — l'instruction, les savants, et une littérature technique développée jouaient tous un rôle important qui ne trouvait pas son équivalent en Grande-Bretagne.

3. M. le Comte Chaptal, *De l'industrie française*, 2 vol., Paris, 1819.
4. *Ibid.*, vol. 2, pp. 38-9.
5. Bertrand Gille (éditeur), *Histoire des techniques. Techniques et civilisations. Technique et sociétés*, Paris, 1978, pp. 682-6.

Si l'on accepte cette notion de décalage, la mobilisation des savants des années révolutionnaires et napoléoniennes doit être considérée comme l'intensification d'une tradition plutôt qu'un phénomène unique. Elle fait partie de cette même tradition qui mena l'Académie des Sciences de Paris à lancer sa *Description des arts et métiers* à la fin du XVIIe siècle. Un demi-siècle plus tard, la France croulait sous une masse de publications d'ordre technique. Presque en même temps que la *Description des arts et métiers*, dont la publication, en 76 volumes, fut tardivement réalisée entre 1761 et 1788, parurent les articles technologiques et les illustrations de l'*Encyclopédie* de Diderot et d'Alembert (1751-80), et à partir des années 1780, *l'Encyclopédie Méthodique* de même que d'innombrables manuels sur la sidérurgie, l'architecture, l'agriculture et autres domaines technologiques, tous rédigés dans un esprit savant et didactique.

Ce fut dans son article « Art » de l'*Encyclopédie* (1751) que Diderot préconisa de façon particulièrement claire la collaboration du savant et de l'artiste, unis par un respect mutuel qui finirait par éliminer le stigmate qui, selon lui, pesait encore à l'époque sur tout ce qui concernait la pratique.

> ... tout art, [disait Diderot], a sa spéculation & sa pratique ; sa spéculation, qui n'est autre chose que la connoissance inopérative des règles de l'art, sa pratique, qui n'est que l'usage habituel & non réfléchi des mêmes règles. Il est difficile, pour ne pas dire impossible, de pousser loin la pratique sans la spéculation, & réciproquement de bien posséder la spéculation sans la pratique... C'est à la pratique à présenter les difficultés et à donner les phénomènes & c'est à la spéculation à expliquer les phénomènes & à soulever les difficultés : d'où il s'ensuit qu'il n'y a guère qu'un Artiste sachant raisonner, qui puisse bien parler de son art.[6]

Pour Diderot et ses collaborateurs, il s'agissait évidemment là d'un état idéal que les arts étaient loin d'atteindre. Les illustrations de l'*Encyclopédie*, tout comme celles de la *Description des arts et métiers*, démontrent, en effet, l'écart entre le rêve et la réalité. Car, à côté des nombreuses illustrations calquées sur celles du *De humani corporis fabrica* de Vésale ou sur celles d'autres ouvrages classiques (lesquelles soulignent plutôt la force d'une tradition artistique que les réalités de la pratique contemporaine)[7], on peut en trouver d'autres qui semblent refléter l'emprise des méthodes traditionnelles et le conservatisme technologique qui régnait dans de nombreux secteurs. C'est le cas, par exemple, de la description des techniques de fabrication du verre, secteur qui se carac-

6. *Encyclopédie, ou dictionnaire raisonné des sciences, des arts et des métiers*, Paris, Briasson, David... puis Neufchâtel, S. Faulche, 1751-1765, 17 vol. ; article Art, vol. 1, p. 714a.

7. Voir les planches de *l'Encyclopédie*, sur l'Anatomie, dans le *Recueil des planches*..., 1re livraison (1762).

térisait au XVIIIe siècle, par un niveau de mécanisation guère plus avancé que celui observé à la fin du Moyen Age[8].

Il n'en reste pas moins, qu'à certains endroits, l'*Encyclopédie* comporte les marques d'une évolution technologique plus rapide : il suffit d'examiner les planches concernant les pompes à feu de Thomas Newcomen.[9] Or j'insiste sur le fait que de tels signes de vitalité étaient rares et qu'ils ne peuvent pas être interprétés comme preuve inéluctable d'un grand pas vers la modernité. Mais ils servent à soulever la question suivante : dans un contexte généralement peu propice à l'innovation, quelle est l'origine de ce goût de la modernisation que nous avons pu constater, si rarement que ce soit, dans certains secteurs ?

L'analyse du progrès technique offerte par l'*Encyclopédie* mettrait l'accent sur la raison ; pour Diderot en effet, c'était la raison qui enrichissait constamment la pratique. Mais cette perspective intellectuelle, si évocatrice soit-elle du siècle des lumières, donne en fait une fausse impression des véritables causes du progrès technologique tel qu'il se manifestait en France dans la seconde moitié du XVIIIe siècle. Elle ne rend surtout pas justice aux raisons de nature plus banale, telle que l'importation des techniques par l'intermédiaire d'un système qui alliait l'espionnage industriel à l'immigration d'industriels et d'ouvriers britanniques possédant des compétences pratiques peu répandues en France. Au cours de cette période d'importation, malgré les efforts des administrations françaises qui soutenaient les visites en Grande-Bretagne de Gabriel Jars et de Faujas de Saint-Fond (entre autres), « l'espionnage » semble, en effet, avoir été moins efficace que le transfert de technologies qui s'était établi grâce à la migration des individus. Les séjours en France de John Holker (en textiles), de Michael Alcock (spécialiste en « quincaillerie anglaise »), et de William Wilkinson (qui fonda l'usine de l'île d'Indret en Loire-Atlantique, spécialisée dans la fabrication de canons destinés à la marine de guerre, avant de participer au lancement de la manufacture du Creusot) eurent des conséquences d'une portée considérable non seulement dans l'apport de techniques nouvelles qu'ils firent connaître en France, mais aussi dans l'introduction d'ouvriers qui seuls en permettaient l'exploitation[10].

En effet, l'évolution de la technologie industrielle française, à la veille des guerres révolutionnaires, s'est principalement faite grâce à ces industriels et ouvriers britanniques. Pour ce qui est des innovations indigènes, bien que peu nombreuses, elles ne sont certainement pas à

8. « Les glaces », dans le *Recueil des planches...*, 3e livraison (1765).
9. « Hidraulique », dans le *Recueil des planches...*, 4e livraison (1768).
10. Voir John R. Harris, « Attempts to transfer English steel techniques to France in the eighteenth century », dans Sheila Marriner (éditrice), *Business and businessmen. Studies in business, economic and accounting history*, Liverpool, 1978, pp. 199-203 ; et « Industrial espionage in the eighteenth century », *Industrial archaeology review*, 7 (1984-5), pp. 127-38. L'ouvrage de W.O. Henderson, *Britain and industrial Europe 1750-1870. Studies in British influence on the Industrial Revolution in Western Europe*, Liverpool, 1954, pp. 10-75, reste une étude classique de ce phénomène.

négliger. Toutefois, il ne me semble pas que la science et l'apport de savants y aient joué un rôle important. A cet égard, le cas de Jean-Michel Haussmann, coloriste alsacien, est particulièrement intéressant. Celui-ci connut, en effet, des réussites technologiques qui allèrent de l'amélioration des méthodes de fixation des colorants à la réalisation de la nouvelle génération de mordants organiques[11]. Même s'il est vrai que le jeune Haussmann avait eu une certaine expérience en tant que pharmacien et avait travaillé comme chimiste en Angleterre et à Augsburg, il ne possédait aucunement l'ouverture d'esprit que Diderot aurait voulu encourager par son entreprise encyclopédique. Comme tous les chimistes « industriels » de l'époque, Haussmann dissimulait ses opérations, dans une mesure qui était incompatible avec l'esprit de l'*Encyclopédie*. Dans les années 1780, lorsque Claude-Louis Berthollet entreprit ses études théoriques et expérimentales de la teinture, il dut affronter la même réticence et un esprit résolument fermé de la part des manufacturiers et des artisans[12].

Le rêve de Diderot, qui reposait sur une convergence de la pratique et de la science et sur un libre échange des connaissances technologiques, paraissait donc difficile à réaliser aussi bien en France qu'à l'étranger. Rien d'étonnant si, à la fin du XVIIIe siècle, les théories des chimistes, malgré la préoccupation croissante des savants pour l'industrie, n'eurent que très peu d'effets sur les procédés de production. Mais l'étude de la nature de ces effets me semble un point important sur lequel nous devrions nous attarder, sans nécessairement parler d'échec. Comme l'ont très bien démontré Charles Gillispie et, sous un angle différent, Bertrand Gille, le but principal des savants qui s'intéressaient aux arts et à l'industrie était de dresser une espèce d'histoire naturelle, un catalogue raisonné qui, en mettant l'accent sur les principes sous-jacents, faciliterait une classification et par là même une simplification des innombrables opérations manufacturières[13]. La description et la propagation de la connaissance étaient placées au premier plan, alors que l'innovation ne jouait qu'un rôle secondaire, et ceci malgré la certitude qu'avaient Berthollet et Chaptal que la connaissance scientifique permettrait à « l'artiste » d'approfondir sa compréhension de la théorie, et donc d'améliorer ses résultats pratiques.

Prenons comme exemple, les *Élements de l'art de la teinture*, de Berthollet, publiés en 1791. Dans cet ouvrage, Berthollet cherchait

11. Paul Leuillot, « Notes sur les Haussmann et la manufacture du Logelbach jusqu'en 1830 », dans *Annuaire de la Société Historique et Littéraire de Colmar*, (1951-2), pp. 85-99.

12. Claude-Louis Berthollet, *Éléments de l'art de la teinture*, 2 vols., Paris, 1791, vol. 1, pp. xliv-xlv. Voir aussi J.A.C. Chaptal, *Chimie appliquée aux arts*, 4 vols., Paris, 1807, vol. 1, pp. xiv-xv, dans lequel l'auteur déclare que « le secret le plus absolu couvroit chaque procédé du voile du mystère », jusqu'à ce que la chimie établisse des principes généraux lesquels firent du domaine des arts « le patrimoine de tous ».

13. Charles Coulston Gillispie, « The natural history of industry », *Isis*, 48 (1957), pp. 398-407 ; Gille, *Histoire des techniques, op. cit.* (n. 4), pp. 685-6.

explicitement à se placer « entre les physiciens & les artistes » et à allier la science à la pratique[34]. En effet, il souhaitait codifier tout ce qu'on savait des procédures de teinture, et systématiser ces procédures trop diverses afin d'aboutir à une théorie cohérente. A première vue, un tel objectif paraît en dire long sur l'importance qui était accordée, à cette époque, à la théorie. Mais le rôle joué par la théorie paraît beaucoup moins évident à déterminer lorsqu'on identifie les principes sur lesquels Berthollet cherchait à construire son système.

Les principes qu'utilisait Berthollet reposaient essentiellement sur la théorie des affinités électives, tirée des ouvrages du chimiste suédois Torbern Bergman. C'était d'après cette théorie décidément précaire que Berthollet établissait la notion originale d'attraction chimique entre la matière colorante et l'étoffe, attraction qui déterminait la solidité d'une couleur[15]. Cette conception apparut à ses lecteurs comme une nouveauté théorique incontestable, dans la mesure où cette dernière s'opposait à la théorie dominante de l'époque de Jean Hellot qui préconisait que l'action des colorants s'établissait grâce à un lien mécanique. En avançant cette réflexion sur l'originalité de la perspective de Berthollet, je reprends un point fondamental de mon argument. Car les *Élements de l'art de la teinture* me paraissent souligner clairement le mur qui séparait, dans ce domaine, les théories des savants et les procédés de teinture exploités à l'époque. Certes, la chimie des colorants fournissait à Berthollet un champ de recherche plein d'intérêt, dont la fécondité fascinait un savant nouvellement converti à la chimie de Lavoisier : comme marque de cette fécondité, on peut citer la théorie du rôle de l'oxygène dans la teinture qu'on retrouve dans les *Élements*[16]. Il est également vrai que cette théorie aurait pu susciter un certain nombre d'expériences et guider l'empirisme ; elle possédait de plus une importance programmatique et par ce fait, pédagogique. Ce sont, bien entendu, des facteurs à ne pas négliger. Mais pour ce qui concernait les opérations industrielles tant classiques que modernes, le contenu de cette théorie apportait peu d'avantages.

L'application industrielle du chlore en est d'ailleurs un exemple type. Car ce fut la découverte du chlore, innovation empirique, et l'étude expérimentale de ses propriétés dans les années 1770 et 1780 qui donnèrent naissance à la nouvelle méthode du blanchiment des étoffes. Chaptal avait donc raison, dans un sens, d'associer cette méthode avec l'application du « génie » de Berthollet (et donc de la science) aux observations initiales

14. Berthollet, *Elements de l'art de la teinture, op. cit.* (n. 12), vol. 1, p. xlii.

15. *Ibid.*, vol. 1, pp. 19-26. Pour un compte rendu approfondi des rôles de la théorie, de l'expérimentation, et de la pratique dans les travaux de Berthollet sur la teinture, voir Barbara Whitney Keyser, « Between science and craft : the case of Berthollet and dyeing », *Annals of science*, 47 (1990), pp. 213-60.

16. Voir, par exemple, l'importance accordée au rôle de l'oxygène dans la première section des *Élements de l'art de la teinture, op. cit.* (n. 12), vol. 1, pp. 44-64.

de Scheele[17]. Mais les théories contemporaines de l'action du chlore, fondées sur les principes erronés que je viens d'énumérer, n'y jouèrent aucun rôle[18]. L'analogie avec les développements dans la sidérurgie réalisés empiriquement et mis en place en France (quoique partiellement) *avant* l'intervention théorique de Berthollet, Monge et Vandermonde, dans les années 1780, est frappante[19], d'autant plus que les maîtres de forges faisaient preuve d'une indifférence totale et systématique envers les travaux des savants[20].

J'ai traité jusqu'ici des dernières années de l'Ancien Régime et des années révolutionnaires. Cependant, pour bien comprendre la nature, à long terme, des relations entre la science et la pratique industrielle, il faut prendre un peu de recul dans le temps par rapport à ces deux périodes. Quelles furent les conséquences, après la Révolution, de la convergence, quoique partielle, de la science et de la pratique ?

Je suis convaincu que, alors que les années 1790 se caractérisaient par une nette convergence entre la théorie scientifique et la pratique industrielle, ces deux domaines prirent des chemins de plus en plus divergents entre la fin du XVIIIe siècle et la Restauration. Prenons l'exemple des machines à feu dans la vingtaine d'années qui alla de la déclaration de la guerre de 1792 jusqu'à la paix définitive de 1815. Ce fut une période exceptionnellement instructive dans l'histoire de ces machines, période marquée dans ce domaine par un décalage sensible et croissant entre nos deux pays. En effet, tous les historiens constatent, à cette époque, un retard technologique des ingénieurs français par rapport à leurs homologues britanniques. Si ce retard était relativement négligeable à la veille des guerres révolutionnaires, il apparut, à Say et ses compatriotes, comme écrasant pour la France de la Restauration.

Ce développement sur une période d'une vingtaine d'années reflète les nombreuses innovations pratiques faites en Grande-Bretagne dans la fabrication des machines à vapeur pendant la guerre[21]. Parmi ces inno-

17. Chaptal, *De l'industrie française, op. cit.* (n. 3), vol. 2, pp. 42-3.

18. Sur le passage de la découverte du chlore à son application industrielle, voir John Graham Smith, *The origins and early development of the heavy chemical industry in France* (Oxford, 1979), pp. 113-91 ; et Nicole et Jean Dhombres, *Naissance d'un pouvoir : sciences et savants en France (1793-1824)*, Paris, 1989, pp. 783-91.

19. Bertrand Gille, *Les origines de la grande industrie métallurgique en France*, Paris, 1947, pp. 85-100.

20. Denis Woronoff, *De l'industrie sidérurgique en France pendant la Révolution et l'Empire*, Paris, 1984, pp. 327-32. Pour une analyse de cette indifférence et de son influence constante au cours du 19e siècle, voir Bertrand Gille, *La sidérurgie française au XIXe siècle*, Genève, 1968, pp. 79-105.

21. Sur ces innovations des années 1792-1814, voir mes remarques dans l'Introduction de *Sadi Carnot : Réflexions sur la puissance motrice du feu. Édition critique...*, par Robert Fox, Paris, 1978, pp. 16-21, et mon article : « Teoría y práctica. La tecnología de la máquina de vapor en la época revolucionaria », *Arbor*, 134, numéros 527-8 (novembre-décembre 1989), pp. 123-33, et la version française « Théorie et réalisation : la technologie de la machine à vapeur en France, 1780-1830 », *Échanges d'influences scientifiques et techniques entre pays européens de 1780 à 1830. Actes du 114e Congrès National des Sociétés Savantes. Paris, 3-9 avril 1989*, Paris, 1990, pp. 37-46.

vations, deux principales ressortent : d'abord l'utilisation de la vapeur sous une pression plus élevée que celle de l'atmosphère ; et ensuite, l'application du principe de détente, qui avait été conçu par Watt en 1769 et breveté en 1782, mais que celui-ci n'avait jamais réellement mis en pratique. Le constructeur qui a le plus profité de ces innovations fut Arthur Woolf, ingénieur des Cornouailles, qui les a incorporées toutes les deux dans sa « compound engine », une machine à deux cylindres d'une économie prodigieuse[22]. Ce que je trouve marquant chez Woolf, c'est son indifférence envers la théorie. Son invention brevetée en 1804 n'offrait qu'une très vague explication de l'économie de charbon que ses machines réussissaient à atteindre. Et il n'y a aucune raison de croire qu'il comprenait, ou même essayait de comprendre, les principes physiques de cette véritable révolution dans le fonctionnement des moteurs. La grande innovation de Woolf était en fait due à des méthodes empiriques, lesquelles d'ailleurs, sont à l'origine de presque tous les progrès dans le domaine technologique faits par les Britanniques à l'époque de la Révolution Industrielle.

Ce n'est pas par hasard si l'établissement rapide en France de la « compound engine », après la paix de 1815, est dû au travail de Humphrey Edwards, ingénieur des Cornouailles, et ancien collaborateur de Woolf, qui partageait l'esprit empirique et athéorique de ce dernier. Ce n'est également pas par hasard qu'une fois que l'on eut reconnu l'économie remarquable réalisée par les machines de Woolf, les ingénieurs et les savants français se soient battus entre eux, pendant plus de dix ans, sur la théorie de cette extraordinaire performance[23].

Le caractère que prirent, en France, les arguments concernant la théorie de la machine à vapeur à moyenne ou à forte pression montre bien la facilité avec laquelle une question de nature pratique à l'origine pouvait être transformée en un débat qui n'avait pratiquement plus rien à voir avec la dure réalité qu'était le monde industriel. Lorsqu'entre 1816 et 1826, Biot, Hachette, Petit, Clément et Desormes, Dupin, Sadi Carnot et Combes s'interrogeaient sur les causes des avantages économiques de la machine de Woolf, ils se posaient des questions purement abstraites. A cet égard, il n'est pas sans intérêt de remarquer que Carnot ne s'est pas laissé influencer dans son travail analytique par le fait que la force produite, en pratique, par une machine Woolf n'avait jamais excédé un vingtième du maximum théoriquement possible[24]. Cela ne veut pas dire, bien évidemment, que les *Réflexions sur la puissance motrice du feu* ne furent pas profondément inspirées par l'environnement industriel de

22. A propos de Woolf, voir Rhys Jenkins, « A Cornish engineer : Arthur Woolf, 1766-1837 », *Transactions of the Newcomen Society*, 13 (1932-3), pp. 55-68, et T.R. Harris, *Arthur Woolf the Cornish engineer 1766-1837*, Truro, 1966.

23. Robert Fox, « The challenge of a new technology : theorists and the high-pressure engine before 1824 », dans *Sadi Carnot et l'essor de la thermodynamique. Table ronde du C.N.R.S. Paris, École Polytechnique. 11-13 juin 1974*, Paris, 1976, pp. 149-67.

24. Sadi Carnot, *Réflexions, op. cit.* (n. 21), p. 177 ; (édition de 1824), p. 117.

la Restauration, notamment en ce qui concerne leur problématique. Cependant, cet environnement ne compte que pour très peu dans la conceptualisation brillante des problèmes qui caractérise l'ouvrage de Carnot, ou dans celles moins brillantes que l'on retrouve, à l'époque, dans les autres études françaises dont j'ai parlé.

Ceci me ramène au contraste que j'ai essayé de souligner entre la France et la Grande-Bretagne ; afin de souligner le décalage de style et de qualité intellectuelle entre le travail des Français et celui de leurs contemporains d'Outre-Manche, nous n'avons qu'à mettre les arguments subtils et rigoureux des *Réflexions* de Carnot à côté de l'approche beaucoup plus terre-à-terre et descriptive qui caractérise les meilleurs exposés contemporains réalisés en Angleterre, tels que les traités de Thomas Tredgold ou de John Farey[25]. Alors que les auteurs français cherchaient à fonder une théorie universelle, les ingénieurs britanniques, quant à eux, rédigeaient tant bien que mal un manuel pratique.

Ceci dit, je reste tout de même convaincu que la République, ainsi que l'Empire et la France de la Restauration des Bourbons, avait besoin de ses savants. Toujours est-il que l'on a constamment besoin d'examiner de près le caractère précis de l'interdépendance qui existait entre le monde de la théorie scientifique et celui de la pratique. Une conclusion au moins est incontestable : c'est qu'il n'a pas fallu le discours moralisateur d'un Diderot pour que ces deux univers se rendent compte l'un de l'autre, car, comme je l'ai déjà souligné, les premiers signes de leur complicité se laissaient deviner déjà avant 1750, dans un processus qui, par la suite, n'a fait que prendre de l'élan tout au long de la seconde moitié du siècle. Grâce à l'engagement de scientifiques de l'importance de Berthollet ou de Chaptal, le monde savant se montrait, vers 1800, prêt à appliquer une approche systématique, voire théorique, aux problèmes soulevés par l'industrie. Ce à quoi je veux en venir cependant, c'est que, même en France, et malgré ces ouvertures, la théorie continuait à jouer, dans la pratique industrielle, un rôle beaucoup moins important que celui de la technique expérimentale, et ce malgré la mise en cause générale de l'empirisme aveugle.

Une telle conclusion reste bien entendu entièrement compatible avec l'explosion, chez les théoriciens, d'intérêt pour la pratique, explosion que les historiens ont raison d'associer aux époques révolutionnaires et napoléoniennes. Mais cet intérêt porté par les théoriciens fut si vigoureux et si sophistiqué qu'il finit petit à petit par se dissocier du monde industriel dans lequel il avait puisé son inspiration. Les fruits des enquêtes théoriques qui en résultaient, comme les *Réflexions* de Carnot, représentaient souvent des merveilles scientifiques mais des merveilles manifestement éloignées de l'activité rudimentaire qui caractérisait la science industrielle.

25. Thomas Tredgold, *The steam engine, comprising an account of its invention and progressive improvement...*, London, 1827, et John Farey, *A treatise of the steam engine, historical, practical, and descriptive*, London, 1827.

Lyon Playfair se comptait parmi ces observateurs britanniques qui, vers 1850, contemplaient d'un œil particulièrement admiratif la haute qualité des connaissances et de l'enseignement technologique en France[26]. Il se rendait en effet bien compte que l'industrie française commençait enfin à faire appel aux outils conceptuels et analytiques qui se développaient dans ce pays depuis le XVIIIe siècle. En même temps, Hippolyte Taine et d'autres auteurs français continuaient à priser l'esprit empiriste et pratique qui avait, jusqu'alors, apporté aux Britanniques leur succès[27]. Cette période se caractérise donc, essentiellement, par une admiration mutuelle entre nos deux pays, chacun admirant chez l'autre ce qu'il constatait comme manquant dans son propre pays. Ce n'est qu'après la naissance d'une nouvelle génération d'industries à base scientifique (à partir des années 1870 et 1880) que cette situation changea. Désormais, les deux pays devaient partager une nouvelle préoccupation qui prit rapidement le caractère d'une obsession. Il s'agissait de l'Allemagne et de l'efficacité de son système d'enseignement scientifique et technique. Ce fut la montée de l'Allemagne, comme tout le monde le sait, qui, plus que toute autre question, devait animer les débats sur les performances industrielles de la France et de la Grande-Bretagne jusqu'à la Première Guerre mondiale.

26. Lyon Playfair, « On the chemical principles involved in the chemical manufactures of the Exhibition », dans *Lectures on the results of the Great Exhibition of 1851, delivered before the Society of Arts, Manufactures, and Commerce* (London, 1852), pp. 159-208 (voir plus particulièrement p. 202).

27. Hippolyte Taine, *Notes sur l'Angleterre*, Paris, 1872 (voir plus particulièrement chapitres 7 et 8).

Paul BENOIT
François LECLERE

La houille dans la métallurgie à la veille de la révolution : Le traitement du plomb à Pampailly

A la veille de la Révolution, en octobre 1785, la première coulée de fonte au coke industrielle réussie sur le territoire français eut lieu au Creusot : mutation fondamentale qui touche alors l'industrie nationale. La tradition accorde à Gabriel Jars la gloire d'avoir introduit la fonte au coke en France dans les dernières décennies du XVIIIe siècle. Cette gloire est sans doute méritée mais l'histoire s'avère, dans le détail, plus complexe que la tradition. Il semble bien que les premières utilisations du charbon de terre à la place du charbon de bois, pour la réduction des minerais, aient été tentées sur des non-ferreux. Les frères Jars ont laissé des textes signalant leurs expériences de production de coke et de traitement du minerai de cuivre à Sain-Bel (Rhône). Mais les mines exploitées produisaient aussi du plomb. Aucun document écrit ne garde trace d'utilisation de la houille, dans les monts du Lyonnais, pour produire ce métal. Cependant la découverte et la fouille d'un four de traitement de la galène à Pampailly (commune de Brussieu, Rhône) pose la question en des termes nouveaux.

1. Jars et son milieu

Au XVIIIe siècle, un besoin impérieux de métaux se fit sentir dans toute l'Europe. Deux problèmes majeurs se posaient alors : trouver les minerais indispensables, fournir à la métallurgie le charbon de bois de plus en plus rare au fur et à mesure que la production métallurgique se développait.

La France était pauvre en métaux non-ferreux. Par des privilèges, des concessions, la monarchie aida les entrepreneurs à relancer l'exploitation d'anciens gisements dans l'est du Massif Central, qui avaient produit à la fin du Moyen Age de l'argent, du plomb et du cuivre[1]. Ainsi la famille

1. Sur la production médiévale des mines des Monts du Lyonnais, voir P. Benoit, A. Th. Rendu, « Pampailly, une grande exploitation minière à la fin du Moyen Age », *L'Araire*, n° 76, printemps 1989, pp. 81-100, bibliographie.

Blumenstein exploita les mines de plomb du Forez[2]. Au Nord des monts du Lyonnais, dans la région de Sain-Bel et de Saint-Pierre-la-Palud, dans les monts du Beaujolais, autour de Chessy, l'exploitation reprit sur des sites tout ou partiellement abandonnés depuis le Moyen Age (Fig. 1). Dans les années 1740, Jean Blanchet, marchand de fer à Lyon, s'installait à Chessy et à Saint-Pierre-la-Palud[3]. Il obtenait en 1745 une concession qui lui accordait le monopole de l'exploitation du cuivre, du vitriol et de la couperose, dans un rayon de plus de 13 kilomètres autour de Saint-Pierre-la-Palud[4]. Un an plus tard il s'associait avec le métallurgiste Jars et le financier Pernon. De leur réunion naquit l'association des « Intéressés aux mines de cuivre du Lyonnais ».

C'est dans ce milieu qu'en 1732, à Lyon, Antoine Gabriel Jars, second fils de cette famille de métallurgistes, vint au monde. Le talent de Jacques fut remarqué et il put entrer à l'École des Ponts et Chaussées, probablement en 1754[5]. En 1757, le gouvernement l'envoya en tournée en Europe Centrale puis en Grande-Bretagne, pour prendre connaissance des techniques métallurgiques utilisées dans des pays d'ancienne tradition comme dans les régions où s'effectuaient une véritable révolution industrielle. Correspondant de l'Académie des Sciences dès 1761, à vingt-neuf ans, il en devint membre à part entière en 1768, en même temps que Lavoisier dont il était le concurrent. A cette époque il voyageait encore, non plus pour apprendre les secrets de l'étranger mais pour porter la bonne parole dans les provinces du royaume. En août 1769, un coup de soleil le frappa au cours d'une de ses tournées ; il en mourut.

Cette activité de métallurgiste officiel ne l'empêcha pas de mener des recherches « appliquées » dans les mines du Lyonnais où s'employait son frère, Gabriel l'aîné. C'est là en particulier qu'il s'efforça d'utiliser la houille pour remplacer le charbon de bois. L'année de sa mort, il réussit à obtenir de la fonte de fer au coke, pour la première fois en France, mais ce résultat était la suite de longs travaux menés sur les non-ferreux.

2. Al. Chermette, « La famille des Blumenstein et l'exploitation des mines du Forez aux XVIIIe et XIXe siècles », *Bulletin mensuel de la Société linéenne de Lyon*, 58, 1989.

3. A. Bourgoin, « L'exploitation des mines de Chessy du Moyen Age à nos jours », in *Les ressources minérales et l'histoire de leur exploitation, Colloque international tenu dans le cadre du 108e Congrès national des Sociétés savantes, Grenoble, 5-9 avril 1983*, Paris, 1986, pp. 223-234.

4. Poyet, *Documents pour servir à l'histoire des mines des environs de Lyon, Notice présentée à l'Académie des Sciences, Belles-Lettres et Arts de Lyon dans la séance du 9 juillet 1861*, p. 16.

5. La bibliographie de Jars reste à écrire. Les auteurs ne sont même pas d'accord sur la naissance et le nom des frères Jars ; pour Fournet suivi par A. Chermette, « La famille Jars et sa contribution à l'exploitation des mines Lyonnaises au XVIIIe et XIXe siècles », *Bulletin de la Société linéenne de Lyon*, mai 1981, le grand métallurgiste serait le troisième des frères alors que pour A. Bourgoin et P.W. Bishop, auteur de la notice Jars Antoine Gabriel, du *Dictionary of scientific Biographies*, publié sous la direction de C.C. Gillispie, il serait le second, vue à laquelle nous nous rallions. Outre les articles cités, Grandjean de Fouchy, « Éloge de Monsieur Jars », in *Histoires de l'Académie royale des Sciences*, 1769, p. 173, repris en introduction aux *Voyages métallurgiques*, I, 1774.

2. Les expériences de métallurgie au coke

Très tôt la houille a été utilisée pour les travaux de forge dans les régions où elle était facilement accessible[6]. En revanche, son emploi était prohibé dans la métallurgie extractive. La présence de soufre nuisait à l'obtention de métal de qualité alors que la houille, qui a tendance à s'agglomérer au cours de sa combustion, ne pouvait assurer une bonne descente des charges dans le fourneau. Écrasée par le minerai, elle formait un obstacle à la bonne circulation de l'air. Le manque de bois pour la métallurgie et tous les autres arts du feu, plus dramatique en Grande-Bretagne que partout ailleurs en Europe, a conduit les Anglais à rechercher tous les moyens de le remplacer par une houille abondante. La technique s'élabora dans la première décennie du XVIIIe siècle[7]; l'innovation se répandit très rapidement dans l'île, mais les Anglais voulaient conserver leur secret[8].

C'est dans ce contexte de pénurie de bois, de concurrence internationale appuyée par l'intervention de l'État, qu'il faut replacer les activités des frères Jars.

L'aîné des frères Jars a laissé un opuscule publié un an après la mort de l'Académicien, *Manière de préparer le charbon minéral, autrement appelé houille, pour le substituer au charbon de bois dans les travaux métallurgiques; mise en usage dans les mines de Saint-Bel, sur les documents de feu M. Jars, de l'Académie royale des Sciences; pratiquée, perfectionnée et décrite par M. Gabriel Jars, son frère, intéressé aux dites mines*[9]. La houille, d'après le texte, doit être transformée en *coaks* selon le terme britannique, par une opération comparable à celle que subit le bois pour être transformé en charbon. Au cours de cette carbonisation, même si le terme n'est pas employé, la houille devait perdre son soufre et son « acide sulfureux » pour conserver ses « parties huileuses, phlogistiques et inflammables ». Le produit obtenu est conforme à la description d'un

6. A Pampailly au XVe siècle le forgeage s'effectuait régulièrement à la houille, l'usage du charbon de bois étant réservé à la cémentation.

7. Les travaux d'Abraham Darby furent décisifs, il utilisa d'abord le coke pour fondre le cuivre, puis en 1709 il obtint un fer de bonne qualité à partir du coke. Il maîtrisait bien la technique de la fonte; en 1712 la production de machines de Newcomen lui ouvrit un marché, celui des cylindres de machines à vapeur.

8. « L'industrie des Anglois surmonta dans la suite les difficultés, et parvint par des opérations assez simples au but désiré, c'est-à-dire à ôter au charbon minéral ses qualités nuisibles à la fonte des métaux; les Anglois reconnurent bientôt tous les avantages de cette découverte, mais ils faisoient un mystère de leurs procédés, et la France à peine instruite de leurs succès n'en partageoit point le bénéfice lorsque feu M. Jars, de l'Académie royale des Sciences, et Associé de celle de Lyon, fut envoyé en l'année 1765 par le Ministère en Angleterre, pour y faire des observations sur divers objets relatifs à l'avancement du commerce et des Arts », Jars, *Voyages métallurgiques*, I, 1774, p. 326.

9. Ce texte fait partie d'un petit volume, *Différents procédés pour employer le charbon de terre 1° dans la fonte des métaux et dans les usages domestiques, sans aucune odeur*, Paris, Imprimerie royale, 1770, repris dans le quinzième mémoire du premier tome des *Voyages métallurgiques*, 1774, p. 325.

coke actuel: « après l'opération, le charbon minéral n'est plus à l'œil qu'une matière spongieuse, d'un gris-noir qui a perdu de son poids et acquis du volume ». Pour réussir, l'opération exige l'emploi d'une houille convenable, tel le charbon de maréchal de Rive-de-Gier, mais exclut l'emploi des charbons pierreux comme ceux alors récemment découverts à Sainte-Foy-l'Argentière, à quelques kilomètres de Sain-Bel (Fig. 1). Le produit avait cependant son utilité et Jars le préconise pour le grillage des mauvais minerais, selon les nouvelles méthodes qu'il a mises au point [10].

A partir des expériences réalisées à Sain-Bel, Jars expose tous les avantages que présente de la houille dans la réduction des minerais. Mieux, il les chiffre. La conclusion de ses expériences lui montre que le gain se monte à environ un quart du prix du combustible, alors que le temps passé, donc le coût en salaires, diminue considérablement. Les inconvénients viennent de la dégradation rapide des revêtements intérieurs des fours.

Expériences du 7 au 9 mars 1769.

Four au coke	Four au bois
672 quintaux de minerai	510 quintaux de minerai
donnent	donnent
114 quintaux en mattes	99 quintaux en mattes
consomment	consomment
330 quintaux de coke	316 voies de bois
à 2 l. 4 s.	à 2 l.
soit 726 l.	742 l. 12 s.

Les informations fournies par les différents écrits des frères Jars et les rares autres sources d'archives actuellement connues attestent l'intérêt qu'ils ont porté à l'utilisation de la houille dans la réduction de tous les métaux, en premier lieu du cuivre extrait dans les mines des monts du Lyonnais où leur famille était implantée. Pour eux, la volonté de remplacer le charbon de bois par la houille n'était pas une vue de l'esprit mais une nécessité. Cependant, les données relatives à la région lyonnaise concernent essentiellement le minerai de cuivre fondu dans des fourneaux verticaux, fours à manche, comme les présentait déjà Agricola. Le minerai grillé et le charbon, à la fois combustibles et réducteur, étaient entassés dans le corps du fourneau, des soufflets forçaient l'air à traverser la charge. Or les mines du Lyonnais produisaient aussi du plomb qui pouvait être traité dans des appareils de type différent.

3. Le site de Pampailly

Les découvertes archéologiques sur le site de Pampailly complètent partiellement les données des archives. Elles ont un côté fortuit puisque

10. Jars, *Voyages métallurgiques*, III, 1781, pp. 112-124. Quatrième mémoire. Méthode avantageuse de griller les mines de Chessy en Lyonnais. Ce chapitre reprend le texte d'un mémoire adressé à l'Académie des Sciences en 1777.

les travaux ont été entrepris pour retrouver la mine et les installations métallurgiques de l'époque médiévale. Première mine d'argent du royaume de France au XVe siècle, la mine avait été abandonnée à une date qu'il faut situer après 1470 et avant 1525[11]. La fouille du porche de la mine a révélé que les installations datant des XIVe et XVe siècles avaient été reprises au XVIIIe. En 1764, Blanchet avait fait réouvrir la mine. L'exploitation a été reprise par les « Intéressés aux mines de cuivre du Lyonnais ». Il est probable que Blanchet voyait à Pampailly la possibilité de fournir en plomb sa fonderie de Neufville-sur-Saône, créée en 1757[12]. L'exploitation ne fut que de courte durée, en 1772 elle était définitivement fermée[13]. Le *Voyage* du Vernay, grande galerie en travers-banc destinée à l'exhaure et à l'accès aux quartiers les plus profonds de la mine, avait reçu une nouvelle voie de roulage, des pompes avaient été stockées dans la mine et les exploitants avaient mis en place de nouveaux boisages, en particulier au Porche du Vernay. Une forge avait été construite, à proximité du porche, destinée à la fabrication et surtout à l'entretien des outils[14].

Cependant les vestiges les plus abondants se trouvent à l'emplacement où les archives du XVe siècle signalaient un martinet, ensemble d'installations de traitement du minerai (Fig. 2). Là, un vaste replat d'une centaine de mètres de long sur environ 25 mètres de large, limité au sud-ouest par la pente raide de la colline, au nord-est par un mur en terrasse, domine le ruisseau du Cosne qui entoure le site de Pampailly. Quatre ensembles se dégagent du nord-ouest au sud-est (Fig. 3).

A l'extrémité nord, une fosse rectangulaire allongée, perpendiculaire au torrent, a été identifiée comme l'infrastructure d'un bassin de réception d'une roue de moulin alimentée par le dessus. Les parois de cette fosse sont en partie taillées dans la roche et en partie construites avec des pierres provenant de carrières à proximité immédiate du site. Le fond est dallé, comme dans tous les moulins de la région. L'eau arrivait par une canalisation dont il ne reste que des indices peu marqués et s'évacuait vers le Cosne par un canal voûté. La fouille du fond de la fosse et du canal a livré, au tamis, de nombreux fragments de minerai écrasé, signes probables d'une installation de broyage du minerai, moulin ou bocard.

11. P. Benoit, « Dix ans de recherches sur le site de Pampailly », *L'Araire* n° 76, printemps 1989, pp. 19-22 ; P. Benoit, « L'archéologie à la mine de Pampailly », *L'Araire*, n° 76, printemps 1989, pp. 23-43 ; P. Benoit, A. Th. Rendu, « Pampailly, une grande exploitation », *op. cit.*

12. J. Fournet, *Rapport sur le mémoire de M. Poyet, ingénieur civil, relatif à l'histoire des exploitations métallurgiques du Lyonnais et des régions voisines. Lu à l'Académie des Sciences, Belles-Lettres et Arts de Lyon dans la séance du 15 juillet 1861*, p. 12.

13. Les conditions et la date exacte de fermeture sont encore à établir de manière précise.

14. P. Benoit, J. Grandemange, « Archéologie minière à Pampailly », *id., Colloque international sur les ressources minérales et l'histoire de leur exploitation, Congrès national des Sociétés savantes, Grenoble, 1983*, Paris, 1986, pp. 195-218 ; P. Benoit, « L'archéologie à la mine de Pampailly », *op. cit.*

S'étend ensuite vers le sud une vaste surface délimitée au nord-ouest et au sud-est par deux murs parallèles, perpendiculaires au moulin ; l'un est accolé à la pente de la colline, l'autre, en façade, de même appareil, soutient la terrasse ainsi formée. En contrebas de ce dernier, un troisième mur, construit en pierres de plus gros module et sans joints de mortier, assure la stabilité de l'ensemble de part et d'autre de l'extrémité du canal du moulin. L'espace inscrit entre les deux premiers murs constitue, d'après l'étude de la stratigraphie et les trouvailles de mobilier, une aire industrielle de traitement du minerai. Les conditions de ce traitement restent pourtant difficiles à déterminer mais la comparaison avec les installations de Poullaouen, dans les toutes premières années du XIXe siècle, permettent d'avancer l'hypothèse d'une laverie[15].

Plus au sud subsistent les vestiges d'une bâtisse arasée, de construction semblable à l'ensemble des structures du site. De dimensions modestes, elle possédait deux pièces au niveau du sol. L'importance du mobilier atteste un habitat, sans doute celui du gardien de l'usine. On sait, par le cadastre napoléonien, que la maison a été occupée jusqu'aux environs de 1830.

A l'extrémité sud du site enfin, un quatrième édifice (Fig. 4), de plan grossièrement carré d'une dizaine de mètres de côté, est en partie creusé dans la roche et en partie établi en terrasse dans la pente (Fig. 5). Il est divisé en deux espaces inégaux par une série de trous de poteaux, parallèle au mur ouest, marquant l'emplacement probable d'une cloison en palissade et peut-être d'une charpente partielle. Dans la partie ouest, la plus petite, le sol industriel était recouvert, au nord, par les restes d'un stockage de charbon. Dans le coin sud-est du bâtiment une structure rectangulaire en pierre, arasée au niveau du sol, délimite une fosse principale au nord et une fosse secondaire au sud. Celles-ci sont reliées à un canal voûté qui passe sous le mur est du bâtiment et se prolonge à l'extérieur, sans voûte, sur une dizaine de mètres en direction du Cosne. A côté de ce canal, adossées à la face extérieure du mur est de l'édifice, sont encore visibles les ruines d'une cheminée percée au niveau du sol par deux conduits latéraux. La fosse, comme la cheminée, n'est pas solidaire des murs de l'édifice. Elle était remplie de pierres parfois fortement rubéfiées et scoréfiées et de briques partiellement fondues provenant de la partie supérieure abattue. Dans l'axe de la fosse principale, à l'extérieur de son côté ouest, la fouille a révélé une petite excavation carrée dont les parois intérieures étaient revêtues de briques et dont le fond était constitué d'une brique carrée de trente trois centimètres de côté. Elle était comblée de cendres, d'argiles, d'une coulée de plomb et recouverte d'abondantes particules métallifères.

L'interprétation de ces vestiges pose encore bien des problèmes. Il est impossible d'évaluer la hauteur originelle du fourneau. La destruction

15. Beaunier, Gallois, « De la préparation des minerais à Poullaouen », *Journal des Mines*, vol. 16, n° 92, Floréal an XII, p. 81, pl. VIII.

de la superstructure et la dispersion volontaire des fragments abattus dans la fosse et sur le sol industriel, à proximité immédiate, ne permet pas de reconstitution à partir des seules données archéologiques. Mais leur confrontation avec les renseignements fournis par des documents de la fin du XVIIIe et des premières années du XIXe siècle permettent d'établir des comparaisons satisfaisantes.

4. *La métallurgie du plomb d'après les textes*

Trois textes éclairent les résultats des fouilles, tant sur la forme et la nature des structures conservées que sur le déroulement des opérations métallurgiques.

Le premier est un extrait du second volume des *Voyages métallurgiques* de Jars. Le quinzième tome, qui porte sur « les mines de plomb d'Angleterre », est daté des années 1765-1766, c'est-à-dire au moment de la reprise de l'exploitation de la mine de Pampailly[16]. Jars décrit dans la quatrième section la « fonte des minerais de plomb dans le comté de Derby et autres ». Il précise que les Anglais utilisent deux types de fours, l'un à réverbère, lorsque l'exploitation se trouve à proximité du charbon, l'autre à soufflets, dans le cas contraire. Le passage concernant les fours à réverbères est bref. Il insiste sur leurs dimensions intérieures, sept pieds de large, soit le double des appareils français du même type. Une telle ampleur permettait d'étaler le minerai et de mieux l'offrir à la chaleur. Les ouvriers devaient intervenir par trois ouvertures pour déplacer la charge et évacuer les scories. Jars estime que ces fours travaillaient presque deux fois plus vite que les appareils habituels. Pour vingt quintaux de minerai, la première fonte durait environ quinze heures : une première coulée avait lieu au bout de neuf heures, une seconde trois heures plus tard, la dernière trois heures après. On ajoutait de temps en temps du charbon de terre et de la chaux.

La planche XXVII qui accompagne le texte fournit des informations beaucoup plus précises sur la structure de l'appareil (fig. 8). Les fondations étaient constituées d'une cave voûtée, solidement maçonnée et communiquant avec un cendrier accessible par l'extérieur, à l'arrière du fourneau. Dans la partie supérieure, sur la voûte en briques de la fosse principale, se trouvait la sole destinée à contenir le minerai. Ce bassin en argile, de forme concave, était en pente vers l'avant du four. Ainsi, le métal une fois fondu pouvait couler dans le creuset situé à l'extérieur. Un orifice, percé au centre de la voûte qui recouvrait la sole, permettait au moyen d'une trémie d'introduire le minerai dans le four. L'intérieur du fourneau communiquait d'un côté avec le foyer installé sur une grille au-dessus du cendrier, et de l'autre avec la cheminée placée à l'arrière du four. Celle-ci possédait une ouverture à sa base et devait s'élever à plus de 13 mètres au-dessus du sol. La façade du four comportait quatre ouvertures.

16. Jars, *Voyages métallurgiques*, II, 1780, p. 550.

L'une au niveau du cendrier servait à charger le combustible dans le foyer. Trois autres s'ouvraient sur la façade du four qui portait l'avant-creuset, elles permettaient aux ouvriers de remuer le minerai au cours de la fusion. Une cinquième, sur le côté, à proximité de la cheminée, permettait d'évacuer les crasses à la fin de la fusion, avant de recharger le four. L'ensemble de la structure était consolidé avec un réseau de tirants de fer.

Dans le neuvième mémoire du troisième tome des *Voyages métallurgiques*, Jars décrit, trois ans plus tard, de « nouveaux procédés pour traiter les minerais d'argent, de cuivre et de plomb »[17]. Avant d'entrer dans le détail de son explication, il fait de nouveau référence à la « méthode des Anglois, qui est exécutée avec beaucoup de succès en Basse-Bretagne, pour traiter par la fonte les minérais de plomb et d'argent »[18]. Il précise que les fours anglais à réverbère nécessaires à la première fonte sont appelés *cûpols*. La première opération consistait à chauffer lentement le fourneau pendant six heures afin de griller le minerai tandis qu'on le remuait souvent pour qu'il présente plus de surface au feu. On ajoutait du charbon de terre et de la chaux. Elle « absorbe sans contredit une partie du soufre, mais sa principale action est de s'unir à l'acide vitriolique qui peut demeurer uni au métal ». L'opération comprenait trois coulées et dure une quinzaine d'heures pour vingt quintaux de minerai traités. Chaque coulée était de moins en moins riche en argent.

Enfin, les ingénieurs des Mines Beaunier et Gallois rapportent, dans le *Journal des Mines* en Prairial an XII, les opérations de traitement du minerai de galène argentifère qu'ils ont observées à Poullaouen (Finistère) à la fin de l'an IX et au début de l'an X, c'est-à-dire à l'automne 1801[19]. Le texte et les illustrations (Fig. 6 et 7) confirment l'impression retirée de la lecture des *Voyages métallurgiques*. Les techniques n'ont guère évolué depuis le passage de Jars sur le site en 1769. Seul détail noté, le chargement ne s'effectue plus par une trémie placée sur la couverture du fourneau mais par les portes latérales[20]. Plus que sur la structure, la description des deux ingénieurs apporte des éclaircissements sur les techniques métallurgiques et sur le fonctionnement du fourneau. Ils distinguent cinq opérations, le « grillage et la première fonte », le « départ de l'argent contenu dans le plomb », c'est-à-dire la coupellation, « le raffinage de l'argent », la « fonte au fourneau à manche des résidus de la première fonte et de l'affinage » et le « traitement des litharges pures »

17. Id., *ibid.*, III, 1781, neuvième mémoire, année 1769, Observations métallurgiques sur la séparation des métaux, la méthode la plus avantageuse de traiter les minerais d'argent et cuivre, et de faire le départ par la voie sèche des matières d'argent et cuivre tenant or, seconde partie, p. 274.

18. La description de Poullaouen par Beaunier et Gallois (cf. note 19) précise que Jars avait visité le site en 1769, date qui correspond à celle de la rédaction du mémoire édité dans les *Voyages métallurgiques*.

19. Beaunier, Gallois, « Exposé des opérations qui s'exécutent à la Fonderie de Poullaouen », *Journal des Mines*, vol. 16, n° 93, Prairial an XII, p. 193.

20. Id., *ibid.*, p. 197.

et de leurs « crasses »[21]. Seules la première opération et une partie de la dernière, la réduction de la litharge, nécessitaient l'usage du four à réverbère de type anglais, avec quelques modifications. Les auteurs sont presque muets sur cette cinquième phase.

Le type de combustible utilisé, houille, charbon de bois ou bois, n'est jamais mentionné mais l'opération commençait avec le chargement de bûches par le *faiseur de feu* sur la grille du foyer. A deux reprises des « menus bois » ou des brindilles étaient introduits dans le *bassin*, c'est-à-dire l'avant-creuset, la seconde fois pour débarrasser le métal en fusion de certaines impuretés avant de le verser dans des moules[22]. Les températures atteignaient 600° Réaumur, soit 750° C., lors de la première phase, le grillage, pour monter à 840° Réaumur, 1050° C., lors de la seconde, qualifiée de réduction par les auteurs. La charge était plus importante qu'au temps de Jars, 2600 livres contre 2000 et l'opération semble durer une quinzaine d'heures. Dans le traitement d'une grande quantité de minerai au four à réverbère, la transformation restait incomplète et les résidus n'étaient pas homogènes. Ils pouvaient contenir du « plomb sulfuré », sans doute de la galène, du « plomb oxydé » et du plomb « métallique »[23].

5. Interprétations

De la comparaison des résultats des fouilles avec les descriptions contemporaines de l'exploitation, il ressort que les structures retrouvées au martinet du Vernay sont bien celles d'un four à réverbère de modèle anglais utilisé pour le grillage et la première fonte du minerai de plomb. Seules quelques différences minimes le différencient des appareils de Poullaouen et de Derby. A Pampailly, deux orifices latéraux permettent d'accéder à la base de la cheminée, celle-ci n'est pas enclavée dans le mur de clôture de l'atelier, l'avant-creuset extérieur est carré et l'accès au cendrier, en raison du relief, se fait par une galerie et non par un escalier. le fourneau se distingue des autres surtout par ses dimensions moindres.

21. Id., *ibid.*, p. 194.

22. Au début de l'opération, on met du « menu bois » dans le bassin, c'est-à-dire le fond de la sole, Id., *ibid.*, p. 198 ; puis en fin d'opération « on jette dans le bassin une demi-brouette de balayures de bûcher, et une livre et demie de résine que l'un des aides ajoute par petites portions, tandis que le chef, muni de l'écumoire, agite rapidement le métal, et met toutes ses parties successivement en contact avec les matières combustibles qui surnagent.

L'inflammation extrêmement vive que la résine communique aux feuilles sèches, et aux brins de bois avec lesquels elle se trouve mêlée, élève singulièrement la température à la surface du bain, et détermine la réduction complète de toutes les parties que l'ouvrier y amène », Id., *ibid.*, p. 202.

23. Id., *ibid.*, p. 194. « C'est ainsi qu'une portion considérable du soufre résiste au grillage, que le métal qui en a été séparé n'est qu'en partie réduit, et que le résidu du travail contient encore du plomb sulfuré, du plomb oxydé et même du plomb métallique répandu dans la masse en goutelettes très divisées qui n'ont pu se réunir pour couler dans le bain ».

	Longueur hors-tout	Largeur hors-tout	Longueur de la sole	Largeur de la sole
Derby	6,6 m	4,3 m	3,25 m	2,6 m
Poullaouen	5,4 m	3,2 m	2,8 m	1,8 m
Pampailly	4,8 m	3 m	1,8 m	1,2 m

Sans qu'il soit possible d'affirmer que le bois n'ait jamais été utilisé pour la production de plomb d'œuvre à Pampailly au XVIIIe siècle, la houille, stockée dans la partie ouest de l'atelier, devait avoir un usage au cours de l'opération. Était-elle uniquement jetée à intervalles réguliers, avec de la chaux, sur le minerai pour faciliter la réduction, ou était-elle aussi utilisée pour alimenter le foyer de chauffe ? Son abondance à proximité du fourneau tend à faire admettre la seconde hypothèse.

Les analyses au microscope optique à réflexion et au microscope électronique à balayage (M.E.B.)[24] de fragments de minerai retrouvés au fond de la fosse du moulin et des particules métallifères concentrées autour de l'avant-creuset du four, confirment l'interprétation des informations archéologiques à la lueur des textes. Le minerai traité était de la galène, accompagnée de divers sulfures et carbonates dont certains argentifères[25]. Les particules métallifères se composent d'un agrégat provenant de minerai essentiellement plombifère, préalablement broyé, ayant subi un traitement thermique. Des fragments de galène encore abondants baignent dans une matrice de plomb, comme si la réduction du minerai n'avait pas totalement abouti : on retrouve là les inconvénients mis en avant par Beaunier et Gallois à Poullaouen. Le M.E.B. a en outre permis de déceler à la surface de ces particules les traces de cellules bien conservées appartenant à des fragments végétaux épigénisés par du sulfate et des sulfures de plomb. Elles peuvent correspondre aux « balayures de bûcher » et « feuilles sèches » ajoutées dans le bassin en fin d'opération à Poullaouen.

Les techniques appliquées à Pampailly étaient celles qui se pratiquaient à la même époque à Poullaouen. Seul, sans doute, un usage plus abondant du charbon distinguait Pampailly de la Basse-Bretagne.

Conclusion

En croisant les données de la fouille, des textes, et des analyses de laboratoire, il apparaît que le four à Pampailly appartient à un type de four à réverbère, encore peu employé en France, que les anglais utilisaient

24. Analyses effectuées et interprétées par Fr. Boyer et Ph. Blanc du Laboratoire de Géologie et d'Évolution des milieux naturels de l'Université Pierre et Marie Curie.

25. Les minéraux decelés sont, outre la galène, le chalcopyrite, des sulfures de cuivre à inclusions d'argent, des carbonates de cuivre, des sulfures doubles de cuivre et d'argent (stromeyerite) et du cuivre gris argentifère (freibergite).

déjà pour produire du plomb. Il fonctionnait selon le procédé actuellement connu sous le nom de « grillage partiel et réaction »[26].

A Pampailly, l'opération de grillage partiel et réaction se situait dans la chaîne opératoire suivante : après son extraction, le minerai était concassé puis lavé avant d'être grillé et en partie réduit dans le four. Les installations de grillage que le site connaissait au Moyen Age étaient devenues inutiles. Dans l'état actuel des recherches, il est impossible de dire si le plomb obtenu était affiné sur place, comme à Poullaouen, ou traité ailleurs. Il n'est pas certain que la construction d'une installation complète de transformation des minerais en plomb et en argent ait été achevée.

En effet l'exploitation métallurgique du XVIIIe siècle à Pampailly a peu duré, comme l'attestent l'épaisseur centrimètrique des couches d'occupation industrielle et la faible quantité de déchets de traitement du minerai. La faible production de la mine, épuisée sans doute par l'exploitation médiévale, est certainement la raison majeure de l'abandon du site. S'ajoute la discorde entre les « Intéressés aux Mines du Lyonnais ». Cependant, l'état dans lequel le four a été recouvert prouve qu'il a énormément souffert : les briques et les pierres qui le composaient ont fondu. Erreur dans la conduite de l'appareil ou utilisation d'un nouveau combustible encore mal maîtrisé, la houille ? La question reste posée[27]. Mais, qu'un échec technique ait contribué à la disparition des installations de traitement reste une hypothèse à ne pas écarter. Les fouilles et les analyses à venir, l'étude des textes, une meilleure perception des problèmes physico-chimiques posés par l'usage de la houille dans une opération de grillage partiel et réaction pourront sans doute préciser ce point de vue.

Quoi qu'il en soit, les Jars et leurs associés ont utilisé la houille à Pampailly pour la production du plomb d'œuvre au moment même où ils réalisaient, à Chessy et à Sain-Bel, leurs expériences de fusion du cuivre au charbon de terre. Autant d'étapes qui conduisent vers l'utilisation systématique du combustible minéral dans la métallurgie et qui mènent à la fonte au coke.

26. « Dans ce procédé, la galène est transformée directement en métal, en une seule opération métallurgique, en utilisant l'ensemble des réactions suivantes :

$2\,PbS = 3O_2$	$2\,PbO + 2\,SO_2$
$PbS = 2O_2$	$PbSO_4$
$PbS + PbSO_4$	$2\,Pb = 2\,SO_2$
$PbS + 2\,PbO$	$3\,Pb = SO_2$

Ces réactions sont intéressantes parce qu'elles permettent d'obtenir le plomb métallique à partir de la galène crue en utilisant que peu ou pas de carbone pour la réduction ». Lheraud M., *Le plomb*, Que sais-je ?, n° 1595, Paris, 1974, p. 37.

27. Jars a lui-même observé les dégâts que peut causer l'utilisation du coke dans de telles opérations : « l'on ne s'étonnera pas de cette différence, si l'on remarque que la chaleur des coaks est bien plus vive que celle du charbon de bois », *Voyages métallurgiques*, I, p. 335.

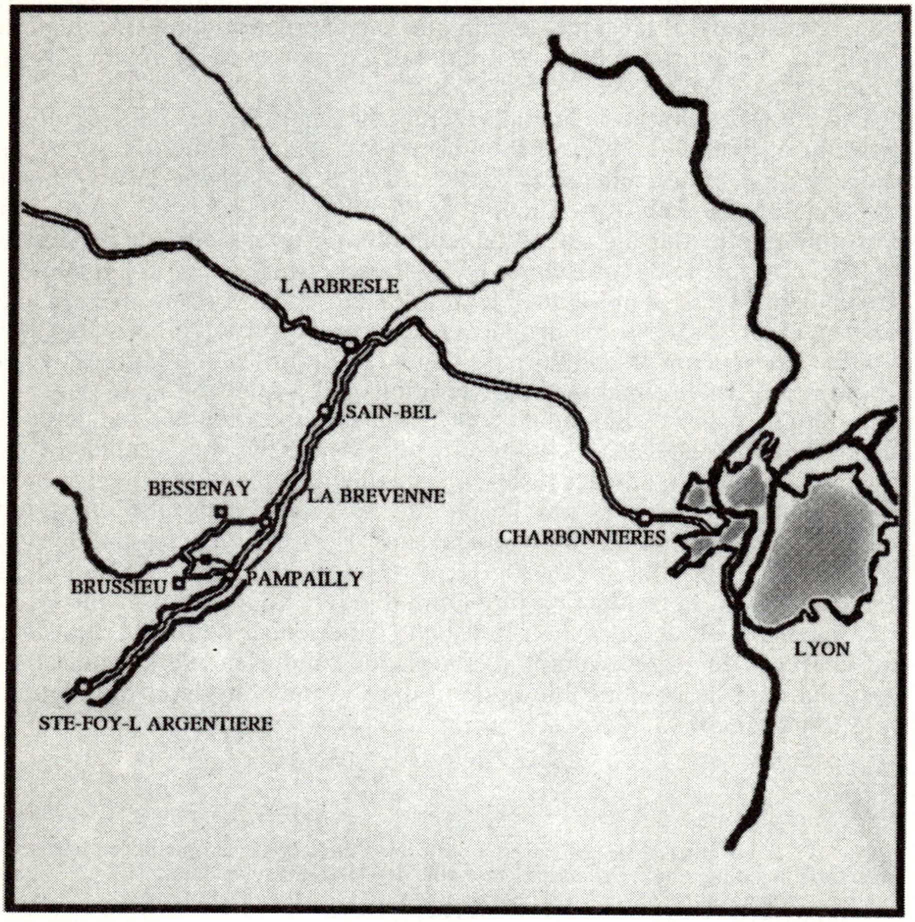

Situation de Pampailly

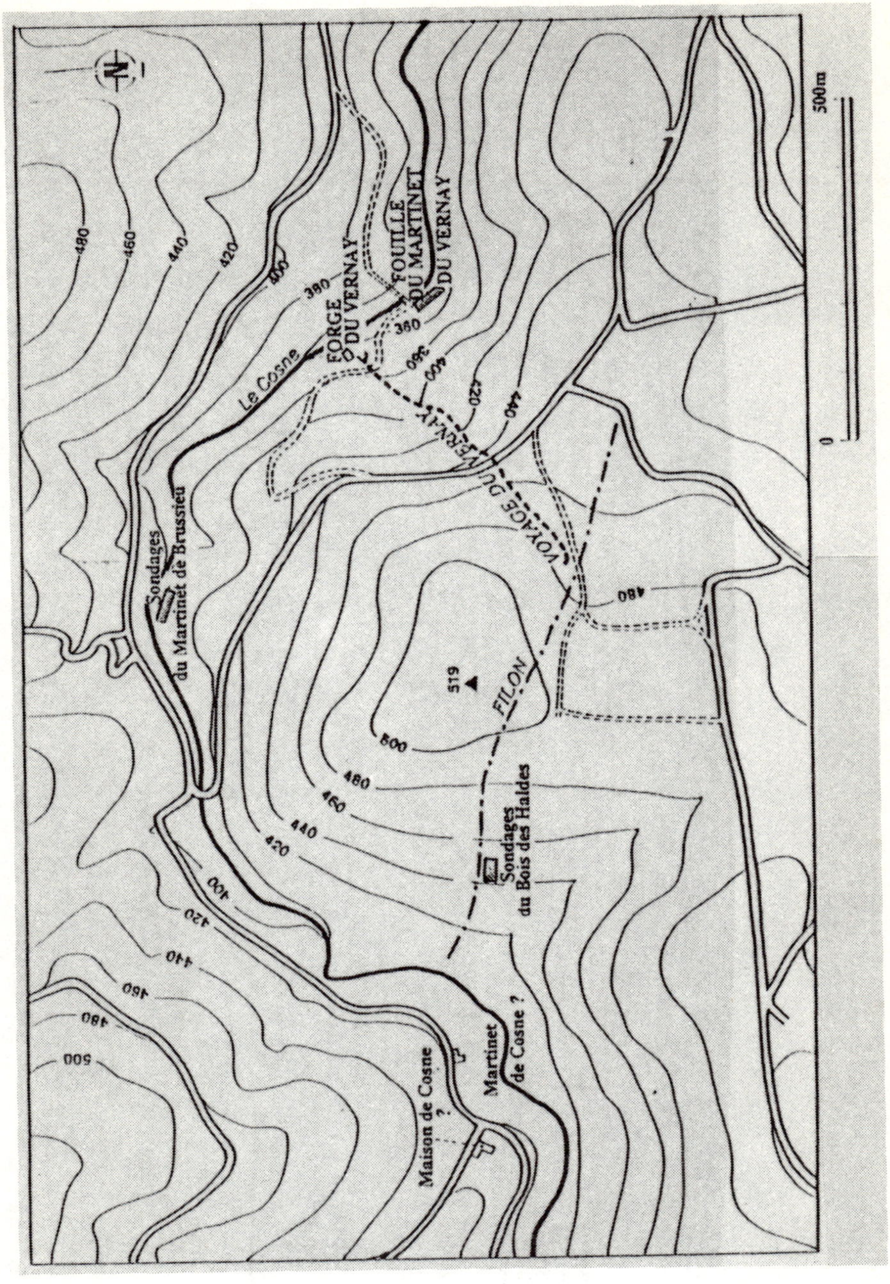

Pampailly — Plan de localisation

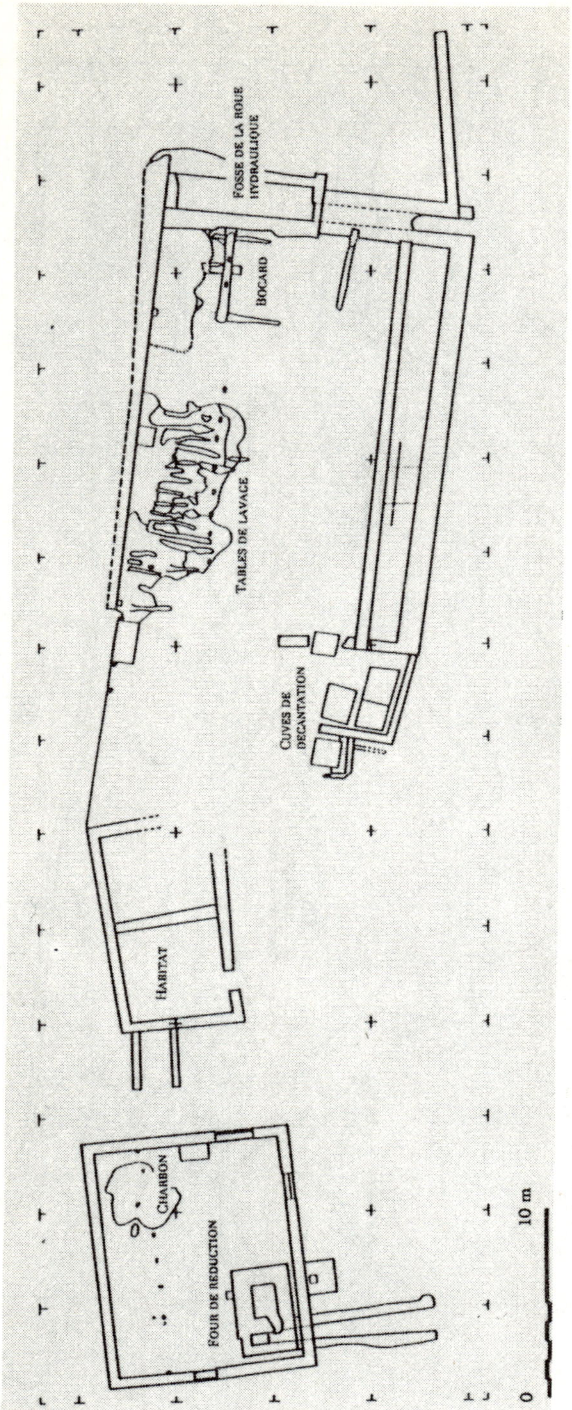

Pampailly. Fouille des installations métallurgiques du Vernay (XVIIIe siècle)

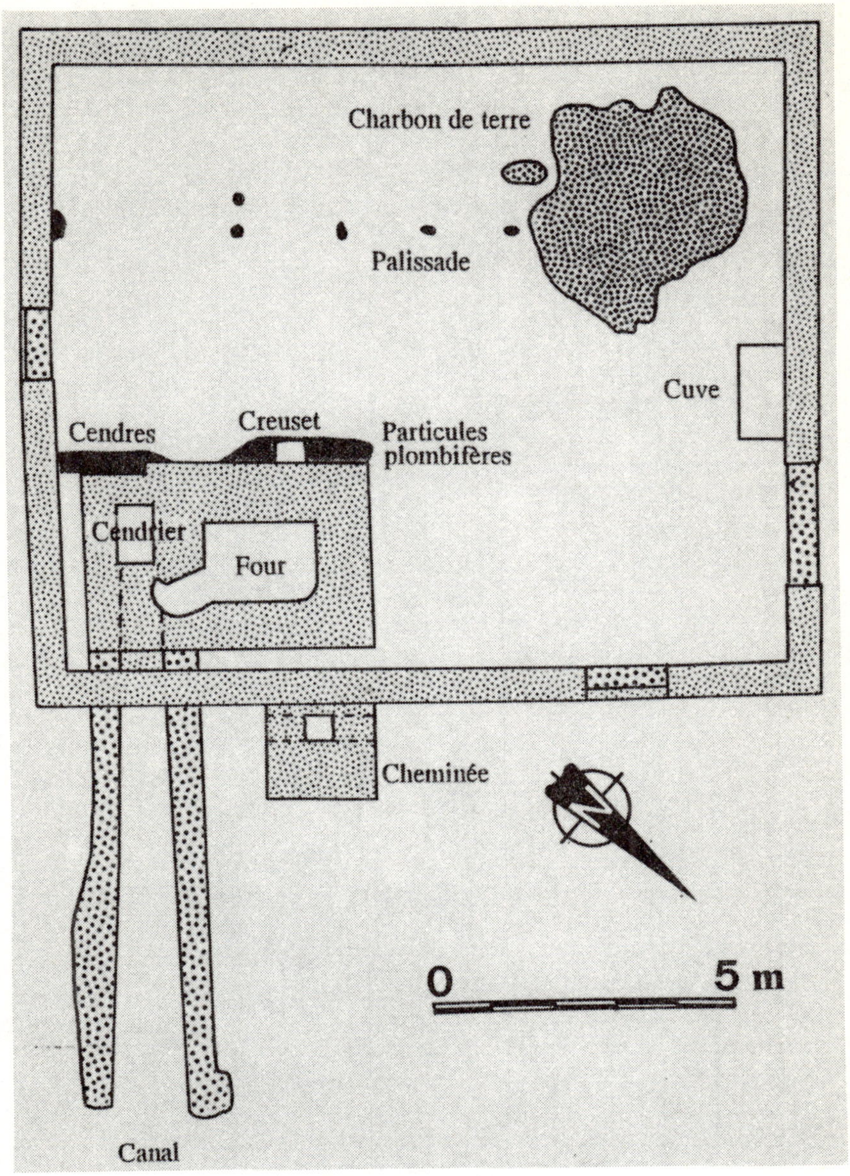

Pampailly. Le Vernay.
Plan du four de réduction

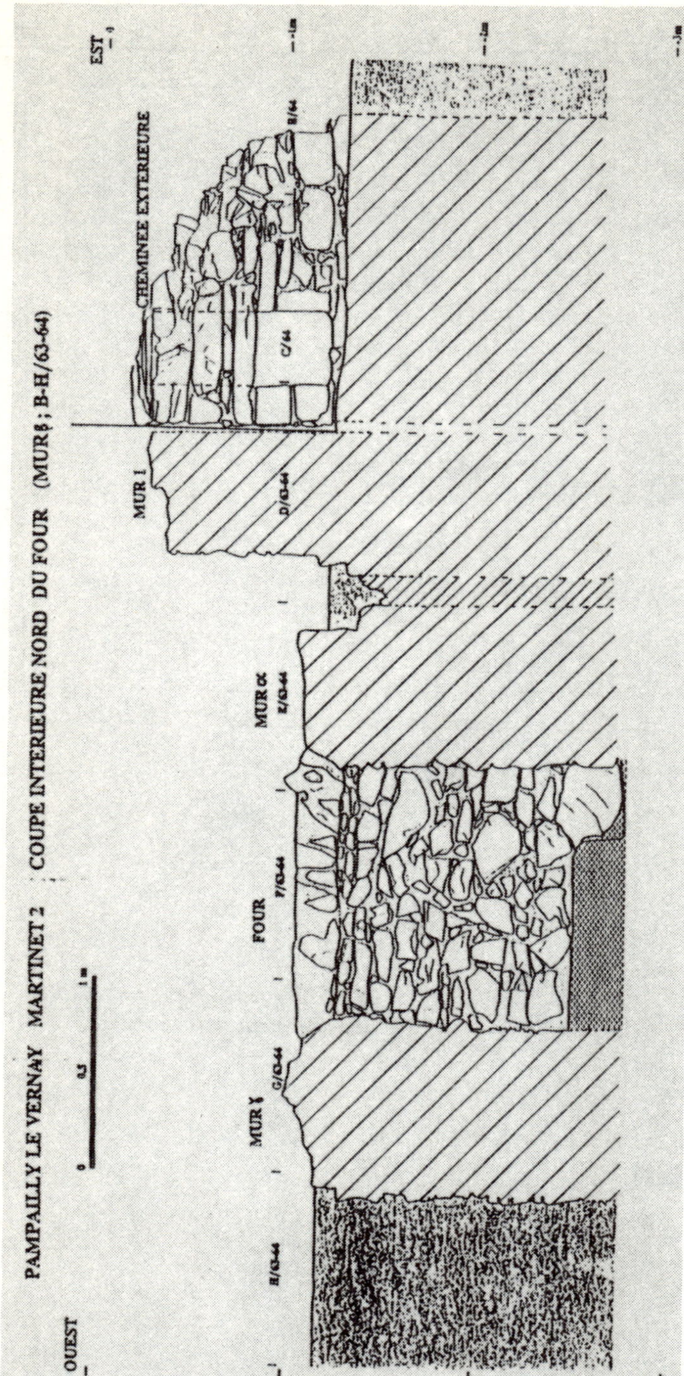
PAMPAILLY LE VERNAY MARTINET 2 COUPE INTERIEURE NORD DU FOUR (MUR β ; B-H/63-64)
OUEST
EST
CHEMINEE EXTERIEURE
MUR I
MUR α
FOUR

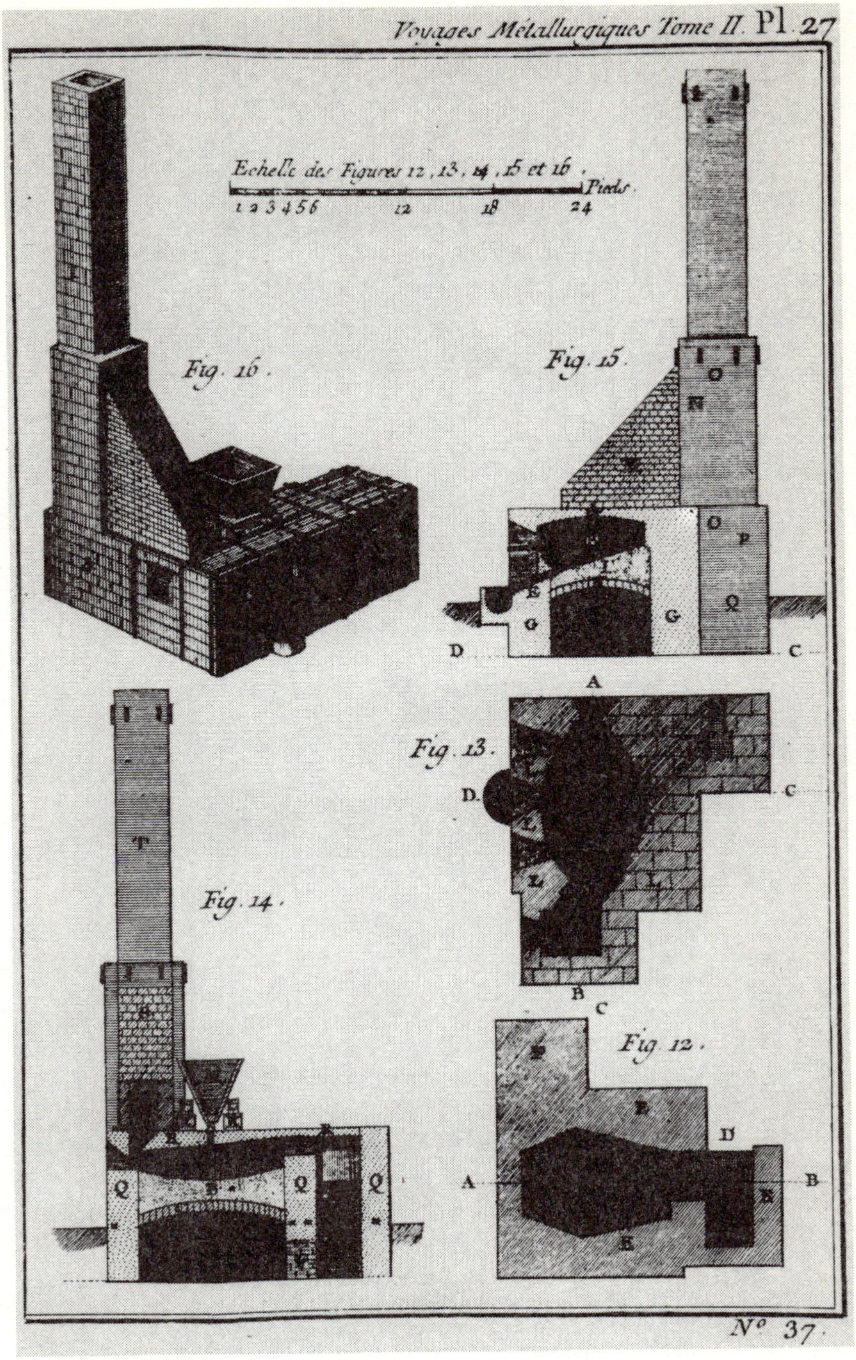

Four de grillage et de première fonte du plomb
D'après Jars, *Voyage Métallurgique*, t. II, pl. 27

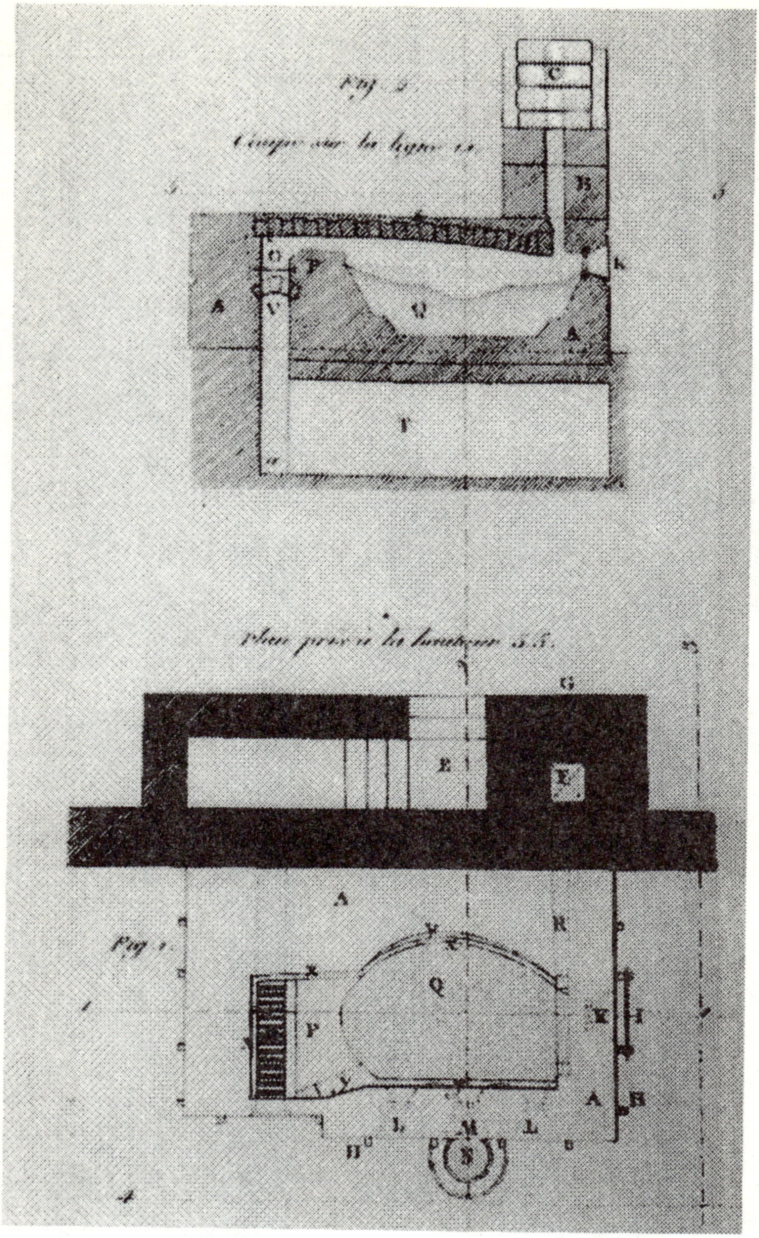

Four de grillage et de première fonte du plomb
Fonderie de Poullaouen (Finistère)
D'après Beaunier et Gallois.
Exposé des opérations qui s'exécutent à la fonderie de Poullaouen,
Journal des Mines, Vol. 16, n° 92,
Floréal an XII, p. 193, pl. IX, fig. 1 et 2

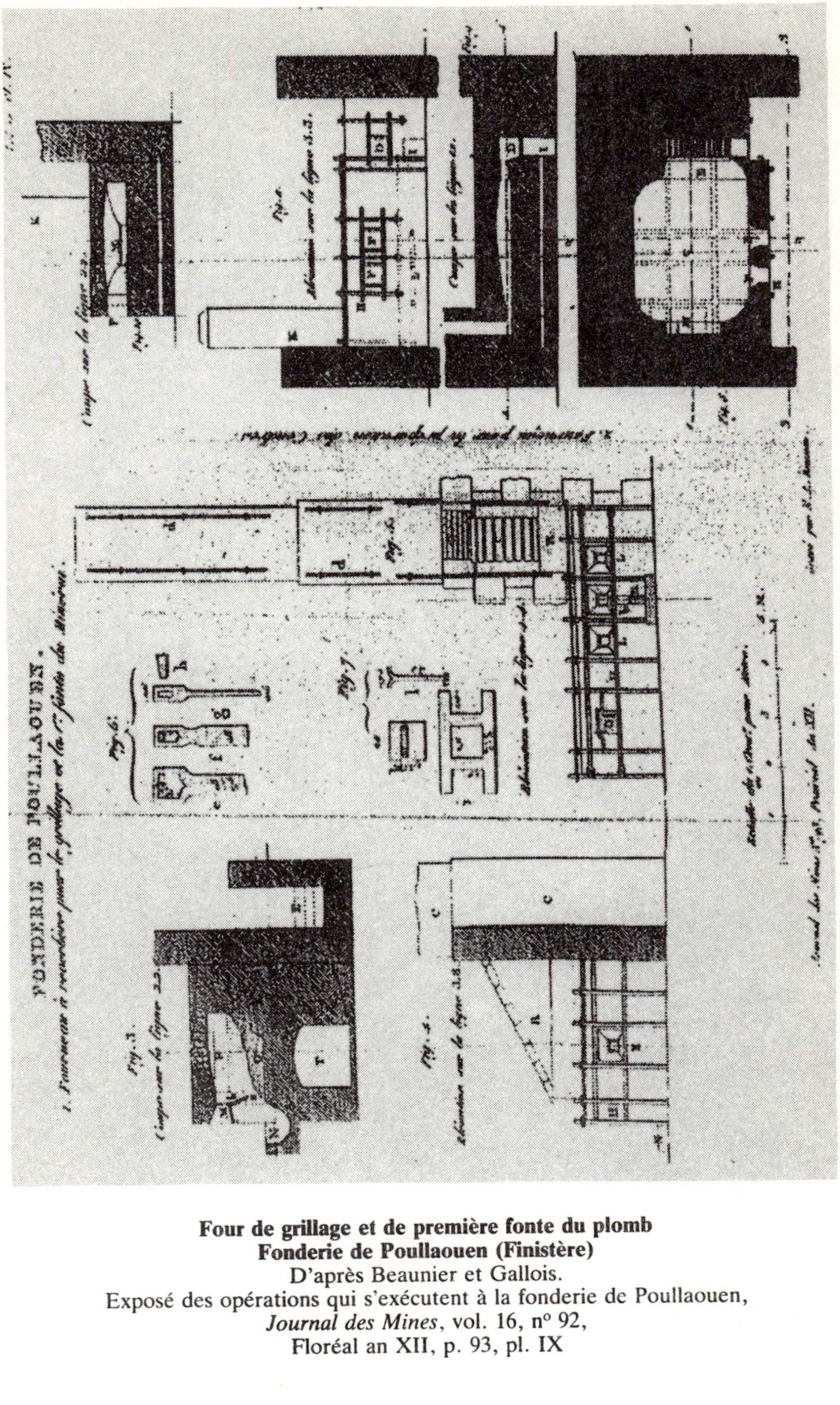

Four de grillage et de première fonte du plomb
Fonderie de Poullaouen (Finistère)
D'après Beaunier et Gallois.
Exposé des opérations qui s'exécutent à la fonderie de Poullaouen,
Journal des Mines, vol. 16, n° 92,
Floréal an XII, p. 93, pl. IX

Andreas KLEINERT

La science qui se vulgarise et la science qui se fait

A propos d'un article d'Hélène Metzger sur la littérature scientifique française au XVIIIe siècle

En 1934, Hélène Metzger publia dans la revue *Archeion* un article intitulé « La littérature scientifique française au XVIIIe siècle »[1]. Cet article m'a incité à réfléchir sur le niveau scientifique de la littérature de vulgarisation dont le siècle des lumières était particulièrement riche. Grâce au Centre International de Synthèse dont Jacques Roger était alors le directeur, j'ai eu l'occasion de présenter ces réflexions, sous forme d'une brève communication orale, au colloque qui a été organisé en 1985 en souvenir de cette grande historienne des sciences assassinée à Auschwitz en 1944.

Hélène Metzger avait qualifié son article de « première recherche superficielle et rapide », convenant qu'un examen plus approfondi de la littérature en question pourrait préciser, rectifier ou au besoin modifier ses conclusions. C'est dans cet esprit que je vais confronter quelques résultats de mes propres recherches à celles d'Hélène Metzger, en insistant sur les divergences.

A propos des ouvrages de vulgarisation, Hélène Metzger arrivait à la conclusion suivante :

> Un caractère tout à fait remarquable de cette période heureuse pour la pensée que fut le 18e siècle, c'est que la science qui s'enseigne, la science qui se vulgarise, la science qui se met « à la portée de tout le monde » est à la hauteur de la science qui se fait.[2]

A l'égard de la science qui s'enseigne, notamment au niveau des universités, il faut approuver les résultats d'Hélène Metzger sans réserve. Les manuels scientifiques du XVIIIe siècle, tels que les fameuses *Leçons de physique expérimentale* de l'abbé Nollet ou les grands traités de 'sGravesande et de Musschenbroek sont sans aucun doute à la hauteur du niveau scientifique des meilleurs chercheurs.

1. *Archeion* 16 (1934), pp. 1-17.
2. *Ibid.*, p. 11.

Mais pour la littérature de vulgarisation proprement dite, c'est-à-dire pour les nombreux livres des auteurs qui, dans leurs préfaces ou leurs sous-titres, prétendent mettre la science à la portée de tout le monde, et à la portée des dames en particulier, les choses ne sont plus aussi simples.

Certes, il y a des ouvrages pour lesquels la définition d'Hélène Metzger est tout à fait valable. C'est par exemple le cas des *Éléments de la philosophie de Newton, mis à la portée de tout le monde par M. de Voltaire*. Tous ceux qui l'ont étudié s'accordent à y voir un vrai chef d'œuvre de vulgarisation scientifique. « M. de Voltaire parle enfin, & aussitôt Newton est entendu ou en voye de l'être »[3], écrit un contemporain inconnu de Voltaire, et une historienne du XXe siècle arrive à la même conclusion : « The *Elements* are excellent expositions of certain phases of Newtonian physics, presented in the way to attract and interest uninformed readers »[4].

Mais il n'y avait pas seulement Voltaire, et certains ouvrages de vulgarisation qui étaient parmi les livres les plus répandus dans les bibliothèques privées de l'époque étaient bien loin de donner aux lecteurs une image fidèle de la véritable science qui se faisait dans les cabinets et les laboratoires de chercheurs.

Les *Entretiens physiques d'Ariste et d'Eudoxe* de Noël Regnault en sont un exemple entre autres. La première édition de cet ouvrage en trois volumes date de 1729 ; jusqu'en 1745, il y en eut 7 autres. A la septième édition de 1745, l'auteur a ajouté un quatrième volume, et en 1750, il y en eut un cinquième, ce qui a suscité le commentaire suivant dans un journal de l'époque : « Ce succès est le sceau de l'approbation du Public, juge souverain de tous les ouvrages »[5]. Il s'agit donc d'un ouvrage qui a sans doute connu une certaine diffusion.

Dans son entreprise pour mettre la physique à la portée de tout le monde, Regnault a nettement pris partie dans la querelle entre les partisans de Newton et ceux de Descartes. Étant lui-même cartésien de la plus stricte observance, il explique toute la nature par les mouvements de la matière subtile. Quand il parle de Newton, c'est avec beaucoup de mépris : selon lui, c'était l'inventeur d'un système absurde dont « l'Autorité... ne paroît point ici tout à fait de concert avec la Physique »[6]. Regnault n'a rien compris à la mécanique newtonienne, et contrairement à Voltaire qui explique longuement comment on peut déduire la trajectoire d'un corps céleste en partant du principe d'inertie et de la loi de la gravitation, Regnault y voit le comble de l'absurdité :

3. *Mémoires pour servir à l'histoire des sciences et des arts [Mémoires de Trévoux]*, août 1738, p. 1674.
4. Margaret S. Libby, *The attitude of Voltaire to magic and the sciences*, New York, 1935, p. 138.
5. *Mémoires de Trévoux*, (cf. note 3), janvier 1751, p. 289.
6. Noël Regnault, *Les entretiens physiques d'Ariste et d'Eudoxe, ou physique nouvelle en dialogues*. 8e édition, t. IV, Paris, 1755, p. 367.

> Dans cette supposition, les Astres auroient dû d'abord enfiler une Diagonale, une ligne droite ;... et une ligne droite porteroit assez naturellement la Planète dans quelque Étoile fixe, qui la consumeroit et la réduiroit en Poudre.[7]

Plusieurs vulgarisateurs ont présenté Newton à leurs lecteurs à la manière de Regnault, à une époque où la grande majorité des physiciens, même en France, avait déjà adopté la physique newtonienne sans réserve. On trouve notamment cette fausse interprétation de la physique newtonienne dans un des plus grands succès littéraires du XVIIIe siècle français : Le *Spectacle de la Nature* de l'abbé Pluche. Il y a eu 31 rééditions françaises de ce livre entre 1732 et 1771, ainsi que de nombreuses traductions dans d'autres langues.

Sans entrer dans les détails de ce produit de la « théologie physique », retenons seulement que la physique de Newton y est présentée comme chez Regnault, c'est-à-dire comme l'un de ces nombreux systèmes inutiles et sans aucun rapport avec la réalité, issus de la tête d'un philosophe. A propos de la méthode de Newton, Pluche fait le commentaire suivant :

> Il est cependant inutile d'employer son temps à des calculs qui accablent la tête, et à des raisonnements sur l'infini, qui seront toujours au-dessous des pensées du créateur.[8]

A propos d'un autre vulgarisateur de la physique newtonienne, passons la parole à Voltaire. En parlant de Francesco Algarotti dont le *Newtonianisme pour les dames*[9] a fait autorité dans les salons de toute l'Europe, Voltaire écrit à Maupertuis :

> J'ai lu le livre de Mr. Algarotti. Il y a, comme de raison, plus de tours et de pensées que de véritéz. Je crois qu'il réussira en italien, mais je doute qu'en français l'amour d'un amant qui décroit en raison du cube de la distance de sa maîtresse et du carré de l'absence, plaise aux esprits bien faits.[10]

Pour expliquer la physique de Newton aux dames, Algarotti avait en effet utilisé plusieurs exemples qui provenaient, d'après lui, de l'expérience quotidienne de ces lectrices. Dans le chapitre sur l'optique, le rouge à lèvres lui sert de départ pour expliquer la théorie newtonienne des couleurs, et l'intensité de la gravitation est comparée à celle de la passion d'un amant qui est loin de sa maîtresse.

7. *Ibid.*, p. 370.
8. Noël Antoine Pluche, *Le spectacle de la nature*. 6e édition, t. IV, Paris, 1737, p. 144.
9. L'édition originale a paru à Naples en 1737 sous le titre *Il newtonianismo per le dame*. La traduction française est de 1738 ; ce texte français est la base de l'édition allemande (Braunschweig, 1745). Une traduction anglaise, qui a connu plusieurs rééditions, est sortie à Londres en 1739.
10. Voltaire à Maupertuis, 22 mai 1738. Voltaire, *Correspondence and related documents*. Definitive edition by Theodore Besterman, Genève, 1968. Lettre D 1508.

Quittons maintenant la physique newtonienne, qui est essentiellement de l'optique et de la mécanique, pour jeter un coup d'œil sur une autre branche de la physique. Dans les ouvrages de vulgarisation, beaucoup de place est réservée à l'électricité qui, au 18e siècle, fascinait les savants aussi bien que les amateurs. On sait que les machines électriques produisant des hautes tensions à partir de frottements étaient utilisées dans les laboratoires des chercheurs aussi bien que dans le cabinet de l'homme du monde et chez l'électriseur ambulant qui fréquentait les fêtes foraines.

Pour voir comment la physique de l'électricité a été mise à la portée de tout le monde, nous allons encore une fois jeter un coup d'œil dans les *Entretiens physiques d'Ariste et d'Eudoxe*. Heureusement, Regnault indique les sources qu'il a utilisées ; il est donc facile de comparer celles-ci à ce qu'il en a fait, pour juger si son interprétation est à la hauteur des maîtres dont il vulgarise la physique. En ce qui concerne l'électricité, Regnault a puisé ses informations dans les « Mémoires sur l'électricité » publiés par Charles-François Dufay dans les *Mémoires de l'Académie des Sciences* entre 1733 et 1737.

Les articles de Dufay sont des publications d'un très haut niveau scientifique, et comme les mathématiques n'étaient pas encore entrées dans la théorie de l'électricité, ils sont faciles à comprendre. Dufay a systématiquement examiné les phénomènes électriques connus à son époque, et il a essayé de généraliser ses observations pour arriver à des lois simples qui expliquent la multitude des phénomènes. Ses « Mémoires » sont surtout un chef d'œuvre de rigueur scientifique : systématiquement, il écarte toutes les erreurs possibles pour trouver des lois générales. Son but était de « découvrir plusieurs principes inconnus jusqu'à présent, qui simplifient considérablement la théorie de l'électricité »[11], et il y a sans doute réussi.

Rien de ce qui constitue à nos yeux la valeur scientifique des « Mémoires » de Dufay n'est entré dans l'ouvrage de Regnault. Il présente Dufay à ses lecteurs comme quelqu'un « qui avoit du goût pour les expériences curieuses »[12], et c'est uniquement cet aspect-là qui est mis en relief par la suite. En lisant ces entretiens, on a l'impression que le travail du physicien consiste essentiellement en des observations curieuses. Cette façon de voir les choses va jusqu'à influencer le langage de notre auteur : Pour lui, l'attraction et la répulsion sont « des espèces de simpathie ou d'antipathie tout-à-fait admirables »[13], et ce qui se produit pendant les expériences est une « action invisible qui opère [des] mystères »[14]. Quand Dufay réussit à démystifier une observation et à montrer qu'il ne s'agit pas d'une merveille, mais d'un phénomène qui est en parfait accord avec

11. Charles François Dufay, 6e mémoire sur l'électricité, in *Mémoires de l'Académie Royale des Sciences*, 1734, p. 523.
12. Regnault (cf. note 6), t. V, Paris, 1750, p. 8.
13. *Ibid.*, p. 2.
14. *Ibid.*, p. 9.

ce qu'on savait déjà, Regnault fait régulièrement le contraire en parlant d'un nouveau mystère que ce physicien aurait découvert.

Deux vulgarisateurs des sciences ont poussé à l'extrême le goût pour le merveilleux et la curiosité : Guillaume-Hyacinthe Bougeant et Nicolas Grozelier. Il suffit de lire le titre de leur livre pour en deviner le contenu : *Observations curieuses sur toutes les parties de la physique, extraites et recueillies des meilleurs mémoires*[15]. Selon Bougeant, les publications savantes sont remplies d'observations curieuses sur la physique, mais difficilement accessibles, et comme « les plus belles choses deviennent désagréables, dès qu'elles demandent une étude trop sérieuse », il a décidé de faire un « recueil des plus curieuses observations » pour offrir « un amusement agréable et utile dans la lecture de tout ce que les meilleurs livres contiennent de plus curieux sur la physique »[16]. C'est donc une compilation d'extraits jugés curieux et amusants.

A propos de ce livre, je ne relèverai qu'un seul détail qui me paraît significatif. Le troisième volume des « Observations curieuses », dont l'auteur est Nicolas Grozelier, a paru en 1730, et 40 ans plus tard, le même auteur a publié un quatrième volume, en promettant que le cinquième suivrait bientôt.

Or, tout ce qui est raconté dans les trois volumes parus entre 1720 et 1730 concerne la physique actuelle de l'époque, comme d'ailleurs chez les autres auteurs mentionnés. A la recherche d'observations curieuses, Bougeant et Grozelier ont dépouillé les périodiques qui venaient de paraître, et leurs lecteurs, même s'ils se faisaient des idées complètement fausses sur la méthode de la physique, étaient au moins familiarisés avec quelques sujets qui ont en même temps occupé les chercheurs, telle l'électricité.

En 1771, ce n'était plus le cas, et ce que Grozelier a mis de curieux et de merveilleux dans son quatrième volume n'a plus rien à voir avec la science de ce temps-là. Évidemment, il n'a plus trouvé d'observations curieuses dans les publications savantes, et ce n'est plus dans les *Mémoires de l'Académie des Sciences* ou les « Transactions » de la Société Royale de Londres qu'il a puisé, mais dans des récits de voyage et des publications obscures et souvent introuvables dans les bibliographies. De plus, les découvertes curieuses réunies ici datent très souvent d'avant 1730, et parfois l'auteur remonte même jusqu'à Sénèque et Pline l'Ancien.

J'ajoute une dernière remarque pour illustrer le décalage entre la science des chercheurs et celle des vulgarisateurs et de leur public dans la seconde moitié du 18e siècle.

A partir de 1760, le nombre de livres prétendant mettre les sciences, et notamment la physique, à la portée de tous, a augmenté énormément. Les auteurs sont très souvent des membres de la noblesse qui s'exercent

15. Bougeant est l'auteur du tome I (Paris, 1719). Les autres tomes, parus successivement en 1726, 1730 et 1771, sont de Grozelier.

16. Bougeant (cf. note 15), Avertissement.

en amateurs et qui présentent les résultats de leurs réflexions. Ils proposent alors des solutions très simples à toutes sortes de problème. Ces livres ont tous paru à un très petit tirage, souvent « chez l'auteur » ou à frais d'auteurs, et parfois tous les exemplaires sont signés par ce dernier. Ils ont des titres comme *Physique du monde*[17], *Mécanisme de l'électricité et de l'univers*[18] ou *Mécanisme de la nature*[19], et dans la plupart des cas, c'est le fluide électrique auquel sont attribuées toutes les qualités dont les auteurs ont besoin pour expliquer les phénomènes de la nature — du cours des planètes jusqu'aux tremblements de terre.

Il ressort clairement de ces spéculations plus ou moins fantasques que la physique a toujours intéressé beaucoup de gens, mais que les vulgarisateurs n'avaient plus aucun contact avec la science des chercheurs et des savants. Ces derniers se sont en même temps très nettement distancés du monde des amateurs de curiosités et de spéculations. Ainsi, les éditeurs du premier journal scientifique français réservé aux sciences de la nature déclarent sans ambiguïté que cette science-là en serait bannie : « Nous n'offrirons pas aux amateurs oisifs des ouvrages purement agréables, ni la douce illusion de se croire initiés dans les sciences qu'ils ignorent[20] ».

En conclusion, nous pouvons constater que l'intérêt pour la science, et pour la physique en particulier, était considérable auprès des gens cultivés du 18e siècle, et que la lecture des ouvrages de vulgarisation a certainement contribué à répandre la connaissance des découvertes les plus importantes. Mais contrairement à ce que disait Hélène Metzger, la science des vulgarisateurs était souvent loin d'être à la hauteur de celle des savants, et les idées que les lecteurs de ces livres ont dû se faire sur la méthode et sur les buts de la science de leur époque correspondaient d'autant moins aux concepts des chercheurs que le siècle avançait.

17. Étienne-Claude de Marivetz et Louis-Jacques Goussier, *Physique du Monde*, 7 vol., Paris, 1780-1787.

18. Jacques de la Perrière de Roiffé, *Mécanisme de l'électricité et de l'univers*, Paris, 1756.

19. Jadelot (Abbé), *Mécanisme de la nature ; ou système du monde, fondé sur les forces du feu*, Londres, 1787.

20. *Observations et mémoires sur la physique, sur l'histoire naturelle et sur les arts et métiers*, t. I, janvier 1773, Avis, p. 111.

Laurent LOTY

Métaphysique et science de la nature : Dupont de Nemours contre la théorie de l'instinct

Une série exemplaire : mythe, philosophie, histoire naturelle[1]

En 1792, Pierre-Samuel Dupont de Nemours (1739-1817) rédige l'*Oromasis*, une allégorie cosmogonique. Les principes du Bien et du Mal se livrent en dialoguant à une création du cosmos, des êtres vivants et des sociétés politiques. Cette tragi-comédie optimiste met en scène un dépassement dialectique du pessimisme manichéen : toute création d'un mal par Arimane est exploitée par Oromasis pour créer un plus grand bien.

Quelques mois plus tard, l'*Oromasis* sert de prologue aux *Principes et recherches sur la philosophie de l'Univers*[2], publiés en 1793. Dupont y reprend sous une forme philosophique la problématique de l'optimisme, et prétend désormais fonder toutes ses hypothèses sur la physique. Utilisant l'idée d'une échelle continue des êtres, il établit une gradation de l'intelligence, de la liberté et de la moralité dans le règne animal, jusqu'à Dieu non compris. Opérant un syncrétisme entre le principe oriental de la transmigration des âmes et la monadologie leibnizienne, il émet l'hypothèse de la transmigration des monades.

La critique a surtout souligné le passage au spiritualisme de Dupont[3]. Mais *La Philosophie de l'Univers* supprime en fait la distinction entre physique et métaphysique, nature et morale. Elle établit de nouveaux rapports entre l'homme et l'animal, la nature et la société, la nature et l'histoire. Si bien que l'œuvre physico-métaphysique devient, quelques années plus tard, le point d'ancrage d'une série de mémoires d'histoire naturelle.

Devenu membre de l'Institut national, Dupont de Nemours adresse en effet un bon nombre de mémoires à la nouvelle institution. Ces travaux s'appuient sur des observations et des expérimentations. Ils constituent

1. Cette étude a été présentée en 1989, au séminaire dirigé par Jacques Roger. Le séminaire portait sur la notion d'explication dans les sciences de la nature et de la vie, et analysait le degré d'autonomie des « sciences » relativement à la métaphysique.
2. *La Philosophie de l'Univers*, Paris, imprimerie de Dupont [1793], 236 p.
3. Voir par exemple Robert Darnton, *La Fin des Lumières, le mesmérisme et la Révolution* (1968), Paris, Perrin, 1986.

une histoire de l'évolution des sociétés animales, et présentent une théorie de l'intelligence, de la perfectibilité et de la sociabilité animales.

Or, ces mémoires font l'objet d'une double procédure éditoriale. D'une part, ils sont intégrés aux rééditions successives de la *Philosophie de l'Univers* (1796 et 1799)[4], sous forme de notes complétant le corps du texte. D'autre part, ils sont publiés indépendamment, avec d'autres mémoires scientifiques, en 1807 et en 1813, dans *Quelques Mémoires sur différents sujets: la plupart d'histoire naturelle ou de physique générale et particulière*[5]. Ce recueil comporte aussi l'important mémoire intitulé *Sur L'Instinct*[6], paru pour la première fois en 1806, et que Dupont souhaitait ajouter à une nouvelle réédition de *La Philosophie de l'Univers*. Aboutissement de sa réflexion, cette réfutation de l'instinct sera longuement commentée par Cuvier dans les *Mémoires de l'Institut*[7].

Ces textes, rédigés entre 1792 et 1813, diffèrent radicalement quant à leur statut, à leur épistémologie ou à leur public potentiel. Mais leur filiation intellectuelle et leurs liens thématiques et éditoriaux sont en même temps le signe de leur cohérence. Un tel enchaînement constitue un document exemplaire pour éclairer les relations entre circonstances politiques et production intellectuelle, normes discursives et reconnaissance institutionnelle, projet métaphysique et recherche scientifique.

Une démarche à la fois historique et épistémologique doit permettre d'expliquer les liens entre une métaphysique de la transmigration des monades, et une théorie physique qui mérite sa place dans une histoire de la zoopsychologie et de l'éthologie.

1792 : l'Oromasis

La chute de la monarchie interrompt la carrière déjà très riche de l'économiste physiocrate et de l'homme politique[8]. Proscrit après le 10 août 1792, Dupont se cache à l'Observatoire. Il rédige alors l'*Oromasis*, divertissement littéraire qui peut être interprété comme une diversion. L'évolution cosmogonique optimiste occulte le présent révolutionnaire de la Terreur, et refoule le pessimisme psychologique et historique.

Si cette cosmogonie s'inspire de sources mythologiques et bibliques, elle intègre cependant certaines *vérités scientifiques* désormais incontour-

4. *La Philosophie de l'Univers*, 2e éd., Paris, an IV, 1796, 302 p. ; 3e éd., à Paris, chez Goujon fils, fructidor an VII, 1799, 339 p. Nos références renvoient à la troisième édition.

5. *Quelques Mémoires*..., Paris, Delance, 1807, VIII-374 p. ; 2e éd., Paris, A. Belin, 1813, 428 p.

6. *Sur L'instinct*, imp. de la « Revue philosophique », 1806, 54 p.

7. « Analyse des travaux de la classe des sciences mathématiques et physiques de l'Institut national pendant le second semestre de 1806 », lu à la séance du 5 janvier 1807, *Mémoires de l'Institut national*, t. VII, 1806-1807, pp. 80-116.

8. Sur la vie et l'œuvre de Dupont de Nemours, voir Eugène Daire, *Physiocrates*, 1re partie, tome 1, Librairie de Guillaumin, 1846; B. G. Dupont, *Dupont de Nemours, 1739-1817*, Newark Delaware, print by the Craftsmen of Kells, 1933 ; Ambrose Saricks, *Pierre-Samuel Du Pont de Nemours*, Laurence, Univ. of Kansas Press, 1965 ; Marc Bouloiseau, *Bourgeoisie et Révolution. Les Du Pont de Nemours (1788-1799)*, C.H.E.S.R.F., 1972.

nables. Oromasis soumet les astres à l'« attraction réciproque » newtonienne[9]. Après Buffon et Lavoisier, il souligne la primauté chronologique du climatique et du chimique sur le biologique. Toutefois, *L'Oromasis* demeure fondamentalement une genèse mythologique. Ainsi, l'équilibre entre les espèces n'est pas expliqué comme le produit de processus naturels, mais comme le résultat d'un conflit entre les deux principes moraux. Arimane crée la lutte à mort qui règne parmi les êtres vivants. Oromasis y voit la condition *sine qua non* qui lui permet de donner la vie au plus grand nombre possible d'individus, et de leur offrir les jouissances de l'amour. Le Mal contribue à la victoire du Bien. L'*oromasis* est une démonstration fictionnelle de l'optimisme. D'où l'exergue : « l'existence est la démonstration du Bien ». Sous une forme allégorique, ce texte expose ainsi l'un des enjeux majeurs de *La Philosophie de l'univers*, dont il constituera le prologue.

1793 : La Philosophie de l'Univers

Les conditions historiques et psychologiques dans lesquelles Dupont écrit *La Philosophie de l'Univers* rappellent celles de la rédaction de l'*Esquisse d'un tableau historique des progrès de l'esprit humain* par Condorcet[10]. La Terreur réactualise la nécessité d'élaborer un optimisme philosophique, sous la forme d'une théorie de l'histoire-progrès ou d'une nouvelle théodicée[11].

La période révolutionnaire est aussi, pour Dupont, le moment d'un déplacement d'intérêt, de l'économie politique vers l'économie de la nature[12]. Ce déplacement peut être rapproché des nombreuses tentatives de cosmologies ou de philosophies de la nature totalisantes qui apparaissent à la même époque. Les aléas de l'histoire sociale et politique sont ainsi minimisés par leur intégration dans une histoire de la nature[13].

Cependant, la particularité de *La Philosophie de l'Univers* est de vouloir fonder l'optimisme sur une physique. D'où l'exergue de 1793 : « Rien de rien : rien sans cause, et rien qui n'ait d'effet ». Cette nouvelle exigence s'exprime de deux façons. D'une part, le texte commence par dénoncer le recours aux allégories. Le Bien et ses limites ne dépendent plus de puissances morales gouvernant l'univers, mais des propriétés essentielles

9. Le texte fait d'ailleurs allusion au thème de l'impulsion perpétuelle, question qui sera reprise dans la note (a) de *La Philosophie de l'Univers*, intitulée « Sur la nécessité de l'impulsion perpétuelle pour entretenir le cours des astres ».

10. Sur les rapports entre optimisme et science dans l'*Esquisse*, voir Laurent Loty, « Condorcet contre l'optimisme : de la combinatoire historique au méliorisme politique », *Condorcet mathématicien, économiste, philosophe, homme politique*, Minerve, 1989, pp. 288-296.

11. Voir Robert Darnton, *op. cit.*, note 3.

12. D'une certaine manière, l'économie physiocratique est d'ailleurs conçue comme une science naturelle. Sur cette analogie, voir Gilles-Gaston Granger, *Concept, structure et loi en science économique*, P.U.F., 1955.

13. Sur ce procédé, voir Laurent Loty, « Évolution culturelle, évolution politique et révolutions rétiviennes », *Études rétiviennes*, n° 2, 1986, pp. 3-18.

de l'esprit et de la matière. D'autre part, le traité est structuré selon le degré de certitude des hypothèses. Le passage du certain au probable et au possible autorise un mouvement progressif de la physique vers la métaphysique, et de la nature vers la morale. Parallèlement, Dupont tente de supprimer la tension entre ces deux pôles épistémologiques et thématiques : la morale s'inscrit dans la nature, et la métaphysique dans la physique.

La première partie, celle des « lois certaines », substitue au dualisme manichéen un dualisme ontologique [14]. Mais surtout, le couple « DIEU »/ « MATIÈRE » (« la Nature *naturante* », bienfaisante et parfaite/« la Nature *naturée* », « nécessairement » imparfaite), est chapeauté par un troisième terme, « la NATURE », « qui fixe les propriétés essentielles des deux éléments immenses de l'univers » (p. 47) : en d'autres termes, Dieu et la Matière doivent désormais se plier aux *lois naturelles*. Ce dualisme à trois termes confère une double origine à la morale et au bonheur : l'intervention de Dieu, dès lors qu'elle ne contredit pas les lois de la nature ; la morale des êtres animés, qui dépend de l'organisation physique et des rapports sociaux.

En rapportant la morale à des causes naturelles, Dupont s'oppose au dualisme cartésien et à la théorie d'un automatisme animal. Comme Lamarck, Dupont étudie les cas limites de l'animalité, pour mieux déterminer ses caractéristiques minimales. Après avoir établi que les végétaux se bornent aux sensations, Dupont analyse le comportement de l'huître, qui doit se déplacer pour éviter de périr à marée basse. La locomotion est la première des actions finalisées dans le règne animal. Tout travail suppose une réflexion et une délibération. Mais si l'intelligence est le propre de l'animalité, la moralité n'apparaît que chez les animaux sociaux. On reviendra plus tard sur la question des sociétés animales, que Dupont approfondit surtout dans les notes des rééditions, c'est-à-dire dans les mémoires adressés à l'Institut. Retenons ici que le système métaphysique de Dupont tolère, et même suppose, une approche matérialiste et déterministe du monde physique.

La fin de la première partie révèle toutefois que le projet ultime de *La Philosophie de l'univers* demeure le fondement d'un optimisme moral. Pour garantir une vertu humaine qui ne va pas de soi, Dupont juxtapose en effet les hypothèses les plus hétérogènes. Morale du devoir, qui esquisse la position kantienne : l'homme serait doté d'« une Ame dans l'Ame pour juger l'Ame » (p. 98). Morale de la « sympathie naturelle », thèse déjà développée par Adam Smith [15], et que Cabanis reprendra sous

14. « Dualisme », introduit par Thomas Hyde dans son *Historia religionis veterum Persanum* (1700), désigne encore le dualisme manichéen chez Leibniz ou dans l'*Encyclopédie*. C'est Wolff qui lui donne son acception moderne et l'oppose à « monisme ».

15. Sa *Théorie des sentiments moraux* (1759) s'appuie sur le phénomène d'identification, déjà révélé par la *Poétique* d'Aristote. Le texte est traduit en 1798 par Sophie Grouchy, la veuve de Condorcet, qui y ajoute huit lettres sur la sympathie.

une autre forme[16]. Morale de l'*intérêt bien entendu*, thème cher aux philosophes soucieux de concilier égoïsme et nécessités sociales, et que Dupont enrichit en ajoutant au principe de la réciprocité de l'action altruiste, l'idée d'une transitivité de l'action morale[17]. Mais le meilleur fondement de la morale reste à trouver dans un système de récompenses et de punitions. Les deux dernières parties de *La Philosophie de l'Univers* sont chargées d'assurer cette justice sans laquelle la morale ne saurait être la garantie du bonheur de l'altruiste.

La seconde partie propose une hypothèse « probable », fondée sur le principe de continuité dans la nature, et sur un raisonnement par analogie et par récurrence. Les hommes prennent soin d'animaux situés au bas de l'échelle qui, limités par leurs organes de perception, ignorent jusqu'à l'existence de leurs protecteurs (c'est le cas des huîtres). De même, des êtres supérieurs aux hommes pourraient exister et s'intéresser à nous, sans que nos sens nous permettent de les connaître. Ainsi, il est probable que la chaîne des êtres soit ininterrompue, du bas de l'échelle jusqu'à Dieu, et que les êtres supérieurs à l'homme punissent ou récompensent nos actions. Justice dont on conviendra qu'elle n'est, à proprement parler, ni immanente ni transcendante[18].

L'hypothèse de la troisième partie, la transmigration des monades, se fonde sur le caractère certain ou probable des hypothèses précédentes, et sur la bonté de l'Etre suprême. Dénonçant la coupure judéo-chrétienne entre l'homme et l'animal, Dupont intègre le thème de la transmigration des âmes à son système physico-moral, en exploitant directement ses thèses de la moralité des animaux et de la chaîne ininterrompue des êtres. De plus, Dupont réactualise la pensée indienne en empruntant à Leibniz la notion de monade, qui relève de la métaphysique, mais fonctionne aussi comme noyau dur de la physique leibnizienne.

Finalement partisan de la préexistence et de la préformation des germes[19], Leibniz a établi une sorte de doctrine parallèle de la préexistence et de la préformation des monades. « Développée », la monade peut constituer le centre de perception d'un être organisé. « Enveloppée » sur elle-même, elle est réduite à un état de perception minimale[20]. Mais

16. Dans les *Rapports sur le physique et le moral* (1802), la sympathie est une forme de la loi universelle de l'attraction.

17. La vertu se propage selon les principes de la mécanique des chocs, thème développé dans la note « Sur la propagation des bonnes et des mauvaises actions », qui est aussi un mémoire lu à la classe des sciences morales et politiques, le 2 floréal an V.

18. Dans sa *Lettre à M.F.*** sur les causes premières*, Cabanis émet lui aussi l'hypothèse d'une chaîne des êtres supérieurs à l'homme. Mais il situe ces êtres sur d'autres planètes, nie toute possibilité de communication avec eux... et ne publie pas cette lettre de son vivant. Voir l'édition des *Rapports* de 1844.

19. Sur ces doctrines, voir Jacques Roger, *Les Sciences de la vie dans la pensée française du XVIIIe siècle*, (1963), nouvelle édition, Paris, Albin Michel, 1993.

20. Voir en particulier *Essais de Théodicée* (1710), par. 91 et 397, et *La Monadologie* (1714), par. 73.

Dupont pervertit le système en ne retenant pas cette distinction, et en concevant une monade qui peut se détacher de toute matière. Chez lui, les « Etres intelligents » sont soit incorporés, soit sous l'état de « monade » :

> Leur vie est composée de plusieurs vies qui leur sont communes avec les Etres organisés qu'ils animent successivement ; et de plusieurs repos forcés sous l'état de *monade* dans les intervalles qui séparent ces vies particulières (p. 197).

Ce détournement conceptuel permet à Dupont d'établir une continuité de l'« Etre intelligent », et de proposer une théorie de la réincarnation. L'évolution physico-morale de l'Etre intelligent est progressive ou régressive, selon son mérite. Les « promotions » permettent d'avancer selon des « assymptotes physiques et morales » jusqu'à Dieu non compris. Avant d'atteindre le stade de « *l'Optimate* », la monade peut d'ailleurs décider de jouir de son état sans efforts supplémentaires, puis de retourner animer une plante du dernier rang. Dernier écart décisif par rapport à Leibniz : alors que Leibniz a toujours soutenu que l'immortalité de la monade ne supposait qu'une métamorphose, et excluait toute métempsycose[21], Dupont suppose, au moins durant l'état de « monade », la mémoire de la vie passée.

*
* *

On pourra s'étonner que Dupont de Nemours ne cesse de proclamer que « tout est physique ». Son texte consiste en fait à réintégrer les objets traditionnels de la métaphysique dans une physique. Il n'y a qu'une différence de degré de l'animal à l'homme, et de celui-ci aux « êtres supérieurs ». Dès lors, les êtres que la métaphysique médiévale a appelés « anges » sont à proprement parler des êtres physiques. Cette continuité dans la nature s'appuie d'ailleurs sur une continuité entre les différentes modalités de la connaissance. L'*analogie* suffit à faire de toute *conjecture* une simple extension des connaissances *certaines*. Une telle épistémologie de l'analogie tend à supprimer la distinction entre l'observé et l'imaginé. Le certain cautionne le possible, qui est ensuite assimilé à du probable.

Dans la dernière partie de son texte, Dupont postule *une causalité morale de l'organisation physique*. La nature est régie par la morale. Il s'agit bien d'une nouvelle *théodicée*. Mais dans la première partie de son texte, Dupont établit *une causalité physique du comportement moral*. La morale est régie par la nature. L'optimisme s'exprime ici dans le cadre d'une *physicodicée*. Pour l'auteur de *La Philosophie de l'Univers*, il y a continuité entre ces deux propositions : la thèse certaine selon laquelle la moralité est naturelle, et l'hypothèse probable selon laquelle la nature est morale. Pour le membre de l'Institut, elles peuvent être éventuellement

21. Voir la *Théodicée*, par. 89, 90 et 397, et la *Monadologie*, par. 71, 72 et 77.

dissociées. C'est la première partie du texte philosophique qui servira de support aux notes publiées dans les rééditions de 1796 et 1799. Et ces notes seront presque toutes adressées, sous forme de mémoires d'histoire naturelle, non pas à la seconde classe de l'Institut, dont Dupont relève à partir de 1796 (la classe des sciences morales et politiques, remplacée en 1803 par la classe d'histoire et de littérature), mais à la première classe de l'Institut, c'est-à-dire à la classe des sciences mathématiques et physiques.

1796-1813 : Les notes de la Philosophie de l'Univers ou les Mémoires d'histoire naturelle

Après la Terreur, Dupont réintègre la Convention, entre à l'Institut, préside le Conseil des Anciens. En 1797, après le coup d'état de Bonaparte, il s'exile aux États-Unis jusqu'en 1802. Secrétaire du gouvernement provisoire en 1814, puis conseiller d'État de Louis XVIII, il repart aux États-Unis durant les Cent jours. Il meurt en 1817 près de ses deux fils, fondateurs de la firme industrielle qui porte encore son nom.

Les rééditions de *La Philosophie de l'Univers* révèlent une continuité intellectuelle dans l'œuvre de Dupont, au-delà de la Terreur. Mais l'important développement de l'institutionnalisation et de la spécialisation des sciences[22] instaure aussi une discontinuité dans la continuité. Les notes de l'ouvrage philosophique valent comme mémoires d'histoire naturelle, adressés aux savants de l'Institut national.

On retiendra ici quatre mémoires d'histoire naturelle, tous publiés en 1807 dans *Quelques Mémoires*[23] :

1) « Sur la Sociabilité et la moralité du Loup, du Renard, du Chien sauvage ; et sur la manière dont celui-ci est devenu domestique » (que l'on abrégera en *Loup*). 2) « Sur la Moralité, l'Intelligence, les Sciences et les Institutions sociales des Fourmis » (*Fourmis*)[24]. 3) « Sur Haller, sur Bonnet, sur leur très louable philosophie, sur les erreurs qu'ils pouvaient en retrancher, sur les progrès de l'intelligence dans les Animaux et chez l'homme » (*Haller*)[25]. 4) *Sur L'Instinct* (et « Examen de la principale objection faite au mémoire sur l'institut »)[26].

Dans ces notes-mémoires, Dupont proclame la nécessité d'étendre l'histoire naturelle à l'étude de l'intelligence et des mœurs animales. Ce

22. Voir Roger Hahn, *The Anatomy of a Scientific Institution*, Berkeley, Los Angeles, London, Univ. of California Press, 1971.

23. *Op. cit.*, note 5. Toutes les citations des mémoires renvoient à ce recueil.

24. *Loup et Fourmis* : notes de la seconde édition de *La Philosophie de l'Univers* (1796) ; mémoires lus à la première classe de l'Institut (janvier 1797 et avril 1797).

25. *Haller* : mémoire lu à la seconde classe (juillet 1798) ; note de la troisième édition de *La Philosophie de l'Univers* (1799).

26. *Sur l'Instinct* : mémoire lu à la première classe (juillet et août 1806) ; publié seul en 1806 (voir note 6) ; pressenti comme note pour une quatrième réédition de *La Philosophie de l'Univers* qui n'a jamais paru. « Examen... » : il s'agit de la réponse à Cuvier, publiée elle aussi dans le recueil de 1807.

nouveau programme de recherche est issu de *La Philosophie de l'Univers*, qui formulait la thèse d'une chaîne physico-morale des êtres animés, et introduisait à une étude du comportement des animaux sociaux. Cette origine conceptuelle explique l'originalité des mémoires. L'intérêt que Cuvier portera au mémoire intitulé *Sur L'Instinct*[27] révèle le caractère novateur des travaux de Dupont. Mais la manière dont le même Cuvier s'emploie à réfuter les thèses de Dupont désigne aussi l'irrecevabilité d'un tel programme de recherche pour les naturalistes de l'époque. On tentera de montrer ici que le débat entre Dupont et Cuvier n'oppose pas un métaphysicien à un scientifique, mais deux philosophies de la nature, et à travers elles, deux paradigmes scientifiques, celui de Dupont n'étant pas nécessairement, en la matière, le moins heuristique des deux.

Affirmant l'unité du vivant, Dupont s'oppose à toutes les représentations classique d'une coupure entre l'homme et l'animal. Pensant les interactions entre le *moral* et le *physique* des animaux, il s'écarte aussi bien des conceptions de Charles Bonnet, que des préoccupations majeures des nouveaux naturalistes, partisans de l'anatomie ou de la morphologie. Enfin, l'une des originalités de la psychologie animale (et humaine) de Dupont vient de ce qu'elle découle d'une observation des comportements sociaux. En termes modernes, disons que sa *zoopsychologie* se fonde sur une *éthologie*. Les mœurs et les rapports sociaux constituant pour lui l'une des causes majeures du *moral* et du *physique*, Dupont s'écarte donc tout autant du programme de recherche des médecins physiologistes et des idéologues.

La question de l'optimisme continue à investir le champ des recherches de Dupont. Mais les réponses à cette problématique passent exclusivement par des paradigmes laïcisés et *naturalisés*[28]. Globalement, on pourra retenir deux modèles complémentaires : un modèle principalement statique de l'*équilibre naturel* et un modèle dynamique de la *perfectibilité naturelle*, modèles dont l'origine est à chercher dans la pensée libérale et progressiste du XVIIIe siècle. Si ces paradigmes révèlent encore des enjeux philosophiques, ils fonctionnent désormais comme principes scientifiquement heuristiques.

L'économie de la nature[29] dépendait dans *L'Oromasis* d'une lutte entre le Bien et le Mal. Dans *La Philosophie de l'Univers*, Dupont affirmait l'existence d'un équilibre *écologique, optimum* naturel obtenu

27. Le compte rendu de Cuvier, est, de loin, l'analyse la plus longue du volume semestriel des *Mémoires* de la première classe.

28. Sur la *naturalisation* et la laïcisation de la pensée, voir Jean Ehrard, *L'Idée de nature en France* (1963), Slatkine, 1981, et Jean Deprun, *La Philosophie de l'inquiétude*, Vrin, 1979.

29. Sur ce paradigme, voir Antonello La Vergata, « Theodicy and Nature's economy », *Nuncius. Annali della scienza*, 1988, 3, 139-152, et « L'equilibrio della natura, il male e le consolazioni del naturalista e del filosopho », *Bollettino filosofico*, Università della Calabria, Sezione I, 7/1987.

par un « balancement des espèces »[30] : quand « un répresseur a manqué », « la calamité s'étend sur un plus grand nombre d'individus et d'espèces que lorsque tout est balancé » (p. 83). Dupont abordait aussi la question des rapports sociaux à l'intérieur d'une même population animale, et en profitait pour rejeter toutes les théories du droit fondées sur une évaluation pessimiste de la société naturelle. A Hobbes, pour qui seul un pouvoir autoritaire met fin à l'anarchie, il répondait que c'est la violence de la terreur qui supprime la moralité et la sociabilité naturelles. Dans des conditions naturelles, c'est-à-dire sociales, les loups savent s'accorder entre eux. *A fortiori*, l'homme n'est pas un loup pour l'homme. A l'exigence rousseauiste d'un contrat social, il opposait la réalité d'un *contrat naturel*. Dans les notes-mémoires, la problématique de l'optimisme devient le point de départ d'une analyse des comportements sociaux des loups qui, chassant ensemble et partageant leur proie, « entendent fort bien la théorie, la pratique et la sanction des contrats » (*Loup*, p. 252). D'autre part, dès 1793, Dupont reprenait l'idée de Buffon selon laquelle le règne de l'homme constitue une révolution politique dans la nature, et entraîne un ensauvagement ou un asservissement des animaux. Mais contre le pessimisme buffonien de la *dégénération animale*, Dupont notait l'émergence historique de *contrats naturels interspécifiques*, par exemple entre l'homme, le chien et les moutons. Cette hypothèse engage dans les notes-mémoires une longue réflexion sur le processus de domestication du chien.

Finalement, Dupont est amené à inscrire toutes les sociétés dans des processus historiques :

> [Le chien] a mené nécessairement et longtemps un genre de vie, qui le rapprochait autant du loup que l'homme, dans son premier état *sylvestre*, se trouvait voisin du singe. (*Haller*, pp. 257-258).
> Il n'est ni sûr, ni vraisemblable que les abeilles et les fourmis aient de tout tems vécu en sociétés *aussi parfaites* ni exécuté des travaux *aussi savans* que ceux que nous admirons aujourd'hui. Il y a encore des abeilles presque solitaires et des fourmis à demi-sauvages ; et il ne faut pas se hâter de les prendre pour des espèces différentes (*Sur L'Instinct*, p. 194).

Pour Cuvier, Dupont révèle ici son amateurisme en confondant plusieurs espèces. Or, cette critique taxinomique suppose un *fixisme biologique*, précisément menacé par un *transformisme sociologique*. Prévoyant les objections, Dupont avait avancé deux arguments : l'unité de l'espèce humaine, par-delà sa diversité raciale et culturelle, thèse monogéniste qui a fini par s'articuler, à la fin du XIXe siècle, avec le transformisme darwinien ; et la transformation physique et morale d'une population

30. Sur les théories de la compensation, voir Jean Svagelski, *L'Idée de compensation en France, 1750-1850*, Lyon, L'Hermès, 1981.

soumise à un nouveau mode de vie, hypothèse apparentée au *transformisme restreint* de Buffon[31], voire au transformisme lamarckien :

> Et quand on y verrait quelques légères différences de conformation [...], sait-on à quel point les habitudes de la société, l'abondance durable de la solitude et la longue misère, peuvent changer le moral et même le physique d'une race (*Sur L'Instinct*, p. 209).

La critique taxinomique du naturaliste consacré paraît invalider les propos du naturaliste en herbe. Mais elle révèle surtout l'incompatibilité de leurs paradigmes scientifiques. Il apparaît aujourd'hui que les lumières de Cuvier ne valent pas toujours les hypothèses osées de l'amateur éclairé.

Par ailleurs, Buffon avait affirmé que « les animaux ne se perfectionnent jamais quant à leur espèce, et que leur éducation n'est qu'individuelle ». Pratiquant un anthropomorphisme sans restriction, Dupont décrit un processus que Condorcet applique à la même époque aux sociétés humaines. La société animale est le lieu d'une dialectique entre l'individu et le collectif. Le perfectionnement individuel dépend de la complexification des rapports sociaux, en même temps qu'il y contribue, par le moyen de l'éducation et de la communication verbale ou gestuelle.

Or, c'est par de nombreuses observations et expérimentations que Dupont prouve l'intelligence individuelle et la communication sociale dans le règne animal. Il étudie les manœuvres d'« émigration » des fourmis, leurs techniques de construction, leur système de « courrier ». Il provoque des accidents ou établit des obstacles, et observe les réactions des insectes sociaux. Du mécanisme cartésien à Buffon, les partisans de la stupidité des bêtes employaient l'argument classique de l'*uniformité* des actions animales. Systématiquement, Dupont démonte l'argumentation en rendant compte de l'imperfection des constructions des fourmilières ou des ruches, et de la non uniformité des comportements.

La question du langage animal est longuement analysée. De même que « l'homme entièrement isolé ne parlerait pas » (*Haller*, p. 277), « tous les animaux qui ne vivent pas absolument solitaires ont un langage » (*Sur L'Instinct*, p. 230). Partisan de l'observation sur le terrain, il explique « comment on peut apprendre des langues d'animaux et parvenir à se former de leurs discours une idée qui en approche » (*Ibid.*, p. 233). A propos des fourmis, il suppose que leur système de communication passe par l'attouchement des antennes. Mais ses recherches portent principalement sur le langage des oiseaux (corbeaux et rossignols), et vont jusqu'à l'établissement d'un lexique. La réaction de Cuvier atteste que la démarche anthropomorphique de Dupont vaut aussi comme principe heuristique, susceptible de fonder de nouvelles méthodes et de nouveaux objets scientifiques :

31. Voir Jacques Roger, « Transformisme », *Encyclopaedia Universalis*, 1985.

> Il montre que plusieurs espèces ont le pouvoir de faire entendre des sons assez nombreux pour former une langue très compliquée et il assure avoir observé qu'ils emploient une partie de ces sons dans des circonstances tellement semblables qu'on ne peut guère douter qu'ils ne leur attachent une signification fixe. Ses observations, à cet égard, sont très intéressantes, et propres à enrichir l'histoire naturelle de ces espèces.[32]

***

Avec le mémoire *Sur L'instinct*, Dupont passe à une réfutation systématique de l'automatisme et de l'innéisme. Prenant acte du renouveau apporté par le sensualisme, il note qu'

> en renonçant à croire aux *idées innées* des hommes, on a continué de les attribuer aux autres animaux, sous le nom d'*Instinct* (*Sur L'Instinct*, p. 150).

L'exergue du mémoire est extrait de *La Philosophie de l'Univers* :

> L'instinct est une raison rapide qui, s'exerçant avec un grand intérêt sur un nombre d'objets très-borné, parvient à faire presque dans *un instant*, la reconnaissance du fait, l'argumentation sur le motif, et la conclusion décisive pour la volonté (*Sur l'Instinct*, p. 147).

L'originalité de Dupont est telle qu'il se démarque aussi bien de Reimar[33] que de Buffon[34], et ne se reconnaît qu'un seul prédécesseur : Charles-Georges Le Roy (1723-1789), ami d'Helvétius, auteur de l'article « Instinct » de l'*Encyclopédie* (1765), et des *Lettres philosophiques sur l'intelligence et la perfectibilité des animaux*[35]. Lieutenant des chasses de Versailles, Le Roy prône lui aussi une histoire naturelle effectuée sur le terrain, et estime finalement que l'instinct n'est que de l'intelligence acquise[36], qui dépend des besoins de l'animal, c'est-à-dire de son physique

32. Cuvier, *op. cit.*, note 7, p. 102.

33. Le philosophe allemand Hermann Samuel Reimarus (1694-1768) est l'auteur d'*Observations physiques et morales sur les instincts des animaux, leur industrie et leurs mœurs* (1re éd. allemande en 1760). L'article « Instinct » (1777) du *Supplément de l'Encyclopédie* rapporte les thèses de Reimarus.

34. Buffon introduit pleinement les mœurs animales dans son *Histoire naturelle*, et non sans présupposer la valeur épistémologique d'un relatif anthropomorphisme. Mais Dupont lui reproche d'avoir ontologiquement distingué l'homme raisonnable, le quadrupède sensible, et l'insecte soumis aux lois du nombre et de la matière. Sur ces questions, voir Jacques Roger, *Buffon, un philosophe au Jardin du Roi*, Fayard, 1989.

35. 1re éd. : Nuremberg, 1768 ; 2e éd., avec *Quelques lettres sur l'homme* posthumes : Paris, 1802. Le Roy y reprend des articles parus dans le *Journal encyclopédique* en 1762 et dans la *Gazette littéraire de l'Europe* en 1764-65.

36. Il esquisse aussi l'hypothèse d'une hérédité des comportements acquis. C'est la seule idée de Le Roy retenue par Cabanis.

et des circonstances[37]. Dupont retient en particulier l'idée que les animaux apprennent à se défendre des chasseurs et rapporte les expériences de Le Roy sur les aptitudes de la pie à apprendre à compter le nombre de chasseurs cachés derrière un arbre[38].

Pour démontrer que tout comportement animal suppose un apprentissage, Dupont s'attaque enfin à des cas limites, qui excluent une éducation sociale. Il s'agit alors de contrer les partisans de l'innéisme sur leur propre terrain. Élargissant la question à l'homme, il se réfère ainsi aux opérés de la cataracte ou au sauvage de l'Aveyron pour démontrer que l'enfant apprend à voir, à reconnaître le sexe opposé, et même à faire l'amour. A propos de l'oiseau femelle isolé depuis sa naissance, et qui semble savoir construire un nid et couver, il explique que l'oiseau ne confectionne qu'un vague « lit », pour des raisons de commodité abdominale, et qu'il couve pour adoucir la douleur provoquée par le prurit dû à la ponte (ainsi les fermières font-elles couver les chapons en provoquant un prurit artificiel).

Or, en réfléchissant à son tour sur les animaux isolés, Dupont risque de devoir entériner la nouvelle définition physiologique de l'instinct, développée par la *psycho-physiologie* de Cabanis[39], et prévalant chez les anatomistes. Pour Cabanis, en effet, seul un centre nerveux volontaire particulièrement développé permet la conscience du moi, le développement et l'exercice de l'intelligence. A défaut,

> Les premières tendances et les premières habitudes instinctives sont donc une suite des lois de la formation et du développement des organes.[40]

Position que Cuvier reprend à son compte :

> Les naturalistes ont donc pensé que les animaux, doués d'instincts, exercent ces actions particulières en vertu d'une impulsion intérieure, indépendante de l'expérience, de la prévoyance, de l'éducation, et des agens extérieurs, ou en d'autres termes, que c'est *leur organisation qui les détermine par elle-même à agir ainsi*.[41]

Mais si Cuvier voit dans l'organisation la cause directe du comportement animal, Dupont n'y voit que la condition de possibilité d'un comportement qui suppose, lui, intelligence et apprentissage. Il souligne ainsi que :

37. Mais si Le Roy affirme là la perfectibilité animale, il estime aussi que les animaux ne se perfectionnent guère, parce qu'à la différence des hommes, ils connaissent peu de besoins nouveaux.

38. Les expériences de Le Roy démontrent que la pie sait compter jusqu'à quatre. Dupont note qu'il s'agit du nombre de doigts de l'oiseau, et estime qu'une pie ingénieuse pourrait compter jusqu'à huit, voire inventer un « système octogésimal ».

39. Dans ses *Rapports*, Cabanis s'intéresse d'ailleurs au projet de Jacques-Philippe Draparnaud : établir « le degré respectif d'intelligence ou de sensibilité propre aux différentes races, et former, pour ainsi dire, leur *échelle idéologique* ».

40. *Rapports du physique et du moral*, Slatkine, 1980, p. 532.

41. Cuvier, *op. cit.*, note 7, p. 101.

> les différens organes et les diverses appétences sont ce qui constitue et particularise les races d'animaux : mais que des appétences, et les organes qui leur sont propres ou les font naître, ne sont pas des *idées* ; que ce sont seulement des moyens d'en acquérir, selon l'usage que les appétences auront pu faire des organes, et en raison de la réflexion sur les sensations qui en seront résultées (*Sur L'Instinct*, p. 244).

Quand bien même Dupont accepte une détermination physiologique du comportement animal, ce comportement suppose pour lui une activité intelligente irréductible à la causalité physiologique.

C'est à propos de la guêpe maçonne que s'engage un ultime débat entre Dupont et Cuvier[42]. Avant de mourir, la guêpe enfouit sa larve avec une provision de nourriture en chenilles. Comment expliquer que la guêpe adulte ait préparé pour la larve une nourriture adéquate, à la fois en quantité et en qualité ? Dupont explique la quantité par une cause purement physique : il s'agit seulement de remplir une cavité de la taille de la guêpe qui l'a creusée. Mais Cuvier maintient la nécessité de l'instinct pour expliquer le choix du type de nourriture : la mémoire des besoins nutritifs de la larve par la guêpe adulte est impossible (la première n'aurait que des sensations tactiles, la seconde choisirait sa nourriture par la vue). Dupont rétorque alors que la larve comme l'adulte pourraient posséder un sens olfactif, et que la guêpe serait susceptible de se souvenir de son état larvaire. On pourra considérer que l'explication par l'instinct est la meilleure solution. Mais d'une certaine manière, cette explication n'en est pas une. Plus grave, elle invalide d'avance toute tentative de reconstitution d'un processus causal. En tenant à réfuter l'instinct, Dupont se doit en revanche de trouver une explication. Ce qu'il parvient à faire, au moins pour la quantité de nourriture. Quant à l'idée d'une mémoire par-delà la métamorphose, elle nous renvoie finalement à l'idée d'une mémoire de la monade qu'il appelait, dans sa *Philosophie de l'Univers*, une « chrisallide d'intelligence ». Retour au point de départ... à moins que ce ne soit la métaphore entomologique qui ait servi de modèle à la métempsycose monadologique.

*
* *

L'originalité du programme de recherche de Dupont de Nemours s'est soldée à son époque par une marginalisation. A chacun d'évaluer aujourd'hui la place que les mémoires d'histoire naturelle de Dupont méritent dans une histoire de la psychologie et de l'éthologie animales.

Pour l'historien, la série constituée par l'*Oromasis, La Philosophie de l'Univers* et les *Mémoires* a l'avantage d'expliciter des rapports, que la

42. Cuvier, *op. cit.*, note 7 ; Dupont, « Examen de la principale objection faite au mémoire sur l'instinct », *op. cit.*, note 26.

pratique de la science moderne se doit précisément de taire. Une telle analyse suppose un repositionnement de l'histoire de la connaissance dans une histoire culturelle. Elle invite à pratiquer une histoire des sciences qui fasse l'économie d'une épistémologie normative. Elle engage une évaluation du degré d'autonomie des sciences relativement à la métaphysique, qui passe par une histoire des paradigmes scientifiques, et des procédures d'institutionnalisation et de spécialisation des sciences. Dans le domaine plus particulier des sciences naturelles, elle permet de suggérer la diversité des enjeux de ce qu'on appelle aujourd'hui l'éthologie[43].

43. A titre d'exemple, on pourrait souligner, dans l'œuvre de Konrad Lorenz, la volonté d'inscrire le phénomène de l'agressivité animale dans une histoire de la nature optimiste. A ce titre, la théorie de la sélection naturelle remplit, chez Lorenz, un rôle plus ou moins analogue aux thèses de *La Philosophie de l'Univers* chez Dupont. Elle garantit que le mal (l'agression) est bénéfique (à l'adaptation), en même temps que, dans le cadre d'enjeux scientifiques, elle fonctionne comme principe heuristique et engage un programme de recherche sur l'agressivité animale. Enfin, il est difficile de ne pas voir, dans l'explication de l'agressivité comme comportement instinctif de préservation de l'espace vital, une tentative implicite de justification de certains comportements sociaux de l'histoire politique du XXe siècle. D'une certaine manière, l'éthologie animale de Lorenz est aussi une *éthodicée*.

Jean DHOMBRES

Culture scientifique et poésie aux alentours de la Révolution française

C'est par la littérature que Jacques Roger avait accédé à l'histoire des sciences, un cheminement rare dont il revendiquait l'originalité avec bravade : « Nous devons d'abord nous excuser auprès du lecteur d'avoir écrit un livre sur la pensée biologique du XVIIe et du XVIIIe siècle sans être biologiste ni philosophe »[1]. Poursuivant par cet aveu : « ... nous dirions ici que c'est Balzac qui nous a conduit à la biologie du XVIIIe siècle ». Et tous ceux qui l'ont fréquenté reconnaîtront combien son attirance pour le personnage de Buffon — à laquelle il sacrifia par un gros et beau livre — était favorisée par la virtuosité stylistique de l'auteur des nombreux volumes de l'*Histoire naturelle, générale et particulière*. Venu d'une autre rive du savoir, et pour ce volume dédié à la mémoire de celui qui dès sa création fut président de la Société Française d'Histoire des Sciences et des Techniques, je m'offrirai donc le plaisir d'une intention littéraire. Nous en avions d'ailleurs discuté il y a plusieurs années et si, à l'instar de Diderot, J. Roger trouvait toujours pesante la présence des mathématiques jusque dans certaines célébrations en vers, il reconnaissait volontiers l'imagination poétique dans des descriptions de l'histoire naturelle. Une imagination qui ne fut pas étale : notre propos est de suivre les étonnantes variations de la poésie scientifique aux alentours de 1800, car ces variations signalent des évolutions culturelles majeures. Elles marquent aussi l'intrusion des valeurs du monde scientifique dans la vie sociale d'un pays. A cet égard, la Révolution française est un passage essentiel.

La gloire des savants : génies singuliers et génies ordinaires

L'année de la Révolution, Fontanes commettait en vers un *Essai sur l'Astronomie*. Cet esprit protestant s'inscrivait dans une tradition qu'avait illustrée John Donne dès que furent connues les découvertes de Galilée sur les satellites de Jupiter. Fontanes donc, en entonnant l'hymne à la gloire de Newton, voulait surtout magnifier la grandeur de l'effort qui restait à accomplir pour déchiffrer le monde dans son immensité :

1. Avant propos de son ouvrage : *Les sciences de la vie dans la pensée française du XVIIIe siècle*, A. Colin, 2e édition, Paris, 1971. C. Salomon-Bayet vient de préfacer une 3e édition.

Newton, qui, de ce Dieu le plus digne interprète,
Montra par quelles lois se meut chaque planète,
Newton n'a vu pourtant qu'un coin de l'univers.[2]

L'hyperbole de la louange avait été commune au XVIIIe siècle[3] à l'égard du savant anglais et se poursuivit longtemps au XIXe siècle. Ce fut un polytechnicien de la première promotion, M. Fayolle, qui décrivant les planètes s'exclamait encore en 1814 :

Et Newton, homme égal aux Dieux,
Réglant l'équilibre du monde,
Saisit leurs rênes vagabondes,
Dans le vaste empire des cieux.[4]

Toute une cohorte d'écrivains reprirent ainsi, avec plus ou moins d'aisance mais de moins en moins d'ironie, les dithyrambes que Voltaire avait placés en 1738 en exergue à ses *Éléments de la philosophie de Newton mis à la portée de tout le monde* :

Confidents du Très-haut, substances éternelles,
Qui brûlez de ses feux, qui couvrez de vos ailes
Le trône où votre Maître est assis parmi vous,
Parlez, du grand Newton, n'étiez-vous point jaloux ?[5]

Charles Chênedollé, en 1807, abusait tout simplement de la prosopopée oubliant qu'en rehaussant Newton, Voltaire abaissait Dieu et plus encore son clergé :

Il dit ; et le Grand Tout nous révéla ses lois.
Il pesa les Soleils, il marqua leurs emplois,
Et son génie enfin résolut le problème
Qu'offrait à nos calculs l'architecte suprême.
L'erreur fut détrônée ; et dans l'immensité
Son compas porta l'ordre et la simplicité.[6]

Le « il » est évidemment un noble substitut pour le nom de Newton ! On s'ennuierait à répéter toutes ces odes à Newton. Mais une lecture trop superficielle abuserait, car sur le long terme de cette éloquence de la louange, il y a un changement notable. Du temps des Encyclopédistes, en France du moins, bien rares furent les génies scientifiques à susciter un tel culte, comme si les philosophes, de Diderot à Rousseau en passant par Voltaire, Condillac, d'Helvétius et d'ailleurs Kant, comptaient les

2. Louis de Fontanes, Essai sur l'astronomie, *Almanach des Muses*, 1789. Ces vers furent vraisemblablement composés vers 1781, et figurent aussi dans les *Œuvres* de Fontanes éditées à Paris en 1839.
3. Voir M.H. Nicolson, *Newton demands the Muse*, Princeton, 1966.
4. M. Fayolle, *Le Génie*, ode, Paris, J.B. Sajoie, 1814.
5. M. de Voltaire, *Éléments de la philosophie de Newton, mis à la portée de tout le monde*, Amsterdam E. Ledet, 1738. (Epître dédicatoire à Madame la Marquise du Châtelet).
6. Charles Chênedollé, *Le génie de l'homme*, Paris, H. Nicolle, 1807.

motifs de leur vénération[7]. Archimède quelquefois, Bacon toujours, Descartes avec plus de bas que de hauts, et bien sûr Newton, avaient leur place dans un Panthéon d'autant plus chiche qu'il ne fallait pas conforter l'idée d'un progrès dépendant de l'action du héros. Le Progrès des lumières était fondamentalement l'affaire de tous parce qu'il ne pouvait se réaliser que si chaque esprit cultivé faisait preuve d'audace intellectuelle et opérait comme une conversion : Kant avait résumé le mot d'ordre du siècle et en tout cas de l'Aufklärung par la formule « *Sapere aude* ». En sorte que chaque homme disposait en droit et en fait des moyens de sa participation au mouvement social par excellence, celui du Progrès. Dans ce contexte fortement idéologisé, le concept de l'homme de génie apportait plus de troubles que d'avantages, tout comme les miracles de Jésus-Christ déparaient la théologie rationnelle. Pour signaler l'aube d'une ère nouvelle, il importait toutefois de repérer la date de sa venue dans le monde, comme Voltaire osait le dire pour parodier les textes sacrés. Dans la seconde moitié du XVIIIe siècle, les poètes magnifièrent donc de préférence l'Homme de science, sorte d'entité non autrement précisée : Newton n'apparaissait plus alors que comme un nom générique, presque abstrait, le signe conventionnel d'un commencement. En témoigne magistralement dans l'ordre pictural les dessins des cénotaphes projetés pour Newton par Louis Étienne Boullée[8].

Vers 1805, la tendance avait changé et on en était à la célébration de nombreux scientifiques nommément désignés. L'Empire rassérénait les esprits et un nouveau lyrisme scientifique prenait son essor, s'alimentant à plusieurs sources : l'accentuation de la prépondérance française en Europe, résultat tangible de la mobilisation populaire qui avait été galvanisée par un héros vainqueur se présentant volontiers comme membre de la classe des sciences exactes à l'Institut[9] ; l'esprit d'analyse à l'œuvre dans l'Idéologie, c'est-à-dire la philosophie nouvelle qui mûrissait à la classe des sciences morales et politiques du nouvel Institut chargé de régénérer les défuntes Académies[10] ; enfin, une science mathématisée qui, par Laplace et Lagrange, parvenait à domestiquer le système des

7. Cette pingrerie de la louange était relevée par les contemporains eux-mêmes. Dorat-Cubières, dans une épître au comte d'Hartig à l'occasion de la mort de Buffon en 1788, indiquait :

> « Mais Voltaire, on le sait, eut souvent la manie
> D'ébranler la statue élevée au Génie ».

Dorat-Cubières, *Les États-Généraux du Parnasse*, Les Cahiers des Muses, Paris, 1791.

8. Gouaches de 1784 sur les projets de cénotaphe pour Newton, Bibliothèque Nationale.

9. Napoléon avait été élu fin 1797 à l'Institut, à la classe des sciences mathématiques et mécaniques pour remplacer Carnot contraint à l'exil après Fructidor. Voir N. Dhombres, *Quelques aspects des relations sciences-pouvoir dans l'État napoléonien*, thèse, EHESS, 1982, 440 pages.

10. Le 8 août 1793, la Convention avait supprimé toutes les Académies, dont l'Académie des Sciences. La Convention thermidorienne créa en octobre 1795 un Institut dont la première classe était — nouveauté remarquable — la classe scientifique. Une autre nouveauté consistait en la création d'une classe des sciences morales et politiques.

planètes en rotation autour du Soleil au point de le réduire à une simple horlogerie dont les pannes elles-mêmes étaient prévues, répertoriées, et au fond sans incidence sur sa stabilité générale[11]. Les auteurs passaient volontiers des ressources de Polymnie à celles de Calliope, puisque l'éloquence portait à se servir d'une palette richement colorée d'esprits inventifs. L'assurance des temps, fruit d'un certain bonheur de vivre sans doute, confortait en outre l'évocation préférentielle de savants contemporains. Le génie ne faisait plus peur dans la mesure où il convenait de rivaliser avec lui pour manifester *hic et nunc* le temps du Progrès, un temps juvénile. C'est ce que proposait allégrement un poète et géomètre Desrois, qui après avoir mentionné les mathématiciens Monge, Bossut et Lacroix[12], tous auteurs de manuels devenus célèbres, faisait en fin de strophe allusion au difficile ouvrage de Laplace consacré à la *Mécanique céleste* pour enchaîner sur l'interprétation popularisée qu'avait su en donner le jeune Jean-Baptiste Biot, frais émoulu de l'École polytechnique, et ainsi lancé dans la course savante[13].

> Aidez-vous de Bossut, de Monge et de Lacroix ;
> Et sans cesse étendant vos plaisirs et vos droits,
> Atteignez, s'il se peut, à ce sublime ouvrage
> Qui fait le désespoir des savants de notre âge.
> L'esprit s'aiguise encore de l'obstacle irrité :
> Par un adolescent Laplace est commenté.[14]

11. La *Mécanique céleste* de P.S. Laplace qui expliquait le système solaire, et sa stabilité au premier ordre, commençait à sortir en 1799, saluée unanimement comme une œuvre de grande portée. La première édition de la *Méchanique analitique* de J.L. Lagrange était parue plus de dix ans plus tôt en 1788 : elle fournissait tout le substrat théorique, lançant l'imagination mathématique sur des pistes fécondes.

12. Charles Bossut (1730-1814), professeur à l'École royale du Génie de Mézières dès 1752, avait publié un *Cours de mathématiques à l'usage des écoles militaires* qui fut assez prisé, rivalisant pour le Génie avec les manuels de Bézout pour l'Artillerie et la Marine. A l'époque où le poème fut publié, Bossut était examinateur de sortie de l'École polytechnique.
Sylvestre-François Lacroix (1765-1843), professeur d'analyse à l'École polytechnique de 1795 à 1808, submergeait depuis 1797 la librairie française de ses manuels mathématiques dont la grande qualité pédagogique était indéniable. Certains furent encore édités à la fin du XIXe siècle. Gaspard Monge (1746-1818), professeur de géométrie à l'École polytechnique depuis sa création, avait réalisé une œuvre qui représentait l'épitomé de ce que l'on pouvait entendre sous le vocable de bon professeur. Il était capable de faire passer dans ses cours les dernières découvertes auxquelles il avait pu contribuer. Il avait publié un *Cours de statique* en 1788 et sa *Géométrie Descriptive* de 1799 était aussitôt devenue un classique.
Voir J. Dhombres, « Mathématisation et communauté mathématique française, 1775-1825 », *Archives Internationales Hist. Sciences*, n° 117, vol. 36/1986, pp. 249-293.

13. Jean-Baptiste Biot (1774-1864) avait été choisi comme chef de brigade à l'École polytechnique en 1795, ce qui soulignait ses qualités intellectuelles. Après avoir suivi l'École des Ponts et Chaussées, il se trouvait en 1799 examinateur à l'entrée de l'École polytechnique et s'était offert pour relire les épreuves de grand ouvrage de Laplace. Il publiait, en 1801, son *Analyse du Traité de mécanique céleste de P.S. Laplace*. Si Biot n'était plus guère un adolescent, la prolixité des notes de la traduction en langue anglaise du traité, celle de Bowditch en 1839, d'autres commentaires encore, indiquent à l'envi toute la difficulté de l'interprétation de nombreux passages et soulignent le goût d'une certaine ellipse chez Laplace.

Par ce contraste, Desrois insistait sur les capacités nouvelles de la jeunesse, formée selon le système éducatif mis en place par la Révolution et dans lequel les sciences tenaient tant de place.

Bien d'autres auteurs incorporèrent de même les savants dans une sorte d'épopée et sous des formes poétiques qui, à bien des égards, ressemblèrent à ces odes que Pindare consacra aux athlètes réunis à Olympie. Écoutons, tel que le donna Gudin de la Brenellerie, le récit haletant de la découverte d'Uranus à la suite d'une observation que l'astronome Herschel fit le 13 mars 1781. Le ton était celui d'un chroniqueur sportif qui veut tenir en haleine son auditeur. D'abord, Gudin décrivait l'atonie du monde planétaire, inchangé depuis des siècles, et soudain dérangé par le télescope inquisiteur d'Herschel. Nous retrouvons le thème d'une nouvelle jeunesse de la science, et la voix du poète s'enflait aussitôt :

> L'amour propre si vif, et si souvent déçu,
> Prétendait dans les cieux avoir tout aperçu ;
> Quand soudain on apprend du fond de l'Angleterre,
> Qu'il s'offre un nouvel astre aux regards de la terre ;
> Que par de-là Saturne il brille dans la nuit ;
> Qu'Herschel l'a découvert, qu'il l'observe et le suit.[15]

La voix montait encore puisque, comme dans une mêlée, les savants étaient désormais nombreux et volontiers rivaux :

> Tous les yeux sont tournés vers la céleste voûte ;
> On le cherche, on mesure, on calcule sa route.

Quelques pronostics révélaient un certain défaitisme : paraissait impossible la nouveauté inouïe d'une planète inconnue qui viendrait s'ajouter aux cinq répertoriées depuis l'Antiquité (Mercure, Vénus, Mars, Jupiter et Saturne) :

> Mille voix s'élevant, nous annoncent déjà
> Qu'il n'est qu'une comète, et qu'il disparaîtra.

14. Desrois, *La géométrie en vers techniques*, Paris, an IX, (1801), chez l'auteur. Dans ce texte, le professeur Desrois (ancien du collège de Juilly) tentait d'utiliser les ressources mnémotechniques de la poésie pour favoriser l'apprentissage de la géométrie : Desrois témoigne pour toute une littérature pédagogique qu'il serait bon de reconsidérer tant elle est riche d'indications sur les effets de la mémoire et du rythme dans la société d'ancien régime.

15. Paul-Philippe Gudin de la Brenellerie, *L'astronomie*, poème en trois chants, Auxerre, L. Fournier, an IX.

Herschel avait effectué son observation à Bath, non par hasard, mais parce qu'il contribuait à la réalisation d'un inventaire systématique du ciel, entrepris depuis 1774. Il était né à Hanovre en 1738 et sa découverte le signala au roi George III qui l'attira à Londres, en même temps que la Royal Society l'élisait.

Le paroxysme s'achevait dans la coda, toute à la gloire de l'astronome Jérôme Le Français de Lalande.

> Mais Lalande, des cieux le plus sûr interprète,
> Leur dit : vous vous trompez, voyez-le, il est planète. [16]

Bref, le savant était présenté comme un athlète de la pensée et ses hauts faits suscitaient le chant du poète qui utilisait ses armes habituelles, les tropes, afin de faire revivre les actes de bravoure et de réussite de ses héros. Par ce même Gudin de la Brenellerie, membre associé de l'Institut National, voici quelque catachrèse offerte pour célébrer le père de l'astronomie moderne :

> Képler, devinant tout, trouva par son génie,
> Les trois divines clefs du palais d'Uranie.

Il désignait ainsi les trois lois fameuses réglant le parcours des planètes sur leur trajectoire elliptique autour du Soleil, et en note le poète se donnait la peine de les expliciter, sans doute *ad majorem astronomorum gloriam*, mais surtout pour l'édification intellectuelle du lecteur. Gudin faisait suivre son image d'une ingénieuse prolepse destinée à défendre Descartes, un savant alors dédaigné dont la métaphysique, et la mécanique, étaient désormais réfutées.

> Ne vous alarmez point ; s'il invente un système,
> Vous le renverserez par ses préceptes mêmes.
> Géomètre profond, son calcul peut offrir,
> Dans ce dédale obscur un fil pour en sortir. [17]

Le poète prenait au sérieux sa tâche de dire la renommée. L'auteur de la *Mécanique Céleste*, le « Newton Français » [18], était chanté aussi bien pour sa compétence technique, la grandeur de sa construction, que pour la beauté de sa langue particulièrement manifeste dans l'*Exposition du Système du Monde*, ouvrage sorti en 1796 :

> Laplace dont la plume et la vaste science
> Traça de l'univers le mécanisme immense. [19]

Delille quant à lui invoquait son contemporain l'astronome Delambre, qui avec la collaboration de Méchain et sur ordre de la Législative puis de la Convention, venait en huit années de réaliser les triangulations nécessaires au calcul de la longueur d'un degré d'arc de méridien :

16. De fait, après la lecture de ce poème, Lalande fit dûment remarquer qu'il n'avait pas été le premier astronome à tenir l'affirmation d'une planète. Gudin maintint toutefois le vers dans sa seconde édition publiée en 1810 (voir plus loin).

17. Gudin de la Brenellerie, *L'astronomie, op. cit.*

18. Selon l'épithète que lui décerna Say dans la *Décade philosophique* lors de la parution du *Traité de la Mécanique Céleste* en 1799. Pour une étude des textes scientifiques de *la Décade*, voir J. et N. Dhombres, *Naissance d'un pouvoir : sciences et savants en France* (1793-1824), Paris, Payot, 1989.

19. Gudin de la Brenellerie, *L'astronomie, op. cit.*

C'est à toi, cher Delambre, à diriger ma route ;
Toi qui sais réunir, par un double pouvoir,
Les Beaux-Arts au calcul et le goût au savoir. [20]

La trompette épique fut d'ailleurs embouchée par foule d'auteurs pour célébrer cette mesure qui s'inscrivait dans un vaste mouvement géodésique voulu par l'Académie des sciences depuis 1737 afin de vérifier, expérimentalement, l'aplatissement de la Terre aux pôles, conformément aux calculs gouvernés par la théorie selon Newton, théorie à l'approfondissement de laquelle Clairaut et d'Alembert avaient fortement contribué. Un aboutissement visible par tous était la décision — révolutionnaire — d'imposer le système métrique décimal. Écoutons Ricard, en 1796, dire — le verbe est bien trop faible — les mesures effectuées à cet effet par des académiciens en Laponie dirigés par Maupertuis :

Qui conduit ces mortels ? Quelle étonnante audace
Leur fait aimer franchir ces montagnes de glace,
Et braver les torrents suspendus dans les airs ?
...
Ils veulent agrandir la sphère des sciences
Qui pourrait arrêter un si noble projet ? [21]

Beaucoup plus tard, Daru suivait encore ce filon et louait cette fois le travail des géodésiens français qui effectuèrent entre 1792 et 1799 les mesures de Dunkerque à Barcelone, destinées à permettre l'établissement du mètre comme unité de mesure. Si le ton est encore celui de l'épopée, il s'accorde néanmoins avec les écrits des scientifiques français, pour lesquels le système métrique constitua non seulement un ralliement mais à bien des égards une entreprise commune [22]. En d'autres termes, passant aux génies ordinaires, Polymnie dans sa célébration manifestait l'aventure scientifique comme la démarche d'un groupe, une sorte d'avant-garde de l'humanité. C'était exactement ce que les savants ressentaient eux-mêmes, et en tout cas ce qu'ils attendaient alors que l'on dise d'eux.

Ce fut au bruit des vents déchaînés sur nos têtes,
Quand la foudre appelait les publiques tempêtes,
Quand le sol ébranlé s'entrouvait sous nos pas,
Que Delambre et Méchain, armés de leurs compas
Des sables de Dunkerque aux rivages de l'Ebre,
Sur la terre marquaient cette ligne célèbre
Qui du globe inégal mesure les degrés. [23]

20. J. Delille (1738-1813), *Les trois règnes de la nature*, Paris, A. Nicolle, 1808. Delambre avait une réputation d'esprit ouvert aux arts aussi bien qu'aux sciences. Il était alors secrétaire perpétuel de la 1re classe de l'Institut.

21. Dominique Ricard, *La Sphère*, Poème en huit chants qui contiennent les Éléments de la Sphère céleste et terrestre, avec les principes d'astronomie physique, Paris, Le Clère, 1796 (an V).

22. J. Dhombres, « Les savants et la politique à la fin du XVIIIe siècle », *Études sur le XVIIIe siècle*, Ed. de l'Université libre de Bruxelles, pp. 23-42, 1991.

23. P. Daru, *Discours en vers sur les facultés de l'homme*, Paris, 1824.

L'astronomie ou la géodésie n'épuisaient certainement pas le champ des héros scientifiques, héros qui témoignaient pour tout un camp. Écoutons d'Adaoust retracer l'expérience de Lavoisier par laquelle il établissait péremptoirement la composition et la décomposition de l'eau et qui, réalisée publiquement donc communautairement en 1785, consacra par cette analyse et cette synthèse un moment épique de la chimie :

Lavoisier, de deux gaz soupçonnant l'harmonie,
Aspire à créer l'eau par d'admirables lois.
Oxygène ! hydrogène ! accourez à sa voix.
Ces gaz, prêts à remplir le but qu'il se propose,
Sortent du sein de l'eau que le feu décompose :
L'onde alors disparaît... ô moments désirés !
Il aperçoit deux gaz par son art séparés.
Dans un vase bientôt où sa main les rassemble,
Il approche un flambeau ; l'air éclate... Soudain,
Quels flots miraculeux frémissent sous sa main !
...
Et les flots les plus purs s'écoulent dans leur course,
Détruits, recomposés, nés d'une double source.[24]

Après Lavoisier, le naturaliste Cuvier, le physicien Biot, le mathématicien Lagrange, mais aussi bien le jeune chimiste Gay-Lussac, devinrent des héros que le chantre glorifiait non seulement dans leurs œuvres, mais plus encore dans leurs façons d'être :

Vous, que l'étude enflamme et que rien n'intimide
Héros de la science, intrépides mortels,
A qui jadis la Grèce eût donné des autels.[25]

Phénomène assez neuf en France aussi bien qu'en Europe, ce n'était donc pas seulement un individu, mais toute la communauté scientifique qui recevait le tribut des poètes, ceux du moins qui se voulaient avant tout des observateurs lucides de leur temps. Ils avaient perçu le caractère désormais collectif de l'entreprise scientifique. Ce monde était enfin ressenti comme un tout organique, quasiment doté de règles sociales permettant de dégager l'éventuel consensus de la communauté quant aux théories proposées pour expliquer les faits[26]. Leçon que Gudin résumait en vers à propos de l'Académie :

24. A. D'Adaoust, *L'Air*, poème en quatre chants, Paris, Michaud, 1816.

25. Gudin de la Brenellerie, *l'Astronomie*, 2e édition révisée et augmentée, Paris, Firmin Didot, 1810.

26. Voir à ce propos le texte qui résulta d'une collaboration de tous les membres de la 1re classe de l'Institut sous la houlette de Delambre ; *Rapport sur les progrès des sciences mathématiques depuis 1789 et sur leur état actuel*, Paris, 1810 (réédition avec des notes de J. Dhombres, Paris, Belin, 1989).

Les savants, dans ce temps, assis près de l'autel,
Élurent l'examen pour pontife suprême.
Il n'admet rien sans preuve, il bannit tout système,
Nul titre n'en impose à sa sévérité,
Et le doute revoit tout ce qu'il a scruté.

De même, c'était à l'intention d'un public assez large, qu'en patron responsable de la science française, Laplace procédait, en prose, à cette même analyse du rôle des Académies savantes pour l'avancement de la science[27]. La poésie servait habilement la communauté scientifique : l'approbation que Laplace donna aux vers de Daru tenait évidemment compte de cet effet de propagande. L'éditeur rapporte les mots du mathématicien après le discours que l'homme de lettres fit à la séance annuelle de l'Institut en avril 1825 : « Un homme qui fait si bien les vers didactiques, devrait nous donner un poème sur l'astronomie. Dans notre siècle où tous les esprits tendent vers l'étude des choses positives, la littérature semble appelée à parcourir une carrière nouvelle. Son rôle est de populariser les sciences, de les présenter dépouillées des formes qui les rendent inaccessibles à un si grand nombre d'intelligences »[28].

Laplace ajoutait cependant ces mots couperets : « Nous demandons seulement que l'on en parle avec une scrupuleuse exactitude » ; il offrait l'aide de la communauté savante, mais que pouvait-il rester à la littérature elle-même ?

L'horlogerie du monde et la découverte

Le souci de précision n'avait pourtant pas fait peur, et les poètes s'en donnèrent à cœur joie pour décrire les découvertes qui impressionnaient le plus vers 1800 : la grande horlogerie du monde, le système des planètes et le mouvement des satellites tout autour, comme celui des comètes gyrovagues.

Fontanes par exemple se proposait de décrire les phases de la lune, mais il se contentait de suggérer les détails techniques :

Quand la lune arrondie en cercle lumineux,
Va, de son frère absent, nous réfléchir les feux,
Il vous dira pourquoi, d'un crêpe enveloppée,
Par l'ombre de la terre elle pâlit frappée.[29]

Chênedollé restait encore énigmatique à propos des satellites de Jupiter, dont l'observation minutieuse, jointe à la lecture des tables, permettait la détermination de la longitude :

27. Voir par exemple, P.S. Laplace, *Exposition du système du monde*, Paris, 1796. Ou encore le discours de Lavoisier en juillet 1793. Voir N. et J. Dhombres, *op. cit.*
28. P. Daru, *L'astronomie*, Paris, 1830, œuvre posthume, introduction de l'éditeur.
29. Louis de Fontanes, *Essai sur l'astronomie, op. cit.*

Il vit de Jupiter les lointains satellites,
Qui, tous quatre asservis à des marches prescrites,
Se couvraient tour à tour d'un voile bienfaiteur.[30]

C'était Lemercier qui allait nettement plus avant dans l'explication de la mesure de la célérité de la lumière réalisée grâce à ces mêmes satellites. L'écrivain procédait didactiquement et faisait d'abord prendre conscience à son lecteur de l'existence même de cette vitesse, c'est-à-dire de la propagation non immédiate de la lumière.

La lumière aux regards n'est pas soudain présente :
Son apparition suit un moment d'attente ;
De son passage prompt, inaperçus des yeux,
Les instants par l'esprit sont comptés dans les cieux.

Dès lors, selon la position plus ou moins éloignée de la Terre par rapport à Jupiter sur son orbite autour du Soleil, la variation du temps pendant lequel un satellite donné de Jupiter est éclipsé par cette planète renseigne quantitativement sur la célérité de la lumière, du moins si l'on connaît la longueur du grand axe de l'ellipse décrite par la Terre[31]. Voilà que pour expliquer ceci Lemercier se lançait dans un beau poème, tout tendu de précision :

Elle parlait ; la nuit au sein d'un cône d'ombre,
Plongeait d'une planète un satellite sombre ;
La lumière s'envole, et, le laissant glisser
Derrière l'astre épais qui vient de l'éclipser,
Court d'un rapide essor jusques sous les étoiles
Ressaisir le globule obscurci par des voiles.
Elle l'atteint, déjà le dispute à la Nuit,
L'éclaire, et redescend vers l'homme qu'elle instruit.[32]

Bref, à qui savait les lire, les cieux offraient un dictionnaire éblouissant et gigantesque, riche de mesures, de chiffres, d'interprétation :

Quels rapports lumineux éclaireront ces ombres ?
Mortels ? Consolez-vous. Les rapports sont les nombres,
Les nombres, nœud sublime, anneau mystérieux,
De cette chaîne d'or qui joint la Terre aux Cieux.[33]

30. C. Chênedollé, *Le génie de l'homme, op. cit.*
31. Népomucène Louis Lemercier (1771-1840), *Essais poétiques sur la théorie newtonienne tirés de l'Atlantiade*, Paris, Collin, Didot Jeune, 1808.
Dans le commentaire annexé à son poème, Lemercier précisait que le retard pris pour l'apparition d'un satellite entre deux positions extrêmes de la Terre sur son orbite était de l'ordre de 16 minutes, conformément aux mesures moyennes, mais trop peu précises, que O. Römer avait menées à l'Observatoire de Paris en 1676. Ce qui lui donnait une célérité trop grande pour la lumière, de l'ordre de 350 000 km/s. La moyenne observable du retard est en fait de l'ordre de 22 minutes.
32. N. Lemercier, *Essais poétiques..., op. cit.*
33. C. Chênedollé, *Le génie de l'homme, op. cit.*

Lemercier renchérissait sur Chênedollé qui, tout autant que lui était fasciné par la présence inéluctable du calcul dans l'espace et dans le temps :

C'est par nos seuls avis que l'homme qui te sonde
Sait que la lune agit sur les reflux de l'onde,
Et connaît que ton pôle en sa nutation
Borne à vingt cinq mille ans sa révolution.
C'est peu que de prévoir le retour des planètes,
Il suit dans notre sein les retours des comètes,
Trace la parabole où leurs feux sont perdus,
Et prédit aux mortels qu'ils ne le verront plus.[34]

Pour rendre compte de la richesse de l'horlogerie céleste, peu déchiffrable par un béotien, Lemercier inventait un génie de l'analyse mathématique, qu'avec pédanterie il nommait Métrogée, lequel pouvait par le calcul décrypter les trajectoires des astres soumis à Curgire, le « penchant curviligne de tous les corps mus » et prédire ceux de ces astres dont la trajectoire ne se refermait pas. L'esprit humain, décuplé par la force de la méthode analytique qu'il savait désormais mettre en jeu, était donc divinisé :

Métrogée enseigna comment de tous côtés
Des mondes radieux les pas étaient comptés,
Et lui montra de loin les comètes hardies,
Dont Curgire poursuit les traces agrandies,
Globes qui, dans nos cieux quelquefois parvenus,
Plongent leurs hyperboles en des cieux inconnus.[35]

Ainsi le poète sortait de la sphère descriptive pour offrir à son lecteur la contemplation d'un monde nouveau, certes modelé apparemment sur l'ancien, mais auquel comme une structure nouvelle était donnée si l'on acceptait de chausser les lunettes de la science. Le geste de Galilée dirigeant son télescope sur Jupiter n'avait pas seulement agrandi le monde visible. Celui-ci avait changé de nature. La culture de l'homme elle-même en était bouleversée : des poètes, ne se contentant pas de le dire, voulurent en outre tracer les linéaments de cette nouvelle culture, et ne pas être seulement les chantres des héros scientifiques.

Une nouvelle relation de l'homme au monde : la culture de demain

André Chénier le déclara avec fougue : « Ce n'est qu'aux inventeurs que la vie est promise »[36]. La vie, c'est-à-dire l'avenir. C'était presqu'un cri, isolé et perdu dans une liasse de poèmes, non un cri douloureux mais

34. N. Lemercier, *Essais poétiques…*, *op. cit.*
35. N. Lemercier, *Essais poétiques…*, *op. cit.*
36. André Chénier, *Œuvres complètes*, G. Walter (éd.), La Pléiade, Paris, 1958. L'invention, p. 123.

quelque chose comme ces invocations festives et sonores auxquelles Saint-John Perse, un autre poète de la célébration, habitua nos oreilles :

O qu'ainsi parmi nous des esprits novateurs.[37]

D'emblée, et en quelques vers, l'essentiel était prononcé dans un poème inachevé et intitulé *Hermès*. La démarche scientifique n'avait pas pour seul objet la description du monde ; elle se voulait explicative bien sûr, mais en outre maîtresse de sa propre analyse, réflexion sur elle-même. Elle forçait l'esprit à rendre transparent le mouvement dont il procédait ; elle était aventure spirituelle, mais n'était plus celle d'un seul :

La science veut, non contente d'admirer et la forme et l'ouvrage,
Connaître la matière et voir agir la main.

La science ressortissait d'autant moins à l'itinéraire individuel d'un esprit isolé qu'elle engageait la société toute entière : par les découvertes présentes et les applications qu'on en faisait bien sûr, mais plus encore par l'attention que la science imposait de porter sur l'avenir. L'activité scientifique était ce vecteur qui orientait le temps humain ; l'aventure qu'elle prescrivait animait le déroulement de l'histoire ; l'écrivain accompagnait par son art le dévoilement du monde et si l'inspirait la beauté de cette réalité qu'à son tour et progressivement il montrait, la source profonde de son lyrisme jaillissait de cette *dé-monstration* du monde. Telle était en effet la geste du pouvoir créateur de l'homme, de l'homme entendu collectivement, isolé en ce sens seul que Dieu n'intervenait plus ; telle était la geste que devait chanter le poète.

Le Progrès était non seulement l'espérance (« O mon fils, mon Hermès, ma plus belle espérance »[38]), mais en outre le critère par lequel juger de toute société. L'histoire « positive » était inscrite en filigrane dans les vers de Chénier, ce qui bouleversait les rapports au temps, et préparait une autre culture :

Un jour tout ce qu'ici ma voix vient de te dire,
D'eux-mêmes, sans qu'un Dieu soit venu les instruire,
Tes pareils le sauront. Tes pareils les humains
Trouveront jusque là d'infaillibles chemins.[39]

Trente années plus tard, la même pensée animait à nouveau Daru, notable particulièrement favorisé par le régime impérial et que la Restauration n'oublia point.

Un jour peut-être, un jour le flambeau d'Uranie,
Dans les cieux connus guidera le génie :
Une voix nous dira des secrets qu'à nos yeux,
Dérobaient jusqu'ici les mondes radieux.[40]

37. André Chénier, *Œuvres complètes, op. cit.*, p. 130.
38. André Chénier, *Œuvres complètes, op. cit.*, p. 404.
39. André Chénier, *Œuvres complètes, op. cit.*, p. 403.
40. P. Daru, *Discours en vers sur les facultés de l'homme, op. cit.*

Car si le destin de l'homme était de connaître et d'avancer, n'était-ce pas d'ailleurs devenu son devoir ?

Au-dessus de la terre élever son génie ;
Des mondes radieux comprendre l'harmonie ;
Conquérir la nature ; avec de faibles yeux,
Observer un insecte et mesurer les cieux ;
Redescendre en soi-même ; interroger son être ;
Se sentir tourmenté du besoin de connaître. [41]

La marche de l'homme s'accélérait, et le poète devait accompagner ce rythme nouveau, en n'hésitant pas à fournir des exemples concrets. C'était ce que faisait d'Adaoust pour célébrer la pneumatique qui faisait la gloire de la nouvelle chimie, en l'inscrivant en outre comme une aventure :

L'homme, expliquant les faits, éclaircissant les doutes,
Marche à pas de géant dans de nouvelles routes.
L'oxygène, l'azote, et tous ces gaz divers,
D'un voile ténébreux jusqu'aujourd'hui couverts,
Manifestent enfin leur nature éclaircie. [42]

Ces principes et ces élans gouvernaient la nouvelle culture, étant clairement entendu que celle-ci serait charpentée d'exactitude et de précision, à la manière dont on bâtissait les démonstrations scientifiques. Ainsi Gudin enveloppait la science et la poésie dans un même effort, témoignage exceptionnel d'une conformation exemplaire :

Il faut chercher, il faut oser marquer la place,
Que chaque être divers occupe dans l'espace ;
Etre exact à tel point, que de leur mouvement
Je me trouve informé, malgré l'éloignement.
Voilà ce que je veux, voilà ce que je tente ;
Leur multiplicité remplira mon attente. [43]

De même, Chénier commençait tout simplement par s'adresser à ses proches, les poètes, pour leur enjoindre, non sans quelque pointe, le souci d'une expression soigneusement adaptée :

Que leurs vers de Téthys respectant le sommeil,
N'aillent plus dans ses flots rallumer le soleil ;
De la cour d'Apollon que l'erreur soit bannie. [44]

Il fallait aujourd'hui demander au poète de se hausser en chantant les exploits scientifiques, et de le faire sur le mode épique puisque justement il participait de la création d'un nouveau monde :

41. P. Daru, *Discours en vers sur les facultés de l'homme, op. cit.*
42. D'Adaoust, *L'air, op. cit.*
43. P. Gudin, *L'astronomie, op. cit.*, livre II.
44. André Chénier, *Œuvres complètes, op. cit.*, p. 130.

Et qu'enfin Calliope, élève d'Uranie,
Montant sa lyre d'or sur un plus noble ton,
En langage des Dieux fasse parler Newton ![45]

Propos littéraire que l'on peut considérer comme banalisé à cette date en ce sens que Chénier ramassait ainsi la tradition de la poésie des Lumières, celle d'un Saint-Lambert dans *Les Saisons* qui dataient de 1769, d'un Marmontel, d'un Roucher dans *Les Mois*, d'un Lemierre encore dans *Les Fastes*, tradition qui s'enracinait sur les poésies latines d'un Bošcović[46], voire d'un Polignac, ce cardinal auteur d'un *Anti-Lucrèce*. Tous tenants de la poésie dite descriptive et dont l'application à la science était l'aspect principal. Si Fontanes se contentait de résumer l'ambition de son poème sur l'*Astronomie* par ce double vers :

Toutefois, j'ai voulu des poètes français,
Elever les regards vers de si beaux spectacles,[47]

pour la majorité de ces poètes, précisément, la soif de connaissance ne pouvait être quelconque : *elle ne pouvait s'étancher que dans le vrai*. Tel était le sens profond et beau du poème apologue qu'André Chénier consacra au jeune philosophe, incapable de saisir l'imposture du magnétisme animal de Mesmer dont le baquet avait tant excité les imaginations vers les années 1780.

Un jeune homme orgueilleux et docte réputé,
Tout plein de quelque auteur au hasard feuilleté,
Etonne un cercle entier de sa haute sagesse.
Il se joue avec grâce aux dépens de la messe ;
Il plaisante le pape et siffle avec dédain
Tous ces rêves sacrés qu'enfanta le Jourdain,
Et puis d'un ton d'apôtre empesé, fanatique,
Il prêche les vertus du baquet magnétique,
...
S'il croit même le vrai, c'est qu'il est né pour croire.
Ce n'est point que le vrai saisisse son esprit ;
C'est que Bayle ou Voltaire ou Jean-Jacques l'a dit.
... et le pauvre hébété
N'est incrédule enfin que par crédulité[48].

Si cette ambition d'être vrai ne disparaissait donc pas, Chénier, comme nous avons tenté de le faire saisir, l'inscrivait dans une entreprise bien plus considérable, puisqu'elle engageait un nouveau rapport au monde. Un monde dont il convenait que l'homme fasse calmement l'inventaire :

45. André Chénier, *Œuvres complètes, op. cit.*, p. 130.
46. R. Bošcović, *Les Éclipses*, traduction française, par Barruel, du poème latin paru en 1760, Paris, Valade, 1779.
47. L. de Fontanes, *Essai sur l'astronomie, op. cit.*
48. André Chénier, *Œuvres complètes, op. cit.*, Épîtres inachevées, p. 562.

La terre est son domaine, et possesseur ardent,
Il court, juge, voit tout comme le fils prudent
Qui va de ses aieux visiter l'héritage,
Et parcourt tous les biens laissés pour son partage.[49]

Ce seul bilan satisfait d'autant moins l'homme qu'il disposait désormais des moyens d'enrichir son héritage de façon démesurée. Ainsi, la perspective d'un élargissement possible permettait une nouvelle interprétation du legs du passé, autre signe d'une culture neuve. Des savants voulurent investir leurs efforts de façon encore plus positive et relurent les textes scientifiques de l'Antiquité, aiguillonnés par la curiosité érudite, mais également soucieux d'enrichir la science contemporaine qu'ils animaient. Ce fut presque une seconde Renaissance dans l'ordre des sciences[50] et la poésie devait rendre compte de ce mouvement. Aux poètes pouvait échoir la tâche d'éclairer la culture moderne par une évocation privilégiée des figures savantes du passé, évocation éventuellement orientée par les préoccupations du présent, car telle était la règle qui paraissait gouverner les voies du Progrès. Comme nous l'avons vu, ce fut ainsi que Gudin présenta et utilisa Descartes ! Un nouveau genre littéraire paraissait donc à la mode.

La poésie descriptive comme genre littéraire ou la poésie didactique comme élan culturel ?

Assurément, ce qu'on a appelé la poésie descriptive n'était pas né avec André Chénier. Elle avait débuté dans une autre langue. En 1760, quand le savant astronome et jésuite, Rudler Josip Bošcović, publia un épais volume de plus de cinq mille vers latins, souvent bien ciselés, où il « décrivait » (le verbe est éponyme) les théories astronomiques. Le poème fut brillamment traduit en français par Barruel[51]. Puisque le genre poétique, par la rime, la concision et l'ellipse, exige le recours fréquent à la métaphore, voire à la personnification des phénomènes physiques, le poète par les notes explicatives qu'il se devait d'ajouter, se doublait nécessairement d'un savant. Ces notes étaient en fait inséparables du poème lui-même et c'est ce double élan, poétique et explicatif, qui paraît vraiment constitutif de la poésie descriptive.

Un auteur comme Gudin n'hésitait pas à rendre la balance inégale puisqu'il insérait cent vingt sept pages de notes à l'édition de son poème l'*Astronomie* en 1810, contre soixante quinze pages consacrées aux seuls vers. Le souci d'exactitude le taraudait d'autant plus que « le public cherche la vérité ; on ne doit pas lui offrir des fables ; elle ne convient qu'au genre frivole »[52]. Il n'y avait effectivement rien de frivole à s'assigner

49. André Chénier, *Œuvres complètes, op. cit.*, p. 415.
50. Voir un article à paraître de J. Dhombres et J. Pigeaud, *Sciences et Techniques en perspective*.
51. R. Bošcović, *Les Éclipses, op. cit.*
52. D'Adaoust, *L'air, op. cit.*

la tâche bien ingrate de rendre compte de la preuve — du moins conçue comme telle — de la stabilité du système solaire telle qu'élaborée par Laplace et Lagrange. Citons, pour en mesurer la pertinence scientifique qui est notable, l'intégralité de la note ajoutée de Gudin : « Newton avait auguré d'après quelques inégalités dans les mouvements des corps célestes, que ces inégalités augmenteraient, que le système de l'Univers se dérangerait, et même se détruirait, si Dieu ne le réparait pas par un acte formel de sa volonté. Mais les géomètres dont nous venons de parler étaient parvenus à calculer avec précision des quantités qu'on était obligé de négliger du temps de Newton, faute de formules qu'ils ont inventées, pour simplifier et faciliter le calcul. Ils ont trouvé que ces inégalités n'étaient que des dérangements passagers, qui se rectifiaient dans des périodes régulières ; qu'un astre dont le cours était accéléré par l'attraction d'une planète, était retardé dans une autre circonstance »[53].

La nature bornée, incréée ou créée,
Dans l'espace a son lieu, dans le temps sa durée
...
A d'immuables lois elle est assujettie.
...
De ce grand édifice en traçant le dessin,
L'Éternel architecte ordonna qu'il fût stable.
Voulant qu'au même temps il fût inattaquable,
...
A chaque être il fit don d'un type indélébile
Et, pour tout conserver, il rendit tout mobile.[54]

On peut certes relever dans l'imaginaire aussi bien que dans la pensée scientifique l'alternance entre une conception de la stabilité (qui implique souvent l'idée d'indifférence de la nature aux aventures humaines) et une conception du changement, voire du chaos (qui implique plutôt le sentiment de l'absurde ou de l'injustice). Dans sa seconde édition, Gudin ne reprit pas son illustration de la stabilité du système solaire, sans doute parce que l'image plus forte du mouvement général des astres lui paraissait s'imposer. Il indiquait en effet :

Dans ce vaste univers ainsi tout est muable ;
Aucun astre n'est fixe, aucun ordre n'est stable.[55]

Deux poètes au moins, Delille et Lemercier, firent au début du XIXe siècle un appel direct aux savants afin de se garantir contre les fautes que le lyrisme pouvait risquer de leur faire commettre. « Étranger moi-même à l'Empire des sciences »[56], avouait calmement l'abbé Delille dans

53. P. Gudin, *L'astronomie*, 1re édition, *op. cit.* à la note.
54. P. Daru, *Discours en vers...*, *op. cit.*
55. P. Gudin, *L'astronomie*, 1re édition, *op. cit.*, page 71.
56. J. Delille, *Les trois règnes, op. cit.*

son recueil des *Trois règnes de la nature*, pour lequel il avait requis « M. Cuvier de l'Institut et autres savants ». Effectivement outre le naturaliste déjà célèbre, le chimiste Darcet, le mathématicien Laplace et bien d'autres, corrigèrent ou annotèrent son chant qui se voulait une peinture du monde, et une peinture dénuée de l'esprit de système. Nous avons déjà souligné l'intérêt « promotionnel » que les savants prenaient à la poésie descriptive. Le poète n'oubliait surtout pas de faire de la philosophie puisque son œuvre participait d'un mouvement intellectuel dont les incidences sociales étaient attendues :

> Évitons cet écueil ; laissons de ces entraves,
> L'esprit systématique enchaîner ses esclaves.
> La seule expérience est un guide pour moi ;
> Instruire est son devoir, et peindre est mon emploi.[57]

De même Lemercier avait consulté le chimiste Thénard, Laplace bien entendu, mais il voulait rester modeste :

> J'épie les vérités, je les écoute, et n'ai pas le droit d'enseigner.[58]

Chez nos deux auteurs, effectivement, la variété des sciences évoquées étonne, de la biologie à l'optique, des sciences de la nature à la chimie, même si l'astronomie était loin d'être oubliée. C'était Lemercier qui rendait compte d'une découverte fondamentale de Lavoisier en physiologie animale. Voici qu'il parlait « du double cours du sang les flots noirs ou pourprés »[59], et qu'il commentait ainsi son vers : « le sang artériel rouge est plus oxygéné que le sang veineux brun et chargé de carbone »[60]. Voilà Delille décrivant des propriétés de certains corps chimiques :

> Le tungstène grisâtre, et l'arsenic rongeur
> Qui du cuivre blanchi déguise la rougeur,
> Et par deux attentats sert, doublement perfide
> Le monnayeur coupable et le lâche homicide.[61]

Ou Delille encore, expliquant le principe du baromètre, la construction de cet instrument et son usage météorologique :

> Pompe l'air que ce vase enferme dans son sein.
> Dès qu'il s'est échappé, qu'une exacte clôture
> A l'air extérieur en ferme l'ouverture.
> Et tout à coup, privé d'un heureux contre poids,
> Le vase en mille éclats se brise sous les doigts.
> Le poids de l'air agit sur la nature entière

57. J. Delille, *Les trois règnes, op. cit.*
58. N. Lemercier, *Essais poétiques... op. cit.*
59. N. Lemercier, *Essais poétiques... op. cit.*
60. N. Lemercier, *Essais poétiques... op. cit.*
61. J. Delille, *Les trois règnes..., op. cit.*

En solide pesant s'unit à la matière ;
Des beaux jours, de l'orage, exact indicateur
Le mercure captif ressent sa pesanteur.[62]

Fidèle au goût historique que nous évoquions plus tôt, il terminait sa strophe par un rappel des expériences fameuses sur la pesanteur de l'air réalisées au Puy de Dôme :

Je me disais : ici Pascal, dans son audace,
Des colonnes de l'air osa peser la masse.

Plus frappante peut-être reste la description qu'il fit de la machine à vapeur — nous sommes en 1808 bien avant l'invention du cycle de Carnot — et des deux sources de température nécessaires à son fonctionnement :

A peine la fumée, enfant léger du feu,
Dans le tube d'airain où sa vapeur s'amasse,
Du piston qu'il refoule a soulevé la masse,
Une eau froide, avec art introduite en son sein
Dans son canal brillant le refroidit soudain ;
Et par le froid magique, arrêtée en sa route,
Une immense vapeur tombe réduite en goutte :
Alors le lourd piston sent le fardeau de l'air
Et retombe en glissant dans sa prison de fer.[63]

On pourra remarquer que s'il n'avait pas pris conscience des nettes améliorations apportées à la machine de Newcomen grâce par exemple au double effet inventé par Watt vers 1765, le poète témoignait, peut-être malgré lui, du retard français dont les historiens de l'économie et de l'industrie nous démontent les raisons et les mécanismes. Science pure, science appliquée : il est bien difficile de faire le partage chez les savants de cette période d'avant 1815 aussi bien que chez les poètes qui les célèbrent[64]. L'enthousiasme pour la science, ses fastes, ses acteurs et surtout le progrès dont elle paraissait garante, se manifesta nettement pendant la Révolution, et fut avivé par les secours imprévus que les scientifiques apportèrent à la République ; aristocratique et bourgeois, il toucha aussi des couches populaires et perdura tout au long du Consulat et de l'Empire. En septembre 1794, devant la Convention, le chimiste et jacobin Fourcroy célébrait le résultat tangible et pratique de l'effort savant qu'il ne négligeait pas de porter au compte de préoccupations théoriques, voire abstraites : « C'est en faisant fabriquer des armes, du salpêtre et de la poudre, c'est en tirant le cuivre du métal des cloches,

62. J. Delille, *Les trois règnes...*, *op. cit.*
63. J. Delille, *Les trois règnes...*, *op. cit.*
64. Un texte est caractéristique de l'étroite imbrication du rhétorique et de l'appliqué : il s'agit de *La navigation*, poème en huit chants dû à Joseph Esménard (1769-1811), où sont décrits et célébrés les canaux, et toutes les techniques qui les accompagnent.

en élevant dans les airs des aérostats d'observation auprès de nos armées, en établissant les courriers télégraphiques, en apprêtant, pour l'usage de nos frères d'armes, du cuir en huit jours, c'est en multipliant et en inventant des arts de défense inconnus jusqu'ici, à l'aide de moyens nouveaux puisés dans les sciences géométriques et physiques, que le Comité de Salut public a reconnu l'importance de ces sciences, et la nécessité d'en recueillir soigneusement l'industrieuse activité ». Il concluait : « Le génie de la liberté s'est associé le génie des arts ; l'un et l'autre ont veillé pour le salut du peuple, et leurs efforts réunis ont obtenu des succès dont l'Europe est étonnée »[65]. Des discours analogues ponctuèrent la période directoriale autant que le règne napoléonien, et ne furent pas le fait des seuls savants. Un signe ne trompe pas : le pourcentage de titres scientifiques parmi tous les livres français produits chaque année connut un apex[66] entre 1795 et 1814.

Voici encore quelques années plus tard, et sans rupture de ton pour aller de la science à son application, la description quasiment médicale du résultat cutané de l'inoculation de la vaccine.

Il infecte avec art cette triple piqûre,
Autour d'elle s'allume un cercle fugitif.
...
La tumeur en croissant de pourpre se revêt,
S'arrondit à la base et se creuse au sommet.
Un cercle plus vermeil de ses feux l'environne ;
D'une écaille d'argent l'épaisseur la couronne...[67]

Revenons à Chénier qui, ébloui par toutes les sciences, manifestait dans son poème l'*Invention* toute la fierté de son siècle qui découvrait le progrès :

Quel amas de tableaux, de sublimes images,
Naît de ces grands objets réservés à nos âges ![68]

Nous pourrions ainsi multiplier à loisir les exemples pour prouver, par simple accumulation, que c'était désormais toutes les sciences qui étaient évoquées, et non plus la seule astronomie comme au XVIIIe siècle français. Cette extension du champ poétique s'inscrivait dans la nouvelle perspective culturelle dont André Chénier avait lucidement dégagé certains éléments :

65. A.F. Fourcroy, Rapport sur les mesures prises par le Comité de salut public, pour l'établissement de l'École centrale des travaux publics, décrétées par la Convention nationale, le 21 ventôse dernier, séance à la Convention du 3 Vendémiaire de l'an III de la République, Imprimerie du Comité de Salut public.

66. Des données chiffrées sont fournies dans J. Dhombres, « French mathematical textbooks from Bézout to Cauchy », *Historia scientiarum*, 1985, 28, pp. 91-137.

67. Casimir Delavigne, *La découverte de la vaccine*, Poème, Paris, Ladvocat, 1823. Il existe toute une littérature concernant l'inoculation, avec quelques morceaux de belle rhétorique sur ses dangers.

68. André Chénier, *Œuvres complètes, op. cit.*, p. 126.

aménager l'avenir n'était pas la moindre ambition que portait cette poésie, si riche par le nombre de vers produits à tout le moins.

Prenons entre tous les témoignages possibles celui de Ricard qui composait un chant sur les aérostats. L'exorde était purement descriptif, exact d'ailleurs car telle était la déontologie du poète « descriptif » ; il jouait sur la surprise puisque la première ascension en ballon à air chaud remontait à dix ans à peine :

> Mais quel objet nouveau vient s'offrir à ma vue !
> Quel globe j'aperçois d'une forme inconnue !
> Par quel secret ressort suspendu dans les airs,
> Fait-il au gré du vent, des mouvements divers ?
> Dans ses flancs arrondis une flamme légère,
> Vient de raréfier sa fluide atmosphère ;
> Et cet air aussitôt, allégé dans son poids,
> De l'air qui l'environne a méconnu les lois...
> ...
> Le globe balancé par des soufflets divers,
> Monte, descend, s'élève et plane dans les airs.[69]

L'intrusion des hommes dans l'espace ne comportait-elle pas un risque majeur, doublé d'une audace athée ?

> Veulent-ils, dans l'essor d'une coupable audace,
> ...
> D'un nouvel attentat rendre témoins les cieux
> Et jusque sur leur trône épouvanter les Dieux.[70]

La réponse suivait, calme et sereine, et elle était d'importance :

> Leur audace n'a rien d'effrayant pour la terre ;
> Ils ne vont pas du ciel provoquer le tonnerre ;
> Et leur âme a conçu de plus nobles desseins.

Advenait alors l'essentiel, l'allégation positive par excellence.

> Ils veulent ajouter au bonheur des humains.[71]

Une allégation qui cheminait... vers le rêve :

> Peut-être enfin que l'art maîtrisant la nature,
> S'ouvrira vers les cieux une route plus sûre.[72]

Rassurer sur l'avenir pouvait donc être le rôle d'une poésie dont le didactisme à tout le moins passait de l'action sur les écoliers à l'éducation de la société toute entière. Casimir Delavigne nous en donna un autre

69. D. Ricard, *La sphère, op. cit.*
70. D. Ricard, *La sphère, op. cit.*
71. D. Ricard, *La sphère, op. cit.*
72. D. Ricard, *La sphère, op. cit.*

exemple avec son poème sur la vaccine par lequel il célébrait ceux « dont les savantes mains surent reculer l'instant qui nous plonge au tombeau »[73]. Toujours sur le mode épique, il lui importait de montrer les succès de la vaccine, d'abord en Angleterre, puis dans le monde entier :

Le vaccin voyageur parcourt ses bords lointains,
Où le moka doré mûrit pour nos festins.[74]

Il se faisait prosélyte de l'inoculation, dans des descriptions que reprendront à la fin du siècle les « hussards noirs » de Jules Ferry. Il lui importait surtout de conclure : puisqu'il écrivait après Waterloo et la défaite, se substituant à l'esprit de conquête c'était alors bien la science qui permettait d'espérer dans les temps à venir et nourrissait une culture :

Adopte ce bienfait, ô France, ô ma patrie !
Après tant de revers qui ne t'ont pas flétrie,
En dépit des vainqueurs, forcés de t'admirer,
Quel beau siècle pour toi semble se préparer.[75]

Simple poésie descriptive voudrait-on nous faire encore croire ? Allons donc ! Toute une Weltanschauung était sous-entendue : « le bien dans tous les arts n'est qu'un pas vers le mieux ». C'était une philosophie qui laissait libre cours à l'exaltation du temps présent. Gudin claironnait la découverte rapide de cinq nouvelles planètes, Uranus incluse, qui signalait la prééminence incontestable des temps modernes :

Quoi ! l'Arabe, les Grecs, le vieil Égyptien
Le Mage encore plus vieux, le berger chaldéen
Sous les plus purs climats n'en ont jamais trouvés,
Hors les cinq avant eux par les Brames observés ;
Et ce que n'ont point fait cent siècles précédents,
Vous en avez surpris cinq au ciel en vingt ans.[76]

Bien sûr, on pouvait faire servir cette philosophie à des finalités simplement littéraires, comme Chénier l'annonçait :

Tous les arts sont unis : les sciences humaines
N'ont pu de leur empire étendre les domaines
Sans agrandir aussi la carrière des vers.[77]

Et son vers si souvent cité, « Sur des penseurs nouveaux, faisons des vers antiques »[78] pouvait n'être qu'un antidote au tarissement des sources

73. C. Delavigne, *La découverte de la vaccine, op. cit.*
74. C. Delavigne, *La découverte de la vaccine, op. cit.*
75. C. Delavigne, *La découverte de la vaccine, op. cit.*
76. P. Gudin, *L'astronomie, op. cit.*, page 65.
77. André Chénier, *Œuvres complètes, op. cit.*, p. 125.
78. André Chénier, *Œuvres complètes, op. cit.*, L'invention, p. 127. « Je prends, pour renouveler la poésie, la méthode qu'on a prise dans les sciences pour les rectifier », disait Lemercier dans l'introduction à son poème didactique (*Essais poétiques, op. cit.*, page 12).

classiques d'inspiration, bref n'évoquer qu'une querelle de tous les âges entre les Anciens et les Modernes.

> Que nos travaux savants, nos calculs studieux,
> Qui subjuguent l'esprit et répugnent aux yeux,
> Que l'on croit malgré soi, sont pénibles, austères,
> Et moins grands, moins pompeux que leurs belles chimères

Peut-être ? Mais alors pourquoi enjoindre au Poète :

> Qui que tu sois enfin, ô toi, jeune poète,
> Travaille ; ose achever cette illustre conquête.
> ...
> Travaille.

Sinon pour signifier que le poète, aussi laborieusement que son confrère le savant, construisait le nouveau monde ! Ce cheminement plus sourd est perceptible dans ces lignes, écrites à la va-vite, et qui nous touchent encore aujourd'hui ?

« Il est plus aisé avec un génie médiocre de faire un bon ouvrage en suivant la route tracée que d'avoir le sens commun en s'ouvrant une route nouvelle... Je veux m'abandonner à mon imagination... Je ne suis point la planète qui reste dans son orbite circulaire... je veux être la comète qui erre... et poursuit sa course excentrique... »[79].

La science rendait possible un nouveau rapport au monde et au temps, rapport qui faisait jouer une éthique nouvelle. La société devenue responsable de son avenir imposait à l'homme un devoir de transmission, aussi contraignant que celui de reproduction :

> Il a reçu d'autrui la vie et la science.
> Il faut qu'il les transmette en quittant l'existence.
> S'il ne vit qu'un moment, il est né pour unir
> Les siècles écoulés aux siècles à venir.[80]

Une fin brutale de la poésie didactique

Avec la même brutalité que la guillotine qui trancha la tête de Chénier le 8 juillet 1794, la poésie didactique cessa de plaire en France, du moins sous la forme que nous avons décrite. Le même Népomucène Lemercier qui avait peiné des heures et des heures à composer l'*Atlantiade* de 1808 à 1812, long poème de plusieurs milliers de vers à la gloire de toutes les sciences, déclarait tout de go en 1820 :

> Siècle de vain savoir, qui t'ignores toi-même
> Sors de l'obscur dédale où se perdent tes pas !
> Mesurer et peser est ton docte système :
> Ton erreur ne calcule pas

79. André Chénier, *Œuvres complètes, op. cit.*, Fragments de poèmes, p. 502.
80. P. Gudin, *L'Astronomie, op. cit.*, p. 36.

Qu'au sein de la nature entière
L'âme, le sentiment, et même la matière
Élude ta balance, échappe à ton compas.[81]

On ne pouvait imaginer revirement plus net.

Bornez cette science au nombre assujettie
Qui glace, en la réglant, la sensibilité.[82]

Ne sortant pas de la sphère littéraire et limitant sa critique au seul goût, le propre frère d'André Chénier avait grommelé quelques années plus tôt :

Des grimauds impuissants, dont jamais le cerveau
N'a saisi les contours d'un sujet noble et riche
...
De vingt compilateurs compilent les merveilles,
Assomment le public endormi par leurs veilles.[83]

N'était-il pas dérisoirement importun le versificateur qui « à l'aide de Jussieu rime un traité des fleurs ? »[84]

Les causes de ce changement furent bien sûr littéraires mais aussi politiques, religieuses, et idéologiques. Dans la sphère des sciences, nous avons tenté ailleurs de les analyser et nous ne voulons pas y revenir ici[85]. Dans la sphère culturelle, il faudrait surtout évoquer un désenchantement du monde, l'idée même de son dépérissement. Deux extraits disent l'ampleur du changement et font aisément deviner les idéologies sous-jacentes ; dans le premier, Gudin célébrait les conquêtes de l'homme :

Il impose des lois au trépas étonné,
Dans des bateaux volants traverse l'atmosphère,
Et dirige à son gré les carreaux du tonnerre.[86]

Dans le second, composé vers 1813 mais par crainte du qu'en dira-t-on publié ultérieurement, Fontanes niait les avantages du progrès :

Hélas ! plus de bonheur eût suivi l'ignorance !
Le monde a payé cher la douteuse espérance
D'un meilleur avenir.[87]

Sur le plan stylistique, cette poésie connaissait un essoufflement, au point qu'il serait facile de suivre à la trace certaines images, certains vers

81. N. Lemercier, *Ode a notre âge analytique*, Paris, Baudoin, 1820.
82. *Op. cit.* à la note précédente.
83. M.J. Chénier, Discours sur les poèmes descriptifs, *Œuvres de M.J. Chénier*, tome III. Ce poème semble avoir été composé en 1805.
84. *Op. cit.* à la note précédente.
85. J. et N. Dhombres, *La naissance d'un pouvoir..., op. cit.*
86. P. Gudin, *L'astronomie*, livre III.
87. L. de Fontanes, La société sans religion, *Œuvres*, Paris, 1839.

pillés sans vergogne, qui revenaient sans cesse sous la plume des uns et des autres. Les coupes et les enjambements des vers ont bien du mal à refléter la réalité scientifique... la monotonie guette. Commis par l'Institut, et surtout par l'Empereur, pour écrire un tableau historique de la littérature depuis 1789, Marie-Joseph Chénier dut juger, ou du moins rendre compte officiellement de la poésie descriptive. Il évita toutefois toute virulence sur le plan philosophique, là où pourtant résidait son désavœu de la poésie didactique comme le prouve son texte (non publié) de 1805. Dans son rapport, il ne reprit même pas les critiques techniques adressées à Delille dans les colonnes de la *Décade philosophique*, s'estimant au contraire tenu à un coup de chapeau : « Les détails les plus techniques ne peuvent résister à son art. Sont-ils minutieux : il leur donne de l'importance. Sont-ils arides : il les féconde. Sont-ils bas : il les ennoblit. Une idée paraît-elle impossible à rendre : c'est là précisément qu'il triomphe, et tous les obstacles s'aplanissent devant les idées du poète »[88]. Toutefois, parlant apparemment en faveur de Gudin et de son poème déjà cité sur l'astronomie, il persiflait volontiers : « Nous voudrions pouvoir ajouter que c'est aussi l'ouvrage d'un poète »[89]. En se réfugiant dans des arguments de versification sur lesquels l'idéologie ne paraissait pas avoir de prise, mais ne négligeant pas de pointer de temps à autre quelque remarque vengeresse, et définitive, Marie-Joseph Chénier attaquait bien la poésie descriptive, puisque tel était le nom donné à ce genre littéraire dans lequel les sciences intervenaient avec tant d'insistance : « Le style en est grave, et même un peu trop ; il a presque toujours de l'harmonie, souvent de l'élégance, mais rarement de la chaleur, et presque jamais de la précision »[90]. Que pouvait-il rester au crédit d'une telle poésie ?

Des faux mystères au mystère

D'autant qu'un militantisme était mort. Car au long de ses années, le mystérieux lié à l'astrologie avait été l'ennemi[91], un mystérieux qui touchait quelquefois la religion, mais à ce propos l'unanimité n'était pas réalisée, et dans le genre qui nous occupe, la Révolution n'avait pas fait fleurir les poèmes athées. Tous nos auteurs pourtant avaient vilipendé l'astrologie et les croyances analogues, et Daru continuait de le faire en 1830 encore. La poésie descriptive avait vertu éducative et morale, c'était au sens plein une poésie didactique : elle était militante et s'enracinait d'autant dans une culture dont elle tentait de délimiter les contours : « la vérité est le fonds essentiel de tout poème didactique, elle en est l'âme et la vie » ?[92]

88. J.M. Chénier, *Rapport sur le progrès des lettres depuis 1789 et sur leur état actuel*, réédition, avec des notes de J.C. Bonnet et P. Frantz, Paris, Belin, 1989, page 267.
89. *Op. cit.* à la note précédente, page 274.
90. *Op. cit.* à la note 1, pp. 272-273.
91. Voir par exemple le projet d'épître sur la superstition de A. Chénier.
92. D. Ricard, *La sphère, op. cit.*

Ainsi même à l'occasion d'évocations historiques surgies grâce à l'expédition d'Égypte, si Chênedollé retrouvait le goût du mystère, il convenait que les ruines énigmatiques le charmaient, quoique ne l'instruisant pas :

Tels on voit, aux déserts de l'antique Oasis,
Les monuments, chargés d'emblèmes obscurcis,
Qui gardent les dépôts de la sagesse antique :
Mais ces pensers, que voile une ombre énigmatique,
En vain vivent encore au fond de ces déserts ;
La voix de ces vieux Temps n'instruit plus l'univers. [93]

Au fond, l'inconnu n'était-il pas pour ces poètes plus un décor qu'une réalité, l'artifice rhétorique qui permettait la mise en scène dramatique des héros scientifiques dont la geste annulait le mystère. En d'autres mots, les mystères paraissaient comme ces brumes matinales que le soleil scientifique dissipait toujours. Les lumières éclairaient !

On sent bien, chez certains, quelque velléité d'oublier la rigueur descriptive pour retrouver une liberté. Dorat-Cubières fournit un exemple étonnant en 1791 : il s'adressait à son tour aux poètes et voulait donner libre cours à leur imagination, se rassurant au besoin par des arguments « scientifiques », qui n'étaient que la reprise du thème de la pluralité des mondes, celui qui avait déjà marqué une querelle fameuse entre Anciens et des Modernes un siècle plus tôt :

Du possible, en un mot, percez les voiles sombres ;
Donnez un corps, une âme aux fantastiques ombres,
Et tel que Prométhée, un flambeau dans les mains
Par des humains nouveaux étonnez les humains.
De l'univers créé respectant les limites,
Y voulez-vous rester dans les bornes prescrites ?
Eh bien ! cet univers est encore infini :
Les états découverts par le grand Cassini,
S'ouvrent à votre audace, et sous vos mains fécondes
Peuvent ressusciter des milliers de mondes. [94]

Nous écoutons aussi bien Lemercier s'émerveiller de la richesse de la nature, de ses ressources infinies cachées dans le plus petit des corps. Il reprenait ainsi toute une sensibilité, manifestée par les éblouissements de Diderot dans le *Rêve de d'Alembert* :

Tout point recèle un monde, et des perles liquides
Sont autant d'océans pleins de races avides,
Etres doués de cœurs, de tubes intestins,
Qui semblent de la vie habiter les confins. [95]

93. C. Chênedollé, *Le génie de l'homme, op. cit.*
94. Dorat-Cubières, *Les États-Généraux du Parnasse*, Les Cahiers des Muses, Paris, 1791, pp. 46-47.
95. N. Lemercier, *Essais poétiques..., op. cit.*

Malencontreusement, au lieu d'innover, Lemercier s'ingénia à peupler de naïades et de génies le monde que scrutaient les savants : ses pensers restaient anciens ! Dorat-Cubières pressentait le risque majeur de la poésie nouvelle ; il prévenait :

Mais peignez sans compas : observateur nocturne,
N'allez point pas à pas suivre l'astre en son cours,
Décrire, mesurer ses phases, ses détours ;
Et suivant des docteurs la pesante rubrique,
Répandre sur vos vers la froideur algébrique. [96]

Il concluait souverain :

L'astronome calcule et le poète anime.

La phrase appartient à un registre classique, qui fut naturellement utilisé par beaucoup d'écrivains vers 1800 pour se moquer ouvertement des esprits calculateurs : le meilleur exemple fut Louis Sébastien Mercier, qui se piquait d'astronomie, mais non sans ridicule combattait Newton sur le terrain savant !

La terre est immobile, et son ferme plancher
Chaque jour de son lieu ne va point dénicher ;
Un Newton sacrilège en fit une danseuse,
Saltimbanque tournant sur ses pieds, sur ses mains. [97]

Mercier toutefois, dans ses satires, ne laissait guère de place au mystère :

Je conviens qu'il est beau de voir les cieux ouverts,
Dans son étroit compas d'enfermer l'univers ;
Mais pour savoir tracer le plan d'un corps céleste,
Il faut, quoique algébriste, être calme ou modeste. [98]

Restait bien le mystère du déroulement du temps, d'autant plus fort que le spectacle de la Révolution nourrissait la réflexion sur le changement des mœurs. Comme l'idée de progrès paraissait imposer un écoulement linéaire, quelques auteurs utilisèrent des images qui pouvaient suggérer le thème de l'éternel retour, une conception cyclique du temps, toujours propice à l'évocation nostalgique de par le charme des entrelacs du présent, du futur et du passé. Ainsi Fontanes évoquait le destin des astres :

Meurent-ils comme nous ? On dit que sur sa tour,
Quelquefois l'astronome, attendant leur retour,
Vit, dans des régions qu'il s'étonne d'atteindre,
Luire un astre nouveau, de vieux astres s'éteindre. [99]

96. *Op. cit.* à la note précédente.
97. Louis Sébastien Mercier, *Satires contre les astronomes*, Paris, Torrelonge, 1803, an IX.
98. *Op. cit.* à la note précédente.
99. L. de Fontanes, *Essai sur l'astronomie, op. cit.*

S'il se garda lui-même d'intervenir avec plus d'ardeur, son compère Chateaubriand n'y alla pas par quatre chemins. Il lançait une déclaration solennelle : « il n'est rien de beau, de doux, de grand dans la vie que les choses mystérieuses »[100]. Chateaubriand poursuivait : « A quelle science revient-on sans cesse ? à celle qui laisse toujours quelque chose à deviner, et qui fixe nos regards sur une perspective infinie »[101]. Avec la parution du *Génie du Christianisme*, symptomatiquement, un tout nouvel état d'esprit s'instaurait : en tout cas un éphémère mode de relation de la culture avec la science était ébranlé. Nous avons essayé de le décrire.

100. Chateaubriand, *Génie du Christianisme ou Beautés de la religion chrétienne*, tome 1, édition de 1839, Paris, Imp. de Béthune, page 11.
101. *Op. cit.* à la note précédente, page 12.

IV — Histoire de l'homme, Science des hommes

Charles C. GILLISPIE

Palisot de Beauvois et les Américains*

Les citoyens français n'ont émigré en grand nombre vers les États-Unis qu'à un seul moment de l'histoire de ce pays. Ce mouvement, fait paradoxal, s'est produit alors que les tensions diplomatiques avaient amené les deux États au bord de la guerre, la France voyant dans la législation américaine sur la neutralité un geste favorable à l'Angleterre, et le parti fédéraliste soupçonnant une interférence des agents de la République française dans la politique américaine. Quoi qu'il en soit, au cours du second mandat de Washington et au début de celui d'Adams, de 1793 à la fin de 1798, les Français ont constitué le contingent étranger le plus important sur le territoire des États-Unis[1]. On sait fort bien que des personnages célèbres s'y sont réfugiés plus ou moins longtemps, à l'abri des vicissitudes de la politique révolutionnaire : Brissot (en 1788-89), Talleyrand, Chateaubriand, le futur Louis-Philippe, le duc de La Rochefoucauld-Liancourt, le comte de Noailles , le marquis et la marquise de la Tour du Pin. On se souvient plus rarement que parmi la population blanche de Saint-Domingue, des planteurs, des artisans, des marchands, des commerçants, membres de toutes les classes sociales, en fait la majorité de ceux qui avaient échappé au massacre lors des soulèvements des esclaves qui furent à l'origine de la République de Haïti, se sont embarqués comme ils ont pu en direction de Savannah, Charleston, Wilmington, Norfolk, Philadelphie, New York ou Boston. Ils pourraient avoir été 25 000, dont la majorité, peut-être 10 000, se serait installée à Philadelphie, « l'Arche de Noé », comme le comte de Moré appelait la capitale fédérale. On entendait presque autant de français que d'anglais dans la partie de la ville comprise entre Front et Fourth streets d'une part et Arch et Spruce streets de l'autre. La *Pennsylvania Gazette* publiait des « petites annonces » dans les deux langues. Dès le début, le catalogue du musée de Peale fut imprimé dans les deux versions anglaise et française. Voici la page de titre de cette dernière :

* La version anglaise de ce travail est parue sous le titre « Palisot de Beauvois on the Americans », *Proceedings of the American Philosophical Society*, vol. 136, n° 1, 1992, 33-50.

1. Frances S. Childs, *French Refugee Life in the United States, 1790-1800* (Baltimore : The Johns Hopkins Press, 1940), ouvrage accompagné d'une importante bibliographie. Voir aussi une thèse inédite de l'Université de Princeton : Marc de Lapérouse, *The Philosophes in the Young Republic : a study of French Emigrés in the United States, 1790-1798* (1977), comprenant un chapitre sur Palisot de Beauvois à Philadelphie, pp. 118-132.

CATALOGUE

RAISONNÉ

Du MUSEUM, de Mr. C. W. PEALE, membre de la société philosophique de Pensylvanie.

Rédigé par A. M. F. J. Beauvois, *membre de la société des sciences et arts du Cap français, île et côte Saint-Domingue; de la société philosophique de Pensylvanie et correspondant du* Museum *d'histoire naturelle de Paris.*

NATURE ! les ignorans seuls méconnaissent tes bienfaits.

A PHILADELPHIE.
De l'Imprimerie de Parent, rue Vine N° 85.

CATALOGUE
RAISONNÉ
DU MUSEUM DE Mr C. W. PEALE
membre de la société philosophique de
Pensylvanie

Rédigé par A.M.F.J. BEAUVOIS, *membre de la société des sciences et arts du Cap français, île et côte Saint-Domingue ; de la société philosophique de Pensylvanie, et correspondant du* MUSEUM *d'histoire naturelle de Paris.*

Il semble donc intéressant de publier quelques observations se rapportant aux américains faites par l'auteur du catalogue de Peale : Ambroise-Marie-François-Joseph Palisot, baron de Beauvois, pour lui donner tous ses titres[2]. La préparation du catalogue est elle-même une invitation à des comparaisons culturelles. Charles Willson Peale voulait que sa collection d'animaux empaillés et d'autres objets venus de la nature serve à instruire un public sans éducation qui payerait pour la voir[3]. Sa collaboration avec Palisot donnerait à cette exposition d'objets insolites un caractère scientifique en les plaçant dans le cadre formel de l'histoire naturelle. Nous ne savons qui en prit l'initiative, mais ce fut probablement Palisot, qui avait fort besoin de travailler, plutôt que Peale, artiste aux intérêts multiples mais peu érudit. Cette collection commencée en 1786 était destinée au Musée ouvert par Peale dans une aile de sa propre maison. En 1794, il loua les salles ouvertes au public du Philosophical Hall, le siège de l'American Philosophical Society. On pourrait donc penser que Palisot saisit l'occasion de cette nouvelle installation pour ouvrir une souscription au *Scientific and Descriptive Catalogue* (c'était son titre américain).

Ce catalogue, dont on voulait qu'il soit simple, commence par la définition des critères de Linné servant à ranger les produits de la nature dans les trois règnes, animal, végétal ou minéral, selon leur mode de

2. Le principal biographe de Palisot est Arsène Thiébaut de Berneaud. L'*Éloge historique d'A.M.F.J. Palisot de Beauvois* (Arras, 1821) fut préparé pour la Société Royale d'Encouragement des Sciences, des Lettres et Arts d'Arras, et publié dans ses *Mémoires* 4 (1821), 49-116, et aussi séparément. Il y a aussi un éloge de Cuvier, *Mémoires de l'Académie des Sciences de l'Institut de France* 4 (1824), CCCXVIII-CCCLXVI. La documentation sur laquelle est fondée cet éloge se trouve dans le fonds Cuvier, à l'Institut de France. Une collection considérable des manuscrits de Palisot se trouve à la bibliothèque de l'État, à Mons. Il sont répertoriés dans le *Catalogue des manuscrits de la Bibliothèque publique de la ville de Mons* (Gand, 1931), de Paul Faider (cotes 1060-1066). Le conservateur a aimablement autorisé la publication des passages ci-dessous. Ils ont été transcrits à partir d'une copie sur microfilm se trouvant à la bibliothèque de l'Université de Princeton, avec duplicata à la bibliothèque de l'American Philosophical Society.

3. Toby A. Appel « Science, popular culture and profits : Peale's Philadelphia Museum », *Journal of the Society for the Bibliography of Natural History*, 9, April, Pt. 4, 619-634.

croissance, leur capacité vitale et leur mobilité. Trois tableaux distincts donnent la répartition des animaux en différentes classes. Le premier porte sur les caractéristiques externes, ou anatomiques, et le second sur les autres, surtout physiologiques. Pour le troisième, Palisot adopte la méthode dichotomique de Daubenton avec des divisions successives au moyen de discriminants arbitraires choisis pour des raisons de commodité. Ces trois systèmes rangent toutes les créatures du règne animal dans les huit mêmes classes : Quadrupèdes, cétacés, oiseaux, lézards ou quadrupèdes ovipares, serpents, poissons, insectes et vers. Les quadrupèdes font l'objet du premier chapitre. La subdivision montre que si Palisot, le botaniste, pouvait s'orienter selon le système naturel de Jussieu, ce qu'il fit d'ailleurs, Palisot, le zoologiste, était nécessairement plus proche de Buffon que de la taxinomie moderne. Les ordres étaient au nombre de six : *les Primats, les Bêtes féroces, les Dormeurs, les Brutes, les Ruminans, les Bellues*. Les Primats, à leur tour, comprennent quatre genres : l'homme, les singes, les Lémuriens et les Chauves-souris. Palisot cite les raisons pour lesquelles Linné avait placé l'homme et les Chauves-souris dans le même ordre, prenant l'organe sexuel mâle pour point principal de comparaison.

En entrant dans le Musée, le visiteur ayant en main la version française du catalogue, devrait jeter un pont sur un fossé culturel aussi vaste que l'Atlantique entre ces principes taxinomiques de haute volée et les objets rustiques auxquels ils s'appliquaient. Exposés sous l'étiquette *Homo sapiens americanus* se trouvaient les squelettes d'un guerrier Wabash et de sa squaw. Comme le seul trait distinctif était une paire de vertèbres soudées chez l'homme, le visiteur serait heureux, comme le suggérait Palisot, de connaître l'histoire de ce couple pour se faire une idée des coutumes de ce peuple. Laconique, la version américaine commence ainsi : « Pendant la guerre entre l'Amérique et la Grande-Bretagne, une partie de cette nation indienne avait rejoint l'armée américaine ». Palisot, lui, brode : « Une partie de cette nation était unie et combattait avec l'armée américaine lorsque les colons américains ont secoué le joug de l'oppression, et repoussé, les armes à la main, les anglais qui voulaient les maintenir dans l'esclavage et la servitude ». Parlant du couple dont les squelettes sont exposés, il continue : « Ces indiens, unis par les liens de convenance et d'amour, avaient un enfant, fruit de leur tendresse mutuelle ». A la mort de la mère, les troupes américaines prirent soin de l'enfant. Il disparut après que son père eût lui aussi succombé et les soldats furent horrifiés de trouver le cadavre du petit garçon enterré entre les genoux de son père. « Qui lui aurait appris à chasser ? » demandèrent les anciens de la tribu, pour justifier de l'avoir envoyé rejoindre ses parents.

Un « avertissement » explique que les auteurs avaient eu l'intention d'inclure un discours préliminaire sur l'histoire naturelle, « cette science, la plus utile à l'homme et (nous ne craignons pas de l'avancer) qu'il lui importe le plus de connaître ». Le travail était devenu plus important qu'ils ne l'avaient prévu, car Peale ajoutait tous les jours quelque chose aux collections et multipliait les détails nécessaires au bon usage du catalogue. Plutôt que de contrarier les souscripteurs auxquels on avait annoncé une œuvre de 500 pages, les auteurs décidèrent de remettre à plus tard les généralités et de hâter la publication des descriptions. Dans une lettre datée de janvier 1796, Palisot annonce à Jussieu que le catalogue contient 100 quadrupèdes, entre 1 000 et 1 200 oiseaux, des reptiles, des insectes, des fruits et quelques minéraux[4]. La première livraison fut cependant la seule imprimée. La version française s'arrête au milieu de l'article 37, sur le Cougouar et la version américaine va un peu plus loin, jusqu'à l'article 53. A la fin de la dernière page, Peale est en train de décrire la naissance, dans le musée, d'une portée d'opossum. Le lecteur, comme les nouveaux-nés, sont laissés en suspens. Par la suite, le musée s'agrandit quand même, mais sans bénéficier d'un catalogue.

Ce fut le destin de Palisot de ne publier que des fragments de tout ce qu'il entreprit, peut-être parce que sa curiosité l'emportait sur son jugement.

Né à Arras, le 2 juillet 1752, il était le dernier fils d'une vieille famille de noblesse de robe d'Artois. Après des études au Collège d'Harcourt, il se lança à 18 ans dans l'étude de la botanique à laquelle l'avait initié Lestiboudois, professeur d'histoire naturelle à Lille. Il lisait aussi avec passion des récits de voyage et dévora ce que Niebuhr avait écrit sur l'Arabie. Affligé par la mort de Forskahl, le jeune Palisot décida de finir le voyage entrepris par son héros et de traverser l'Afrique, de la mer Rouge au Sénégal. Qu'importait le refus du gouvernement dont il avait sollicité le patronage ! Qu'importaient la mort de son père, puis celle de son frère aîné, lui laissant la responsabilité des biens de la famille ! Un certain Jean-François Landolphe, commandant d'un navire se livrant à partir de Saint-Malo au commerce des esclaves pour le compte de la maison Brillantais-Marion, avait projeté la création d'un comptoir commercial français sur le territoire du royaume d'Owara, une dépendance de celui du Bénin, dans le golfe de Guinée. Landolphe avait besoin d'un horticulteur. Qu'importait, après tout, que cela revînt à aborder l'Afrique du mauvais côté. Une fois débarqué, Palisot en ferait son point de départ. Il sauta sur l'occasion, acheta du matériel, engagea des assistants, tout cela à ses frais. En outre, il s'attacha les services d'un certain Bondakou, fils présumé du roi d'Owara, qui avait brièvement fasciné le Tout-Paris, un noir que s'arrachaient les milieux mondains vers les années 1780.

L'expédition s'embarqua à Rochefort le 17 juillet 1786. Il lui fallu quatre mois fort difficiles pour gagner l'embouchure du fleuve Formose. Moustiques, crocodiles, paludisme, fièvre jaune, chaleur équatoriale, déluges tropicaux : Bondakou rejoignit les siens et tout le reste se mit à aller de travers. Le beau-frère de Palisot et ses deux chercheurs moururent de la

4. Palisot de Beauvois à A.L. de Jussieu, 24 nivôse, an 4. Dossier Palisot de Beauvois, Archives de l'Académie des Sciences.

fièvre jaune. Sur 300 Français partis pour gérer le comptoir, 250 moururent pendant les quinze mois que Palisot passa en Afrique. Lui-même fut plus ou moins malade pendant la plus grande partie du temps. Néanmoins, il réussit à explorer le Bénin et l'Owara, recueillant des plantes, des semences et des insectes, atteignant les capitales de ces deux royaumes, assistant à des cérémonies qui comprenaient des sacrifices humains et des festins cannibales. Pendant tout ce temps, il n'abandonnait aucunement le projet de traverser le continent, mais il devait trouver au moins un porteur pour l'accompagner. Il n'y parvint jamais ; au contraire, il s'affaiblissait de plus en plus. Finalement, Landolphe décida que la seule façon de le sauver malgré lui était de le forcer à partir. Le seul moyen de transport disponible était un navire qui emmenait des esclaves à Saint-Domingue. Palisot avait réussi à envoyer quelques objets de l'Owara et du Bénin à A.L. de Jussieu, au Jardin du Roi, à Paris. Le plus gros de sa collection resta aux bons soins de Landolphe, mais disparut définitivement quand des marins anglais pillèrent le comptoir en 1791.

Le voyage dura cinq mois. Sur les 250 nègres embarqués, 180 moururent d'épuisement ou de la variole. Presque tous les jours, des corps étaient jetés par dessus bord. Le commandant, incompétent et méfiant, pensait que Palisot était un agent travaillant pour le compte des propriétaires et chargé de l'espionner. Seul compatissant, le boulanger du bord lui sauva la vie. En embarquant, Palisot, épuisé par le scorbut, était couvert d'une vilaine éruption. Un de ses oncles, le baron de La Valletière, était une des personnalités éminentes de la colonie et gouverneur du Môle Saint-Nicolas. Dans sa résidence confortable, Palisot retrouva la santé et s'installa dans la colonie, la plus riche à cette époque, mais c'était ses derniers jours. Il adhéra à la Société des Sciences et Arts du Cap-Français et, en sa qualité de correspondant de longue date de l'Académie des Sciences de Paris, se consacra à la rédaction d'une histoire naturelle approfondie de l'île où il se trouvait[5]. En août 1791, il fut élu à l'Assemblée coloniale qui dut d'abord faire face aux exigences des mulâtres, puis à la première révolte des esclaves qui se soulevèrent contre leurs maîtres le 22 août. En octobre, l'assemblée envoya Palisot à Philadelphie pour solliciter les bons offices de M. Ternan, ministre de France, afin d'obtenir que les États-Unis aident la colonie française en difficulté. Il y fut élu membre de la Société philosophique américaine, améliora son anglais et s'occupa activement de la collecte de fonds et d'approvisionnements destinés au Cap-Français. Rappelé en juin 1793 par les commissaires envoyés entre-temps par la République française pour prendre en charge Saint-Domingue, Palisot arriva le 24, trois jours après que les rebelles eussent brûlé toute la ville. Elle était jonchée de cadavres ; les braises fumaient

5. Sur ce sujet, l'histoire naturelle de Saint-Domingue, j'ai consulté l'étude de James E. Mc Lellan III, *Colonialism and Science : Saint-Domingue in the old Regime*, Baltimore : Johns Hopkins University Press, 1992.

encore et les vainqueurs y célébraient leur conquête au milieu des ruines. La maison de Palisot, sa bibliothèque, ses collections étaient réduites en cendres. Jeté en prison par les chefs de la révolution, il fut sauvé par une femme mulâtre restée loyale à son oncle qui réussit à le faire déporter sur une frégate américaine au lieu qu'il soit guillotiné avec les autres membres de l'Ancien Régime.

Un corsaire anglais intercepta le navire en haute mer. Son équipage saisit les biens personnels que les réfugiés avaient réussi à sauver. Au début d'août 1793, Palisot était de retour à Philadelphie, avec en tout et pour tout les vêtements qu'il avait sur le dos, une petite malle, dix francs et son certificat de franc-maçonnerie. Il découvrit que son nom figurait sur la liste des émigrés, ce qui le privait de toute aide de la légation française. S'il retournait en France, il aurait donc pu être arrêté et exécuté.

Parmi ses associés de la Société Philosophique, ce fut Caspar Wistar qui aida Palisot et lui prêta sans doute de l'argent. Palisot s'installa 199 Sassafrass Street (l'actuel Race St.), et survécut en donnant des leçons de français et en jouant du basson dans une salle de concert. Bien qu'il soit propriétaire de biens importants — et lucratifs — il n'avait rien reçu de chez lui depuis son départ de Paris en 1786. Les archives de l'Académie des Sciences comprennent des copies de la correspondance qu'il envoya de Philadelphie, surtout à Jussieu. Dans ses premières lettres, désespérément à court d'argent et persuadé que sa femme et que son agent étaient, au mieux irresponsables, au pire malhonnêtes, il ne cessa de relancer son ancien collègue et mentor pour qu'il surveille l'administration de ses biens. Dans ce dossier figurent une suite de certificats, renouvelés périodiquement, qui prouvent combien la bureaucratie française avait le bras long, et combien ses méthodes changeaient peu à travers les régimes. Par exemple :

> Je soussigné Jean-Baptiste Petry, Consul de la République française, à Philadelphie, État de Pensylvanie, sur l'attestation des citoyens des États unis, David Nasy, médecin démeurant en cette ville, James Vanuxem, Négociant démeurant idem, et Pierre E. Duponceau, Négociant, démeurant idem., que je déclare bien connaître,
>
> Certifie que le citoyen Ambroise, marie, françois, joseph Beauvois natif d'Arras, s'est présenté aujourd'hui devant moi, qu'il a residé en cette ville depuis le 5 août 1793 (v.s.) jusqu'à présent, sans intérruption.
>
> Signalement du citoyen Beauvois.
>
> âgé de 38 ans, taille de 5 pieds 2 1/2 pouces, cheveux et sourcils noirs, yeux noirs, nez aquilain, bouche petite, menton fourchu, front rond, visage rond.
>
> Fait à Philadelphie le 30 brumaire l'an 3e de la République une et indivisible et ont les attestants signé avec le réquerant et moi Consul susdit, le présent certificat.
>
> Beauvois, Nasy, James Vanuxem, Peter E. Duponceau, Petry, et Beauvarlet.

Ce n'est pas faute d'un certificat de domicile que Palisot allait se voir privé de ses droits sur ses biens, injustement sequestrés, et ses revenus.

L'occasion de travailler au catalogue de Peale lui permit de se consacrer entièrement à l'histoire naturelle[6]. En mai 1795, il avait pu explorer l'ouest de la Pennsylvanie et le 2 juillet il écrivit à Jussieu pour lui proposer que le Muséum d'Histoire Naturelle le charge de faire une enquête approfondie sur l'histoire naturelle et la population de l'Amérique. Sa situation s'était encore améliorée avec l'arrivée en juin 1795 de P.A. Adet, premier ministre plénipotentiaire depuis le rappel de Genet à l'automne de 1793.

Chimiste à ses moments perdus et médecin de formation, Adet s'intéressait aux sciences. Au printemps de 1796, il décida d'assumer les frais de l'expédition de Palisot dans les Carolines et en Georgie. Sans être pour autant au septième ciel, Palisot fut au moins heureux d'être utile et au service de la République. Le ton qu'il emploie pour parler des États-Unis (« Ce pays dont on dit si faussement tant de bien », avait-il écrit auparavant) devient alors plus favorable, comme d'ailleurs envers son épouse (« ma chère femme ») à laquelle il parle maintenant de venir le rejoindre. Il avait appris à Charleston qu'il était libre de rentrer en France, mais il décida qu'il ne pouvait abandonner ses travaux au milieu d'une expédition[7]. A Charleston, il rencontra André Michaux et se plut dans cette ville ainsi qu'à Savannah, mais il fut déçu par les basses terres de la Georgie et de la Caroline du sud. On peut apprécier la maîtrise de l'anglais acquise par Palisot dans une lettre adressée à Caspar Wistar où il rapporte que le sol était composé seulement de sable sur un pied environ. Plus en profondeur, on y trouve une

> Very light mine of iron which seems to me very near that call'd by Bomare *pierre de Périgord*. That mine is not interesting and emploied only in buildings for the foundations... I suppose I shall be more happy among the mountains where it is said never a man of knowledge has been and where are very rich minerals of different Kind.[8]

Palisot se rendit en effet dans les régions occupées par les Creeks et les Cherokees, dans l'ouest de la Caroline du sud et passa quelques semaines parmi eux, observant leurs institutions, l'agriculture, la pratique de la médecine et le rôle des deux sexes. De retour à Philadelphie, il prépara

6. Palisot de Beauvois à Jussieu, 21 nivôse, an 4 (11 janvier 1796). Archives de l'Académie des Sciences, dossier Palisot de Beauvois.

7. Palisot à (sans doute) Thouin, 16 pluviôse, an V (4 février 1797), Archives de l'Académie des Sciences, Dossier Palisot de Beauvois.

8. Palisot de Beauvois à Wistar, 20 may 1796, American Philosophical Society, MSS. B/W 76.

« Mine de fer de très faible teneur qui me semble très proche de ce que Bomare appelle *pierre de Périgord*. Elle n'est pas intéressante et ne sert qu'aux fondations des bâtiments... Je serai sans doute plus heureux dans les montagnes où l'on dit qu'aucun homme de science n'a jamais été et où l'on trouve de très riches minéraux de diverses espèces ».

une autre expédition, encore plus lointaine, à travers le Kentucky et le Tennessee pour atteindre le Mississippi et au-delà, sur le territoire des « Akansas ». Malheureusement, toutes les épreuves endurées depuis douze ans qu'il avait quitté la France avaient laissé leur marque. Dans le « Blue Ridge », montagnes de la Virginie, une crise d'hémorroïdes le cloua sur place ; forcé d'admettre qu'il n'était plus jeune, il dut renoncer à l'expédition qu'il avait entreprise[9].

Il s'arrêta à Richmond sur le chemin de Philadelphie, d'où il s'embarquait enfin pour la France. Il y écrivit ses adieux à Thomas Jefferson, lui racontant « la dernière tournée que je viens de faire... et dans laquelle j'ai été dédommagé des peines et des contrariétés que j'ai éprouvées par le spectacle, pour moi ravissant, des beautés en tout genre que la nature offrait à chaque instant à mes yeux avides de les contempler »[10]. Un dernier coup du sort marqua son départ. Le navire transportant ses collections américaines sombra au large de Halifax. Des trois importantes collections qu'il avait réunies, en Afrique occidentale, à Saint-Domingue et aux États-Unis, les seuls objets qui arrivèrent à Paris furent les quelques échantillons qu'il avait envoyés d'Afrique à Jussieu et les semences américaines qui avaient accompagné ses lettres à Jussieu et à Thouin. La plupart d'entre elles ne germèrent jamais.

Dans tous ses voyages, son grand projet avait été de rédiger une histoire naturelle très complète du pays qu'il explorait, assortie de commentaires sur ses habitants. De retour à Paris à la fin de 1798, il divorça, se remaria et s'installa dans le quartier du Marais, 511 rue du Parc. En 1796, Jussieu et Thouin avaient obtenu qu'il soit nommé associé non-résident de l'Institut de France. Le 17 novembre 1806, il fut élu membre à part entière dans la section de botanique et dès lors participa régulièrement à ses travaux. Il fit pendant quelque temps une série de conférences d'histoire naturelle à l'Athénée des Étrangers. Il ne voyagea jamais plus et ne dépassa jamais sa maison de campagne de Plessis-Piquet près de Paris et tenta de tirer ce qu'il pouvait de ce qui avait été son grand projet ; il mourut le 21 janvier 1820[11].

La documentation sur l'Afrique, conservée par Jussieu, pendant les douze années d'absence de Palisot, servit de base aux deux volumes in-folio intitulés *Flore d'Oware et de Bénin en Afrique* et à la plus grande partie du volume qui les accompagne : *Insectes recueillis en Afrique et en Amérique, dans les royaumes d'Oware et Bénin, à Saint-Domingue et dans les États-Unis pendant les années 1786-1797*. Ces deux ouvrages furent imprimés et vendus par fascicules ou livraisons de six planches

9. Palisot de Beauvois à Jussieu, 27 frimaire an VI (17 décembre 1797). Archives de l'Académie des Sciences, dossier Palisot de Beauvois.

10. Palisot de Beauvois à Thomas Jefferson, 25 avril 1798, American Philosophical Society, MSS. B/W 76.

11. E.D. Merrill donne un résumé et une bibliographie de ses publications scientifiques, « Palisot de Beauvois, as an Overlooked American Botanist » *Proceedings of the American Philosophical Society*, 76 (1936), 899-920.

chacun, à partir de 1805 (bien que la page de titre de la *Flore* porte en date 1804). Ils parurent irrégulièrement jusqu'en 1821, soit un an après la mort de Palisot, en janvier 1820. Une note, dans la préface des *Insectes* mentionne que malgré sa vente séparée, ce livre fait partie de la *Flore* et que « Les deux sont indispensablement liés avec la relation de mes voyages, qui est sous presse ». Aucun livre sur ses voyages ne parut jamais, bien que les descriptions de plantes de la *Flore* comprennent de nombreuses anecdotes sur les circonstances dans lesquelles elles ont été recueillies. La *Flore* comprend vingt livraisons et les *Insectes* quinze sur les trente annoncées. En raison de ce mode de publication, il est extrêmement rare de trouver au complet l'un ou l'autre de ces ouvrages. Ils sont tous deux un cauchemar pour le bibliographe. Par exemple on trouve un fascicule des *Insectes* relié dans le second volume incomplet de l'exemplaire de la *Flore* que Palisot offrit à l'American Philosophical Society[12].

La *Flore* complète, quand on arrive à la trouver, comprend 120 planches, illustrant chacune un genre, accompagnée d'une discussion sur la plante et sa classification. Un certain nombre de ces plantes étaient en fait inconnues des botanistes européens, mais il ne semble pas que ni la *Flore* ni les *Insectes* aient rien apporté d'intrinsèque aux progrès de la systématique en botanique ou en entomologie. Les dessins sont d'une bonne exécution. Ceux de la première livraison sont de Mirbel, directeur des jardins de l'impératrice Joséphine à la Malmaison et les autres de Sophie Luigné, connue pour ses illustrations publiées dans les *Annales* du Muséum. Pour chaque genre, Palisot donne le nom établi par Linné, suivi de la famille, dans les deux systèmes de Jussieu et de Ventenat. Les caractères génériques sont décrits en latin et en français ; suivent alors un ou deux paragraphes de discussions informelles. Commentant, par exemple, le cycle annuel de *Myrianthus*, Palisot s'excuse d'utiliser les anciens termes du calendrier pour ce qui concerne les tropiques : « En effet, comment se servir des mots *frimaire, nivôse* pour un pays dans lequel on n'a jamais vus ni frimats ni neige ? ». Il lui arrive d'insister pour que les caractéristiques d'une plante justifient la création d'un nouveau genre, ou la modification d'un genre existant. Sa plus grande fierté lui vient d'un arbuste pour lequel Jussieu est d'accord qu'il représente une transition entre les Passiflores et les Cucurbitacées ; il est heureux d'apprendre que l'empereur a aimablement consenti qu'il soit appelé *Napoleona imperialis*[13].

D'autres écrits se rapportent, non à ses voyages mais à une idée fixe sur la théorie. Le terme de cryptogame (« Noces cachées ») employé par

12. E.D. Merrill a dressé l'inventaire du contenu de la *Flore, op. cit.*, pp. 914-920, et Francis J. Griffin, « A note on Palisot de Beauvois' *Insectes recueillis en Afrique et Amérique* » *Annals and Magazine of Natural History*, 10 (1932), 10, 585-588 ; et « A Further Note on Palisot de Beauvois... », *Journal of the Society of Bibliography of Natural History*, 1 (1937), Pt. 4, 121-122.

13. *Flore d'Oware et de Bénin*, 2, 29-32, Pl. LXXVIII.

Linné pour les végétaux inférieurs se rapportait à la difficulté qu'il y a à distinguer leurs organes reproducteurs. Entre 1780 et 1790, Johann Hedwig, de Leipzig avait démontré que chez les mousses les organes mâles sont des minuscules anthéridies (et non les spores, comme on le croyait alors) donnant les gamètes qui fécondent les archégones. Dès ses premiers pas en botanique, Palisot s'était attaqué à cette affirmation, attribuant la germination à la fécondation de ce qu'il croyait être de minuscules graines par la poussière verdâtre répandue sur elles par les poils qui entourent les structures caliciformes. Il ne persuada jamais personne de la validité de ses dires. Il arrive parfois aux originaux, fit remarquer Cuvier dans son éloge,

> qu'une première idée qui leur a souri les a conduits ensuite dans toutes leurs recherches, et même dans tous leurs systèmes ; partout dans leurs voyages, elle se reproduit sous diverses formes, et à défaut d'expériences ou de faits, ils sont ingénieux à appeller des hypothèses à son secours. C'est ce qui arriva à M. de Beauvois.[14]

En 1805, Palisot publia *Prodrome des cinquième et sixième familles de l'AETHEOGAMIE : les Mousses et les Lycopodes*. Il avait depuis longtemps complété une classification de ces deux familles de la cryptogamie linnéenne (les cinq autres étant : les algues, les champignons, les lichens, les hépatiques et les fougères). Il décida cette publication en raison de son désaccord avec la méthode de Hedwig, comme l'indique le mot principal du titre. Il veut remplacer, explique-t-il, le mot « cryptogamie » par « aethéogamie », tiré du grec (noces extraordinaires). L'expression n'eut pas de succès, mais Palisot revint à la charge en 1814, dans une communication faite le 27 juin à l'Institut de France[15]. Il en fit faire des exemplaires qui furent reliés dans un ouvrage final sur les graminées : *Essai d'une nouvelle Agrostographie, ou nouveaux Genres de Graminées*. Un spécialiste moderne juge cette publication, un atlas annoté, avec une certaine sévérité ; il y voit « un travail très important du point de vue de la nomenclature des graminées, son importance venant principalement de ses nombreuses erreurs et moins de sa valeur scientifique »[16]. Évidemment, l'auteur de cette critique trouve néanmoins qu'il valait la peine de rapprocher après plus d'un siècle la terminologie de Palisot de celle qui est actuellement utilisée.

Sans que ce soit vraiment plausible, on attribue à Palisot une pastorale amérindienne anonyme : *Odéhari, Histoire américaine ; contenant une peinture fidèle des mœurs des habitans de l'intérieur de l'Amérique septentrionalle*. La page de titre est datée de thermidor an IX (1801) et porte en

14. Cuvier, *Mémoires de l'Académie des Sciences de l'Institut de France* 4 (1824), CCCXXIII.

15. « Lettres de M. Palisot de Beauvois à M. Delamétherie, suivie de quelques réflexions sur les organes de la fructification des mousses », *Journal de Physique*, 76 (1814), 5-15.

16. Cornelia D. Niles, « A Bibliographic Study of Beauvois' Agrostographie », Smithsonian Institution, *Contributions from the U.S. National Herbarium* 24 (1931).

épigraphe : « Odéhari est la sœur aînée d'Atala ». Le thème rappelle en effet Chateaubriand, mais pas le style[17]. Ni le thème ni le style ne sont pourtant caractéristiques des écrits de Palisot sur les coutumes des peuples chez lesquels il avait vécu. Premier point, ses idées sur les races étaient très négatives[18]. Il est vrai que les Creeks et les Cherokees s'en tirent mieux que les peuples du Bénin dans ses descriptions de leurs coutumes respectives[19]. Ses tableaux sont fort réalistes et Palisot devint membre de la Société des Observateurs de l'Homme, à Paris. Cependant, ces écrits appartiennent à la pré-histoire de l'anthropologie plutôt qu'à ses débuts. Il traite les sociétés qu'il décrit comme des leçons sur les conséquences terribles de l'ignorance, de la sauvagerie, du fanatisme, de la superstition et du despotisme.

Les réactions de Palisot concernant les Américains sont plus celles d'un Français que d'un naturaliste. Elles peuvent être comparées à celles de Volney, également mécontent de la république jacobine en France, tout aussi déçu de découvrir que les Américains, malgré leur dette envers la France au sujet de leur indépendance, s'obstinaient à rester fidèles aux manières apprises en même temps que leur langue maternelle. Il semblerait que Palisot ait projeté d'écrire un livre à l'échelle du *Tableau du climat et du sol des États-Unis* (lui même resté inachevé)[20]. On trouve dans ses papiers des feuilles où il avait jeté des notes sur la géographie physique des États-Unis. Les paragraphes qui suivent ne constituent pas un essai cohérent. Palisot a sans aucun doute commencé à plusieurs reprises l'ouvrage auquel il pensait et en avait réécrit certains passages.

Je me suis permis de les regrouper de façon aussi cohérente que possible en indiquant les coupures au moyen d'astérisques. Les petites notes qui y figurent sont en fait dans la marge du texte original, d'une petite écriture souvent difficile à déchiffrer. En cas de doute, j'ai mis le texte entre crochets. J'ai aussi ajouté des accents, mis la ponctuation

17. Gilbert Chinard a découvert un exemplaire de ce livre oublié à la Bibliothèque Newberry, à Chicago en 1911. Il évoque la comparaison avec Chateaubriand dans *L'exotisme américain dans l'œuvre de Chateaubriand* (Paris, 1918). Entre-temps, Victor Giraud avait découvert une version plus ancienne imprimée dans une collection de 1795 appelée *Veillées américaines* dont la préface est signée des initiales de PB, ce qui, à son tour, amena Paul Hazard à l'attribuer à Palisot de Beauvois. Chinard resta sceptique et expliqua longuement ses réserves dans l'introduction d'une édition d'*Odéhari*, réimprimée en 1950 (Paris, Raymond Clevreuil).

18. Une longue polémique, *Réfutation d'un écrit anonyme intitulé : Résumé et témoignage touchant la traite des nègres, adressé aux différentes puissances de la chrétienté* (Paris, 1814) s'oppose à l'abolition prématurée de la traite des esclaves. Palisot considérait que la vie des Africains en esclavage était préférable à celle des sujets des potentats despotes de l'Afrique occidentale.

19. « Notice sur le peuple de Bénin » lue à la séance publique de l'Institut du 15 nivôse, an IX (1801) *Décade Philosophique* 30 fructidor an IX, 513-518 ; « Extrait d'un voyage chez les Creecks et chez les Chérokees », lu à l'Institut dans la Séance Publique du 15 messidor an IX (1801), *Décade philosophique* 20 messidor an IX, 94-103. Chinard a inclus cette dernière communication dans son édition de 1950 d'*Odéhari*, 221-230. On a trouvé un projet d'article sur le peuple d'Owara parmi les papiers de Palisot (nº 2, ci-dessus).

20. Paris, 1803.

et modernisé l'orthographe de mots tels que « négocians » et « païs ». Je n'ai rien changé à la syntaxe et au choix des mots... tout au moins intentionnellement.

DU PEUPLE DE L'AMÉRIQUE

l'Américain... ce nom convient-il à la masse totale du peuple qui habite le territoire des États-Unis ? Cette dénomination générale peut-elle être appliquée à un assemblage de quelques naturels du pays et de poignées d'émigrants qui se sont toujours succédés et se succèdent encore actuellement, soit par les émigrations volontaires, soit par les émigrations des Irlandais et d'Allemands, objet de spéculation de quelques négociants ? *. Ce nom enfin peut-il convenir à ce composé bizarre d'hommes de toutes les nations qui finissent, les uns par s'établir dans les États-Unis, les autres par les abandonner après y avoir fait fortune, ou après avoir dépensé et mangé leur petit avoir ; mais que tous y apportent leurs préjugés respectifs, le goût, les mœurs, les habitudes, et les vices, plutôt que les vertus, des lieux où ils sont nés et où ils sont élevés ?

Il résulte d'une population ainsi mélangée que parmi les habitants de cet état il n'y a pas encore, à proprement parler, de caractère national, ou pour m'exprimer d'une manière moins choquante et plus correcte, que ce caractère n'y est pas généralement sensible, ni dominant ; ce qui donne naturellement lieu aux questions suivantes, que je n'entreprendrai pas de décider, mais sur lesquelles prenons en partie la fin de l'administration de George Premier (George Washington) et par suite l'élection de Jean Premier (John Adams).

La population prompte des États-Unis (autant accélérée par l'émigration de toutes les nations de l'Europe que par le nombre de naissances qui excède celui des morts), est-elle un bonheur solide et durable pour le pays et pour ses habitants ?

* Quelques négociants, pour qui tous les moyens de gagner de l'argent[(a)] sont bons et légitimes pourvu qu'ils soient certains, ont saisi évidemment cette nouvelle branche de commerce qui leur ouvrait le manque de bras dans les États-Unis, et auquel s'était... prêté l'Angleterre tant pour peupler ses colonies que pour se débarrasser de sujets pauvres, fainéants, et incapables de payer les forts taux que les besoins du gouvernement imposent sur le peuple. En conséquence ils vont en Irlande porter des productions des États-Unis qu'ils vendent au longtemps ; puis ils ramassent les pauvres gens dont ils payent les dettes ; quelques familles qui aiment le changement ou qui espèrent faire fortune dans un pays lointain qui a la figure toujours en beau ; ou de mauvais sujets des deux sexes enchantés de trouver une occasion d'échapper à la honte de la conduite qu'ils ont tenu dans leur pays, &c., &c., &c. Ils composent leur cargaison de retour de cet amas d'infortunés et de misérables dont ils viennent peupler l'Amérique. Alors, c'est une chose curieuse de voir en concurrence le débauché, le fanatique Quaker, le possédé Méthodiste, le rigoriste Presbytérien, l'intolérant Catholique, &c., se transporter à bord de ces cargaisons, y chercher une jeune et jolie servante dont il veut faire sa maîtresse. Les autres se prêtent à l'engagement de la liberté de ces malheureux, obligés de se lier par quelques associés afin de pouvoir payer leur passage au vilain qui les vend. C'est ainsi que dans le pays tant vanté de la liberté, l'orgueilleux cagot donne publiquement la liberté à ses nègres (action qui toujours fait calcul) et va marchander la liberté temporaire des blancs...

(a) A Dieu ne plaise que je veuille m'élever contre le commerce et les commerçants : personne ne sait plus que moi la nécessité du commerce et personne plus que moi ne respecte les négociants respectables ; mais sur cent combien s'en souvient-il d'honnêtes et de respectables ? J'en ai connu quelques-uns de cette dernière classe dans tous les pays, mais ils sont en si petit nombre qu'ils font l'exception.

Sa tranquillité, la liberté dont ils jouissent et l'aspect florissant qu'ils ont rapidement pris depuis la Révolution Française, et surtout celle des colonies, n'en seront-ils pas un jour compromis ?

Enfin, cette république ne finira-t-elle pas, comme elle a déjà commencé, par être influencée d'une manière fâcheuse, par le gouvernement anglais, qui, tôt ou tard, lorsque ses intérêts commerciaux ne pourraient plus y être compromis, saura se venger, non pas du tort que lui a fait l'insurrection des États-Unis, puisqu'il est prouvé que cette scission lui procure un avantage plus réel, mais de l'humiliation d'avoir succombé et d'avoir été forcé de traiter et de donner la paix à ceux qu'il appelait des rebelles. Cette réflexion, à laquelle donne lieu naturellement les prétentions bien connues d'une nation aussi orgueilleuse que l'Angleterre devrait donner l'éveil au vrai Américain. Elle devrait le faire continuellement tenir sur ses gardes, se méfier d'une nation aussi fière que pleine de rancune et ardente à se venger ; mais aveuglé par le langage ; par les mœurs, les goûts, les habitudes, qui sont les mêmes, dans lesquels il a été élevé et qu'il a sucé pour ainsi dire avec le lait de sa mère, attaché de préférence aux productions anglaises dont il a toujours fait usage, et ne connaissant pour ainsi dire point d'autres, toutes les anglo-dispositions le portent insensiblement et sans qu'il s'en aperçoit, vers cette nation, d'où il résulte que celle-ci a la prépondérance dans les États-Unis. Elle exerce son influence à laquelle le temps seul, l'expérience, et une administration éclairée puissent porter atteinte.

Quelques lumières que puisse posséder un peuple, et si nous en croyions la session du Congrès de 1796, celui des États-Unis en est tout resplendissant ; quelqu'éclairé qu'il soit, il n'est pas toujours à l'abri de cette influence secrète qui le domine et qui dérive de la parité du langage, des mœurs, des goûts, et des habitudes qu'il a eus d'une autre nation, surtout lorsqu'il en descend. Il n'appartient qu'à une philosophie sage, éclairée, et réfléchie de secouer certains préjugés dans lesquels tout un peuple est plongé. Or, un pareil changement pour le bonheur des États-Unis ne peut s'opérer qu'à l'aide du temps, de l'expérience, et des lumières qui leur manquent encore. Quand je dis les lumières qui leur manquent, je suis bien loin de prétendre qu'il n'y ait pas de gens éclairés dans les États-Unis. Si je manifestais cette prévention et cette injustice, ma plume serait bientôt arrêtée par la réputation de Franklin, de Rittenhouse, de Jefferson, de Madison — de John Adams lui-même j'en passe — et d'une infinité d'autres dont l'énumération serait trop longue. Mais je considère la nation dans son ensemble. J'y vois une nation jeune, nouvelle, qui annonce les plus hautes dispositions, qui... possède plus de lumières qu'aucun peuple n'a jamais possédé au même âge dans son enfance. Mais cette masse de lumières n'est et ne peut être que relative à son ancienneté politique, et je pense qu'il serait aussi ridicule de prétendre que le pays des États-Unis est aussi éclairé que les autres qu'il est faux et injuste, comme l'a fait l'abbé Raynal, d'avancer que l'Amérique n'a point encore produit un homme de génie.

Cette fausse assertion de l'abbé Raynal a donné lieu à une juste et belle réponse de M. Jefferson dans laquelle il fait l'énumération de quelques grands hommes qu'à produit l'Amérique, et en complément de laquelle il ne manque que d'y trouver son propre nom.

*
* *

Les Anglo-Américains, depuis leur révolution et leur scission avec leur mère patrie ont toujours été jugés avec l'enthousiasme le plus extrême. La démarche hardie et courageuse de ces colons, leur fermeté, leur constance et leur bravoure à défendre leur liberté qu'ils étaient déterminées à conquérir, étaient bien faits sans doute pour exciter et fixer l'admiration ; à ces motifs d'enthousiasme se sont joints les rapports de quelques personnes prévenues qui ont été sur les lieux ; à ces rapports ont succédé des ouvrages enthousiastes et bientôt l'engouement a été porté à son comble.

Dès ce moment les États-Unis sont devenus le pays par excellence. Les Américains sont les hommes les mieux partagés. Doués de toutes les vertus, ils sont étrangers à tous les vices, et jouissant sous le ciel le plus doux et le plus pur du bonheur après lequel les hommes ont toujours vainement couru et qui s'est fixé parmi les Anglo-Américains régénérés. Telle était l'opinion que l'on avait de cette nation chez laquelle chacun désirait de se trouver et qui a formé les compagnies émigrants du Scioto et du [Clinch ?] pour lesquels tous sont partis transportés d'avance du bonheur et des richesses lesquelles qui les attendaient et dont chacun n'est revenu, après avoir mangé le peu qui lui restait, sans maudire ceux qui les avaient si indignement trompé.

Tel est presque toujours l'effet de l'enthousiasme. Rarement il marche avec la raison ; effet d'un premier mouvement et d'une exaltation irréfléchie, l'enthousiasme et la prétention qui en est une suite ordinaire sont toujours beaucoup au delà ou beaucoup au dessous de la vérité. L'un et l'autre, lorsqu'ils ne sont pas les boucliers de l'erreur, sont au moral et à l'entendement ce que sont au physique et à l'œil les verres grossissants d'un microscope. Aussi est-ce qu'à travers de ces verres qu'ont été envisagés les Américains par presque tous ceux qui ont essayé de les peindre. Rapprochés des tableaux de l'auteur des Lettres d'un Cultivateur Américain, les hommes qu'il y peint si sages, si heureux, ne sont plus à nos yeux que les vrais bergers, grossiers, ignorants, et nuls comparés aux élégants, spirituels, et heureux bergers des poètes anciens. Rapp[roché] de la vérité, des tableaux, tant vantés par lui-même de l'auteur d'un Nouveau Voyage dans les États-Unis, vous ne reconnaîtrez qu'exaggération et extase, et toutes ses figures colossales et surnaturelles ne seront plus que des figures très ordinaires. Cet excès d'éloges donnés aux Américains, ces fables grossies et défigurées commencent déjà et finira par leur être tout à fait préjudicielles. Chaque jour on les connaît plus réellement, chaque jour des hommes sensés, impartiaux, et dégagés de prétention vont et retiennent de chez eux et ne peuvent supporter le parallèle de ce qu'ils sont d'avec ce qu'on les a peint.

* * *

En voulant aujourd'hui présenter mon opinion sur cette nation, ce n'est pas que je me crois plus éclairé que ceux qui m'ont précédé. Peut-être suis-je [mi-chemin ?] dans l'erreur. Ce n'est pas comme ils sont que je prétends les présenter, mais ce qu'ils m'ont paru, &c. Si je me suis trompé, c'est de bonne foi. Mais je pense, et j'ai l'amour propre de croire, que je ne me suis pas trompé puisque je sais que tous les Ministres français n'en ont pas écrit comme

Brissot et que les trois derniers ministres moins politiques les ont plus [revêtement ?] démasqués.

En avançant que les Anglo-Américains ont été jusqu'à présent jugés et représentés trop avantageusement, autrement qu'ils ne sont, je ne veux pas non plus tomber dans un excès contraire. S'ils ne méritent pas l'extase qu'ils ont fait naître dans le principe et qui s'est perpétué comme un objet de mode, car alors tout était de mode, je ne pense pas non plus que ce serait leur rendre justice que de leur refuser les qualités qu'ils possèdent.

*
* *

J'ai déjà dit, j'ai même commencé à prouver, que parmi le peuple de l'Amérique, il n'y avait point et ne pouvait point avoir de caractère vraiment national. Ce qui me reste à dire achèvera de démontrer qu'ils sont presqu' entièrement anglais.

Je n'ai pas besoin d'observer comment il est difficile pour ne pas dire impossible de peindre un peuple dont l'ensemble n'a point de caractère à lui et dont tout est emprunté. Je vais cependant tâcher de le représenter tel que je l'ai vu. L'habitant des villes doit être distingué de l'habitant de la campagne, et parmi les habitants des villes il faut aussi distinguer le riche d'avec le pauvre. L'esprit n'est pas le même dans les différents états. Ainsi il m'arrivera souvent en peignant l'Américain de tel état d'être très éloigné de celui d'un autre. Les habitants de la Caroline du Sud, par exemple, de la Géorgie et même de la Caroline du Nord sont bons, doux, honnêtes, hospitaliers, et de très bonne foi en comparaison de ceux de la Virginie, du Maryland, de la Pennsylvanie, &c. jusqu'à New York. Je ne parle pas de ceux plus au nord que je n'ai pas vus.

*
* *

D'après ce que je viens de dire, on sent que le peuple des États-Unis offre des distinctions qu'il me paraît important de déterminer. Je le diviserai donc en trois classes, savoir :

Le vrai Américain.

L'émigrant américanisé.

Les négociants anglais, allemands, français, auxquels je joins les émigrants d'Irlande, de l'Allemagne, et de tous les autres pays.

DU VRAI AMÉRICAIN *

Je désigne sous cette dénomination tous ceux qui, nés en Amérique, ont sucé des principes et des préjugés différents de ceux que leurs pères avaient

* L'Américain a été élevé dans les préjugés Anglais contre les Français ; tant qu'il sera Anglais, tant qu'il ne voudra pas être Américain, tant qu'il ne se dépouille pas de ses préjugés, du goût &c. qu'il tient de l'Angleterre, tant qu'il n'aura pas acquis assez de connaissances pour savoir apprécier et mettre les Français à leur juste valeur, tant que comme l'Anglais il ne se [cède ?] pas supérieur à tout, et tant qu'il pensera que ce qu'il ne sait pas, personne ne le sait, il sera toujours influencé par l'Angleterre sans s'en apercevoir.

apporté dans le pays et qui ne peuvent cependant s'effacer entièrement à la première génération.

Parmi cette classe j'ai distingué 1° : l'Américain indépendant plus ou moins fortuné et dégagé de toute ambition.

2° : L'Américain ambitieux soit des richesses soit des places et d'honneur à la nomination du pouvoir exécutif, tels que des négociants, des juges, des ministres, &c.

Les premiers sont en petit nombre dans les villes et ne se rencontrent que dans la classe la moins fortunée, personnes dépendantes en quelque sorte des riches, des négociants, et des gens en place. Les habitants de la campagne, au contraire, sont indépendants, propriétaires d'une plantation, soit en propre, soit en loyer (ce qui est le plus petit nombre), libres n'ayant d'opinion que la sérieuse. Ceux-ci sont foncièrement attachés à leur pays. Ceux-ci, qui ont combattu directement l'Anglais, dont les plantations ont été pillées et incendiées, dont les femmes et enfants ont été persécutés, détestent foncièrement l'Anglais, sont fort attachés à leur patrie, au gouvernement qui maintient l'indépendance ; et aux Français qu'ils savent, sans en convenir, être le soutien et le défendeur de leur liberté.

Les seconds, qui habitent les villes ou les environs des villes, sans cesse occupés de leur fortune ou de leur grandeur, se livrent avec plus d'ardeur et de complaisance à leur goût et leurs préjugés, qui sont tous anglais, et profitent de leur ascendance sur le pauvre et sur l'ouvrier pour apprécier le parti qu'il a adopté.

Tel est le résultat de mes observations dans l'espace de plus de 500 lieux du pays que j'ai parcourus tant sur la côte que dans l'intérieur. L'habitant de la campagne, qui n'a pour ainsi dire aucun besoin des productions anglaises et qui n'a aucun intérêt dans le commerce avec cette nation, plutôt qu'avec aucune contrée, cet habitant n'a pour toute nourriture que le blé qu'il sème et récolte et le cochon qu'il élève et engraisse. Les vêtements sont dans le fond des chemises et des bas du coton qu'il sème et récolte, que la famille file et fabrique pour leur usage. Au nord ils sont vêtus avec le chanvre et le lin, également les produits de leur culture et du travail de leurs mains. Leurs souliers sont faits avec les peaux de leur bœuf et veaux, qu'ils fournissent à l'ouvrier et payent la façon en denrée, rarement en argent. Reste donc leur veste, habit, redingote qu'ils sont obligés d'acheter. Mais il leur importe fort peu de quel pays en vient l'étoffe pourvu que le prix leur convienne dans le fond. Les femmes sont-elles presqu'en tout le temps vêtues d'une étoffe de coton qui se fabrique dans le pays et qu'ils payent par des échanges en grain ou en coton &c.

Il n'en est pas de même des Américanisés.

DES AMÉRICANISÉS

Cette classe des hommes habitants de l'Amérique septentrionelle, dans laquelle je fais entrer les émigrants de toutes les nations qui après quelque séjour dans le pays ont fait une fortune plus ou moins considérable et s'y sont établis sans par cela perdre ni renoncer entièrement à leur préjugé national. Je ne comprends dans cette classe que ceux qui continuent le commerce et qui se sont établis dans les villes et non point ceux qui contents d'une honnête aisance se sont retirés à la [campagne] où ils vivent tranquillement et paisiblement.

Cette 2° classe d'hommes, habitant les villes par leur alliance avec des Américains sont devenus attachés au gouvernement fédéral, mais toujours enclins en faveur de leur pays natal en langue. Les Irlandais, les Écossais, et les Anglais forment un nombre très supérieur à celui des Français et des Allemands réunis. Il s'ensuit que le système et le parti anglais en tirent d'autant plus soutien qu'ils ont intérêt pour un commerce et une alliance avec l'Angleterre. En plus la plupart des Allemands des villes sont aussi les favoris des Anglais.

DES ÉTRANGERS

Je ne comprends dans cette classe que les étrangers établis permanents, sans y mêler les émigrants français, allemands, ou autres qui sont venus chercher un asile momentané. Mais cette quantité d'Anglais et d'Écossais répandus dans toutes les villes des États-Unis tant maritimes que de l'intérieur où ils lèvent des maisons de commerce, y font des spéculations, tentatives, puis au bout d'un certain nombre d'années retournent dans leurs pays avec les fruits. Cette classe d'hommes est la plus dangereuse pour les États-Unis et celle qui soutient et donne la prépondérance à l'influence que l'Angleterre peut y avoir d'ailleurs. Pour donner une idée du nombre de ces sortes d'étrangers, je citerai la seule petite ville d'Augusta composée d'environ 5 à 6 maisons, presque toutes des négociants et dont plus de 19/20 sont Irlandais, Écossais, ou Anglais. Il y a cependant dans cette ville, comme dans presque toute la Géorgie un fort parti de patriotes, mais dans des cas importants où les intérêts de l'Angleterre se trouvent balancés avec ceux de la France, je doute que réellement ce dernier soit le plus fort quoiqu'il puisse paraître les apparences. Les étrangers ne se montrent pas... Ils agissent en secret et sans merci.

Ici s'arrête le projet de Palisot visant à classer les Américains. De retour à Paris, il envoya des exemplaires « ex dono » de ses principaux ouvrages et des reproductions de plusieurs de ses articles à la Société philosophique américaine[21]. Il reste également en contact, au moins de façon intermittente, avec certains de ses anciens associés. Le 14 juillet 1802, Charles Willson Peale écrivit pour accuser réception d'une caisse d'oiseaux naturalisés envoyés à son musée par le Muséum de Paris. Ses fils, Rembrandt et Rubens, continue Peale, étaient en route pour l'Europe avec le squelette du mammouth récemment découvert dans l'État de New York. Ils avaient l'intention de l'exposer dans plusieurs villes d'Europe ; on leur avait dit qu'ils apprendront beaucoup et qu'ils seront heureux de renouer des liens d'amitié entre leur famille et Palisot. Le musée s'agrandit et doit être transféré à l'automne à la State House (Independance Hall).

21. Par exemple un rapport sur une très belle expérience de physiologie végétale, « Notice sur une nouvelle expérience relative à l'écorce des arbres » lue à l'Institut le 5 août 1811, *Journal de Physique* 73 (1811), I, 209-212.

Il craint que le catalogue auquel ils ont travaillé ensemble ne soit jamais imprimé. Il a trop d'autres choses à faire. « Ma jeune famille approche rapidement de l'âge adulte et Mrs Peale a pris de l'embonpoint... J'espère que vous avez récupéré vos biens », conclut Peale, « et que vous bénéficiez de tous les agréments que votre pays favori possède en abondance »[22].

Traduction Brigitte FOSTER

22. Charles Willson Peale letterbook, Bibliothèque de l'Américan Philosophical Society, B/P 31-3.

Claude BLANCKAERT

L'esclavage des Noirs et l'ethnographie américaine : Le point de vue de Paul Broca en 1858

1. *L'école américaine d'ethnographie et les Français (1855-1860)*

Les *Bulletins de la Société d'Anthropologie de Paris*, en date de juillet 1862, portent témoignage d'une âpre discussion qui opposa Franz Pruner-Bey, Eugène Dally et le secrétaire des séances, Paul Broca, à propos des races indigènes du Nouveau Monde.

De telles oppositions n'étaient pas rares. Elles trouvaient même des occasions nombreuses pour se renouveler, mais leur violence rhétorique réelle se voilait habituellement de certains compromis de style. Cette fois, les protagonistes abandonnèrent toute réserve. La querelle concernait en fait le statut idéologique de « l'école américaine d'ethnographie » et l'autorité scientifique de ses principaux représentants : au premier chef bien sûr, l'auteur célébré des *Crania Americana* (1839), Samuel George Morton, médecin de Philadelphie mort en 1851, mais surtout ses disciples Josiah Clark Nott et George Robins Gliddon.

Bénéficiant du concours scientifique du paléontologue suisse Louis Agassiz, du linguiste et archéologue Alfred Maury, futur membre de l'Institut (1859), et d'autres contributeurs américains ralliés à leur cause, tels James Aitken Meigs ou William Usher, Nott et Gliddon avaient édité deux ouvrages controversés en Europe, *Types of mankind* (1854, 10e éd. 1871) et *Indigenous Races of the Earth* (1857). Ces volumes valaient pour manifeste d'école. Les auteurs y développaient la thèse de la diversité d'origine des races humaines, de leur permanence physique et de leur inégalité morale. Une anthropologie de combat.

Cette thèse, dite « polygéniste », selon un néologisme créé en 1857[1], s'accompagnait chez Gliddon de longues considérations philologiques

1. Les deux épithètes « monogénistes » et « polygénistes », forgés pour différencier les écoles rivales des unitaires et des diversitaires (ou « hétérogénistes »), apparaissent semble-t-il pour la première fois dans le texte de George Gliddon, « The Monogenists and the Polygenists : Being an Exposition of the Doctrines of Schools professing to sustain dogmatically the Unity or Diversity of Human Races », in Josiah Clark Nott & George Robins Gliddon eds, *Indigenous Races of the Earth*, Philadelphia, J.B. Lippincott & Co, London, Trübner & Co, 1857, pp. 402-602. Les équivalents français sont attestés dès 1858.

relatives au xe chapitre de la *Genèse* qui ajoutaient leur charge d'hérésie au caractère déjà litigieux des considérations naturalistes. Il en ressortait que la postérité de Noé avait circonscrit son empire aux limites du Proche-Orient et de la Grèce classique ; que l'auteur du récit biblique ignorait l'existence des Nègres éthiopiens au sud du Sahara et a fortiori des peuples plus éloignés ; et que, ceci déduit de cela, les Chrétiens et les Juifs attachés à la lettre de la Révélation communiaient dans une même tradition séparée, nullement universelle. La Bible cessait donc d'être un texte scientifiquement légitime[2].

Polygéniste et positiviste, Dally s'était d'emblée placé, en 1862, sur un terrain de polémique religieuse. A son jugement, *Types of Mankind* réalisait l'espoir voltairien. Ce texte avait, selon lui, « marqué pour l'esprit humain la possession d'un domaine nouveau et l'affranchissement définitif du lourd despotisme d'une tradition isolée ». Destructeurs du monogénisme adamique, Nott et Gliddon dévoilaient « des vues générales dont la hardiesse ne manquera pas d'étonner les esprits européens habitués, à tort ou à raison, à n'avancer qu'avec la lenteur proverbiale des études académiques »[3].

Sans se prononcer sur l'unité de l'homme, Pruner-Bey parlait à leur propos des « élucubrations des auteurs américains » qui n'étaient « qu'un échafaudage construit sur des emprunts mal coordonnés ». Il réduisait leur production polygéniste à la « pâle copie » d'une doctrine qui était « avant tout et éminemment française » et Morton, leur inspirateur et maître en craniologie, était crédité pour l'invention d'un goniomètre « défectueux » et supplanté par celui de Jacquart[4]. Broca, pour ne pas conclure cette querelle indécidable, regretta que Pruner-Bey ait « essayé de démolir Morton »[5], dédaignant ainsi la « valeur » d'un homme qui avait su faire école et qui avait donné « une vive impulsion à la craniologie » :

> Je me bornerai à dire une seule chose, c'est que si l'Allemagne a eu Blumenbach, et l'Angleterre a eu Prichard, l'Amérique a eu Morton, et que jusqu'ici l'anthropologie française n'a aucun nom qu'elle puisse mettre au niveau de ceux-là.[6]

Ainsi que Dally, Broca défendait les « deux grandes publications de l'école américaine », éditées par Nott et Gliddon, « si comptueusement traitées » par Pruner-Bey. Loin d'y voir d'« obscures et malhonnêtes » compilations, il leur trouvait « beaucoup d'originalité »[7] et leur « grand

2. G.R. Gliddon, in J.C. Nott & G.R. Gliddon eds., *Types of Mankind*, Philadelphia, Lippincott, Grambo, London, Trübner & Co, 6th ed., 1854, part II et III.
3. Eugène Dally, « Sur les races indigènes du Nouveau-Monde », *Bulletins de la Société d'Anthropologie de Paris*, t. III, 1862, pp. 402 et 405.
4. Franz Pruner-Bey, *Bulletins de la Société d'Anthropologie de Paris*, t. III, 1862, pp. 421 et 430.
5. Paul Broca, *Bulletins de la Société d'Anthropologie de Paris*, t. III, 1862, p. 456.
6. P. Broca, *Bulletins de la Société d'Anthropologie de Paris*, t. III, 1862, p. 423.
7. P. Broca, « Histoire des travaux de la Société d'Anthropologie (1859-1863) », in *Mémoires d'Anthropologie*, rééd. Paris, J.-M. Place, 1989, p. 421, note 1.

retentissement en Europe » lui paraissait témoigner de leur « importance »[8]. En 1869, payant le juste prix de sa reconnaissance, il appuiera de son autorité cette réclamation contestée : « les *Types de l'Humanité* et les *Races indigènes de la Terre* sont les deux premiers ouvrages où le vaste programme de l'anthropologie, éclairée par les sciences modernes, ait été parcouru dans son ensemble »[9]. Dally l'avait dit, Broca lui donnait sa caution.

Dans l'immédiat contexte d'une « guerre gigantesque » qui avait confronté, de 1861 à 1865, les forces de l'Union et les armées confédérées luttant pour la sécession, ce conflit des interprétations n'avait rien d'anecdotique. En vérité, Broca prenait le parti de soutenir l'excellence scientifique de deux recueils commandités par des éditeurs ouvertement esclavagistes. Josiah Nott, médecin de Mobile (Alabama), défendait les idées de Gobineau sur la décadence des races croisées. Pour lui, l'esclavage était la seule solution envisageable pour la coexistence des races dans un même espace géographique. Spécialiste en « négrologie », discipline qu'il introduisit à l'Université de Louisiane en 1848, J.C. Nott avait fait des conférences à Mobile dès 1844 sur « l'histoire naturelle des races Caucasienne et Nègre ». Il affirmait que des causes physiques ne pouvaient pas transformer un homme blanc en noir. Par ailleurs, dans l'ordre des relations naturelles entre les races, la position relative des différents peuples obéissait pour lui à la loi sériaire de la grande chaîne des êtres. Seuls les Blancs avaient développé de grandes civilisations et les Égyptiens, d'extraction « caucasienne », avaient historiquement dégénéré par des métissages répétés avec certaines nations « inférieures ». Il était du devoir des Chrétiens de mesurer l'impact destructeur des mélanges raciaux et les conséquences politiques d'une philanthropie aveugle[10]. George Gliddon était un courtier d'assurance. En 1832, il fut nommé vice-consul des États-Unis au Caire et il fit, à partir de 1840, une carrière publique en donnant des conférences itinérantes sur l'égyptologie. Pourvoyeur de têtes osseuses et de momies d'Égypte pour le muséum anthropologique de Morton, qui lui dédia ses *Crania Aegyptiaca* (1844), ses compétences scientifiques étaient strictement bornées par son intérêt soutenu pour les « institutions particulières » des États du Sud. En 1844, alors que les diplomates de l'Angleterre réclamaient l'abolition de l'esclavage, il devint l'interlocuteur privilégié du secrétaire d'État John C. Calhoun, apologiste des convictions sudistes et de l'inégalité raciale[11]. En 1854, dans l'introduction de *Types of Mankind*, Josiah Nott avait rappelé le

8. P. Broca, « l'anthropologie en 1868 », in *Mémoires d'Anthropologie, op. cit.*, p. 512.

9. P. Broca, « Histoire des progrès des études anthropologiques depuis la fondation de la Société (1869) », in *Mémoires d'Anthropologie, op. cit.*, p. 497.

10. William Stanton, *The Leopard's Spots. Scientific Attitudes toward Race in America 1815-59*, Chicago and London, The University of Chicago Press, 1960, Midway Reprint, 1982, pp. 68-72 et Reginald Horsman, *Josiah Nott of Mobile : Southerner, Physician and Racial Theorist*, Baton Rouge, London, Louisiana State University Press, 1987.

11. Cf. W. Stanton, *The Leopard's Spots, op. cit.*, en particulier p. 61 sq.

rôle de l'ethnologie dans la conduite éclairée des affaires d'État, concluant avec Calhoun, et à propos de l'ingérence anglaise : « The immense evils of false philanthropy are becoming too glaring to be longer overlooked »[12].

Dès les années 1855-1860, les éléments d'information disponibles en France à propos de la « philosophie » éditoriale des exécuteurs testamentaires de Morton suffisaient à discréditer leur entreprise. Les premiers comptes rendus s'en firent l'écho. L'abolitionniste et saint-simonien Gustave d'Eichthal, secrétaire de la Société ethnologique de Paris, regretta que deux hommes « aussi distingués » subissent « si complètement l'influence du préjugé public, malheureusement si puissant aux États-Unis, au sujet de la race noire ». Non que d'Eichthal, qui était polygéniste, ait cru à l'égalité d'aptitude des races ; mais il rêvait une « ère de travail, de paix et de sympathie » où la famille humaine réconciliée ferait une part égale aux « facultés sympathiques » de la race *féminine* noire et à l'activisme *viril* des races blanches. Une division des travaux qu'il voyait annoncée dans *La case de l'oncle Tom* de Harriet Beecher-Stowe plus que dans *Types of Mankind*[13].

Dans la *Revue des deux Mondes*, Paul de Rémusat vantait un ouvrage appelé à devenir « le plus important peut-être de l'ethnographie moderne » ; il convenait pourtant que les anthropologues des États-Unis « ont besoin d'avoir plus raison que d'autres pour échapper à d'odieuses imputations ». La raison en était simple : « on est bien prompt à accuser les écrivains de cette nation de défendre l'esclavage »[14]. Ce type de condescendance resta rare dans la presse française. Les observateurs du Nouveau Monde avaient pour la plupart le sentiment qu'une voix autorisée qui ne se prononçait pas explicitement contre la servitude des Noirs lui était positivement acquise, par l'effet d'une complicité muette. Auguste Laugel fit en 1857 une analyse très élogieuse des travaux paléontologiques de Louis Agassiz, mais il n'en flétrit pas moins sa participation au « pamphlet » esclavagiste de Nott et Gliddon : « Si M. de Humboldt pouvait récemment écrire que parmi les pages de ses nombreux ouvrages, c'est à celles où il exprime sa réprobation contre l'esclavage qu'il attache le plus de prix, M. Agassiz ne trouvera rien dans ses écrits qui lui permette un semblable témoignage »[15].

Ainsi, chacun convenait qu'en « Amérique surtout », « l'immense débat »

12. Josiah Nott, « Introduction », in J.C. Nott and G.R. Gliddon eds., *Types of Mankind op. cit.*, p. 50 sq. Citation p. 52. Cf. Herbert H. Odom, « Generalizations on Race in Nineteenth-Century Physical Anthropology », *Isis*, vol. 58, 1967, pp. 4-18 et Philip D. Curtin, *The Image of Africa. British Ideas and Action 1780-1850*, London, Macmillan & Co, 1965, part III, chap. 15.

13. Gustave d'Eichthal, « Types des races humaines », *Bulletin de la Société de Géographie*, 4e série, t. IX, janv.-juin 1855, pp. 53-65. Citations pp. 64-65. Cf. Léon-François Hoffmann, *Le Nègre romantique*, Paris, Payot, 1973, pp. 203-204.

14. Paul de Rémusat, « Types of Mankind », *Revue des deux Mondes*, 1 oct. 1854, pp. 203-206.

15. Auguste Laugel, « Un naturaliste. M. Agassiz et ses travaux. Ses théories sur la pluralité des créations et de la classification des êtres », *Revue des deux Mondes*, 1er sept. 1857, p. 107.

que soulevaient les « principales questions » de l'ethnologie empruntait « à un certain ordre d'idées une vivacité sans égale »[16]. Derrière la polygénie, l'esclave et la lutte des races :

> Nous avons déjà vu le docteur Nott déclarant que la destinée de la race nègre est d'être finalement détruite, par la raison qu'*il viendra un temps où les Noirs seront plus nuisibles qu'utiles aux Américains* (Thomas Smyth, chap. 2) ; doctrine dont les conséquences morales et politiques sont aussi absurdes que détestables, ainsi que le fait remarquer le docteur Lawrence.[17]

Déjà, à la Société de Géographie, Antoine d'Abbadie s'élevait, pour des motifs religieux, « contre une doctrine qui peut devenir une innovation dangereuse en ce qu'elle s'est trop hâtée de conclure d'après un petit nombre de discordances ou d'analogies »[18]. Laugel ou d'Eichthal n'avaient pas porté la controverse sur le terrain scientifique, l'orientaliste Alphonse Castaing, porte-parole idéologique des monogénistes de la Société d'Ethnographie américaine et orientale s'y inscrira. Castaing n'avait pas de compétences particulières, mais il excellait dans l'art éristique. Il a, dès 1859, anticipé le jugement de Pruner-Bey dans un article de quarante-deux pages ainsi conclu :

> Les savants américains cherchent la vérité ; mais ils n'apportent pas dans leurs études le calme qu'il y faudrait, et leur nature ardente ne se défie point assez de l'hypothèse : la facilité de l'explication les entraîne, et ils semblent ignorer que les idées ingénieuses sont la forme séduisante ou l'hypocrisie de l'erreur, soit dit sans aucune intention de personnalité. Le milieu dans lequel ils sont placés, peu favorable à l'expansion modérée et à la fusion des idées, les met à la remorque des savants d'Europe. Sans le vouloir et avec le désir d'être eux-mêmes, quelques-uns d'entre eux (M. Nott par exemple), compilant comme compilaient les écrivains du seizième siècle, nous refont la science avec des débris surannés, et montrent pour les Allemands une admiration qui n'a d'autre base solide que le lien de parenté.[19]

Après 1860, Pruner-Bey n'était pas seul à souligner « l'idée préconçue » des ethnologistes américains : « les tendances et l'origine de ces productions sont trop bien connues même par le public, pour que je m'impose la

16. Eugène Le Bret, « Collection de crânes humains appartenant à l'Académie des Sciences naturelles de Philadelphie », *Comptes Rendus et Mémoires de la Société de Biologie*, 2e série, t. IV, 1857, p. 93.

17. Étienne-Renaud-Augustin Serres, *Anatomie comparée transcendante. Principes d'embryogénie, de zoogénie et de tératogénie*, Paris, Firmin Didot Frères, Fils et Cie, 1859, p. 760.

18. Antoine d'Abbadie, « Observations sur l'ouvrage intitulé : Types of mankind, par MM. Nott et Gliddon », *Bulletin de la Société de Géographie*, 4e série, t. X, juill.-déc. 1855, pp. 41-46.

19. Alphonse Castaing, « L'unité de l'espèce humaine et les ethnographes des États-Unis », *Revue Orientale et Américaine*, t. II, 1859, pp. 389-430. Citation p. 430.

moindre réserve »[20]. Jean-Christian-Marc Boudin, spécialiste de géographie médicale peu suspect d'opinion monogéniste, se joignait à lui, « pour mettre en doute l'autorité des auteurs de *Types of Mankind* »[21]. Armand de Quatrefages, titulaire de la chaire d'Anthropologie au Muséum national d'Histoire naturelle depuis 1855, avait également écrit que J.C. Nott trahissait « dès le début les préoccupations dont on retrouve les traces dans tout l'ouvrage »[22]. Paru en livraisons dans la *Revue des deux Mondes*, son premier livre d'anthropologie intitulé *Unité de l'espèce humaine* (1861) s'agençait en une réfutation soignée des doctrines de Philadelphie. Il y avait sans conteste quelque avantage symbolique à identifier, ainsi qu'il le fit, le polygénisme et le « slavisme », la pluralité des types humains et la négrophobie. Mais l'actualité lui donnait raison, en dehors de toute considération doctrinaire. En 1866, Josiah Nott, qui avait été élu membre associé étranger de la Société d'Anthropologie de Paris sur présentation de Broca, Brown-Séquard et Lemercier (nov. 1859), publiait encore un article sur les « instincts de races » tendant à montrer que les Noirs étaient incapables, faute d'autonomie « physiologique », d'accéder à l'émancipation véritable, politique, économique et morale. Nott affirmait que les esclaves étaient plus intelligents que les Nègres des États libres et il faisait fond sur les statistiques des exploitations agricoles d'Haïti ou de la Jamaïque pour étayer sa thèse centrale : les Nègres ont une horreur instinctive pour le travail de la terre[23]. Aussi bien Quatrefages fit-il plus que dévoiler le préjugé implicite des disciples de Morton ; il posa, l'année suivante, une équation plus catégorique encore dans son *Rapport* rédigé à la demande du ministère de l'instruction publique : il a paru, dit-il, aux États-Unis « de gros ouvrages polygénistes, qui ne sont au fond, qu'un plaidoyer en faveur de l'esclavage »[24]. Une opinion communément reçue. Dans la mesure où ce verdict valait comme une fin de non-recevoir absolue et qu'il émanait de la seule personnalité académique capable, dans ces années, de contester à Broca la légitimité de son jugement scientifique, on doit considérer que ce dernier lui fit une réponse directe en 1869 en vantant les « savants éminents » des États-Unis :

20. F. Pruner-Bey, *Bulletins de la Société d'Anthropologie de Paris*, t. III, 1862, p. 420.

21. Jean-Christian-Marc Boudin, *Bulletins de la Société d'Anthropologie de Paris*, t. III, 1862, p. 435 : « Les auteurs, dominés par un parti pris, ont eu soin d'écarter tous les faits défavorables à leur thèse. Gliddon me l'avoua un jour très - naïvement à l'occasion d'une réclamation que je lui fis relativement à mes propres travaux. Il avait cité ceux qui tendaient à montrer la diversité des races humaines et mis de côté ceux qui pouvaient conduire à une opinion opposée ». Boudin avait cependant cité en 1857 les travaux du « médecin américain distingué, le docteur Nott, de Mobile », *Traité de géographie et de Statistique médicales*, Paris, J.-B. Baillière et Fils, 1857, par exemple t. II, pp. 220 et 143-144.

22. Armand de Quatrefages, *Unité de l'espèce humaine*, Paris, L. Hachette et Cie, 1861, p. XI.

23. J.C. Nott, *Instincts of Races*, New Orleans, L. Graham, 1866, reprinted from the *New Orleans Medical and Surgical Journal*.

24. A. de Quatrefages, *Rapport sur les progrès de l'anthropologie*, Paris, Imp. impériale, 1867, p. 97.

> Tout en constatant que l'intérêt d'actualité contribua beaucoup à la popularité des publications de l'école américaine, nous sommes *obligés* de reconnaître la haute valeur scientifique des nombreuses monographies qui parurent en 1854 et 1857 dans les deux grands recueils anthropologiques publiés par Nott et Gliddon.[25]

Il reste une évidence : cette obligation n'obligeait que Broca et ressemblait à une justification. Modéré dans son expression publique, Morton, qui avait inauguré une ère nouvelle en craniographie avec ses deux maître-ouvrages, *Crania Americana* (1839) et *Crania Aegyptiaca* (1844), était peu contesté[26]; ses disciples l'étaient. Le camp des polygénistes français pouvait revendiquer d'autres prédécesseurs moins controversés, ayant couvert eux aussi le vaste domaine de la science de l'homme, à commencer par Honoré Jacquinot et Bernard Hombron, zoologistes de la circumnavigation de Dumont D'Urville, dont les travaux, publiés en 1846[27], étaient expressément signalés par Morton comme embrassant « more of the truthful results and real philosophy of the science, than most of the other systematic works than have been published on the subject »[28]. La question reste ouverte de savoir pourquoi Broca couvrit de son autorité des auteurs discutés, pourquoi il défendit, contre ses pairs et ses contemporains, la « haute valeur scientifique » des travaux du gobinien Josiah Nott et du négociant George Gliddon. La réponse tient probablement dans trois propositions :

1. Broca soutenait les mêmes thèses que les auteurs américains, et dans les mêmes termes, ce que l'un de ses biographes, Francis Schiller, a nommé, sans doute par antiphrase, l'*humanisme souriant* du fondateur de l'anthropologie française.
2. Broca retrouvait dans le programme de l'anthropologie polygéniste mortonienne son propre programme parce qu'il le lui avait emprunté.
3. Cette prise de position fut probablement au principe même de la création de la Société d'Anthropologie de Paris en 1859.

25. P. Broca, « Histoire des progrès des études anthropologiques depuis la fondation de la Société (1869) », *Mémoires d'Anthropologie, op. cit.*, p. 497. Nous soulignons.

26. Alfred Maury n'était pas seul à considérer qu'il était « l'un des plus grands ethnologues de notre époque », *Bulletin de la Société de Géographie*, 4e série, t. X, juill.-déc. 1855, p. 47. C'était aussi l'avis de l'américaniste Edme Jomard et de Boudin qui chercha un éditeur français pour ces deux volumes. Cf. W. Stanton, *op. cit.*, p. 90 et J.C. Nott & G.R. Gliddon, *Types of Mankind, op. cit.*, p. 232.

27. *Voyage au Pôle Sud et dans l'Océanie sur les corvettes l'Astrolabe et la Zélée ; exécuté par ordre du roi pendant les années 1837-1838-1839-1840 sous le commandement de M.J. Dumont-D'Urville*, Paris, Gide et Cie, Zoologie, t. I : Bernard Hombron, *De l'homme dans ses rapports avec la création*, et t. II : Honoré Jacquinot, *Considérations générales sur l'anthropologie*, 1846.

28. Samuel George Morton, *Notes on hybridity, designed as a Supplement to the Memoir on that Subject in the last number of this Journal*, extrait du *Charleston Medical Journal and Review*, 1850, p. 152. Même jugement chez J.C. Nott : l'anthropologie de Jacquinot « is the ablest work on man yet put forth in the French language », *in* J.C. Nott & G.R. Gliddon eds., *Types of Mankind, op. cit.*, p. 394.

2. Des hybrides et des hommes. Le « plaidoyer polygéniste » et négrophobe de Broca en 1858

Dans la limite des études historiographiques actuelles et des documents connus, nous ignorons les motifs qui incitèrent Paul Broca, chirurgien des hôpitaux et anatomo-pathologiste déjà réputé, à s'engager, à partir de 1858, dans une double carrière et à « partager sa vie », selon ses mots, entre ses deux pôles d'activité, la médecine et l'anthropologie. Interrompue en 1857, la correspondance qu'il échangeait avec ses parents à Sainte-Foy-la-Grande depuis 1841 ne nous livre rien du secret de cette vocation. Nous sommes donc rendus à la seule lecture des travaux anthropologiques publiés et au premier d'entre eux, le « Mémoire sur l'hybridité en général, sur la distinction des espèces animales et sur les métis obtenus par le croisement du lièvre et du lapin », publié en livraisons dans le *Journal de Physiologie de l'Homme et des Animaux*, dirigé par Brown-Séquard, entre 1858 et 1860. Souvent rappelée à partir du seul témoignage de Broca, la cause occasionnelle de ce texte rétrospectivement célèbre fut la découverte d'un hybride vrai entre deux espèces zoologiquement distinctes, le « léporide », croisement du lièvre et du lapin[29]. L'animal fut présenté en séance à la Société de Biologie en octobre 1857, présentation qui n'eut « aucun succès ». Les biologistes mettaient en doute son origine réellement hybride et, dans l'affirmative, sa fécondité prétendue et durable. La querelle d'expertise fut levée par Isidore Geoffroy Saint-Hilaire. Broca lui ayant confié un spécimen femelle, le professeur du Muséum considéra après examen qu'il s'agissait d'un « vrai métis d'espèce », lequel s'avéra fécond au Jardin des Plantes par croisement de retour avec le lapin. Les résultats de l'examen furent communiqués à la Société en décembre 1857. En privé, on objecta à Broca que si la viabilité du léporide se confirmait, il faudrait en conclure que le lièvre et le lapin appartenaient à la même espèce. Il fut ainsi obligé de réexaminer une définition physiologique de l'espèce « passée à l'état de dogme »[30]. Rien n'indique en réalité que la difficulté qu'on lui fit alors représentât une sorte de discours officiel des biologistes. Broca y vit néanmoins une invitation à dépasser le cadre strictement zoologique de son propos pour aborder le problème plus large de l'hybridité dans le genre humain. Premier acte de sa fronde.

29. Francis Schiller, *Paul Broca*, trad. Philippe Monod-Broca, Paris, Ed. Odile Jacob, 1990, p. 170 sq. ; Jean-Louis Fischer, « Espèce et hybrides : à propos des léporides », in *Histoire du concept d'espèce dans les sciences de la vie*, Paris, Fondation Singer-Polignac, 1987, pp. 253-268.

30. P. Broca, « Introduction aux Mémoires sur l'hybridité », *in Mémoires d'Anthropologie*, Paris, Reinwald, t. III, 1877, pp. 321-325. I. Geoffroy Saint-Hilaire a incontestablement reconnu la réalité du léporide. Mais il ne publia rien sur cet objet qui ne provienne du « Mémoire sur l'hybridité », communiqué par Broca avant publication au professeur du Muséum. L'information est donc circulaire. Voir Isidore Geoffroy saint-Hilaire, *Histoire naturelle générale des règnes organiques, principalement étudiée chez l'homme et les animaux*, Paris, V. Masson et Fils, t. III, 1862, p. 222 sq. Ce passage fut rédigé en 1859.

Le deuxième acte suivit de peu. Broca, qui était solidaire des opinions polygénistes professées, à la Faculté de Médecine, par Pierre Bérard et Pierre-Nicolas Gerdy, savait que la capacité de reproduction illimitée constituait, depuis Buffon, la pierre de touche de la définition naturaliste de l'espèce[31]. Il crut, sur l'exemple des léporides, pouvoir invalider le critère mixiologique de l'espèce par la fécondité continue des métis et, avec lui, la pétition de principe monogéniste qui postulait l'unité d'origine des hommes, sous la condition des croisements indéfiniment féconds entre races distinctes.

De cette assise factuelle, il voulait ruiner la doctrine unitaire adamique. Rouvrant le dossier hybridologique, auquel Samuel Morton, avant J.C. Nott, avait déjà consacré des articles remarqués et partiellement traduits dans des périodiques scientifiques français[32], il entreprit la rédaction d'un manifeste plus général, anti-monogéniste, dont il commença la lecture à la Société de Biologie en mai 1858. Au témoignage plus tardif de Broca, cette lecture fut interrompue sur la demande du président, Pierre Rayer, parce que celui-ci « éprouvait un embarras voisin du malaise ». L'événement n'est pas incident : d'une part, on y vit une censure directe ; d'autre part, il précipita la fondation de la Société d'Anthropologie où de telles questions pourraient être débattues « librement ». Souvent commenté par les disciples proches ou lointains de Broca, l'épisode fut analysé comme une victoire très provisoire de l'orthodoxie académique sur les forces du progrès. Après la mort de Broca, en 1880, Samuel Pozzi parla des « pusillanimités de certains de ses collègues », Henri Vallois de la « froideur manifeste » avec laquelle on reçut la lecture d'un mémoire où il invoquait « les noms de Lamarck et de Geoffroy Saint-Hilaire »[33]. C'est là manifestement refaire l'histoire. En vérité, Broca cherchait à prouver la fixité des races humaines et non leur transformation et n'appuya son propos, à aucun moment, des noms précités. La « première partie » de ce « plaidoyer polygéniste » fut seule présentée en séances[34]. Elle correspond aux deux premières livraisons publiées dans le *Journal de Physiologie* durant l'année 1858 et son propos, malgré son titre trompeur, ne concernait par les hybrides mais la réfutation de l'école « unitaire » prichardienne.

Médecin aliéniste de Bristol, président de l'Ethnological Society of London jusqu'à sa mort en 1848, James Cowles Prichard était le plus

31. Pierre Bérard, *Cours de Physiologie, fait à la Faculté de Médecine*, Paris, Labé, t. I, 1848, pp. 463-465.

32. Samuel George Morton, *Hybridity in Animals and Plants considered in Reference to the Question of the Unity of the Human Species*, New Haven, B.L. Hamlen, 1847, extracted from the *American Journal of Science and Arts*, vol. III, 2nd séries, 1847. Cf. *Bulletin de la Société ethnologique de Paris*, t. II, 1847, p. 259 sq. *Nouvelles Annales des Voyages et des Sciences géographiques*, nouvelle série, 1848, t. I, pp. 122-126.

33. Samuel Pozzi, « Paul Broca », *Revue d'Anthropologie*, 2e série, t. III, 1880, p. 580. Henri Vallois, « La Société d'Anthropologie de Paris. 1859-1959 », *Bulletins et mémoires de la Société d'Anthropologie de Paris*, 11e série, t. I, 1960, pp. 293-294.

34. P. Broca, « Introduction aux Mémoires sur l'hybridité », *op. cit.*, p. 325. Les *Comptes rendus des séances de la Société de Biologie* (années 1857-1858) n'en font pas mention.

important anthropologue de la première moitié du siècle[35]. Après la traduction par François Désiré Roulin de son *Histoire naturelle de l'homme* en 1843, Prichard gagna en prééminence à la fois pour la richesse de ses compilations ethnographiques et pour sa défense du thème unitaire qui se popularisa, dans les cercles traditionalistes français, tout au long des années 1850[36]. A travers les opuscules activistes et anti-polygénistes de Henry Hollard, l'abbé Maupied, Eusèbe de Salles ou Bénédict Augustin Morel, l'anthropologie catholique fit œuvre de vulgarisation et de simplification[37]. Prichard ne fut pas attaqué de son vivant et même Samuel Morton chercha son patronage savant en lui dédiant, en 1839, ses *Crania Americana*. Entre 1836 et 1847, Prichard publia la troisième édition en cinq volumes de ses *Researches into the Physical History of Mankind* (1re éd. 1813), « a work which commands our unqualified admiration both in respect to the multitude and the accuracy of the facts it contains, and the genius and learning with which they are woven together »[38]. Il va presque sans dire que de cette « admiration sans réserve », il perça peu de choses dans les écrits de ses collègues Nott et Gliddon[39], non plus que chez Broca.

Broca avait précisément consacré la première partie de son mémoire à la destruction de la « doctrine illusoire » du monogénisme prichardien, un système qu'il voyait ou plutôt désirait « banni de la science sérieuse »[40]. Il imputait à ses adversaires unitaires des thèses ridicules ou anachroniques pour mieux dévoiler l'essence dogmatique et religieuse du monogénisme. Nonobstant ses aspects critiques et souvent sarcastiques, ses « recherches » n'étaient pas originales. Broca démarquait les idées de Nott et Gliddon,

35. Cf. George W. Stocking Jr, « From Chronology to Ethnology. James Cowles Prichard and British Anthropology, 1800-1850 », *in* J.C. Prichard, *Researches into the Physical History of Man*, Chicago and London, The University of Chicago Press, 1973, pp. IX-CXVIII et Paul Jorion, « Un ethnologue proprement dit », *L'Homme*, vol. XX (4), 1980, pp. 118-128.

36. James Cowles Prichard, *The Natural History of Man : Comprising Inquiries into the Modifying Influence of Physical and Moral Agencies on the Different Tribes of the Human Family*, London, H. Baillière, 1843 [éd. utilisée 3e éd. 1848].

37. Dans ses « Mémoires sur l'hybridité », Broca critique deux de ces vulgarisateurs mineurs : Henry Hollard, *De l'homme et des races humaines*, Paris, Labé, 1853 et Eusèbe de Salles, *Histoire générale des races humaines, ou Philosophie ethnographique*, Paris, Duprat, Pagnerre, 1849. Outre sa lutte contre toutes les formes modernes du panthéisme et du matérialisme, Hollard cherchait à prouver que le monogénisme emportait une condamnation absolue de l'esclavage au nom de la fraternité de tous les hommes.

38. S.G. Morton, *Crania Aegyptiaca; or, Observations on Egyptian Ethnography, derived from Anatomy, History and the Monuments*, Philadelphia, J. Penington, London, Madden & Co, 1844, p. 67, note.

39. « We are prepared to show that no book in the language, contains more false facts and forced conclusions, than Prichard's celebrated work on Mankind », J.C. Nott, « An examination of the Physical History of the Jews, in its bearings on the Question of the Unity of the Races », *Proceedings of the American Association for the Advancement of Science*, 3rd Meeting, 1850, Charleston, Steam-Power Press of Walker and James, 1850, note p. 101.

40. P. Broca, « Recherches sur l'hybridité animale en général et sur l'hybridité humaine en particulier considérées dans leurs rapports avec la question de la pluralité des espèces humaines », in *Mémoires d'Anthropologie, op. cit.*, 1877, p. 408.

qui avaient fait de Prichard, et avant lui, l'emblème de l'antiscience intéressée. La cible des disciples de Morton était désignée : c'était la problématique de l'action morphogénétique des milieux naturel et humain, que Prichard et ses suiveurs français avaient mobilisée pour expliquer la formation des races humaines, leur différenciation d'une souche unique et primitive. Reprise de Buffon, la loi des milieux, de l'action climatique, la loi de dégénération selon les lignes isothermes était pour eux, comme pour Broca qui les plagiait, l'une de ces « théories inventées dans les temps d'ignorance, et devenues incompatibles avec les faits, depuis que la science a étendu son domaine »[41]. Broca avait trouvé dans le « bel ouvrage de MM. Nott et Gliddon » la matrice et la matière de ses assurances critiques. Les polygénistes disqualifiaient le test spécifique de l'interfertilité et de la continuité des générations. Ils opposaient au concept de dégénération des « variétés de l'espèce humaine » l'argument de la permanence morphologique des races dans le temps, déjà établi sur une base physiologique par William Edwards[42].

Les données nouvelles de l'égyptologie devinrent, dans leurs écrits, une arme de guerre idéologique en faveur de la pluralité primordiale des nations. Les bas-reliefs exhumés par les membres des diverses commissions scientifiques d'Égypte et figurés dans les recueils classiques de Jean-François Champollion, François Jomard, Ippolito Rosellini, Richard Lepsius, administraient en effet la preuve que, depuis cinq à six mille ans, les diverses races humaines rassemblées sur le sol nilotique, caucasienne, sémite, éthiopienne, etc., n'avaient éprouvé aucun changement notable de couleur et de forme. Morton en fit également l'expérience cruciale à partir de l'étude craniométrique des Égyptiens primitifs : hormis les formes hybrides nées des croisements, les anciens habitants appartenaient au type caucasien et ils cotoyaient des Nègres caractérisés. Aussi bien avait-il rectifié « quelques opinions règnantes » en retrouvant « les titres des premiers Égyptiens »[43].

Dans la mesure où l'existence « antéhistorique » de l'homme était encore controversée[44], la découverte des sites archéologiques et des momies d'une très haute antiquité équivalait à une attestation directe de la diversité des souches humaines. Morton, Nott et surtout Gliddon

41. P. Broca, « Recherches sur l'hybridité animale », *op. cit.*, 1877, p. 355.

42. Claude Blanckaert, « On the Origins of French Ethnology. William Edwards and the Doctrine of Race », in *Bones, Bodies, Behavior. Essays on Biological Anthropology*, G.W. Stocking Jr ed., Madison, The University of Wisconsin Press, 1988, en particulier, pp. 34-38.

43. E. Le Bret, « Examen des caractères reconnus sur les crânes des anciens égyptiens », *Comptes rendus des séances et Mémoires de la Société de Biologie*, t. III, 1851, pp. 156-162.

44. La thèse de l'antiquité de l'homme et sa contemporanéité avec les faunes disparues ne fut admise qu'après la réévaluation des travaux de Boucher de Perthes en 1859. Elle était néanmoins soutenue, dès 1854, par les auteurs de *Types of Mankind*, dans la contribution de William Usher « Geology and Palaeontology, in Connection with Human Origins », *op. cit.*, pp. 327-372. Les premiers critiques du livre, même favorables à sa problématique générale, furent moins audacieux : « Y a-t-il des hommes fossiles ? M. Usher répond à cette question par une affirmative un peu hasardée », Paul de Rémusat, *op. cit.*, p. 205.

soulignaient le fait : le témoignage des hiéroglyphes rendait obsolète tout ce qui avait été accru sur l'unité de l'homme à partir de savantes exégèses du Xe chapitre de la *Genèse*. Il devenait impossible de croire, avec les prichardiens, que les Égyptiens avaient le « caractère de l'africain pur sang, dont le nègre n'est que le représentant exagéré », autant dire une origine africaine[45]. C'en était fini de l'hypothèse buffonienne selon laquelle l'espèce nègre pouvait parcourir en quelques centaines d'années l'espace qui la séparait des Blancs[46]. Il n'était non plus loisible de croire avec le « chef de l'école unitaire » que les nomades d'origine asiatique de l'Empire ottoman avaient échangé leur faciès mongol pour les traits avantagés des Européens, par la seule force de la sédentarisation et d'un genre de vie nouveau[47]. Non seulement les monogénistes se condamnaient à invoquer la transformation *miraculeuse* des races[48], mais ils étaient voués à antédater le déluge de Noé et la chronologie de la création admise depuis l'archevêque James Ussher par les théologiens pour accorder avec la fixité historique avérée des races leur conception de l'origine adamique de tous les hommes[49]. Les types de l'humanité étaient irréductibles et aborigènes.

Aussi bien, Prichard était-il accusé d'avoir été victime d'une fausse doctrine mais plus encore d'avoir occulté délibérément les faits contraires à cette doctrine : « He never reverts to *Egyptian* archaeology, nor reveals one iota of all these splendid discoveries. Why ? Because they flatly contradict him, and the antiquated school of which he was the steel-clad

45. J.C. Prichard, *The Natural History of Man, op. cit.*, section XVII. Les abolitionnistes firent de cette question un argument idéologique tendant à prouver la capacité des Noirs à s'élever à l'ordre de la civilisation. Cf. « Rapport de M. Lenormant sur la partie de l'ouvrage de M. Schoelcher : *L'Égypte en 1845*, relative à l'ancienne population d'Égypte », *Bulletin de la Société ethnologique de Paris*, t. I, 1846, pp. 108-116 ; Victor Courtet de l'Isle, « Études sur les anciennes races de l'Égypte et de l'Éthiopie », *ibid.*, t. II, 1847, pp. 5-38 ; Victor Schoelcher, « Sur les caractères distinctifs de la race blanche et de la race noire », *ibid.*, t. II, 1847, pp. 151-172.

46. Georges Louis Leclerc, comte de Buffon, « De la dégénération des animaux », *Œuvres philosophiques*, Paris, PUF, 1954, p. 395 A.

47. J.C. Prichard, *The Natural History of Man, op. cit.*, pp. 108-109.

48. S.G. Morton, *Crania Americana ; Or, A Comparative View of the Skulls of Various Aboriginal Nations of North and South America*, Philadelphia, J. Dobson, London, Simpkin, Marshall and Co, 1839, p. 88 et note pp. 29-31. J.C. Nott, « Acclimation ; or the Comparative influence of Climate... », in J.C. Nott & G.R. Gliddon eds., *Indigenous Races of the Earth, op. cit.*, note 2, p. 355.

49. Selon Ussher, la création avait eu lieu 4004 ans avant Jésus-Christ. Prichard abandonna la chronologie biblique en 1847, dans la dernière édition des *Researches*. Cf. Donald K. Grayson, *The Establishment of Human Antiquity*, New York, London, Academic Press, 1983, p. 155 sq. Sur la controverse chronologique, en rapport avec les événements de l'histoire humaine, voir Annette Laming-Emperaire, *Origines de l'archéologie préhistorique en France. Des superstitions Médiévales à la découverte de l'Homme fossile*, Paris, A. et J. Picard et Cie, 1964, p. 30 sq. ; Paolo Rossi, *The Dark Abyss of Time. The History of the Earth & the History of Nations from Hooke to Vico*, transl. Lydia G. Cochrane, Chicago and London, The University of Chicago Press, 1984 ; Francis C. Haber, *The Age of the World-Moses to Darwin*, Baltimore, The Johns Hopkins Press, 1959.

war-horse »[50]. Sans y ajouter rien, Broca s'est contenté de répéter l'argument, jugé irréfragable dans son évidence :

> C'est un fait universellement reconnu et admis, même parmi les théologiens les plus inflexibles, que, dès l'origine des temps historiques, les hommes étaient déjà divisés en plusieurs races parfaitement distinctes, dont les types se sont, sans la moindre altération, perpétués jusqu'à nos jours. Si les documents écrits ne paraissaient pas assez démonstratifs, ou si l'on mettait en doute l'identité des types anciens avec certains types modernes, il suffirait, pour faire cesser toute hésitation, de renvoyer aux sculptures ou aux dessins qui ont été retrouvés sur les monuments de l'Égypte, et qui remontent à l'antiquité la plus reculée.[51]

Morton, prudent dans l'expression de ses idées, n'avait pas publié avant 1846 ses convictions polygénistes, sinon dans sa correspondance privée[52]. En Amérique, une sorte de division du travail intellectuel s'instaura dans le cercle de ses amis. Gliddon n'entendait rien à l'anatomie. Il fit campagne, dans ses conférences, contre les chronologies bibliques, affirmant que l'accusation d'hérésie ne pouvait pas détruire les *faits* hiéroglyphiques et mettant en demeure les unitaires de traverser à pied sec le déluge pour concilier leur dogme et la réalité ethnographique[53]. L'exégèse lui parut démontrer que les anciens Hébreux ignoraient le type nègre. Le naturaliste Louis Agassiz, théoricien de la doctrine des « centres de création » multiples et gagné à la cause des *Types of Mankind*[54], considérait pareillement la *Genèse* comme une tradition associée à la seule race blanche dans sa variété juive[55]. Nott et Gliddon, enfin, firent de cette lutte idéologique une priorité scientifique, un nouveau combat intellectuel des modernes contre la « fausse théologie » des fondamentalistes. Après la victoire des astronomes et des géologues, « the last grand battle between science and dogmatism, on the primitive origin of races, has now commenced. It requires no prophetic eye to foresee that science must again, and finally, triumph »[56]. Quoique ces arguments eussent

50. J.C. Nott & G.R. Gliddon, *Types of Mankind, op. cit.*, p. 54 sq. ; 169-170. Citation p. 170.

51. P. Broca, « Recherches sur l'hybridité en général », *op. cit.*, 1877, p. 346.

52. Cf. W. Stanton, *op. cit.*, p. 97.

53. W. Stanton, *op. cit.*, p. 50. L'argument chronologique est partout présent dans les publications de J.C. Nott et G.R. Gliddon, Cf. *Types of Mankind, op. cit.*, pp. 56 ; 59-60 ; 172 ; 271 sq. ; 319, note ; 326 ; 375, etc. ; et *Indigenous Races of the Earth, op. cit.*, en particulier p. 466 sq. et 496 sq.

54. Sa contribution et sa respectabilité académique firent beaucoup pour le succès du volume : Louis Agassiz, « Sketch of the Natural Provinces of the Animal World and their Relation to the Different Types of Man », *Types of Mankind, op. cit.*, pp. LVIII-LXXVI. Cf. Edward Lurie, « Louis Agassiz and the Races of Man », *ISIS*, vol. 45, 1954, pp. 227-242 ; W. Stanton, *op. cit.*, p. 100 sq.

55. Louis Agassiz, cité in J.C. Nott & G.R. Gliddon, *Types of Mankind, op. cit.*, p. 79.

56. J.C. Nott, « Introduction », in J.C. Nott & G.R. Gliddon eds., *Types of Mankind, op. cit.*, p. 60.

déjà été développés par les polygénistes de l'Ancien Monde[57], la vogue romantique pour l'orientalisme et la puissance d'évocation des nombreux documents iconographiques reproduits des meilleurs ouvrages d'Égyptologie dans *Crania Aegyptiaca* et *Types of Mankind*, contribuèrent à leur actualité critique.

En 1858, il semble que Broca n'ait pris connaissance de ces découvertes que dans les écrits américains. Surtout, il parut sensible aux aspects polémiques explicites du propos. Broca était anticlérical et positiviste. En mai 1848 il dénonçait la nomination de Philippe Buchez, « fondateur de l'école néo-catholique » à la présidence de la Chambre, mais avouait son espoir réalisé : « l'Église a fait son temps »[58]. Il avait participé, dans le mouvement de février, à la création d'une Société des Libres-Penseurs[59] et à quelques années de là, il avouait encore consacrer trop de temps à son gré à la culture des humanités, « voire à la théologie »[60]. Alors qu'il identifiait le prichardisme à un ancien régime intellectuel, à l'âge religieux de l'humanité, Josiah Nott permit à Broca de disqualifier les propagandistes français de l'ethnologie anglaise, en particulier Eusèbe de Salles et Henry Hollard qu'il jugeait réactionnaires[61], tout en confirmant son point de vue « scientifique », c'est-à-dire hétérodoxe, anti-bibliste : « c'est un phénomène très remarquable que l'obstination avec laquelle l'homme s'attache aux débris des anciennes croyances »[62]. En 1858, le polygéniste Georges Pouchet, fils du célèbre adversaire de Pasteur Félix Pouchet, avait pareillement prononcé :

> Tous les monogénistes ont eu et ont encore le tort immense d'invoquer comme preuve une autorité qu'il n'est pas permis de discuter [...]. L'anthropologie, en France, ne s'est pas encore affranchie de ce joug qui paralyse son essor [...]. La science se heurte là avec la religion, comme en géologie, comme autrefois

57. Par exemple B. Hombron, *op. cit.*, pp. 99-101 : « Ces réflexions ne sont pas de vaines déclamations pour celui qui reconnaît qu'il exista un grand nombre de centres de création, ce que personne ne nie aujourd'hui, excepté, chose bizarre, à propos de l'homme. La Genèse se borne à raconter l'origine et la dispersion du peuple de Dieu, de l'espèce syro-arabe, une des nobles souches des races blanches qui couvrent aujourd'hui le globe. [...] Moïse ne nous transmit que l'histoire des premiers temps de l'espèce syro-arabe. Plus tard, prenant à la lettre cette narration, on n'hésita pas à dire que Chus fut le père des Arabes et des *Éthiopiens* ! Mais il ne le fut que des Arabes ».

58. P. Broca, Lettre à ses parents, 12 mai 1848, in *Correspondance 1841-1857*, Paris, P. Schmidt, 1886, t. II, p. 40.

59. P. Broca, Lettre, mars 1848, in *Correspondance 1841-1857, op. cit.*, t. II, p. 20.

60. P. Broca, Lettre, octobre 1855, in *Correspondance 1841-1857, op. cit.*, t. II, p. 386.

61. De leurs contradictions et de leurs apostasies supposées, Broca tirera les meilleurs effets : « on voit que ces Messieurs, malgré leur soumission apparente, regimbent encore contre l'aiguillon », *Recherches sur l'hybridité, op. cit.*, 1877, pp. 351-352. Dans des feuillets non datés et non classés, déposés dans les archives de la Société d'Anthropologie de Paris (Bibliothèque du Musée de l'Homme, Paris), Broca a consigné sur ses notes de lecture des exemples qu'il pensait édifiants. Ainsi, à propos de l'ouvrage de Hollard (1853) : « p. 285 dit que le nègre est une "dégradation du blanc" (pour un négrophile !!!) ».

62. P. Broca, *Recherches sur l'hybridité, op. cit.*, 1877, p. 355.

> en astronomie, mais nulle part les conséquences n'en peuvent être aussi grandes. L'anthropologie, plus que toute science, peut avoir des résultats immenses, incommensurables.[63]

Broca avait déduit de ses lectures que les unitaires se divisaient en deux camps : les traditionalistes dans la mouvance de Bonald admettaient la doctrine du déluge et la chronologie juive. Les naturalistes, à la suite de Buffon, Blumenbach et Prichard, s'affranchissaient de ces contraintes dogmatiques pour accorder à l'humanité « une antiquité en quelque sorte illimitée ». Ceux-ci faisaient jouer le premier rôle à l'influence modificatrice des climats et du « genre de vie » ; ceux-là accordaient la dégénérescence physique et intellectuelle des races nègres à la malédiction pesant sur le second fils de Noé, Cham, voué à l'esclavage dans sa descendance. Broca dut diviser sa démonstration. Pour contrer la thèse surnaturaliste, il se fit exégète ; il montra que ce mystère, « admis presque universellement avec une légèreté qui touche de près à la sottise », ne devait rien au respect de l'Écriture sacrée. La colère de Noé s'exerçait contre Chanaan, dont les descendants occupèrent la Judée. La Palestine, remarquait Broca pour mieux « renvoyer les théologiens à l'école », n'a jamais été habitée « que par des peuples blancs »[64].

La thèse naturaliste fut pareillement éreintée. Broca était persuadé, et il le restera après 1860, que pour tous les monogénistes, la race nègre n'était qu'une dégradation de la race blanche caucasienne, transformée par la longue durée des migrations, des influences atmosphériques et par un genre de vie sauvage et débilitant[65]. Cette caricature le servit, comme elle avait servi Nott et Gliddon. Sans autre source signalée, il refit une lecture de Prichard pour démontrer l'ineptie de toute corrélation entre les degrés de latitude et la teinte de la peau. Il en tirera la conclusion, déjà présente chez tous les polygénistes, que la distribution des races n'obéit à aucune règle climatique. A l'imitation de Gliddon, il crut donc pouvoir administrer les dernières provocations, qui frôlaient moins l'ironie que le sarcasme.

63. Georges Pouchet, *De la pluralité des races humaines. Essai anthropologique*, Paris, J.B. Baillière et Fils, 1858, pp. 4-5 et 3.

64. P. Broca, « Recherches sur l'hybridité », *op. cit.*, 1877, pp. 348-351. Cette réclamation datait des libertins. Guillaume Rei, dans sa *Dissertation sur l'origine des Nègres* (1741), avait sur ce point de doctrine clairement affirmé « le ridicule du dénouement de quelques Théologiens ». L'exemplaire que possédait Broca de ce texte rare fut réédité dans la *Revue d'Anthropologie*, 2e série, t. VI, 1883, pp. 565-572. Citation p. 571.

65. P. Broca, *Bulletins de la Société d'Anthropologie de Paris*, 2e série, t. I, 1866, p. 615 : « je demande des preuves directes et établissant la transformation graduelle du blanc au nègre, ou réciproquement, et comme ces preuves font défaut, je suis polygéniste jusqu'à nouvel ordre ». A quoi Pruner-Bey répondit (*ibid.*, pp. 620-621) : « on vient de nous dire qu'il est impossible d'accepter une théorie comme celle qui ferait dériver le nègre du blanc ou inversement. Tel est également mon avis. Toutefois cette phrase est par trop archaïque et de plein droit les monogénistes d'aujourd'hui opposent à pareille insinuation une fin de non-recevoir [...]. Appliquant au temps ce qui se reproduit sur une large échelle dans l'espace, on peut bien se demander si ce ne serait pas d'un type pour ainsi dire intermédiaire, par conséquent d'un Adam qui ne fut proprement ni nègre ni blanc, que seraient issues les races humaines actuelles ». Cf. également A. de Quatrefages, *Rapport, op. cit.*, p. 153.

> Les explications que les unitaires ont essayé de donner jusqu'ici sont tellement arbitraires, les influences climatériques qu'ils ont invoquées tellement nulles, les hypothèses historiques qu'ils ont appelées à leur secours tellement fabuleuses, qu'il est permis de se demander comment de pareilles aberrations ont pu se produire dans la science et trouver crédit auprès des gens sérieux. Je pourrais aisément dévoiler la cause de ce phénomène psychologique ; je prie le lecteur de m'en dispenser, et de croire que cette réticence ne cache aucune pensée injurieuse pour des adversaires dont la bonne foi ne peut être mise en doute.[66]

Du bon usage de la litote. Invective et dramatisation délibérée du propos, lutte de la lumière scientifique contre les ténèbres obscurantistes d'une « bonne foi » qu'il faut prendre à la lettre, rien ne manquait dans le texte de 1858. Broca dénonçait les « puérilités » de ses adversaires, leurs « préjugés » qui n'étaient pas même atténués par « la moindre lueur de bon sens », leur « impuissance ». Pour lui, comme pour Nott, les monogénistes péchaient par omission, négligeaient délibérément les faits contraires à leur opinion. L'examen de la texture des cheveux dans les différentes races humaines lui assura un facile triomphe : non seulement Prichard avait « supprimé entièrement toute allusion » à l'origine de la chevelure dite « à grains de poivre » des Hottentots et des Boschimans, mais il avait poussé l'absurde jusqu'à « tourner la difficulté » en prouvant ce que personne n'avait jamais contesté, à savoir que les cheveux « laineux » des Nègres n'avaient pas la même structure microscopique que la laine des moutons. Prichard avait selon Broca « enfoncé cette porte ouverte »[67]. Mais peut-être n'était-elle pas si ouverte, dans le camp des diversitaires. Trois ans après la disparition de Prichard, Morton en effet avait en 1851 repris les résultats des recherches « trichométriques » de son ami Peter A. Browne qui lui avait certifié cette conformité d'une manière indéniable : « There is no difference between the wool found upon the head of a pure negro, and that found upon the back of a woolly sheep, except in the *degree* of the felting power possessed by them »[68]. Dans la suite de son texte, Broca récusait l'usage du microscope pour la détermination des tissus, parce que les éléments anatomiques étaient essentiellement en nombre restreint dans le monde organisé.

Toutefois sa critique sceptique tournait court. Son zèle missionnaire à convaincre le public cultivé de la diversité des hommes, ses marques

66. P. Broca, « Recherches sur l'hybridité », *op. cit.*, 1877, p. 370.
67. P. Broca, « Recherches sur l'hybridité », *op. cit.*, 1877, p. 389. Cf. J.C. Prichard, *The Natural History of Man, op. cit.*, section XI.
68. Peter A. Browne, cité *in* S.G. Morton, *Notes on Hybridity, designed as a further supplement to a memoir on that subject in a former number of this Journal. Second Letter*, extrait du *Charleston Medical Journal and Review*, 1851, p. 6. Sur P.A. Browne, voir W. Stanton, *op. cit.*, pp. 150-154. Browne avait publié en 1848, *Trichographia mammalium* et surtout, pour le sujet qui nous occupe, *The Classification of Mankind, by the Hair and Wool of their Heads, with an Answer to Dr Prichard's Assertion that « the covering of the head of the Negro is hair... and not wool »*, Philadelphia, 1850.

de dédain pour un esprit de secte et une hypothèse déclarée « rétrograde » lui valaient le désaveu d'Armand de Quatrefages. Celui-ci avait notablement déplacé, dans son enseignement du Muséum, les enjeux de la controverse des monogénistes et des polygénistes ; il n'appartenait pas au cercle des anthropologues religieux ou prichardiens et pouvait donc renvoyer en naturaliste, et dos-à-dos, ceux qui mêlaient à la science des « considérations d'un autre ordre » : « peu importe que le point de départ soit une affirmation ou une négation. Pour être de la théologie retournée, ce n'en sera pas moins de la théologie »[69]. Quatrefages confondait avec raison l'anthropologie de combat de Broca et des disciples de Morton. Il semble même avoir précipité la publication de son *Unité de l'espèce humaine*, dont il souhaitait l'ajournement, pour ne pas laisser à Broca le bénéfice intellectuel des thèses mortoniennes. Celui-ci avait créé, en France, une situation nouvelle. Il incombait à Quatrefages, et sous couvert de réfutation des *Types of Mankind*, d'indiquer sans tarder « ce que les sciences naturelles nous apprennent sur ces graves questions si vivement débattues »[70]. Broca avait sciemment occulté le renouveau des études monogénistes françaises sous la conduite dorénavant dominante des zoologistes du Muséum et de la Faculté des Sciences de Paris, Isidore Geoffroy Saint-Hilaire, Étienne Serres et surtout A. de Quatrefages[71]. Ce dernier s'avéra également prudent quoiqu'il désignât discrètement la cible de ses attaques : « l'école américaine a-t-elle mérité ces éloges bruyants que lui prodiguent quelques anthropologistes au dire desquels la science, encore courbée en Europe, et particulièrement en France, sous le joug de préjugés déplorables, ne serait qu'une sorte d'esclave qui aurait trouvé en Amérique seulement la liberté dont elle a besoin ? »[72]. Dérision de la dialectique du maître et de l'esclave. Sans croire à l'égalité des races ni tomber dans « l'exagération » des « *négrophiles* de profession » qui avaient « fait vraiment trop beau jeu à leurs adversaires »[73], Quatrefages militait auprès des abolitionnistes et condamnait les négrophobes américains qui avaient adopté les « doctrines désolantes » du comte de Gobineau[74].

69. A. de Quatrefages, *Unité de l'espèce humaine, op. cit.*, p. 299.
70. A. de Quatrefages, « Histoire naturelle de l'homme. Unité de l'espèce humaine », *Revue des deux Mondes*, 15 déc. 1860, note 1, p. 807.
71. Dans ce contexte polémique, il eût été du plus mauvais effet d'incriminer les académiciens vivants. Par ailleurs, Quatrefages avait mis à la disposition de Broca les collections anthropologiques du Muséum avec un « gracieux empressement ». Cf. « Recherches sur l'hybridité », *op. cit.*, 1877, note 1, p. 403.
72. A. de Quatrefages, *Unité de l'espèce humaine, op. cit.*, p. 312.
73. A. de Quatrefages, *Rapport, op. cit.*, p. 380. Cf. aussi *Bulletins de la Société d'Anthropologie de Paris*, t. I, 1860, p. 431 : « J'admets, moi aussi, qu'il y a des races supérieures et des races inférieures ».
74. « Appliquée aux sociétés existantes, on comprend qu'une pareille doctrine justifie non-seulement le servage, mais encore l'esclavage lui-même avec tout ce que ce mot suppose de plus absolu. Telle est en effet l'opinion de l'auteur [i.e. Gobineau] qui, tout en blâmant l'abus, n'en affirme pas moins le droit de cette institution », A. de Quatrefages, « Rapport sur l'ouvrage de M. de Gobineau, intitulé Essai sur l'inégalité des races humaines », extrait du *Bulletin de la Société de Géographie*, 1857, p. 238.

Pour justifier les institutions sudistes dans leur nécessité et leur pérennité, Morton et ses élèves avaient construit un corps d'assertions reproduites et plus encore amplifiées dans *Types of Mankind* et *Indigenous Races of the Earth*. Il s'agissait d'objectiver mathématiquement, par une série d'étalonnages physiques, la mesure de l'angle facial, le cubage de la capacité crânienne, la morphologie générale, l'infériorité congénitale des Noirs et leur incapacité au gouvernement de soi. Selon une procédure codifiée dès la fin du XVIIIe siècle[75], on compara systématiquement l'espèce Nègre et les singes supérieurs pour établir que, dans l'échelle des êtres, les races d'Afrique étaient intercalaires entre l'homme et la bête. En 1858, ces faits étaient, selon Broca, « tellement connus » qu'il suffisait de les énoncer pour manifester l'évidence : le type éthiopien n'avait pu sortir « du même moule » que le type caucasien ; ils étaient en sorte distincts dès l'origine. Sans produire de preuves, Broca prêta sa plume aux descriptions outrées qui avaient cours dans les publications esclavagistes. Décrivant ces « mâchoires saillantes en forme de museau » et ce « front étroit et fuyant » qui fait l'ordinaire de la physionomie nègre en lui donnant un « cachet tout-à-fait spécial », il réaffirmait, après Samuel Thomas Sömmering et Julien-Joseph Virey, que le système nerveux périphérique s'hypertrophiait chez les Nègres au détriment du cerveau, « comme si la vie animale s'était développée aux dépens de la vie intellectuelle ». D'autres caractères situaient irréversiblement le Nègre « entre l'Européen et le singe » : son pied qui « rappelle un peu la main postérieure des quadrumanes », le rapport de longueur de l'avant-bras au bras, l'étroitesse du bassin, le peu de capacité du crâne, l'ouverture considérable de l'angle métafacial de Serres, etc. Autant de traits qui, toute distance restaurée, autorisaient Broca à dire « que la conformation physique du nègre est en quelque sorte intermédiaire entre celle de l'Européen et celle du singe »[76] ! Broca refusait d'étendre son expertise anatomique aux phénomènes psychiques sur lesquels « les partisans de l'esclavage, juges dans leur propre cause, ont débité tant d'exagérations »[77]. Il copia néanmoins les statistiques du cubage crânien publiées par James Aitkens Meigs, à partir de la « riche collection mortonnienne (sic) » dans *Indigenous Races of the Earth* en 1857, qui corroboraient les mesures consignées par Palisot de Beauvois et Virey au début du XIXe siècle[78]. Les Noirs avaient un moindre volume crânien.

75. C. Blanckaert, « "Les vicissitudes de l'angle facial" et les débuts de la craniométrie (1765-1875) », *Revue de Synthèse*, IVe série, n°s 3-4, juil.-déc. 1987, pp. 417-453 ; « Le trou occipital et la crâniotomie comparée des races humaines (XVIIIe-XIXe siècle) », in *Le trou*, Jacques Hainard et Roland Kaehr éds, Neuchâtel, 1990, pp. 255-299.

76. P. Broca, « Recherches sur l'hybridité », *op. cit.*, 1877, p. 393 sq.

77. P. Broca, « Recherches sur l'hybridité », *op. cit.*, 1877, p. 397.

78. James Aitken Meigs, « The Cranial Characteristics of the Races of Men », in J.C. Nott & G.R. Gliddon eds., *Indigenous Races of the Earth, op. cit.*, pp. 203-352. P. Broca, « Recherches sur l'hybridité », *op. cit.*, 1877, pp. 403-404. J.A. Meigs fut nommé membre associé étranger de la Société d'Anthropologie de Paris en mai 1860 sur proposition de Broca, I. Geoffroy Saint-Hilaire et Béclard.

> Cela posé, il est clair que la vie animale du nègre est au moins aussi développée que celle du blanc ; son organisation cérébrale, sous ce rapport, est tout aussi complète, tout aussi parfaite que la nôtre, et, si elle laissait quelque chose à désirer, ce serait seulement dans les parties qui servent d'instrument à la pensée.[79]

Les auteurs américains avaient développé cette morpho-psychologie raciste appelée à un avenir certain dans l'anthropologie physique[80] : dans les États sudistes, la loi humaine qui consacrait la « subordination » des Nègres et la loi de la nature se voyaient réconciliées[81]. A son tour, l'histoire hiéroglyphique parut appuyer expressément l'assujettissement des Noirs, ou leur inaptitude physiologique à la libre détermination de soi. Leur infériorité leur faisait un destin immuable. L'initiative d'une telle découverte vint de Samuel Morton. Les peintures égyptiennes révélaient que les Noirs, placés à côté des Caucasiens aux traits les plus décidés, étaient toujours en situation subalterne, dominés, offrant des tributs aux pharaons, ou serviteurs esclaves. Morton ne donna pas plus de publicité à cette idée qu'il reprenait de G. Wilkinson[82] : « Negroes were numerous in Egypt ; but their social position in ancient times was the same that it is now, that of servants and slaves »[83]. Flatté d'en être le dédicataire, Gliddon va assurer la promotion de *Crania Aegyptiaca* et de cette thèse auprès des partisans des institutions du Sud et de leur leader John C. Calhoun[84]. Par le même canal, Broca s'en fera l'écho en 1858 : non seulement les « lois de l'hérédité » ont maintenu le type éthiopien sans le moindre changement depuis plus de quarante siècles[85] mais encore « on notera que, sur tous les monuments de l'antiquité égyptienne, les nègres figurent comme une race déjà asservie et méprisée. Ce sont tantôt des esclaves courbés et presque écrasés sous le trône de leur maître, tantôt des fuyards consternés, tantôt des vaincus qui déposent en tremblant, aux pieds du roi d'Égypte, les tributs les plus humiliants »[86].

Broca était-il esclavagiste ? C'est peu vraisemblable. A la différence de certains anthropologues d'Europe, James Hunt en Angleterre[87] ou

79. P. Broca, « Recherches sur l'hybridité », *op. cit.*, 1877, pp. 404-405.

80. Cf. Gilbert Osofsky, *The Burden of Race. A Documentary History of Negro-White Relations in America*, New York, Evanston, Harper Torchbooks, 1967, III, 3, en particulier le texte de J.H. Van Evrie, *Negroes and Negro Slavery : The First, an Inferior Race — The Latter, its Normal Condition* (1853), pp. 104-109.

81. Cf. W. Stanton, *op. cit.*, pp. 148-149 et 158. A la mort de Morton, le *Charleston Medical Journal* conclut sa nécrologie sur ces remarques : « We can only say that we of the South should consider him as our benefactor, for aiding most materially in giving to the negro his true position as an inferior race », *ibid.*, p. 144.

82. S.G. Morton, *Crania Aegyptiaca, op. cit.*, p. 59 sq.

83. S.G. Morton, *Crania Aegyptiaca, op. cit.*, p. 66.

84. W. Stanton, *op. cit.*, pp. 52-53 et 62.

85. P. Broca, « Recherches sur l'hybridité », *op. cit.*, 1877, p. 394.

86. P. Broca, « Recherches sur l'hybridité », *op. cit.*, 1877, p. 347.

87. James Hunt, « On the Negro's Place in Nature » (1863), extrait des *Memoirs read before the Anthropological Society of London*, 1864, en particulier p. 51 sq.

Eugène Dally en France[88], il ne partageait pas les opinions alarmistes de Josiah Nott, rédacteur de la postface de l'édition américaine de l'*Essai* de Gobineau *sur l'inégalité des races humaines*. Il ne croyait pas plus à la décadence des races latines, les « races à peau noire de l'Europe », adultérées selon Nott et Gliddon par du sang berbère, donc « africain »[89]. L'œuvre de destruction des croisements raciaux, anticipée par les théoriciens américains qui fondaient sur cette fiction leur politique ségrégationniste, lui parut toujours fort conditionnelle. Elle était liée selon lui à la situation relative des métis humains dans l'échelle hybridologique, un thème qu'il reprit « du savant et respectable Morton » et qu'il développa seulement dans la seconde partie de son *Mémoire sur l'hybridité*, en 1859[90]. Dès lors, Broca s'obligeait à manier deux discours contradictoires. D'une part, il soutenait ouvertement des auteurs et des propositions qui servaient, dans le même temps et presque officiellement, d'alibi rationnel au système esclavagiste, comme s'il refusait de considérer l'adéquation manifeste entre une démarche expérimentale et sa récupération idéologique. Il vantait donc, avec force superlatifs, « l'intéressant travail » de Nott sur « l'histoire monumentale des chiens », partie d'un « remarquable chapitre sur l'hybridité, publié dans le bel ouvrage de MM. Nott et Gliddon »[91].

D'autre part il reconnut, avec la conscience aiguë d'une responsabilité d'homme et de savant, que le sujet de son mémoire était de ceux « qu'il est le plus difficile d'étudier avec un esprit dégagé de toute préoccupation extra-scientifique. On y a mêlé jusqu'ici la religion et la politique. C'était presque inévitable, mais la science doit savoir se tenir en dehors de tout ce qui n'est pas elle-même »[92]. Broca pourtant se maintenait sur le terrain des valeurs, jugeant dans la grande tradition des philosophes libertins que le scepticisme instruit et impie, « l'esprit d'examen et de critique, le désir de vérifier avant de croire, la prétention de nier ce qui n'est pas démontré exact »[93], garantissaient l'autonomie de la recherche scientifique. L'intention de Broca s'avéra donc ambiguë. Tout au long de son texte,

88. « Au fond, l'opinion que les nègres transportés en Amérique y sont plus heureux et plus civilisés que dans leur pays natal a pour elle, [...], toutes les probabilités, et c'est bien plutôt à une question de principe qu'à une question d'humanité que les abolitionnistes doivent leur triomphe. Quant à l'incapacité absolue des nègres pour une civilisation spontanée et progressive, l'observation tend à la démontrer. Mais l'existence de sept ou huit millions de noirs libres au sein des États-Unis d'Amérique est un fait dont les conséquences seront peut-être déplorables, car l'immixtion fatale, dans un temps donné, d'une telle proportion de types inférieurs au sein des races indo-européennes de l'Amérique est de nature à effrayer ceux qui se préoccupent de l'avenir », Eugène Dally, « Éloge de James Hunt », *Mémoires de la Société d'Anthropologie de Paris*, 2e série, t. I, 1873, p. XXX.

89. J.C. Nott, « Hybridity of Animals, viewed in Connection with the Natural History of Mankind », in J.C. Nott & G.R. Gliddon eds., *Types of Mankind, op. cit.*, pp. 404-405.

90. Sur la problématique de l'hybridité humaine chez Broca et ses attendus mortoniens, voir C. Blanckaert, *Monogénisme et polygénisme en France, de Buffon à Paul Broca*, Thèse Paris I, 1981, 2e partie, chap. III, pp. 207-228.

91. P. Broca, « Recherches sur l'hybridité », *op. cit.*, 1877, p. 339.

92. P. Broca, « Recherches sur l'hybridité », *op. cit.*, 1877, p. 562.

93. P. Broca, « Du degré d'utilité de la statistique », *Le Moniteur des Hôpitaux*, 1re série, t. V, nº 5 (10 janvier 1857), p. 33.

il fit de la polémique pour tenter de s'en exclure, il fit de la caricature en l'imputant à ses antagonistes, il stigmatisa la collusion des idéologies religieuses et des problématiques séparées de la science avant de porter ses arguments sur ce terrain de controverse. C'est alors qu'il crut dédouaner le polygénisme « scientifique » de toute compromission politique en montrant, par exemple, que l'adversaire monogéniste de Morton, le révérend John Bachman soutenait les dites « institutions domestiques » des États du Sud. Bachman, qui était un naturaliste réputé et le collaborateur de John James Audubon, affirmait que les Noirs avaient été placés sous la *protection* des Caucasiens. Et Broca de commenter : « le mot est assez joli ». Broca pensait alors que la science pouvait « réclamer ses droits sans s'inquiéter des sophismes des esclavagistes »[94]. Une proposition contestable dans les années de son énonciation, mais d'ailleurs justifiée par l'historiographie moderne.

> The South was too fundamentalist and New England too moralistic to meet on scientific terms that were un-Biblical and unemotional. The aggressive character of northern abolitionism and southern expansionism forced the two sectional combatants into a dialectical position of a lowest common denominator [...]. The stance of both North and South was basically Christian, Biblical, and monogenistic. The scientific argument of diverse origin, by reason of its generally more anti-Biblical approach, moved more and more out of the public eye and back into the closed circle of a few scientific savants.[95]

Il n'empêche. L'intérêt des uns ne rendait pas les autres, par une sorte de réciprocité critique, « désintéressés ». Le ministre de l'Église luthérienne Bachman n'apparaissait pas comme un auteur de base des monogénistes français et Broca valorisait, pour convaincre son auditoire de l'infériorité essentielle de l'espèce nègre, des publicistes désavoués ou franchement discrédités dans la communauté scientifique. Le négrophobe Virey avait encore une place de choix dans la bibliothèque des scientifiques américains[96] alors que les naturalistes français et les humanistes comme Victor Schoelcher l'avaient blâmé pour ses thèses infondées, avant même l'émancipation des esclaves dans les colonies (1848). Citer Virey n'était

94. P. Broca, « Recherches sur l'hybridité », *op. cit.*, 1877, p. 565. Sur J. Bachman, voir W. Stanton, *op. cit.*, p. 122 sq. et Henry Patterson, « Memoir of the Life and Scientific Labors of Samuel George Morton », in J.C. Nott & G.R. Gliddon eds., *Types of Mankind*, *op. cit.*, p. LIII sq.

95. John S. Haller, « The Species problem : Nineteenth-Century Concepts of Racial Inferiority in the Origin of Man Controversy », *American Anthropologist*, vol. 72, nº 6, 1970, p. 1323.

96. Le *National Union Catalog* signale une traduction de Virey, *Natural History of the Negro Race*, par J.H. Guenebault parue à Charleston en 1837 avec des extraits de Ch. White et S.T. Sömmering. Selon Philip D. Curtin, *The image of Africa, British Ideas and Actions 1780-1850, op. cit.*, p. 371, le livre fut influent en Angleterre et en Amérique.

plus de mise en 1860[97]. Au moment où Broca publiait son *Mémoire*, le dernier arrêt était rendu, sous la plume du prédécesseur d'Armand de Quatrefages à la chaire d'Histoire naturelle de l'Homme du Muséum, Étienne Serres :

> La fraternité que Virey avait soupçonnée entre le Hottentot et le babouin ne devait pas être perdue ; car, en appliquant le précepte de la zoologie, *que la structure anatomique et la conformation organique sont les seuls principes que l'on puisse admettre pour servir de base à l'histoire naturelle*, on arrivait fatalement à considérer le nègre comme une espèce différente de celle du blanc, et à consacrer scientifiquement son esclavage. On arrivait à la théorie sauvage du docteur Knox, dont la conclusion est que le nègre n'est pas plus un homme blanc qu'un âne n'est un cheval ou un zèbre ; théorie mise en pratique aux États-Unis d'Amérique, à la honte de la civilisation.[98]

Par ailleurs, Broca s'efforçait, retournant l'argumentaire qu'on lui opposait, de montrer que la doctrine qui assignait une origine autochtone aux diverses races était moins « faite pour plaire aux partisans de l'esclavage » que celle qui faisait peser sur les races « dégénérées » une sorte de malédiction ou de démérite. Pourtant il n'ignorait pas que les dégénérationnistes admettaient, au nom de l'unité morale des hommes, l'égalité *virtuelle* des peuples, cette potentialité dût-elle s'actualiser avec lenteur. Il était inexcusable en contexte, sauf sur un plan de lourde idéologie, d'affirmer que pour les polygénistes, l'esclavage est « un fait de pure violence, contre lequel protestent tous ceux qui n'en profitent pas »[99]. L'implication des Églises de diverses confessions dans la défense des intérêts économiques des États du Sud était connue des observateurs de l'Ancien Monde. En 1860-1861, c'est-à-dire au moment où Broca

97. Cf. C. Blanckaert, « J.-J. Virey, observateur de l'homme (1800-1825) », *in Julien-Joseph Virey naturaliste et anthropologue*, Paris, Vrin, 1988, en particulier pp. 116-119 et « Le trou occipital », *op. cit.*, p. 277 sq. Dès 1803, dans l'article « Nègre » du *Nouveau Dictionnaire d'Histoire naturelle*, Virey avait signifié que « le *nègre* est et sera toujours esclave ; l'intérêt l'exige, la politique le demande, et sa propre constitution s'y soumet presque sans peine ; les réclamations contraires ne seront donc jamais écoutées, aussi n'est-ce pas de cela qu'il s'agit, mais seulement nous désirerions qu'on pût diminuer leurs maux », citation in Lucette Valensi, « Nègre/Négro : recherches dans les dictionnaires français et anglais du XVIIe au XIXe siècles », *L'idée de race dans la pensée politique française contemporaine*, Pierre Guiral et Émile Temime éds., Paris, Éditions du CNRS, 1977, p. 166.

98. E.R.A. Serres, *Anatomie comparée transcendante, op. cit.*, note pp. 407-408. Robert Knox, polygéniste anglais, vulgarisateur de l'idée de stérilité des hybrides humains, fut l'inspirateur de James Hunt. Cf. Evelleen Richards, « The « Moral Anatomy » of Robert Knox : The Interplay between Biological and Social Thought in Victorian Scientific Naturalism », *Journal of the History of Biology*, vol. 22, 1989, pp. 373-436. Page 409, E. Richards suggère que l'ethnologie raciale de Knox fut plus influente chez les polygénistes français, et singulièrement chez Broca, qu'au sein de l'Ethnological Society of London, formellement prichardienne et traditionaliste. Remarquons néanmoins que Broca refusait cette « proposition effrayante qu'*aucune race croisée ne peut subsister dans l'humanité* », « Recherches sur l'hybridité », 1877, *op. cit.*, p. 507. Sur Knox, cf. pp. 515-516.

99. P. Broca, « Recherches sur l'hybridité », *op. cit.*, 1877, p. 566.

déposait ces conclusions, le géographe et sociologue Elisée Reclus dénonçait lucidement la corruption des sectes chrétiennes américaines et l'hypocrisie inverse des abolitionnistes nordistes qui réclamaient l'affranchissement des déshérités pour éviter aux petits Blancs la concurrence d'un travail servile non rémunéré. Il n'en conspuait pas moins les théoriciens du Sud qui cherchaient à prouver scientifiquement que l'esclave était un enfant sans volonté, incapable de se soutenir sans tutelle, prédestiné à la sujétion, affichant dans ses cheveux crépus, son angle facial déprimé, sa peau noire, son infériorité essentielle[100].

Ayant pris fait et cause pour l'école des modernes, libre penseur « dégoûté de la politique » avant même la victoire de Louis Napoléon à la présidence de la République[101], Broca n'aura pas les mêmes scrupules, ou la même objectivité dialectique. Il fera sien le paradigme anti-prichardien des auteurs américains où il retrouvait ses propres préoccupations de polygéniste : affirmer l'antiquité de l'homme au-delà de toute chronologie historique comme l'avait fait William Usher, défendant avant toute reconnaissance officielle les travaux de Boucher de Perthes dans *Types of Mankind*, dès 1854[102] ; faire fond sur la doctrine, aussi célèbre que disputée, des « centres de création » multiples pour l'homme, synthétisée par Louis Agassiz dans le même ouvrage[103] ; continuer les recherches craniologiques de Samuel Morton puis de « son élève distingué » J. Aitken Meigs qu'il utilisait à l'appui de ses idées dès 1858 ; approfondir les liens tissés entre l'organologie et les aptitudes ethniques ou le style racial de la culture, objet des investigations d'un autre collaborateur des *Indigenous Races of the Earth*, Francis Pulszky[104] ; classer les « types de l'humanité » selon leurs affinités biologiques et leur position dans la « série humaine » — Toutes ces tâches novatrices ou renouvelées des pionniers de la discipline définissaient un programme scientifique que Broca eut l'ambition de réaliser au sein de la Société d'Anthropologie de Paris.

100. Elisée Reclus, « De l'esclavage aux États-Unis. 1. Le code noir et les esclaves », *Revue des deux Mondes*, 15 déc. 1860, pp. 868-901 et « De l'esclavage aux États-Unis. 2. Les planteurs et les abolitionnistes », *Revue des deux Mondes*, 1er janv. 1861, pp. 118-154.

101. P. Broca, *Correspondance, op. cit.*, t. II, pp. 43-44.

102. Cf. P. Broca, « La linguistique et l'anthropologie » (1862), *in Mémoires d'Anthropologie*, rééd. 1989, *op. cit.*, pp. 248-249. En 1863, E. Dally conclura pareillement : le texte de Usher « tranche d'une façon, à mon avis décisive, la question de l'existence de l'homme fossile contemporain des grandes espèces de mammifères, que les dernières catastrophes géologiques ont anéanties à Québec, au Mississipi et dans la Floride », « Sur les races indigènes du Nouveau-Monde », *op. cit.*, p. 405.

103. Cf. C. Blanckaert, « "L'anthropologie personnifiée". Paul Broca et la biologie du genre humain », préface in P. Broca, *Mémoires d'Anthropologie*, rééd. 1989, *op. cit.*, § 4, p. XXXII sq.

104. Francis Pulszky, « Iconographic Researches on Human races and their Art », in J.C. Nott & G.R. Gliddon eds., *Indigenous Races of the Earth, op. cit.*, pp. 87-202. Cf. P. Broca, *Bulletins de la Société d'Anthropologie de Paris*, 2e série, t. II, 1867, pp. 145-146 : « l'importance anthropologique de l'étude des arts a déjà été admise par nos prédécesseurs ; le livre de Nott et Gliddon contient un très-important mémoire de M. Pulski [sic] sur l'histoire artistique des races humaines, et de cette étude il ressort clairement que l'art varie selon la race. Je considère donc comme très-légitime l'introduction dans nos travaux de l'étude scientifique de la musique ».

Il fonda la Société en novembre 1858 avec six transfuges de la Société de Biologie, à la suite de son désaveu par le président Rayer et de l'interruption de sa lecture publique. Broca fut certainement censuré parce qu'il était *choquant*, quel que soit le sens distancié qu'on puisse imprimer rétrospectivement à ce mot ; il en convenait lui-même en rappelant après coup le malaise de Pierre Rayer :

> Ce qui le préoccupait, *ce n'était pas le côté scientifique de la question* : il reconnaissait d'ailleurs que le sujet rentrait complètement dans le programme de la biologie, mais il craignait que la discussion d'un *sujet aussi dangereux* ne suscitât à l'extérieur des embarras à la Société.[105]

Rayer, médecin ordinaire de Sa Majesté l'Empereur et membre de l'Institut, avait participé, dès décembre 1846, aux travaux de la Société ethnologique de Paris, alors que le débat entre partisans de l'unité ou de la « pluralité des races » faisait l'essentiel des séances. Il ne pouvait ignorer la teneur technique et les « conséquences ethnologiques » des expériences hybridologiques, dont l'enjeu avait été souligné par la plupart des médecins et des naturalistes polygénistes depuis Charles White jusqu'à Antoine Desmoulins, Bory de Saint-Vincent et Pierre-Nicolas Gerdy, le maître et ami de Paul Broca. On s'étonnerait à bon droit de « l'épouvante » (S. Pozzi) qui saisit Rayer à l'écoute d'une communication scientifique sur les croisements spécifiques qui concluait dans le même sens qu'Honoré Jacquinot, Bernard Hombron ou Émile Blanchard, rapporteurs anthropologiques de la circumnavigation de Dumont D'Urville, que Gerdy et Bérard, membres de l'Académie de Médecine, ou Isidore Geoffroy Saint-Hilaire, professeur au Muséum et à la Faculté des Sciences de Paris. Les opinions polygénistes pouvaient être, comme le rapportait Pozzi, « hétérodoxes au premier chef » ; elles bénéficiaient encore d'un crédit scientifique presque officiel, en dépit du conservatisme social de l'Empire autoritaire et de l'entente intéressée qui liait, depuis le coup d'État de 1851, le trône et l'autel dans la défense de l'Ordre moral[106].

Toutefois, Broca semblait méconnaître, en 1858, l'histoire littéraire du polygénisme français, à l'exception de Desmoulins[107] ou Virey[108]. Ses positions extrêmes, sa théologie retournée et blasphématoire de libre

105. P. Broca, « Introduction aux Mémoires sur l'hybridité », *op. cit.*, p. 324. Je souligne.

106. « Vers 1850-1860, le polygénisme avait conquis toute la France », William B. Cohen, *Français et Africains. Les Noirs dans le regard des Blancs 1530-1880*, trad. Camille Garnier, Paris, Gallimard, 1980, p. 323.

107. Antoine Desmoulins, « anthropologiste distingué, mais esprit aigri par les déceptions, était hautement estimé de Broca », Paul Topinard, *Éléments d'Anthropologie générale*, Paris, Delahaye et Lecrosnier, 1885, p. 86.

108. Ce n'est plus vrai de la seconde partie du « mémoire sur l'hybridité » publiée en 1859 où la bibliographie est à la fois riche, sélective et critique. Tout indique que Broca a multiplié ses recherches techniques après son désaveu par les membres de la Société de Biologie.

penseur[109], le style singulier, agressif et méprisant, dont il orna sa critique du monogénisme desservaient son propos, fût-il jugé de caractère scientifique, tout autant que sa défense peu nuancée d'auteurs ouvertement désapprouvés par la communauté académique parisienne. Cherchant sinon à magnifier du moins à rendre honorables les écrits des ethnographes américains, Broca était à contre-courant des sensibilités françaises. Il transgressait les lois du contrôle savant et il paraît qu'il fut débouté pour cette seule raison.

Aussi bien peut-on soutenir que la « pusillanimité » prétendue des représentants de cette communauté ne fit qu'ajouter un blâme moral au blâme scientifique encouru par Broca. Car, à ne pas s'y tromper, quand Pruner-Bey affirmait en 1862 que « la science n'accepte pas la caricature », quand il déconsidérait le parallèle du portrait du Nègre « dans toute son exagération » et celui du Caucasien proposé dans les publications américaines, il visait pareillement, et pour de solides raisons, les « évidences » outrancières assénées par Broca sur le même sujet[110]. La Société d'Anthropologie est née de cette controverse, attisée par des ouvrages litigieux qui faisaient l'actualité négative de l'anthropologie en 1858.

III. « Pour l'honneur de la nature humaine »

Après sa mort en 1880, Paul Broca a été souvent reconnu comme le « fondateur de l'anthropologie française ».

> Il n'est que juste de rapporter l'honneur de ce grand mouvement scientifique à celui qui en a été l'initiateur, au vrai fondateur de l'anthropologie, à laquelle il avait consacré sa vie, au service de laquelle il avait mis sa forte intelligence et son activité prodigieuse.[111]

Sans forcer son tribut, Charles Letourneau signifiait une réalité de fait. Cette expression témoignait de l'hommage qu'on rendait aux capacités

109. Il ne s'en départit pas. En 1863, lorsqu'il fut attaqué dans sa respectabilité scientifique à propos de la reconnaissance de l'hybride « léporide », Broca revint encore sur les enjeux théologiques du débat, tels du moins qu'il les percevait : « il y a un dogme religieux qui commande de croire que le nègre et le blanc, sans parler des autres, descendent directement de Noé, et, comme cette croyance à des transformations invraisemblables a besoin d'être corroborée, on a adopté un procédé sommaire de démonstration qui consiste à dire " que tous les hommes sont de la même espèce, puisque tous les métis humains sont féconds " (ce qui du reste est une assertion un peu légère). Maintenant, supposez démontré qu'il y ait des hybrides féconds, et il y aura bien des gens contrariés. Aussi n'y a-t-il pas de question dont l'histoire soit plus sérieuse que celle de l'hybridité — pas même celle de la mâchoire d'Abbeville ». Bref, seul contre tous, Broca jugera « absurde et insensée la négation des léporides », P. Broca, Lettre à J.A. Barral, 30 juillet 1863, in *Journal d'Agriculture pratique*, nouvelle période, 27e année, 1863, t. II, p. 155.

110. F. Pruner-Bey, *Bulletins de la Société d'Anthropologie de Paris*, t. III, 1862, pp. 455-456. Les caricatures dénoncées par Pruner-Bey sont reproduites dans Stephen Jay Gould, *The Mismeasure of Man*, New York, London, W.W. Norton & Company, pp. 33, 34 et 37.

111. Charles Letourneau, art. « Anthropologie », *Dictionnaire des Sciences anthropologiques*, publié sous la direction de MM. Ad. Bertillon, Coudereau, A. Hovelacque, Issaurat, A. Lefèvre, C. Letourneau, G. de Mortillet, Thulié et E. Véron, Paris, O. Doin, Marpon et Flammarion, s.d., p. 100.

d'administrateur de la recherche indéniables de Broca. Elle valait encore pour son œuvre scientifique. L'Angleterre eut Prichard, l'Amérique Morton. La France eut Broca, l'anthropométrie et la craniométrie. Toutefois l'idée de fondateur est trompeuse. Elle paraît porter avec soi d'autres exigences, un capital d'originalité, d'« ardeur pour l'innovation » et d'heureuse marginalité. Or Broca était redevable de ses idées principales et de sa « philosophie » générale de la science de l'homme à certains de ses contemporains ou prédécesseurs. Il est indiscutable que l'héritage mortonien, et plus encore l'anti-prichardisme doctrinaire de Nott et Gliddon, leur négrophobie, lui servirent de guide heuristique jusqu'à la fin des années 1860[112]. En défendant sur le terrain scientifique les auteurs esclavagistes américains, Broca accusait doublement, et par contraste, les limites de sa faculté de juger. D'abord, il fournissait aux partisans de la ségrégation raciale des arguments d'autant plus contestables que le public y voyait des « arrêts » inspirés par le seul amour de la vérité. Ainsi qu'en jugeait de façon prémonitoire Henry Hollard, en 1853 :

> C'est déjà beaucoup que cette doctrine [i.e. le monogénisme] trouve parmi nous d'obstinés contradicteurs ; mais que leur voix soit entendue de l'autre côté de l'Atlantique, les planteurs des États-Unis seront heureux d'apprendre qu'en France aussi, on pense que le nègre est une autre espèce d'homme que le blanc. Sachons que cette parole arriverait au milieu d'un débat animé, qui, engageant les intérêts des uns, les principes et les sentiments des autres, passionne un public immense, non-seulement quand un écrivain, qui nous a tous profondément émus, introduit ses lecteurs dans la case du pauvre Tom, mais alors même que c'est le langage de la science qui se fait entendre, et que la vérité seule semble être en cause.[113]

Broca, par ses *Recherches sur l'hybridité* vantées par Josiah Nott et publiées en anglais sous les auspices de l'Anthropological Society of London, présidée par James Hunt, avait en définitive ajouté un chapitre inédit aux *Types of Mankind*. Il avait prêté sa collaboration, ainsi qu'il fut dit d'Agassiz, « à une œuvre qui, débarrassée de son appareil scientifique, n'est qu'un long pamphlet destiné à défendre l'esclavage »[114]. Il reste somme toute accessoire que Broca ait ou n'ait pas servi cette « cause détestable », tant sont inadéquates les caractéristiques d'une position idéologique à la grandeur ou l'élévation du but poursuivi[115].

D'autre part, en décrivant l'espèce nègre comme une sorte d'homme-singe chez qui s'abolissait, par hypertrophie nerveuse, le sentiment de

112. Cette filiation a été notée par Paul Erickson, « Racial Determinism and nineteenth Century Anthropology », *Man*, New Series, vol. 9, 1974, p. 490.
113. H. Hollard, *op. cit.*, p. VIII.
114. A. Laugel, *op. cit.*, p. 107.
115. L'ami de george Gliddon, Kenneth R. Mackenzie, qui devait être l'un des contributeurs de *Indigenous Races of the Earth*, apportera son témoignage, également dénégatif : « There are some who affect to see in *Types of Mankind* a political bearing, which, however, I frequently heard Gliddon emphatically disclaim », « The Life and Anthropological Labours of Dr Nott of Mobile », *Anthropological Review*, vol. VI, 1868, p. LXXXI.

l'indépendance personnelle, Broca semblait destituer l'humanité d'Afrique de son droit inaliénable à la liberté et à l'auto-détermination. Broca pouvait alors, et comme par bravade, se déclarer indifférent aux implications extra-scientifiques de tels verdicts « scientifiques ». Sans être moraliste, chacun pouvait se persuader ou soupçonner que l'amour de la vérité n'était pas seul en cause[116]. A la Société de Biologie, Broca fut certainement attaqué sur ce chapitre de responsabilité qui touchait autant à l'impératif moral qu'au droit politique défini par la déclaration d'indépendance de Jefferson[117]. Dans la dernière livraison de ses « Recherches sur l'hybridité », en 1860, il avouait que « beaucoup d'honnêtes gens s'imaginent que le moment de parler en toute liberté n'est pas encore venu, parce que la lutte de l'émancipation est loin d'être terminée aux États-Unis d'Amérique, et parce qu'il faut éviter de fournir des arguments aux partisans de l'esclavage »[118]. En manière de réponse, Broca conclut son texte par une pirouette rhétorique et anti-monogéniste, souvent empruntée par ses contemporains :

> On peut dire que la doctrine polygéniste assigne aux races inférieures de l'humanité une place plus honorable que ne le fait la doctrine opposée. Etre inférieur à un autre homme soit en intelligence, soit en vigueur, soit en beauté, n'est pas une condition humiliante. On peut rougir au contraire d'avoir subi une dégradation physique ou morale, d'avoir descendu l'échelle des êtres, et d'avoir perdu son rang dans la création.[119]

De cette forme d'anti-humanisme théorique, d'autres auteurs, souvent libres penseurs ont été la dupe. La biographie intellectuelle de Broca est aussi celle d'une génération[120]. Les anthropologues ont cru combattre scientifiquement la religion, proposer des bases positives à la politique et absorber le sens moral dans le naturalisme. Cet échec ou cette prétention, rappelés par le regretté Jacques Roger sur l'opposition de Jefferson et Buffon, doit encore faire leçon, pour « l'honneur de la nature humaine »[121].

116. Louis-François Jéhan (de Saint-Clavien), art. « Unité de l'espèce humaine », *Dictionnaire d'Anthropologie*, J.-P. Migne éd., Petit-Montrouge, 1853, col. 1463 : « l'opinion qui regarde comme inférieure l'intelligence du nègre, est née de la cupidité et de la barbarie des marchands de chair humaine. Son origine n'est pas noble. Cependant, des hommes systématiques, considérant ces tristes résultats, sans tenir compte des causes, ont osé soutenir la même thèse du point de vue de la science ».

117. Elle stipulait que tous les hommes ont été créés égaux.

118. P. Broca, « Recherches sur l'hybridité », *op. cit.*, 1877, p. 565.

119. P. Broca, « Recherches sur l'hybridité », *op. cit.*, p. 567.

120. Cf. Carl Vogt, *Leçons sur l'homme*, trad. J.-J. Moulinié, Paris, C. Reinwald, 1865, 1re leçon, en particulier p. 14 sq. et p. 22 : « il nous sera fort égal que le démocrate des États du Sud trouve, dans les résultats de nos recherches, la confirmation ou la condamnation de sa prétention que l'esclavage est ordonné par Dieu [...] ; ou que le Yankee, dans son orgueil de race, qui lui permet bien de manger ce qu'un nègre a préparé pour sa table, mais qui lui défend de s'asseoir à côté d'un nègre dans la même chambre ou le même wagon, cherche un appui dans nos allégations ».

121. Jacques Roger, « Buffon, Jefferson et l'homme américain », in Claude Blanckaert, Albert Ducros et Jean-Jacques Hublin éds., *Histoire de l'Anthropologie : Hommes, Idées, Moments*, nº spécial des *Bulletins et Mémoires de la Société d'Anthropologie de Paris*, nouvelle série, t. I, nos 3-4, 1989, pp. 57-66.

Nathalie RICHARD

La naissance de la préhistoire

L'historiographie classique de l'archéologie[1] présente principalement la naissance de la préhistoire comme le résultat d'une évolution intellectuelle aboutissant à la reconnaissance des découvertes de J. Boucher de Perthes à la fin des années 1850.

Cette reconnaissance est la conclusion d'un triple processus qui prend ses origines dans la Renaissance occidentale. La première discipline touchée fut l'archéologie classique qui élabora progressivement un nouveau statut de l'objet archéologique qui devint porteur de sens en lui-même. Au travers des œuvres d'un Montfaucon, d'un Caylus et d'un Winckelmann[2], celui-ci, de simple vérificateur des récits antiques, se transforme en « sémiophore ». A cette réévaluation de l'objet s'ajoutèrent les premiers développements d'une archéologie non classique. Dès le XVIIe siècle, les pays nordiques, soucieux de retrouver un passé national protohistorique, mirent au point une discipline qui n'était pas fondée sur les sources écrites. Des méthodes spécifiques, stratigraphiques et typologiques, furent élaborées et au XVIIIe siècle furent réalisées les premières tentatives de datation relative aboutissant à l'invention, par Thomsen et Worsaae, du système des trois âges de la pierre, du bronze et du fer[3]. Longtemps méconnus, les travaux des Scandinaves furent diffusés en Europe occidentale après 1800. L'ouvrage de Worsaae sur les antiquités primitives du Danemark fut traduit en anglais en 1849[4] et celui-ci effectua de nombreux voyages sur les sites étrangers, tel Carnac qu'il visita en 1852[5]. L'idée

1. Daniel Glynn, *150 Years of Archaeology*, Duckworth, London, 1975.
D.K. Grayson, *The Establishment of Human Antiquity*, Academic Press, New York, London, Paris, 1983.
A. Laming-Emperaire, *Les origines de l'archéologie préhistorique en France*, Picard, Paris, 1964.

2. B. de Montfaucon, *L'antiquité expliquée et représentée en figures, Ouvrage français et latin divisé en cinq tomes*, Paris, Cie des Libraires, 1716-1724.
A.C. Caylus Cte de, *Recueil d'antiquités égyptiennes, étrusques, grecques et romaines*, 7 vol., Paris, Dessaint et Saillant, 1752-1767.
J.J. Winckelmann, *Histoire de l'art chez les anciens*, ouvrage traduit de l'Allemand, 2 vol., Paris, Saillant, 1766.

3. Cf: O. Klindt-Jensen, *A History of Scandinavian Archaeology*, Thames and Hudson, London, 1975.

4. J.A.A. Worsaae, *The Primeval Antiquities of Denmark*, London, 1849.

5. Cette visite est mentionnée par Guiomar, in J.-Y. Guiomar, *Les historiens bretons au XIXe siècle, le Bretonisme*, thèse pour le doctorat ès lettres, dactylographiée, Rennes, 1986.

de l'utilisation du degré de perfectionnement des industries comme jalon dans une chronologie des temps anté-historiques put ainsi s'imposer progressivement.

Mais les progrès les plus essentiels pour la cause de l'« homme fossile »[6] eurent lieu dans le domaine de la géologie, où la reconnaissance de la vraie nature des fossiles et de leur âge relatif permit la naissance de la paléontologie. Après Cuvier, la discipline connut un grand développement et les premières découvertes de silex taillés, dans des terrains qui contenaient les ossements d'espèces disparues, vinrent contredire les théories dominantes sur l'apparition tardive de l'homme sur terre. En France, il faut citer les noms de Christol, de Tournal et d'Aymard qui effectuèrent des découvertes dans les cavernes du Gard et de l'Aude et dans les terrains volcaniques de la Haute-Loire[7]. Mais ces découvertes n'emportèrent pas les suffrages des milieux scientifiques français. En effet divers éléments de blocage s'élevaient contre leur reconnaissance. Pour une partie de l'opinion, elles avaient comme principal inconvénient de venir contredire le récit de la Genèse qui faisait de l'homme la dernière créature apparue sur terre. Pour les scientifiques, d'autres arguments s'ajoutaient. L'autorité posthume de Cuvier joua notamment un rôle essentiel, mais ambigu et mal connu. Alors qu'en géologie, comme l'ont montré les travaux de G. Laurent[8], son catastrophisme absolu avait été abandonné par tous, il semble que, sur la question polémique des origines de l'homme, de nombreux scientifiques se soient abrités derrière lui pour ne pas se prononcer officiellement. Cette prudence pouvait avoir pour cause principale les doutes qui pesaient sur les preuves apportées à la haute antiquité de l'homme. En effet les découvertes avaient toutes été effectuées dans des terrains dont la datation était alors incertaine. L'âge des coulées volcaniques du Massif Central était inconnu et l'on soupçonnait les cavernes d'avoir été remplies par des terrains de transport violemment remaniés. De ce fait les auteurs des découvertes eux-mêmes restaient pour la plupart extrêmement prudents.

Il en fut différemment de Jacques Boucher de Perthes. Simple amateur, il n'avait pas à ménager une réputation scientifique qu'il ne possédait pas. Tout au contraire, il espérait atteindre, par ses recherches sur l'homme fossile, la renommée qu'il n'avait pas obtenue dans sa carrière

6. L'expression est utilisée au XIXe siècle pour désigner l'homme contemporain d'espèces animales disparues de nos contrées.

7. J. de Christol, *Notice sur les ossements humains fossiles des cavernes du Département du Gard, Présentée à l'Académie des Sciences le 29 juin 1829*, Montpellier, impr. J. Martel, 1829.

P. Tournal, *Considérations générales sur le phénomène des cavernes à ossements*, Narbonne, 1833.

A. Aymard, « Des fossiles humains trouvés sur la montagne de Denize, près Le Puy, des ossements de mammifères signalés dans divers dépôts de la Haute-Loire et de l'époque probable de leur enfouissement », *Bull. Soc. Géol.*, 2e série, V, 1847, pp. 49-62.

8. G. Laurent, *Paléontologie et évolution en France de 1800 à 1860. Une histoire des idées de Cuvier-lamarck à Darwin*, Paris, Éditions du Comité des Travaux Historiques et Scientifiques, 1987.

littéraire[9]. C'est pourquoi il ne s'embarrassa pas de la prudence de ses prédécesseurs dans les conclusions qu'il tira des découvertes effectuées à Abbeville dans les années 1840. Il ne cessa de réclamer l'attention de l'Académie des Sciences et multiplia les envois d'échantillons et de manuscrits. En 1847, il réunit ses conclusions dans le premier volume des *Antiquités celtiques et antédiluviennes*[10]. Parfois fantaisistes, celles-ci présentaient néanmoins l'avantage d'être sans ambiguïté : l'homme avait été contemporain des dernières espèces disparues. De plus, les vestiges découverts par Boucher de Perthes se trouvaient dans des terrains sédimentaires dont la stratigraphie n'était pas contestée et les arguments opposés aux découvertes sous abris ne pouvaient leur être appliqués. Cependant, l'amateur abbevillien rencontra dans un premier temps une indifférence presque générale. L'Académie refusa d'examiner ses travaux et les naturalistes auxquels il avait envoyé son ouvrage prirent rarement le soin de le lire[11].

Il fallut attendre 1859 pour voir récompensés les efforts de Boucher de Perthes. Cette date marquait le début d'un mouvement de conversion du monde scientifique français à la cause de l'homme fossile. Aisément lisible au fil des compte rendus de l'Académie des Sciences, celui-ci peut se résumer à deux étapes essentielles. La première se déroula en 1858-1859 lorsque le président de la Société géologique de Londres, Falconer, et les géologues Evans et Prestwich se rendirent à Abbeville pour comparer les découvertes de Boucher de Perthes et les résultats de leurs fouilles dans la caverne de Brixham (Devonshire)[12]. Après examen des silex recueillis en France et en Grance-Bretagne et des ossements fossiles qui les accompagnaient, les trois Britanniques s'avouèrent convaincus de la haute antiquité de l'homme et réussirent à gagner à la cause de la préhistoire le plus célèbre géologue de l'époque, Charles Lyell. Celui-ci prononça à la réunion de 1859 de la British Association for the Advancement of Science un discours qui marquait, en quelque sorte, l'acte de naissance de l'archéologie préhistorique. En France, l'Académie des Sciences sortit de l'attitude de mépris adoptée jusqu'alors et les débats sur les découvertes de Boucher de Perthes se multiplièrent, ce dernier trouvant dans la personne de Quatrefages un avocat dévoué. En 1863 se déroula la seconde étape qui marquait l'achèvement du mouvement de conversion de l'Académie des Sciences. Le 28 mars, Boucher de Perthes découvrit au lieu-dit de Moulin-Quignon une demi-mâchoire humaine dans un

9. C. Cohen & J.-J. Hublin, *Boucher de Perthes, les Origines romantiques de la préhistoire*, Belin, Paris, 1989.

10. J. Boucher de Perthes, *Antiquités celtiques et antédiluviennes, Mémoire sur l'industrie et les arts à leur origine*, 3 vol., Paris, Treuttel et Würtz, 1847-1860.

11. Grayson (*op. cit.*) révèle, par exemple, que Darwin dédaigna l'ouvrage que Boucher de Perthes lui avait envoyé.

12. J. Gruber, « Brixham cave and the antiquity of man », in, Darnell R. ed., *Readings in the History of Anthropology*, New York, 1974, pp. 380-406.

terrain contenant des silex taillés[13]. Cette première découverte d'ossements humains associés à des outils prenait valeur de preuve irréfutable de l'antiquité de l'homme. Cependant Falconer, après examen de la pièce, osait mettre en doute son authenticité. L'Académie réagit très violemment à cette accusation et nomma une commission d'enquête qui conclut à la valeur de l'objet. L'épisode de la mâchoire de Moulin-Quignon révélait la nouvelle opinion dominante à l'Académie. Le monde savant français, dans sa majorité, était désormais converti à la préhistoire.

Pour de nombreux historiens de l'archéologie, la naissance de la préhistoire se résume au récit de cette évolution des idées. Cependant une telle analyse laisse dans l'ombre un pan entier de la réalité historique : le développement, en parallèle de l'évolution intellectuelle des années 1860, d'une évolution institutionnelle d'importance égale puisqu'elle aboutit à la création d'une discipline autonome, dans le cadre de laquelle les théories nouvelles pourront être développées pleinement. En effet, sitôt la reconnaissance de la préhistoire effectuée, furent mises en place des institutions spécialisées. Chronologiquement, la première de ces institutions fut le Musée des Antiquités Nationales de Saint-Germain, créé en 1857 sur décret impérial. A l'origine il devait réunir uniquement des collections historiques, mais les dons de collections préhistoriques, par le roi du Danemark, par Boucher de Perthes et par Lartet, entre autres, en modifièrent la vocation. Son inauguration en 1867, pendant l'Exposition Universelle, marquait la reconnaissance officielle de la valeur des objets préhistoriques en tant que témoins du passé national. Lieu de diffusion, voire de vulgarisation de la préhistoire, le musée fut aussi un lieu de recherche. C'est en son cadre notamment que G. de Mortillet, chargé d'organiser les salles préhistoriques, mit au point son projet de classification typologique des époques quaternaires[14]. Dans les mêmes années fut créée la première revue spécialisée sur les questions préhistoriques, *Les Matériaux pour l'histoire positive et philosophique de l'homme*[15]. Dans son premier numéro, elle se donnait un double but de diffusion et de vulgarisation et, dès l'origine, elle s'efforça de rendre compte de tous les événements concernant la discipline. La revue fut certainement, dans l'élaboration théorique et dans la diffusion de la préhistoire, un instrument essentiel, auquel s'ajouta, en 1866, un troisième cadre institutionnel. Obéissant au mouvement d'internationalisation du débat scientifique qui affectait alors les autres disciplines, la préhistoire se dota de congrès dont le premier eut lieu à Neuchâtel en 1866. Les réunions se tinrent

3. P.J. Boylan, « The Controversy of The Moulin-Quignon Jaw : The Role of Hugh Falconer », in Jordanova L. J. & Porter R. S. eds., *Images of the Earth, Essays in the History of Environmental Sciences*, London, 1979.

14. G. de Mortillet, « Classification des diverses périodes de l'âge de la pierre », *Revue d'anthropologie*, I, 1872, pp. 432-435.

15. *Matériaux pour l'histoire positive et philosophique de l'homme. Bulletin des travaux et découvertes concernant l'anthropologie, les temps antéhistoriques, l'époque quaternaire, les questions de l'espèce et de la génération spontanée*, I, 1864 - 3e série XVIII, 1888.

ensuite dans toute l'Europe, de Norwich à Moscou et de Lisbonne à Stockholm. Annuels à l'origine, les Congrès internationaux d'Anthropologie et d'Archéologie préhistoriques furent un des lieux privilégiés du développement de la discipline.

Ces institutions formèrent donc, dès les années 1860, les structures matérielles et sociales d'organisation d'une recherche qui, sans elles, n'aurait pu subsister de manière autonome. Leur création représente par conséquent pour l'histoire de la discipline une étape aussi importante que l'évolution purement intellectuelle dont elle est d'ailleurs indissociable. C'est de la conjonction de ces deux éléments qu'est née la préhistoire, et tenter d'expliquer cette naissance nécessite certes un recours à une histoire intellectuelle, mais aussi à une histoire institutionnelle.

Aborder cette dernière implique de se pencher sur le groupe des animateurs des premières institutions. En effet, le degré d'élaboration théorique de la préhistoire ne suffisant pas, dans un premier temps, de justifier son attrait, les conditions de la formation de ce groupe posent problème.

L'argument qui sera développé est que la plupart des premiers préhistoriens ont en commun une certaine marginalité intellectuelle, sociale et parfois politique qui a favorisé leur engagement dans une discipline nouvelle, où les positions de direction ne sont pas encore occupées par des scientifiques dont la formation ou la provenance sociale correspondraient mieux aux normes de l'époque. L'argument de marginalité n'est pas original, du moins dans la tradition de la sociologie des sciences anglo-saxonne. T.S. Kuhn, déjà, avait signalé une liaison entre l'âge du scientifique et son aptitude à entrer en rebellion contre la science normale[16]. L'âge ne semble pas cependant être le seul facteur de marginalité à intervenir dans l'apparition d'une discipline scientifique nouvelle. J. Ben David, sociologue, a poussé plus loin l'étude et proposé par exemple une analyse originale de la naissance de la psychanalyse, expliquant par la marginalité sociale et scientifique de Freud ses innovations et ses engagements[17]. Transposée à la préhistoire, une telle analyse s'avère fructueuse. Aussi sera-t-elle appliquée à un double niveau : celui de l'individu qui fut le principal animateur de la discipline dans la seconde moitié du XIXe siècle et celui de la communauté scientifique dans son ensemble.

Le personnage de Gabriel de Mortillet (1821-1898), fondateur et animateur enthousiaste de la discipline jusqu'à sa mort, présente un cas extrême de la marginalité qui caractérise à des degrés divers les individus qui entrent en préhistoire après 1859. La marginalité de Mortillet est avant tout scientifique. Par sa formation, il appartient au groupe des

16. T.S. Kuhn, *La structure des révolutions scientifiques*, trad. fr., Paris, Flammarion, 1972, chapitre VIII.

17. J. Ben-David, « Role and Innovation in Medicine », *American Journal of Sociology*, LXV, 1960, pp. 557-568.

ingénieurs et des techniciens qui s'opposent alors aux théoriciens de la recherche scientifique. Il possède un diplôme de l'École centrale et une expérience d'ingénieur des chemins de fer, mais ses études ne l'ont mené ni à l'Université ni à l'École Normale Supérieure qui sont alors les deux voies d'accès privilégiées aux professions de la recherche. Il ne possède pas de doctorat et sa formation scientifique et technique l'exclut de l'élite cultivée de son époque, nourrie de classiques et de langues anciennes. Malgré des connaissances théoriques acquises notamment dans les laboratoires de géologie de l'École des Mines et une expérience pratique liée à son métier, Mortillet se trouve en marge d'un monde scientifique où les carrières parisiennes classiques de la géologie et de la paléontologie lui sont fermées et il est réduit dans un premier temps à l'amateurisme.

Un autre élément biographique vient renforcer la marginalité de Mortillet sous le Second Empire. Il a en effet pris part aux événements de 1848 aux côtés des démocrates sociaux. Il a participé aux actions de la rue (il est notamment l'un des artisans de la fuite de Ledru-Rollin après les journées de Juin), mais il a surtout pris parti dans ses écrits, en publiant en 1848-1849 une série de brochures de propagande intitulées *Le Socialisme à la portée de tous*[18] dont le ton est résolument polémique. La septième de ces brochures, parue sous le titre de *La Guillotine* et accusant le gouvernement républicain modéré de renouer avec les méthodes de la Terreur, lui valut une condamnation à mort et le précipita dans l'exil en 1849. Il quitta alors la politique pour se consacrer à la géologie en Savoie et en Italie. Il se passionna pour les curieux vestiges lacustres découverts lors de la baisse d'un niveau des eaux des lacs alpins dans l'hiver 1854-1855 et prit part aux recherches suscitées par les événements de 1859. Profitant de la libéralisation de l'Empire après 1860 il put rentrer en France où la création par l'Empereur du Musée des Antiquités nationales de Saint-Germain lui offrit une opportunité de carrière.

La préhistoire nouvellement reconnue, où ses recherches italiennes lui donnaient statut de spécialiste, a donc présenté pour Mortillet une voie de réintégration à la fois scientifique et sociale.

Divers éléments de marginalité se retrouvent au niveau général de la communauté des préhistoriens. Une étude statistique partielle a révélé les deux principales caractéristiques de cette communauté : la prédominance des amateurs et l'absence de centralisation parisienne marquée. Le groupe des préhistoriens des années 1860 est donc formé en majorité de marginaux intellectuels et géographiques d'une science française déjà largement professionnalisée.

Leur formation scientifique est souvent technique et professionnelle, semblable en cela à celle de Mortillet, la majorité appartenant à la classe

18. G. de Mortillet, *La politique et le socialisme à la portée de tous, Éléments de droit politique et d'économie sociale*, Paris, La propagande démocratique et sociale, 1849.

montante des professions libérales qui possède les connaissances et les loisirs nécessaires à l'exercice de la science en amateur.

Le dynamisme provincial se manifeste dans l'existence de centres de recherche préhistorique qui concurrencent le centre parisien symbolisé par Mortillet, le Musée de Saint-Germain et la revue *Les Matériaux* jusqu'en 1868. Le principal de ces centres est celui de Toulouse, où est réunie une riche collection archéologique et où seront mis en place les premiers enseignements consacrés à la préhistoire dans le cadre d'une université en 1882. Le dynamisme provincial est bien évidemment lié à la situation des vestiges et à l'orientation de la discipline vers le recensement et la description des sites plus que vers l'analyse. Ceci justifie l'activité exceptionnelle des amateurs du Sud-Ouest. Mais l'explication est insuffisante comme le révèle la comparaison de la préhistoire à la géologie, elle aussi dépendante de la situation des sites mais cependant plus centralisée et présentant une répartition plus nette des rôles entre les hommes de terrain et les théoriciens. Il est donc possible de soutenir que la préhistoire attire les amateurs provinciaux pour des raisons complémentaires. Discipline nouvelle, aux contours institutionnels flous, elle a pu représenter une voie de promotion culturelle et sociale pour les nouvelles élites provinciales formées par les classes moyennes. L'exercice de la préhistoire ne réclamant aucune formation spécialisée, chacun pouvait prétendre à l'expertise après la lecture des quelques ouvrages fondamentaux. La promotion intellectuelle, par l'acquisition du statut de spécialiste, était donc théoriquement possible pour tous. De même, les carrières scientifiques locales ou nationales, bien que peu nombreuses, ne semblaient pas inaccessibles. Les postes de conservation dans les musées locaux étaient en effet largement ouverts aux amateurs, comme le révélerait l'exemple de Émile Cartailhac, juriste de formation, à qui fut confiée la tâche d'organiser les salles préhistoriques du Musée des Sciences naturelles de Toulouse[19]. La préhistoire semble donc avoir été une pièce centrale dans le mouvement de recherche d'une légitimité intellectuelle des classes moyennes provinciales face aux élites parisiennes, mouvement qui se manifeste par un fort développement des sociétés savantes dans la seconde moitié du XIXe siècle. Les lettres réunies au Musée de Saint-Germain en fourniraient de multiples illustrations. Pour ne donner qu'un exemple, voici la description que fait F. Garrigou, amateur toulousain, des ambitions qu'il souhaite réaliser au travers de ses travaux préhistoriques :

« Si je me trouvais à la tête de fonds considérables et d'un espace suffisant, je voudrais faire la plus splendide collection de l'univers relativement aux cavernes. Il me faudrait avec cela le temps et Dieu sait si j'en

19. Sur Émile Cartailhac se reporter à : *Revue archéologique*, 1922, pp. 1-6. P. Minvielle, « Dictionnaire des préhistoriens », in *Les chemins de la préhistoire*, Denoël, Paris, 1972, p. 267.

ai de reste ! Si l'État pouvait faire quelque chose, nommer une commission et me charger de la diriger, je serais heureux de donner des indications.

Ne pourriez-vous me faire nommer Officier de l'Instruction Publique ? Vous me rendriez service en ce moment de m'obtenir ce titre. Je pense que je ne l'aurais pas volé. Je n'ai jamais rien eu pour mes travaux »[20].

Ainsi le désintéressement intellectuel dont on trouve de nombreuses allégations dans les correspondances se double-t-il souvent d'ambitions clairement temporelles !

Cette attraction de la préhistoire dans des milieux sociaux bien caractérisés semble avoir été renforcée par l'épistémologie que la discipline véhicule et qui reprend des thèmes culturels qui leur sont chers.

L'épistémologie sur laquelle se fonde la préhistoire s'organise, entre autres, autour de deux thèmes importants, ancrés dans un contexte culturel et politique qui dépasse le domaine des sciences en général. Pour la désigner, il serait possible d'utiliser l'expression d'« épistémologie socialement construite », forgée par E.I. Mendelsohn dans un article consacré au réductionnisme biologique allemand de 1848[21]. Après 1860, l'épistémologie propre à la préhistoire intègre, par-delà les questions de technique ou de méthode, un discours matérialiste et transformiste et certains mots d'ordre nationalistes qui trouvent des échos dans des sphères culturelles plus larges que la seule communauté des archéologues.

Par sa nature même la préhistoire, comme toute archéologie, se fonde sur une forme atténuée et non idéologique du matérialisme. Faire de l'archéologie c'est déjà admettre un statut privilégié du matériel comme révélateur de réalités plus profondes du passé. Dès le XVIIIe siècle les archéologues classiques sont partis, à travers les monuments antiques, à la recherche d'une sensibilité artistique disparue, en d'autres termes, d'un esprit des temps anciens, le matériel devenant au travers d'une telle démarche la manifestation des aspects les plus immatériels d'une civilisation. Avec l'archéologie préhistorique, ce matérialisme se renforce du fait de l'absence de sources écrites. L'objet archéologique devient la seule voie vers la connaissance d'époques disparues. De cette nature propre à l'archéologie préhistorique a peut-être découlé l'évolution rapide de la discipline vers un matérialisme beaucoup plus radical.

Cette évolution s'est opérée largement sous l'égide de G. de Mortillet, principal théoricien de la préhistoire à ses origines. Son matérialisme était extrême. Lors de son exil en Savoie, il avait rencontré Karl Vogt, lui-même exilé d'Allemagne. Il avait été particulièrement influencé par les idées matérialistes de l'Allemand, peut-être pour des raisons proches de celles qui avaient fait adopter le matérialisme aux savants germaniques

20. Dr Garrigou, lettre à Mortillet, datée de Toulouse, le 10 février 1873, archives du Musée des Antiquités Nationales.

21. E. I. Mendelsohn, « The Social Construction of Scientific Knowledge », in Mendelsohn E. I., Weingart P. & Whitley R. eds., *The Social Construction of Scientific Knowledge*, D. Reidel Publishing Cie, Dordrecht, Boston, 1977, pp. 3-25.

révoltés de 1848, qui avaient marqué ainsi leur rejet d'une société figée et d'une science officielle sclérosée. La parenté de révolte entre le Français et l'Allemand explique peut-être le rapide et facile transfert des idées matérialistes de l'un à l'autre. Le jeune Mortillet, au passé politique chargé mais au passé scientifique presqu'inexistant, entra donc en science déjà imprégné de matérialisme. A son retour à Paris, il fut membre des associations regroupant les tenants du « matérialisme scientifique », tels la loge maçonnique de la Libre Pensée ou les dîners Lamarck. Le matérialisme scientifique dont il se reconnaissait peut se définir comme un scientisme poussé à l'extrême. On en trouverait par exemple l'essence dans les articles de la revue *L'Homme*, publiée par Mortillet entre 1884 et 1887[22]. Tous les phénomènes de l'univers ont pour origine les lois de la mécanique, de la physique ou de la chimie. Tout devant se définir en termes de « matière et de force », le matérialiste ne peut que dénoncer le « spiritualisme » qui s'incarne à la fois dans la religion et dans la philosophie. Cette idéologie militante se retrouve dans les articles où Mortillet défend l'unité de la science sous la bannière de l'observation et de l'induction et rejette la philosophie et la religion, également qualifiées de superstitions. L'univers de la connaissance y est dépeint de manière manichéenne, l'opposition entre la connaissance vraie de la science et la superstition prenant la forme d'un combat actif et irréductible où chacun est sommé de préciser ses positions.

« Ceux qui adoptent le premier de ces principes, la Foi, sont constamment gênés et souvent même arrêtés par l'interprétation, vraie ou fausse, d'une parole, d'une autorité, d'une croyance.

Les autres ont devant eux le champ libre. Ils peuvent tout examiner, tout étudier, tout apprécier avec la seule lumière de ce qui, d'un accord général élève l'homme au dessus des autres animaux, la Raison.

La Foi ou Méthode de la Tradition, forçant à regarder en arrière, est fatalement rétrograde. La Raison ou Méthode de l'Observation, permettant d'étudier librement ce qui nous entoure, favorise le progrès »[23].

C'est sous cet aspect militant que le matérialisme a pu trouver un auditoire complaisant parmi les membres des classes moyennes provinciales qui se heurtaient parfois aux résistances de la tradition dans l'exercice de leurs professions et à celles des élites traditionnelles dans leur ascension sociale. La préhistoire parée des attributs du matérialisme pouvait alors apparaître aussi bien comme une arme dans le combat contre ces traditions que comme une étiquette de modernité intellectuelle et de sympathie politique pour les doctrines progressistes. Aussi les assurances de rejet du spiritualisme et de respect des faits se retrouvent-elles comme un thème récurrent dans les ouvrages de préhistoire de l'époque. L'abbé Bourgeois exprime ainsi sa méfiance face à la spéculation :

22. *L'Homme. Journal illustré des sciences anthropologiques*, I, 1884 - IV, 1887.
23. G. de Mortillet, « La Foi et la Raison dans l'étude des sciences », *Revue mensuelle de l'École d'Anthropologie*, 6, 1896, pp. 1-14, p. 1.

> Mes yeux voient clair depuis longtemps parce que depuis longtemps j'observe avec attention. Je possède une certitude qui me maintient calme au milieu des contradictions. Du reste il n'est personne qui cherche la vérité plus sincèrement que moi. Je ne suis pas de ces philosophes dont parle Rousseau qui sacrifieraient toutes les vérités du monde à une erreur de leur invention.[24]

De même se révèle souvent la défiance voire l'hostilité face à la religion. Une lettre de Garrigou de 1871 nous en donne une illustration des plus claires :

> Surtout que le sort nous évite de tomber sous le régime des ventrus de Felsdorff et des prêtres qui ont encore l'espoir de le voir arriver. Si nous en étions là, c'en fait de la France, mieux vaut la Prusse, au moins l'intelligence y joue un rôle. Vous ne pouvez vous faire une idée de ce que c'est pour moi d'envisager un avenir absorbé par les calotins et les bigots.[25]

Le matérialisme, arme scientifique et sociale a, par ailleurs, servi à soutenir et justifier le modèle transformiste adopté par la majorité des préhistoriens de la seconde moitié du XIXe siècle. Dans les nombreux articles qu'il a consacré au transformisme, G. de Mortillet développe une vision très néo-lamarckienne et strictement linéaire de l'évolution. A la base de cette conception se trouve la conviction de l'existence d'une loi du progrès universel, affectant tous les domaines : « Le Progrès, c'est la loi de l'univers, c'est la loi de l'humanité »[26]. Le matérialisme permet au préhistorien de passer des conclusions tirées des faits archéologiques sur une progression des techniques à des conclusions de même ordre sur la progression constante des facultés physiques et mentales de l'espèce humaine. Pour lui, il n'existe aucune différence de nature entre ces différents plans et les vestiges techniques ne sont que la trace matérielle d'une évolution globale.

Matérialisme et transformisme trouvent des échos dans des sphères non scientifiques et permettent de relier la préhistoire au contexte, plus général, du scientisme de la fin du Second Empire et de la Troisième République. Ils forment un trait d'union facilitant le glissement d'un discours scientifique à un discours politique et se transposent tout d'abord en un rejet des autorités traditionnelles véhiculant des idéologies anti-scientifiques et donc anti-progressistes, ce rejet se résumant essentiellement dans l'anticléricalisme commun aux républicains de ces décennies. La réflexion sociale qui l'accompagne est souvent un discours de type

24. Bourgeois abbé, lettre à Mortillet datée du 18 octobre 1874, archives du Musée des Antiquités Nationales.
25. Garrigou, lettre à Mortillet, datée de Luchon, le 29 juillet 1871, archives du Musée des Antiquités Nationales.
26. G. de Mortillet, « Les études préhistoriques devant l'orthodoxie », *Revue d'anthropologie*, 4, 1875, pp. 116-129, p. 117.

radical, insistant sur la notion de progrès, notamment par l'éducation, discours qui, là encore, n'a rien d'original dans le contexte politique de l'époque et qui favorise l'intégration des préhistoriens dans une communauté d'idées et d'intérêts qui dépasse largement le cadre de la discipline.

Devant une telle convergence des thèmes liés à la science et à la politique, il n'est pas étonnant de voir de nombreux préhistoriens participer à la vie politique de leur époque. G. de Mortillet fut un membre actif du parti radical. Maire de Saint-Germain entre 1882 et 1888, il devint député en 1885. De même Cartailhac joua-t-il un rôle d'animateur au conseil municipal de Toulouse. De même encore de nombreux préhistoriens furent-ils membres de la Franc-maçonnerie. Ainsi, l'épistémologie de la préhistoire a pu paraître particulièrement attractive à un groupe d'individus cherchant une légitimité à la fois scientifique et sociale. Faire de la recherche dans ce domaine et adhérer à l'esprit de la discipline pouvait équivaloir à se placer politiquement dans le groupe des défenseurs de la république.

L'attrait de la discipline comme facteur d'intégration culturelle et sociale a pu être renforcé encore par un autre thème véhiculé par la préhistoire qui s'inscrit dès ses origines dans un contexte fortement imprégné de nationalisme. L'attitude favorable des autorités du Second Empire, qui apparaît clairement dans l'intégration des vestiges préhistoriques aux collections du Musée de Saint-Germain, est liée directement à la question nationale. L'Empereur Napoléon III, cherchant à renouer avec l'esprit du Premier Empire, avait mené une politique de prestige dans tous les domaines, y compris dans celui de l'histoire de France. La politique d'organisation et de contrôle de la recherche, inaugurée par Guizot sous la Monarchie de Juillet, fut développée. Les recherches historiques et archéologiques furent facilitées et se centrèrent rapidement sur la période essentielle de l'invasion des Gaules. Le mythe gaulois, d'un peuple héroïque résistant à l'assimilation étrangère était une émanation directe du nationalisme ambiant, entretenu par l'Empereur, historien de *L'Histoire de César*, instigateur des fouilles d'Alésia et fondateur du Musée des Antiquités Nationales. Les recherches sur les Gaulois avaient intégré rapidement les études protohistoriques sur la période celtique et leur extension aux périodes préhistoriques après 1860 parut aller de soi.

La défaite de 1870 allait modifier les données du problème du nationalisme et la préhistoire participa semble-t-il pleinement de « la crise allemande de la pensée française » analysée par Cl. Digeon[27]. Au sein de la discipline se manifestent bien toutes les ambiguïtés et les contradictions des attitudes face à l'Allemagne. La préhistoire continua de participer de l'esprit de concertation internationale inauguré par les congrès internationaux. Les liens personnels entre les savants ne furent

27. C. Digeon, *La crise allemande de la pensée française, 1870-1914*, Paris, PUF, 1959.

pas rompus et les recherches allemandes continuèrent à être diffusées en France, grâce aux comptes rendus publiés dans les revues spécialisées. Mais la défaite de 1870 et l'interprétation qui en fut faite dans les milieux intellectuels, où elle fut expliquée par la supériorité scientifique de l'Allemagne sur la France, engendra une situation nouvelle de concurrence intellectuelle entre les deux pays. Les tensions semblent avoir été particulièrement fortes dans les années qui suivirent 1870. La préhistoire put alors être présentée comme un domaine de pointe où la France précédait l'Allemagne. Les correspondances sont à cet égard révélatrices. Dans une lettre du 4 janvier 1871, à une date encore proche du désastre de Sedan et alors que les troupes allemandes occupent une partie du territoire, Aubertin, préhistorien de Beaune, accorde à l'activité scientifique une valeur clairement patriotique :

> L'année commence. Espérons qu'elle sera fructueuse pour les études et travaillons tant que nous pouvons puisque, pour le moment, c'est le seul moyen qui nous reste de vaincre les Allemands.[28]

Par-delà les querelles de préséance, le climat nouveau, marqué à la fois d'admiration et de répulsion pour le voisin germanique, a pesé parfois lourdement sur des questions proprement scientifiques. Il fut d'une importance considérable sur la question des races quaternaires et des invasions néolithiques, qui fut débattue durant toute la seconde moitié du XIXe siècle. C'est ce que révélerait clairement l'œuvre de G. de Mortillet sur la *Formation de la Nation française*, qui résume en 1897 l'état du débat[29]. Les analyses de l'auteur sur le sens des mots nation et race et sur l'apport de la préhistoire pour la question ne sont pleinement compréhensibles qu'en référence au contexte des relations franco-allemandes. Le refus de définir la race et la nation par la linguistique lui permet d'invalider les arguments pangermanistes qui ont justifié l'annexion de l'Alsace. De même, le type racial seul ne doit pas permettre de définir une nation : les races existant ou ayant existé en France sont nombreuses. Finalement Mortillet aboutit à une définition de la nation qui est avant tout sentimentale et historique, notion opposée presque point par point à celle des pangermanistes.

> Il y a eu des mélanges [de races] (...). Au lieu de détruire le noyau autochtone, ils n'ont fait qu'activer sa stabilité (...). Mais si des éléments fort divers sont groupés, il y a un fait incontestable, c'est que la nationalité est si bien établie que, sous le rapport du patriotisme, un seul et même cœur bat dans la poitrine de tous les Français.[30]

28. Aubertin, lettre à Mortillet datée de Beaune, le 4 janvier 1871, archives du Musée des Antiquités Nationales.
29. G. de Mortillet, *La Formation de la Nation française, Linguistique, Palethnologie, Anthropologie*, Paris, Alcan, 1897.
30. J.-Y. Guiomar, *op. cit.*

Ainsi les questions des races préhistoriques, d'une éventuelle origine germanique des populations françaises et de la supériorité des races aryennes sont-elles intimement liées aux enjeux nationalistes de la période. Préhistoire et nationalisme se rejoignent en de nombreux points.

Si la certitude d'œuvrer par la recherche préhistorique à la grandeur de la France a joué un rôle dans le succès de la préhistoire dès ses origines, cette attitude s'est aussi retrouvée à l'échelle régionale où la recherche s'est intégrée dans le mouvement de renouveau des régionalismes du derniers tiers du XIXe siècle. Deux régions furent particulièrement marquées par cette réinterprétation du régionalisme au travers de l'archéologie préhistorique et de la redécouverte des folklores. Un exemple des plus nets semble être celui de la Bretagne où recherches préhistoriques et mouvement de promotion régionale se renforcèrent mutuellement et fusionnèrent parfois dans ce que l'on peut appeler le « bretonisme »[31]. Ce mouvement était animé par des sociétés savantes actives comme la Société Polymathique du Morbihan. Dans le Sud-Ouest le mouvement prit des accents différents et fut moins axé sur le séparatisme que sur la volonté de faire de Toulouse un centre intellectuel d'influence nationale, capable de concurrencer Paris. Dans cette ville où le développement des études préhistoriques ne fut qu'une des composantes du mouvement de renouveau scientifique et universitaire[32], les ambitions régionales furent pour un temps réalisées. A partir des années 1870 Toulouse devint un centre de recherche actif. Sous l'égide d'un disciple dissident de Mortillet, E. Cartailhac, furent développées des institutions dynamiques. En 1868 la ville devint le lieu de rédaction des *Matériaux*, seule revue spécialisée de préhistoire dont la diffusion était nationale, voire internationale. Son Musée des Sciences Naturelles fut le premier à recevoir des collections préhistoriques qui concurrençaient aisément celles du Musée de Saint-Germain. Les facultés toulousaines, enfin, furent les premières à introduire un cours libre d'anthropologie préhistorique en 1882. Cette convergence entre la recherche préhistorique et les enjeux du régionalisme apparaît comme un élément essentiel à l'explication du succès immédiat de la préhistoire dans les provinces françaises.

Ainsi la naissance de la préhistoire apparaît-elle comme un processus plus complexe qu'une simple évolution des idées. L'apparition d'une discipline ne pouvait se faire sans la formation immédiate d'une communauté de défenseurs des théories nouvelles. Cette communauté, dont l'existence se manifeste historiquement par la création d'institutions spécialisées, doit sa formation à l'attrait des théories préhistoriques, pour des raisons qui dépassent largement le cadre scientifique et qui ont leur place dans le domaine du culturel et du social au sens le plus large.

31. G. de Mortillet, *Op. cit.*, 1897, p. 329.
32. M.J. Nye, *Science in the Provinces, Scientific Communities and provincial Leadership in France, 1860-1930*, University of California press, Berkeley, 1986.

Goulven LAURENT

Les idées sur l'origine de l'homme au début du XXe siècle : Les conceptions de Marcellin Boule (1861-1942)

Marcellin Boule, qui avait commencé par être géologue, était venu à la Paléontologie sous l'influence de son maître Gaudry. Mais il allait bientôt trouver sa propre voie dans l'étude des fossiles humains. Boule devint, en effet, rapidement, un des maîtres de la Paléontologie humaine ; son autorité en ce domaine s'affirma surtout après l'étude détaillée qu'il fit de l'Homme de la Chapelle aux Saints en 1909, puis de la publication de son œuvre majeure : *les Hommes Fossiles*, en 1921.

L'originalité de Boule, par rapport aux autres anthropologistes, dans la recherche de l'origine de l'Homme, est qu'il est paléontologiste, et qu'il applique à cette étude les principes de la Paléontologie générale. Cette méthode lui confère d'emblée une autorité particulière.

Marcellin Boule conçoit en effet le développement de la lignée humaine comme celle des autres lignées animales. Moins préoccupé que d'autres par des considérations philosophiques, et plus attentif, par conséquent, aux faits, soucieux aussi de raisonner dans le cas de l'origine de l'Homme comme dans le cas de l'origine des autres êtres vivants, il soutient l'indépendance ancienne de la branche humaine.

> Les données générales de la Paléontologie... nous montrent les branches phylétiques de plus en plus touffues, de plus en plus riches en variations et aussi de plus en plus indépendantes. A mesure que la science progresse, nous voyons ces diverses branches s'allonger vers le bas, tout en gardant leur autonomie, et leurs soudures aux branches maîtresses, ou au tronc principal, se faire de plus en plus loin, trop souvent au-delà des points atteints jusqu'ici par nos recherches.[1]

Il ne s'agit pas de nier l'origine animale de l'Homme, mais bien au contraire de lui appliquer les mêmes principes de recherche, même si, paradoxalement, ils tendent à l'écarter des êtres actuels les plus voisins.

1. *Les Hommes Fossiles*, Paris, Masson, 1921, pp. 109-110.

Ce sont les fossiles de la période miocène qui fournissent à Marcellin Boule son point d'appui : « pendant la période miocène, la plupart des familles actuelles sont nettement différenciées. Beaucoup de genres miocènes sont éteints, mais il y avait déjà des représentants des genres actuels. Les Singes anthropomorphes étaient nombreux »[2]. La conclusion que Boule en tire est que, à cette époque, « l'existence d'un Homme ou plutôt d'un pré-Homme est très *possible* » (*ibid.*), et l'auteur se déclare même convaincu « qu'un être, déjà en possession des principaux attributs physiques sinon psychiques des Hominiens, a dû exister quelque part pendant le Pliocène, et peut-être pendant le Miocène »[3].

Dans cette affirmation, « il ne s'agit pas... de théorie ». La vision de Boule est, en effet, essentiellement basée sur les faits :

> La Paléontologie nous met en présence de données matérielles nouvelles pour l'Histoire naturelle du groupe zoologique humain, et ces données nous montrent clairement que l'évolution de ce groupe s'est faite de la même manière que l'évolution des autres groupes de Mammifères.[4]

Si les recherches de Paléontologie générale ont amené à la conclusion que « le problème des origines des diverses formes de vie est bien plus souvent reculé que résolu » (*ibid.*), il est tout naturel qu'il en soit de même pour l'Homme, dont l'origine tend ainsi à nous échapper, en quelque sorte, de plus en plus. La réponse est, de toutes manières, à chercher dans la Paléontologie.

> Les plus fins travaux anatomiques, les comparaisons les plus approfondies, les raisonnements les plus ingénieux sur la morphologie des êtres actuels ne sauraient avoir la valeur démonstrative des documents tirés de la roche où ils sont enfouis et disposés dans leur ordre chronologique même.[5]

Boule a conscience de s'écarter ainsi des conclusions de nombreux évolutionnistes, mais il le fait au nom des documents récemment fournis par les fossiles, sur des faits « qui ont une valeur démonstrative »[6] beaucoup plus grande que celle tirée des arguments qui restent surtout théoriques, parce que fondés sur la seule anatomie comparative des êtres actuels. La Paléontologie humaine nous apprend que le développement vers l'Homme s'est fait lui aussi sous la forme d'un buissonnement, et non sous la forme d'un arbre à tronc unique. Il n'y a pas non plus ici de série linéaire, mais un grand nombre de rameaux indépendants :

> Ce que nous a appris... la Paléontologie humaine, c'est qu'à côté de ces rameaux encore vigoureux et pleins de vie, la branche

2. *Ibid.*, pp. 111-112.
3. *Ibid.*, p. 446.
4. *Ibid.*, p. 445.
5. *Les Hommes Fossiles*, Paris, Masson, 1923, p. 453.
6. *Ibid.*, p. 458.

> humaine a émis autrefois des rameaux desséchés, et dont nous commençons à retrouver les floraisons fossilisées au sein des couches géologiques.[7]

La branche humaine est différenciée depuis longtemps : « la souche originelle du genre *Homo* doit ainsi plonger ses racines dans un passé beaucoup plus ancien qu'on ne l'avait supposé *a priori* » (*ibid.*). La lignée de l'homme est parallèle à celle des Singes anthropomorphes, dont l'existence est attestée dans le Miocène, et peut-être même plus loin dans le passé. Ces branches de Singes anthropomorphes miocènes ayant donné naissance aux Anthropomorphes actuels, et à eux seuls, Boule considère qu'une lignée particulière existait déjà, bien individualisée, qui devait aboutir à l'Homme :

> Il est très probable que nos plus lointains ancêtres se sont distingués de bonne heure de la tourbe des autres Primates par quelques caractères pour ainsi dire fondamentaux, marquant déjà des tendances vers la supériorité humaine, et au moyen desquels nous les reconnaîtrons. Mais la filiation ne pourra être établie et suivie avec certitude que de proche en proche.[8]

Étant donné que les familles actuelles d'êtres vivants se sont mises en place très tôt au cours du Tertiaire, il n'y a pas de raison de penser que la famille humaine n'en ait pas fait autant.

> En résumé, assure Boule, la faune paléocène est surtout une faune crétacée terminale. Dans la faune éocène, les ordres actuels sont différenciés mais non les familles. Avec l'Oligocène et le Miocène apparaissent la plupart des familles vivantes. La faune actuelle du globe a donc commencé à s'individualiser dès les temps oligocènes.[9]

L'argument décisif est toujours, pour Boule, un argument paléontologique, et non, comme chez d'autres, un argument idéologique, sous quelque déguisement qu'il se cache.

Les rapports de l'Homme et des Singes sont considérés ainsi sous un angle nouveau, tout différent de celui sous lequel les anthropologistes du XIXe siècle avaient coutume de les considérer. Sans doute y a-t-il toujours des rapprochements physiques et même psychiques à faire entre l'Homme actuel et le Singe actuel. Boule reconnaît que les Anthropomorphes actuels présentent une parenté réelle avec l'Homme. Mais il souligne aussi un premier fait, qui va à l'encontre de la filiation de l'Homme à partir des Singes anthropomorphes fossiles, c'est que « malgré quelques apparences, tirées de la morphologie dentaire, rien ne nous autorise,

7. *Ibid.*, p. 459.
8. *Ibid.*, pp. 464-465.
9. *Les Fossiles*, Paris, Masson, 1935, p. 809.

jusqu'à présent, à déclarer qu'il y ait eu des Singes fossiles supérieurs en organisation aux grands Anthropomorphes actuels »[10]. Les restes de Singes anthropomorphes fossiles découverts jusqu'à présent représentent soit « les ancêtres des types actuels » d'Anthropomorphes, soit « des formes spéciales, parfois très différenciées et très robustes, et qui sont mortes sans laisser de postérité »[11]. Tous sont à exclure de l'ascendance humaine : « en réalité, jusqu'à présent, nous n'avons pas trouvé ou nous n'avons pas su distinguer, dans cette série, malheureusement trop petite, de fossiles trop fragmentaires, celui qui pourrait passer pour avoir appartenu à une forme préhumanitaire »[12].

Boule ne nie donc pas que ce soit dans cette direction qu'il faille chercher ; mais c'est un fait qu'on n'a pas pour le moment trouvé la trace de l'ancêtre. Les résultats obtenus ne sont pas sans intérêt, en particulier la découverte récente du Pithécanthrope :

> Tout ce qu'il est donc permis d'affirmer, c'est que l'histoire, pourtant si incomplète et si décousue, des Singes fossiles diminue beaucoup, grâce au Pithécanthrope, l'intervalle morphologique séparant les Singes actuels des Hommes actuels. D'autre part, l'histoire des Hommes fossiles contribue de la même manière à rapprocher plus étroitement le rameau humain des rameaux simiens (*ibid.*).

Boule affirme ainsi la double vérité que la Paléontologie semble mettre en lumière : le lien de plus en plus étroit que l'Homme présente avec les autres êtres, et, en même temps, l'indépendance ancienne de sa lignée.

Ce n'est qu'avec la découverte de l'Homme de la Chapelle aux Saints, en 1908, que Boule s'est véritablement consacré à la question de l'Homme fossile. Ayant tendance à accentuer les caractères « simiens » ou « pithéciens » de cet Homme fossile, dont il fait un Néanderthalien typique, il est affronté évidemment aussitôt à la question de l'origine simienne de l'Homme. C'est surtout dans la recherche de la solution de cette question que Boule fait voir sa conception générale de la transformation des êtres vivants, dont l'Homme ne présente qu'une modalité particulière. Nous avons vu que Boule affirme deux principes fondamentaux en Évolution : d'une part, l'indépendance ancienne des lignées, et, d'autre part, le parallélisme de ces lignées passant par des stades identiques de développement.

Le cas de l'Homme vérifie ces deux principes. D'une part, la lignée de l'Homme est indépendante de celle des Singes, et il faut par conséquent rejeter l'affirmation de la descendance de l'Homme à partir des Singes anthropomorphes, et même à partir des lignées conduisant à eux. En même temps les découvertes fossiles établissent, d'une manière évidente,

10. *Op. cit.*, supra n. 1, p. 93.
11. *Op. cit.*, supra n. 5, pp. 455-456.
12. *Ibid.*, p. 456 ; en ce qui concerne le Pithécanthrope, il ne faut pas oublier que Boule, à cette époque, soutenait que c'était une espèce de Singe anthropomorphe.

l'étroitesse de la parenté de l'Homme avec ces mêmes Singes anthropomorphes[13]. A première vue, il existe ainsi une certaine contradiction et une certaine confusion, dans la pensée de Boule, qu'il n'est possible de résoudre qu'en faisant appel à son second principe, celui des stades de développement.

Sa conception générale est que l'ancêtre de l'Homme n'a jamais été un Anthropomorphe, mais qu'il a cependant passé par un stade de développement qui peut être assimilé à celui de ces êtres aujourd'hui encore proches de lui. De toute évidence, il faut rattacher l'Homme aux Singes, et lui chercher par conséquent une origine commune ; Boule l'affirme à diverses reprises : les ressemblances entre eux sont trop nombreuses pour qu'il soit possible de penser autrement[14].

Les données des fossiles — et particulièrement celles des fossiles néanderthaliens — le confirment dans cette voie :

> Ce type humain, fossile, diffère des types actuels et se place au-dessous d'eux, car, dans aucune race actuelle, on ne trouve réunis les caractères d'infériorité, je veux dire les caractères pithécoïdes, qu'on observe sur la tête osseuse de la Chapelle aux Saints.[15]

Boule note de même, en ce qui concerne l'encéphale, que « s'il est humain à la fois par son volume absolu et par son volume relatif, (il) paraît se rapprocher de celui des Anthropoïdes par la plupart des détails de sa morphologie »[16].

Boule précise en effet ses comparaisons et ses rapprochements. Il observe que l'astragale du fossile qu'il étudie est « un astragale de Mammifère marcheur, mais qui a gardé encore de nombreux souvenirs d'un état ancien de grimpeur »[17] et il fait la même constatation pour le métatarsien[18]. Aussi conclut-il que l'*Homo Neanderthalensis* est « une espèce aux caractères archaïques », ce qui « ressort nettement de l'ensemble de sa morphologie, qui en fait un être moins éloigné du groupe des Singes que les Hommes actuels. Les nombreux traits pithécoïdes qu'il a conservés sont autant de souvenirs d'un état ancestral encore ici très vivaces, tandis qu'ils sont singulièrement atténués ou même effacés chez les diverses formes de l'*Homo sapiens*, surtout chez les races blanches » : ces caractères présentent « une valeur phylogénétique réelle »[19].

13. *Op. cit.*, supra n. 9, p. 850 : « cette science (la paléontologie) a déjà apporté les plus brillantes confirmations à l'idée d'une parenté aussi étroite que possible entre les Singes et l'Homme ».

14. *Op. cit.*, supra n. 5, p. 453, n. 1 : « Il faut, de toute nécessité, attribuer aux Hommes et aux Singes une origine commune ».

15. « L'homme fossile de la Chapelle aux Saints », *L'Anthropologie*, t. 19, 1909, p. 524.

16. « L'encéphale de l'homme fossile de la Chapelle aux Saints », *L'Anthropologie*, t. 22, 1911, p. 129.

17. « L'homme fossile de la Chapelle aux Saints », *Annales de Paléontologie*, t. 7, 1912, p. 160.

18. *Ibid.*, pp. 164 et 168.

19. *Ibid.*, t. 8, 1913, p. 34.

Tout en l'affirmant, Boule rappelle que « ressemblance ne veut pas dire descendance » ; les caractères primitifs ne signifient pas nécessairement filiation, mais ils renvoient à un fonds commun[20].

Boule soutient très nettement deux lignes de recherche. D'une part, il soutient l'opinion que l'ancêtre de l'Homme a été « humain » depuis un temps très reculé. D'autre part il soutient aussi qu'il faut rechercher cet ancêtre dans le voisinage plus immédiat des Anthropomorphes, selon la conception traditionnelle : l'évolution de l'Homme, assure-t-il, a dû se faire « à partir de types supérieurs d'Anthropoïdes »[21].

Les résultats auxquels aboutit l'étude des fossiles nouvellement découverts sont, en effet, toujours les mêmes : il est « évident que, tant par le volume de leur cerveau que par ce que nous savons de la structure anatomique de leur tête osseuse, le Sinanthrope et le Pithécanthrope s'intercalent, dans la série des Primates supérieurs, entre les grands Singes anthropomorphes et les Hominiens »[22] ; par conséquent, la parenté fondamentale de l'Homme est du côté des Singes anthropomorphes : c'est « de la tourbe des autres Primates » que « le Roi de la Création s'est dégagé lentement »[23].

Cependant cette démonstration est plutôt négative. En effet, il faut avouer que « la Paléontologie ne nous a encore révélé aucune forme de passage indiscutable, aucune preuve matérielle d'une filiation allant d'une forme de Singe à la forme humaine »[24]. C'est donc plutôt par des comparaisons avec le cheminement des autres lignées animales que par l'établissement de séries directes de fossiles que l'on aboutit à ces conclusions sur l'origine et le cheminement de la branche humaine. Posant en principe que les différents rameaux des Primates existent déjà depuis le Miocène ou le Pliocène, et trouvant parmi les fossiles des représentants des autres rameaux, en particulier des restes d'Anthropomorphes, Boule en conclut que celui de l'Homme devait exister lui aussi déjà : « la paléontologie nous apprend, en effet, que les divers types de Singes actuels sont très anciens, et que l'indépendance de chacun des groupes gravitant autour de ces types a été acquise de très bonne heure »[25]. Aussi, par le fait de cette ancienneté de formation de rameaux, c'est dans la souche même des Singes qu'il faudra placer aussi l'origine de la branche humaine ; on pourrait la placer « sur celle des Catarhiniens cynomorphes, à un niveau inférieur au point de départ de celle des Anthropomorphes », donc dans le « tronc commun des Singes » (*ibid.*).

La branche humaine, bien qu'indépendante depuis le début des autres branches de Primates, a cependant évolué parallèlement, et est toujours restée « voisine », non seulement morphologiquement, mais même géogra-

20. *Ibid.*, p. 40.
21. « L'homme fossile d'Asselar (Sahara) », *Archives de l'Institut de Paléontologie humaine*, mém. 9, 1932, p. 89.
22. « Le Sinanthrope », *L'Anthropologie*, t. 47, 1937, p. 21.
23. *Ibid.*, p. 22.
24. *Les Hommes Fossiles*, 1921, p. 90.
25. *Ibid.*, p. 450.

phiquement. Il paraît évident à Boule que ce n'est pas en Amérique que l'on peut chercher à découvrir l'ancêtre de l'Homme :

> Qu'on n'ait pas trouvé en Amérique la moindre trace d'un Homme différent morphologiquement de l'Homme actuel, cela n'est pas douteux et cela ne saurait surprendre les paléontologistes qui savent bien que l'Amérique n'est pas la patrie originelle des Primates supérieurs.[26]

La position de Boule dans la question de l'origine de l'Homme est ainsi très nette. L'Homme ne peut pas se rattacher directement aux Anthropomorphes, car « la plupart des grands Singes anthropoïdes fossiles connus sont tous trop engagés dans le sens d'une spécialisation simienne pour pouvoir aboutir à l'Homme »[27]. Par contre, les ressemblances que l'Homme actuel et l'Homme fossile présentent favorisent l'hypothèse que l'Homme « poursuit depuis longtemps, parallèlement aux divers rameaux de Primates, une existence distincte » (*ibid.*). En effet, « les curieuses ressemblances de certains caractères ostéologiques de l'Homme de Néanderthal avec ceux des Singes inférieurs, plutôt qu'avec ceux des diverses espèces d'anthropoïdes actuels, s'expliquent naturellement par des liens de parenté entre l'Homme et un type de Singe généralisé » (*ibid.*). L'on est conduit ainsi, en rattachant l'Homme directement à cette souche, « à placer les attaches zoologiques humaines en dehors et au-dessous de tous les Primates connus, miocènes, oligocènes et peut-être même éocènes » (*ibid.*). La branche humaine a passé par les différents stades de développement des Primates, et, en particulier, par le stade anthropoïde, mais jamais elle ne s'est confondue avec la branche des vrais Singes anthropomorphes. Le stade anthropoïde qu'il a traversé était donc, étant donné les autres caractères particuliers à la branche humaine qui les comportait déjà, un stade « anthropoïde tout spécial » qu'il sera un jour possible de mieux préciser, et par conséquent d'individualiser, quand de nombreux documents auront été découverts. Pour Boule, en effet, la forme anthropoïde est un stade de développement. L'ancêtre de l'Homme a donc pu être en ce sens un Anthropoïde, sans être de la même lignée que les Anthropomorphes actuels. Boule se place ainsi dans le même cercle d'idées que ceux qui ont dressé des lignées parallèles, comme Gaudry et Douvillé en particulier. Il fait aussi la distinction entre les caractères particuliers et les caractères évolutifs, qui marquent des étapes identiques de développement.

Aussi Boule note-t-il soigneusement les caractères qui différencient l'Homme actuel, en même temps que l'Homme fossile, des Anthropomorphes. S'il ne sait pas encore reconnaître l'importance des Prémolaires

26. *Op. cit.*, supra n. 5, p. 423 ; cf. encore pour l'Amérique du Sud, en particulier : « Puisque l'Amérique du Sud a toujours été dépourvue de Primates perfectionnés, de Singes supérieurs, ce n'est pas sur ce continent qu'on peut s'attendre à découvrir des représentants des premiers Hommes ou de leurs ancêtres immédiats », (*ibid.*, p. 426).

27. *Op. cit.*, supra n. 9, p. 850.

(P 3) dans cette distinction, il note cependant celle de nombreux caractères différents. Il insiste surtout sur le développement des canines chez les Singes[28], et admet encore que c'est par la diminution de ces canines que se caractérise le passage des Singes à l'Homme. Alors qu'il considère que ce passage physique s'est fait graduellement, il soutient cependant que le passage psychique s'est opéré « d'un seul coup »[29].

Vialleton a souligné ce qu'avait d'ambigu le mélange que faisait Boule entre les notions tirées de la zoologie évolutionniste, et celles fournies par la Paléontologie. Dans son souci de reconnaître des stades pithécoïdes dans la morphologie de l'Homme actuel, et dans celle des fossiles humains, il essayait de reconnaître des formes intermédiaires entre la structure simienne et la structure humaine. Aussi ses études — en particulier celle de l'Homme de Néanderthal — pouvaient prêter à la critique, et Vialleton l'a remarqué avec justesse :

> Les reconstructions, dans lesquelles on présente des Hommes fossiles avec jambes un peu fléchies, doivent être accueillies avec quelque scepticisme. Si le bassin de ces Hommes avait les caractères du bassin humain, une semblable flexion ne pouvait exister, et c'est une erreur que de l'admettre, car la légère rétroversion du plateau tibial invoquée pour la justifier ne peut le faire, attendu qu'il existe chez des Hommes actuels parfaitement verticaux, une rétroversion aussi marquée. Il est probable que cette représentation est une concession plus ou moins consciente à l'idée d'intermédiaires obligés entre l'Homme et les Anthropoïdes[30],

critiques qui sont reconnues maintenant comme parfaitement justifiées.

Marcellin Boule n'était pas opposé à l'existence de l'Homme tertiaire, bien qu'il ait réclamé une grande rigueur scientifique dans l'étude des prétendus éolithes tertiaires, et que sa démonstration de l'incertitude de telles découvertes ait fait renoncer à croire à l'existence de l'Homme tertiaire par toute une génération de paléontologistes. Il admettait que certains silex taillés remontaient au Pliocène[31]. Mais il demeurait prudent, et même sceptique, sur les prétendues preuves en faveur d'une antiquité plus reculée : c'est ainsi qu'il a démontré que des silex prétendument taillés pouvaient n'être que les produits de chocs mécaniques fortuits et naturels[32].

Mais au point de vue théorique, Boule a toujours enseigné la possibilité de l'existence de l'Homme tertiaire :

28. *Op. cit.*, supra n. 1, p. 75.
29. *Op. cit.*, supra n. 5, p. 474 : «... l'Anthropoïde préhumain, arrivant d'un seul coup à la dignité humaine, à laquelle son évolution physique et cérébrale l'avait préparé... ».
30. Vialleton Louis, *Membres et Ceintures des Vertébrés Tétrapodes*, Paris, Doin, 1924, p. 426 ; cf. encore : *L'Origine des Etres vivants*, Paris, Plon, 1929, p. 276.
31. « Découverte de débris gigantesques d'éléphants fossiles... », *La Nature*, 23e année, 1895, p. 178.
32. *Op. cit.*, supra n. 1, p. 131 et suiv.

> Ce que nous savons de l'homme quaternaire, tant au point de vue physique qu'intellectuel, autorise à déclarer que l'homme doit être plus ancien, et que l'on trouvera, un jour ou l'autre, probablement ailleurs qu'en France, les preuves de son existence antérieurement au Quaternaire.[33]

En tout cas, en ce qui concerne la fin du Tertiaire, au Pliocène, parconséquent, l'existence de l'Homme peut se concevoir :

> Pendant la période pliocène, presque tous les genres actuels existent ; beaucoup d'espèces sont voisines des espèces actuelles et peuvent être considérées comme les ancêtres de ces dernières. L'existence d'un Hominien et même d'un véritable *Homo* est tout à fait probable.[34]

Boule va même très loin dans cette perspective, puisqu'il soutient qu'il est possible que l'on découvre dans le passé « un Hominien de petite taille, à la station à peu près droite, à la boîte cérébrale relativement très volumineuse par rapport au volume total du corps, mais très inférieure en valeur absolue, à celle de tous les Hominiens déjà connus. Ce sera le véritable *Eoanthropus* »[35]. Boule considère même qu'un développement psychique supérieur aurait pu caractériser l'ancêtre de l'Homme dès le Miocène :

> Sa longue survie (de l'Homme depuis le Miocène) peut s'expliquer, suivant la remarque de Quatrefages, par sa supériorité intellectuelle, qui lui aurait permis de résister aux diverses causes de destruction des autres espèces et de s'adapter, mieux que ces dernières, à des conditions nouvelles.[36]

Cette propension à vieillir la lignée humaine et même l'Homme — et aussi le fait que ce fossile ait été découvert en Auvergne, son pays — fait que Boule fut, jusqu'à un certain point, le défenseur de l'authenticité de l'Homme si controversé de la Denise. Sans le faire remonter cependant au Pliocène[37], il considère que, d'une part, « l'authenticité des fossiles ne saurait faire l'objet d'un doute »[38] et qu'« il est indiscutable que les ossements humains remontent à une haute antiquité », étant sensiblement contemporains de la faune à *Rhinoceros Merckii*[39], c'est-à-dire que l'homme paraît avoir fait son apparition dans le centre de la France, dès le début

33. « Sur la limite entre le Pliocène et le Quaternaire », *Bullet. Soc. Géol. Fr.*, 3, t. 18, 1890-1891, p. 946.
34. *Op. cit.*, supra n. 1, p. 112.
35. « La Paléontologie humaine en Angleterre », *L'Anthropologie*, t. 26, 1915, p. 67.
36. *Op. cit.*, supra n. 1, p. 112.
37. « Constitution géologique des environs du Puy (Haute Loire) », *Bullet. Soc. Géol. Fr.*, 3, t. 17, 1888-1889, pp. 281-282.
38. « Description géologique du Velay », *Bullet. Service Carte géolog. de la France*, t. 4, n° 28, 1891-1892, p. 220.
39. *Ibid.*, p. 221.

du Quaternaire[40]. Alors que les évolutionnistes précédents, comme de Mortillet, ne pouvaient l'admettre, pour des raisons idéologiques — car il leur fallait rattacher au plus vite l'Homme aux Singes — Boule a montré que la véritable solution paléontologique passait, au contraire, par une projection de plus en plus lointaine des formes actuelles dans le passé et par un recul des origines de plus en plus prononcé dans les couches géologiques.

40. *Ibid.*, p. 246 ; cf. encore le compte rendu de l'excursion du 16 septembre à Denise..., *Bullet. Soc. Géol. Fr.*, 3, t. 21, 1893, p. 518, et « Succession des éruptions volcaniques du Velay », *ibid.*, pp. 613-614.

Index

Table des matières

III. *Science et Société*

IV. *Histoire de l'homme, Science des hommes*

Achevé d'imprimer le 15 février 1995
sur les presses de Dominique Guéniot,
imprimeur à Langres

Dépôt légal : mars 1995 - N° d'imprimeur 2424